石油石化职业技能培训教程

井下作业工具工

（上册）

中国石油天然气集团有限公司人事部　编

石油工业出版社

内 容 提 要

本书是由中国石油天然气集团有限公司人事部统一组织编写的《石油石化职业技能培训教程》中的一本。本书包括井下作业工具工应掌握的基础知识、初级操作技能及相关知识、中级工操作技能及相关知识，并配套了相应等级的理论知识练习题，以便于员工对知识点的理解和掌握。

本书既可用于职业技能鉴定前培训，也可用于员工岗位技术培训和自学提高。

图书在版编目(CIP)数据

井下作业工具工.上册/中国石油天然气集团有限公司人事部编.—北京：石油工业出版社，2020.2

石油石化职业技能培训教程

ISBN 978-7-5183-3534-3

Ⅰ.①井… Ⅱ.①中… Ⅲ.①井下工具-技术培训-教材 Ⅳ.①TE921

中国版本图书馆 CIP 数据核字(2019)第 166254 号

出版发行：石油工业出版社
（北京市安定门外安华里2区1号 100011）
网　　址：www.petropub.com
编辑部：(010)64523785
图书营销中心：(010)64523633
经　　销：全国新华书店
印　　刷：北京中石油彩色印刷有限责任公司

2020年3月第1版　2020年3月第1次印刷
787毫米×1092毫米　开本：1/16　印张：31.75
字数：800千字

定价：98.00元
（如发现印装质量问题，我社图书营销中心负责调换）
版权所有，翻印必究

《石油石化职业技能培训教程》

编 委 会

主　任：黄　革

副主任：王子云

委　员（按姓氏笔画排序）：

丁哲帅	马光田	丰学军	王正才	王勇军
王　莉	王　焯	王　谦	王德功	邓春林
史兰桥	吕德柱	朱立明	朱耀旭	刘子才
刘文泉	刘　伟	刘　军	刘孝祖	刘纯珂
刘明国	刘学忱	李忠勤	李振兴	李　丰
李　超	李　想	杨力玲	杨明亮	杨海青
吴　芒	吴　鸣	何　波	何　峰	何军民
何耀伟	邹吉武	宋学昆	张　伟	张海川
陈　宁	林　彬	罗昱恒	季　明	周宝银
周　清	郑玉江	赵宝红	胡兰天	段毅龙
贾荣刚	夏申勇	徐周平	徐春江	唐高嵩
常发杰	蒋国亮	蒋革新	傅红村	褚金德
窦国银	熊欢斌			

《井下作业工具工》编审组

主　　编：倪明泉

副 主 编：关尚奎　李瑞超

参编人员：高　山

参审人员（按姓氏笔画排序）：

　　　　　宁治军　刘丽燕　张宝瑜

　　　　　陈　佳　谭文波

PREFACE 前言

随着企业产业升级、装备技术更新改造步伐不断加快,对从业人员的素质和技能提出了新的更高要求。为适应经济发展方式转变和"四新"技术变化要求,提高石油石化企业员工队伍素质,满足职工鉴定、培训、学习需要,中国石油天然气集团有限公司人事部根据《中华人民共和国职业分类大典(2015年版)》对工种目录的调整情况,修订了石油石化职业技能等级标准。在新标准的指导下,组织对"十五""十一五""十二五"期间编写的职业技能鉴定试题库和职业技能培训教程进行了全面修订,并新开发了炼油、化工专业部分工种的试题库和教程。

教程的开发修订坚持以职业活动为导向,以职业技能提升为核心,以统一规范、充实完善为原则,注重内容的先进性与通用性。教程编写紧扣职业技能等级标准和鉴定要素细目表,采取理实一体化编写模式,基础知识统一编写,操作技能及相关知识按等级编写,内容范围与鉴定试题库基本保持一致。特别需要说明的是,本套教程在相应内容处标注了理论知识鉴定点的代码和名称,同时配套了相应等级的理论知识练习题,以便于员工对知识点的理解和掌握,加强了学习的针对性。此外,为了提高学习效率,检验学习成果,本套教程为员工免费提供学习增值服务,员工通过手机登录注册后即可进行移动练习。本套教程既可用于职业技能鉴定前培训,也可用于员工岗位技术培训和自学提高。

井下作业工具工教程分上、下两册,上册为基础知识、初级工操作技能及相关知识、中级工操作技能及相关知识,下册为高级工操作技能及相关知识、技师操作技能及相关知识、高级技师操作技能及相关知识。

本工种教程由大庆油田有限责任公司任主编单位,参与审核的单位有大庆油田有限责任公司、西部钻探工程有限公司、川庆钻探工程有限公司、吉林油田分公司等。在此表示衷心感谢。

由于编者水平有限,书中错误、疏漏之处请广大读者提出宝贵意见。

编 者

目录

第一部分 基础知识

模块一　井下作业 ⋯⋯⋯⋯⋯⋯⋯⋯⋯⋯⋯⋯⋯⋯⋯⋯⋯⋯⋯⋯⋯⋯⋯⋯⋯⋯⋯⋯ 3
　项目一　石油开发 ⋯⋯⋯⋯⋯⋯⋯⋯⋯⋯⋯⋯⋯⋯⋯⋯⋯⋯⋯⋯⋯⋯⋯⋯⋯⋯⋯ 3
　项目二　机械采油 ⋯⋯⋯⋯⋯⋯⋯⋯⋯⋯⋯⋯⋯⋯⋯⋯⋯⋯⋯⋯⋯⋯⋯⋯⋯⋯⋯ 16
　项目三　常规井下作业工艺 ⋯⋯⋯⋯⋯⋯⋯⋯⋯⋯⋯⋯⋯⋯⋯⋯⋯⋯⋯⋯⋯⋯⋯ 25

模块二　机械制造 ⋯⋯⋯⋯⋯⋯⋯⋯⋯⋯⋯⋯⋯⋯⋯⋯⋯⋯⋯⋯⋯⋯⋯⋯⋯⋯⋯ 51
　项目一　制图基本要求 ⋯⋯⋯⋯⋯⋯⋯⋯⋯⋯⋯⋯⋯⋯⋯⋯⋯⋯⋯⋯⋯⋯⋯⋯⋯ 51
　项目二　机构及其保养 ⋯⋯⋯⋯⋯⋯⋯⋯⋯⋯⋯⋯⋯⋯⋯⋯⋯⋯⋯⋯⋯⋯⋯⋯⋯ 70
　项目三　金属材料 ⋯⋯⋯⋯⋯⋯⋯⋯⋯⋯⋯⋯⋯⋯⋯⋯⋯⋯⋯⋯⋯⋯⋯⋯⋯⋯⋯ 72
　项目四　热处理工艺 ⋯⋯⋯⋯⋯⋯⋯⋯⋯⋯⋯⋯⋯⋯⋯⋯⋯⋯⋯⋯⋯⋯⋯⋯⋯⋯ 82
　项目五　常用测量方法 ⋯⋯⋯⋯⋯⋯⋯⋯⋯⋯⋯⋯⋯⋯⋯⋯⋯⋯⋯⋯⋯⋯⋯⋯⋯ 84

模块三　安全环保知识 ⋯⋯⋯⋯⋯⋯⋯⋯⋯⋯⋯⋯⋯⋯⋯⋯⋯⋯⋯⋯⋯⋯⋯⋯⋯ 86
　项目一　QHSE 知识 ⋯⋯⋯⋯⋯⋯⋯⋯⋯⋯⋯⋯⋯⋯⋯⋯⋯⋯⋯⋯⋯⋯⋯⋯⋯⋯ 86
　项目二　ISO 9001 质量管理体系 ⋯⋯⋯⋯⋯⋯⋯⋯⋯⋯⋯⋯⋯⋯⋯⋯⋯⋯⋯⋯⋯ 95
　项目三　ISO 14001 环境管理体系 ⋯⋯⋯⋯⋯⋯⋯⋯⋯⋯⋯⋯⋯⋯⋯⋯⋯⋯⋯⋯ 97
　项目四　应急处置措施 ⋯⋯⋯⋯⋯⋯⋯⋯⋯⋯⋯⋯⋯⋯⋯⋯⋯⋯⋯⋯⋯⋯⋯⋯⋯ 99
　项目五　电子电工知识 ⋯⋯⋯⋯⋯⋯⋯⋯⋯⋯⋯⋯⋯⋯⋯⋯⋯⋯⋯⋯⋯⋯⋯⋯ 127
　项目六　井下作业井控知识 ⋯⋯⋯⋯⋯⋯⋯⋯⋯⋯⋯⋯⋯⋯⋯⋯⋯⋯⋯⋯⋯⋯ 132

第二部分 初级工操作技能及相关知识

模块一　识别、检测井下工具 ⋯⋯⋯⋯⋯⋯⋯⋯⋯⋯⋯⋯⋯⋯⋯⋯⋯⋯⋯⋯⋯ 149

项目一　相关知识 … 149
　　项目二　测量油管、套管、变扣接头规格 … 168
　　项目三　测量可退式打捞矛规格 … 168
　　项目四　检查抽油泵质量、外观 … 169
　　项目五　初步检修抽油泵 … 170

模块二　拆卸、组装井下工具 … 172
　　项目一　相关知识 … 172
　　项目二　组装 Y111-114 型封隔器 … 203
　　项目三　拆卸 Y211-114 型封隔器 … 204
　　项目四　拆卸 Y341-114 型封隔器 … 206
　　项目五　组装 Y341-114 型封隔器 … 207
　　项目六　拆卸 K344-114 型封隔器 … 208
　　项目七　组装 K344-114 型封隔器 … 210
　　项目八　拆装整筒式抽油泵 … 211
　　项目九　组装 KGD-110 节流器 … 212
　　项目十　组装 KQS-110 配产器 … 213
　　项目十一　组装 KPS-114 喷砂器 … 214

模块三　维修、保养井下工具 … 216
　　项目一　相关知识 … 216
　　项目二　在 $\phi 40\text{mm} \times 15\text{mm}$ 工件中心钻孔、攻 M10 普通螺纹 … 244
　　项目三　检修公锥 … 245
　　项目四　检修母锥 … 245
　　项目五　检修滑块打捞矛 … 246
　　项目六　检修可退式打捞矛 … 247
　　项目七　检修卡瓦打捞筒 … 248
　　项目八　检修月牙式油管吊卡 … 248

第三部分　中级工操作技能及相关知识

模块一　识别、检测井下工具 … 253
　　项目一　相关知识 … 253
　　项目二　检修液压动力钳 … 269
　　项目三　根据井下工具装配图简述其结构、工作原理和组装步骤 … 270
　　项目四　测量确定整筒抽油泵规格 … 271
　　项目五　检测滑块打捞矛 … 273

  项目六 检测可退式打捞矛 ……………………………………………… 274

模块二 拆卸、组装井下工具 ……………………………………………………… 277
  项目一 相关知识 …………………………………………………………… 277
  项目二 组装 Y221-114 型封隔器 ……………………………………… 308
  项目三 组装 Y341-114 型封隔器 ……………………………………… 309
  项目四 组装 Y211-114 型封隔器 ……………………………………… 311
  项目五 组装 Y344-114 型封隔器 ……………………………………… 312
  项目六 检测 SLM-114 型水力锚 ………………………………………… 314
  项目七 维修保养抽油泵 ……………………………………………… 315

模块三 维修、保养井下工具 ……………………………………………………… 318
  项目一 相关知识 …………………………………………………………… 318
  项目二 检修、操作 SY-600B 型试压泵 ……………………………… 334
  项目三 检修油管接箍打捞矛 …………………………………………… 335
  项目四 检修伸缩式打捞矛 ……………………………………………… 337
  项目五 检修提放式分瓣打捞矛 ………………………………………… 338
  项目六 检修提放式倒扣打捞矛 ………………………………………… 339
  项目七 检修螺旋式卡瓦打捞筒 ………………………………………… 341
  项目八 检修双片式卡瓦打捞筒 ………………………………………… 342
  项目九 检修篮式卡瓦打捞筒 …………………………………………… 343
  项目十 维修保养胶筒式套管刮削器 ………………………………… 345

理论知识练习题

初级工理论知识练习题及答案 …………………………………………………… 349
中级工理论知识练习题及答案 …………………………………………………… 400

附 录

附录 1 职业技能等级标准 ……………………………………………………… 457
附录 2 初级工理论知识鉴定要素细目表 …………………………………… 467
附录 3 初级工操作技能鉴定要素细目表 …………………………………… 473
附录 4 中级工理论知识鉴定要素细目表 …………………………………… 474
附录 5 中级工操作技能鉴定要素细目表 …………………………………… 480
附录 6 高级工理论知识鉴定要素细目表 …………………………………… 481

附录7　高级工操作技能鉴定要素细目表 …………………………………… 486
附录8　技师、高级技师理论知识鉴定要素细目表 …………………………… 487
附录9　技师操作技能鉴定要素细目表 ………………………………………… 492
附录10　高级技师操作技能鉴定要素细目表 ………………………………… 493
附录11　操作技能考核内容层次结构表 ……………………………………… 494
参考文献 …………………………………………………………………………… 495

第一部分

基础知识

模块一　井下作业

项目一　石油开发

一、石油、天然气的化学组成及主要物理性质

（一）石油的化学组成及主要物理性质

> CAA002 油气的性质

石油是由碳氢化合物为主混合而成的，具有特殊气味的、有色的可燃性油质液体。石油按其形成过程可分为天然石油和人造石油。天然石油是从油气田中开采出来的，人造石油是从煤或油页岩等中干馏出来的。

石油又称原油，从原油中可以提炼出汽油、柴油、煤油、润滑油及其他一系列石油产品。

1. 石油的化学元素组成

石油主要由碳和氢及少量的氧、硫、氮等元素组成，其中，碳占80%~88%，氢占10%~14%。除上述5种元素外，石油中还含有其他微量元素，目前已知的有33种。

2. 石油的化合物组成

石油是一种成分十分复杂的天然有机化合物的混合物，石油中的主要元素以化合物状态存在，以碳氢化合物（又称烃）为主，占80%以上，此外，还有含氧、硫、氮等非烃类化合物。石油中的烃类按其结构不同，可分为烷烃、环烷烃和芳香烃三大类。

3. 石油的组分组成

（1）油质：一种浅色的几乎全部由碳氢化合物组成的黏性液体，它是组成石油的主要成分。

（2）胶质：一般为黏性的半固体物质，颜色为淡黄、棕褐到黑色，除主要的碳氢化合物外，还有较多的氧、硫、氮化合物。一般在轻质石油中，胶质含量不超过4%~5%，而在重质油中，胶质含量可达20%或更高。

（3）沥青质：暗褐色或黑色脆性固体物质，组成元素与胶质基本相同。

（4）碳质：一种非碳氢化合物，不溶于有机溶剂。

4. 地面石油的主要物理性质

石油的化学组成决定着石油的物理性质，但石油没有固定的成分，因此，也没有确定的物理常数。石油的主要物理性质如下：

（1）颜色：石油颜色不一，通常为黑色、褐色或黄色，其颜色的深浅取决于胶质、沥青质的含量，含量越高，颜色越深。

（2）相对密度：石油的相对密度是指在标准条件（20℃，0.1MPa）下，原油密度与4℃条件下纯水密度的比值。石油的相对密度变化很大，一般介于0.75~1.00。

(3)黏度:石油流动时,分子之间因内摩擦而引起的黏滞阻力称为石油的黏度,石油的黏度变化范围很大,从几毫帕秒至几千毫帕秒,胶质和沥青质含量越高则黏度越大。

(4)溶解性:石油难溶于水,易溶于许多有机溶剂,如氯仿、四氯化碳、苯、石油醚和醇等。

(5)凝点:石油的凝固温度没有固定的数值,凝点的高低与石油中高分子化合物的含量(尤其与石蜡含量)有关,且呈现正相关性,有的大于0℃,有的小于0℃,一般原油含蜡量越高,凝点越高。根据原油凝点大小,可将原油分为高凝油、低凝油。

(6)导电性:石油为不良导电体,电阻率值很高,电法测井就是以石油具有高电阻率为理论依据的。

(7)荧光性:石油在紫外光照射下可发荧光,轻质油的荧光为浅蓝色,含胶质多的油荧光为绿色或黄色,含沥青质较多的油荧光为褐色。

(8)旋光性:当偏光(通过偏光显微镜的)通过石油时,偏光面会旋转一定角度,这个角度称为旋光角,原油的旋光角约几分至几十分,而加工后的油品则可高于1°。

5. 轻质石油和重质石油及稠油的划分标准

(1)石油按相对密度划分:相对密度小于0.9的石油为轻质石油,大于0.9的石油为重质石油。

(2)稠油标准:根据我国稠油的特点,稠油可分为普通稠油、特稠油和超稠油3类,其分类标准见表1-1-1。在分类标准中,以原油黏度为第一指标,原油相对密度为辅助指标,当两个指标发生矛盾时则按黏度分类。1985年全国储量委员会石油天然气专业委员会规定,当原油地面的密度大于$0.934g/cm^3$,原油地下黏度大于$50mPa·s$时称为稠油。

表1-1-1 中国稠油分类标准

分类	第一指标	第二指标	试油方式
	黏度,mPa·s(20℃)	相对密度(20℃)	
普通稠油	50*(或100)~1000	>0.9200	可以先注热水、再热试油
	50*~100*	>0.9200	热试油
	100~10000	>0.9200	热试油
特稠油	10000~50000	>0.9500	热试油
超稠油(天然沥青)	>50000	>0.9800	热试油

注:*指油层条件下的原油黏度,无*者为油层温度下脱气原油黏度。

(二)天然气的化学组成及主要物理性质

天然气是以气态碳氢化合物为主的各种气体组成的,具有特殊气味的、无色的易燃易爆性混合气体。天然气按其存在的方式不同,有独立存在的气田气和伴生于原油中的油田气。

1. 天然气的化学组成

天然气的主要成分是烃类气体,以甲烷为主(其含量占80%以上),乙烷、丙烷、丁烷以及重烃次之,还有少量的氮、二氧化碳、一氧化碳、硫化氢以及微量的惰性气体(氦、氖、氩、氪、氙、氡)等。

2. 天然气的主要物理性质

天然气的性质取决于各种组分的含量,因而它的物理性质变化较大,其主要物理性质如下：

(1) 颜色和气味：通常为无色气体，有汽油味或硫化氢味，且易燃易爆。

(2) 相对密度：天然气的相对密度是在标准状况(20℃、0.1MPa)下，天然气与空气密度的比值。天然气的相对密度一般为0.6~1.0。天然气密度的大小与其成分有关，随气体相对分子质量的增加而增大。

(3) 黏度：天然气的黏度是天然气流动时内部分子之间所产生的内摩擦力，是以分子间相互碰撞的形式体现出来的。在标准状态下，天然气的黏度一般不超过0.01MPa·s。气体的相对分子质量越高，黏度越大；压力和温度升高时，气体黏度稍有增加。

(4) 溶解性：天然气能溶于石油和水，溶解的数量取决于天然气和溶剂的性质及气体的压力。在相同条件下，在石油中的溶解度远远大于水中的溶解度，且随着天然气重烃含量的增加，溶解于石油中的天然气量也增大。轻质石油比重质石油溶解的气体多。

(5) 溶解度：在一定压力下，单位体积的石油所溶解的天然气量称为该气体在原油中的溶解度。当温度不变时，单组分的气体在单位体积溶剂中的溶解度与溶解时的绝对压力成正比。

(6) 发热量：完全燃烧$1m^3$天然气所释放出的热量称为天然气的发热量，单位为J/m^3。天然气发热量变化范围很大，随着天然气中重烃含量的增加而增加。

二、油气藏的形成及保存

(一) 油气藏形成的基本要素

油气藏是地壳上油气聚集的基本单元，是油气勘探的对象，油气藏的形成是石油地质研究的核心问题。油气藏的形成过程，就是在各种成藏要素的有效匹配下，油气从分散到集中的转化过程；能否有丰富的油气聚集，形成储量丰富的油气藏，并且被保存下来，主要取决于是否具备生油层、储层、盖层、运移、圈闭和保存等成藏要素及其优劣程度。由于在一个能形成油藏的圈闭中，其前提就必然包括盖层、储集层和保存等条件，因此，对于研究油气藏形成的基本条件而言，充足的油气来源和有效的圈闭将成为两个最重要的方面。油气藏的形成和分布是生、储、盖、运、圈、保多种地质要素综合作用的结果。

1. 生油气源岩

生油气源岩为形成油气藏提供物质基础。在一个沉积盆地中，能否形成储量丰富的油气藏，充足的油气来源是必不可少的物质条件。油源条件取决于盆地内生油岩的发育情况、所含沉积有机质的多少以及向油气的转化程度。如果一个盆地稳定下沉持续时间长，接受的沉积物和沉积有机质就多，其沉积岩厚度大，其中的生油岩系就较发育，这就具备一定的油源条件。如果长时间稳定下沉的盆地越大，则盆地中的沉积岩体积和生油岩体积就会十分巨大。世界上许多大型、特大型油气田所在的沉积盆地，大多具备上述沉积岩厚度巨大和盆地面积巨大的特点。

2. 储层

能够储存和渗滤流体的岩层称为储层。所有的储层都必须有一定的储集空间，储集空间包括孔隙、晶洞、溶洞、裂缝(裂隙)等，不同类型的岩石如碎屑岩、碳酸盐岩、变质岩和岩浆岩都可以成为储层。孔隙度和渗透率是反映储集层物性的两个基本参数。原始岩性、沉积环境和成岩后生作用是影响沉积岩储层物性的主要因素。砂岩和碳酸盐岩是主要储层。

(1)碎屑岩储层：由砾岩、砂岩、粉砂岩组成的储层。碎屑岩储层有冰川砂砾岩储层、河流相砂岩储层、海陆过渡相砂岩储层(风成砂、三角洲砂体和深海相砂岩)、湖相砂岩储层。

(2)碳酸盐岩储层：由石灰岩、白云岩等碳酸盐岩组成的储层。碳酸盐岩是由方解石和白云石组成的岩石,是石油和天然气的富集储层之一。

(3)变质岩和岩浆岩储层：变质岩和岩浆岩在特定的条件下其裂缝、孔洞、节理等形成的储层。

3. 盖层

油气进入圈闭后,阻止油气进一步运移和扩散形成具工业价值油气藏的岩层称为盖层或遮挡层。盖层的类型多种多样,根据成因和封盖机理,盖层可以分为岩性盖层、断层盖层和成岩盖层(表1-1-2)。岩性盖层一般有泥岩、页岩、盐层、燧石层、硬石膏等。

表1-1-2　盖层分类表

类型	亚类	主要控制因素
岩性盖层	泥页岩	厚度、排替压力
	膏盐层	厚度、韧度、最小有效应力
断层盖层	并置型断层	并置的岩性及其排替压力
	自分离型断层	黏土膜、压碎程度、成岩作用
成岩盖层	永冻层	地理位置和深度
	成岩盖层	成岩作用
	沥青层	生物降解作用
	动平衡盖层	气源补给量、毛细管压力
	水动力盖层	水压头、浮力、毛细管压力

4. 油气运移

油气在地壳中的移动称为油气的运移。石油和天然气都是流体,其生成与聚集之处往往不是同地。刚刚生成的油气呈分散状态保存在地层之中,它必然有个运移过程,从而集中形成油气藏。根据油气运移与生油层的关系,油气运移可分为初次运移和二次运移,如图1-1-1所示。

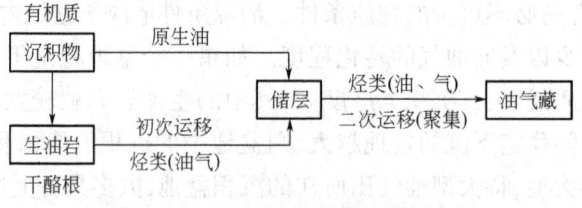

图1-1-1　油气运移聚集过程示意图

(1)油气的初次运移：初次运移是指生油层中生成的油气向附近储层中的运移,也称为一次运移。运移状态主要是呈溶解状态的油气被水所携带而随水流动,也可以呈气溶状态随气流动,还有少数是分散的微粒呈游离状态随水流动,其动力是上覆岩层的压实力。运移方向以垂向运移为主,即由生油岩直接运移到相邻的多孔岩层里去,也可做侧向的运移,即侧向上移到断层、裂缝等油流通道里面进入多孔岩层储集起来。

（2）油气的二次运移：二次运移是指油气进入储层后的一切运移，它包括了油气在储层内部的运移，也包括了沿着断层等通道从一个储层进入到另一个储层的运移。二次运移主要是油气呈游离的相态以大片的油气相进行运移，其动力主要有水动力、浮力、构造运动力等。运移方向可以是垂向的，也可以是侧向的，总之，油气要通过最短的途径，由高压区向低压区进行移动。

5.圈闭

油气运移至储层后，还不一定能够形成油气藏。在这个过程中，如果剥蚀作用、氧化作用、岩浆作用等各种破坏性因素比较强烈，就可能使油气再次逸散而不能形成油气藏。如果运移过程中遇到了遮挡，运移不能继续进行，油气就可逐渐聚集而成油气藏，这种适于油气聚集，并形成油气藏的场所称为圈闭。圈闭是形成油、气藏的必要条件。

圈闭是地壳运动的产物，在不同的地质环境里，地壳运动可以造成各式各样的封闭条件而形成各式各样的圈闭。根据成因，圈闭可分为构造圈闭、地层圈闭、岩性圈闭等。

1）构造圈闭

地壳运动使地层发生褶皱和断裂，这些褶皱和断裂在一定的条件下可形成构造圈闭，如背斜圈闭、断层圈闭等。

2）地层圈闭

地壳升降运动引起地层超覆、沉积间断、风化剥蚀等，从而形成地层不整合、地层超覆不整合圈闭等。

3）岩性圈闭

沉积物在沉积过程中，由于沉积环境的变化造成储层在横向上发生岩性变化，岩层渐变为非渗透性岩层，形成岩性圈闭，其中包括岩性尖灭和岩性透镜体圈闭。

（二）油气藏保存条件

油气藏保存条件是指已经形成的油气藏，在漫长的地质历史时期中，圈闭条件是否改变，以及圈闭中的油气聚集是否遭到破坏等，导致油气藏破坏的主要因素有地壳运动、岩浆活动、水动力冲刷等。油气藏部分或全部受破坏后，其散失的油气将重新分布，有可能进入附近尤其是上部的圈闭，从而形成次生油气藏。

三、油井

CAA001 油井相关概念

石油和天然气埋藏在地下几十米至几千米的油气层中，要将它开采出来，需要在地面和地下油气层之间建立一条油气通道，这条通道就称为井。为开采石油和天然气，在油田勘探开发过程中，凡是为了从地下获得石油而钻的井，统称为油井。

对于一口钻完进尺的井，井内有钻井液和滤饼保护井壁，这时的井称之为裸眼井。裸眼井下入套管，再用水泥浆封固套管与井壁之间的环形空间，封隔油层、气层、水层后，就成为可以开采的油井。为达到不同的勘探目的和适应油气田开发的需要，在油气田的不同部位上，分别分布着不同类型的井，主要可分为探井、资料井、生产井、注水井、观察井、检查井、调整井。

（1）探井：在经过地球物理勘探证实有希望的地质构造上，为了探明地下构造及含油气

(2)资料井:为了取得编制油田开发方案所需的资料而钻的井。这种井要求全部或部分取岩心。

(3)生产井:用来采油、采气的井。

(4)注水井:用来向地层注水保持油层压力的井。

(5)观察井:在油田开发过程中,专门用来观察油田地下动态的井。观察井一般不承担生产任务,如观察油层。

(6)检查井:油田开发到一定的阶段,为了检查各类油层的水淹程度、驱油效率及剩余油饱和度等变化而钻的密闭取心井。

(7)调整井:为减少死油区的储量损失,改善注水开发效果,以调整平面矛盾严重地段的开发效果而补钻的井。调整井用以扩大扫油面积,提高采油速度,改善开发效果。

CAA003 井身结构的构成
CAA004 井身结构的相关概念
ZAA001 油、气、水井的相关术语

四、井身结构

井身结构主要是指油气井下入套管的层次,各层套管的尺寸及下入深度,钻井过程中相应的钻头直径,各层套管外水泥浆的返回高度及井底深度等。井身结构(图1-1-2)主要由导管、表层套管、技术套管、油层套管和各层套管外的水泥环及井底水泥塞(口袋)深度等组成。

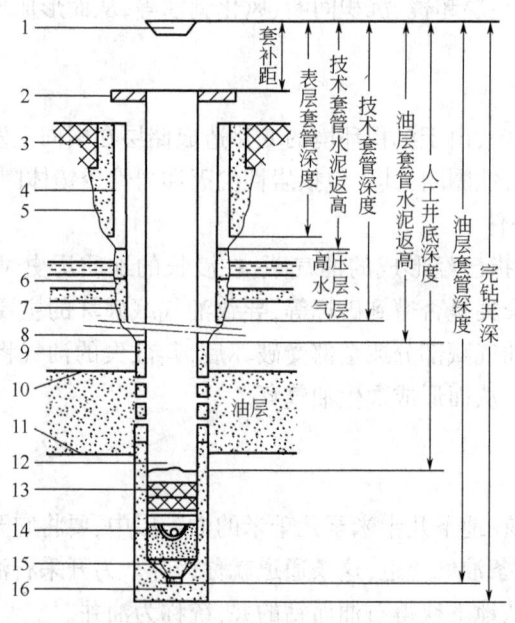

图1-1-2 井身结构示意图
1—方补心;2—套管头;3—导管;4—表层套管;5—表层套管水泥环;6—技术套管;7—技术套管水泥环;
8—油层套管;9—油层套管水泥环;10—油层上线;11—油层下线;12—人工井底;
13—胶水塞;14—承托环;15—套管鞋;16—完钻井底

(1)导管:即井身结构中下入的第一层套管,是为了防止地表地层坍塌,引导钻头钻进,建立钻井液循环,在钻井开始前人工挖的浅井或用大直径钻头钻开地表而下入的大直径的

套管,一般用 14in 螺纹管,下入深度为 2~40m,周围用水泥固定。

(2) 表层套管:井身结构中下入的第二层套管,是为了防止井眼上部地表疏松层的坍塌及上部地层水的侵入而下入的套管。表层套管下入后用水泥浆固井并返至地面,常用的表层套管有 16in、14in、12in、10in 4 种,下入深度随各地区地层情况不同而不同,一般情况下有几十至几百米,具体深度应以能保证隔离地表疏松层,避免下技术套管为原则。

(3) 技术套管:下在表层套管和油层套管之间的套管,又称中间套管。技术套管是在钻井过程中遇到高压油气水层、漏失层和坍塌层等复杂地层时,为钻至目的地层而下的套管,其作用是封隔难以控制的复杂地层,保持钻井工作顺利进行,所以技术套管是受地层因素和钻井技术因素影响而不得不下入的一层套管,正常钻进的井应尽量避免下入技术套管。

(4) 油层套管:井身结构中最内一层套管,用来保护井壁和形成油气通道,其下入深度可根据油气层深度和完钻深度及完井方法确定,一般要求水泥返至油气顶部以上 100~150m,油层套管通常采用 7in、5½in、5in 等几种尺寸。

井身结构相关术语:
(1) 完钻井深:从转盘补心面到钻井完成时钻头所钻进的最后位置之间的距离。
(2) 套管深度:从转盘补心面到套管鞋的深度。
(3) 人工井底:固井完成或某层测试后注水泥塞上返或井下有桥塞时,留在套管内最上部一段水泥塞的顶面或桥塞顶面为人工井底,其深度从钻井转盘面算起。
(4) 油补距:又称补心高差,是指钻井转盘补心面到套管四通上法兰面之间的距离。
(5) 套补距:钻井转盘补心面到下井后套管顶部法兰短节上平面或套管头之间的距离。
(6) 水泥返高:固井时,水泥浆沿套管与井壁之间的环形空间上返的顶面与转盘面之间的距离。

五、完井方法

> CAA005 油气井的完井方法

油气井完井方法是指为满足各种不同性质油气层的开采需要而采用的油气层与井底的连通方式、井底结构和完井工艺。完井方法主要有裸眼完井法、射孔完井法、贯眼完井法、衬管完井法、砾石衬管完井法 5 种。

(一) 裸眼完井法

> CAA006 裸眼完井方法的特点

裸眼完井法是指在钻开的生产层位不下入套管的完井方法。裸眼完井法的最大特点是整个油层完全裸露,油层和井底没有任何障碍,油气流入井筒的阻力小,但使用裸眼完井法有一定的局限性。由于油气层完全裸露,对井壁来讲,没有保护装置,不能解决井壁坍塌和产层出砂的问题,因此该方法不适用于疏松地层,且在油层间差异大时,不能实现分采、分注和分层改造。所以它仅适用于岩层非常坚固,且无油、气、水夹层的单一油层或油层性质相同的多油层井。

(二) 射孔完井法

> CAA007 射孔完井方法的特点

射孔完井法是目前油井完井中应用最广泛的一种方法,该方法先钻开油气层,然后下入油层套管至油气层底部后用水泥浆固井,再用射孔枪对准油气层部位射孔,射穿套管和水泥环并进入地层一定深度,为油气流入井筒打开通道。

射孔完井法的优点：

(1)能有效地防止层间干扰,便于分层开采、分层测试和分层改造；

(2)能有效封隔和支撑疏松地层,加固井壁,防止地层坍塌；

(3)对于疏松地层,有利于采取各种防砂技术措施,控制油井出砂；

(4)适用于各种性质的地层。

缺点：

(1)由于射孔孔眼数目有限,油气层裸露面积小,油气流入井底的阻力大；

(2)钻井和固井时钻井液浸泡时间长,油层污染严重,井壁附近渗透率降低。

(三)贯眼完井法

贯眼完井法在钻穿油气层后,将带有孔眼的套管下到油气层部位,固井时为了保证油层部位不注入水泥,减少水泥浆对油层的污染,在油层顶部的套管柱外面装有紧贴井壁的水泥伞,水泥伞上部的套管上有若干个侧孔,以便挤入水泥浆固井,下面还装有倒置的单流阀,固井可以将它钻掉。

(四)衬管完井法

衬管完井法是先钻至油层顶部后,下套管注水泥浆固井,然后改用较小的钻头钻开油气层,在油层部位下入预先钻好孔眼的衬管,衬管上端用封隔器固定在油层顶部的油层套管鞋上的完井方法。衬管完井法的优点是油流阻力小,便于油气流入井筒,缺点是无法防止油层坍塌不能任意选择出油层位及进行分采、分注和分层改造。

(五)砾石衬管完井法

砾石衬管完井法是在衬管和井壁之间充填砾石,使之起防砂和保护油气层的作用的完井方法。

J(GJ)AA001
油井出砂的原因

六、油井防砂工艺技术

(一)油井出砂的原因

油井出砂是指在生产压差的作用下,储层中松散砂粒随产出液流向井底的现象,井出砂的原因主要有两种。

(1)储层岩石的性质及应力分布是造成油气井出砂的主要原因。这里的储层岩石的性质主要是指岩石的胶结强度,它是影响岩石结构完整性的重要因素。岩石的胶结强度与胶结方式密切相关,其中接触式胶结的强度最低,表现为渗透率高、孔隙度大,因此也容易出砂。地层应力的影响直接反映为储层打开过程中由于地层应力场的局部破坏,造成井壁的应力集中,在油气渗流过程中井壁岩石始终处于最大应力状态,从而导致相同条件下井壁及近井地带岩石骨架首先发生破坏,造成油气井出砂。

(2)大压差生产、注水开发及增产措施等开采措施是造成油井出砂的另一主要原因。大压差生产提高了流体的渗流速度,且井壁周围渗流速度更高,当地层流体的渗流速度达到一定值后,底层发生剪切破坏,砂粒就会从地层结构中松动、脱落,随流体进入井筒形成出砂。对于松散砂岩,油井射孔后不久就会出砂,一段时间后会在炮眼周围形成砂拱,从而对胶结强度低或胶结性很差的地层起到稳定作用,因此保持砂拱的稳定性是防砂的关键,而流速又是影响砂拱的最敏感因素,一旦油井产量提高到一定程度,油井出砂量就会急剧增加。

油田注水可以用来维持地层压力,提高驱油效率,但往往在高渗透地层形成水道,同时由于注入水的溶蚀作用以及底层水敏矿物的膨胀、松散解体,地层胶结强度减弱,从而出砂加剧。

出砂的危害主要表现在 3 个方面:(1)砂埋产层造成油井减产或停产;(2)高速的砂粒造成地面及井下设备加剧磨蚀;(3)出砂导致地层亏空并坍塌造成套管损坏使油井报废等。

> ZAA013 油井出砂的危害

(二)防砂技术

1. 砂拱防砂

砂拱防砂是指油气井射孔完井后不再下入任何机械防砂装置或充填物,也不注入任何化学药剂的防砂方法。砂拱防砂的机理就是砂粒在套管炮眼外侧形成砂拱,具有一定的承载能力和渗透能力,能够挡住地层砂进入井筒。此方法优点是容易进行补救性作业,地层伤害小,产能损失小。缺点是砂拱稳定性差,防砂效果不易保证,适用于出砂不严重的中、粗砂岩和中产、低产井;不适用于粉细砂岩、流砂层和高产井。砂拱防砂主要有套管外膨胀式封隔器防砂和割缝衬管防砂两种方法。

1)套管外膨胀式封隔器防砂

防砂成功的关键在于保持砂拱的稳定性,大量实验证明,保证砂拱的稳定性,一是要降低并稳定采液流速,二是要提高井筒周围地层的径向应力水平,因此研究人员设计开发了套管外膨胀式封隔器。套管外膨胀式封隔器随套管管柱下入,正对出砂产层,注入水泥后密封元件产生径向膨胀,胶件膨胀后直径可为原直径的 2~3 倍,从而压实裸眼井壁,迫使近井地层径向应力恢复甚至超过原始地层应力水平。水泥凝固后,再用高孔密、小孔径射孔弹射开套管外膨胀式封隔器,形成连接地层和井眼的油流通道。投产时,由于地层应力水平已大幅度提高,不易出砂。此外,一部分微粒运移到射孔孔眼入口处会逐渐堆积,形成具有承载能力的砂拱,将进一步阻止地层出砂。

套管外膨胀式封隔器可单级使用也可多级串联使用,被覆盖的单个油层井段不宜超过 12m,采用此法防砂要配合采用高孔密、小孔径射孔工艺。该方法建议只用于中产井、低产井,不要用于在粉细砂岩地层及流砂层。

2)割缝衬管防砂

割缝衬管防砂完井方式有两种,一种是用同一尺寸钻头钻穿油层后,将割缝衬管下入油层部位,通过套管外封隔器和注水泥接头固井,封隔油层顶界以上的环形空间;另一种是钻头钻至油层顶部后先下技术套管注水泥固井,再从技术套管中下入直径小一级的钻头钻穿油层至设计井深,然后在技术套管尾部悬挂割缝衬管完井。

割缝衬管完井主要用于出砂不严重的油层或在裸眼情况下防止岩屑落入井筒中的井。割缝衬管的防砂机理是允许部分能被原油携带至地面的细小砂粒通过,而把较大的砂粒阻挡在衬管外面,大砂粒在衬管外堆积形成"砂桥",从而达到防砂的目的。

割缝衬管的制作工艺要求是割缝的形状为直缝或水平缝;宜采用外窄内宽的形状,以避免砂粒卡死在缝眼内而堵塞衬管,具有"自洁"作用;缝口宽度以不大于砂粒直径的 2 倍为宜;水平缝较短,一般为 20~50mm,直缝的缝长一般为 50~300mm。割缝的数量决定了割缝衬管的流通面积,要求是在保证衬管强度的前提下,尽量增加割缝的流通面积。割缝衬管的直径根据裸眼井段的钻头直径可确定。

割缝衬管防砂完井方式是当前主要的完井方式之一,它既起到裸眼完井的作用,又防止了裸眼井壁坍塌堵塞井筒,同时在一定程度上起到了防砂的作用。由于这种完井方式工艺简单,操作方便,成本低,故而在一些出砂不严重的中、粗砂岩油层中较常使用,在水平井中应用尤为普遍。

2. 机械防砂

机械防砂就其采取的措施方法不同可分为井筒防砂和充填防砂两大类。

1) 井筒防砂

在油井出砂量不高时,生产管柱或井筒内封隔管柱采用简单的防砂装置(如防砂泵、绕丝筛管、割缝筛管、各种预制滤砂器、旋流沉砂器等),防止砂粒进入生产管柱及地面,从而起到短期防砂作用的方法称为井筒防砂,其优点是施工简单方便,成本低,缺点是无法阻止地层砂进入井筒,仅将砂防在了井筒内,在短期内起到了减少泵卡及砂对设备的破坏,但还会堵塞油层,甚至砂埋管柱,并且只适用于中、粗砂岩地层(砂粒直径大于 0.1mm)。

2) 充填防砂

充填防砂是将绕丝筛管(或其他滤砂管)下入出砂井内,用筛选的砾石充填于筛管和井壁之间的环空及近井周围地层,阻挡地层砂运移;而滤砂管又起着支撑砾石层,阻挡砾石进入井筒的作用,形成两级滤砂体系的防砂工艺方法。该防砂方法的特点是防砂强度高,有效期长,而且相对稳定,适应范围广,基于多级过滤,工艺方式多,产能损失相对较小,产能损失可降至10%。该防砂技术不适用于套管直径小于127mm 的井、多层系油藏采油井、注水井及细粉砂岩储层粒径为 0.07mm 的生产井。

3) 机械防砂施工要点及注意事项

(1) 全面准确地认识地下情况,选用合理的防砂工艺技术,做好单井设计。

(2) 认真抓好工具组装、设备配备、现场配置、井筒准备等工作,确保施工质量。

(3) 施工前严格检查设备,确保施工中设备正常运行,并准备好备用设备及备用方案,严防砂卡事故。

(4) 工具及深度认真检查、丈量、组配,确保施工质量。

(5) 做好防砂前期准备工作,包括压井、通井、冲洗炮眼等工作。

(6) 充填防砂时,必须保证携砂液清洁,无固体杂质,无聚合物结块。

(7) 防砂后及时开井生产,尽快排出施工液及携砂液。

3. 化学防砂技术

化学防砂施工工艺通过施工管柱向井内出砂地层挤入定量的化学剂和石英砂或预涂层砾石以胶固地层或在井壁外及近井地层形成可渗透的人工井壁,阻止地层砂进入井筒,降低油井出砂,确保油井正常生产。

化学防砂的特点是施工较简便;防砂后井筒内不留工具管柱,防砂失效后容易补救;适合于粉细砂岩及严重出砂的地层和低含水油井;对于严重出砂的地层,可先向地层挤入部分石英砂,再挤化学剂胶固。化学防砂宜处理短井段(不超过 10m),井段太长,层间吸入能力有差异,化学剂进入地层分布不均,防砂后部分层段仍易出砂。

化学防砂主要分为3种,即固砂剂防砂、人工井壁防砂和氟硼酸防砂(粉细层)。

1)固砂剂防砂

黏土砂固砂剂防砂是一种典型的化学防砂技术,施工简便,效果好(尤其是对尚未严重出砂的油井)。固砂剂防砂向地层挤入有机或无机化学剂预充填砂层,可使地层砂粒胶结形成强度较高、渗透性好的砂层,使砂粒不松散,降低砂粒的运移,该方法是防砂的重要手段之一。这种工艺方法广泛用于油井防砂,经过几十年的应用及试验研究,现在已形成各种各样的固砂剂及工艺系列,广泛地用于油水井防砂作业。按使用的不同,固砂剂可分为酚醛溶液地下合成固砂、树脂溶液固砂、水玻璃溶液固砂、高温固砂剂防砂。

2)人工井壁防砂

人工井壁防砂是化学防砂中的重要方法,该方法利用胶结剂和颗粒物按一定比例在地面或井下混合均匀,用油或水携带泵入井内,在油层套管外堆积填满出砂间隙,在温度及固化剂的作用下,胶结形成具有一定强度及渗透性的人工井壁阻挡地层砂进入井筒,达到防砂目的。常用的人工井壁防砂方法有树脂涂层砾石防砂、水泥砂浆人工井壁防砂、水携干灰砂防砂、复合陶粒防砂、树脂杏壳(核桃壳)人工井壁防砂、塑料预包砂防砂6种方法。

3)其他化学防砂方法

其他化学防砂方法主要有焊接玻璃固砂、氢氧化钙固砂、四氯化硅固砂、水泥+碳酸钙混合液固砂、聚乙烯固砂、氧化有机化合物固砂、注热空气固砂等,这些防砂方法制约条件较多,使用较少。试验发现氟硼酸(HBF_4)进入储层后,能缓慢水解生成HF,凡是氟硼酸能达到的地方都有HF生成,因此,氟硼酸酸化能够深穿透。此外,氟硼酸能将黏土及其他微粒融合为惰性粒子,原地胶结,使得处理后因流量加大而引起的微粒运移受到限制,起到稳定黏土的作用。用氟硼酸处理过的岩心,其黏土敏感性下降,防止了黏土颗粒和粉细砂运移,从而起到防砂作用。根据这一机理,玉门油田从1997年开始针对粉细砂及黏土砂岩进行氟硼酸防砂实践,起到了一定的效果。目前这一技术仍处于研究发展阶段。

4)化学防砂的施工要点及注意事项

(1)结合地质及工程,深入分析井史、测试资料、区块地质特征,制定合理的工艺措施及施工参数、用料和配方。

(2)确保制订方案、采购用料、设备配备、地层预处理、防砂施工、油井管理等各个质量环节的有机结合,保证整体防砂施工质量,实施严格的质量监控。

(3)保证地面施工设备正常,防止中途故障,防止造成大修事故。

(4)施工过程各工序连续紧凑,减少无功作业时间。

(5)认真做好油层预处理,确保地下施工环境正常。

(6)施工具、用具、量具确保清洁,计量准确,严格按设计施工。

(7)做好化学药品的伤害防护,保护环境。

(8)防砂后,投产初期,应以较小的工作制度生产,控制产液量,防止防砂工艺失败。

(三)油井防砂方法的选择及其优缺点

1. 油井防砂方法的选择

油井防砂方法如图1-1-3所示,其选择方法见表1-1-3。

J(GJ)AA002
油井防砂的方法

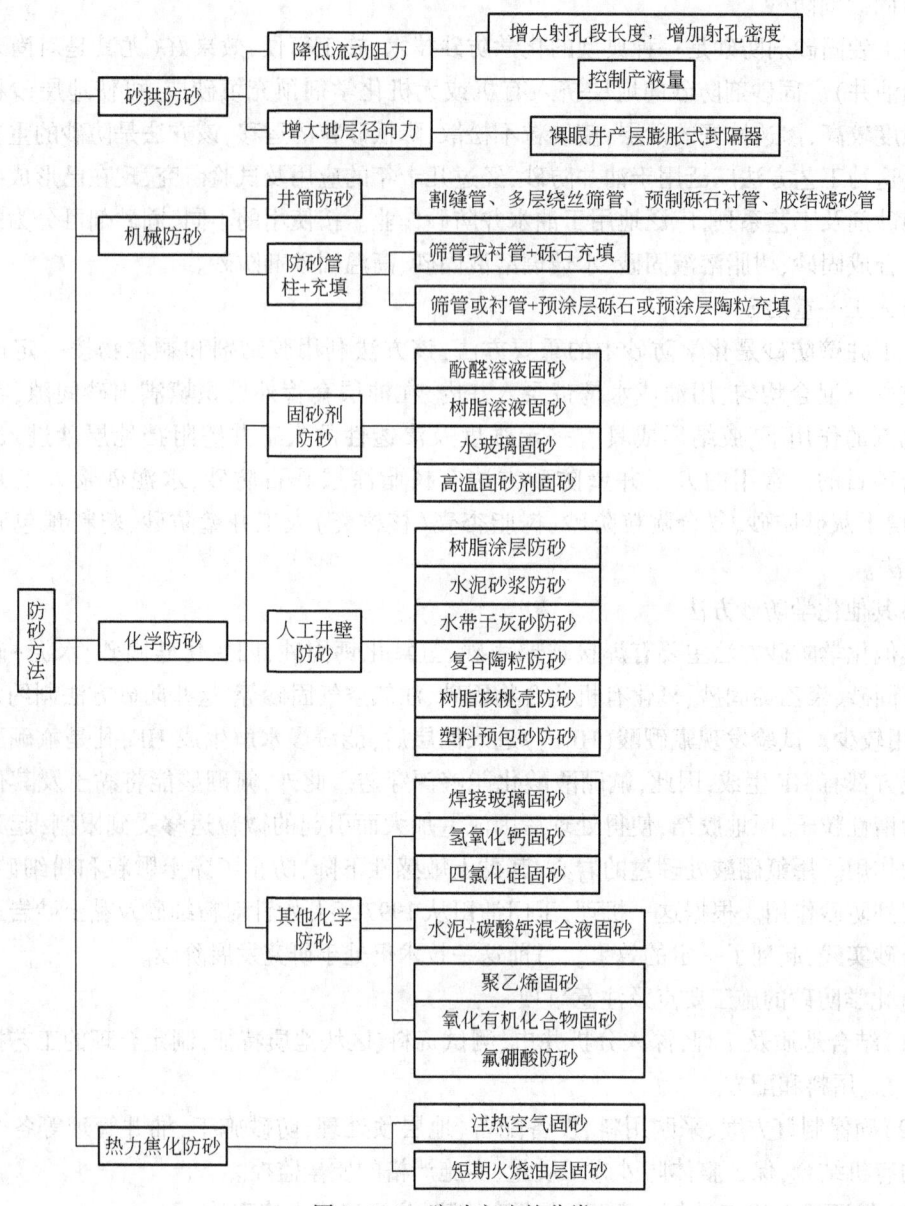

图1-1-3 防砂方法的分类

表1-1-3 防砂方法砂筛选表

比较项目	防砂方法				
	筛管	筛管+砾石充填	树脂固砂	树脂涂层砾石	膨胀式封隔器
适应地层砂尺寸	中—粗	细—粗	细粉—中	各种尺寸	各种尺寸
泥质低渗透地层	—	—	—	—	适用
非均质地层	适用	适用		适用	适用
多油层	适用	适用	—	适用	适用
井段长度	短—长	短—长	<3m	<10m	6~12m

续表

比较项目	防砂方法				
	筛管	筛管+砾石充填	树脂固砂	树脂涂层砾石	膨胀式封隔器
无钻机或修井机	—	—	适用	—	—
高压井	—	—	适用	—	适用
高产井	—	适用	适用	适用	适用
裸眼井	—	适用	—	适用	适用
热采井	—	适用	—	适用	—
严重出砂井	—	适用	适用	适用	适用
斜井	适用	适用	适用	适用	适用
老油井	适用	适用	—	适用	适用
套管完井	适用	适用	适用	适用	—
套管直径	常规	常规	小~常规	小~常规	小~常规
井下落物	有	有	无	无	无
作业费用	低	中	高	中~高	低
成功率	高	高	低~中	中~高	中~高
有效期	短	很长	中~长	很长	很长

油气井投入开发之前,应结合油田具体情况选择防砂方法和确定防砂工艺措施,通常应综合考虑下述因素:

(1)完井类型:完井类型分为先期完井防砂和管内防砂。原油黏度偏高,地质条件相对简单,地层砂具有一定胶结强度的产层可以考虑采用先期完井防砂以改善井底渗流条件,提高油气井产量;而地层条件复杂,含有水、气、泥岩夹层的井应考虑采用管内防砂。

(2)完井井段长度:机械防砂不受井段长度的限制,夹层较厚的井,可考虑分层防砂。化学防砂只能在薄层段进行。

(3)井筒条件:小井眼、异常压力井及双层完井的上部地层适用化学胶结防砂方法。温度对化学防砂有直接影响,应注意井筒的测试范围,老油井不适合采用化学防砂方法。

(4)地层砂物性:化学防砂对地层砂粒度范围适应性大,膨胀式封隔器适用于泥质低渗透产层,砾石充填对地层渗透率的均匀性要求不高。

(5)产能:无论选择哪一种方法,要想得到有效的防砂效果又不过分地影响产能,就必须进行合理的设计和施工。一般来说,砂拱防砂对产能的影响最小,但难以保持砂拱的稳定。先期完井防砂能建立较高的、稳定的产能水平,有条件时应尽量采用。

(6)费用:从施工成本考虑应该选择最经济的防砂方法,但是应该考虑综合经济效果。

2.防砂方法优缺点对比

主要防砂方法的优缺点对比见表1-1-4。

表 1-1-4　主要防砂方法的优缺点对比

防砂方法	优点	缺点
砂拱防砂	1. 费用低； 2. 简便易行	1. 控制井底压力和流速影响产能； 2. 砂拱稳定性不好
防砂管柱	1. 费用低； 2. 作业简便； 3. 可用于多层完井	1. 不能防细粉砂； 2. 防砂管柱易堵塞，影响产能； 3. 防砂管柱易受冲蚀、寿命短
砾石充填	1. 施工成功率高达 80%~95%； 2. 方法可靠，有效期 10 年以上； 3. 作业相对简单，费用中等； 4. 各种油井、地层及井段适应性强； 5. 裸眼砾石充填完井的产能高，为射孔井的 120%~130%	1. 井内有留物，修井复杂、费用高； 2. 不适用于细粉砂地层防砂； 3. 多层井、异常高压井及斜井费用高； 4. 管内砾石充填影响产能，未预充填或挤压充填井的产能为射孔井的 11%~33%
树脂胶结	1. 可用井内现有的施工管柱，无须钻机或修井机； 2. 井内无留物，可用于多层完井的上部地层； 3. 对地层砂粒度范围适应性强； 4. 可用于异常高压井； 5. 修井作业简单，无须套铣、打捞	1. 地层渗透率下降，更不宜重复作业； 2. 成本高，特别是长井段更昂贵； 3. 树脂有毒，易燃，需特殊防护； 4. 作业液易污染，泵入速度要求严； 5. 地层渗透率要均匀，层段小于 3m； 6. 固井质量要好，不能有窜槽现象； 7. 作业后需候凝； 8. 炮眼一定要畅通； 9. 不适用于老井，裸眼井
树脂砂浆	1. 树脂用量为树脂胶结法的 20%~30%，成本相对较低； 2. 可用于老井，含页岩和粉砂岩井段； 3. 井内无留物，可用于多层完井的上部地层； 4. 作业成功率高，可达 80%~95%； 5. 防砂井段长度可达 6m	1. 费用较高； 2. 树脂有毒，易燃，需特殊防护； 3. 作业后需候凝； 4. 井筒内的凝固砂需用钻机钻掉； 5. 炮眼一定要畅通； 6. 不能用于裸眼井
预涂层砾石	1. 作业无须催化剂； 2. 凝固后无沉降现象； 3. 可用于老井，套管损坏井； 4. 可用于高斜井、热采井及高产井	1. 能吸潮，保存要干燥； 2. 有热变性，温度不能超过 100℃； 3. pH 值适应范围为 6~9； 4. 胶结后渗透普通砾石的 70%

项目二　机械采油

> CAA012 采油的方式

在油田开发的初期，地层能量充足，地层压力较高，井底压力低，形成的生产压差较大，油层压力推动石油流向井底，沿着油管举升到地面，这种采油方法称为自喷采油。随着石油的不断采出，地层能量不断地减小，压力不断地降低，直到不足以将石油举升到地面，这时需要通过机械手段从地下开采石油，这种通过机械手段从地下开采石油的方法称为机械采油。

> ZAA002 油井的主要采出方式

随着采油技术的不断进步，机械采油的工艺和设备也得到了较快的发展，方式也多种多样，概括起来主要分为有杆泵采油和无杆泵采油。有杆泵采油是指通过抽油机带动井下抽油杆和抽油泵往复运动从地下开采石油，无杆泵采油是指不需要抽油杆传递力从地下开采石油，如电动潜油离心泵、水力活塞泵、振动泵、射流泵装置等。

一、有杆抽油设备

有杆抽油设备主要包括抽油机、井下抽油泵和连接二者的抽油杆"三抽"设备。本书主要介绍抽油设备的地面部分——抽油机。

抽油机是抽油设备的地面传动装置,按照结构和工作原理可以分为游梁式抽油机和无游梁式抽油机。

(一)游梁式抽油机

1. 组成

游梁式抽油机在结构上大同小异,都是以电动机作为原动力,曲柄连杆机构作为动力的传动装置,主要由电动机及其电路控制装置、底座、减速箱、曲柄、平衡块、连杆、横梁、支架、游梁、驴头、悬绳器及刹车装置等组成。

2. 工作原理

整个抽油装置由电动机(或其他动力)带动,通过减速箱、曲柄连杆机构和游梁将电动机的高速旋转运动转变为抽油机驴头的低速上下往复运动,驴头的往复运动通过悬绳器、光杆和抽油杆带动井下的抽油泵柱塞做上下往复运动,实现抽油的目的。

3. 分类

1)常规型游梁抽油机

常规型游梁抽油机是国内外矿场使用最广泛的一种抽油机,该抽油机支架在驴头和曲柄连杆之间,其上、下冲程时间相等。常规型游梁式抽油机的结构如图1-1-4所示。

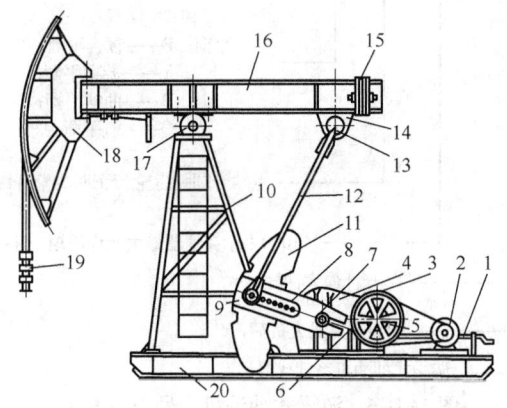

图1-1-4 常规游梁式抽油机结构示意图

1—刹车手柄;2—动力机;3—减速箱皮带轮;4—减速箱;5—输入轴;6—中间轴;7—输出轴;
8—曲柄;9—连杆轴;10—支架;11—曲柄平衡块;12—连杆;13—横梁轴;14—横梁;
15—游梁平衡块;16—游梁;17—支架轴;18—驴头;19—悬绳器;20—底座

2)前置型游梁抽油机

前置型游梁抽油机的减速箱装在支架前方,因缩短了游梁而使抽油机长度大为减少,连杆和游梁支点的前移,使上、下冲程时间不等,曲柄转角不等。前置型游梁抽油机的结构如图1-1-5所示。

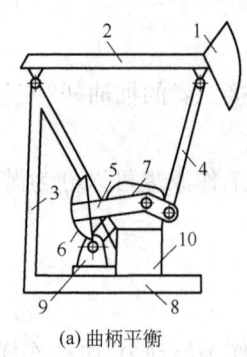 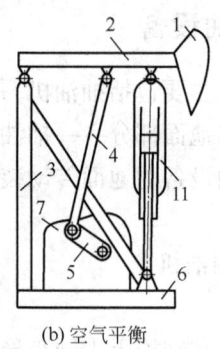

(a) 曲柄平衡　　　　　　　　　(b) 空气平衡

图 1-1-5　前置型游梁抽油机结构示意图

1—驴头；2—游梁；3—支架；4—连杆；5—曲柄；6—曲柄平衡重；7—减速箱；
8—底座；9—动力机；10—支座；11—平衡空气包

3）变型游梁抽油机

出于增加冲程和节约能源的目的，近年来国内外研制生产了多种变型游梁抽油机，主要有异相型游梁抽油机、旋转驴头式游梁抽油机、气动抽油机等 10 余种。由于变型游梁抽油机在矿场中使用的数量较少，这里不做介绍。

4. 代号

游梁式抽油机代号如图 1-1-6 所示。

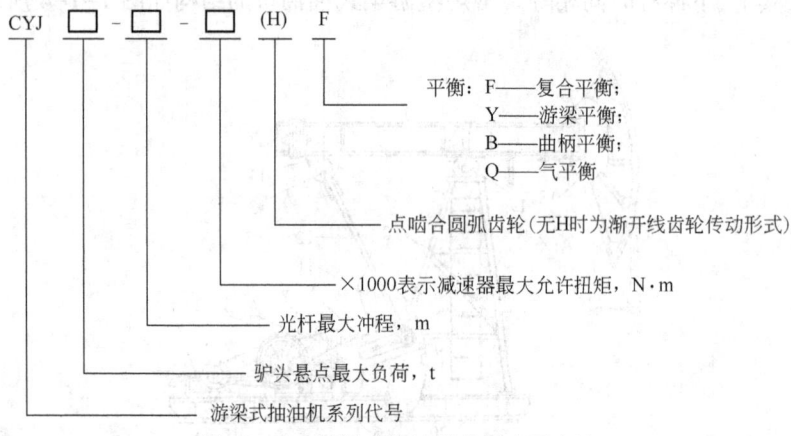

图 1-1-6　游梁式抽油机代号表示方法

示例：CYJ3-1.2-7(n)Y 表示该抽油机为游梁式抽油机，最大悬点载荷为 30kN，减速箱曲柄最大扭矩为 7000N·m，减速箱齿轮为点啮合圆弧齿轮传动形式，游梁平衡方式。

> CAA015　无游梁式抽油机的分类

（二）无游梁式抽油机

无游梁式抽油机是为了克服游梁式抽油机体积大、重量大的缺点、改善抽油机工作条件，扩大有杆泵在井深和产量方面的使用范围而研制生产的，与游梁式抽油机相比，仍然保留了抽油杆，维持有杆抽油设备的工作方式，抽油泵也相同，不同的是抽油机的结构和运动形式发生了变化。无游梁式抽油机主要有链条式抽油机、曲柄连杆式无游梁抽油机、液压式抽油机等 10 余种。

1. 链条式抽油机

链条式抽油机(图 1-1-7)的电动机通过皮带传动、减速箱减速后,驱动主动链轮旋转,轨迹链条在垂直分布的主动链轮和上链轮产生运动,在轨迹链条上有一个特殊链节,它通过主轴销、滑块带动往返架,因导轨的限制,往返架上端有钢丝绳通过滑轮连接光杆的悬绳器,这样,往返架的上下垂直运动就使光杆和抽油机相应地进行上、下冲程运动。

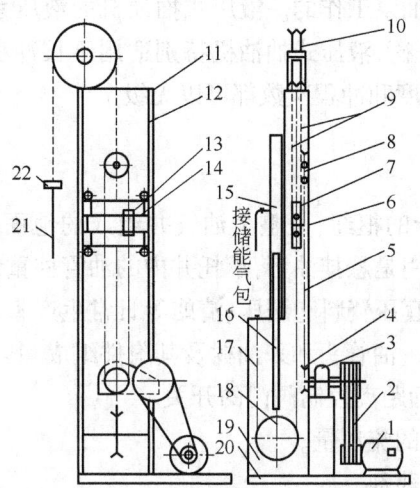

图 1-1-7 链条式抽油机结构示意图

1—动力机;2—传动皮带;3—减速箱;4—主动链轮;5—轨迹链条;6—特殊链节;
7—往返架;8—上链轮;9—上钢丝绳;10—滑轮;11—机架;12—导轨;13—滑块;
14—主轴箱;15—平衡缸;16—平衡柱塞;17—平衡链条;18—平衡链轮;
19—油底壳;20—底座;21—光杆;22—悬绳器

2. 曲柄连杆式无游梁抽油机

曲柄连杆式无游梁抽油机(图 1-1-8)由电动机减速箱、带平衡重的曲柄、连杆、横梁、柔性件(或钢丝绳)、绳轮支架和座底等组成。

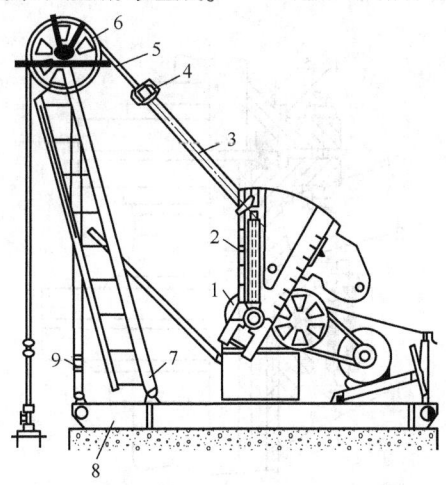

图 1-1-8 曲柄连杆式无游梁抽油机的结构示意图

1—减速箱;2—曲柄;3—连杆;4—横梁;5—柔性件;6—绳轮;7—支架;8—底座;9—可调螺杆

曲柄连杆式无游梁抽油机取消了游梁,动力由减速箱经曲柄、连杆、横梁传到柔性件(钢丝绳或链条),而柔性件再通过绳轮(或链轮)和光杆的悬绳器连接,使抽油杆柱做上下往复运动,从而带动井下抽油泵进行吸油和排油工作。

3. 液压式抽油机

液压式抽油机是利用液压传动方式将电动机的高速旋转运动转变为抽油杆的上下垂直往复运动,从而带动井下抽油泵工作的。液压式抽油机的液压系统和平衡系统主要用于控制和调节抽油杆柱运动和平衡,液压式抽油机特别适用于长冲程、小冲次的工作,冲程长度可达 6.1~12.2m,且冲程长度和冲程次数都可以无级调节。

二、井口装置

> CAA008 油气水井井口装置的组成

井口装置是油气井生产的枢纽,是整个油气井组成的地面部分,是控制和调节油气井生产的主要设备,其主要作用是悬挂油管,承托井内的油管柱重量;密封油套环形空间;控制和调节油井的生产;录取油套压资料和测压、清蜡等日常生产管理;保证各项井下作业施工。

> CAA009 油气水井井口装置的作用

井口装置一般由套管头、油管头和采油树及其附件组成,其特点:

(1)在特殊情况下,可远距离控制阀门的开关。

(2)可以控制井下介质的流动量。

> GBE010 井口装置的维护保养

(3)可向井下注入化学药剂。

(4)可连接井上或井下数据设备、动力设备的管线及密封。

(5)可通过井口装置进行井下的特殊操作。

(一)套管头

套管头装在整个井口装置的最下端,其作用是将井内各层套管连接起来,使各层套管间的空间密封不漏。套管头按悬挂套管的层数分为单级套管头、双级套管头和三级套管头。

图 1-1-9 为单级套管头结构示意图,表层套管用法兰与套管头下法兰连接,油层套管穿过套管头通过螺纹与套管头连接。对于只下油层套管的井,可以不用套管头,将套管四通的下法兰直接连接在油层套管的法兰上。

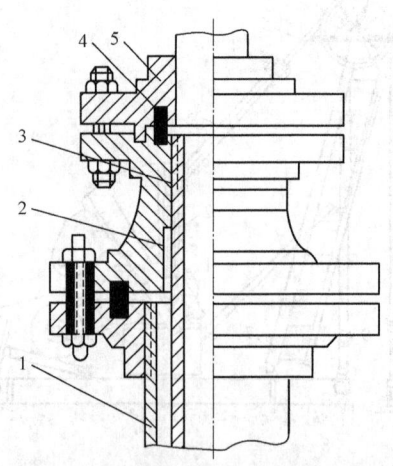

图 1-1-9 单级套管头结构示意图
1—表层套管;2—套管头;3—油层套管;4—钢圈;5—套管四通下法兰

(二)油管头

油管头是整个井口装置的中间部分,装在套管头上面,包括套管大四通和油管悬挂器两部分,其作用是悬挂井内管柱,密封油套环形空间。图1-1-10中的油管头是目前油田普遍采用的油管头,套管大四通上加工有顶丝法兰盘,油管挂坐在套管大四通里,通过挤压油管挂上的O形密封圈来密封油套环形空间,顶丝的作用是防止井内压力太高时顶出油管柱。有的采油树不用油管挂,油管直接和上法兰连接,这样的井口在套管大四通上没有顶丝装置。

(三)采油树

采油树装在套管大四通的上部,主要由套管阀门、总阀门、上法兰、生产阀门、清蜡阀门、油嘴、油管四通或三通等部件组成,其作用是控制和调节油气井生产,引导油井中采出的油气通向井场的输油管线。对于一口油气井,采油树可根据油井的油层深浅,油层压力系数的大小,预计产量的大小,产液(气)性质及液气组成成分等来确定。目前油田常用的采油树主要有250型、350型和600型。采油树结构如图1-1-11所示。

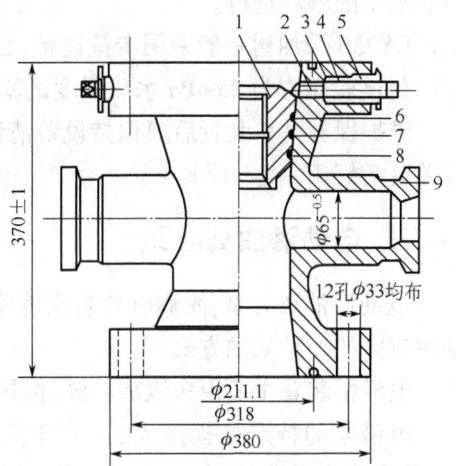

图 1-1-10 油管头
1—油管悬挂器;2—顶丝;3—垫圈;
4—顶丝密封;5—压帽;6—紫铜圈;7—O形
密封圈;8—紫铜圈;9—大四通

ZBF042 采油树的结构

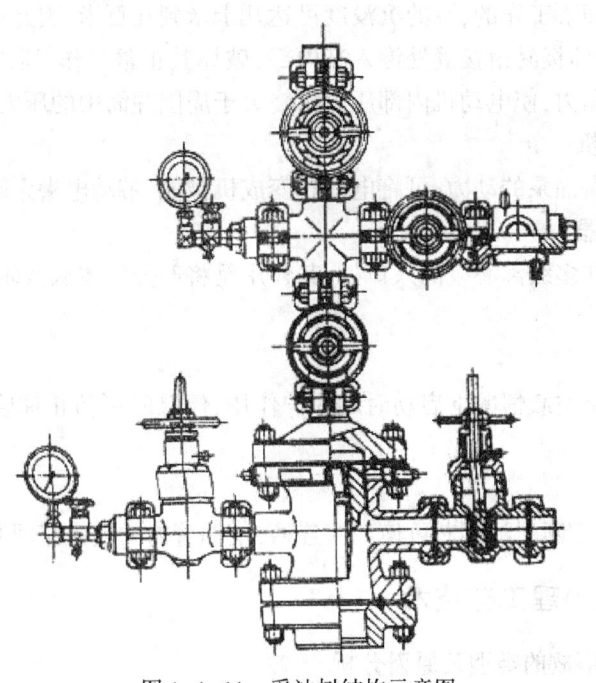

图 1-1-11 采油树结构示意图

井口CY250型采油树的作用是悬挂油管、承托井内全部油管柱重量;密封油、套管之间的环形空间;控制和调节油井的生产;录取油、套压力资料,测试,清蜡等日常管理;保证各项作业施工的顺利进行。

> CAA011 采油树的安装方法

CY250采油树一般采用卡箍连接,公称通径为65mm,最大工作压力为25MPa,水压密封试验压力为25MPa,水压强度试验压力为50MPa。

维护保养井口装置后要保持设备清洁无渗漏、无油污、无锈蚀、无松动、无缺损、各部件开关灵活好用。

三、电动潜油离心泵

> CAA016 电动潜油离心泵的结构

电动潜油离心泵,简称电潜泵或潜油电泵,属于无杆采油方法的一种,也是目前国内外采用较多的一种采油方式。

电潜泵装置主要由多级离心泵、保护器、潜油电动机及附属设备组成。

电潜泵的特点是排量大,适用于大量排液的油井,且效率比有杆泵高,地面装置简单,易实现自动化控制,缺点是结构复杂,对电缆的要求高,密封不可靠,使用寿命不高,检泵周期短。

(一)多级离心泵

为了满足深井扬程的需要,离心泵采用多级串联。离心泵分为转动和固定部分,转动部分包括泵轴、轴中部安装的多级叶轮、轴上部的滑动止推轴承以及下端穿过很长的填料密封装置后再安装上的径向止推轴承等;固定部分包括与每个叶轮相配的导轮、泵壳等。因为泵浸没在原油中,当叶轮旋转时原油从吸入口吸入,加压后从油管排出。

(二)保护器

电潜泵是在液面下工作的,泵的沉没度可达几十米到几百米,因此潜油电动机承受很大的液柱压力,地层液体极易由接缝处渗入其内部,破坏其正常工作,所以保护器的作用主要是平衡电动机中的压力,使电动机内部压力始终大于周围井筒中的压力。

(三)潜油电动机

潜油电动机是潜油泵的动力,可将电能转变成机械能,带动电潜泵转动,实现采油。

(四)油气分离器

油气分离器装在多级离心泵的入口处,其作用是将部分气体从液体中分离出来,避免发生汽蚀。

(五)单流阀

单流阀在电潜泵空载情况下启动时起保护作用,停泵时可防止油管内井液倒流以免电泵反转。

(六)泄油阀

在作业启泵时,切断泄油阀芯可使油套连通,使油管内的液体流回井筒。

四、卡钻事故处理工艺技术

> GAA001 砂卡的定义

(一)常规卡钻事故的类型及原因分析

1. 砂卡

在油水井生产或井下作业中,地层出砂或作业用砂及压裂砂埋住部分管柱,造成管柱不能正常提出井口的现象称为砂卡,砂卡主要有管柱卡和井下工具卡两种。

砂卡的原因：

(1)在油井生产过程中,油层中的砂随油流进入油套管环空后逐渐沉积造成砂埋管柱,形成砂卡。

(2)冲砂作业时,由于排量不足,洗井液携砂能力差,不能将砂洗出或完全洗出井外造成砂卡。施工中由于液量不足冲砂进尺太快,接单根时间过长,因故不能连续施工,都会造成砂子下沉埋住管柱而卡钻。

(3)压裂施工中,由于管柱深度不合适,砂比大,压裂液不合格及压裂后放压太猛也会造成砂卡。

(4)填砂作业时,砂比太大,未持续活动管柱,也会造成砂卡。

2. 水泥卡

由于水泥固住部分管柱不能正常提出管柱的事故称为水泥卡。水泥卡的原因：

(1)注水泥塞时替完水泥浆没有及时上提管柱,水泥凝固将井下管柱固住。

(2)注水泥时间拖长或催凝剂用量过大,使水泥浆过早凝固将井下管柱固住。

(3)井内注水泥管柱深度或顶替量计算错误造成水泥卡钻。

(4)使用水泥的温度低,而井下温度过高,或井下遇到高压盐水层,以致早期凝固。

3. 落物卡

在起下钻施工中,由于井内落物将井下管柱卡住造成管柱不能正常起下的事故称为落物卡。落物卡的原因：

(1)井口未装防落物保护装置造成井下落物。

(2)施工人员责任心不强,工作中马马虎虎,不严格按操作规程施工,造成井下落物。

(3)井口工具质量差,强度低,在正常施工时也可能造成井下落物。

4. 套管卡

井下管柱、工具等卡在套管内,用与井下管柱悬重相等或稍大的载荷无法正常起下作业的现象称为套管卡。套管卡的原因：

(1)对井下套管情况不清楚,错误地将管柱、工具下在套管损坏处。

(2)在油水井生产过程中,泥岩膨胀、井壁坍塌造成套管变形或损坏,进而将井下管柱卡在井内。

(3)构造运动或地震等原因造成套管错断、损坏而发生卡钻。

(4)在井下作业及增产措施施工中,操作或技术措施不当会造成套管损坏而卡钻。

5. 水垢卡

由于井内大量结垢,使井内管柱不能正常提出的现象称为水垢卡。水垢卡的原因：

(1)注水水质不合格,含氧等化学成分及杂质过高。

(2)注水管柱长期生产未及时更换。

(二)卡钻的处理方法

1. 砂卡的解除方法

(1)活动管柱解卡：砂桥卡钻或卡钻不严重的井可上提下放反复活动钻具,使砂子受振动疏松下落而解除卡钻;砂卡较严重的井可在设备负荷和井下管柱强度许可范围内采用大力上提悬吊一段时间,再迅速下放反复活动的方法解除砂卡,使用此方法前,必须认真检查设备、刹车、井架、大绳、天车、游车、绷绳、地锚,保证各部位可靠、灵活好用,每次活动10~20min应稍停一段时间,以防管柱疲劳而断脱。

(2)憋压循环解卡:发现砂卡立即开泵洗井,若能洗通则砂卡解除,若洗不通可采取边憋压边活动管柱的方法解卡。憋压压力应由小到大逐渐增加,不可一下憋死,憋一定压力后突然快速放压同时活动管柱效果会更好。

(3)连续油管冲洗解卡:选择小于被卡管柱内径的连续油管,将其下入被卡管柱内,下到砂面附近后开泵循环冲洗出被卡管柱内的砂子,深度超过被卡管柱深度后,继续冲洗被卡管柱外的砂子,逐步解除砂卡。

(4)诱喷法解卡:地层压力较高的井发生砂卡时可用诱喷的方法使井能够自喷,通过放喷使砂子随油气流喷出井外,从而起到解卡的目的。

(5)套铣筒套铣:套铣就是在取出卡点以上管柱后,其他措施无效或无明显作用时,采用套铣筒等硬性工具对被卡落鱼进行套铣、清除掉卡阻处的落鱼而解除卡阻的方法。

GAA010 落物卡钻事故的处理方法

2. 落物卡的解除方法

解除落物卡切忌大力上提以防卡死或损伤套管,一般处理的方法如下:

(1)根据落物形状大小及材质,考虑将落物拨正后能否从环空落下去或能否靠管柱提放、转动将其挤碎,如果可能的话可慢慢提放、转动管柱,将落物拨正落到井底或将其挤碎,达到解卡的目的。

(2)如果被卡管柱下面有较大工具(如封隔器等),落物从任何角度都无法通过环空,且落物构质坚硬不易挤碎,轻提慢放转动管柱无效,可测算卡点深度,将卡点以上管柱倒出,根据落物形状大小,选择合适的工具(如强磁打捞器,一把抓等)将落物捞出,如捞不出可选择尺寸合适的套铣筒将其套铣掉,再捞出落井管柱。

(3)如落物不深并且不大(如钳牙、螺栓等),可采用悬浮力较强的洗井液大排量正洗井,同时上提管柱,直至将落物洗出井外,使管柱解卡。

GAA011 水泥卡的处理方法

3. 水泥卡的解除方法

(1)卡钻不死、能开泵循环通的井,可将浓度15%的盐酸替到水泥卡的井段,靠盐酸破坏水泥环而解卡。

(2)如果循环不通,管柱内外全部被水泥固死,可采取倒扣解卡法:先测算卡点深度将水泥面以上管柱全部倒出,再下套铣筒,将被卡管柱与套管之间环空的水泥铣掉,套铣一根打捞倒扣一根(或下组套铣筒,一次套铣几根),直至将被卡管柱全部倒出。采用此种方法时要特别注意保证套铣过程中洗井液及排量充足,接卸单根动作要迅速,防止灰屑下沉造成新的卡钻。

(3)如果套管内径较小,固死的管柱外无套铣空间,可采取磨铣法,即首先将水泥面以上管柱全部倒出(或切割),再用平底磨鞋或凹底磨鞋将被卡的管柱及水泥环一起磨掉。

GAA012 套管卡钻的处理方法

4. 套管卡的解除方法

处理套管卡的方法:首先采取倒扣、下割刀切割或爆炸切割的方法将卡点以上的管柱起出,然后通过打铅印、测井径、电视测井等方法探视、分析套管损坏的类型和程度,根据探视结果制定切合实际的处理方案。

(1)一般变形不严重的井,可采取机械整形(胀管器、滚子整形器)或爆炸整形的方法将套管修复好达到解卡目的。

(2)如果变形严重,以上方法不能使用,可下铣锥或领眼高效磨鞋进行磨铣打开通道解卡,如此种方法对套管造成损伤或套管破裂,可通过套管补贴进行补救。

项目三　常规井下作业工艺

常规井下作业工艺过程是指将井下油管及其连接的井下工具所组成的整个管柱起出。经过检修或换上新的井下工具,按设计要求向井筒内下入管柱,达到维护油水井、恢复正常生产的目的作业(俗称起下管柱作业)。这种作业工作量占整个修井作业量的60%以上。

CAA019　压井作业的施工步骤

一、压井

ZAA003　压井方式

高压油、气、水井进行井下作业时,有时必须拆卸井口装置敞口作业,为了防止失控发生井喷事故。可根据油层静压的大小选择不同密度的压井液并将其打入井筒,在井底造成回压,达到控制油层压力、便于井下作业的目的。

为了防止油层污染,保持油井的生产能力,原则上要求采用不压井施工技术,但遇到下列情况之一时,允许选择适当的方式进行压井施工:

(1)井口不具备安装控制器的安全负荷。

(2)井内管柱上无不压井作业工具。

(3)井内不压井作业工具出现故障或失效。

(4)进行套管内打捞落物或者大修作业。

(5)无法与不压井作业装置相配套的其他作业施工。

CAA018　压井的方法

(一)压井方法

(1)灌注法:即向井筒内灌注一段压井液将井压住的方法。此法多用在井底压力不高、修井工作简单、修井时间不长的井。

(2)循环法:将配好的压井液泵入井内,替出井筒中密度较小的井液将井压住的方法,这种方法现场应用较多。循环压井法又分为正循环和反循环两种工艺。

① 正循环压井:低压、气量较大的油井一般采用正循环压井。这种压井方法井口先放空,然后从油管泵入压井液,井内液体由套管替出。

② 反循环压井:多用在压力高、产量大的井或者抽油井中,压井时压井液从套管进入井筒,从油管内排出井内液体。

(3)挤注法:从井口泵入压井液,把井内的油、气、水挤回地层,以达到压井的目的。这种压井方法是在既不能用循环法,又不能用灌注法压井的情况下采用的,如砂堵、蜡堵或因事故不能进行循环的高压井等。

(二)压井作业

1.压井前的准备

(1)备足2倍于井筒容积的压井液;

(2)接好压井管线(一般都用反循环压井方式);

(3)压井前将压井液循环均匀,测量压井液的密度并进行调整。

2. 压井操作

(1)将水泥车的压井管线接好;

(2)压井时先放气至见油;

(3)用水泥车泵入清水作前垫,接着打入压井液,泵压控制在 2~8MPa,直到进出口压井液密度的平均误差为 0.02,大排量进行循环;

(4)停泵观察溢流,无溢流说明已压井成功。

ZAA004 替喷方法

(三)替喷

(1)清除池内的泥沙脏物,准备好替喷用的清水(2 倍的井筒容积);

(2)替喷管柱下至距人工井底 1~2m 处开始替喷;

(3)替喷排量逐渐加大,当排量加大到 24m^3/h 时,边替边加深管柱至人工井底以上 2m,进行大排量循环,井口全部见清水后再循环一个井筒容积的水量,停泵;

(4)替喷完后迅速上提油管到设计深度,坐好井口;

(5)替喷后要放喷排出井内清水,出口见油后,再进入输油干线投产。

二、降压

为了防止井底附近地带的地层被杂质污染堵塞,注水井一般不用油或压井液压井,而是采用放压的方法来降低井口压力。当井口压力降至 0 或不喷水时,即可拆开井口,进行井下作业。

三、起下作业

(一)起下管柱施工的准备工作

(1)将油管按顺序整齐地摆放在油管桥上,将箍一端朝向井口并且方向一致;

(2)刺洗干净油管,并用钢丝刷及棉纱将内、外螺纹清理干净;

(3)用相应的内径规检查内径;

(4)检查油管质量,如不合要求立即抬出油管桥 2m 以外;

(5)按顺序编号,并准确丈量油管及井下工具的长度;

(6)检查各绷绳(死绳头、绳卡子)是否紧固牢靠;

(7)检查所用的吊卡是否有保险装置,吊卡销子是否用麻绳拴在吊环上;

(8)检查油管钳等工具是否灵活好用,搭好井口操作台和拉油管装置及滑道。

CAA020 起下管柱作业操作方法

(二)起下管柱的操作方法

1. 压井起油管作业

(1)在井口装一套半封封井器(起下配产、配注管柱必须装全套井口控制器)。

(2)将选好的提升短节与油管悬挂器对好扣并上紧,然后松开油管头顶丝。

(3)试提:后绷绳地锚一侧要有专人看守检查,有专人看拉力表并充当试提指挥;井口不准站人,并且要密切注视井架和底座的状态;试提时观察拉力表悬重,正常无卡阻现象后进入正常起下作业。起出的油管要 10 根一组整齐地排放在管桥上。卸油管时螺纹要全部卸开,防止粘扣或伤人。

(4)压井作业不准装自封芯子,防止将死油和蜡块刮入井内,影响起下作业。

(5)井口不准摆放小件物品,以防落入井内。

(6)起油管过程中,遇卡时不得猛提,应慢慢上下活动,并分析原因进行处理。

2. 不压井起油管作业

(1)压裂、化学解堵、酸化、配产、找水、验窜等施工作业要求不压井起油管。

(2)投堵密封,装好井口控制器及加压装置,试提倒出油管悬挂器。

(3)利用自封起下管柱。起下管柱过程中,当悬重下降较大时,应马上装好安全卡瓦,油管有上顶显示时,立即穿好加压绳,进行加压起下。

(4)配产井起封隔器前先进行解封。

(5)封隔器解封时,油套管不连通的管柱应先使油套压平衡。

(6)起到封隔器卡距部分,可以慢慢加压提出。

(7)起尾管时要检查尾管长度,待尾管通过全封时,先合安全卡瓦,后关全封,放空起出尾管,盖好井口。

四、检泵作业

检泵作业是指定期检修换泵或改变泵径、改变泵挂深度及解决砂卡、蜡卡、抽油杆断脱等故障而进行的修井作业,方法是将井下抽油杆柱、油管柱起到地面进行检修,并清除井内出砂和结蜡等杂物换泵后下入井内,维持油井正常生产。检泵分为计划检泵和躺井检泵,计划检泵是指在规定的周期内,对抽油管柱进行检修更换、改变泵径、加深泵挂,实现稳定配产;躺井检泵是指油井由于出砂、卡泵、漏失、断脱等故障而进行的作业。

(1)泵挂深度计算:泵挂深度=油补距+油管挂及短节长度+泄油器长度+泵以上油管总长+泵长度。

(2)抽油杆组合:驴头处于下死点时,光杆伸入油管挂的长度+抽油杆总长度+泄油器长度+活塞拉杆长度+活塞长度+防冲距=油管挂短节长度+油管总长度+泄油器长度+泵的长度。

(3)防冲距:深井泵活塞在最低点时游动阀和固定阀之间的距离。

(4)对抽油杆的要求:抽油杆从井里起出后要整齐排放在不少于3个支撑点的管桥上,清洗表面的结蜡和泥沙;严重弯曲、磨损和螺纹损坏的抽油杆不能下井;若起下时抽油杆被卡,不能硬提,防止产生拉伸变形而损坏。

(5)对油管的要求:油管应无裂缝,无漏失,无弯曲,螺纹完好;油管内外清洗光滑,并要用油管内径规检查;下井油管螺纹应涂抹螺纹油后上紧。

(6)对深井泵的要求:运送时要防止剧烈振动,以免将泵的衬套振乱而返工;深井泵下井前应详细检查各部件性能是否符合设计要求;连接抽油泵时使用的工具应擦洗干净,避免脏物掉入泵内,管钳不能咬住泵的工作筒,不能转动泵的压紧接箍;杆式泵的支撑环配合要严密不漏,不得装反。

五、通井作业

通径规是用于检测井下管状物通径尺寸的专用工具,主要用于检测套管、油管、钻杆等内孔的通径尺寸是否符合标准,是井下作业常用的检测工具。套管通径规是检测套管内通径尺寸的薄壁筒状工具,由接头与筒体两部分组成,接头下部由螺纹与筒体连接,筒体下部可稍薄,将筒体下部加工成薄壁的目的是当套管变形处内径小于通径规的外径时,筒体容易变形,通过变形能大概了解套管变形状况,还能缓冲撞击力,不易卡住通径规,便于起出钻柱。一种筒体上下两端都可加工有连接螺纹,当下入井内的作业工具较长时,可将两个通径规连接使用,另外一种通径规的筒体为两端是中空的斜面导向体,多用于大斜度井或水平井通井。

套管通径规和油管通径规的技术参数分别见表1-1-5和表1-1-6。

表1-1-5 套管通径规的技术参数

套管规格,in	4½	5	5½	5¾	6⅝	7
外径,mm	92~95	102~107	114~118	119~128	136~148	146~158
长度,mm	500	500	500	500	500	500
上部接头螺纹	NC26 2⅜TBG	NC26 2⅞TBG	NC31 2⅞TBG	NC31 2⅞TBG	NC31 2⅞TBG	NC38 3½TBG
下部接头螺纹	NC26 2⅜TBG	NC26 2⅞TBG	NC31 2⅞TBG	NC31 2⅞TBG	NC31 2⅞TBG	NC38 3½TBG

表1-1-6 油管通径规的技术参数

油管规格,in	1½	2	2½	3	3½	4
外径,mm	38	48	59	73	84	95
长度,mm	500	500	500	500	600	600

【CAA026 通井作业的要求】

(1)通井前选择通径规,其最大外径要求比所通套管内径小6~8mm,长度不小于0.5m且具有内通孔,特殊情况按设计要求选用。

(2)将通径规接在通井管柱最下端,边循环边下通井管柱,将井内死油、蜡块以及其他杂物替出。

(3)注意观察指重表,遇阻(悬重下降20~30kN)时应上下活动管柱,使管柱通过遇阻位置。

(4)如遇阻不能靠管柱自重解阻,可起出更换小直径通径规(比前次小2mm),再次下入通井,一直到要求位置。

(5)通完井起出通径规详细检查,发现有印痕,应进行描述。

如果是在油管内通井,一般使用钢丝绳软通,将通井用的安全接头、加重杆和麻花钻头接到通井车上的钢丝绳上,将带有通井工具的钢丝绳通过地滑轮和井架天车中滑轮再下井内。当接近预定位置时要控制速度,避免通出油管下端,完成通井操作后起出钻头及加重杆,详细操作步骤可按SY/T 5587.5—2018《常规修井作业规程 第5部分:井下作业井筒准备》进行。

【CAA017 洗井作业的方式】

六、洗井作业

洗井是将油管下入一定深度,然后在地面向井筒内打入具有一定性质的洗井工作液,在油管与套管环形空间造成循环，不断冲洗井壁和井底，将井壁和油管上的结蜡、死油、铁锈、杂质等脏物混合到洗井工作液中带到地面的施工。洗井是井下作业施工的一项经常项目，在抽油机井、稠油井、注水井及结蜡严重的井施工时，一般都要洗井。

（一）洗井方式及特点

1. 正洗井

正洗井的洗井工作液从油管打入，从油套环空返出，一般用在油管结蜡严重的井。正洗井对井底的回压较小，但洗井工作液在油套环形空间中上返的速度稍慢，对套管壁上脏物的冲洗力度相对小些。

2. 反洗井

反洗井的洗井工作液从油套环形空间打入，从油管返出，一般用在抽油机井、注水井、套管结蜡严重的井。反洗井对井底造成的回压较大，洗井工作液在油管中上返的速度较快，对套管壁上脏物的冲洗力度相对大些。

3. 正、反洗井

正、反洗井是指先采用正循环洗井冲开井底的沉积砂、水泥块等脏物，然后再采用反循环洗井将脏物带出。

（二）洗井方式的选择

洗井方式要根据各油井的具体情况和设计要求来决定。

1. 特殊井洗井

（1）出砂井优先采用反循环洗井法，且要保持洗井液不喷不漏，若采用正循环洗井应该经常活动管柱防止砂卡。

（2）稠油井或结蜡严重的井洗井应保持洗井液温度在80℃以上或加入降黏剂；泵压高洗井不通时应停泵分析原因进行处理，不得强行憋泵洗井。

（3）严重漏失井应采取有效的堵漏措施后再进行洗井。

（4）含气量较大的井应先将井内的气体控制放出后再进行洗井。

（5）洗井时要注意观察泵压变化，排量由小到大，正常洗井排量控制在 $25\sim30\text{m}^3/\text{h}$；注水井洗井排量可增大到 $35\text{m}^3/\text{h}$；高压油气井出口控制在 $3\text{m}^3/\text{h}$ 以内。

2. 洗井工作液的性质

洗井工作液的性质要根据井筒污染情况和地层物性来确定，要求洗井工作液与油水层有良好的配伍性。油层为黏土矿物结构的井中，洗井工作液中要加入防膨剂。

七、套管刮削施工

（一）分类

套管刮削器主要用于常规作业、修井作业中套管内壁上的死油、封堵及化堵残留的水泥、堵剂、硬蜡、盐垢及射孔炮眼毛刺等的刮削、清除。

套管刮削器包括胶筒式套管刮削器、弹簧式套管刮削器、防脱式套管刮削器。

> ZBG004胶筒式套管刮削器的使用

（二）工作原理

刮削器装配后，刀片、刀板自由伸出，刮削器外径比所刮削套管内径大 $2\sim5\text{mm}$，入井时，刀片向内收拢压缩胶筒或弹簧筒体，最大外径小于套管内径，因此可以顺利入井；入井后，在胶筒或弹簧的弹力作用下,刀片、刀板紧贴套管内壁下行,因刀片、刀板外前端为凸起并带有一定前倾角,对套管内壁进行切削;刀片、刀板在360°方向上互为120°,三组刀片、刀板圆周与套管内壁圆周相同,故可均匀地进行刮削;同时,胶筒式刮削器在液压冲洗下,弹力有所增加。弹簧式刮削器的弹簧弹力足够将刀板推出并保持很大弹力,因此,每一次往复动作都对套管内壁刮削一次,每次都增大刮削直径,这样往复数次,即可达到目的。

(三)结构及技术规范

1. 防脱式套管刮削器

防脱式套管刮削器由上接头、下接头、壳体、刀片、弹簧、刀片座等组成,如图1-1-12所示。

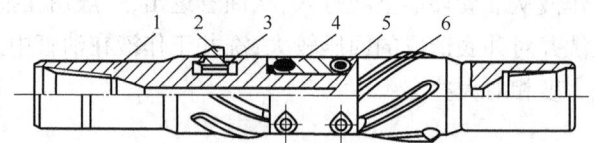

图1-1-12 防脱式套管刮削器

1—主体;2—右旋刀片;3—弹簧;4—挡环;5—螺钉;6—左旋刀片

防脱式套管刮削器的技术规范及参数见表1-1-7。

表1-1-7 防脱式套管刮削器技术参数

序号	规格型号	外形尺寸(外径×长度) mm×mm	接头螺纹		刮削套管直径 mm	刀片伸出量 mm
			钻杆	油管		
1	GX-T114	112×1119	NC26(2A10)	φ60TBG	114.30	13.5
2	GX-T127	119×1340	NC6(2A10)	φ60TBG	127.00	12
3	GX-T140	129×1443	NC31(210)	φ73TBG	139.70	9
4	GX-T146	133×1443	NC31(210)	φ73TBG	146.05	11
5	GX-T168	156×1604	330	φ89TBG	168.28	15.5
6	GX-T178	166×1604	330	φ89TBG	177.80	20.5

2. 胶筒式套管刮削器

胶筒式套管刮削器由上接头、壳体、刀片、胶筒、冲管、下接头等组成,如图1-1-13所示。

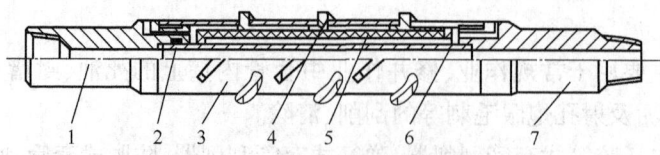

图1-1-13 胶筒式套管刮削器

1—上接头;2—密封胶圈;3—本体;4—刀片;5—胶筒;6—中心管;7—下接头

胶筒式套管刮削器的技术规范及参数见表1-1-8。

表 1-1-8　胶筒式套管刮削器技术参数

序号	规格型号	外形尺寸（外径×长度）mm×mm	接头螺纹		刮削套管直径 mm	刀片伸出量 mm
			钻杆	油管		
1	GX-T114	112×1119	NC26(2A10)	φ60TBG	114.30	13.5
2	GX-T127	119×1340	NC6(2A10)	φ60TBG	127.00	12
3	GX-T140	129×1443	NC31(210)	φ73TBG	139.70	9
4	GX-T146	133×1443	NC31(210)	φ73TBG	146.05	11
5	GX-T168	156×1604	330	φ89TBG	168.28	15.5
6	GX-T178	166×1604	330	φ89TBG	177.80	20.5

3. 弹簧式套管刮削器

1）结构

弹簧式套管刮削器主要由本体、刀板、固定块、压块等零件所组成。

2）用途

弹簧式套管刮削器用于清除残留在套管壁上的水泥块、水泥环、硬蜡、各种盐类结晶或沉积物、射孔毛刺以及套管腐蚀所产生的氧化物等脏物，以便畅通无阻地下入各种井下工具。尤其在井下工具与套管内径环形空间较小时，更应在刮削之后进行下一步施工。

3）工作原理

入井前刮削器的刀片的最大安装尺寸比套管内径大，入井后刀片受力压下弹簧，由弹簧提供径向进给力，当刮削坚硬材料时，经多次刮削才能刮至套管内径尺寸，刮削器连接在下井管柱的下端，管柱的上下移动便是刮削过程中的轴向进给。从刀片的结构来看，每一螺旋刀条的刀片有内外两个弧形切削刃，上下往复刮削是内外两刃轮流工作，两刃之间有一较宽的横刃带面起到刮削磨切作用。

4）操作

(1) 根据套管内径选合适的刮削器，确定刮削深度。

(2) 将刮削器接在钻柱下端，刮削器不分上下可任意连接。拧紧连接螺纹。

(3) 在井口加压下入。如重量不够，条件允许时可在刮削器下端接上一定数量的尾管。

(4) 下钻速度要慢，防止突然遇阻造成事故，如遇阻 10kN 左右应停止下钻，开泵循环并启动转盘，旋转下放，下放速度视遇阻阻力大小而定。

(5) 下至刮削部位，待循环正常后，一边慢慢旋转工具，一边慢慢下放，然后上提工具，如此反复进行。

(6) 当指重表无任何显示，即下放悬重不降，上提悬重不升，说明刮削干净。

(7) 刮削完毕之后，应充分洗井，将井内被刮削下来的杂物洗出地面。

5）维修保养

(1) 工具使用完毕后，应在井场将工具外部刺洗干净，送回维修保养，不可长期存放，以

GBH015 弹簧式套管刮削器的维修保养

免刀片生锈。

(2)拆卸后检查各零件,如果发现弹簧损坏或者有残余变形(自由高度明显减少)的必须更换新的。

(3)各部分螺纹涂抹密封脂,零件抹油,放阴干处保存。

(四)操作步骤

(1)按套管内径选择合适的套管刮削器。

(2)将套管刮削器连接在管柱底部,条件许可时,刮削器下端可多接尾管增加入井时重量,以便压缩收拢刀片、刀板。

(3)下5根油管后井口装好自封封井器。

(4)下管柱时要平稳操作,下管柱速度控制在20~30m/min;下到距离设计要求刮削井段前50m时,下放速度控制在5~10m/min;接近刮削井段且开泵循环正常后,边缓慢顺螺纹紧扣方向旋转管柱边缓慢下放,然后上提管柱反复多次刮削,悬重正常为止。

(5)若中途遇阻,悬重下降到20~30kN时应停止下管柱;边洗井边旋转管柱反复刮削至悬重正常,再继续下管柱,一般刮管至射孔井段以下10m。

(6)刮削完毕要大排量反循环洗井一周以上,将刮削下来的脏物洗出地面。

(7)洗井结束后,起出井内全部刮削管柱,结束刮削操作。

(五)刮削操作的质量及安全要求

> CAA025 刮削作业的要求

1. 质量要求

(1)刮削套管作业必须达到设计要求,井下套管内通径畅通无阻。

(2)刮削完毕充分洗井,将刮削下来的脏物洗出地面。

(3)资料收集齐全、准确,其内容包括:

① 刮削器型号、外形尺寸;

② 刮削套管深度、遇阻位置、指重表变化值;

③ 洗井时间、洗井液量、泵压、洗井深度、排量;

④ 出口返出物描述。

2. 安全要求

(1)作业时必须安装经过鉴定、符合要求的指重表及井控装备。

(2)下井工具和管柱均应经地面检验合格。

(3)刮削管柱不得带有其他工具。

(4)严禁用带刮削器的管柱冲砂。

(5)刮削过程中必须注意悬重变化,悬重下降最大不超过30kN。

(6)刮削器使用一次后,要及时检修刀片,检查弹簧,保持刮削器处于良好状态。

八、探砂面、冲砂作业

油井生产时,地层砂随井液一起流到井筒,一部分小颗粒流到地面,较大颗粒沉入井底,时间越长沉积的地层砂越多,当砂面掩埋油层或影响其他井下作业时需要进行冲砂作业。为了知道砂面深度,首先要探砂面。

(一)探砂面操作方法

(1)安装灵敏的指重表或拉力计。

(2)平稳地下放探砂面管柱并注意观察悬重变化。

(3)管柱下至距井底30m时,要控制下入速度,管柱遇阻后,拉力计悬重下降20~30kN,做记号,连续探3次,深度一致时,该深度即为砂面深度。

(4)起出探砂面管柱,重新测量核实。

(二)冲砂

冲砂是指用高速流动的液体将井底的砂堵冲散,并用液流循环上返的携带能力将冲散的砂子带出地面,从而清除井底的积砂,恢复与提高油井的产量或水井的注入量。

1. 冲砂操作要求

(1)如果原井管柱是光油管,需要冲砂时,可用原管柱冲砂,如果是配产管柱或其他生产管柱,应更换冲砂管柱。

(2)冲砂时水龙带必须带保险绳,以防止地面管线的弯头、水龙带、活接头等松扣或刮井口及井架。

(3)冲砂洗井时上水管线要悬起,但不能抽空。

(4)进口要用软管线,出口用硬管线,且要配有鸭嘴。

2. 冲砂操作

(1)冲砂管柱下至距砂面2m处,开泵循环,逐渐提高排量缓慢加深冲至人工井底。

(2)冲砂过程中,应随时注意排量、泵压变化,防止井喷,注意井漏,观察拉力表悬重变化,以防砂堵憋泵。

(3)换接单根时,动作要迅速,充分循环洗井,防止沉砂卡钻,如果中途因故必须停泵时,尾管应提过原砂面以上15m并活动管柱。

(4)冲至人工井底时,要频繁活动管柱,防止堵住冲砂管。

(5)操作注意安全,压力大的气井要注意防喷、防火。

(6)冲至人工井底时仍要大排量(36m³/h以上)循环,水量为井筒容积的2倍以上,含砂量要小于0.2%。

(7)冲砂后实探人工井底(同探砂面),并进行核对。

(8)起出冲砂管柱后,要丈量油管,进一步核实人工井底深度。

(三)冲砂注意事项

冲砂前必须了解冲砂井砂堵(卡)的情况,知道冲砂施工的设计要求,熟悉施工的操作;施工前,要打开进出口阀门,以免憋泵;冲砂过程中非必要情况下不能停泵,以免被冲起的砂下沉,将冲砂管柱堵死或卡住,若必须短时间停泵,停泵后应将冲砂管柱上提6~7m,并间歇地活动冲砂管柱,以防造成卡钻;冲砂之前要采取防喷措施,在井口装防喷器;冲砂过程中应尽量使进出口排量平衡,防止发生井喷,注意观察漏失;随时注意泵压的高低变化以推测井下情况或地面管线设备是否畅通,发现问题及时排除;严禁用大直径的管柱冲砂,以防卡钻;在油(气)井冲砂时,还应防止火灾事故。

九、拉力表的使用和保养

> CAA027 拉力表的使用方法

拉力表是井下作业施工时反映井下钻柱和管柱悬重、钻压被卡管柱状态及管柱受力情况的仪表。

(一)用途

拉力表可用于井下钻杆悬重测量、磨钻时钻压的测量、处理事故上提被卡管柱时上提拉力的测量。

(二)结构

拉力表由拉环、变形环、拉杆、齿轮、工作指针、瞬时指针、表盘、外壳等组成。当拉力作用在拉力表两边的拉环上时,变形体产生与拉力大小相应的弧变,通过固定在变形体一端的拉杆,带动工作扇形齿轮转过一个角度,经过机械放大带动与工作扇形齿轮相啮合的圆柱齿轮转动,使装在圆柱齿轮上的工作指针和瞬时指针指示的被测拉力瞬时值。当被测拉力卸除后,工作指针回零,瞬时指针仍停留在测力过程中拉力瞬时最大值的位置,即为测量的读数。

(三)测量范围

现场上常用的拉力表为 LLB-80、LLB-120、LLB-160 三种类型,其测量范围分别为 80kN、120kN、160kN。

拉力表装在游动系统大绳的死绳端,如果游动系统有效绳数为 6 股,则井下钻具悬重为拉力读数乘以 6。

(四)注意事项

(1)避免潮湿和强烈震动。

(2)被测拉力应加在拉力表轴线上,不得使拉力表在转弯处受力。

(3)被测拉力不得超越拉力表上限值。

(4)拉力表应定期检定,检定周期为 3 个月。

十、打捞工艺技术

> GAA013 打捞作业的分类

(一)分类

打捞工艺技术按落物种类划分为 4 类:

(1)管类落物打捞,如油管、钻杆、封隔器、工具等。

(2)杆类落物打捞,如(断脱的)抽油杆、测试仪器、加重杆等。

(3)绳类落物打捞,如录井钢丝、电缆等。

(4)小件落物打捞,如铅锤、刮蜡器、取样器等。

(二)打捞的基本原则

> GAA014 打捞的基本原则

打捞井下落物时应遵循以下原则:

(1)打捞过程中要确保油层、水层不受污染与破坏。

(2)不损伤井身结构。

(3)处理事故过程中必须使事故越处理越简单,不可越处理越复杂。

(三)铅模打印

在实施打捞作业前,一般先进行铅模打印,通过铅模打印来判断井下事故的性质。

铅模(铅印)是用来探测井下落鱼鱼顶状态和套管内径的常用工具,使用该工具,可使打捞人员确知井内落鱼顶部的形状和方位,进而选择合适的打捞工具成功地将落鱼打捞上来。铅模由接箍、短节、拉筋及铅体组成,中心有直通水眼以便冲洗鱼顶。

> GAA015 铅模调查的要求

1. 操作方法

(1)铅模柱体四周与底部不能有影响印痕判断的伤痕存在,如有轻微伤痕,应及时用锉刀将其修复平整。

(2)测量铅模外形尺寸,如果是一次成型铅模,铅体呈锥形,应以铅模底部直径为下井直径,并留草图。

(3)螺纹涂油,接上钻具下入井中。

(4)下钻速度不宜过快以免中途将铅模顿碰变形,影响分析结果。

(5)下至鱼顶以上1根单根时开泵冲洗,待鱼顶冲净后,加压打印。

(6)打印钻压一般加压30kN,特殊情况下可适当增减,但增加钻压时不能超过50kN。

(7)加压打印一次即起钻。

(8)铅模起出后,首先要测量铅模是否缩径,如严重变形,从铅模上可以直观看出套管的损坏程度。

(9)铅模侧面有擦痕,说明套管有毛刺或卷边,如擦痕严重,则说明套管错断,更严重的可直观地在铅模上反映出来。

(10)有规则的管类、杆类和井下工具,通过打印可以直接反映落鱼的内外径、在井下的状态及鱼顶好坏。

(11)绳类落物可以通过打印判断其所处的状态和落物的性质。

(12)有规则的小件落物可直观地在铅模上反映出来,无规则的小件也可通过打印来判断其尺寸大小和所处状态,为下一步打捞提供依据。

2. 注意事项

> ZAA020 使用铅模的注意事项

(1)铅模在搬运过程中必须轻拿轻放,严禁摔碰;存放及车运时,应底部向上或横向放置,并用软材料垫平。

(2)铅模水眼易于堵塞,钻具应清洁无氧化铁屑;为防止堵塞,可下钻300~400m后洗井一次。

(3)打印加压时,只能加压一次,不得二次打印使印痕重复,难以分析。

(4)铅模打印时,要平稳操作,同时观察压力表的变化。

(5)起带铅模管柱遇卡时,要平稳活动或边洗边活动,严禁猛提猛放。

(四)打捞作业操作方法

> GAA016 打捞的操作方法

(1)第一次打捞前,应有印模资料,以便选择合适的打捞工具。

(2)当工具下至鱼顶上部1~2m时,开泵冲洗,并逐步下放工具至鱼顶,观察泵压和悬重变化,判断打捞情况;捞上落物后,试提并上下活动管柱,必须有专人指挥。

(3)每次打捞过程中,应有相应的安全措施,避免破坏鱼顶,防止事故复杂化。

(4)每次打捞完成后,应检查工具是否完好并详细记录;工具如有损坏,应分析原因,研究措施并更换工具。

(5)管柱遇卡需进行倒扣时,应测出卡点位置,根据卡点深度确定倒扣载荷。

(6)如需震击解卡,下击时,上提管柱行程不超过1.5m,下放速度以钢丝绳不跳槽、吊卡不顿井口为原则,速度应快;上击时,以液压上击器调试后的震击力为基准确定上提载荷、行程,震击发生后,停2~3min后下放钻具,重复上提震击。

(7)倒扣时,转盘补心应固定牢靠,防止飞出伤人。

(8)禁止人工倒扣。

(9)捞取落物后起钻,其上提负荷必须控制在打捞工具安全负荷内,避免再次出现事故,不许用转盘卸扣。

(10)起下钻操作应平稳,防顶、防顿,不猛提、不猛放。

(11)起出工具,检查捞获情况并制定下一步措施,直至捞获全部落物。

十一、油层压裂技术

(一)压裂的目的与原理

1. 油层压裂的目的

(1)改造低渗透油层的物理性质,降低流动阻力,提高油井的产油能力;

(2)减缓层间矛盾,使高、中、低渗透率的油层都能合理开采,提高油井利用率;

(3)压裂可以解除近井地带的堵塞和油层污染;

(4)压裂是油井增产的主要措施。

2. 油层压裂基本原理

GAA017 油层压裂的原理

油层压裂可利用液体传递压力,将压裂车产生的高压传递到井底附近。当具有一定黏度的压裂液注入井底附近后,压力有一个持续升高的过程,压力较低时油层吸入液体,当注入速度大于油层吸入速度时,多余的液体就在油层附近憋成高压,当此压力超过地层破裂压力后,油层就会在最薄弱的地方开始破裂形成一条或数条裂缝,继续注入携带有高强度固体颗粒的压裂液扩展裂缝并使之充填。停泵卸压后,由于固体颗粒支撑剂的支撑作用,裂缝不闭合或不完全闭合,在地层中形成一条有足够长度、宽度和高度的填砂裂缝,裂缝具有很高的渗透能力,扩大了油气水的渗滤面积,油气可畅流入井,同样注入水也可顺利注入地层中。

(二)相关技术术语

GAA018 油层压裂的术语

(1)破裂压力:油层压开时的井底压力,取决于油层深度、油层性质、油层原始裂缝发育情况等因素。

(2)含砂比:支撑剂与携砂液之比,过高或过低对压裂效果都有不良影响。含砂比的大小主要由砂粒直径、携砂液性能、裂缝渗透性及液体流速等因素确定。

(3)压裂液用量:前置液、携砂液、顶替液三部分液量的总和。

前置液:压开裂缝之前所用液体,其作用是压开地层延伸裂缝,并保证裂缝具有足够的长度和宽度,同时起降温冷却地层的作用,其用量应从液体性质、地层吸收能力以及压裂方式等方面考虑。

携砂液:携带支撑剂进入裂缝并扩展和延伸裂缝的液体,其用量可根据砂量、含砂比计算得到。

顶替液(后置液):将注入井筒内的携砂液顶替入地层的液体,其用量如果不足会造成砂子在管柱内沉积,形成砂堵;用量过多,会将砂子推向地层深处,使近井地带的裂缝失去支撑闭合,影响压裂效果,其用量应是压裂泵、地面管汇、压裂管柱内容积之和。

(4)压裂方式:单层压裂(分层压裂)或笼统压裂(合层压裂)等几种管柱形式。在发挥现有设备能力,取得最好效果的原则下,应根据地层破裂压力、固井质量、套管强度及本油区的现场经验确定采取何种压裂方式。

(5)压裂车组:根据压裂施工的设计压力和排量所需的功率确定的使用的压裂车数量。混砂车数量根据压裂排量、压裂方式等确定。

(6)最高施工泵压:根据压裂设备、地面管线、井口设备、井下封隔器及套管抗压强度等确定的最大施工压力,原则是既要保证施工的安全,又要最大限度利用现有的条件达到压裂增产的目的。

(7)压裂液:压裂施工中的所有使用的入井流体的统称,有油基酸基和气化(CO_2)压裂液等4种。

(8)支撑剂:用来支撑裂缝的固体颗粒。支撑剂要有一定抗压强度,颗粒要有强度、粒度、还要有一定的密度。常用支撑剂主要有石英砂、陶粒砂、核桃壳等。

(三)压裂设备

水力压裂设备主要包括压裂车组、混砂车、仪表车、管汇车等。

1. 压裂工具

运液罐车和砂罐车等。这里不压裂井下工具主要有封隔器和水力锚,地面有压裂高压井口。另外分层压裂还使用喷砂器等工具。

> GAA019 压裂施工的工序要求

2. 压裂施工步骤及安全注意事项

1)压裂施工步骤

(1)循环:目的是鉴定各种设备的性能,检查管线、井口是否畅通。

(2)试压:检查井口总阀门以上设备、井口、地面连接管线是否能承受施工所需高压。

(3)试挤:用来估计最高破裂压力和油层吸水指数。试挤压裂车数开始为1~2台,逐渐增加至压力、排量平稳为止。

(4)压裂:试挤正常后,按设计加大排量,使井底压力迅速上升,直到压开油层并造缝,加砂;注意按设计要求砂比逐渐增大,且加砂均匀,尽量加大排量,中途不得停泵。

(5)顶替:按设计加完砂量后,立即泵入顶替液,替挤时保持压裂时的排量和压力不变。

(6)关井扩散压力并测压降曲线。

(7)放喷:用油嘴控制放喷,进行返排液和求产。

2)安全注意事项

> GAA020 压裂施工的安全措施

(1)施工现场严禁用明火,严禁吸烟,高压区严禁非岗人员接近。

(2)为防损坏设备,压裂车安全销子不准超过最高工作压力,在处理刺漏时必须放空压力。

(3)施工中要注意防砂堵、防卡管,要注意:

① 压裂管柱结构必须合理,喷砂器必须与井下封隔器相连,尾管长度必须大于 8m,严禁用压裂管柱进行替喷和打捞作业。

② 必须严格检查下井工具,要灵活好用,无损伤,符合质量标准要求。

③ 压裂液、压裂砂必须在现场进行抽样检查,合格后方可使用。

④ 压裂时作业车(包括备用车)不准熄火,必要时可及时活动管柱。

⑤ 严禁在正常压裂施工时进行套管放喷。

⑥ 现场所有人员必须服从压裂现场指挥人员指令。

(4)压裂管柱螺纹连接处一定要涂抹密封脂后上紧,余扣不得大于 2 扣。

(5)井口要呈"十字"固定牢,高压管线用地锚固定。

(6)压后活动管柱必须装有灵敏指重表,且操作平稳,严禁猛提猛放。

(7)压裂施工,最高压力应控制在允许范围内,否则应停止施工。

(8)压后应先关井口阀门,再放压卸管线。

(9)大型压裂需动用消防车,保健医生也应到场。

(10)压裂井场布置要合理紧凑,高压管线不能交叉、重叠和悬空。

十二、油层酸化技术

(一)酸化工艺技术

1. 基质酸化

在不压开地层的前提下,以低于地层破裂压力的压力泵注酸液,酸液通过岩石的基质孔缝,溶解、溶蚀处理层的酸溶性物质,解除近井地带的污染和堵塞。碳酸盐岩以 15%~28%的盐酸+添加剂组成的酸液体系进行处理。砂岩以预处理液、处理液进行处理,预处理液采用 15%的盐酸液,作用是驱替地层水,与碳酸盐反应,隔离氢氟酸,降低 pH 值,防止产生氟硅酸钠沉淀和氟化钙沉淀,处理液为土酸,土酸中的氢氟酸能够溶蚀黏土(硅酸盐)、钻井液颗粒和滤饼、石英、长石等。砂岩酸化用酸原则见表 1-1-9。

表 1-1-9 砂岩酸化用酸原则

地层渗透率,$10^3\mu m^2$	储层矿物	推荐酸液	备注
>0.1	HCl 溶解度>20%	只用 HCl	—
	高石英(80%) 低黏土(<5%)	12%HCl+3%HF	用 15%HCl 预处理
	高长石(>20%)	13.5%HCl+1.5%HF	用 15%HCl 预处理
	高黏土(>10%)	6.5%HCl+1%HF	用螯合的 5%HCl 预处理
	高铁绿泥石黏土	3%HCl+0.5%HF	—
$<10^{-2}$	低黏土	6.5%HCl+1.5%HF	用 7.5%HCl 或 10%CH_3COOH 预处理
	高绿泥石	3%HCL+0.5%HF	5%CH_3COOH 预处理

2. 酸化压裂

注入高黏前置液先压开储层、延伸储层中原有裂缝,后注入酸液,酸液酸蚀裂缝表壁形成沟槽,施工结束裂缝闭合后,酸蚀后的沟槽仍保持高导流能力,从而达到增产目的。前置液的作用是压裂造缝,降低裂缝表面温度,降低裂缝壁面滤失,这些作用能减缓酸岩的反应速度,延长酸浓度的衰减过程,增加酸液的有效作用距离。酸化压裂常用的前置液有改性瓜尔胶、改性田菁、魔芋胶等,用量一般为注入总液量的 $1/3 \sim 1/2$。酸液多用浓度为 $15\% \sim 28\%$ 的盐酸,用量一般为酸蚀裂缝体积的 $2 \sim 3$ 倍。前置液除与普通盐酸搭配使用外,还可与降阻酸、胶凝酸、乳化酸或泡沫酸搭配使用。同时,除了以前置液、酸液方式泵注外,还可以进行前置液、酸液多级交替注入,以上各种液体搭配和注入方式具有各自的特点和应用范围,可根据具体情况选择。

3. 分层酸化

分层酸化技术是针对纵向多产层井或有特殊要求的井的一种酸化施工工艺。

1) 封隔器分层酸化

通过井下工具组合,对纵向多产层井或有特殊要求的井,用封隔器可以实施封上酸下、封下酸上、封上下酸中间的各种施工工艺。该方法的特点是分层可靠性高,但当处理层段间距太小时,不能采用封隔器分层。

2) 投球分层酸化

通过地面高压管汇上连接的投球器投送堵塞球,酸液携带堵塞球入井,根据井中各射孔段吸液压力的差异,堵塞球封堵吸液能力强的层段,酸化吸液弱或不吸液的射孔井段。根据要求可选择数次投球分层,适合层间距离小的井。

3) 化学暂堵分层酸化

利用化学暂堵剂(油溶性或水溶性)暂时封堵相对高渗透层,使酸液集中作用于低渗透层,酸化后通过产油或注水,化学暂堵剂(油溶性或水溶性)溶解,自动释放对高渗透层的封堵。对于多产层产液或吸水差异大的井,尤其在改善注水井吸水剖面上效果较好,但由于化学暂堵剂颗粒粒径较小,不适于裂缝型或特高渗透率地层。

4. 闭合酸化

某些碳酸盐岩储层(如白垩层)酸压后难以形成非均匀刻蚀,裂缝表面被酸软化,凸起部分不能支撑裂缝,加之地层岩石本身强度不够,待裂缝闭合后,酸蚀裂缝不具有较高的导流能力。闭合酸化是以低于地层破裂压力的压力将酸液注入闭合或部分闭合的裂缝中,由于碳酸盐岩在岩石表面分布存在不均匀性,酸岩的反应速度存在较大差异,在碳酸盐岩集中处,裂缝被酸液刻蚀成不规则且深度大的沟槽,获得高导流能力,其他未被刻蚀的裂缝面则能够支撑裂缝。闭合酸化通常在酸化压裂后进行。

(二) 碳酸盐岩及砂岩储层酸化增产原理

酸化是以酸作工作液对油气(水)井进行的增产(注)措施的统称。酸化处理是油气水井的有效增产措施之一,它可以解除或者缓解完井及生产过程中,完井液或注水管线腐蚀后生成的氧化铁和细菌繁殖对地层的污染堵塞,它利用酸液能溶解地层中的酸溶性矿物质和外来物质,溶蚀地层中孔隙或天然(水力)裂缝壁面岩石矿物的特性,增加地层中孔隙、裂缝的流动能力,改善油、气、水的流动状况,从而达到增加油气井产量和注水井注入量的目的。

1. 碳酸盐岩储层基质酸化增产原理

1) 碳酸盐岩储层低产的原因

（1）在钻完井作业中,由于钻井液、完井液的污染严重降低近井地带储层渗透率。储层的缝洞将被堵塞。

（2）近井地带的缝洞被次生方解石充填,渗透性降低。

（3）地层裂缝发育分布不均,井位恰好位于缝洞不发育的低渗透带。

2）增产原理

钻完井过程中,钻井液、完井液中的黏土颗粒、岩屑等沉积在井壁周围形成滤饼,或沿缝洞侵入地层而造成堵塞,虽然堵塞范围通常只限于近井地带,但却严重降低储层的天然渗透能力。碳酸盐岩储层酸化通常采用盐酸进行增产作业。盐酸可直接溶蚀碳酸盐岩和堵塞物或者将堵塞物从岩石表面剥蚀下来。在低于地层破裂压力的泵注压力下,酸液首先进入近井地带高渗透区(大孔隙或缝洞),依靠酸液的化学溶蚀作用在井筒附近形成溶蚀孔道,从而解除近井地带的堵塞,增大井筒附近地层的渗透能力。

碳酸盐岩基质酸化只能改善井筒附近的渗透性,即对近井地带有污染堵塞的井,基质酸化是有效的,而对未受污染的井,酸液沿原生裂缝,溶蚀充填在裂缝中的次生方解石或碳酸盐岩本身,沟通近井地带的裂缝发育带,基质酸化也可获得显著增产效果。

2. 碳酸盐岩储层酸化压裂增产原理

酸化压裂是水力压裂与酸化处理工艺技术的组合,是依靠压裂泵的水力作用,压开地层形成新裂缝或撑开地层中原有裂缝,利用酸液的化学溶蚀作用,沿压开、撑开的裂缝溶蚀碳酸盐岩,形成具有高导流能力的酸蚀裂缝。酸化压裂形成的酸蚀裂缝突破了近井地带的严重堵塞带,穿过堵塞带开辟出一条或几条与深部地层缝洞相通的、具有高导流能力的通道。此外,由于裂缝性碳酸盐岩地层缝洞发育与分布不均一,酸蚀裂缝可以穿过近井地带的低渗透区与裂缝发育的高渗透区相通,所以酸化压裂施工后的井增产倍数有时可能是几十倍。酸化压裂与基质酸化相比,可延长酸的有效作用距离,与水力压裂相比,可以不加支撑剂而在碳酸盐岩地层中获得高导流能的酸蚀裂缝。对地层污染范围较深或低渗透储层,酸化压裂是行之有效的增产措施。

1）提高酸液穿透距离的途径

（1）控制酸液的滤失速度:

① 采用前置液酸化压裂,即先挤高黏度前置液造缝,待裂缝向长、宽发展后,再挤酸液。

② 提高酸液的黏度,酸液中加入某些添加剂,形成高黏度的胶凝酸、稠化酸或乳化酸等。

③ 在前置液或酸液中加入降滤试剂。

（2）提高注入排量:

挤注前置液时,提高注入排量,使裂缝尽量延伸,形成又长又宽的裂缝;挤注酸液时,提高注酸排量可增加酸液在裂缝中的流动速度,使酸液在地层深处能保持一定活性,从而提高酸的穿透距离。

2）减缓酸岩反应速度

（1）提高注入排量和降低滤失量可达到增加裂缝动态宽度的目的,进而可以降低酸岩反应的面容比,减缓酸岩反应速度。

（2）采用缓速酸,如胶凝酸、稠化酸、乳化酸等。

(3)采用前置酸化压裂工艺,前置液不仅具有造缝功能,而且能暂时阻挡酸液与岩石接触并能降低地层温度,从而提高酸的穿透距离。

3. 砂岩储层基质酸化增产原理

砂岩储层与碳酸盐岩储层比较,砂岩储层孔隙度和渗透率在横向和纵向上分布都相对均匀些,造成砂岩储层低产或无产的原因有两方面:一方面是砂岩储层本身渗透性差;另一方面是钻井液、完井液浸入产层,堵塞渗流通道,降低了井筒附近的渗透性。

砂岩储层基质酸化不压开地层、均匀注酸,依靠酸液的化学溶蚀作用溶蚀砂粒间的胶结物和外来物,消除地层浅部堵塞。对产层本身渗透性差引起的低产,基质酸化不能获得增产,处理不当,还会减产。

土酸液的作用:

(1)土酸对砂粒、黏土、钻井液颗粒和滤饼的溶蚀能力超过单纯的盐酸液。

(2)土酸中的盐酸能够使酸液保持较低的 pH 值,从而可抑制或减少氢氟酸与硅酸盐酸盐反应生成的难溶物质和在 pH 值增高(即酸性降低)时形成的沉淀。

(3)由于盐酸与碳酸盐的反应速度比氢氟酸与碳酸盐的反应速度快,当土酸液与砂岩地层接触时,土酸中的盐酸首先与碳酸盐反应,并溶蚀砂岩中的碳酸盐,从而能够让氢氟酸充分发挥溶蚀硅酸盐(黏土)和石英的作用。

(三)酸化施工步骤

GAA022 酸化施工的工序要求

1. 循环、试压

施工车辆就位后,连接高压、低压管汇,各车用清水循环排空;高压管汇用清水以设计施工压力的 1~1.2 倍试压,稳压 3min 不刺不漏为合格。低压管汇用清水试压的压力为 0.04~0.5MPa。

2. 低压替酸

打开油管、套管阀门,由油管低压替入酸液,替入量=酸化管柱内容积-0.2m³。若施工中使用水力式封隔器,应小排量泵注,以免替酸中途启动封隔器坐封。若使用机械式封隔器,直接高挤酸液不需低压替酸。

3. 启动封隔器坐封(水力式)

低压替酸结束后,增加泵注排量,套管出口断流证明封隔器已坐封;使用平衡车向套管环形空间注清水,根据油压调整套压,并保持合理的压差,使封隔器正常工作。封隔器的坐封方式和工作压差可查阅有关资料。

4. 压挤酸

按施工设计排量泵注酸液和顶替液;切换液体时,要先开后关供液阀门,防止出现供液不足和泵抽空的现象。

5. 顶替

顶替液为活性水或清水,顶替量=施工管柱内容积+0.2m³。

6. 关井反应、开井放喷

关井反应时间根据室内酸岩反应试验确定。关井反应结束后,立即开井放喷排液,有特殊要求的,应安装合适油嘴或针形阀控制放喷,不能自喷的,立即采用注氮气或抽汲等排液方式尽快排出残留酸液。

(四)影响酸化效果的因素

ZAA019 影响酸化效果的因素

无论采取何种方式对储层进行酸化处理,都应分析各种因素对酸化的影响,以获得好的增产效果。

1. 储层类型

酸化处理的储层必须是具备开采价值的储层,这是酸后获得增产效果的地质基础。

通过分析以往酸化施工资料和数据发现,基质孔隙度大、渗透率高的碳酸盐岩(或砂岩)储层受污染严重,采用基质酸化能获得显著增产效果;反之,基质孔隙度小,渗透率低的孔隙性储层,无论地层受污染程度如何,采用基质酸化或酸压都不会获得理想的效果;对于裂缝性低孔低渗碳酸盐岩储层,当裂缝发育带距井筒不远时,采用酸压比采用基质酸化的增产效果要好。

2. 完井方法

酸化无法完全消除完井作业中完井液对产层的污染,特别是对低孔、低渗储层的污染。大井段裸眼完井的裸眼段进行酸化处理时,由于不能控制酸液的流向,酸液可能被挤入非产层(非处理层),导致酸化效果差。射孔方式完井时,当固井质量不好,而处理层处于窜槽段时,酸液可能通过窜槽段被挤入低压层,造成酸化无效。

3. 酸液、压裂液

酸化不仅有增产的一面,也有伤害储层,使井减产的一面。酸液、压裂液、添加剂与处理层配伍性差,会对产层造成很大伤害,所以,在酸化前,必须对储层岩样及流体进行室内岩石伤害实验,选择合适的酸液、压裂液配方。合理的酸液、压裂液配方应具备下列条件:

(1)酸液、压裂液与储层岩石、流体配伍,在酸化过程中不会对储层造成伤害。

(2)酸液、压裂液有利于在地层形成溶蚀孔道和酸蚀裂缝。

(3)酸液、压裂液易返排,对泵注设备和井内管柱腐蚀小。

4. 酸化工艺技术

根据井或储层的情况选择相应的酸化工艺技术。堵塞严重的井应选择基质酸化;当井筒附近地层有裂缝发育带时,采用酸压能获得好的增产效果;大井段产层应有针对性地实施分层酸化。

5. 酸化施工

严格按照酸化施工设计,安全、优质地组织施工是保证酸化成功和酸后增产的前提。酸化施工过程中,应确保人员、设备的安全,确保设备运转正常,准确及时地录取施工数据和资料,各岗位之间应紧密协作。

6. 酸后管理

酸后的管理工作直接影响到酸化效果。前置酸压井,在不能自喷排液时应立即进行人工助排,否则在地层中的前置液、残酸将长时间滞留而污染产层,降低酸化效果。对于低孔低渗层,酸后应立即采取人工助排措施,返排残酸,否则残液中固体颗粒沉淀会造成新的堵塞,降低酸化效果。人工助排措施要连续、不间断,并及时计量返排液量和确定其特性,为酸后效果评价提供数据资料。

(五)酸化施工安全环保要求

(1)施工人员必须穿戴劳保用品上岗。

(2)按设计要求对井口及高压管汇试压。
(3)非岗位操作人员严禁进入高压区,非施工人员严禁进入施工现场。
(4)发生故障应听从现场指挥,统一处理。
(5)对车辆设备进行巡回检查,及时排除事故隐患。
(6)对有毒、有害物品,做好防范工作,配备防护用具和急救药品。
(7)施工现场严禁烟火。
(8)残酸液返排至足够容积的方罐或土油池中,不准落地。
(9)返排的残酸液用碱中和后排放。
(10)严格遵守 HSE 的各项要求。

十三、油井找水

(一)油井出水原因
(1)固井质量差,不能有效地分隔油水层,造成层间窜槽,导致水层水或注水层的水进入井筒。
(2)射孔时误射孔而射开水层。
(3)地质原因或作业方式不当使套管损坏,水层的水进入井筒内。
(4)增产措施不当,如酸化、压裂施工,破坏了油层的盖层等封闭条件,使油水层连通造成油层出水。
(5)油层的非均质性,在采油工作制度不合理和注水方式不当的情况下,造成油层底水和注入水沿高渗透层或高渗透层段过早侵入油层。
(6)由于地壳变动等地质原因破坏了原有的层间条件而造成的外来水侵入油层。

(二)油井出水方式
(1)注入水及边水推进。对于用注水开发方式开发的油气藏,油层存在非均质性及开采方式不当,使注入水及边水沿高、低渗透层及高、低渗透区不均匀推进,在纵向上形成单层突进,在横向上形成舌进或指进现象,使油井过早水淹。
(2)底水锥进。底水即是油层底部的水层,在同一个油层内,油气被底水承托。底水锥进现象是指当油田有底水时,由于油井生产压差过大,破坏了由于重力作用所建立起来的油水平衡关系,使原来的油水界面在靠近井底处呈锥形升高的现象。"同层水"进入油井,造成油井出水是不可避免的,但油井开采要求缓出水、少出水,所以必须采取控制和必要的封堵措施。
(3)上层水、下层水窜入。上层水、下层水是指油藏的上层和下层水层。上层水、下层水窜入的原因:固井不好、套管损坏、误射油层及采取不正确的增产措施破坏了井的密封条件;除此之外还有一些地质上的原因,如有些地区断层裂缝比较发育,造成油层与其他水层相互窜通等。
(4)夹层水进入。夹层水指油层间的层间水,即在上下两个油层之间的水层。固井不好或层间窜通,或者补水时误射水层,都会使夹层水注入油井,使油井出水。

(三)油层出水来源及预防方式
油层出水的来源主要是注入水和地层水。油井出水将使油井产量下降,也会腐蚀举升

设备,增加采油成本,因此必须科学有效地预防油井出水:

(1)采取分层注水、分层采油来控制油水边界均匀推进。

(2)加强油水井的管理和分析,及时调整分层注采强度确保均衡开采。

(3)提高完井和固井质量,保证油井的密闭条件,防止油层和水层窜通。

(四)油井找水主要方法

1. 综合对比资料判断出水层位

根据油井生产区块的地质资料和采油生产过程中的动态资料进行综合分析、对比,对出水层进行判断。该方法需要对地质区块比较了解才能正确地判定出水层位,在更多的情况下,需结合其他方法才能确定。

2. 水化学分析法

该方法是利用地层水的化学成分的不同来判断是注入水还是地层水。由于地层水的矿化度比较高,不同层位的地层水所含的钾、钠等离子不同,根据离子的含量可确定出水层位。

3. 根据测井资料判断出水层位

1)流体电阻测井法

原理:根据高矿化度和低矿化度的水电阻率不同,利用电阻计测量出油水井的电阻率变化曲线,确定出水层位。

施工方法:首先循环洗井,把井内液体替换成与地层水含盐量不同的水,测出一条电阻率基线,然后通过抽汲排出一定量的液体,使油层水流入井筒,测电阻率曲线。抽汲量的大小取决于产水量的大小,交错进行,直到根据电阻率曲线的变化发现出水层位为止。该方法的特点是设备比较简单,但找水工艺复杂,需多次抽汲和测井,不适合高渗透层和套管破损井。

2)井温测井法

原理:地层水相对注入水的温度高,利用温度的差异确定出水层位。

施工方法:低温水洗井,测井温基线;通过排液降低井底回压,使地层水流入井筒,测井温曲线;对比两条曲线,温度增加的地方即为出水层位。要求井温仪必须有较高的灵敏度。

3)放射性同位素测井法

原理:利用人工方法提高出水层段的放射性,从而判断出水位置。

施工方法:先测定地层的自然放射性曲线基线,然后向地层位置替入一定量的放射性同位素液体,用清水将其挤入地层,彻底洗井后测放射性曲线,对比两条曲线,放射性增强的地方即为出水层位。

该方法工艺复杂,施工要求高。

4. 机械找水

1)封隔器分层测试

方法:利用封隔器将各层分开,通过分层求产的方式找出水层位置。

该方法的优点是工艺简单,能够准确地确定出水层位;缺点是施工周期长,无法确定夹层薄的油水层的位置。在窜槽井中,必须封窜后才能进行找水施工。

2)压木塞法

对于因油井套管某一段损坏而引起出水的井,可将一个外径适宜的木塞放入套管,向套管内注入液体迫使木塞下行,最后木塞停留的地方正好是套管损坏的位置。

3) 找水仪找水法

找水仪找水法是在油井正常生产的情况下,向井内下入仪器确定油井出水的层位及流量的方法。

(五) 封隔器找水

1. 封隔器找水施工

油井在生产过程中,射孔井段通常由一个或多个射孔层段组成。只有两个射孔层段的油层找水时比较简单,下入单级封隔器分隔即可找到出水层;而由多个射孔层段组成的生产井则需下入多级封隔器分别测试后才能找到水层。根据井况的不同,可选用不同类型的封隔器和工作筒组合。工作筒可分别选用常开滑套、常关滑套或配产器等。

(1) 按施工方案要求,进行压井、通井、刮削施工。

(2) 下入作业管柱进行找水作业。

① 单级封隔器管串结构(自下而上):丝堵+油管+常开滑套+Y211 封隔器+常关滑套+油管+油管挂。单级 Y211(或 Y341、K344)封隔器+工作筒的工作管柱如图 1-3-14 所示。

施工方法:将封隔器下到卡封位置,封隔器坐封,测试下部油层时,抽汲求产。测试上部油层时,投入堵塞器,关闭工作筒(常开滑套),投入球棒,打开工作筒(常关滑套)。通过抽汲方式分别求取各层的产液性质和产能,确定产水层位。在确定油层的液性和产能后,上提解封起出找水管柱。

② 多级封隔器用 Y211、Y341、K344+工作筒组合的工作管柱如图 1-3-15 所示。

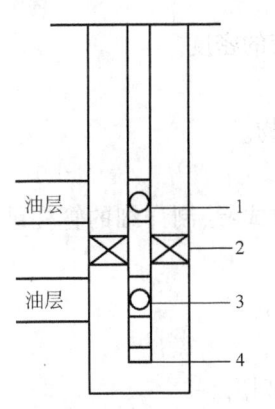 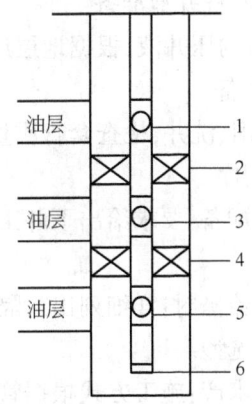

图 1-3-14　单级 Y211 封隔器+工作筒管柱
1,3—工作筒;2—封隔器;4—丝堵

图 1-3-15　多级封隔器+工作筒管柱
1,3,5—工作筒;2,4—封隔器;6—丝堵

施工方法:打捞出需要打开的油层的堵塞器,其他需关闭的层,则下入该层的堵塞器,根据分层抽汲求产的结果,确定产水层位。具体施工方法与单级相类似。

大斜度的井应采用液压坐封方式的封隔器来提高封隔器坐封的成功率。

2. 封隔器找水技术要求

(1) 通井、刮削、洗井,保证井内畅通。

(2) 根据设计的卡封位置用油管连接上、下工作筒,下至预定位置,在下井过程中,必须匀速下放,不得猛顿猛放,防止中途坐封。

(3)封隔器坐封操作规程:上提管柱调整坐封加压高度,高度根据井深确定,缓慢下放(旋转),观察指重表,若指重表回落,则表明封隔器开始坐封,加压60~80kN,使其充分密封。

(4)关闭井下工作筒,连接泵车并打压,在4MPa、6MPa、8MPa、10MPa处各稳压3min,继续打压至19~20MPa,使封隔器坐封。

(六)封隔器找水施工方案的编写内容

1. 基本数据

基本数据为施工井的主要数据,如人工井底、射孔井段、套管尺寸、生产管柱等。

2. 油井简况

油井简况需简要描述油井目前的生产状况以及曾经采取过的措施。

3. 施工目的

(1)根据油井的综合资料分析确定使用的工具和所达到的目的。

(2)通过施工确定产水井段,为进行下一步措施提供依据。

4. 施工作业程序

1)工具准备

根据井况和层数,选用机械式或液压式封隔器、工作筒等工具进行单级或多级组合找水,所用工具的名称、规格、型号等内容应齐全准确,必要时绘制草图并标明尺寸。通径规、刮削器的规格、型号须清楚,绘制草图并标明尺寸。自喷井应配备分离器及地面放喷流程。

2)压井液、洗井液准备

选用合适的压井液,根据地层压力系数确定压井液的密度。

3)井筒准备

通井、刮削、洗井,检查套管质量,清除井壁上的污物。

4)找水程序

(1)管柱配备:要求给出下井工具的顺序和连接方式;绘制详细的管柱结构图,并标出深度尺寸。

(2)封隔器坐封:详细列出封隔器的坐封操作程序。

(3)井口选型。

(4)测试求产:施工方式根据管柱组合和层序详细列出。

5)资料录取

抽汲或放喷求产,在一个稳定的工作制度下求取产液量。取全液样,做油水分析化验。其他资料录取按照国家石油行业标准及企业标准执行。

5. 质量标准及技术要求

(1)施工用液准备:选用和配制压井液、洗井液,如氯化钙、活性水等,根据地层压力系数确定压井液的密度,以压而不喷、能安全施工、与地层配伍性好、不污染油层为原则。用量一般为井筒容积的1.5~2.0倍。

(2)入井工具准备:根据井况和层数选用机械式或液压式封隔器及工作筒等工具进行单级或多级组合,对所用工具的名称、规格、型号等内容必须做好详细记录,绘制草图,标明尺寸,入井工具须有产品合格证。

(3)地面储液罐、废液罐和计量罐准备及流程:选用 1m³ 或 2m³ 计量罐、储液罐和废液罐的数量可根据井况选定,以满足施工要求为原则,如自喷则应安装分离胎及流程。

(4)井筒准备:根据套管规格选用通径规和刮削器规格并绘制草图。通井至井底或规定的深度,清除套管内壁污物并检查套管质量,满足下封隔器的要求,如不能满足下封隔器的要求则制定其他措施。

(5)洗井压井要求:用清水或其他压井液彻底洗、压井,将井筒清洗干净,用液量为井筒容积的 1.5~2.0 倍,达到进出口液性一致,替出井内液体进废液罐进行处理。

(6)下封隔器及入井管柱要求:下入的油管丈量准确,要求清洗干净,螺纹均涂好密封脂,上至规定的扭矩,严禁超扭矩作业。下井速度控制在每小时 20 根左右,严禁猛刹猛放,确保封隔器顺利坐封。封隔器卡点准确,坐封力或加液压控制在该封隔器规定范围内。

(7)资料录取要求:按探井试油资料录取要求取全、取准各项资料。重点是产液性质,以确定水层的位置和产量。

(8)施工过程中,严格执行石油行业标准及企业标准。

十四、油井堵水

J(GJ)AA011
封隔器堵水技术的应用条件

(一)封隔器堵水

将封隔器下入井中,采用机械或液压坐封方式,使封隔器坐封,达到封堵油井中的某一高含水层段,使该高含水层液流不能进入井筒,这种堵水方法称为封隔器堵水。

1. 封隔器堵水技术的应用条件

(1)封堵单一的出水层或含水率很高,无开采价值的层段;

(2)需封堵层段上下夹层稳定,固井质量合格无窜槽,且夹层大于 5.0m;

(3)堵水管柱以及下井工具质量合格;

(4)油层套管无损坏,井况良好;

(5)出水层段无严重出砂。

2. 常用的堵水方法

J(GJ)AA012
封下采上堵水的方法

1)封下采上

封下采上是指封堵下部水层,开采上部油层。管串结构自下而上为:死堵+油管+压封隔器卡瓦封隔器+丢手接头+单流开关+油管。

施工方法:地面连接泵车并打压,使液压封隔器卡瓦撑开咬合在套管内壁上,同时泵压推动胶筒膨胀达到密封效果;继续增压至压力突然下降,套管返水,证明憋掉丢手接头,根据现场实际情况,决定是否试压;将管柱提出井内,完成堵水目的。

2)封上采下

封上采下是指封堵油层以上出水层段,开采其下油层。

3)封中间采两头

封中间采两头是指在一套油水层段上,封堵中间出水层段。

4)封两头采中间

封两头采中间是指封堵某一油层上下出水层段。封堵这样的出水层段,管柱的连接应尽量简化。

施工方法:一般先下入压封隔器卡瓦封隔器,将其下部水层封堵,然后按照封上采下管柱的连接方法操作。

(二)化学堵水

化学堵水是以某些特定的化学剂作为堵水剂,将其注入地层高渗透层段,通过降低近井地带的水相渗透率,达到减少油井产水,增加原油产量的目的的。我国各油田在现场堵水施工中常用的化学堵剂有7类。

1. 沉淀型无机盐类堵水化学剂

常用于油田的沉淀型无机盐类堵水化学剂有双液法水玻璃氯化钙堵水剂,即用清水或油作隔离液将水玻璃、隔离液和氯化钙依次注入地层,随着注入液往深处推移,隔离液所形成的隔离环厚度越来越小,直至失去隔离作用而使两种液体相遇而产生沉淀物,达到堵水的目的。

2. 聚合物冻胶类堵水化学剂

该类化学剂包括聚丙烯酰胺、聚丙烯腈、木质素磺酸盐和生物聚合物黄胞胶与各种交联剂反应所形成的冻胶,以及阳离子和复合离子型化学剂,它的作用机理主要是聚合物冻胶对出水或吸水高渗透层或大孔道形成物理堵塞作用、动力捕集作用和吸附作用。聚合物链上的反应基团与交联剂作用后形成网状结构,呈黏弹性的冻胶体,在孔隙介质中形成物理堵塞,阻碍水流通过;未被胶联的分子及其极性基团可蜷缩在孔道中或成为孔隙空间动力捕集,也有阻碍水流动的作用。同时分子链上的极性基团与岩石表面相吸附,提高了堵水效果。

3. 颗粒类堵水化学剂

常用的颗粒类堵水化学剂有果壳、青石粉、石灰乳、膨润土、轻度交联的聚丙烯酰胺、聚乙烯醇酚等。其中膨润土具有轻度体膨胀性,聚丙烯酰胺、聚乙烯醇在岩石中吸水膨胀性好,可增加封堵效果。

4. 泡沫类堵水化学剂

根据成分的不同,泡沫类堵水化学剂可分为二相或三相泡沫。三相泡沫的主要成分为发泡剂十二烷基磺酸钠(ALS)或烷基苯磺酸钠(ABS)及稳定剂羧甲基纤维素(CMC)、膨润土、空气和水。泡沫流体在注水层中叠加的气液阻效应——贾敏效应,改变吸水剖面。如用于水泥则反应后生成水泥石,泡沫水泥浆在高含水饱和带硬化封堵吸水大孔道或高渗吸水层段。二相泡沫不加入固体颗粒,其稳定性较差。

5. 脂类堵水化学剂

脂类堵水化学剂在油田上曾用作永久性堵水剂,主要有脲醛树脂、酚醛树脂、环氧树脂、糠醇树脂、热缩性树脂等,其主要作用原理是各组分经化学反应形成树脂类堵塞物,在地层条件下固化不溶,形成对出水层的永久性封堵。

6. 生物类堵水化学剂

根据目前的资料,各国用于堵水、调剖的微生物的菌株接种物类型有下列几类:

(1)葡聚糖β球菌;

(2)硫酸盐还原菌;

(3)需氧和厌氧的充气污泥细菌;

(4)生成生物聚合物的细菌,如肠膜明串珠菌;

(5)生成表面活性物质,助表面活性物质的菌种;

(6)生成聚合物-多糖和气体的菌种。

7. 其他类堵水化学剂

除以上6类外,还有多种化学剂用于油田堵水:

(1)氰凝堵水剂;

(2)有机硅堵水剂;

(3)活性稠油堵水剂。

(三)封隔器堵水工艺操作注意事项

1. 井筒准备

(1)通井:用比套管内径小6~8mm的通径规通井至人工井底或设计要求深度,检查套管是否变形。

(2)刮削:用合适的套管刮削器刮削套管壁到堵水层以下50m。

(3)洗井:用与地层相配伍的洗井液洗井1~2周。

> J(GJ)AA009
> 封隔器堵水的井筒准备

2. 堵水管柱组配

根据堵水施工组配堵水管柱,要求封隔器及其他辅助工具的规格、型号、连接位置必须正确。

> J(GJ)AA010
> 封隔器堵水的操作方法

3. 下管柱

下堵水管柱过程中应操作平稳,下钻速度控制在20根/h,防止顿钻。

4. 坐封

堵水管柱下到设计位置并经过校深后,根据该封隔器的坐封原理进行坐封施工。

5. 验封

根据现场情况,采用适当的方法验证工具的封隔效果。

6. 验证封堵效果

通过排液或投产,将堵水前后的产量和液性进行对比,验证堵水效果。

(四)编制封隔器堵水施工方案的内容

1. 确定堵水井

(1)根据地质动态分析初定含水上升、产油量下降的含水井为堵水井。

(2)地层测试,测出流压、各层段产液性及产能,根据资料分析机械堵水的程序和方式。

(3)确定堵水施工井。

> J(GJ)AA007
> 确定堵水井的方法

2. 确定堵水管柱结构

根据井筒、地层、区块情况,选择合理的堵水管柱组合。

3. 施工准备

(1)井况调查:了解井身结构、历次施工、采油测试资料及射孔井段,掌握目前井下管柱和井场状况资料。

(2)井筒准备:套管尺寸清楚,射孔数据准确,卡点层段无窜槽,套管内壁光洁无黏结物。

(3)选择最佳堵水方案,编写施工设计。

> J(GJ)AA008
> 封隔器堵水的施工要求

4. 施工要求

(1)选择合适的压井液,避免污染地层。
(2)下入井内工具必须做好详细记录,入井工具须有产品合格证。
(3)下堵水管柱前套管必须通井、刮削。
(4)入井工具及油管内外表面必须干净、无油污、无泥砂,并用标准通径规通过。
(5)严格按施工设计施工,如需改变施工程序,必须由设计单位提出补充设计。

模块二　机械制造

项目一　制图基本要求

一、表示法

在生产实际中,有些简单的零件,往往只需要一个或两个视图并注上尺寸,就可以表达清楚了,而有些形状比较复杂的零件,用三个视图也往往难以清楚地表达它的内外结构。因此要想把零件的形状表达得正确、完整,而图形又清晰、简练,以便于他人看图,只有根据零件的结构特点及复杂程度,采用不同的表达方法。为此,国家标准(GB/T 4458.1—2002)《机械制图 图样画法 视图》在图样画法中规定了视图、剖视、剖面、局部放大图、简化画法等表达方式,供绘图时选用,本文介绍的表达方法就是其中的一部分。

(一)辅助视图

1. 局部视图

将零件的某一部分向基本投影面投影所得的视图称为局部视图。绘图时,在局部视图上方标出视图的名称"×向",在相应的视图附近用箭头指明投影方向,并注上同样的字母。如果局部视图的结构不完整,外形轮廓线又不封闭时,应用波浪线断开。

局部视图(图1-2-1)主要为了避免已知视图部分的重复表达,将需要表达的零件部分绘制出来,突出重点,简单明了。

> GAB001 局部视图的表示法

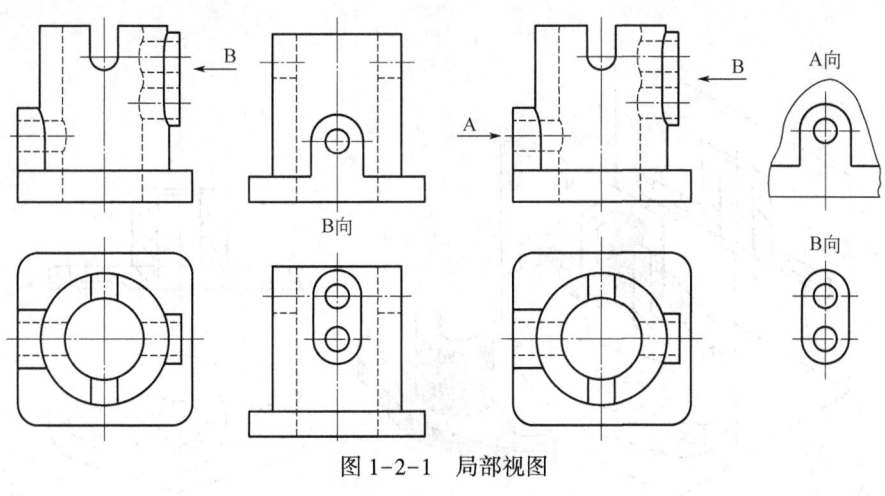

图1-2-1　局部视图

2. 斜视图

零件向不平行于任何基本投影面的平面投影所得的视图称斜视图,如图1-2-2所示。

> GAB002 斜视图的表示法

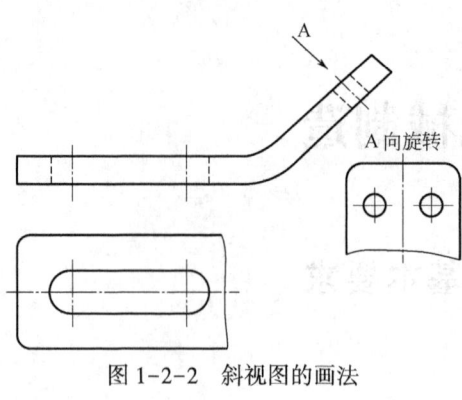

图 1-2-2 斜视图的画法

当零件上具有倾斜结构时,一般视图均不能反映出倾斜结构的真实形状。为了使视图能反映出倾斜结构的真实形状,可设置与倾斜结构相平行的辅助投影面,用正投影法将倾斜结构投影到该辅助投影面上,将该视图旋转到与主视图同一平面上,反映出倾斜结构的实际视图。

画斜视图时,必须在相应的视图附近,用箭头指明投影方向,并注上字母"×",在斜视图上方标出"×向";斜视图一般按投影关系配置,必要时也可配置在其他适当的位置。允许将图形旋转,在图形上方标注"×向旋转"。斜视图一般只表达零件倾斜结构的图形,其视图的断裂边界用波浪线表示。

GAB003 剖视图的表示法

(二)剖视图

1. 剖视图的概念

零件内部的结构(如孔、空腔和槽等),在视图中是用虚线表示的(图 1-2-3),当零件的内部结构比较复杂时,视图中就会出现较多的虚线,给看图带来困难,为使原来在视图中不可见的部分转化为可见的,从而使虚线变为实线,这可以提高图形的清晰程度,也便于标注尺寸和技术要求。假想用剖切面剖开零件,如图 1-2-4(a)所示,将处在观察者和剖切面之间的部分移去,而将其余部分向投影面投影所得的图形,称为剖视图如图 1-2-4(b)所示。比较图 1-2-4(b)与图 1-2-3,可以看出剖视图表达零件的内部结构比较清晰。

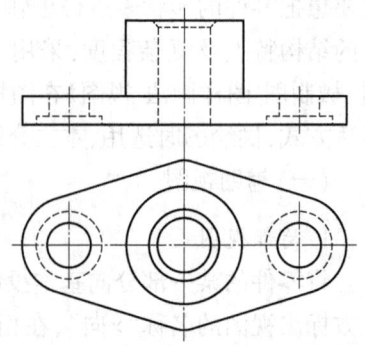

图 1-2-3 未做剖视的主、俯视图

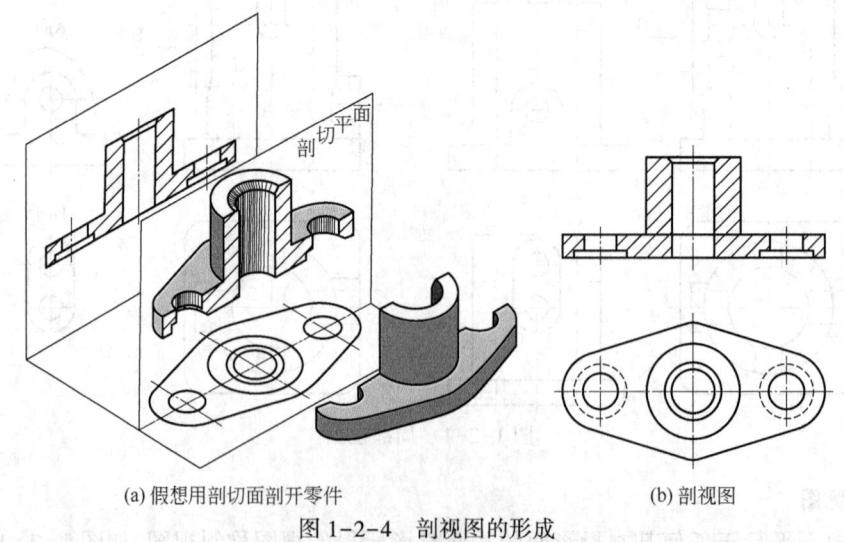

(a)假想用剖切面剖开零件　　　　(b)剖视图

图 1-2-4 剖视图的形成

画剖视图的注意事项：

(1)剖视图是假想将零件剖开后画出的,当零件的一个视图画成剖视图时,其他视图仍按完整的零件画出,如图1-2-4(b)、图1-2-5所示。

(2)为使视图清晰,不论在视图中或剖视图中一般只画零件的可见部分,必要时(在不影响视图清晰的前提下,如画少量虚线可以减少视图的数量)才画出其不可见部分,如图1-2-5左视图所示。

(3)在剖切图后面的可见轮廓线应全部画出,不得遗漏,如图1-2-6所示。

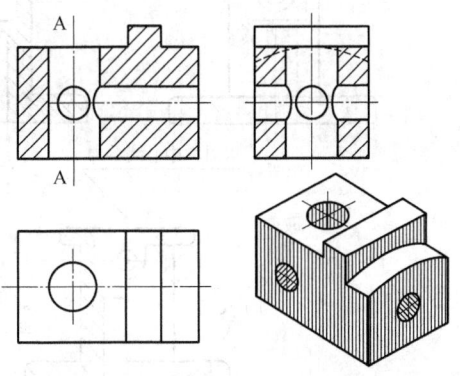

图1-2-5 画虚线可减少视图的示例

(4)为了区别被剖到的剖面和未剖到的剖分,被剖到的部分要画出上剖面符号。

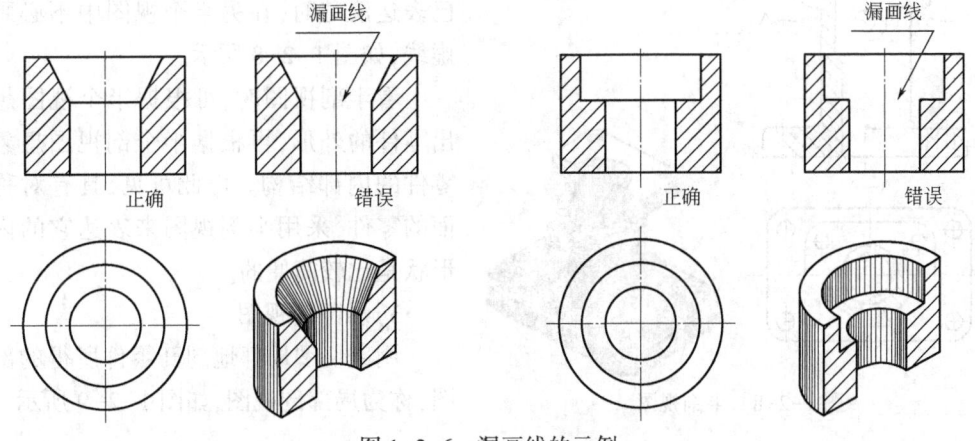

图1-2-6 漏画线的示例

2.剖视图的类型

按剖视图上被剖切的范围划分,剖视图可分为全剖视图、半剖视图和局部剖视图3种。

1)全剖视图

用剖切平面(一个或几个)完全地剖开零件所得的剖视图,称为全剖视图如图1-2-4、图1-2-5主视图和左视图所示。

当零件的外形简单或零件的外形在其他视图中已表示清楚时,常采用全剖视图来表达零件的内部结构。

2)半剖视图

当零件具有对称平面时垂直于对称平面的投影面上投影所得的图形,可以以对称中心线为界,一半画成视图,另一半画成剖视图,这种剖视图称为半剖视图如图1-2-7所示。

画半剖视图时应强调以下两点：

(1)半个剖视图与半个视图应以点画线为界。

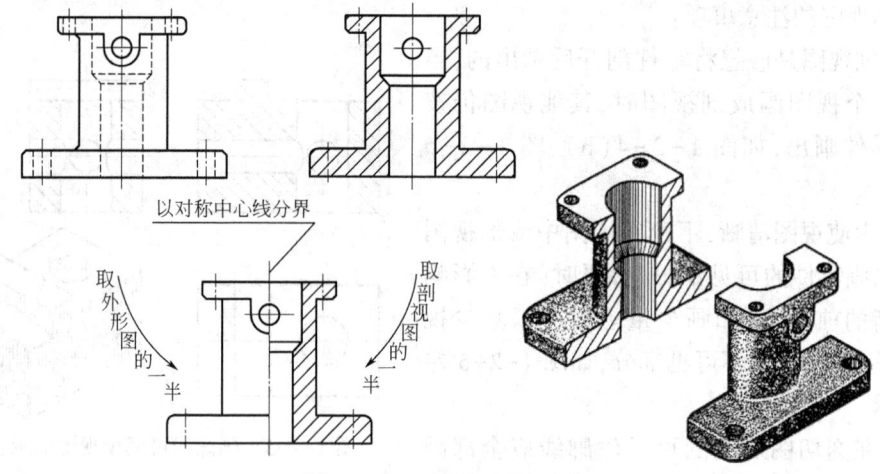

图 1-2-7 半剖视图的形成

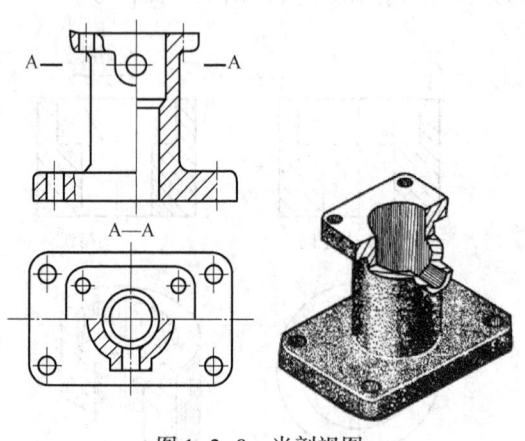

图 1-2-8 半剖视图

（2）零件的内部结构在半个剖视图中已表达清楚时，在另半个视图中不必画出虚线，如图 1-2-8 所示。

看半剖视图时，可根据半个视图想象出零件的外形，再根据半个剖视图想象出零件的内部结构。由此可见，具有对称平面的零件，采用半剖视图来表达它的内外形状是比较简便的。

3）局部剖视图

用剖切图局部地剖开零件所得的剖视图，称为局部剖视图，如图 1-2-9 所示。

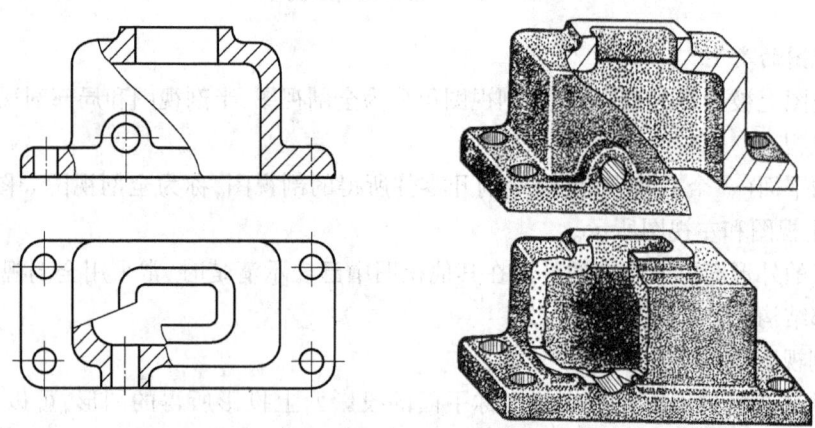

图 1-2-9 局部剖视图

当零件取全剖视图影响外形的表达，或零件无对称平面（图 1-2-9），或虽有对称平面但轮廓线与对称中心线重合（图 1-2-10）时，不宜采用半剖视图，以及其他不能采用全剖视图的零件(图 1-2-11),均可采用局部剖视图。

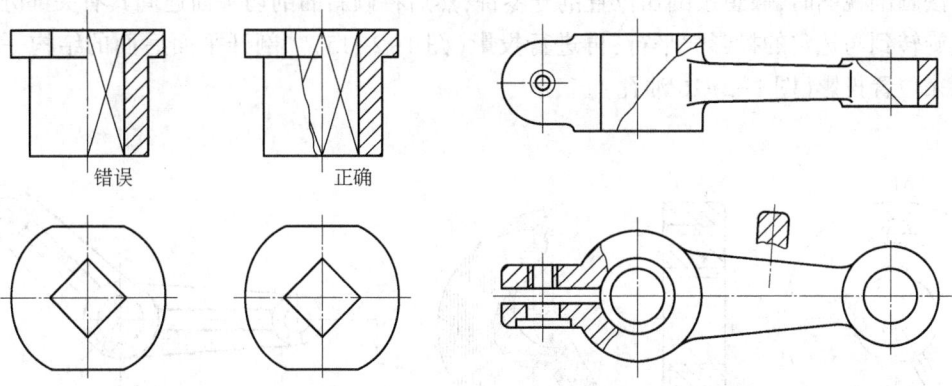

图 1-2-10　不宜采用半剖视图的示例　　图 1-2-11　不宜采用全剖视图的示例

由于局部剖视图不受零件是否对称的限制,在什么位置剖切、剖切范围的大小均可根据实际需要确定,所以,它是一种比较灵活的表达方法,它既可以单独使用,如图 1-2-10 所示,但也可以配合使用其他表达方法使用,如图 1-2-11 所示。

绘制局部剖视图时必须注意,表示剖切范围的波浪线不应与其他图线重合(图 1-2-12),也不可画到实体以外(图 1-2-13)。当剖切结构为回转体时,允许将该结构的中心线作为剖视图与视图的分界线(图 1-2-12)。

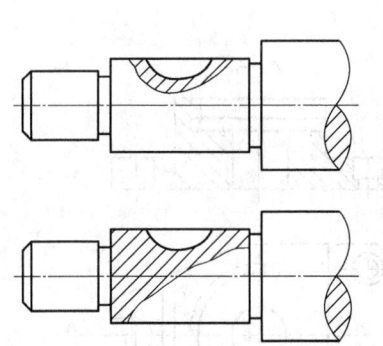

图 1-2-12　波浪线不应与其他图线重合的示例　　图 1-2-13　波浪线不能超过轮廓线的示例

3. 剖切平面

剖视图能否清晰地表达零件的形状结构,剖切平面的选择是很重要的。由于各类零件的形状结构不同,对剖切平面的数量和位置可按如下规定选用:

(1)单一剖切面:用一个平行于某一基本投影平面(或柱面)剖开零件的方法,称为单一剖,如图 1-2-4～图 1-2-14 所示。

(2)两相交剖切平面(交线垂直于某一基本

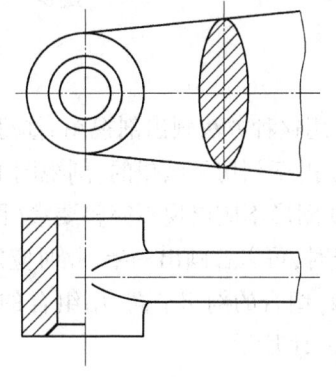

图 1-2-14　用结构中心线替代波浪线的示例

投影面):用两相交剖切平面剖开零件的方法称为旋转剖(图1-2-15、图1-2-16)。采用这种方法画剖视图时,假想按剖切位置剖开零件,然后将倾斜的剖切平面连同其有关部分结构一起旋转到与选定的投影面平行,再进行投影(图1-2-15)。剖开平面后面的结构一般仍按原来位置投影(图1-2-16油孔)。

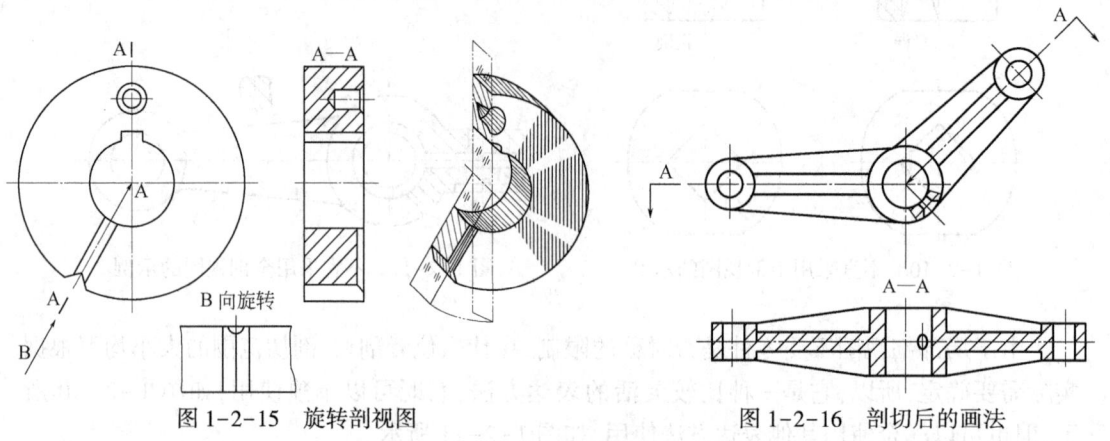

图1-2-15 旋转剖视图   图1-2-16 剖切后的画法

(3)几个平行的剖切图平面:用几个平行的剖切平面剖开零件的方法称为阶梯剖,如图1-2-17所示。

当零件内部结构层次较多,用一个剖切平面无法将这些内部结构都剖到时,可采用阶梯剖。

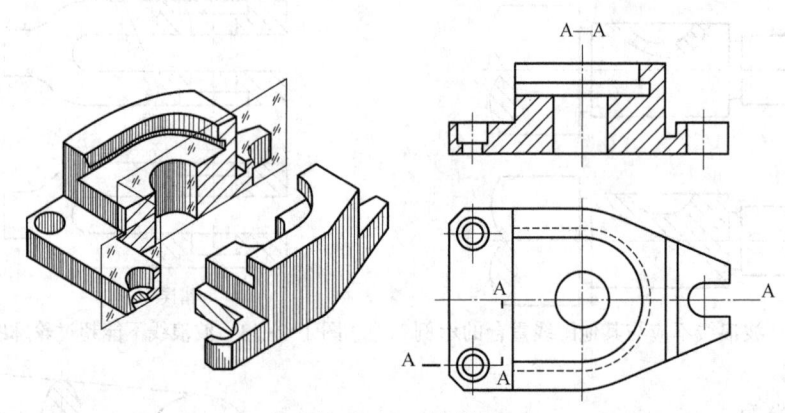

图1-2-17 阶梯剖

采用这种方法画出剖视图时应强调两点:
① 由于剖切是假想的,剖视图上剖切平面转折处不应画线,如图1-2-18所示。
② 图形不应出现不完整要素(图1-2-19)。仅当两个要素在图形上具有公共对称中心或轴线时,可以各画出一半,此时应以对称中心或轴线为界。

(4)组合的剖切平面:用组合的剖切平面剖开零件的方法称为复合剖,如图1-2-20、图1-2-21所示。

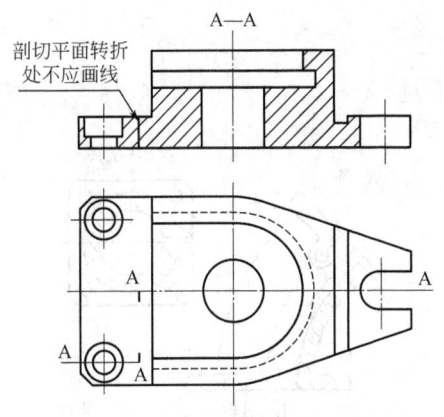
图 1-2-18　剖切平面转折处不应画线

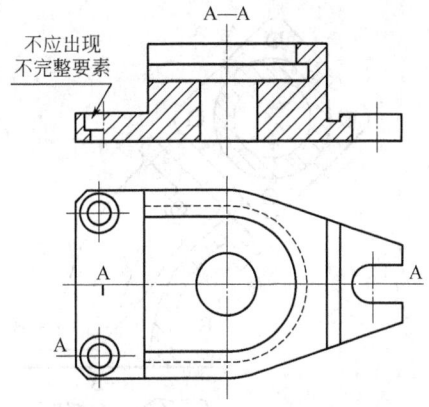
图 1-2-19　剖视图中不应出现不完整要素

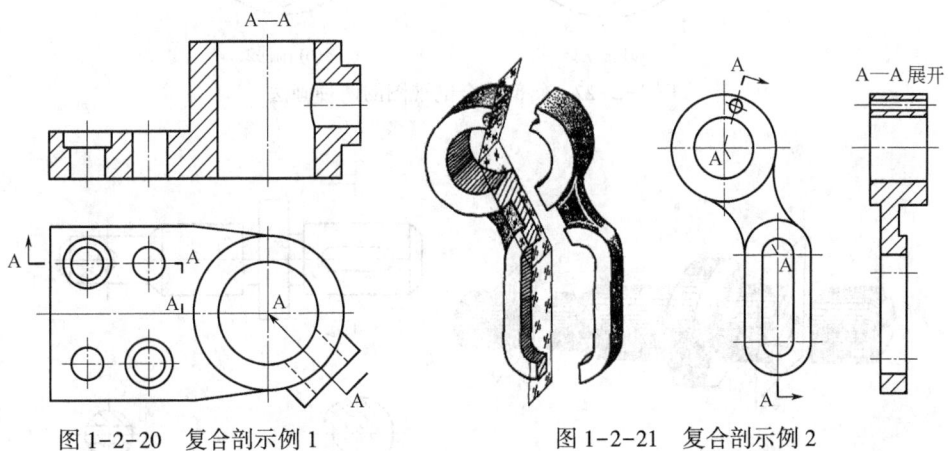

图 1-2-20　复合剖示例 1　　　　图 1-2-21　复合剖示例 2

当用两相交剖切平面或几个平行的剖切平面都不能表达清楚零件的内部结构时,可采用复合剖。

采用这种方法画剖视图时,可用展开画法,此时应标注"×—×展开"(图 1-2-21)。

(5)不平行于任何基本投影面的剖切平面:用一个不平行于任何基本投影面的剖切平面剖开零件,再投影到与剖切平面平行的投影面上,这种剖视方法称为斜剖(图 1-2-22)。采用这种方法画剖视图时,剖视图最好配置在箭头所指的位置,在不致引起误解时,允许将图形旋转,其标注形式为"×—×旋转"(图 1-2-22)。

(三)剖面图
1. 剖面图的概念

假想用剖切平面将零件的某处切断,仅画出断面的图形,并画上剖面符号,这样的图形称为剖面图。图 1-2-23 和图 1-2-24 中零件的轴上开有键槽,如用视图来表达键槽的深度,图形不够清晰。虽然也可用剖视图来表达,但没有剖面图简便。剖面图常用于表达零件上某部分的断面形状(如筋、轮辐、键槽等)以及各种型材的断面,如图 1-2-24 所示。

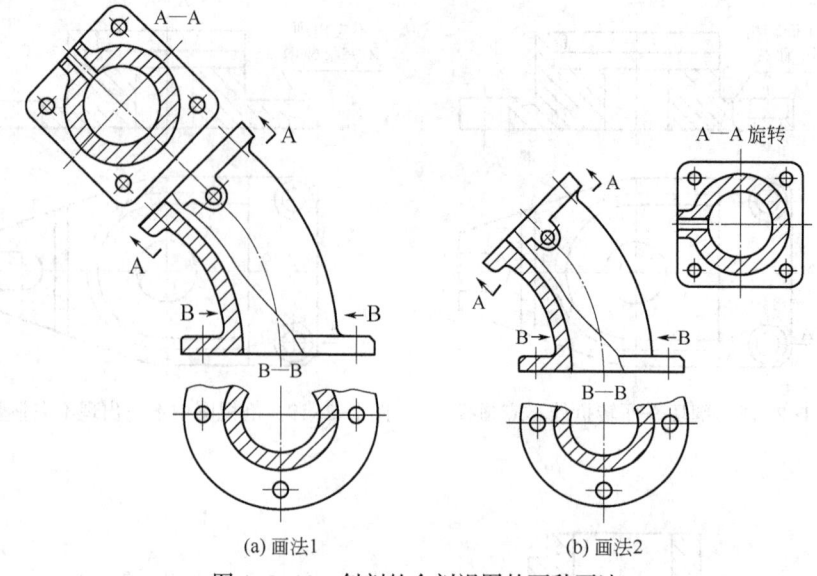

(a) 画法1　　　　　　　(b) 画法2

图 1-2-22　斜剖的全剖视图的两种画法

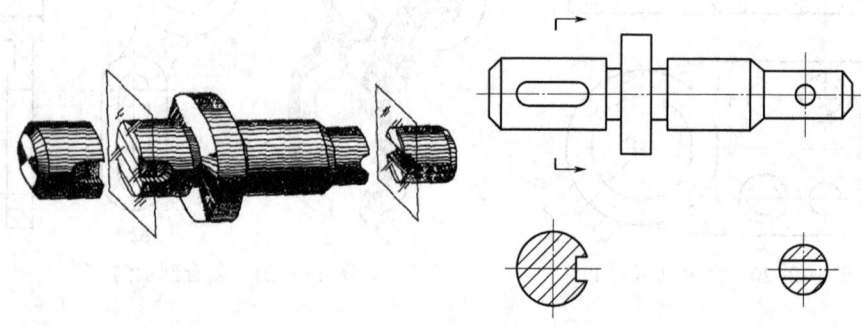

图 1-2-23　剖面图

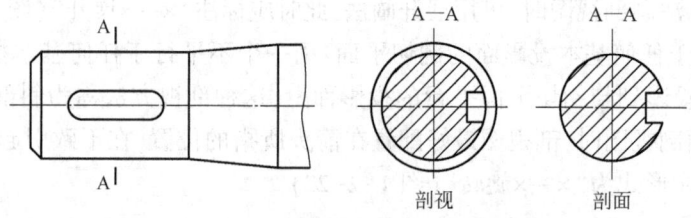

图 1-2-24　剖视图与剖面图的比较

2. 剖面图的类型

剖面图按其配置的位置不同,可分为移出剖面图和重合剖面图两种。

1) 移出剖面图

画在视图外面的剖面图称为移出剖面图,如图 1-2-23～图 1-2-30 所示。

移出剖面图应尽量配置在剖切符号或剖切平面迹线(剖切平面与投影面的交线,用细点划线表示)的延长线上,如图 1-2-25 所示。当剖面图图形对称时,也可画在视图的中断处,如图 1-2-26 所示。由两个相交的剖切平面剖切的移出剖面图,中间应断开,如图 1-2-27 所示。

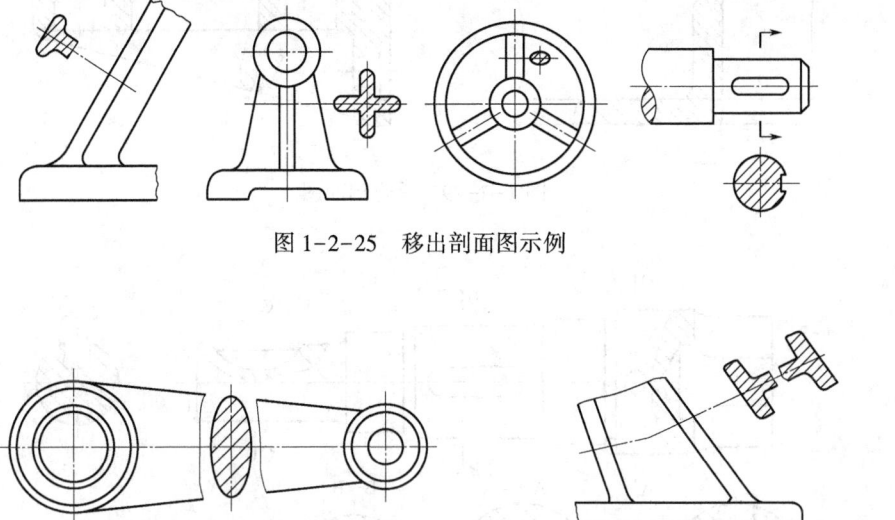

图 1-2-25　移出剖面图示例

图 1-2-26　移出剖面图在断处画法　　图 1-2-27　两个相交剖切平面剖切移出

当剖切平面通过回转面形成孔或凹坑的轴线时,这些结构按剖视图绘制,如图 1-2-28(a)所示。

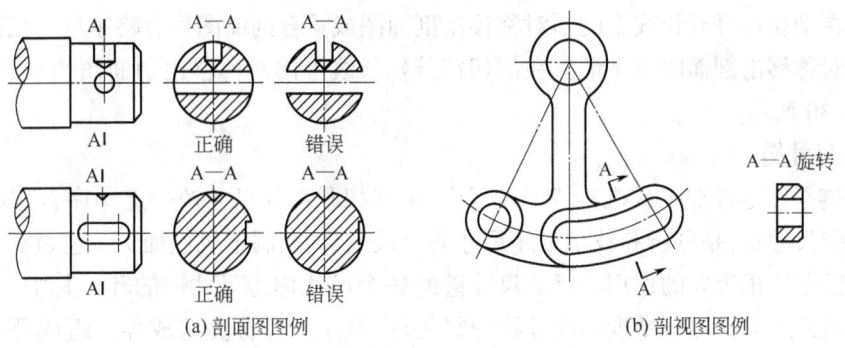

(a)剖面图图例　　　　　　　　(b)剖视图图例

图 1-2-28　剖面图和剖视图图例

剖切平面通过非圆孔,会导致出现完全分离的两个剖面时,则此结构按剖视图绘制,如图 1-2-28(b)所示。

2)重合剖面图

画在视图轮廓线里面的剖面图称为重合剖面图。重合剖面的轮廓线规定用细实线绘制,当视图中的轮廓线与剖面图中的图形重叠时,视图中的轮廓线仍应连续画出,不可断开,如图 1-2-29 所示。

3.剖面图的标注

移出剖面图一般应在图的上方用大写拉丁字母标出剖视图的名称"×—×",在相应的视图上,用剖切符号表示剖切平面的位置,用箭头表示投影方向并注上相同的字母,如图 1-2-30 所示。

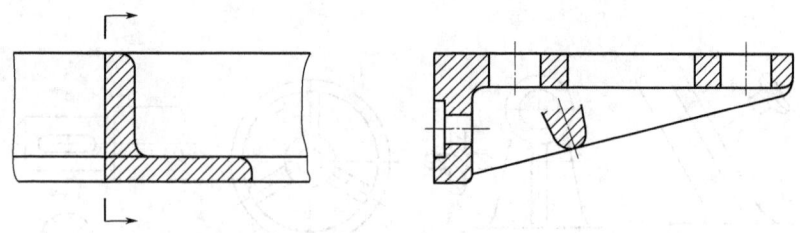

图 1-2-29　重合剖面图

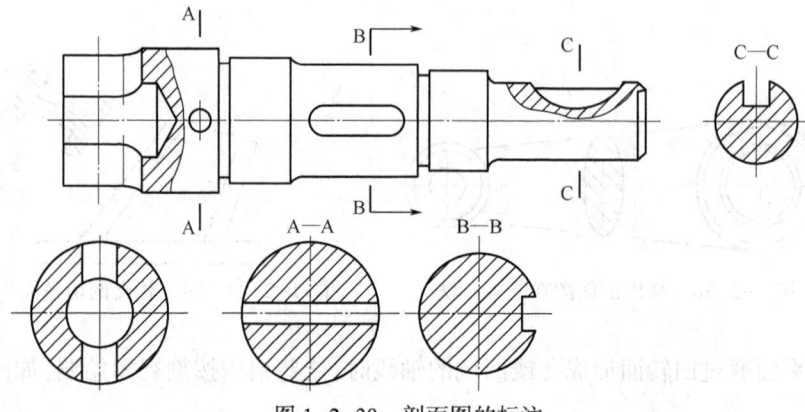

图 1-2-30　剖面图的标注

配置在剖切符号延长线上的不对称移出剖面图或重合剖面图可省略字母。按投影关系配置的不对称移出剖面图或不配置在剖切符号延长线上的对称移出削面图均可省略箭头,如图 1-2-30 所示。

(四)尺寸链

GAB005 尺寸链的概念　尺寸链是在零件加工或机器装配过程中,由互相联系的尺寸按一定顺序首尾相接排列而成的封闭尺寸组,是分析和技术工序尺寸的有效工具,在制定机械加工工艺过程和保证装配精度中都起着很重要的作用。组成尺寸链的各个尺寸称为尺寸链的环。其中,在装配或加工过程最终被间接保证精度的尺寸称为封闭环,其余尺寸称为组成环。组成环可根据其对封闭环的影响性质分为增环和减环。若其他尺寸不变,那些本身增大而封闭环也增大的尺寸称为增环,那些本身增大而封闭环减小的尺寸则称为减环。

图 1-2-31 中的阶梯轴,除了对全长尺寸进行了标注,又对轴上各组成段一个接一个地标注了尺寸,这就形成了封闭的尺寸链。如按这种方式标注尺寸,轴上各种尺寸可以得到保证,而总长尺寸则可能得不到保证。因为加工时,各段尺寸的误差累计起来最后都集中反映到总长尺寸上,为此,在注尺寸时,应将次要的轴段空出不标(称为开口环),如图 1-2-32 所示,这段尺寸是零件在加工至最后时自然形成的,其他各段加工的误差都积累到这个不要求检验的尺寸上,而全长及主要轴段的尺寸则因此得到保证。

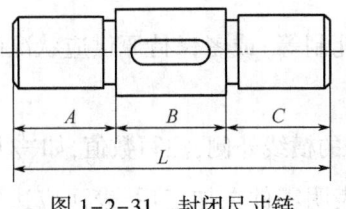

图 1-2-31 封闭尺寸链

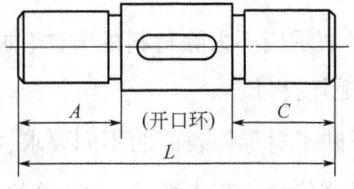

图 1-2-32 开口环尺寸

(五)技术要求的编写方法

从图 1-2-33 泵盖零件图可以看到,零件图上除了图形和尺寸外,还对零件表面粗糙度、公差和配合、表面形状和位置公差等技术要求,分别用代(符)号和文字加以说明。以下就有关技术要求及其注写方法进行简要介绍。

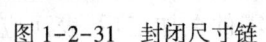

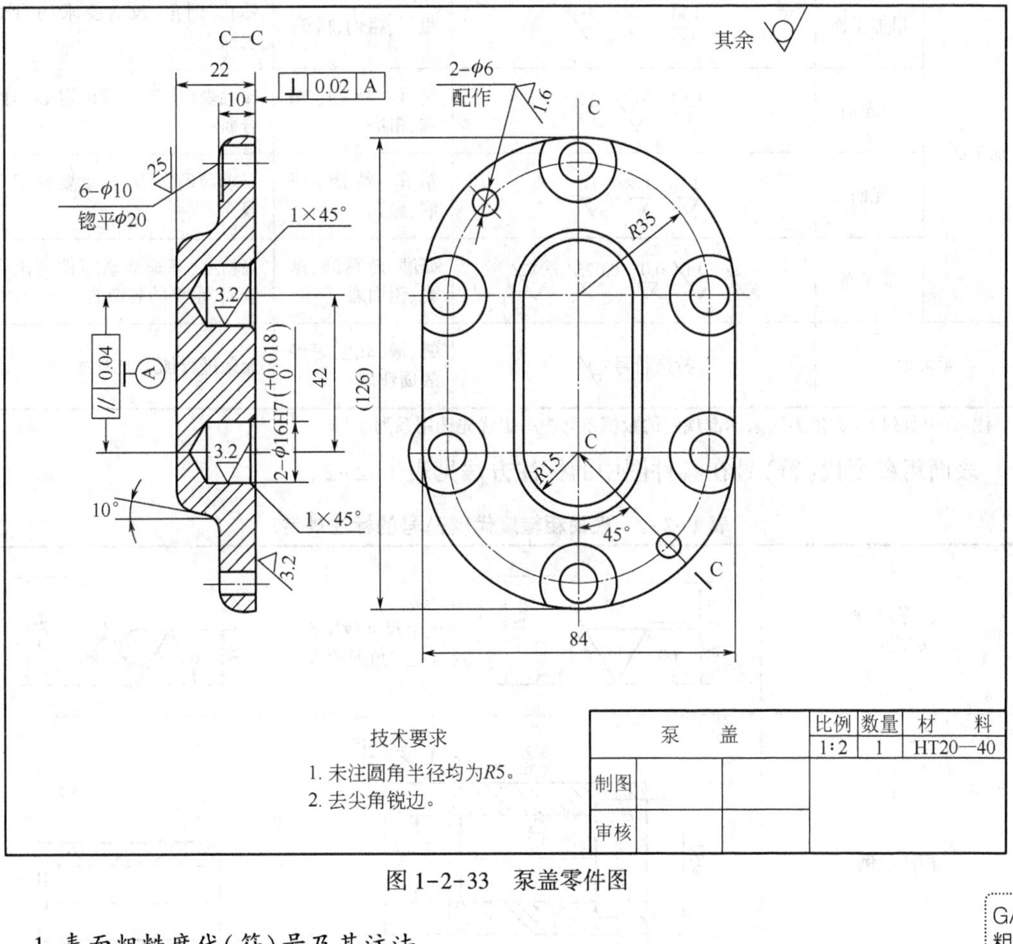

图 1-2-33 泵盖零件图

GAB006 表面粗糙度的概念

1. 表面粗糙度代(符)号及其注法

图 1-2-33 中的主视图,对孔批 6 所注的$\overset{1.6}{\triangledown}$,以及图样的右上角注写的"其余$\triangledown$"等标记,这是表明对零件表面的某种要求——零件表面微观不平整。

(1)$\overset{1.6}{\triangledown}$表示用去除材料(如车、铣、磨等)的方法而获得的表面的符号,可称为加工符号。

(2) ∀ 表示用不去除材料的方法(如铸、锻、轧制等)或者保持原供应状况的表面的符号，可成为毛坯符号。

符号反映了对零件表面的不同要求，如在符号的横线外侧，注写数值，如 $\sqrt[1.6]{}$ 则该标记称为表面粗糙度代号。其中数值1.6(单位为 μm)表明零件在加工后，表面应达到的光滑程度。该数值越小，光滑程度越高，反之则光滑程度低。该数值是国家标准为检验零件表面粗糙度提出的指标之一。国家标准对表面粗糙度(Ra)做了规定，不同数值所反映的表面粗糙度以及获得该粗糙度的加工方法见表1-2-1。

表 1-2-1　表面粗糙度的数值与加工方法

表面特征		表面粗糙度(Ra)代号	加工制作方法	适用范围
加工面	粗加工面	100　50　25	粗车、粗刨、粗铣	钻孔、倒角、没有要求的自由表面
	半光面	12.5　6.3　3.2	精车、精刨、精铣、粗磨	接触表面，不甚精确定心的配合面
	光面	1.6　0.8　0.4	精车、精磨、研磨、抛光	要求精确定心的、重要的配合表面
	最光面	0.2　0.1　0.05　0.025　0.012	研磨、超精磨、抛光、镜面磨	高精度、高速运动零件的配合表面，重要的装饰面
毛坯面		特征符号 ∀	铸、锻、轧制等经表面清理	无须进行加工的表面

注：表中所列 Ra 数值为国家标准规定的数值系列中一组优先选用系列。

表面粗糙度代(符)号在零件图中的标注方法见表1-2-2。

表 1-2-2　表面粗糙度代(符)号的标注规定

代(符)号画法规定	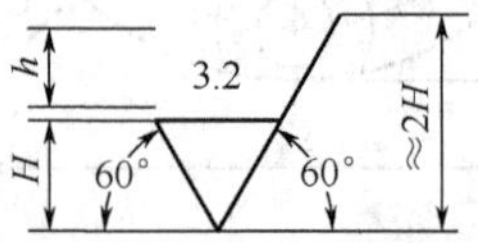 $H=14h$ $h=$图上尺寸数字高，圆为正三角形的内切圆 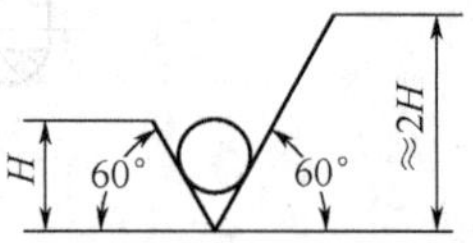
标注示例 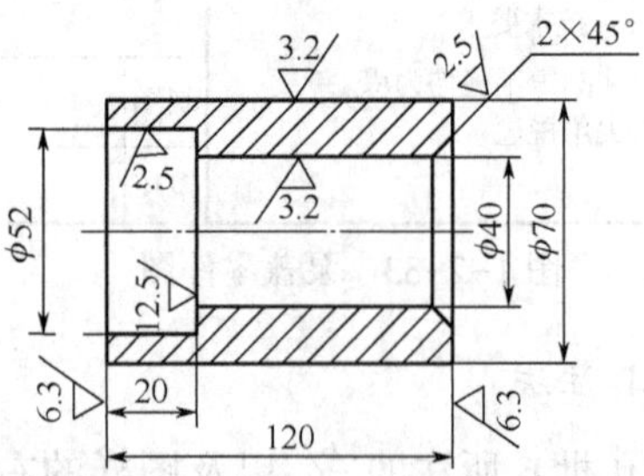 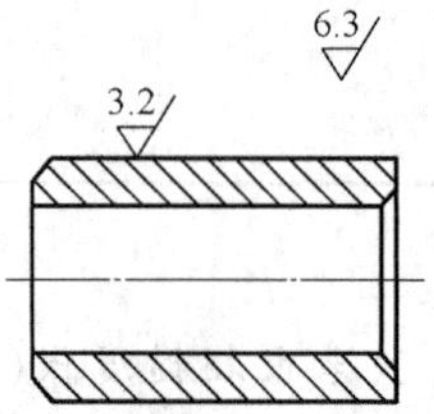	
说明	1. 符号尖端必须指在可见轮廓线、尺寸界线或其延长线上； 2. Ra数值书写方向应与尺寸数字书写规则相同 1. 图中未注代号的表面皆为 $Ra=6.3\mu m$； 2. "其余"及代号的大小应为图中代号的1.4倍

续表

标注示例	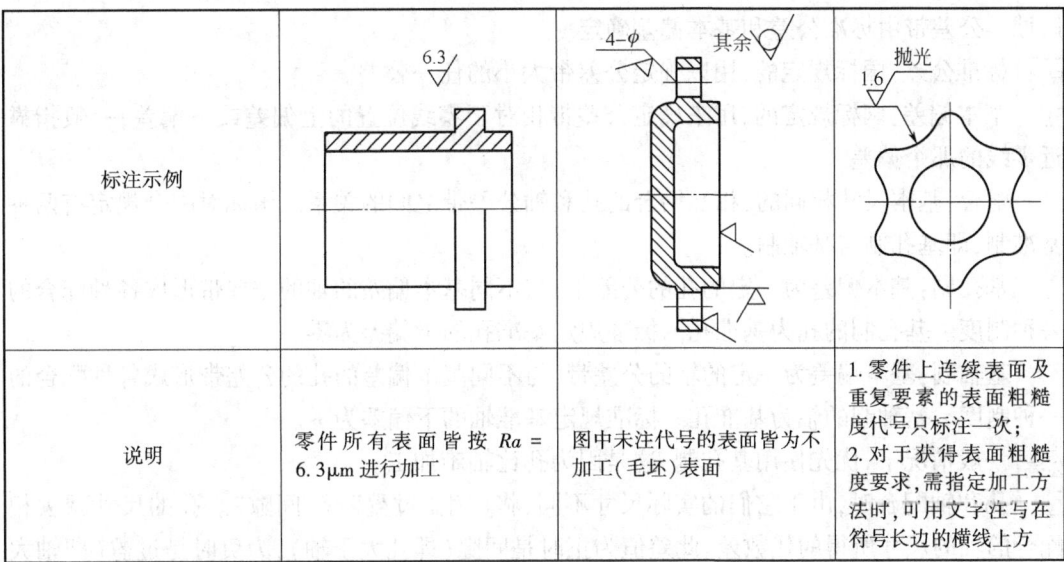
说明	零件所有表面皆按 $Ra=6.3\mu m$ 进行加工 / 图中未注代号的表面皆为不加工(毛坯)表面 / 1. 零件上连续表面及重复要素的表面粗糙度代号只标注一次; 2. 对于获得表面粗糙度要求,需指定加工方法时,可用文字注写在符号长边的横线上方

2. 公差与配合的标注

在机械和仪器制造中,零部件的互换性是指在同一规格的零件或部件中,任取其一,不需任何挑选或附加修配,就能装在机器上,达到规定的功能要求。这样的一批零件或部件就称为具有互换性的零部件。

互换性生产可以减少装配、修理机器的时间和费用。建立公差与配合制度是实现互换性生产的必要条件。下面介绍公差与配合的基本内容及应用。

1)光滑圆柱体结合的尺寸公差与配合

圆柱体零件的"公差与配合"是一项应用广泛、涉及面大的重要基础标准。

2)基本概念

现以孔($\phi 50^{+0.0039}_{0}$)和轴($\phi 50^{-0.025}_{-0.050}$)为例,介绍有关尺寸公差的基本概念。

尺寸:用特定单位表示长度值的数字,特定单位为 mm。

基本尺寸:设计给定的尺寸,如 $\phi 50$。

实际尺寸:通过测量所得的尺寸。

极限尺寸:允许尺寸变化的两个极限值。两个极限尺寸中尺寸较大的一个称为最大极限尺寸,如轴的 $\phi 49.975$;较小的一个称为最小极限尺寸,如轴的 $\phi 49.950$。

尺寸偏差(简称偏差):某一尺寸减其基本尺寸所得的代数差。最大极限尺寸减去基本尺寸的代数差称为上偏差;最小极限尺寸减去基本尺寸的代数差称为下偏差;上偏差和下偏差统称为极限偏差。实际尺寸减去基本尺寸的代数差称为实际偏差。合格零件的实际偏差应在规定的极限偏差范围内,如轴的上偏差=49.975-50=-0.025,轴的下偏差=49.950-50=-0.050。

尺寸公差(简称公差):允许尺寸的变动量。公差等于最大极限尺寸与最小极限尺寸之代数差的绝对值,也等于上偏差与下偏差的代数差的绝对值,如例中轴的公差=49.975-49.950=0.025-0.050=0.025。

零线:在公差带图中,确定偏差的一条基准直线,通常零线表示基本尺寸,正偏差位于零线上方,负偏差位于零线下方。

尺寸公差带(简称公差带):在公差带图中,由代表上、下偏差的两条直线所限定的一个区域。公差带由标准公差和基本偏差确定。

GAB007 尺寸公差的标注

标准公差:国标规定的,用以确定公差带大小的任一公差。

基本偏差:国标规定的,用来确定公差带相对于零线位置的上偏差或下偏差,一般指靠近零线的那个偏差。

配合:基本尺寸相同的、相互结合的孔和轴公差带之间的关系。国标对配合规定有两种基准制,即基孔制与基轴制。

基孔制:基本偏差为一定的孔的公差带,与不同基本偏差的轴的公差带形成各种配合的一种制度。基孔制的孔为基准孔。标准规定基准孔的下偏差为零。

基轴制:基本偏差为一定的轴的公差带,与不同基本偏差的孔的公差带形成各种配合的一种制度。基轴制的轴为基准孔。标准规定基准轴的下偏差为零。

GAB010 公差配合的种类

一般情况下,优先使用基孔制,这是因为孔比轴难加工。

孔和轴配合时,由于它们的实际尺寸不同,将产生"过盈"或"间隙"。孔的尺寸减去相配合的轴的尺寸所得的代数差,此差值为正时是间隙(即孔大于轴),为负时是过盈(即轴大于孔)。

根据孔、轴公差带关系,配合分3类,即间隙配合、过盈配合和过渡配合。

间隙配合:孔的公差带完全在轴的公差带之上,即具有间隙(包括最小间隙等于零)的配合,例如 $\phi 50^{+0.0039}_{0}$ 的孔和 $\phi 50^{+0.0039}_{0}$ 的轴相配是基孔制间隙配合。

过盈配合:孔的公差带在轴的公差带之下,即具有过盈(包括最小过盈等于零)的配合,如 $\phi 50^{+0.0025}_{0}$ 的孔和 $\phi 50^{+0.049}_{+0.043}$ 的轴相配是基孔制过盈配合。

过渡配合:孔的公差带与轴的公差带互相交叠,既可能具有间隙,也可能具有过盈的配合,如 $\phi 50^{+0.0025}_{0}$ 的孔和 $\phi 50^{+0.0018}_{+0.002}$ 的轴相配是基孔制过渡配合。

公差等级与标准公差系列:尺寸的精确程度由公差等级来确定。国家标准将公差等级分为20级,即IT01、IT0、IT1、IT2、…、IT18。从IT01至IT18,等级依次降低,相应的标准公差值依次增大。国家标准依据基本尺寸和公差等级等制定了标准公差数值以满足不同的使用要求。

基本偏差系列:为满足各种配合的要求,国家标准规定了基本偏差系列。孔和轴各有28个基本偏差,其代号用拉丁字母表示,大写代表孔,小写代表轴。国家标准依据基本尺寸和基本偏差确定了孔与轴的基本偏差数值。

图1-2-34为齿轮油泵中泵盖零件图。图中注有 $\phi 16H7^{+0.018}_{0}$ 的孔是用来支撑轴的,轴在泵盖孔内应能进行回转运动。这就是说,轴与泵盖孔具有一种配合关系。为了保证这种关系,轴和孔必须按一定的尺寸要求进行加工。现通过轴和泵盖孔尺寸的标注,来了解公差与配合的一些基本概念。

$\phi 16$-基本尺寸(设计时确定的轮廓尺寸)+0.018-偏差(允许往大偏离基本尺寸的极限值)。这表明孔加工后的最大尺寸不得超过16+0.018=16.018(最大极限尺寸)。

公差数值的大小表明对零件加工尺寸要求的精确程度的低与高。公差值越小表明精确程度越高,反之则低。

图1-2-34所示为不同偏差的三种轴与一定偏差的孔形成的三种配合关系——间隙配

合、过渡配合、过盈配合。

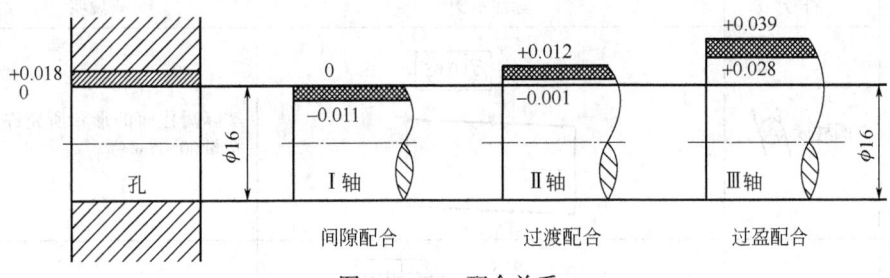

图 1-2-34 配合关系

GAB008 形状公差的标注
GAB009 位置公差的标注

3. 表面形状和位置公差

基本概念：机械零件都是由点、线、面等几何要素构成的各种形体，由于加工系统等本身存在一定的误差，不仅零件的尺寸不可能做得绝对准确，而且构成零件的各要素的形状和相互位置也会产生误差。被测单一实际要素对其理想要素的变动量称为该要素的形状误差。被测关联实际要素的位置对其基准要素的变动量称为位置误差。

为了不影响零件的使用性能，必须把形状和位置误差控制在允许的范围之内，这个误差范围就是形状公差和位置公差，简称形位公差。

形位公差应采用代号标注，当无法采用代号标注或采用代号标注十分复杂时，允许在技术要求中用文字说明其公差要求。

形位公差代号包括形位公差的项目符号、形位公差框格和指引线、形位公差数值和其他有关符号、基准代号等。

国家标准中规定了 6 项形状和 8 项位置公差，其符号与标注方法见表 1-2-3。

表 1-2-3 形位公差符号及其标注

分类	符号	标注示例	说明
形状公差	直线度 —	[-│0.02] [-│0.04]	1. 圆柱表面上任一素线的形状所允许的变动全量(0.02mm)(左图)； 2. φ10 轴线的形状所允许的变动全量(φ0.04mm)(右图)
	平面度 ▱	[▱│0.05]	实际平面的形状所允许的变动全量(0.05mm)
	圆度 ○	[○│0.02] [○│0.02]	在圆柱轴线方向上任一横截面的实际圆所允许的变动全量(0.02mm)

续表

分类	符号	标注示例	说明
形状公差	圆柱度 ⌭		实际圆柱面的形状所允许的变动全量(0.05mm)
形状公差	线轮廓度 ⌒		在零件长度方向,任一横截面上实际线的轮廓形状所允许的变动全量(0.04mm)。尺寸线上有方框之尺寸为理想轮廓尺寸
形状公差	面轮廓度 ⌓		实际表面的轮廓形状所允许的变动全量(0.02mm)
位置公差	平行度 ∥ 垂直度 ⊥ 倾斜度 ∠		实际要素对基准在方向上所允许的变动全量(∥为0.05mm,⊥为0.05mm,∠为0.08mm)
位置公差	同轴度 ◎ 对称度 ⌯ 位置度 ⊕		实际要素对基准在位置上所允许的变动全量(◎为φ0.1mm,⌯为0.1mm,⊕度为φ0.3mm),尺寸线上有方框之尺寸为理想位置尺寸
位置公差	圆跳动 ↗ 全跳动 ↗↗		1. 实际要素绕基准轴线回转一周时所允许的最大跳动量(圆跳动); 2. 实际要素绕基准轴线连续回转时所允许的最大跳动量(全跳动)

形位公差的框格和指引线均用细实线画出,框格应水平绘制。框格一般为2~5格。

二、测绘零件图

(一)测绘零件图工作内容

(1)根据装配图测绘零件图;
(2)将被测零件清洗干净;
(3)选择主视图和其他视图;
(4)绘制零件草图;
(5)准确测量零件结构尺寸;
(6)选择视图比例,正确绘制零件图,正确标注零件结构尺寸;
(7)根据零部件使用要求和实测结果确定和标注配合等级和公差值;
(8)根据零部件使用要求和实测结果确定零件各表面的表面粗糙度;
(9)确定被测零件技术要求;
(10)填写标题栏。

1. 草图的基本要求

由井下作业工作的性质决定,井下工具提出后测绘工作常常是在现场进行的,因而不便使用绘图仪器。因此,草图多是按照目测徒手画成的,但是画零件草图必须满足以下两点要求:

(1)必须具备零件——工作图应有的全部内容和要求;
(2)图线清晰,比例匀称,投影关系正确,字体工整。

三视图投影对应关系为"长对正、高平齐、宽相等",即:长对正——主视图与俯视图的长度相等,位置对正;高平齐——主视图与左视图的高度相等,位置对正;宽相等——俯视图与左视图的宽度相等。

各视图所反映的物体方位:主视图反映物体的上下左右及正面;俯视图反映物体的前后左右及上面;左视图反映物体的前后上下及左面。画图时,只画机件的可见部分,必要时才画出其不可见部分。

> CAB031 三视图的投影关系

> CAB032 三视图的位置关系

2. 草图的基本画法

为了画好草图,必须学会徒手作图的基本技能。画草图时可采用方格纸,以提高绘图速度和质量。

1) 直线的画法

直线要画直,粗细要均匀,力求一笔画成。如使用方格纸画图,则可沿格子画直线。执笔时,笔杆应垂直纸面,并略向画线方向倾斜,小手指可微触纸面,眼看终点,以控制方向。画短线时,多用手腕动作,画长线时多用手臂动作。画水平线时,自左向右运笔,画铅直线时自上而下运笔。

2) 圆和曲线的画法

画小圆时,先画出中心线定出圆心,并用目测的方法在中心线上找出距圆心等于半径的四个端点,再将四点徒手连之即得。画大圆时,除在中心线上找出四个端点外还需在二相交辅助线上找出四个点,以便于徒手作图。

(二)图纸幅面及格式

国家标准 GB/T 14689—2008《技术制图 图纸幅面和格式》对于图纸幅面及格式做了规定。

绘制图样应采用表 1-2-4 所规定的幅面尺寸。

表 1-2-4 图纸幅面

幅面代号	A_0	A_1	A_2	A_3	A_4	A_5
B×L	841×1180	594×841	420×594	297×420	210×297	148×210
C	10			5		
A	25					

图框线必须用粗实线画出,其格式分为不留装订边和留有装订边两种,但同一产品的图样只能采用一种格式。需装订的图样,装订一侧的图框线与图纸边距为 25mm,A_0、A_1、A_2 的为 10mm,A_3、A_4、A_5 的为 5mm;采用 A_3 幅面横装,A_4 幅面竖装。不留装订边的图样,A_0、A_1 的图框线与图纸边距为 20mm,A_2、A_3、A_4、A_5 的为 10mm。

标题栏一般在每张图样的右下角或下部,标题栏中文字的方向应与看图的方向一致。

(三)比例

比例是图中图形与实物相应要素的线性尺寸之比。需要按比例绘制图样时,应由规定的系列中选取适当的比例。为了能从图样上得到实物大小的真实感,应尽量采用原值比例(1∶1),当机件过大或过小时,可选用表 1-2-5 规定的缩小或放大比例绘制,但尺寸标注时必须注实际尺寸。一般来说,绘制同一机件的各个视图应采用相同的比例,并在标题栏中填写。当某个视图需要采用不同比例时,可在视图名称的下方或右侧标注比例。

表 1-2-5 绘图比例

与实物相同	1∶1
缩小的比例	1∶1.5;1∶2;1∶2.5;1∶3;1∶4;1∶5;1∶10; $1∶1.5×10^n$;$1∶2×10^n$;$1∶2.5×10^n$;$1∶5×10^n$
放大的比例	1∶1;2.5∶1;4∶1;5∶1;$(10×n)∶1$

> CAB030 比例的标注方法

使用比例时应注意:

(1)绘制同一机件的各个视图应采用相同的比例并在标题栏中注明,当某个视图需要采用不同比例时,必须另行标注。

(2)无论采用何种比例作图,图形上标注的尺寸必须是机件的实际尺寸。

(四)图线、字体

在图样和技术文件中书写的汉字、数字和字母都必须做到字体端正、笔画清楚、排列整齐、间隔均匀;汉字应写成长仿宋体,并采用国家正式公布的简化字;字号的大小应与图样相协调。

> CAB029 图线的画法

1. 图线

图线的画法应依据 GB/T 4457.4—2002《机械制图 图样画法 图线》的规定。

图线有粗实线、细实线、波浪线、双折线、虚线、细点画线、粗点画线、双点画线。

图线的宽度分粗、细两种,粗线的宽度从 0.5~2mm 选择,细线的宽度约为粗线的 1/3,一般图线宽度推荐为 0.25mm、0.35mm、0.5mm、0.7mm、1mm、1.4mm、2mm。

在绘图中,要求同类图线的宽度应基本一致,虚线、点画线的线段长度和间隔大致相等,圆心的点为对称中心线的线段交点,点画线和双点画线的首末两端应是线段而不是短画。

粗实线一般应用于可见轮廓线和可见过渡线;细实线一般应用于尺寸线及尺寸界线、剖面线、螺纹的牙线及齿轮的齿根线等;波浪线一般用于裂处的边界线等;虚线用于不可见轮廓线和不可见过渡线;细点画线一般用作轴线、对称中心线等。

2. 字体

字体及字号应符合 GB/T 14689—2008 规定。图样中书写的字体必须做到字体端正、笔画清楚、排列整齐、间隔均匀。斜体字字头向右倾斜,与水平线约成 75°角。汉字应写成长仿宋。字号即字体的高度,单位为 mm,规格分为 20、14、10、7、5、3.5 等,字体的宽度约等于字体高度的 2/3。

(五)尺寸标注

图形只能表达机件的形状,而机件的大小必须通过标注尺寸才能确定,国家标准对尺寸标注做了如下规定。

1. 基本规则

(1)机件的真实大小应以图样上所注的尺寸数值为依据,与图形的大小及绘制的准确度无关。

(2)图样中的尺寸,以毫米为单位,不需标注计量单位的代号或名称,如果用其他单位,则必须注相应的计量单位的代号或名称。

(3)图样中标注的尺寸,为该图样所示机件的最后完工尺寸,否则应另加说明。机件的每一尺寸,一般只标注一次,并应标注在反映该结构最清晰的图形上。

2. 尺寸标注的四要素

一个完整的尺寸应包含尺寸界线、尺寸线、箭头和尺寸数字,这些称为尺寸标准四要素。

尺寸界线:用细实线绘制,应自图形轮廓线、轴心线或对称中心线引出,也可利用这三种线直接作为尺寸界线。

尺寸线:用细实线绘制,其两端应指到尺寸界线。尺寸线不能用其他图线代替,一般尺寸线应平行于所标注的线段。

箭头:箭头一般画在尺寸线两端,箭头与尺寸界线接触。国家标准规定,也可以用一斜短线(与尺寸线成 45°角)箭头的简化画法代替箭头。

尺寸数字:标注线性尺寸的数字,一般应填写在尺寸线的上方或中断处,位置不够时,也可将尺寸数字引出标注。

在图样和技术文件中书写的汉字,数字和字母都必须做到字体端正、笔画清楚、排列整齐、间隔均匀;汉字应写成长仿宋体,并采用国家正式公布的简化字;字号的大小应与图样相协调。

尺寸注法应符合 GB/T 17451—1998《技术制图 图样画法 视图》的规定。

图样上所注的尺寸数值是机件的真实大小,与图形的比例大小与制图准确度无关。尺寸数值的单位为 mm,某一尺寸只能标注一次,不能重复标注。尺寸数字一般标注在尺寸线的上方，或尺寸线的中断处，数字的方向可能朝上，以便于识图。在尺寸标注中，"φ"表示直径；"R"表示半径；"Sφ"表示球直径；"SR"表示球半径；"□"表示正方形；"⌒"表示弧长；"◁"表示锥度；"∠"表示斜度。

尺寸界线为所注尺寸值的范围，起始及终止端带有箭头，必须与所标注的线段平行。尺寸线与尺寸界线用细实线绘制。

项目二 机构及其保养

机构可分为原动机、传动机构和工作机构。原动机又称发动机，它是产生动力的机构，如内燃机、电动机等。传动机构是传递动力的机构，将原动力传递给工作机构的中间环节。工作机构是用受的动力实现工艺要求的动作。

一、传动系

（一）机械传动

`ZAB001 机械传动的应用`

机械传动在机械工程中应用非常广泛，主要是指利用机械方式传递动力和运动的传动，有多种形式，主要可分为两类：

（1）靠机件间的摩擦力传递动力和运动的摩擦传动，包括带传动、绳传动和摩擦轮传动等。摩擦传动容易实现无级变速，大都能适应轴间距较大的传动场合，过载打滑还能起到缓冲和保护传动装置的作用，但这种传动一般不能用于大功率的场合，也不能保证准确的传动比。

（2）靠主动件与从动件啮合或借助中间件啮合传递动力或运动的啮合传动，包括齿轮传动、链传动、螺旋传动和谐波传动等。

（二）链传动

`ZAB002 链传动的原理`

链传动是通过链条将具有特殊齿形的主动链轮的运动和动力传递到具有特殊齿形的从动链轮的一种传动方式。链传动有许多优点，与带传动相比，无弹性滑动和打滑现象，平均传动比准确，工作可靠，效率高；传递功率大，过载能力强，相同工况下的传动尺寸小；所需张紧力小，作用于轴上的压力小；能在高温、潮湿、多尘、有污染等恶劣环境中工作。链传动的缺点主要有仅能用于两平行轴间的传动；成本高，易磨损，易伸长，传动平稳性差，运转时会产生附加动载荷、振动、冲击和噪声，不宜用在急速反向的传动中。

（三）齿轮传动

`ZAB003 齿轮传动的原理`

齿轮传动是利用两齿轮的轮齿相互啮合传递动力和运动的机械传动。齿轮传动是利用两齿轮的轮齿相互啮合传递动力和运动的机械传动。按齿轮轴线的相对位置，齿轮传动分平行轴圆柱齿轮传动、相交轴圆锥齿轮传动和交错轴螺旋齿轮传动。该方法具有结构紧凑、效率高、寿命长等特点。

齿轮传动是指用主动、从动轮轮齿直接传递运动和动力的装置。

在所有的机械传动中，齿轮传动应用最广，可用来传递相对位置不远的两轴之间的运动和动力。

齿轮传动的特点是齿轮传动平稳，传动比精确，工作可靠、效率高、寿命长，使用的功率、速度和尺寸范围大,例如传递功率可以从很小至几十万千瓦;速度最高可达 300m/s;齿轮直径可以从几毫米至二十多米。但是制造齿轮需要有专门的设备,啮合传动会产生噪声。

> ZAB004 螺旋传动的原理

(四)螺旋传动

螺旋传动是利用螺杆和螺母的啮合来传递动力和运动的机械传动,主要用于将旋转运动转换成直线运动,将转矩转换成推力。

1. 机构

螺旋传动的结构主要是指螺杆、螺母的固定和支撑的结构形式。螺母的结构有整体螺母、组合螺母和剖分螺母等形式。螺杆常用右旋螺纹,只有在某些特殊的场合才采用左旋螺纹。

2. 材料

螺杆材料要有足够的强度和耐磨性,除要有足够的强度外,还要求在与螺杆材料配合时摩擦系数小和耐磨。

> ZAB005 蜗轮蜗杆传动的原理

(五)蜗轮蜗杆传动

蜗轮蜗杆机构常用来传递两交错轴之间的运动和动力。蜗轮与蜗杆在其中间平面内相当于齿轮与齿条,蜗杆又与螺杆形状相似。

机构特点:

(1)可以得到很大的传动比,比交错轴斜齿轮机构紧凑。

(2)两轮啮合齿面间为线接触,其承载能力大大高于交错轴斜齿轮机构。

(3)蜗杆传动相当于螺旋传动,为多齿啮合传动,故传动平稳、噪声很小。

(4)具有自锁性。当蜗杆的导程角小于啮合轮齿间的当量摩擦角时,机构具有自锁性,可实现反向自锁,即只能由蜗杆带动蜗轮,而不能由蜗轮带动蜗杆。如在起重机械中使用的自锁蜗杆机构,其反向自锁性可起安全保护作用。

(5)传动效率较低,磨损较严重。蜗轮蜗杆啮合传动时,啮合轮齿间的相对滑动速度大,故摩擦损耗大、效率低。另一方面,相对滑动速度大使齿面磨损严重、发热严重,为了散热和减小磨损,常采用价格较为昂贵的减摩性与抗磨性较好的材料及良好的润滑装置,因而成本较高。

(6)蜗杆轴向力较大。

> CAB023 弹簧的机械性能

二、弹簧

弹簧是各种机构中常见的元件,它可以起到控制运动、缓冲吸振、储存能量、控制或测量力的大小的作用。通常情况下要求弹簧刚度大,外力作用后能产生较大的变形,随着载荷的卸除,能自动消除变形,恢复原状。

弹簧按受载荷性质可分为拉伸弹簧、压缩弹簧、扭转弹簧和弯曲弹簧;按弹簧的形态可分为螺旋弹簧、碟形弹簧、环形弹簧、盘簧和板簧 5 种,其中螺旋弹簧应用得最广泛。

弹簧所受载荷与变形之间的关系曲线称为弹簧的特性曲线,弹簧的特性曲线用以作为检验弹簧最大工作载荷是否超出其极限载荷的依据和作为弹簧试验的依据。

螺旋弹簧的工艺流程是指把弹簧材料变成成品弹簧,按顺序流经每道工序的过程。由于弹簧材料、弹簧类型和加工方法不同,螺旋弹簧的工艺规程也各有差别。但是,它们的基本工艺流程都是:卷簧→热处理→端部加工→表面处理。

弹簧的绕制方法分冷卷法与热卷法两种。 <!--CAB024 弹簧的加工制作方法-->

(1)冷卷法:簧丝直径 $d \leqslant 8mm$ 的采用冷卷法绕制。冷态下卷绕的弹簧常用冷拉并经预先热处理的优质碳素弹簧钢丝,卷绕后一般不再进行淬火处理,只需低温回火以消除卷绕时的内应力。

(2)热卷法:簧丝直径较大($d>8mm$)的弹簧则用热卷法绕制。在热态下卷制的弹簧,卷成后必须进行淬火、中温回火等处理。当使用成形后不需淬火、回火处理的材料制造弹簧时,其工艺过程为螺旋压缩弹簧:卷制、去应力退火、两端面磨削、抛丸、校整、去应力退火、立定或强压处理、检验、表面防腐处理、包装。

三、机构"十字"保养法 <!--CAB025 机构"十字"保养的方法-->

使用机构需要经常保养,人们在实践中总结出"十字"保养法即"紧固、润滑、调整、清洗、防腐"十个字。

(1)紧固:紧固各部位螺纹。

(2)润滑:各轴承处加黄油,减速箱润滑油保持一定的液位,各运动部件的配合面应加润滑油。

(3)调整:检查刹车、减速箱齿轮等有无损坏及磨损情况;调整刹车的抱合度、皮带的松紧度等;检查电器设备接地、接点接触情况,更换残旧的零配件。

(4)清洗:清洗拆下的零部件。

(5)防腐:对脱漆、生锈部件进行除锈、刷漆或涂油。

项目三 金属材料
<!--CAB011 有色金属的名称-->

一、金属材料

金属材料是现代机械工业使用最广泛的材料,品类繁多,性能各不相同,合理选用金属材料和正确运用热处理方法,可以充分发挥金属材料的机械性能,提高产品的质量。金属可以分为黑色金属和有色金属,黑色金属主要是指钢和铸铁,以铁和碳为基本组成元素形成铁碳合金,即碳素钢。在铁碳合金中加入一定量的合金元素,如铬、锰、镍、钴等成为合金钢。有色金属是指非铁金属及其合金,如铝、铜、铅、锌等金属及其合金。

有色金属又称非铁金属,是铁、锰、铬以外的所有金属的统称。广义的有色金属还包括有色合金。有色合金是以一种有色金属为基体(通常大于50%),加入一种或几种其他元素而构成的合金。有色金属可分为重金属(如铜、铅、锌)、轻金属(如铝、镁)、贵金属(如金、银、铂)及稀有金属(如钨、钼、锗、锂、镧、铀)。

(一)金属晶体结构 <!--ZAB006 金属晶体的结构-->

金属晶体都是金属单质,构成金属晶体的微粒是金属阳离子和自由电子(也就是金属的价电子)。金属中的原子、离子按金属键结合,因此金属晶体通常具有很高的导电性和导热性、很好的可塑性和机械强度,对光的反射系数大,呈现金属光泽,在酸中可替代氢形成正离子等特性。金属晶体主要的结构类型为面心立方最密堆积、六方密堆积和立方体心密堆积3种(见金属原子密堆积)。金属晶体的物理性质和结构特点都与金属原子之间主要靠金属键键合相关。

金属单质及一些金属合金都属于金属晶体,例如镁、铝、铁和铜等。金属晶体中存在金属离子(或金属原子)和自由电子,金属离子(或金属原子)总是紧密地堆积在一起,金属离子和自由电子之间存在较强烈的金属键,自由电子在整个晶体中自由运动,金属具有共同的特性,如金属有光泽、不透明,是热和电的良导体,有良好的延展性和机械强度。大多数金属具有较高的熔点和硬度,金属晶体中,金属离子排列越紧密,金属离子的半径越小、离子电荷越高,金属键越强,金属的熔点、沸点越高,例如 IA 族金属由上而下,随着金属离子半径的增大,熔、沸点递减。第三周期金属按 Na、Mg、Al 顺序,熔沸点递增。

ZAB007 合金的组织结构

(二)合金的组织结构

合金结构钢是指用作机械零件和各种工程构件并含有一种或数种一定量的合金元素的钢。这类钢由于具有合适的淬透性,经适宜的金属热处理后显微组织为均匀的索氏体、贝氏体或极细的珠光体,因而具有较高的抗拉强度和屈强比(一般在 0.85 左右)、较高的韧度和疲劳强度,可用于制造截面尺寸较大的机器零件。

合金元素作用:

(1)增大钢的淬透性。淬透性是指钢淬火时,从表层起淬成马氏体层的深度,是取得良好综合性能的主要参数。除 Co 外,几乎所有合金元素如 Mn、Mo、Cr、Ni、Si 和 C、N、B 等都能提高钢的淬透性,其中 Mn、Mo、Cr、B 的作用最强,其次是 Ni、Si、Cu。而强碳化物形成的元素,如 V、Ti、Nb 等,只有溶于奥氏体中时才能增大钢的淬透性。

(2)影响钢的回火过程。由于合金元素在回火时能阻碍钢中各种原子的扩散,因而与同样温度下的碳素钢相比,一般均起到延迟马氏体的分解和碳化物聚集长大的作用,从而可提高钢的回火稳定性,即提高钢的抗回火软化能力,V、W、Ti、Cr、Mo、Si 的作用比较显著,Al、Mn、Ni 的作用不明显。含有较高含量的碳化物形成元素(如 V、W、Mo 等)的钢,在 500~600℃回火时,析出细小弥散的特殊碳化物质点,如 V_4C_3、Mo_2C、W_2C 等,代替部分较粗大的合金渗碳体,使钢的强度不再下降反而升高,即出现二次硬化(见回火)。Mo 对钢的回火脆性有阻止或减弱的作用。

(3)影响钢的强化和韧化。Ni 以固溶强化方式强化铁素体;Mo、V、Nb 等碳化物形成元素,既以弥散硬化方式又以固溶强化方式提高钢的屈服强度;碳的强化作用最显著。

此外,加入这些合金元素,一般可都细化奥氏体晶粒,增加晶界的强化作用。影响钢的韧度的因素比较复杂,Ni 改善钢的韧度;Mn 易使奥氏体晶粒粗化,对回火脆性敏感;降低P、S 含量,钢的纯净度提高,对改善钢的韧度有重要作用。

ZAB011 金属材料的分类

(三)金属材料的分类

金属材料是指金属元素或以金属元素为主构成的具有金属特性的材料的统称,包括纯金属、合金、金属材料金属间化合物和特种金属材料等。金属氧化物(如氧化铝)不属于金属材料,金属材料通常分为黑色金属、有色金属和特种金属材料。

ZAB009 黑色金属的性能

(1)黑色金属又称钢铁材料,包括含铁 90% 以上的工业纯铁,含碳 2%~4% 的铸铁,含碳量小于 2% 的碳钢,以及各种用途的结构钢、不锈钢、耐热钢、高温合金不锈钢、精密合金等。广义的黑色金属还包括铬、锰及其合金。

> ZAB010 有色金属的性能

(2) 有色金属是指除铁、铬、锰以外的所有金属及其合金,通常分为轻金属、重金属、贵金属、半金属、稀有金属和稀土金属等,有色合金的强度和硬度一般比纯金属高,并且电阻大、电阻温度系数小。

(3) 特种金属材料包括不同用途的结构金属材料和功能金属材料。其中有通过快速冷凝工艺获得的非晶态金属材料,以及准晶、微晶、纳米晶金属材料等;还有隐身、抗氢、超导、形状记忆、耐磨、减振阻尼等特殊功能合金以及金属基复合材料等。

(四) 碳素结构钢

> ZAB017 碳素结构钢的性能

碳素结构钢是碳素钢的一种,含碳量为 0.05%~0.70%,个别高达 0.90%。可分为普通碳素结构钢和优质碳素结构钢两类。

普通碳素结构钢含杂质较多,价格低廉,用于对性能要求不高的地方,它的含碳量多数在 0.30% 以下,含锰量不超过 0.80%,强度较低,但塑性、韧度、冷变形性能好,除少数情况外,一般不作热处理,直接使用。普通碳素结构钢多制成条钢、异型钢材、钢板等。它的用途很多,用量很大,主要用于铁道、桥梁、各类建筑工程,制造承受静载荷的各种金属构件及不重要不需要热处理的机械零件和一般焊接件。

优质碳素结构钢钢质纯净,杂质少,力学性能好,可经热处理后使用。优质碳素钢根据含锰量分为普通含锰量(小于 0.80%)和较高含锰量(0.80%~1.20%)两组。含碳量在 0.25% 以下,多不经热处理直接使用,或经渗碳、碳氮共渗等处理,制造中小齿轮、轴类、活塞销等;含碳量在 0.25%~0.60%,典型钢号有 40 号、45 号、40Mn、45Mn 等,多经调质处理,制造各种机械零件及紧固件等;含碳量超过 0.60%,如 65 号、70 号、85 号、65Mn、70Mn 等,多作为弹簧钢使用。

碳素钢按化学成分(即以含碳量)可分为低碳钢、中碳钢和高碳钢。

(1) 低碳钢,又称软钢,含碳量为 0.10%~0.30%。低碳钢易于接受各种加工,如锻造、焊接和切削,常用于制造链条、铆钉、螺栓、轴等。

(2) 中碳钢,碳量为 0.25%~0.60% 的碳素钢,有镇静钢、半镇静钢、沸腾钢等多种产品。除含碳外还可含有少量锰(0.70%~1.20%)。中碳钢热加工及切削性能良好,焊接性能较差,强度、硬度比低碳钢高,而塑性和韧度低于低碳钢,可不经热处理,直接使用热轧材、冷拉材,也可经热处理后使用。淬火、回火后的中碳钢具有良好的综合力学性能。中碳钢能够达到的最高硬度约为 HRC55(HB538),σ_b 为 600~1100MPa。所以在中等强度水平的各种用途中,中碳钢得到最广泛的应用,除作为建筑材料外,还大量用于制造各种机械零件。

(3) 高碳钢,常称工具钢,含碳量为 0.60%~1.70%,可以淬硬和回火。锤、撬棍等是由含碳量 0.75% 的钢制造的;切削工具,如钻头、丝攻、铰刀等,是由含碳量 0.90%~1.00% 的钢制造的。

(五) 合金钢

> ZAB018 特种钢的应用

合金钢又称特种钢,向碳素钢里适量地加入一种或几种合金元素可使钢的组织结构发生变化,从而使钢具有各种不同的特殊性能,如强度、硬度大、可塑性、韧性好、耐磨、耐腐蚀,以及其他许多优良性能。以下是一些特种钢的性能和用途:

(1) 钨钢、锰钢:硬度很大,制造金属加工工具、拖拉机履带和车轴等。

(2)锰硅钢:韧性特别强,制造弹簧片、弹簧圈等。

(3)钼钢:抗高温制造飞机的曲轴、特别硬的工具等。

(4)钨铬钢:硬度大,韧性很强,做机床刀具和模具等。

(5)镍铬钢(不锈钢):抗腐蚀性能强,不易氧化制造化工生产上的耐酸塔、医疗器械和日常用品等。

二、碳素钢的分类、编号和用途

碳素钢简称碳钢,是含碳量小于2.11%的铁碳合金,具有较好的机械性能、良好的锻压性能、焊接性能和切削加工性能,价格比合金钢低,在机械工业中得到广泛使用。

(一)碳素钢的分类

1. 按钢的含碳量分类

> CAB001　碳素钢的分类

低碳钢——含碳量不大于0.25%。

中碳钢——含碳量为0.30%~0.55%。

高碳钢——含碳量不小于0.60%。

2. 按钢的质量分类

普通碳素钢:硫、磷含量分别不大于0.055%和0.045%。

优质碳素钢:硫、磷含量均不小于0.040%。

高级优质碳素钢:S、P含量为0.030%~0.035%。

3. 按钢的用途分类

碳素结构钢:主要用于制造各种工程构件和机器件,这类钢一般属于低碳钢和中碳钢。

碳素工具钢:主要用于制造各种刀具、量具、模具,这类钢含碳量较高,一般属于高碳钢。

(二)碳素钢牌号和用途

1. 普通碳素结构钢

> CAB002　碳素钢的用途

普通碳素结构钢又称普通碳素钢。含碳量为0.06%~0.22%,其中小于0.25%的最为常用。普通碳素结构钢属于低碳钢,每个金属牌号表示该钢种在厚度小于16mm时的最低屈服点,与优质碳素钢相比,对含碳量、性能范围以及磷、硫和其他残余元素含量的限制较宽。我国和某些国家根据交货的保证条件,把普通碳素钢分为3类:甲类钢(A类钢),只保证力学性能,不保证化学成分;乙类钢(B类钢),只保证化学成分,不保证力学性能;特类钢(C类钢),既保证化学成分又保证力学性能,常用于制造较重要的结构件。

2. 优质碳素结构钢

优质碳素结构钢既要保证钢的化学成分,还要保证机械性能,一般都需经过热处理以提高机械性能。

优质碳素结构钢的牌号用两位数字表示,以0.01%为单位,含义是钢中平均含碳量的万分之二,如果钢中含锰量较高,在钢号后面加"Mn"。

含碳量较低的08、10、15、20、25等钢强度低,塑性好,可焊性也好,主要用来制造各种容器、冲压件或焊接件。

含碳量中等的30、35、40、45、50等钢强度高,韧性和加工性也较好,其中40钢、45钢应用最广泛,通常须经淬火、回火等热处理后使用。

含碳量较高的 55、65、70 等钢,淬火后有较高的强度、硬度和弹性。

3. 碳素工具钢

碳素工具含碳量为 0.7%~1.35%,其牌号用"碳"或"T"的后面附以数字表示,数字表示钢中的平均含碳量,以 0.10% 为单位,如 T8、T12 表示含碳量为 0.8% 和 1.2% 的碳素工具钢。

碳素工具钢淬火和低温回火后有很高的硬度和耐磨性,主要用于制造各种量具、刃具、模具等。

三、合金钢的分类、编号和用途

合金钢是在铁碳合金中加入一定量的合金元素,如 Cr、Mn、Ni 等,改变合金的组织结构,使其具有特殊的机械性能或特殊的使用要求的一类钢。

(一)合金钢的分类

合金钢的分类方法很多,通常按用途进行分类:

(1) 合金结构钢——用于制造工程构件和重要零件。

(2) 合金工具钢——用于制造工具。

(3) 特殊性能钢——用于制造特殊性能的构件和零件。

(二)合金钢的编号和用途

1. 合金钢的编号

(1) 合金钢的编号采用数字加元素符号加数字的方法表示,前面的数字表示钢的平均含碳量,以万分之几表示,合金元素用化学符号表示,后面的数字表示合金元素的含量,以平均含量的百分之几表示。若合金元素含量低于 1.5% 时,编号中只标明元素,不标明含量,如 60Si2Mn,表示含碳含量在 0.60% 左右,硅含量为 2% 左右,锰含量在 1.5% 以下。

(2) 钢号末尾加"A",表示该钢为高级优质钢,如 60Si2MnA。

(3) 若表示钢的特殊用途,在钢号前面加特殊字母,如 GCr15 中的"G"表示滚动轴承用钢。

(4) 合金钢中的含碳量以平均含碳量的万分之几表示,如 40Cr 表示平均含碳量为 0.4%。合金工具钢的含碳量以千分之几表示,若超过 1% 时,钢号中不标出其含碳量,如 9Mn2,表示含碳是为 0.9%,CrWMn 表示碳含量大于 1%,高速钢中的含碳量一般不标出。不锈钢的含碳量也是以千分之几表示,如 2Cr13,含碳量为 0.02%。

2. 合金结构钢

(1) 普通低合金钢:一种低碳结构用钢,合金元素含量较少,一般在 3% 以下。这类钢的强度显著高于相同碳量的碳素钢,同时还具有较好的韧性、塑性以及良好的焊接性和耐蚀性,常用于制造锅炉、高压容器、船舶、桥梁等。常用的低合金钢有 09Mi12、16Mn、15Mn 等。

(2) 渗碳钢:渗碳钢的含碳量都较低,在 0.1%~0.25%,属于低碳钢,这类钢一般经渗碳处理提高其机械性能。合金渗碳钢中所含的合金元素有 Cr、Ni、Mn、B 等,这些元素可提高钢的淬透性和高渗碳层的机械性能。常用的渗碳钢有 15Cr、20Cr、20CrMn、20CrMnTi、

20CrMo 等。

(3) 调质钢：调质钢大多属于碳钢，含碳量在 0.27%～0.50%，经调质处理后，具有高强度与良好的塑性和韧性配合，即具有良好的综合机械性能，常用来制造工程机械中要求具有良好的综合机械性能的各种重要零件。调质钢包含的主要合金元素有 Cr、Ni、Si 等，可以提高其淬透性。常用的调质钢有：40、45、35CrMn、40CrMn、42CrMo 等。

(4) 弹簧钢：弹簧钢的含碳量较高，通常在 0.6%～0.75%，因其具有较高的抗拉强度、屈服比和疲劳强度，常用来制造各种机械和仪表中的弹簧。弹簧钢中加入的合金元素有 Si、Mn、Cr、V 等，可以提高钢的淬透性和回火稳定性。常用的弹簧钢有 65Mn、55Si2Mn、60Si2Mn。

(5) 滚动轴承钢：通常指高碳铬钢，其含碳量在 0.95%～1.15%，含铬量为 0.4%～1.65%，具有高而均匀的硬度和耐磨性，高的弹性极限和接触疲劳强度，常用来制造工程用滚动轴承。常用的滚动轴承钢有 GCr6、GCr9SiMn、GCr15SiMn 等。

3. 合金工具钢

合金工具钢按用途可以分为刃具钢、模具钢、量具钢。

(1) 刃具钢：指制造车刀、铣刀、钻头等切削工具的钢种，含碳量在 0.6%～1.5%，具有较高的硬度、耐磨性和热硬性。常用的刃具钢有 9SiCr、CrWMn、9Mn2V 等。

(2) 模具钢：可分为冷作模具钢和热作模具钢。冷作模具钢具有较高的硬度和良好的耐磨性和足够的强度和韧度，常用的有 9SiCr、Cr12、Cr12MoV。热作模具钢具有较高的强度和韧度，足够的硬度和耐磨性，同时必须具有抗热疲劳能力，常用的有 5CrMnMo、5CrNiMo。

(3) 量具钢：有较高的硬度和耐磨性，热变形小，具有好的加工工艺性，可制造高精度的塞规、块规等，常用的钢有 CrMn、CrWM 等。制造精度较低，形状简单的量具可选用 9SiCr、60Mn 等。

4. 特殊性能钢

特殊性能钢主要是指不锈钢、耐热钢、耐磨钢等一些具有特殊化学和物理性能的钢，这里只简单介绍不锈钢。

不锈钢可以抵抗高温氧化和电化学腐蚀作用，主要有铬不锈钢和铬镍不锈钢两种类型。常用的铬不锈钢有 1Cr13、2Cr13、3Cr13、4Cr13、1Cr17 等，常用的铬镍不锈钢有 Cr18Ni19、1Cr18Ni19 等。

5. 铁碳合金

铁碳合金是指以铁和碳为组元的二元合金。

铁基材料中应用最多的一类——碳钢和铸铁，是一种工业铁碳合金材料。铁碳合金适用范围广阔的原因，首先在于可用的成分跨度大，从近于无碳的工业纯铁到含碳 4% 左右的铸铁，在此范围内合金的相结构和微观组织都发生很大的变化；另外，还在于可采用各种热加工工艺，尤其金属热处理技术，大幅度地改变某一成分合金的组织和性能。

铁碳合金中合金相的形成与纯铁的晶体结构及碳在合金中的存在形式有关。

纯铁有 3 种同素异构状态：912℃ 以下为体心立方晶体结构，称 α-Fe；912～1394℃ 为面心立方晶体结构，称 γ-Fe；1394℃ 以上，呈体心立方结构，称 δ-Fe。在液态，含碳量低于 7%，碳和铁可完全互溶。在固态，碳在铁中的溶解是有限的，并且溶解度取决于铁（溶剂）的晶体结构。与铁的三种同素异构物相对应，碳在铁中形成的固溶体有 3 种：α 固溶体、γ

固溶体和 δ 固溶体。

这些固溶体中,铁原子的空间分布与 α-Fe、γ-Fe 和 δ-Fe 一致,碳原子的尺寸远比铁原子为小,在固溶体中它处于点阵的间隙位置,造成点阵畸变。碳在 γ-Fe 中的溶解度最大,但不超过 2.11%;碳在 α-Fe 中的溶解度不超过 0.0218%;而在 δ6-Fe 中不超过 0.09%。当铁碳合金的碳含量超过在铁中的溶解度时,多余的碳可以以铁的碳化物形式或以单质状态(石墨)存在于合金中,形成一系列碳化物,其中 Fe_3C(渗碳体,6.69%C)是亚稳相,它是具有复杂结构的间隙化合物。石墨是铁碳合金的稳定平衡相,具有简单六方结构。Fe3C 有可能分解成铁和石墨稳定相,但该过程在室温下是极其缓慢的。

四、铸铁

> CAB010 铸铁的用途

铸铁是指含碳量大于 2.11% 的铁碳合金,其硫、磷、锰、硅等杂质元素的含量较钢多。由于含碳量高,大大降低了强度、塑性和韧度,同时熔点下降,但铸铁具有良好的铸造性、耐磨性和切削性能,生产方便,价格低廉,因此应用十分广泛,是机械制造的主要金属材料。铸铁根据碳在铸铁中的存在形式和形态分为灰口铸铁、可锻铸铁和球墨铸铁。

> CAB009 铸铁的分类

(一)灰口铸铁

灰口铸铁中碳大部分以片状形式存在,断口显暗灰色。灰口铸铁具有切削加工性、耐磨性、减震性、铸造性好及缺口敏感性小的特点。灰口铸铁的牌号表示方法:"灰铁"二字的汉语拼音字母"Hr"及后面加一组数字,数字表示其最低抗拉强度,单位为 MPa,如 HT250 表示抗拉强度不低于 250MPa 的灰口铸铁。

> CAB012 金属材料的机械性能
> ZAB012 金属材料的基本性能
> ZAB013 金属材料的机械加工性能

(二)可锻铸铁

可锻铸铁是由白口铸铁在固态下经长时间石墨化退火而得到的具有团絮状石墨的一种铸铁。由于石墨呈团絮状,对金属机件的割裂作用和应力集中现象较小,所以它的强度、塑性和韧度都比灰口铸铁高,可用来制造形状较复杂,强度和硬度较高的零件。可锻铸铁的牌号表示方法:由三个字母和两组数字组成,其中前两个字母"KT"是"可锻铸铁"的意思,第三个字母表示不同的类别,"H"表示黑可锻铸铁,"Z"表示珠光体可锻铸铁,后面两组数字表示最低抗拉强度(单位为 MPa)和延伸率,如 KTH350-10 表示最低抗拉强度不小于 350MPa,延伸率不小于 10% 的可锻铸铁。

(三)球墨铸铁

球墨铸铁中石墨以球状形式存在,由于球状石墨对基体的割裂作用小,故其机械性能比灰口铸铁和可锻铸铁都高,同时具有切削加工性、耐磨性、减震性和铸造性好的特点,通过热处理可使其性能在较大的范围内变化,因此得到广泛应用。球墨铸铁的牌号由"球铁"二字的汉语拼音字首"QT"及两组数字组成,两组数字分别表示其最低抗拉强度(单位为 MPa)和延伸率,如 QT450-18 表示最低抗拉强度不小于 450MPa,延伸率不小于 18% 的球墨铸铁。

> ZAB020 金属材料的理化性能

五、金属材料的性能

金属材料的机械性能一般可分为使用性能和工艺性能两大类。

使用性能是指材料在工作条件下所必须具备的性能,它包括物理性能、化学性能和力学性能。物理性能是指金属材料在各种物理条件作用下所表现出的性能,包括密度、熔点、导热性、导电性、热膨胀性和磁性等。化学性能是指金属在室温或高温条件下抵抗外界介质化学侵蚀的能力,包括耐蚀性和抗氧化性。

金属材料的工艺性能直接影响零件加工后的工艺质量,是选材和制定零件加工工艺路线时必须考虑的因素之一,包括铸造性能、压力加工性能、焊接性能、切削加工性能和热处理性能等。

力学性能是金属材料最主要的使用性能,是指金属在力学作用下所显示与弹性和非弹性反应相关或涉及应力-应变关系的性能,包括强度塑性、硬度、韧度及疲劳强度等。

(一)强度

强度是指金属材料在静载荷作用下抵抗塑性变形和断裂的能力。根据载荷作用方式不同可分为抗拉、抗压、抗弯、抗剪切和抗扭 5 种。

(1)弹性极限:在外力作用下产生弹性变形时所能承受的最大应力,用符号 σ_e 表示。

(2)屈服极限:材料产生屈服现象时的最小应力,用符号 $\sigma_{0.2}$ 表示。

(3)强度极限:材料拉断前所能承受的最大应力,又称为抗拉强度,用符号 σ_b 表示。

(二)塑性

塑性是指金属材料在外载荷作用下产生永久变形(塑性变形)而不破坏的能力,其指标常用延伸率和断面收缩率来表示。

(1)延伸率:金属材料试样拉断后的伸长量与原始长度的比值,用百分数来表示,符号为 δ。

(2)断面收缩率:试样拉断处横截面积的减少量与原始横截面积的比值,符号为 ϕ。

(三)硬度

硬度通常指金属材料抵抗外物压入而引起塑性变形的能力。硬度越高表明金属抵抗塑性变形的能力越大,产生塑性变形越困难。对机器零件而言,具有一定的硬度可以保证其有足够的强度、耐磨性和使用寿命,因此硬度是金属材料重要的机械性能指标之一。

硬度的表示方法很多,应用较多的是布氏硬度和洛氏硬度。

1. 布氏硬度

布氏硬度(Brinell Hardness)的测定原理是用一定大小的试验力 F(力的单位通常为公斤力 kgf,1kgf=9.8N),把直径为 D(mm)的淬火钢球或硬质合金球压入被测金属的表面(图 1-2-35),保持规定时间后卸除试验力,用读数显微镜测出压痕平均直径 d(mm),然后按公式求出布氏硬度 HB 值,或者根据 d 从已备好的布氏硬度表中查出 HB 值。如被试金属硬度过高,将影响硬度值的准确性,所以布氏硬度试验一般适于测定布氏硬度值小于 650 的金属材料。布氏硬度压痕较大,故不宜测定成品及薄片材料。

2. 洛氏硬度

洛氏硬度试验法是用一锥顶角为 120°的金刚石锥体或一定直径(ϕ1.588mm)的淬火钢球作压头,在规定载荷的作用下压入被测金属的表面,根据压头在金属表面所形成的压痕深度来确定其硬度值,如图 1-2-36 所示。表 1-2-6 为常用的三种洛氏硬度试验规范。

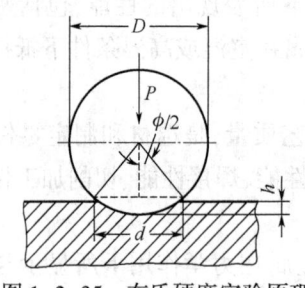
图 1-2-35 布氏硬度实验原理

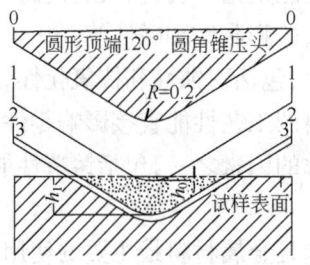
图 1-2-36 洛氏硬度实验原理

表 1-2-6 洛氏硬度试验规范

符号	压头	负荷,N	硬度有效值范围	使用范围
HRA	120°金刚石圆锥	600	HRA>70(相当于HB360以上)	适用于测量硬质合金,表面淬火层或渗碳层
HRB	ϕ1.588 钢球	1000	HRB25~100(相当于HB60~230)	适用于测量有色金属、退火、正火钢
HRC	120°金刚石圆锥	1500	HRC20~67(相当于HB250以上)	适用于调质钢,淬火钢等

(四) 韧性

金属材料抵抗冲击载荷的作用而不被破坏的能力称为韧性。

(五) 疲劳强度

常规疲劳强度计算是以名义应力为基础的,可分为无限寿命计算和有限寿命计算。零件的疲劳寿命与零件的应力、应变水平有关,它们之间的关系可以用应力—寿命曲线(σ—N 曲线)和应变—寿命曲线(δ—N 曲线)表示。应力—寿命曲线和应变—寿命曲线,统称为 S—N 曲线。根据试验可得其数学表达式:

$$\sigma m N = C$$

式中　σ——应力曲线值;

N——应力循环数;

m、C——材料常数。

在疲劳试验中,实际零件尺寸和表面状态与试样有差异,常存在由圆角、键槽等引起的应力集中,所以,在使用时必须引入应力集中系数 K、尺寸系数 ε 和表面系数 β。

六、机械金属零件的主要失效形式

> CAB015 机械零件的主要失效形式

零件是构成机械的最小实体,也是加工制造的最小单元。机械零件由于某些原因不能正常工作时,称为失效。

(一) 整体断裂、表面破坏或塑性变形

机械零件应具备足够的强度,强度不足的零件在其预定寿命期间,会因反复受载而疲劳破坏(整体或表面),也会因偶然的过载而断裂或产生塑性变形。

(二) 过量的弹性变形

机械零件应具备足够的刚度,刚度不足的零件会因受载而产生过量的弹性变形,从而影响其工作性能。材料在弹性变形范围内,载荷越大,弹性变形亦越大,但当卸载后,零件弹性变形应基本上随之消失。

（三）振动

高速机器容易发生振动,振动产生额外的交变应力易使零件早期疲劳破坏。振动也可能使机器工作不良,甚至不能工作,振动也是机器发出噪声的主要原因之一。

（四）磨损

两个互相接触的零件发生相对滑动时,表面互相摩擦,表面材料不断损失,这种现象称为磨损。零件磨损会降低其工作性能。在零件接触表面间加入润滑剂,可以减少摩擦力,降低磨损量。

CAB026 油田常用管材的分类

七、油田常用管材及材料的选用

管材按工作压力分为1.6MPa以下的为低压管、4.0MPa以上的为高压管、1.6~4.0MPa的为中压管。

油田常用钢管分为有缝钢管和无缝钢管。有缝钢管是由钢板卷制后将接缝焊死而成的,一般用于简单结构或低压水、气的输送。无缝钢管是在钢厂轧制而成,沿中心线方向无焊缝,可以承受较高的压力,常用来加工各种工具或输送较高压力的油、气、水。石油专用钢管有套管、油管和钻杆等。

套管的规格以直径大小来表示,套管的公称直径是指的外径。在同一种外径的规格中,又有不同的壁厚,如美国生产的外径为140mm的套管,壁厚为7.72mm,则其内径为124.3mm。常用套管规范见表1-2-7。

CAB027 常用套管的技术规范

表1-2-7 常用套管及螺纹与各种接头的名称及规范

制造国	公称直径 mm	套管				螺纹			接箍		
		壁厚 mm	内径 mm	管体重 kg/m	容量 L/m	长度 mm	牙数 in	锥度	外径 mm	长度 mm	质量 kg
中国	146	7 8 10 12	132 130 126 122	23.9 27.2 33.5 39.9	13.68 13.27 12.47 11.69	79.5	8	1:32	166	191	8.7
	168	7 8 9 10 11 12	154 152 150 148 146 144	27.8 31.6 35.3 39.0 42.6 46.2	18.63 18.15 17.76 17.20 16.74 16.29	79.5	8	1:32	188	194	9.3
美国	140	7.72 9.17	124.3 121.4	25.11 29.48	12.129 11.59	62.5 100.0	—	—	153.7	203（长螺纹） 171.5（短螺纹）	6.364
	168	8.94	150.4	35.09	17.79	103.0	—	—	187.7	202（长螺纹） 184（短螺纹）	9.05

油管的规范以直径表示,指的是外径。同一种规格油管两端都是外螺纹,但螺纹又分平式和外加厚两种。油管常用的规范见表1-2-8。

CAB028 常用油管的技术规范

表 1-2-8　常用油管及螺纹、接头的名称及规范

油管公称直径 mm	油管			容积 L/10m	接箍		理论质量		接箍 kg	螺纹		
	外径 mm	壁厚 mm	加厚外径 mm		外径 mm	长度 mm	管重 kg/m	两端加厚重 kg		牙数 in	长度 mm	锥度
平式	60.3	5	—	19.86	73	110	6.84	—	1.3	2.54	42	1∶16
	73	5.5	—	30.18	89.5	132	9.16	—	2.4	2.54	53	
	88.9	6.5	—	45.23	107	146	13.22	—	3.63	2.54	60	
加厚	60.3	5	65.9	19.86	78	126	6.84	0.7	1.5	3.18	50	
	73	5.5	78.6	30.18	93	134	9.16	0.9	2.8	3.18	54	
	88.9	6.5	95.25	45.23	114.5	146	13.22	1.3	4.2	3.18	60	

不论套管还是油管,其出厂状态都是两端螺纹同一规格,而其中一端是安装带有内螺纹的接箍,另一端为外螺纹。

井下作业常用的管材配件有接箍、三通、直弯头、活动弯头、四通、活接头、异径接箍、变径接头等。上述管材配件工作时要承受较高的压力,所以在使用前都需要经过压力试验,达到试压要求方为合格产品。

CAB016 金属的热处理方法

项目四　热处理工艺

随着科学技术的不断进步,实际应用对金属材料性能的要求也越来越高,提高金属材料性能的途径有两个:一是调整钢的化学成分,加入合金元素;二是对金属材料进行热处理。其中对金属材料进行热处理,对提高其机械性能具有重要意义。

所谓钢的热处理是指通过加热、保温、冷却的操作方法,使钢的组织结构发生变化,以获得所需性能的一种加工工艺。根据加热和冷却的方法不同,热处理可以分为普通热处理和表面热处理。普通热处理包括退火、正火、淬火、回火。表面热处理包括表面淬火和化学热处理。

CAB017 退火的目的
ZAB014 金属的物理热处理

一、退火和正火

退火是指将工件加热到一定温度,保温一定时间后缓慢冷却至室温的热处理工艺。

退火的目的:

(1)软化钢件以便进行切削加工。

(2)消除残余应力,防止钢件的变形、开裂。

(3)细化晶粒,改善组织以提高钢的机械性能。

(4)为最终热处理做组织上的准备。

CAB018 退火的方法

常用的退火方法有完全退火、球化退火和去应力退火等。

(1)完全退火主要用于含碳量小于0.77%的中碳结构钢及低碳、中碳合金结构的铸锻及焊接件等。加热温度根据钢成分的不同选择,一般在810~880℃,保温一定的时间后,缓慢冷却,细化内部组织,降低硬度,改善切削加工性能。

(2) 球化退火主要用于含碳量大于 0.77% 的工具钢、轴承钢等,可改善其加工性能,为后续的热处理工艺做准备,加热温度一般在 760~780℃,保温后缓慢冷却。

(3) 去应力退火是为了消除经过冷、热加工的锻件、铸件、焊接件等的残余应力而进行的退火处理方法,一般加热到 550~650℃,再炉冷至 500℃ 以下出炉空冷。

正火处理与退火类似,保温后从炉中取出在空气中冷却,冷却速度稍快,主要目的:

> CAB019 正火的方法

(1) 改善切削加工性能。

(2) 用于普通结构钢零件提高强度和硬度,可作为最终热处理。

(3) 为其他后续热处理做准备。

二、淬火

> CAB020 淬火的方法

淬火是将工件加热到某一温度(温度范围与退火类似),保温后迅速冷却至常温的热处理方法。冷却的方法是把出炉的工件迅速投入水或油冷却介质中快速冷却,目的是为了提高钢的强度和硬度,因淬火后工件的强度和硬度显著提高,脆性增大,所以淬火后一般须经回火处理。

常用的淬火方法是单液淬火,即将加热后的工件投入冷却介质中冷却至室温,操作方法简单,一般碳钢在水中冷却,合金钢在油中冷却。有时也采用双液淬火,即加热后的工件先放入水中快速冷却到 300℃ 左右,再从水中取出转入油中冷却,可提高工件的强度和硬度,又可减少内应力,主要用于为保证高硬度必须淬火而用水冷却又易变形再裂的工件。

三、回火

> CAB022 回火的作用

回火是将淬火后的工件重新加热到某一温度,保温一段时间,然后再冷却到室温的热处理操作方法,其目的主要是:

(1) 降低脆性,消除或减小内应力。

(2) 调整工件硬度,提高韧度和塑性,调整和改善钢的性能,获得所需的机械性能。

(3) 稳定工件组织和尺寸。

根据钢件的不同性能要求,按回火温度范围,回火可分为低温回火、中温回火和高温回火。

> CAB021 回火的方法

(1) 低温回火:回火温度在 150~250℃,目的是在保护淬火硬度和高耐磨性的情况下,适当提高韧度,消除内应力,一般用于碳钢、模具钢、量具钢等。

(2) 中温回火:回火温度在 350~500℃,目的是获得高的弹性极限和足够的强度和硬度,保持一定的韧度,主要用于弹簧的处理。

(3) 高温回火:回火温度在 500~650℃,目的是为了得到强度、塑性、韧度都较好的综合机械性能。习惯上将淬火和高温回火相结合的热处理称为调质处理。调质处理广泛应用于各种重要的结构零件,特别是在交变负荷下工作的连杆、齿轮、轴类等。

四、表面淬火

表面淬火是对在扭转、弯曲等交变负荷作用下的零部件进行的一种热处理方式,对其表面进行淬火,使其表面具有高的强度、硬度、耐磨性和疲劳极限,而心部仍保持足够的塑性和韧度,故表面淬火是对零件表面机械性能强化的一种热处理。表面淬火包括表面加热淬火(用乙炔—氧气火焰进行加热)和感应加热淬火。

ZAB015 金属的化学热处理

五、表面化学热处理

表面化学热处理是将工件置于一定介质中加热和保温,使介质中的活性原子渗入工件表面,改变表层的化学组织和成分,使其表面具有某些特殊的机械或物理化学性能的一种热处理工艺,主要有渗碳、渗氮和碳氮共渗等,表面化学热处理能提高零件表面的硬度和强度,增强耐磨性,仍保持内部的韧度。

项目五　常用测量方法

一、常用量具

测绘时所用的量具分为普通量具、精密量具和特殊量具3种。普通量具包括钢板尺、卷尺、内卡钳、外卡钳等,这些量具一般用于精密度不高的测量工作(准确度为1mm)。精密量具包括各种游标量具(准确度为0.1~0.02mm)和千分量具(准确度为0.01mm),特殊量具包括塞尺(厚薄规)、圆角规及螺纹规等。

二、几种常用的测量方法

(一)直线尺寸(长、宽、高)的测量方法

直线尺寸一般可直接用钢板尺、卷尺测量,必要时也可用丁字尺、三角板配合测量。

(二)圆柱面和球直径的测量方法

外圆柱面的直径一般可采用外卡钳、游标卡尺或钢板尺测量。内圆柱面的直径可用内卡钳、游标卡尺或钢板尺测量。当被测量的阶梯孔的口径较小且不能取出内卡钳时,可在内卡钳开口某一平面高度取一点,量取这点内卡钳开口的距离,然后取出内卡钳,再将内卡钳打开到量取点的开口距离相等,测量所取的数据即阶梯内孔的直径数据。

(三)壁厚的测量方法

壁厚可用外卡钳或游标卡尺直接测量,也可采用间接方法测量,配合量具有钢板尺和三角板。

(四)孔间距的测量方法

一个平面上两孔的间距可用内、外卡钳与钢板尺或游标卡尺测量。

(五)孔中心至基准面距离的测量方法

孔中心至基准面间的距离,可先用内卡钳与钢板尺测出孔径 D 和尺寸 H,再由公式 $i=H+D/2$ 求出。

(六)圆角的测量方法

圆角可用圆角规测量,测量时,可在圆角规不同圆弧尺寸的钢片中找与被测圆角相吻合的一片,其上的数据即为所测半径。

(七)角度的测量方法

角度可用游标量角器直接测出。

(八)曲线、曲面的测量方法

零件上的圆弧、曲线或回转面的轮廓,可用以下方法进行测量:

(1)拓印法。零件上较复杂的平面曲线轮廓,可用拓印法或用铅笔描绘得到其形状后,再定出曲线尺寸。

(2)坐标法。有回转曲面的零件的轮廓尺寸可用其上各点的坐标表示,而各点坐标均由钢板尺与三角板配合测出。

(3)铅丝法。回转曲面的轮廓也可用铅丝法测量。测量时,用软铅丝沿素线方向贴合在曲面上,然后将铅丝放平在纸上,沿弯曲的铅丝勾绘出实际的平面曲线,并定出该曲线的尺寸。

三、尺寸测量中应注意的几个问题

(1)测量尺寸时,要正确地选择测量基准,以减少测量误差。零件上磨损部位的尺寸应参考与之配合的零件的相关尺寸,或根据其他有关技术资料予以确定。

(2)零件间配合表面的公称尺寸必须一致。

(3)零件上的标准基素,如锥度、斜度、通孔直径、螺纹、退刀槽、键槽、倒角等,在测得尺寸后,都要参照相应标准查出其标准值。

(4)零件上的一般尺寸(如不经切削加工部分的尺寸等)应参照标准中规定的标准化数列进行圆整,而在测量重要尺寸时(如两轴孔的中心距、齿轮上轮齿的尺寸等),则应使用较精密量具,且不得圆整。

模块三　安全环保知识

项目一　QHSE知识

> J(GJ)AB006 HSE管理体系标准的实施方法
> GAC004 HSE管理体系的基本知识

一、HSE管理体系

（一）定义

健康、安全与环境管理体系简称为HSE管理体系，或简单地用HSEMS（Health Safety and Enviroment Management System）表示。

（二）作用

HSE管理体系是企业整个管理体系的有机组成部分之一，它将健康、安全和环境三种密切相关的管理体系科学地结合在一起为企业实现持续发展提供了一个结构化的运行机制，并为企业提供了一种不断改进HSE表现和实现既定目标的内部管理工具。

（三）要素

健康、安全与环境管理体系标准既是石油公司建立和维护健康、安全与环境管理体系的指南，又是进行健康、安全与环境管理体系审核的标准，它的内容由7个一级要素构成，相应的有25个二级要素，一般称为32个管理要素。健康、安全与环境管理体系的7个一级要素和相应的二级要素见下表1-3-1。

表1-3-1　健康、安全与环境管理体系标准要素表

序号	一级要素	二级要素
1	领导和承诺	—
2	方针和战略目标	—
3	企业机构、资源和文件	(1)企业结构和职责； (2)管理代表； (3)资源； (4)能力； (5)承包方； (6)信息交流； (7)文件及其控制
4	评价和风险管理	(1)危害和影响的确定； (2)建立判别准则； (3)评价； (4)建立说明危害和影响的文件； (5)具体目标和表现准则； (6)风险的控制和削减措施

续表

序号	一级要素	二级要素
5	规划(策划)	(1)总则; (2)设施的完整性; (3)程序和工作指南; (4)变更管理; (5)应急反应计划
6	实施与监测	(1)活动和任务; (2)监测; (3)记录; (4)不符合及纠正措施; (5)事故报告; (6)事故调查处理
7	审核和评审	(1)审核; (2)评审

(四)关系

HSE 管理体系是在企业现存的各种有效的健康、安全和环境管理组织结构、程序、过程和资源的基础上建立起来的,并按 HSE 管理体系标准的要求加以规范和补充,使之转化为体系的有机组成部分。HSE 管理体系是一个不断变化和发展的动态体系,其设计和建立也是一个不断发展和交互作用的过程。HSE 管理体系只是企业管理体系的一部分。企业往往有多个并存的管理体系,可能分属不同的部门操作,因此应通盘考虑这些体系的组织、过程、程序和资源,尽量合理设置和共享共用,以简化内部各项管理工作的复杂程度,防止相互冲突,实现相互协调。HSE 管理体系要完全描述 HSE 企业过程链的所有活动和任务是不可能的,因此实现 HSE 有效管理的关键是识别确定那些需要管理系统控制的 HSE 关键过程和活动,并进行重点控制。HSE 管理体系是由管理思想、制度和措施联系在一起构成的,这种联系不是简单的组合,而是一种有机的、相互关联和相互制约的联系。

(五)方针与文件

HSE 方针是企业对其在 HSE 管理方面的意向和原则声明,是 HSE 管理体系的中心主题。要有效实施管理体系,必须有正确的方针指导。

HSE 管理应有明确的承诺和形成文件的方针目标,最高管理者提供强有力的领导和自上而下的承诺,是成功实施 HSE 管理体系的基础。

HSE 管理小组职责是贯彻执行国家、地方政府和上级有关 HSE 方针、政策、法律、法规和标准。

HSE 管理体系文件分为 3 层,主要包括管理手册、程序文件、作业文件。

(六)术语与定义

要素:安全、环境与健康管理中的关键因素。

主要要素:领导和承诺,方针和战略目标,组织机构、资源和文件,风险评估和管理,规划,实施和监测,评审和审核。方针和战略目标是 HSE 管理体系要素中的方向。

事故:造成死亡、职业病、伤害、财产损失或环境破坏的事件。

危害:可能造成人员伤害、职业病、财产损失、作业环境破坏的根源或状态。

GAC006 HSE 管理体系的相关术语

风险:发生特定危害的可能性或发生事件结果的严重性。

风险评价:依照现有的专业经验、评价标准和准则,对危害分析结果做出判断的过程。

审核:判别管理活动和有关过程是否符合计划安排,这些安排是否得到有效实施,系统地验证企业实施安全、环境与健康方针和战略目标的过程。

评审:高层管理者对安全、环境与健康管理体系的适应性及其执行情况进行正式评审。评审包括有关安全、环境与健康管理中存在的问题及方针、法规以及因外部条件改变而提出的新目标。

资源:实施安全、环境与健康管理体系所需的人员、资金、设施、设备、技术和方法等。

安全、环境与健康管理体系:实施安全、环境与健康管理的组织机构、职责、做法、程序、过程和资源等而构成的整体。

不符合:任何能够直接或间接造成伤亡、职业病、财产损失、环境污染事件;违背作业标准、规程、规章的行为;与管理体系要求产生的偏差。

管理者代表:由公司最高领导者任命,在公司内代表最高领导者履行HSE管理职能的人员。

不安全状态:使事故可能发生的不安全条件或物质条件。

(七)HSE管理岗位职责

> GAC009 HSE管理岗位职责

(1)贯彻执行国家、地方政府和公司有关HSE方针、政策、法令、法规及各项规章制度。

(2)研究制定公司HSE工作目标和计划。

(3)研究重大事故隐患和环境污染问题的治理方案,审定上报的重大安全技术措施、环保技术措施项目。

(4)研究部署季节性的重点HSE工作。

(5)组织开展对重大火灾、爆炸、人身伤亡、设备、环保、质量事故的调查、处理。

(6)审定安全生产保证基金的投保、使用方案,并督促落实。

(7)每半年召开一次工作会议,听取各基层单位HSE工作汇报,研究解决重大HSE问题,布置安排下阶段的HSE工作。

(8)建立和实施HSE业绩考核奖励机制,定期开展对基层单位、职能部门的HSE业绩检查考核工作。

(9)研究决定有关HSE的其他重大事项。

(八)HSE培训与应急管理体系

> GAC007 HSE应急管理体系的基本知识
> GAC008 HSE培训体系的基本知识

详见标准Q/SY 1234—2009《培训管理规范和标准》和标准Q/SY 1424—2011《应急管理体系规范》。

(九)中国石油天然气集团有限公司制定和实施HSE管理9项原则

(1)任何决策必须优先考虑健康安全环境。

(2)安全是聘用的必要条件。

(3)企业必须对员工进行健康安全环境培训。

(4)各级管理者对业务范围内的健康安全环境工作负责。

(5)各级管理者必须亲自参加健康安全环境审核。

(6)员工必须参与岗位危害识别及风险控制。

(7) 事故隐患必须及时整改。

(8) 所有事故事件必须及时报告、分析和处理。

(9) 承包商管理执行统一的健康安全环境标准。

(十) HSE 管理体系标准

健康、安全与环境管理体系(简称 HSE 管理体系)主要用于各种组织通过经常和规范化的管理活动实现健康、安全与环境管理的目标,目的在于指导组织和建立维护一个符合要求健康、安全与环境管理体系。

健康、安全与环境管理体系标准,既是组织建立和维护健康、安全与环境管理体系的指南,又是进行健康、安全与环境管理体系审核的标准,它由 7 个关键要素构成。

健康、安全与环境管理体系任何一个要素的改变必须考虑其他要素,以保证整体健康、安全与环境表现依然满足要求。这 7 个一级要素形成了健康、安全与环境管理体系的建立过程和建立之后有计划地评审和持续改进的循环上升过程,从而使组织内部健康、安全与环境管理体系得以不断地完善和提高,有效地控制健康、安全与环境方面的事故。

(十一) 危害识别与控制

危害识别是 HSE 管理过程中极其重要的活动之一,危害只有被识别出来,才能针对其自身特点,制定出相应的控制与削减措施及应急程序对其实行有效的措施和防范,从而才能把该危害所造成的损失影响降到最低。

HSE 管理体系是建立在"所有事故都是可以避免的"这一管理理念上的,就是说,如果能够预先知道会发生特定的一种危害,就能够通过管理和发挥技能来避免事故的发生和设法使人、环境和财产免受损害,即能够对风险进行控制。

通过对风险识别,能够认识到风险的危害和危害程度,对于不能忍受的风险必须找出解决的办法,控制有两个方法,一是"预防控制法",二是"保护控制法"。

预防控制法包括设计、自动控制、改变工艺(过程)、替换材料、调查研究等;保护控制法包括警戒、锁定、防护隔离、探测、培训、公告、安全的行为、人员选拔、作业规程、监督、明确的指令、作业知识、训练等。

二、QHSE 管理体系

(一) 介绍

QHSE 管理系统为实现企业 QHSE 标准化管理,把质量、健康、安全、环境管理模式系统化地进行整合,打造一套四位一体覆盖全企业的科学、系统、完善的、标准化的信息化系统,业务模块内容如下:

质量管理:包括质量分析、质量控制、质量改进、对比分析、满意度调查、质量投诉、质量大事记、质量考核。

职业健康:包括职业卫生监测、劳防用品管理和体检管理。

安全管理:包括安委会管理、重大危险源、安全设施管理、项目安全管理、危化品管理、应急预案演练、安全教育培训、风险管理、安全观察、项目三同时管理等。

环境保护:包括环境监测管理、环境装置运行管理、指标控制、三废管理和环境辨识等。

检查与整改:包括检查整改设置、检查整改统计、检查整改记录管理、检查整改统计分析等。

设备管理:包括设备基本信息管理、设备的检查、设备的维修、设备的保养、设备的停用、设备的恢复、设备的报废。

体系管理:包括文件记录管理、内审管理、外审管理、管理评审、目标指标、相关方管理、法律法规。

消防化救:包括车辆管理、人员管理、器材管理等。

人员管理:岗位管理、部门岗位、企业员工、部门人员、外来人员的管理、供应商流程管理。

系统管理:包括组织结构、应用管理、菜单管理、系统参数配置、自定义信息聚集等。

(二)建立思路

QHSE 管理体系建设应本着"以我为主,兼收并蓄"的原则,借鉴先进的 HSE 管理理念和方法,结合生产实际,对现行的 HSE 管理体系进行补充和完善。基层单位是 HSE 体系建设的执行主体;基层单位应强力执行 HSE 管理制度,并融入日常生产管理;基层领导应切实做到有感领导,促进全员参与,通过不断提高员工 HSE 意识,纠正不安全行为,从而有效控制过程风险,预防事故发生。

(三)QHSE 管理体系的特性

QHSE 管理体系具有整体性、层次性、持久性、适应性,是全员、全方位和全过程的管理体系。

三、工具工安全操作规程

(1)组装拆卸配件时,管钳卡牢后方可用力,打管钳的高度不得超过头部,管钳外加力杆长度不允许超过管钳全长 2/3。

(2)管线和设备试压前认真检查试压泵各部位及安全阀门、压力表,卸压装置必须灵活好用。

(3)试压过程中严禁在受压件附近走动,操作人员要在试压区域以外,压件检查时也必须站在侧翼。

(4)试易爆件或进行强度爆破试验前,必须上报领导,经过批准方可进行。

(5)被试件各连接部位必须牢固,不得带渗漏进行高压试验,严禁敲打受压件。

(6)操作人员一定按试压的操作技术要求进行工作,高、低压换向启动,不得超过泵的规定标准。

(7)试压泵在使用前,必须先运转 1min,检查各连接部是否牢固,各开关是否灵活好用;工作后切断电源。

四、使用设备的安全问题

(一)起重设备安全问题

较大厂房常设有天车起吊装置。在使用起重设备时,应按起重设备的设计说明书所允许的规范来操作。使用过程中要及时地进行维修和保养,定期检查钢丝绳的连接是否牢固,是否有磨损和断丝等不正常情况,刹车是否灵活好用。有液压缸的起重设备的危险部位应装有防护罩,定期检查安全开关,检查防滑装置是否可靠,并按设计要求定期加注润滑油。

(二)试压泵试压时的注意事项

(1)被试压件要套防爆装置。

(2)试压区域内不许站人。

(3)被试件不能朝向有人的方向。

(4)试压时不许有人经过。

(5)注意检查压力表是否灵敏有效。

(6)试压件带压时,如有滴漏现象,不许带压上扣,泄压后方可紧固。

(三)手工气焊的安全操作规程

1. 一般规定

(1)严格遵守一般焊工安全操作规程和有关电石、乙炔发生器、溶解乙炔气瓶,水封安全器、橡胶软管、氧气瓶的安全使用规则和焊(割)炬安全操作规程。

(2)氧气瓶及其附件、橡胶软管、工具上不能沾染油脂。

(3)检查设备、附件及管路漏气时,只准用肥皂水试验,试验时,周围不准有明火,不准抽烟,严禁用火试验漏气。

(4)氧气瓶、乙炔发生器(或乙炔气瓶)与明火间的距离应在5m以上。

(5)禁止用易产生火花的工具去开启氧气或乙炔气阀门。

(6)气瓶设备管道冻结时,严禁用火烤或用工具敲击冻块;氧气阀或管道要用40℃的温水融化。

(7)焊接场地应备有相应的消防器材;露天作业时应防止阳光直射在氧气瓶或乙炔发生器上。

(8)遵守《气瓶安全监察规程》有关规定,不得擅自更改气瓶的钢印和颜色标记;严禁用温度超过40℃的热源对气瓶加热;瓶内气体不得用尽,必须留有剩余压力;永久气体气瓶的剩余压力应不小于0.05MPa;液化气体气瓶应留有0.5%~1.0%规定充装量的剩余气体;气瓶立放时应采取防止倾倒措施;气焊低碳钢应采用中性焰。

(9)压力容器及压力表、安全阀应按规定定期送交校验和试验。

(10)工作完毕或离开工作现场时要拧上气瓶的安全帽,收拾现场。

2. 橡胶软管的安全操作规程

(1)橡胶软管须通过压力试验。氧气软管试验压力为2MPa;乙炔软管试验压力为0.5MPa。未经压力试验的代用品及变质、老化、脆裂、漏气的胶管及沾上油脂的胶管不准使用。

(2)软管长度一般为10~20m,不准使用过短或过长的软管;接头处必须用专用卡子或退火的金属丝卡紧扎牢。

(3)氧气软管为黑色,乙炔软管为红色,与焊炬连接时不可错乱。

(4)乙炔软管使用中发生脱落、破裂、着火时,应先将焊炬或割炬的火焰熄灭,然后停止供气。氧气软管着火时,应迅速关闭氧气瓶阀门,停止供氧;不准用弯折的办法来消除氧气软管着火的问题,乙炔软管着火时可用弯折前面一段胶管的办法来将火熄灭。

(5)禁止把橡胶软管放在高温管道和电线上,或把重的或热的物件压在软管上,也不准

GAC002 气焊设备的安全操作规程
GAC001 常用气焊设备的一般安全规定

将软管与电焊用的导线敷设在一起;使用时应防止割破;若软管经过车行道时,应加护套或盖板。

3. 氧气瓶的安全操作规程

(1)每个氧气瓶必须在定期检验的周期内使用(3年),色标明显,瓶帽齐全;氧气瓶应与其他易燃气瓶油脂和其他易燃物品分开保存,也不准同车运输;运送储存,气瓶需有瓶帽。禁止用行车或吊车吊运氧气瓶。

(2)氧气瓶附件有毛病或缺损、阀门螺杆滑丝时,均应停止使用;氧气瓶应直立着安放在固定支架上,以免跌倒发生事故。

(3)禁止使用没有减压器的氧气瓶。

(4)氧气瓶中的氧气不允许全部用完,气瓶的剩余压力应不小于0.05MPa,并将阀门拧紧,写上"空瓶"标记。

(5)开启氧气阀门时,要用专用工具,动作要缓慢,不要面对减压表,但应观察压力表指针是否灵活正常。

(6)当氧气瓶在电焊同一工作地点,瓶底应垫绝缘物,防止被窜入电焊机二次回路。

(7)氧气瓶一定要避免受热、暴晒,使用应尽可能垂直立放,并联使用的汇流输出总管上应装设单向阀。

4. 乙炔气瓶的安全操作规程

(1)乙炔瓶在使用、运输、储存时必须直立固定,严禁卧放或倾倒;应避免剧烈震动、碰撞;运输时应使用专用小车,不得用吊车吊运;环境温度超过40℃时应采取降温措施;要求乙炔瓶瓶漆使用白色,并漆有"乙炔"红色字样。

(2)乙炔瓶使用时,一把焊割炬配置一个岗位回火防止器及减压器。

(3)操作者应站在阀口的侧后方,轻缓开启;拧开瓶阀不宜超过1.5转。

(4)瓶内气体不能用光,必须留有一定余压,当环境温度小于0℃时,余压为0.05MPa;当环境温度为0~15℃,余压为0.1MPa,当环境温度为15~25℃时,余压力0.2MPa,当环境温度为25~40℃时,余压为0.3MPa。

(5)焊接工作地乙炔瓶存量不得超过5只,超过时,车间内应有单独的储存间,若超过20只,应放置在乙炔瓶库。

(6)乙炔瓶严禁与氯气瓶、氧气瓶、电石及其他易燃易爆物品同库存放;作业点与氧气瓶、明火相互间的距离至少为10m。

5. 焊割炬的安全操作规程

(1)通透焊嘴应用铜丝或竹签,禁止用铁丝。

(2)使用前检查焊炬或割炬的射吸能力,方法是先接上氧气管,打开乙炔阀和氧气阀(此时乙炔管与焊炬、割炬应脱开),用手指轻轻接触焊炬上乙炔进气口处,如有吸力,说明射吸能力良好,接插乙炔气管时,应先检查乙炔气流正常后接上,若没有吸力,甚至氧气从乙炔接头中倒流出来,必须进行修理,否则严禁使用。

(3)根据工件的厚度选择适当的焊炬、割炬及焊嘴、割嘴,避免使用焊炬切割较厚的金属,应用小割嘴切割厚金属。

(4)焊炬、割炬射吸检查正常后,接头连接时必须与氧气橡皮管连接牢固,而乙炔进气接头与乙炔橡皮管不应连接太紧,以不漏气并容易接插为宜,老化和回火时烧损的皮管不准使用。

(5)工作地点要有足够清洁的水供冷却焊嘴用;当焊炬(或割炬)由于强烈加热而发出"噼啪"的炸鸣声时,必须立即关闭乙炔供气阀门,并将焊炬(或割炬)放入水中进行冷却。最好不关氧气阀。

(6)短时间休息时,必须把焊炬(或割炬)的阀门关紧,不准将焊炬放在地上。较长时间休息或离开工作地点时,必须熄灭焊炬,关闭气瓶球形阀,除去减压器的压力,放出管中余气并停止供水,然后收拾软管和工具。

(7)焊炬(或割炬)点燃操作规程:

① 点火前,急速开启焊炬(或割炬)阀门,用氧吹风检查喷嘴的出口,不要对准脸部试风,无风时不得使用。

② 进入容器内焊接时,点火和熄火都应在容器外进行。

③ 对于射吸式焊炬(或割炬),点火时应先微微开启焊炬(或割炬)上的乙炔阀,然后送到灯芯或火柴上点燃,当发现冒黑烟时,立即打开氧气手轮调节火焰;若发现焊割炬不正常,点火并开始送氧后一旦发生回火时,必须立即关闭氧气,防止回火爆炸或点火时鸣爆现象。

④ 使用乙炔切割机时,应先放乙炔气,再放氧气引火。

⑤ 使用氢气切割机时,应先放氢气,后放氧气引火。

(8)熄灭火焰时,焊炬应先关乙炔阀,再关氧气阀;割炬应先关切割氧,再关乙炔和预热氧气阀门。当回火发生后,若胶管或回火防止器上出现喷火,应迅速关闭焊炬上的氧气阀和乙炔阀,再关上一级氧气阀门和乙炔阀门,然后采取灭火措施。

(9)氧、氢并用时,先放出乙炔气,再放出氢气,最后放出氧气,再点燃;熄灭时,先关氧气,后关氢气,最后关乙炔。

(10)操作焊炬和割炬时,不准将橡胶软管背在背上操作;禁止使用焊炬(或割炬)的火焰来照明。

(11)使用过程中,如发现气体通路或阀门有漏气现象,应立即停止工作,消除漏气后才能继续使用。

(12)气源管路通过人行通道时,应加罩盖,注意与电气线路保持安全距离;气焊(割)场地必须通风良好,容器内焊(割)时应采用机械通风。

五、劳动保护的意义

CAC001劳动保护的意义

劳动保护的目的是为劳动者创造安全、卫生、舒适的劳动工作条件,消除和预防劳动生产过程中可能发生的伤亡、职业病和急性职业中毒,保障劳动者以健康的劳动力参加社会生产,促进劳动生产率的提高,保证社会主义现代化建设顺利进行。保护劳动者在生产劳动过程中的安全与健康,是中国共产党和我们国家的一项基本方针,是坚持社会主义制度的本质要求,是发展生产、促进经济建设的一项根本性大事,也是社会主义物质文明和精神文明建设的一项重要内容。

(一)劳动保护是我们国家的一项基本政策

"加强劳动保护,改善劳动条件"是载入中国宪法的神圣规定。国家正在不断通过健全劳动保护立法，强化劳动保护监察和安全生产管理，推进安全技术、职业卫生技术与有关工程等措施，来保证宪法所要求的这一基本政策的实现。

（二）劳动保护是促进国民经济发展的重要条件

劳动保护不仅包含着重要的政治意义，从某种意义上来说，劳动保护又有着深刻的经济意义。在生产过程中，人是最宝贵的，人是生产力诸要素中起决定作用的因素。

（三）劳动保护的原则

(1)"安全第一，预防为主"的原则。"安全第一，预防为主"既是我国指导劳动保护工作的方针，又是从事劳动保护管理的原则。"安全第一，预防为主"就是要求一切经济部门和企业在生产经营活动中都要把安全工作放在首位。

(2)"管生产必须管安全"的原则。这一原则体现了安全与生产的辩证关系。它要求生产的领导者和组织者明确安全和生产是一个有机的整体，要安全和生产一起抓，在计划、布置、检查、总结、评比生产的同时，计划、布置、检查、总结、评比安全工作。

(3)"安全具有否决权"原则。安全工作必须是衡量企业管理工作好坏的一项基本内容，在对企业各项指标的考核和企业的升级评定中，必须把安全工作放在重要位置，并使其具有"否决权"。

六、安全生产责任制的内容

安全生产责任制是经长期的安全生产、劳动保护管理实践证明的成功制度与措施。这一制度与措施最早见于国务院1963年3月30日颁布的《关于加强企业生产中安全工作的几项规定》(即《五项规定》)。《五项规定》中要求，企业的各级领导、职能部门、有关工程技术人员和生产工人，各自在生产过程中应负的安全责任，必须加以明确的规定。

（一）安全生产责任制作用

(1)企业单位的各级领导人员在管理生产的同时，必须负责管理安全工作，认真贯彻执行国家有关劳动保护的法令和制度，在计划、布置、检查、总结、评比生产的时候，同时计划、布置、检查、总结、评比安全工作。

(2)企业单位中的生产、技术、设计、供销、运输、财务等各有关专职机构，都应该在各自业务范围内，对实现安全生产的要求负责。

(3)企业单位都应该根据实际情况加强劳动保护工作机构或专职人员的工作。劳动保护工作机构或专职人员的职责：协助领导上组织推动生产中的安全工作，贯彻执行劳动保护的法令、制度；汇总和审查安全技术措施计划，并且督促有关部门切实按期执行；组织和协助有关部门制订或修订安全生产制度和安全技术操作规程，对这些制度、规程的贯彻执行进行监督检查；经常进行现场检查，协助解决问题，遇有特别紧急的不安全情况时，有权指令先行停止生产，并且立即报告领导上研究处理；总结和推广安全生产的先进经验；对职工进行安全生产的宣传教育；指导生产小组安全员工作；督促有关部门按规定及时分发和合理使用个人防护用品、保健食品和清凉饮料；参加审查新建、改建、大修工程的设计计划，并且参加工程验收和试运转工作；参加伤亡事故的调查和处理，进行伤亡事故的统计、分析和报告，协助有关部门提出防止事故的措施，并且督促他们按期实现；组织有关部门研究执行防止职业中毒和职业病的措施；督促有关部门做好劳逸结合和女工保护工作。

(4)企业单位各生产小组都应该设有不脱产的安全员。小组安全员在生产小组长的领导和劳动保护干部的指导下,首先应当在安全生产方面以身作则,起模范带头作用,并协助小组长做好下列工作:经常对本组工人进行安全生产教育;督促他们遵守安全操作规程和各种安全生产制度;正确地使用个人防护用品;检查和维护本组的安全设备;发现生产中有不安全情况的时候,及时报告;参加事故的分析和研究,协助领导上实现防止事故的措施。

(5)安全生产责任制是生产经营单位和企业岗位责任制的一个组成部分,根据"管理生产必须管安全"的原则,安全生产责任制综合各种安全生产管理、安全操作制度,对生产经营单位和企业各级领导、各职能部门、有关工程技术人员和生产工人在生产中应负的安全责任加以明确规定的制度,《中华人民共和国安全生产法》把建立和健全安全生产责任制作为生产经营单位和企业安全管理必须实行的一项基本制度,在第二章生产经营单位的安全生产保障第十八条第一款做了明确规定,要求生产经营单位的主要负责人要建立、健全本单位安全生产责任制,并对其负责。生产经营单位和企业安全生产责任制的主要内容是,厂长、经理是法人代表,是生产经营单位和企业安全生产的第一责任人,对生产经营单位和企业的安全生产负全面责任;生产经营单位和企业的各级领导和生产管理人员,在管理生产的同时,必须负责管理安全工作,在计划、布置、检查、总结、评比生产的时候,必须同时计划、布置、检查、总结、评比安全生产工作;有关的职能机构和人员,必须在自己的业务工作范围内,对实现安全生产负责;职工必须遵守以岗位责任制为主的安全生产制度,严格遵守安全生产法规、制度,不违章作业,并有权拒绝违章指挥,险情严重时有权停止作业,采取紧急防范措施。

> CAC003 安全教育的基本形式

(二)安全教育形式与内容

企业的培训由安全生产管理部门组织实施,车间的培训由各车间的主要负责人组织实施,班组的培训由各班组长负责组织实施。

> CAC006 安全技术的内容

企业培训以安全生产的法律法规、方针政策、规范和企业的规章制度为主;车间、班组培训以安全操作规程、劳动纪律、岗位职责、工艺流程、事故案例剖析等为主;特种作业人员培训以特种设备的操作规程、特种作业人员的安全知识为主;重大危险源的相关人员培训以危险源的危险因素、现实情况、可能发生的事故、注意事项为主。

学习可采取灵活多样的培训形式,如课堂学习、实地参观、实际演练、安全技能比赛、看录像、研讨交流、现场示范等。

新技术、新工艺、新设备、新材料在使用前,必须进行安全教育培训;新从业人员和转岗人员在上岗前,必须进行安全教育培训,新从业人员必须经"三级"安全教育培训后方可上岗。特种作业人员必须参加有关部门的培训取得《特种作业人员操作证》,做到持证上岗。

> GAC005 质量管理体系标准化的意义
> ZAC001 标准化的意义

项目二 ISO 9001 质量管理体系

一、标准化的意义

标准化的重要意义可概括为改进产品、过程或服务的实用性、防止产品流失、促进技术合作、在一定范围内获得最佳秩序,达到一个或多个特定目的的。

二、质量认证的概念

质量认证又称合格评定,是国际上通行的管理产品质量的有效方法。质量认证按认证的对象分为产品质量认证和质量体系认证两类;按认证的作用可分为安全认证和合格认证。产品质量认证是指依据产品标准和相应技术要求,经认证机构确认并通过颁发认证证书和认证标志来证明某一产品符合相应标准和相应技术要求的活动。

三、ISO 9000 族标准

ISO 9001 是 ISO 9000 族标准所包括的一组质量管理体系核心标准之一。ISO 9000 族标准是国际标准化组织(ISO)在 1994 年提出的概念,是指由国际标准化组织质量管理和质量保证技术委员会制定的国际标准。

ISO 9001 用于证实组织具有提供满足顾客要求和适用法规要求的产品的能力,目的在于增进顾客满意度。随着商品经济的不断扩大和日益国际化,为提高产品的信誉、减少重复检验、削弱和消除贸易技术壁垒、维护生产者、经销者、用户和消费者各方权益,这个第三认证方不受产销双方经济利益支配,公证、科学,是各国对产品和企业进行质量评价和监督的通行证;作为顾客对供方质量体系审核的依据;企业有满足其订购产品技术要求的能力。

凡是通过认证的企业,在各项管理系统整合上已达到了国际标准,表明企业能持续稳定地向顾客提供预期和满意的合格产品。站在消费者的角度,公司以顾客为中心,能满足顾客需求,达到顾客满意,不诱导消费者。

四、ISO 9001 管理原则

原则一:以顾客为关注焦点。

原则二:领导作用。

原则三:全员参与。

原则四:过程方法。

原则五:管理的系统方法。

原则六:持续改进。

原则七:基于事实的决策方法。

原则八:互利的供方关系。

五、全面质量管理

全面质量管理是一种管理的方法,用来改善品质,并通过不断的满足客户需求,达到长期的成功目标。全面质量管理需要组织内所有成员的参与,目的在于改善所有流程、产品、服务、作业以及企业文化的品质。全面质量管理是在全社会的推动下,企业的所有组织、部门和全体人员都以产品质量为核心,把专业技术、管理技术和数理统计结合起来,建立起一套科学的、严密的、高效的质量保证体系,控制生产全过程影响质量的因素,以优质的工作、最经济的办法,生产出满足用户需要的产品的全部活动,也就是在全社会的推动下,企业全体人员参加,用全面质量去保证生产全过程的质量的活动。全面质量管理的特点在"全面"上,有三个方面的含义。

(一) TQM 是全面质量的管理

全面质量管理就是指产品质量、工程质量和工作质量。全面质量管理不同于以前质量管理的一个显著特征,就是其工作对象是全面质量,而不仅仅局限于产品质量。全面质量管理认为应从抓好产品质量的保证入手,用优质的工作质量来保证产品质量,这样能有效地改善影响产品质量的因素,达到事半功倍的效果。

(二) TQM 是全过程质量的管理

全过程是相对制造过程而言的,就是要求把质量管理活动贯穿于产品质量产生、形成和实现的全过程,全面落实预防为主的方针,逐步形成一个包括市场调研、开发设计直至销售服务全过程所有环节的质量保证体系,把不合格品消灭在质量形成过程之中,做到防患于未然。

(三) TQM 是全员参加的质量管理

在现场管理活动中,产品质量的优劣,取决于企业全体人员的工作质量水平,提高产品质量必须依靠企业全体人员的努力。企业中任何人的工作都会在一定范围和一定程度上影响产品的质量。因此,全面质量管理要求:不论是哪个部门的人员,都要具备质量意识,都要承担具体的质量职能,积极关心产品质量。

六、PDCA 动态循环

> ZAC005 PDCA 动态循环的意义

PDCA 是英语单词 Plan(策划)、Do(实施)、Check(检查)和 Act(处置)的首字母的组合,PDCA 循环就是按照这样的顺序进行质量管理,并且循环不止地进行下去的科学程序。

(1)策划:根据顾客的要求和组织的方针,为提供结果建立必要的目标和过程。

(2)实施:实施过程。

(3)检查:根据方针、目标和产品要求,对过程和产品进行监视和测量,并报告结果。

(4)处置:采取措施以持续改进过程绩效。对于没有解决的问题,应提交给下一个 PDCA 循环中去解决。

以上 4 个过程不是运行一次就结束,而是周而复始的进行,一个循环完了,解决一些问题,未解决的问题进入下一个循环,这样阶梯式上升的。

PDCA 循环是全面质量管理应遵循的科学程序。全面质量管理活动的全部过程,就是质量计划的制订和组织实现的过程,这个过程就是按照 PDCA 循环,不停地周而复始地运转的。PDCA 循环不仅在质量管理体系中运用,也适用于一切循序渐进的管理工作。

项目三 ISO 14001 环境管理体系

> ZAC004 ISO 14001环境管理体系的构成

一、组成

环境管理体系是全面管理体系的组成部分,包括制定、实施、实现、评审和维护环境方针所需的组织结构、策划、活动、职责、操作惯例、程序、过程和资源。

ISO 14001 环境管理体系由环境方针、规划、实施、测量和评价、评审和改进 5 个基本要素构成。

二、术语与定义

审核员：有能力实施审核的人员。

持续改进：不断对环境管理体系进行强化的过程，目的是根据组织的环境方针，实现对环境绩效的改进。该过程不必同时发生于活动的所有方面。

污染预防：为了降低有害的环境影响而采用（或综合采用）过程、惯例、技术、材料、产品、服务或能源以避免、减少或控制任何类型的污染物或废物的产生、排放或废弃。

纠正措施：为消除已发现的不符合的原因所采取的措施。

环境：组织运行活动的外部存在，包括空气、水、土地、自然资源、植物、动物、人，以及它们之间的相互关系。从这一意义上，外部存在从组织内延伸到全球系统。

环境因素：一个组织的活动、产品和服务中能与环境发生相互作用的要素。重要环境因素是指具有或能够产生重大环境影响的环境因素。

环境影响：全部或部分地由组织的环境因素给环境造成的任何有害或有益的变化。

环境管理体系：组织管理体系的一部分，用来制定和实施其环境方针，并管理其环境因素。管理体系是用来建立方针和目标，并进而实现这些目标的一系列相互关联的要素的集合。管理体系包括组织结构、策划活动、职责、惯例、程序、过程和资源。

三、主要内容

ISO 14001 是组织规划、实施、检查、评审环境管理运作系统的规范性标准，该系统包含 5 部分、17 个要素。

5 部分是指环境方针、规划、实施与运行、检查与纠正措施、管理评审。这 5 个基本部分包含了环境管理体系的建立过程和建立后有计划地评审及持续改进的循环，以保证组织内部环境管理体系的不断完善和提高。

17 个要素是指环境方针、环境因素、法律与其他要求、目标和指标、环境管理方案、机构和职责、培训、意识与能力、信息交流、环境管理体系文件、文件管理、运行控制、应急准备和响应、监测、纠正与预防措施、环境管理体系审核、管理评审。

ISO 14001 系列标准的指导思想是污染预防、持续改进。

四、体系建立步骤

体系建立步骤：领导决策与准备；初始环境评审；体系策划与设计；环境管理体系文件编制；体系运行；内部审核及管理评审；

五、体系要求

体系要求包括总要求、环境方针、策划、实施与运行、检查、管理评审。

总要求：组织应根据本标准的要求建立实施、保持和持续改进环境管理体系，确定如何实现这些要求并形成文件。组织应界定环境管理体系的范围并形成文件。

方针：

最高管理者应确定本组织的环境方针,并在界定的环境管理体系范围内,确保：

(1)适合于组织活动、产品和服务的性质、规模和环境影响。

(2)包括对持续改进和污染预防的承诺。

(3)包括对遵守与其环境因素有关的适用法律法规要求和其他要求的承诺。

(4)提供建立和评审环境目标和指标的框架。

(5)形成文件,付诸实施,并予以保持。

(6)传达到所有为组织或代表组织工作的人员。

(7)可为公众所获取。

六、实施意义

ISO 14001标准对企业的积极影响主要体现在以下几个方面：

(1)树立企业形象,提高企业的知名度。

(2)促使企业自觉遵守环境法律、法规。

(3)促使企业在其生产、经营、服务及其他活动中考虑其对环境的影响,减少环境负荷。

(4)使企业获得进入国际市场的"绿色通行证"。

(5)增强企业员工的环境意识。

(6)促使企业节约能源,再生利用废弃物,降低经营成本。

(7)促使企业加强环境管理。

七、防尘防毒

(1)各生产区域应防止粉尘、毒物的泄漏和扩散,应采取有效的防护措施,严格劳动防护用品的穿戴,减少人员与尘毒物料的接触。

(2)有散发的有害物质应加强排风,有粉尘和毒物的作业场所要及时清理保持清洁。

(3)有毒、有害物质的包装必须符合安全要求,防止泄漏扩散。

(4)生产、使用、储存腐蚀品和有毒品的岗位,除配备足量的防护用具和急救药品外,还应设有冲洗设施。

(5)对从事有毒、有害物质及腐蚀性较强的作业人员,可实行轮换,患职业禁忌和过敏症者,应及时调离。

(6)各生产单位必须加强针对防毒、防尘设备的管理,杜绝跑、冒、滴、漏。

项目四　应急处置措施

一、燃烧和爆炸与防火防爆安全技术

(一)燃烧要素和燃烧类别

1.燃烧概述

燃烧是可燃物质与助燃物质(氧或其他助燃物质)发生的一种发光发热的氧化反应。

在化学反应中,失掉电子的物质被氧化,获得电子的物质被还原,所以氧化反应并不限于同氧的反应,例如氢在氯中燃烧生成氯化氢。氢原子失掉一个电子被氧化,氯原子获得一个电子被还原。类似地,金属钠在氯气中燃烧,炽热的铁在氯气中燃烧,都是激烈的氧化反应,并伴有光和热的发生。金属和酸反应生成盐也是氧化反应,但没有同时发光发热,所以不能称做燃烧。灯泡中的灯丝通电后同时发光发热,但并非氧化反应,所以也不能称作燃烧。只有同时发光发热的氧化反应才被界定为燃烧。

可燃物质(一切可氧化的物质)、助燃物质(氧化剂)和火源(能够提供一定的温度或热量),是可燃物质燃烧的三个基本要素。缺少三个要素中的任何一个,燃烧便不会发生。对于正在进行的燃烧,只要充分控制三个要素中的任何一个,燃烧就会终止。所以,防火防爆安全技术可以归结为这三个要素的控制问题。例如,在无惰性气体覆盖的条件下加工处理一种如丙酮之类的易燃物质,一开始便具备了燃烧三要素中的前两个要素,即可燃物质和氧化气氛,可以查出,丙酮的闪点是$-10℃$。这意味着在高于$-10℃$的任何温度,丙酮都可以释放出足够量的蒸气,与空气形成易燃混合物,一旦遭遇火花、火焰或其他火源就会引发燃烧。为了达到防火的目的,至少要实现下列四个条件中的一个条件:

(1) 环境温度保持在$-10℃$以下;

(2) 切断大气氧的供应;

(3) 在区域内清除任何形式的火源;

(4) 在区域内安装良好的通风设施。丙酮蒸气一旦释放出来,排气装置就迅速将其排离区域,使丙酮蒸气和空气的混合物不至于达到危险的浓度。

条件(1)和(2)在工业规模上很难达到,而条件(3)和(4)则不难实现。固然,完全清除燃烧三要素中的任何一个,都可以杜绝燃烧的发生。然而,对工业操作施加如此严格的限制在经济上很少是可行的。工业物料安全加工研究的一个重要目的是确定在兼顾杜绝燃烧和操作经济上的可行性方面还留有多大余地。为此,当人们知道如何防火时,这仅仅是开始,降低防火的消费在工业防火中有着同样重要的作用。

燃烧反应在温度、压力、组成和点火能等方面都存在极限值。可燃物质和助燃物质达到一定的浓度,火源具备足够的温度或热量,才会引发燃烧。如果可燃物质和助燃物质在某个浓度值以下,或者火源不能提供足够的温度或热量,即使表面上看似乎具备了燃烧的三个要素,燃烧仍不会发生。例如,氢气在空气中的浓度低于4%时便不能点燃,而一般可燃物质当空气中氧含量低于14%时便不会引发燃烧。总之,可燃物质的浓度在其上下极限浓度以外,燃烧便不会发生。

近代燃烧理论用连锁反应来解释可燃物质燃烧的本质,认为多数可燃物质的氧化反应不是直接进行的,而是通过游离基团和原子这些中间产物经连锁反应进行。有些学者在燃烧的三角形理论的基础上,提出了燃烧的四面体学说。这种学说认为,燃烧除具备可燃物质、助燃物质和火源三角形的三个边以外,还应该保证可燃物质和助燃物质之间的反应不受干扰,即进行"不受抑制的连锁反应"。

2. 燃烧要素

在一般情况下,燃烧可以理解为燃料和氧间伴有发光发热的化学反应。除自燃现象外,都需要用点火源引发燃烧。所以,燃烧要素可以简单地表示为燃料、氧和火源这三个基本条件。

1) 燃料

防火的一个重要内容是考虑燃烧的物质,即燃料本身。处于蒸气或其他微小分散状态的燃料和氧之间极易引发燃烧,固体研磨成粉状或加热蒸发极易起火,但也有少数例外,有些固体蒸发所需的温度远高于通常的环境温度,液体则显现出很大的不同,有些液体在远低于室温时就有较高的蒸气压,就能释放出危险量的易燃蒸气,另外一些液体在略高于室温时才有较高的蒸气压,还有一些液体在相当高的温度才有较高的蒸气压,很显然,液体释放出蒸气与空气形成易燃混合物的温度是其潜在危险的量度,这可以用闪点来表示。

液体的闪点是火险的标志。美国州际商会把闪点不大于27℃的液体列为高火险液体。选择27℃作为分界点,是因为这个温度代表通常或室内温度的上限,任何液体在此或较低温度闪燃都是危险的。闪点在27~177℃表示中度火险,闪点在177℃以上只有轻微火险。当液体的闪点低于93.7℃时,全美消防协会才称之为易燃液体。上述的火险等级划分只是指出了液体加工或储存时的危险程度,实际上,所有有机物质在足够高的温度下暴露都会燃烧。

排除潜在火险对于防火安全是重要的,为此必须用密封的有排气管的罐盛装易燃液体。这样,当与罐隔开一段距离的物料意外起火时,液罐被引燃的可能性将会大大减小。因为燃烧的液体产生大量的热,会引发存放液罐的建筑物起火,把易燃物料置于耐火建筑中对于防火安全也是重要的。易燃液体安全的关键是防止蒸气的爆炸浓度在封闭空间中的积累。当应用或储存中度或高度易燃液体时,通风是必要的安全措施。通风量的大小取决于物料及其所处的条件。因为有些蒸气密度较大,向下沉降,仅凭蒸气的气味作为警示是极不可靠的。用爆炸或易燃蒸气指示器连续检测才是安全的方法。

2) 氧和热

虽然在某些不寻常的情况下,比如氯或磷,与物质能够产生燃烧状的化学反应,但几乎所有的燃烧都需要氧。而且,反应气氛中氧的浓度越高,燃烧得就越迅速。工业上很难调节加工区氧的浓度,特别是阻止发火的氧浓度远低于正常浓度,浓度太低,不适于供人员呼吸。工业上有时需要处理只是在通常温度暴露在空气中就会起火的物料,把这些物料与空气隔绝是必要的安全措施。为此,加工物料需要在真空容器或充满惰性气体,如氩、氦和氮的容器内进行。

热是燃烧伴生的一个重要结果。为了使工业装置免受燃烧的破坏,经常需要调节和控制释放出的热量。一个容易被忽略的事实是,只需要把很少量的燃料和氧的混合物加热到一定程度就能引发燃烧。由于小热源引发的小火向环境的供热大于引发小火本身的吸热,因而会点燃更多的燃料和氧的混合物。继续下去,可用的热量很快会超过蔓延成大火所需要的热量。热量可以由不同的点火源提供,如高的环境温度、热表面、机械摩擦、火花或明火等。

3) 火源

下面给出的是常见火源以及与之有关的安全措施。

(1) 明火。在易燃液体装置附近,必须核查这一类火源,如喷枪、火柴、电灯、焊枪、探照灯、手灯、手炉等,必须考虑裂解气或油品管线成为火炬的可能性。为了防火安全,常常用隔墙的方法实现充分隔离。隔墙应该相当坚固以在喷水器或其他救火装置灭火时能够有效地遏止火焰。一般推荐使用耐火建筑,即磷石或混凝土的隔墙。

易燃液体在应用时需要采取限制措施。在加工区,即使运输或储存少量易燃液体,也要用安全罐盛装。为了防止易燃蒸气的扩散,应该尽可能采用密封系统。在火灾中,防止火焰扩散是绝对必要的。所有罐都应该设置通往安全地的溢流管道,因而必须用拦液堤容纳溢流的燃烧液体,否则火焰会大面积扩散,造成人员或财产的更大损失。除采取上述防火措施外,降低起火后的总消耗也是重要的。高位储存易燃液体的装置应该通过采用防水地板、排液沟、溢流管等措施,防止燃烧液体流向楼梯井、管道开口、墙的裂缝等。

(2)电源。电源在这里指的是电力供应和发电装置以及电加热和电照明设施。在危险地域安装电力设施时,以下电力规范措施是应该认真遵守的公认的准则。

① 应用特殊的导线和导线管;

② 应用防爆电动机,特别是在地平面或低洼地安装时更需要;

③ 应用特殊设计的加热设备,警惕加热设备材质的自燃温度,推荐应用热水或蒸气加热设备;

④ 电气控制元件,如热断路器、开关、中继器、变压器、接触器等,容易发出火花或变热,这些元件不宜安装在易燃液体储存区,在易燃液体储存区只能用防爆按钮控制开关;

⑤ 在危险气氛中或在库房中,仅可应用不透气的球灯,在良好通风的区域才可以用普通灯,最好用固定的吊灯,手提安全灯也可以应用;

⑥ 在危险区,只有在防爆的条件下,才可以安装熔断丝和电路闸开关;

⑦ 电动机座、控制盒、导线管等都应该按照普通的电力安装要求接地。

(3)过热。过热是指超出所需热量的温度点。过热过程应避免在可燃建筑物中发生,并应该受到密切监视。推荐应用温度自动控制和高温限开关,虽然密切监视仍是需要的。

(4)热表面。易燃蒸气与燃烧室、干燥器、烤炉、导线管以及蒸气管线接触,常引发易燃蒸气起火。如果运行设备有时会达到高过一些材料自燃点的温度,要把这些材料与设备隔开至安全距离。这样的设备应该仔细地监视和维护,防止偶发的过热。

(5)自燃。许多火灾是由物质的自燃引起的,并被来自毗邻的干燥器、烘箱、导线管、蒸气管线的外部热量所加速。有时,在封闭的没有通风的仓库中积累的热量足以使氧化反应加速至着火点。加工易燃液体,特别是容易自热的易燃液体,要特别注意管理和通风。在所有设备和建筑物中,都应该避免废料、烂布条等的积累或淤积。

(6)火花。机具和设备发生的火花,吸烟的热灰、无防护的灯、锅炉、焚烧炉以及汽油发动机的回火,都是起火的潜在因素。在储存和应用易燃液体的区域应该禁止吸烟。这种区域的所有设备都应该进行一级条件的维护,应该尽可能地应用防火花或无火花的器具和材料。

(7)静电。在碾压、印刷等工业操作中,常由于摩擦而在物质表面产生电荷即所谓静电。橡胶和造纸工业中的许多火灾大都是以这种方式引发的。在湿度比较小的季节或人工加热的情形,静电起火更容易发生。在应用易燃液体的场所,保持相对湿度在40%~50%,会大大降低产生静电火花的可能性。为了消除静电火花,必须采用电接地、静电释放设施等。所有易燃液体罐、管线和设备,都应该互相连接并接地。对于上述设施,禁止使用传送带,尽可能采用直接的或链条的传动装置。如果不得不使用传送带,传送带的速度必须限定在45.7m/min以下,或者采用会降低产生静电火花可能性特殊装配的传送带。

(8)摩擦。许多起火是由机械摩擦引发的,如通风机叶片与保护罩的摩擦,润滑性能很差的轴承,研磨或其他机械过程都有可能引发起火。对于通风机和其他设备,应该经常检查并维持在尽可能好的状态。对于摩擦产生大量热的过程,应该与储存和应用易燃液体的场所隔开。

3. 燃烧形式

可燃物质和助燃物质存在的相态、混合程度和燃烧过程不尽相同,其燃烧形式是多种多样的。

1) 均相燃烧和非均相燃烧

按照可燃物质和助燃物质相态的异同,燃烧可分为均相燃烧和非均相燃烧。均相燃烧是指可燃物质和助燃物质间的燃烧反应在同一相中进行,如氢气在氧气中的燃烧,煤气在空气中的燃烧。非均相燃烧是指可燃物质和助燃物质并非同相,如石油(液相)、木材(固相)在空气(气相)中的燃烧。与均相燃烧比较,非均相燃烧比较复杂,需要考虑可燃液体或固体的加热,以及由此产生的相变化。

2) 混合燃烧和扩散燃烧

可燃气体与助燃气体燃烧反应有混合燃烧和扩散燃烧两种形式。可燃气体与助燃气体预先混合而后进行的燃烧称为混合燃烧。可燃气体由容器或管道中喷出,与周围的空气(或氧气)互相接触扩散而产生的燃烧,称为扩散燃烧。混合燃烧速度快、温度高,一般爆炸反应属于这种形式。在扩散燃烧中,由于与可燃气体接触的氧气量偏低,通常会产生不完全燃烧的炭黑。

3) 蒸发燃烧、分解燃烧和表面燃烧

可燃固体或液体的燃烧反应有蒸发燃烧、分解燃烧和表面燃烧几种形式。蒸发燃烧是指可燃液体蒸发出的可燃蒸气的燃烧。通常液体本身并不燃烧,只是由液体蒸发出的蒸气进行燃烧。很多固体或不挥发性液体经热分解产生的可燃气体的燃烧称为分解燃烧。如木材和煤大都是由热分解产生的可燃气体进行燃烧。而硫黄和萘这类可燃固体是先熔融、蒸发,而后进行燃烧,也可视为蒸发燃烧。

可燃固体和液体的蒸发燃烧和分解燃烧均有火焰产生,属于火焰型燃烧。当可燃固体燃烧至分解不出可燃气体时,便没有火焰,燃烧继续在所剩固体的表面进行,称为表面燃烧。金属燃烧即属表面燃烧,无气化过程,无须吸收蒸发热,燃烧温度较高。

此外,根据燃烧产物或燃烧进行的程度,还可分为完全燃烧和不完全燃烧。

4. 燃烧类别、类型及其特征参数

1) 易燃物质燃烧类别

依据可燃物质的性质,燃烧一般可划分为四个基本类别,而每一类别还包含着不同类型的燃烧。例如,易燃液体的溢流燃烧可以是深度、流动或薄层燃烧;而金属燃烧则可以呈粉末型、液体型、切削型或浇铸型燃烧。

(1) A 类燃烧。

A 类燃烧定义为木材、纤维织品、纸张等普通可燃物质的燃烧,此类燃烧都生成灼烧余烬,如木炭,木炭本身也是 A 类物质。需要特别注意的是,水和基于碳氢盐的干燥化学品并不是有效的灭火剂。橡胶和橡胶类的物质以及塑料,在燃烧的早期更像 B 类物质,而后期肯定是 A 类物质。

(2)B类燃烧。

B类燃烧定义为易燃石油制品或其他易燃液体、油脂等的燃烧,然而,有些固体,比如萘是一个明显的例子,燃烧时熔化并显示出易燃液体燃烧的一切特征,而且无灰烬。

工艺上易燃气体不属于任何燃烧类别,但实际上应当作B类物质处理。多年来,由于泄漏气体灭火后仍继续流动形成爆炸混合物,随之起火燃烧,对泄漏气体的普通做法是不采取灭火措施。但是,实际经验表明,在某些情况下,必须先灭火方能停止气体泄漏。以液体形式储存的气体,如液化天然气、丙烷、氯乙烯等,液态泄漏比气态泄漏会发生更严重的火灾。

(3)C类燃烧。

C类燃烧定义为供电设备的燃烧。对于这类燃烧,首要的是灭火介质的电绝缘性。电气设备一经切断电源,除非含有易燃液体,如变压器油等,即可采用适用于A类燃烧的灭火器材。对于含有毒性易燃液体的情形,应采用适用于B类燃烧的灭火器材。如果含有A类和B类燃烧物的复合物,应该用水喷雾或多功能干燥化学品作灭火剂。

(4)D类燃烧。

D类燃烧定义为可燃金属的燃烧。对于钠和钾等低熔点金属的燃烧,由于很快会成为低密度液体的燃烧,会使大多数灭火干粉沉没,而液体金属仍继续暴露在空气中,从而给灭火带来困难。这些金属会自发地与水反应,有时很剧烈,也会出现问题。

高熔点金属会以各种形式存在:粉末型、薄片型、切削型、浇铸型、挤压型。适用于浇铸型燃烧的灭火剂用于粉末型或切削型燃烧时会有很大危险。常用的金属镁在低熔点和高熔点金属之间,一般总是以固体形式存在,但在燃烧时很容易熔化而成为液体,因而表现得与前述两者都不同。虽然燃烧金属的烟尘都不应吸入,但是燃烧的放射性金属烟尘对救火者却有着极为严重的危险。对于金属氢化物的燃烧,因为氢和金属两者都在燃烧,应被认为与金属燃烧相当。对于此类燃烧,需要应用干粉金属灭火剂。

2)燃烧类型及其特征参数

如果按照燃烧起因分类,燃烧可分为闪燃、点燃和自燃3种类型。闪点、着火点和自燃点分别是上述3种燃烧类型的特征参数。

(1)闪燃和闪点。

液体表面都有一定量的蒸气存在,由于蒸气压的大小取决于液体所处的温度,因此,蒸气的浓度也由液体的温度所决定。可燃液体表面的蒸气与空气形成的混合气体与火源接近时会发生瞬间燃烧,出现瞬间火苗或闪光,这种现象称为闪燃。闪燃的最低温度称为闪点。可燃液体的温度高于其闪点时,随时都有被火点燃的危险。

闪点这个概念主要适用于可燃液体。某些可燃固体,如樟脑和萘等,也能蒸发或升华为蒸气,因此也有闪点。

(2)点燃和着火点。

可燃物质在空气充足的条件下达到一定温度与火源接触即行着火,移去火源后仍能持续燃烧达5min以上,这种现象称为点燃。点燃的最低温度称为着火点。可燃液体的着火点约比闪点高5~20℃。但闪点在100℃以下时,两者往往相同。在没有闪点数据的情况下,也可以用着火点表征物质的火险。

(3)自燃和自燃点。

在无外界火源的条件下,物质自行引发的燃烧称为自燃。自燃的最低温度称为自燃点。物质自燃有受热自燃和自热燃烧两种类型。

① 受热自燃。可燃物质在外部热源作用下温度升高,达到其自燃点而自行燃烧的现象称为受热自燃。可燃物质与空气一起被加热时,首先缓慢氧化,氧化反应热使物质温度升高,同时由于散热也有部分热损失。若反应热大于损失热,氧化反应加快,温度继续升高,达到物质的自燃点而自燃。在化工生产中,可燃物质由于接触高温热表面、加热或烘烤、撞击或摩擦等,均有可能导致自燃。

② 自热燃烧。可燃物质在无外部热源的影响下,其内部发生物理、化学或生化变化而产生热量,并不断积累使物质温度上升,达到其自燃点而燃烧,这种现象称为自热燃烧。引起物质自热的原因有氧化热(如不饱和油脂)、分解热(如赛璐珞)、聚合热(如液相氰化氢)、吸附热(如活性炭)、发酵热(如植物)等。

③ 影响自燃的因素。热量生成速率是影响自燃的重要因素。热量生成速率可以用氧化热、分解热、聚合热、吸附热、发酵热等过程热与反应速率的乘积表示。因此,物质的过程热越大,热量生成速率也越大;温度越高,反应速率增加,热量生成速率亦增加。热量积累是影响自燃的另一个重要因素。保温状况良好,热导率低;可燃物质紧密堆积,中心部分处于绝热状态,热量易于积累引发自燃。空气流通利于散热,则很少发生自燃。

④ 自燃点温度量值。压力、组成和催化剂性能对可燃物质自燃点的温度量值都有很大影响。压力越高,自燃点越低。可燃气体与空气混合,其组成为化学计量比时自燃点最低。活性催化剂能降低物质的自燃点;而钝性催化剂则能提高物质的自燃点。

有机化合物的自燃点呈现下述规律性:同系物中自燃点随其相对分子质量的增加而降低;直链结构的自燃点低于其异构物的自燃点;饱和链烃比相应的不饱和链烃的自燃点高;芳香族低碳烃的自燃点高于同碳数脂肪烃的自燃点;较低级脂肪酸、酮的自燃点较高;较低级醇类和醋酸酯类的自燃点较低。

可燃性固体粉碎得越细、粒度越小,其自燃点越低。固体受热分解,产生的气体量越大,自燃点越低。对于有些固体物质,受热时间较长,自燃点也较低。

(二)燃烧过程和燃烧原理

1. 燃烧过程

可燃物质的燃烧一般是在气相进行的。由于可燃物质的状态不同,其燃烧过程也不相同。

气体最易燃烧,燃烧所需要的热量只用于本身的氧化分解,并使其达到着火点。气体在极短的时间内就能全部燃尽。

液体在火源作用下,先蒸发成蒸气,而后氧化分解进行燃烧。与气体燃烧相比,液体燃烧多消耗液体变为蒸气的蒸发热。固体燃烧有两种情况:硫、磷等简单物质受热时首先熔化,而后蒸发为蒸气进行燃烧,无分解过程;复合物质受热时首先分解成其组成部分,生成气态和液态产物,而后气态产物和液态产物蒸气着火燃烧。

任何可燃物质的燃烧都经历氧化分解、着火、燃烧等阶段。

2. 燃烧的活化能理论

燃烧是化学反应,而分子间发生化学反应的必要条件是互相碰撞。在标准状况下,$1dm^3$ 体积内分子互相碰撞约 1028 次/s。但并不是所有碰撞的分子都能发生化学反应,只有少数具有一定能量的分子互相碰撞才会发生反应,这少数分子称为活化分子。活化分子的能量要比分子平均能量超出一定值,这超出分子平均能量的定值称为活化能。活化分子碰撞发生化学反应,故称为有效碰撞。

3. 燃烧的过氧化物理论

在燃烧反应中,氧首先在热能作用下被活化而形成过氧键-O-O-,可燃物质与过氧键加和成为过氧化物。过氧化物不稳定,在受热、撞击、摩擦等条件下,容易分解甚至燃烧或爆炸。过氧化物是强氧化剂,不仅能氧化可形成过氧化物的物质,也能氧化其他较难氧化的物质,如氢和氧的燃烧反应,首先生成过氧化氢,而后过氧化氢与氢反应生成水,反应式如下:

$$H_2+O_2 \longrightarrow H_2O_2$$
$$H_2O_2+H_2 \longrightarrow 2H_2O$$

有机过氧化物可视为过氧化氢的衍生物,即过氧化氢 H-O-O-H 中的一个或两个氢原子被烷基所取代,生成 H-O-O-R 或 R-O-O-R′。所以过氧化物是可燃物质被氧化的最初产物,是不稳定的化合物,极易燃烧或爆炸,如蒸馏乙醚的残渣中常由于形成过氧乙醚而引起自燃或爆炸。

4. 燃烧的连锁反应理论

在燃烧反应中,气体分子间互相作用,往往不是两个分子直接反应生成最后产物,而是活性分子自由基与分子间的作用。活性分子自由基与另一个分子作用产生新的自由基,新自由基又迅速参加反应,如此延续下去形成一系列连锁反应。连锁反应通常分为直链反应和支链反应两种类型。

直链反应的特点是,自由基与价饱和的分子反应时活化能很低,反应后仅生成一个新的自由基。氯和氢的反应是典型的直链反应。在氯和氢的反应中,只要引入一个光子,便能生成上万个氯化氢分子,这正是连锁反应的结果。

氢和氧的反应是典型的支链反应。支链反应的特点是,一个自由基能生成一个以上的自由基活性中心。任何链反应均由三个阶段构成,即链的引发、链的传递(包括支化)和链的终止。

(三)爆炸及其类型

1. 爆炸概述

J(GJ)AB008
爆炸的原理

爆炸是物质发生急剧的物理、化学变化,在瞬间释放出大量能量并伴有巨大声响的过程。在爆炸过程中,爆炸物质所含能量的快速释放,变为对爆炸物质本身、爆炸产物及周围介质的压缩能或运动能。物质爆炸时,大量能量极短的时间在有限体积内突然释放并聚积,造成高温高压,对邻近介质形成急剧的压力突变并引起随后的复杂运动。爆炸介质在压力作用下,表现出不寻常的运动或机械破坏效应,以及爆炸介质受震动而产生的音响效应。

爆炸常伴随发热、发光、高压、真空、离解等现象,并且具有很大的破坏作用。爆炸的破坏作用与爆炸物质的数量和性质、爆炸时的条件以及爆炸位置等因素有关。如果爆炸发生在均匀介质的自由空间,在以爆炸点为中心的一定范围内,爆炸力的传播是均匀的,并使这个范围内的物体粉碎、飞散。

爆炸的威力是巨大的。在遍及爆炸起作用的整个区域内,有一种令物体震荡、使之松散的力量。爆炸发生时,爆炸力的冲击波最初使气压上升,随后气压下降使空气振动产生局部真空,呈现出所谓的吸收作用。由于爆炸的冲击波呈升降交替的波状气压向四周扩散,从而造成附近建筑物的震荡破坏。

化工装置、机械设备、容器等爆炸后,变成碎片飞散出去会在相当大的范围内造成危害。化工生产中属于爆炸碎片造成的伤亡占很大比例。爆炸碎片的飞散距离一般可达 100~500m。

爆炸气体扩散通常在爆炸的瞬间完成,一般不会造成可燃物质着火,而且爆炸冲击波有时能起灭火作用,但爆炸的余热或余火,会点燃从破损设备中不断流出的可燃液体蒸气,进而造成火灾。

2. 爆炸分类

1)按爆炸性质分类

(1)物理爆炸。

物理爆炸是指物质的物理状态发生急剧变化而引起的爆炸,例如蒸汽锅炉、压缩气体、液化气体过压等引起的爆炸,都属于物理爆炸。物质的化学成分和化学性质在物理爆炸后均不发生变化。

(2)化学爆炸。

化学爆炸是指物质发生急剧化学反应,产生高温高压而引起的爆炸。物质的化学成分和化学性质在化学爆炸后均发生了质的变化。化学爆炸又可以进一步分为爆炸物分解爆炸、爆炸物与空气的混合爆炸两种类型。

爆炸物分解爆炸是爆炸物在爆炸时分解为较小的分子或其组成元素。爆炸物的组成元素中如果没有氧元素,爆炸时则不会有燃烧反应发生,爆炸所需要的热量是由爆炸物本身分解产生的,属于这一类物质的有叠氮铅、乙炔银、乙炔铜、碘化氮、氯化氮等。爆炸物质中如果含有氧元素,爆炸时则往往伴有燃烧现象发生,各种氮或氯的氧化物、苦味酸即属于这一类型。爆炸性气体、蒸气或粉尘与空气的混合物爆炸,需要一定的条件,如爆炸性物质的含量或氧气含量以及激发能源等,因此其危险性较分解爆炸为低,但这类爆炸更普遍,所造成的危害也较大。

2)按爆炸速度分类

(1)轻爆:爆炸传播速度在每秒零点几米至数米之间的爆炸过程。

(2)爆炸:爆炸传播速度在每秒 10m 至数百米之间的爆炸过程。

(3)爆轰:爆炸传播速度在每秒 1km 至数千米以上的爆炸过程。

3)按爆炸反应物质分类

(1)纯组元可燃气体热分解爆炸:纯组元气体由于分解反应产生大量的热而引起的爆炸。

(2)可燃气体混合物爆炸:可燃气体或可燃液体蒸气与助燃气体,如空气按一定比例混合,在引火源的作用下引起的爆炸。

(3)可燃粉尘爆炸:可燃固体的微细粉尘,以一定浓度呈悬浮状态分散在空气等助燃气体中,在引火源作用下引起的爆炸。

(4)可燃液体雾滴爆炸:可燃液体在空气中被喷成雾状剧烈燃烧时引起的爆炸。

(5)可燃蒸气云爆炸:可燃蒸气云产生于设备蒸气泄漏喷出后所形成的滞留状态。密度比空气小的气体浮于上方,反之则沉于地面,滞留于低洼处。气体随风漂移形成连续气流,与空气混合达到其爆炸极限时,在引火源作用下即可引起爆炸。

爆炸在化学工业中一般是以突发或偶发事件的形式出现的,而且往往伴随火灾发生。爆炸所形成的危害性严重,损失也较大。

3. 常见爆炸类型

1)气体爆炸

(1)纯组元气体分解爆炸:具有分解爆炸特性的气体分解时可以产生相当数量的热量。摩尔分解热达到80~120kJ的气体一旦引燃火焰就会蔓延开来。摩尔分解热高过上述量值的气体,能够发生很激烈的分解爆炸。在高压下容易引起分解爆炸的气体,当压力降至某个数值时,火焰便不再传播,这个压力称作该气体分解爆炸的临界压力。

(2)混合气体爆炸:可燃气体或蒸气与空气按一定比例均匀混合,而后点燃,因为气体扩散过程在燃烧以前已经完成,燃烧速率将只取决于化学反应速率。在这样的条件下,气体的燃烧就有可能达到爆炸的程度。这时的气体或蒸气与空气的混合物,称为爆炸性混合物。例如,煤气从喷嘴喷出以后,在火焰外层与空气混合,这时的燃烧速率取决于扩散速率,所进行的是扩散燃烧。如果令煤气预先与空气混合并达到适当比例,燃烧的速率将取决于化学反应速率,比扩散燃烧速率大得多,有可能形成爆炸。可燃性混合物的爆炸和燃烧之间的区别就在于爆炸是在瞬间完成的化学反应。

在化工生产中,可燃气体或蒸气从工艺装置、设备管线泄漏到厂房中,而后空气渗入装有这种气体的设备中,都可以形成爆炸性混合物,遇到火种,便会造成爆炸事故。化工生产中所发生的爆炸事故,大都是爆炸性混合物的爆炸事故。

燃烧的连锁反应理论也可用于解释爆炸。爆炸性混合物与火源接触,便有活性原子或自由基生成而成为连锁反应的作用中心。爆炸混合物起火后,燃烧热和链锁载体都向外传播,引发邻近一层爆炸混合物的燃烧反应,而后这一层又成为热和链锁载体源引发次一层爆炸混合物的燃烧反应。火焰是以一层层同心圆球面的形式向各个方向蔓延的。燃烧的传播速率在距离着火点0.5~1m以内是固定的,每秒若干米或者更小一些,但以后即逐渐加速,传播速率达每秒数百米(爆炸),乃至每秒数千米(爆轰)。如果燃烧传播途中有障碍物,就会造成极大的破坏作用。

爆炸性混合物,如果燃烧速率极快,在全部或部分封闭状态下,或在高压下燃烧时,可以产生一种与一般爆炸根本不同的现象,称为爆轰。爆轰的特点是,突然引发的极高的压力,通过超音速的冲击波传播,每秒可达2000~3000m以上。爆轰是在极短的时间内发生的,燃烧物质和产物以极高的速度膨胀,挤压周围的空气。化学反应所产生的能量有一部分传给压紧的空气,形成冲击波。冲击波传播速率极快,以至于物质的燃烧也落于其后,所以,它的传播并不需要物质完全燃烧,而是由其本身的能量支持的。这样,冲击波便能远离爆轰源而独立存在,并能引发所到处其他化学品的爆炸,称为诱发爆炸,即所谓的"殉爆"。

2)粉尘爆炸

实际上任何可燃物质,当其呈粉尘形式与空气以适当比例混合时,被热、火花、火焰点燃,都能迅速燃烧并引起严重爆炸。许多粉尘爆炸的灾难性事故的发生,都是由于忽略了上述事实。谷物、面粉、煤的粉尘以及金属粉末都有这方面的危险性。化肥、木屑、奶粉、洗衣粉、纸屑、可可粉、香料、软木塞、硫黄、硬橡胶粉、皮革和其他许多物品的加工业,时有粉尘爆炸发生。为了防止粉尘爆炸,维持清洁十分重要。所有设备都应该无粉尘泄漏。爆炸泄放口应该通至室外安全地区,泄放管道应该相当坚固,使其足以承受爆炸力。真空吸尘优于清扫,禁止应用压缩空气吹扫设备上的粉尘,以免形成粉尘云。

屋顶下裸露的管线、横梁和其他突出部分都应该避免积累粉尘。在多尘操作设置区,如果有过顶的管线或其他设施,人们往往错误地认为在其下架设平滑的顶板,就可以达到防止粉尘积累的效果。除非顶板是经过特殊设计精细安装的,否则只会增加危险。粉尘会穿过顶板沉积在管线、设施和顶板本身之上。一次震动就足以使可燃粉尘云充满整个人造空间,一个火星就可以引发粉尘爆炸。如果管线不能移装或拆除,最好是使其裸露定期除尘。

为了防止引发燃烧,在粉尘没有清理干净的区域,严禁明火、吸烟、切割或焊接。电线应该是适于多尘气氛的,静电也必须消除。对于这类高危险性的物质,最好是在封闭系统内加工,在系统内导入适宜的惰性气体,把其中的空气置换掉。粉末冶金行业普遍采用这种方法。

3)熔盐池爆炸

熔盐池爆炸属于事后抢救往往于事无补的灾难性事件,大多是管理和操作人员对熔盐池的潜在危险疏于认识引起的。机械故障、人员失误或者两者的复合作用,都有可能导致熔盐池爆炸。现把熔盐池危险汇总如下:

(1)工件预清洗或淬火后携带的水、盐池上方辅助管线上的冷凝水、屋顶的渗漏水、自动增湿器的操作用水、甚至操作人员在盐池边温热的液体食物,都有可能造成蒸气急剧发生,引发爆炸。

(2)有砂眼的铸件、管道和封闭管线、中空的金属部件,当其浸入熔盐池时,其中堵塞和淤积的空气会突然剧烈膨胀,引发爆炸。

(3)硝酸盐池与毗邻渗碳池的油、炭黑、石墨、氰化物等含碳物质间的剧烈的难以控制的化学反应,都有可能诱发爆炸。

(4)过热的硝酸盐池与铝合金间的剧烈的爆发性的反应也可能引起爆炸。

(5)正常加热的硝酸盐池和不慎掉入池中的镁合金间会发生爆炸反应。

(6)落入盐池中的铝合金和池底淤积的氧化铁会发生类似于铝热焊接的反应。

(7)盐池设计、制造和安装的结构失误会缩短盐池的正常寿命,盐池的结构金属材料与硝酸盐会发生反应。

(8)温控失误会造成盐池的过热。

(9)大量硝酸钠的储存和管理,废硝酸盐不考虑其反应活性的处理和储存,都有一定的危险性。

(10)偶尔超过安全操作限的控温设定,也会有一定的危险性。

（四）燃烧性物质的储存和运输

1. 燃烧性物质概述

在化学工业中，燃烧性物质的应用非常广泛，由于缺乏或忽视必要的控制，火灾和爆炸事故不断发生。比如烯属烃、芳香烃、醚和醇都是典型的燃烧性物质，它们经化学加工制备出，又转用做其他更复杂物质的合成原料，同时，它们还用作交通工具或飞行器的驱动燃料或推进剂以及各种分离过程的溶剂。为了避免或减少灾难性事故，这类物质在储存和应用前须预先评价它们的燃烧和爆炸危险。

实际上几乎所有的燃烧过程都是在氧和处于蒸气或其他微细分散状态的燃料之间进行的。固体只有加热到一定程度释放出足够量的蒸气，才能引发燃烧。在一定的温度下，液体一般比固体有更高的蒸气压，所以易燃液体比易燃固体更容易引燃。易燃气体和易燃粉尘无须熔解或蒸发而直接燃烧，所以最容易引燃。固体、液体和气体在燃烧传播速率方面也有量的差异，固体燃烧传播速率最慢，液体则相当快，气体和粉尘的传播速率最快，常能引发爆炸。

化学工业中的物料多数是易于起火并能迅速燃烧的液体。一般地，在不大于38℃的温度范围便能引燃的物质称为易燃性物质。温度必须加热到38℃以上才能引燃的物质则称为可燃性物质。

在普通工业条件下易于引燃的物质被认为具有严重火险。这些物质必须储存于清凉处以防其蒸气与空气混合偶发起火。储存区必须通风良好，这样，储存容器常规渗漏出的蒸气能很快稀释到火星不至于将其点燃的程度。此外，储存区必须远离有金属切割、焊接等动火作业的火险区。高度易燃物质必须与强氧化剂、易于自热的物质、爆炸品、与空气或潮气反应放热的物质，隔离储存。

氧化剂不属于燃烧性物质，但作为氧源与燃烧有着密切关系。通常空气中含有21%的氧，是主要的供氧源，还有许多其他物质，即使没有空气也能提供反应氧。在这些物质中，有些需要加热才能产生氧，而另外一些在室温下就能释放出大量的氧。以下各类化合物，其供氧能力应该引起特别注意：有机和无机的过氧化物；氧化物；高锰酸盐；高铼酸盐；氯酸盐；高氯酸盐；过硫酸盐；过硒酸盐；有机和无机的亚硝酸盐；有机和无机的硝酸盐；溴酸盐；高溴酸盐；碘酸盐；高碘酸盐；铬酸盐；重铬酸盐；臭氧；过硼酸盐。强氧化剂靠近低闪点液体储存是极不安全的，现在普遍认为氧化剂和燃料应隔离储存。氧化剂储存区应该保持清凉，通风良好，而且应该是防火的。在氧化剂储存区，普通救火设施往往不起作用。因为氧化剂本身可以供氧，灭火剂的覆盖失去效用。

2. 燃烧性物质的危险性

了解燃烧过程，特别是燃烧扩散的概念，有助于燃烧性物质危险性的理解。可燃物质的燃烧历程一般解释为：物质蒸发并被加热至自燃点，在极短的时间内以包含许多自由基的链反应的形式与氧化合。所以，燃料、氧和热构成了燃烧的三个基本要素。燃烧三要素中任意两个共存，如果没有第三要素的加入，都不会引发燃烧。因为，几乎所有的活动都是在有氧的气氛中进行的，防火安全的普通做法是把燃烧性物质与所有的火源隔离。

即使很小的火焰在环境温度20℃的甲醇开口容器上方通过，甲醇液面上的蒸气会立即起火，在同样条件下冰醋酸和萘却不会起火，但是，如果醋酸稍微加热，产生足够量的蒸气，便会引燃,而萘则需要进一步加热才会引燃。液体和固体只有释放出足够量的蒸气或气体,与空气混合成为燃烧混合物时才会引燃。很显然,物质的挥发性是其形成燃烧混合物的决定因素。沸点和蒸气压可用来表征物质的挥发性,虽然两者根据其定义与燃烧并不直接有关。

闪点是液面上的蒸气混合物能够引燃的最低温度,在解释闪点信息时必须考虑混合物的组成。氯代烃与低闪点的烃类物质混合,能够相当大地提高闪点,但是经过部分蒸发,不燃组分极易失去,留下的依然是低闪点组分。醇和其他极性溶剂的水溶液在低浓度下也有确定的闪点,比如,5%乙醇水溶液的闪点为62℃。高闪点物质的烟雾易于引燃。当可燃物质温度加热至闪点以上时就变成了易燃物质。少量挥发性物质加入高沸点液体,会极大地降低液体的闪点,使液体的燃烧爆炸性危险显著增加。

可燃固体粉尘具有严重的爆炸危险。微细分散状态的聚合物、金属和非金属元素,煤、谷物、糖等天然产物的粉尘,棉花的纤维都有严重的爆炸危险。

易燃蒸气在空气中的浓度低于燃烧下限时,蒸气分子间的距离较大,有效碰撞次数锐减,释放出的反应热减少,而且过量的空气还吸收部分反应热,这样就不足以把没有燃烧的易燃物质引燃。当其浓度高于燃烧上限时,易燃气体过量而不能完全燃烧,也不足以把周围的易燃物质引燃。易燃气体或蒸气的燃烧范围包括燃烧上下限之间的所有浓度点。当蒸气浓度在燃烧上下限附近时,燃烧扩散很慢。当浓度接近燃烧范围的中点,特别是达到反应式的化学计量浓度时,燃烧传播速率加快,能量释放加剧。如果把易燃液体储存于封闭容器中,容器自由空间中蒸气的浓度取决于储存温度下液体的蒸气压。了解自由空间中的蒸气浓度是在燃烧范围之下、之上、还是之中,对安全管理有着重要意义。

在空气或其他氧化性气氛中,燃料只有被加热到足以诱发连锁反应时,燃烧才会发生。火焰、热表面和电火花是三种最常见的火源。对于任意给定的燃料-氧系统,只要火源有足够高的温度和足够多的能量,都能引发燃烧。

加热器或破损电灯泡的电热丝,只要能产生2mJ的能量,便成为有效的点火源。干燥的、配置较差的轴承和密封圈会产生摩擦热。如果恰逢易燃液体、蒸气或气体的泄漏点,就有可能引发燃烧。仅有0.2mJ能量的电火花便能点燃易燃气体或蒸气与空气的混合物。转换开关操作或电动机整流器运行时会产生电火花,导线的偶然破损或电接地松动也会产生电火花。电焊弧则是很强的点火源。在易燃物质的应用和储存区,电气设备应该是防爆的,工房应该能够承受化学计量浓度的蒸气和空气混合物的内部爆炸,热气体的温度必须冷却到其着火点以下才能排出。

静电是潜在的点火源。在干燥气候中穿戴合成纤维织物能够产生大量的静电荷;有些绝缘体运动表面的摩擦可以产生较大的静电势。液体、气体或粉尘在流动时,会产生静电荷,并在系统中与地绝缘的金属部件中聚集,由于金属部件间静电势的差异,在其间隙中容易迸发出高能电火花,可以引燃存在的任何易燃气体或蒸气。泵送相当纯净的有机流体,产生的静电荷会聚集在接受容器中液体的表面。一些研究结果表明,高速喷射泵送易燃液体,在液面上的蒸气空间会发生爆炸。

3. 燃烧性物质的储存安全

1) 储存安全的一般要求

储存容器和储存方法的确定以及燃烧性物质的操作和管理,对安全都是至关重要的。

储存容器和储存方法的确定与储存物质的相态有很大关系,因此,储存安全也必须结合物质存在的相态考虑。

燃烧性气体不得与助燃物质、腐蚀性物质共同储存。如氢、乙烷、乙炔、环氧乙烷、环氧丙烷等易燃气体不得与氧、压缩空气、氧化二氮等助燃气体混合储存,易燃气体与助燃气体一旦泄漏,就会形成危险的爆炸混合物。燃烧性气体是以压缩状态储存的,与腐蚀性物质共同储存,如硝酸、硫酸等都有很强的腐蚀作用,气体容器容易受到腐蚀造成泄漏,引发燃烧和爆炸事故。易燃气体和液化石油气的储罐库,应该通风良好,远离明火区。不同类型的燃烧性气体的储存容器,不应设在同一库房,也不宜同组设置。

燃烧性液体较易挥发,其蒸气和空气以一定比例混合,会形成爆炸性混合物。故燃烧性液体应该储存于通风良好的清凉处,并与明火保持一定距离。在易燃液体储存区内,严禁烟火。沸点低于或接近夏季最高气温的易燃液体,应储存于有降温设施的库房或储罐内。燃烧性液体受热膨胀,容易损坏盛装的容器,容器应留有不少于5%容积的空间。

燃烧性固体着火点较低,燃烧时多数都能释放出大量有毒气体。所以燃烧性固体储存库,应该干燥、清凉、有隔热措施、忌阳光暴晒。燃烧性固体多属还原剂,相当多的具有毒性。燃烧性固体与氧化剂应该隔离储存,要有防毒措施。自燃性物质有不稳定的性质,在一定的条件下会自发燃烧,可以引发其他燃烧性物质的燃烧,故自燃性物质不能与其他燃烧性物质共同储存。因灭火方法和其稳定性相抵触,自燃性物质和遇水燃烧物质不能在一起储存。自燃性物质应该储存在清凉、通风、干燥的库房内,对存储温度也有严格的要求。遇水燃烧的物质,受潮湿作用会释放出大量易燃气体和热量,遇到酸类或氧化剂会起剧烈反应。遇水燃烧的物质不应与酸类、氧化剂共同储存,存储库房要保持干燥,对存储湿度也有严格要求。

2) 燃烧性物质的盛装容器

许多燃烧性物质是有限量的应用,盛装于容量约 200kg 以下的容器中。从储运事故案例可以看出,多数事故是盛装容器不善造成的。盛装的燃烧性物质的性质对盛装容器的种类、材质、强度和气密性都有一定的要求。只有金属容器不适宜时才允许使用有限容量的玻璃和塑料容器。工厂和实验室都倾向于使用容量 20kg 以下的安全罐,弹簧帽可以防止通常温度下的液体或气体的损失,但在内压增加时要适当排放降压。安全罐出口处的阻火器可以阻止火焰的进入,从而排除了内爆危险。使用塑料容器时要防止对热的暴露,以免塑料软化或熔化造成物料的泄放或渗漏。液体燃料储存库要有防火墙和火门,要用防爆电线,通风必须良好。燃烧性物质输送时,所有金属部件必须电接地。液体的流动或自由下落产生的静电足以达到发火的能量。

燃烧性物质有桶装、袋装、箱装、瓶装、罐装等多种形式,盛装的形式和要求因盛装物料的性质而异。这里仅介绍几种常用的盛装形式。金属制桶装容器有铁桶、马口铁桶、镀锌铁桶、铅桶等,规格一般为 200kg 或更小的容量。金属桶要求桶形完整,桶体不倾斜、不弯曲、不锈蚀,焊缝牢固密实,桶盖应该是旋塞式的,封口要有垫圈,以保证桶口的气密性。金属桶在使用前应该进行气密性检验。耐酸坛用来盛装硝酸、硫酸、盐酸等强酸。耐酸坛表面必须光洁,无斑点、气泡、裂纹、凹凸不平或其他变形。坛体必须耐酸、耐压,经坚固烧结而成的。坛盖不得松动,可用石棉绳浸水玻璃缠绕坛盖螺纹,旋紧坛盖后用黄沙加水玻璃或耐酸水泥加石膏封口。

3）大容量燃烧性液体储罐

储存大容量燃烧性液体采用大型储罐。储罐分地下、半地下、地上三种类型。起火乃至爆炸是燃烧性液体储罐区最主要的危险。为了储存安全，所有储罐在安装前都必须试压、检漏，储罐区要有充分的救火设施。储罐的尺寸、类型和位置，与建筑物或其他罐间的互相暴露，储存液体的闪点、容量和价值，以及物料损失中断生产的可能性，应充分考虑这些因素，确定需要采取的防火措施。

地下和半地下储罐要根据储存液体的性质，选定的埋罐区的地形和地质条件，确定埋罐的最佳尺寸和地点，以及采用竖直的还是水平的储罐。埋罐选点时，还要结合同区中的建筑物、地下室、坑洞的地点，统筹考虑。罐体掩埋要足够牢固，以防洪水、暴雨以及其他可能危及罐体装配安全的事件发生。要考虑邻近工厂腐蚀性污水排放、存在腐蚀性矿渣或地下水的可能性，确有腐蚀性状况，在埋罐前就得采取必要的防腐措施。对罐要进行充分的遮盖，在灌区要建设混凝土围墙。

地上储罐罐体的破裂或液面以下罐体的泄漏，极易引发严重的火灾，对邻近的社区也会造成较大的危害。为了周边的安全，储罐应该设置在比建筑物和工厂公用设备低洼的地区。为了防止火焰扩散，储罐间要有较大的间隙，要有适宜的排液设施和充分的阻液渠。

4. 燃烧性物质的装卸和运输

燃烧性物质是化学工业中加工量最大、应用面最广的危险物质。这些物质由火车车厢、货运卡车经陆路，由内河中的驳船、海洋中的货轮经水路，由管道经地下中转或抵达目的地。危险物质的装卸和运输是化学加工工业中最为复杂而又重要的操作。

1）车船运输安全

燃烧性物质经铁路、水路发货、中转或到达，应在郊区或远离市区的指定专用车站或码头装卸。装运燃烧性物质的车船，应悬挂危险货物明显标记。车船上应设有防火、防爆、防水、防日晒以及其他必要的消防设施。车船卸货后应进行必要的清洗和处理。

火车装运应按铁道部"危险货物运输规则"办理。汽车装运应按规定的时间、指定的路线和车速行驶，停车时应与其他车辆、高压电线、明火和人口稠密处保持一定的安全距离。船舶装运时，在航行和停泊期间应与其他船只、码头仓库和人烟稠密区保持一定的安全距离。

2）管道输送安全

高压天然气、液化石油气、石油原油、汽油或其他燃料油一般采用管道输送。

为保证安全输送，在管线上应安装多功能的安全设施，如有自动报警和关闭功能的火焰检测器、自动灭火系统以及闭路电视，远程监视管道运行状况。例如，在正常情况下，管道中各处的流量读数应该相同，压力读数应该保持恒定，一旦某处的读数出现变化，可以立即断定该处发生泄漏，立即采取应急措施，把损失降至最低限度。

3）装卸操作安全

装卸的普通安全要求是安全接近车辆的顶盖，这对于顶部装卸的情形特别重要。计量、采样等操作也是如此。这样就需要架设适宜的扶梯、装卸台、跳板，车辆上要安装永久的扶手。所有燃烧性物质的装卸都要配置相应的防火、防爆消防设施。

装卸燃烧性固体必须做到轻装、轻卸，防止撞击、滚动、重压和摩擦。气动传送系统的应用使固体卸料变得相当容易。固体物料在惰性气体中分散,通过封闭管道进入受槽。卸料系统的主要组件包括拾取装置、传送气体的大容量鼓风机、把物料从气体中分离出来的旋风分离器和阻止物料进入大气的过滤器。卸料系统的安全设施主要有高压报警和联锁关闭装置以及防止静电的电接地设施。

燃烧性液体装卸时,液体蒸气有可能扩散至整个装卸区,因而需要有和整个装卸区配套的灭火设施。燃烧性液体车船如果采用气体压力卸料,压缩气体应该采用氮气等惰性气体。用于卸料的气体管道应该配置设定值不大于 0.14MPa 的减压阀,以及压力略高(约 0.17MPa)的排空阀。有时待卸液体需要蒸汽加热,蒸汽管道和接口必须与液罐接口匹配,避免使用软管,蒸汽压力一般不超过 0.34MPa。装卸区应配置供水管和软管,冲洗装卸时的洒落液。

(五)爆炸性物质的储存和销毁

1. 爆炸性物质概述

爆炸性物质是指在一定的温度、震动或受其他物质激发的条件下,能够在极短的时间内发生剧烈化学反应,释放出大量的气体和热量,并伴有巨大声响而爆炸的物质。爆炸性物质按照管理要求可以分为起爆器材和起爆剂、硝基芳香类炸药、硝酸酯类炸药、硝化甘油类混合炸药、硝酸铵类混合炸药、氯酸类混合炸药和高氯酸盐类混合炸药、液氧炸药、黑色火药八种类型。爆炸性物质的爆炸反应速率极快,可在 1/10000s 或更短的时间内完成。爆炸反应释放出大量的反应热,温度可达数千摄氏度,同时产生高压。爆炸反应能够产生大量的气体产物。爆炸的高温高压形成的冲击波,能够使周围的建筑物和设备受到极大破坏。爆炸性物质引爆所需要的能量称为引爆能,而爆炸性物质在高热、震动、冲击等外力作用下发生爆炸的难易程度则称为敏感度,爆炸性物质的引爆能越小,敏感度就越高。为了爆炸性物质的储存、运输和使用安全,对其敏感度应有充分的了解,影响爆炸性物质敏感度的有物质分子内部的组成和结构因素,还有温度、杂质等外部因素。

爆炸性物质爆炸力的大小、敏感度的高低可以由物质本身的组成和结构来解释。物质的不稳定性和物质分子中含有不稳定的结构基团有关,这些基团容易被活化,其化学键则很容易断裂,从而激发起爆炸反应。分子中不稳定的结构基团越活泼,数量越多,爆炸敏感度就越高,如叠氮钠中的叠氮基,三硝基苯中的硝基,都是不稳定的结构基团。再如硝基化合物中的硝基苯只有一个硝基,加热分解,不易发生爆炸;二硝基苯中有两个硝基,有爆炸性,但不敏感;三硝基苯中有三个硝基,容易发生爆炸。

爆炸性物质敏感度和温度有关。温度越高,起爆时所需要的能量越小,爆炸敏感度则相应提高。爆炸性物质在储运过程中必须远离火源,防止日光暴晒,就是为了避免温度升高,引发储运爆炸事故。杂质对爆炸敏感度也有很大影响,特别是硬度大、有尖棱的杂质,冲击能集中在尖棱上,以致产生高能中心,加速爆炸,如三硝基甲苯(TNT)在储运过程中,由于包装破裂而撒落,收集时混入砂粒,提高了爆炸敏感度,很容易引发爆炸。

爆炸性物质除对温度、摩擦、撞击敏感之外,还有遇酸分解、光照分解和与某些金属接触产生不稳定盐类等特性,雷汞遇浓硫酸会发生剧烈的分解而爆炸,叠氮铅遇浓硫酸或浓硝酸会引起爆炸,TNT 炸药受日光照射会引起爆炸。硝铵炸药容易吸潮而变质,降低了爆炸能力甚至拒爆,硝化甘油混合炸药,储存温度过高时会自动分解,甚至发生爆炸,为了保持炸药的理化性能和爆炸能力,不同种类的炸药均规定有不同的保存期限,如硝化甘油混合炸药规定保存期一般不超过8个月。

2. 爆炸性物质的储存

爆炸性物质必须储存在专用仓库内。储存条件应该是既能保证爆炸物安全,又能保证爆炸物功能完好。储存温度、储存湿度、储存期、出厂期等对爆炸物的性能都有重要的影响。爆炸性物质储存时,必须考虑上述爆炸物本身存在的状况。同时,爆炸性物质是巨大的危险源,储存时必须考虑其对周边安全的影响,所以对于储存仓库的位置,要有严格的要求。

1) 储存安全的一般要求

爆炸性物资仓库不得同时存放性质相抵触的爆炸性物质,如起爆器材和起爆药剂不得存入已经存有爆炸性物质的仓库内,同样的,起爆器材或起爆剂仓库也不能同时存放任何爆炸性物质或爆破器材加热器;一切爆炸性物质,不得与酸、碱、盐、氧化剂以及某些金属同库储存;黑火药和其他高爆炸品也不能同库存放。

爆炸物箱堆垛不宜过高过密,堆垛高度一般不超过1.8m,墙距不小于0.5m,垛与垛的间距不少于1m。这样有利于通风、装卸和出入检查。爆炸物箱要轻举轻放,严防爆炸物箱滑落至其他爆炸物箱或地面上。只能用木制或其他非金属材料制的工具开启爆炸物箱。

2) 储存仓库及其防火

爆炸性物资仓库地板应该是木材或其他不产生电火花的材料制造的。如果仓库是钢制结构或铁板覆盖,仓库则应该建于地上,保证所有金属构件接地。仓库内照明应该是自然光线或防爆灯,如果采用电灯,必须是防蒸汽的,导线应该置于导线管内,开关应该设在仓库外。

对于爆炸性物资仓库,温湿度控制是一个不容忽视的安全因素。在库房内应该设置干湿度计,并设专人定时观测、记录,采用通风、保暖、吸湿等措施,夏季库温一般不超过30℃,相对湿度经常保持在75%以下。

仓库应该保持清洁,仓库周围不得堆放用尽的空箱和容器以及其他可燃性物质。仓库四周8m、最好是15m内不得有垃圾、干草或其他可燃性物质。如果方便的话,仓库四周最好用防止杂草、灌木生长的材料覆盖。

仓库周围严禁吸烟、灯火或其他明火,不得携带火柴或其他吸烟物件接近仓库。严禁非职能人员进入仓库。

3) 储存仓库的位置和安全距离

爆炸性物资仓库禁止设在城镇、市区和居民聚居的地区,与周围建筑物、交通要道、输电输气管线应该保持一定的安全距离。爆炸性物资仓库与电站、江河堤坝、矿井、隧道等重要建筑物的距离不得小于60m;与起爆器材或起爆剂仓库之间的距离,在仓库无围墙时不得小于30m,在有围墙时不得小于15m。

(六) 火灾爆炸危险与防火防爆措施

火灾和爆炸事故,大多是由危险性物质的物性造成的。火灾和爆炸的危险性取决于处理物料的种类、性质和用量,危险化学反应的发生,装置破损泄漏以及误操作的可能性等。化学工业中的火灾和爆炸事故的形式多种多样,但究其原因和背景,便可以发现有共同的特点,即人的行为起着重要作用。实际上,装置的结构和性能、操作条件以及有关的人员是一个统一体,对装置没有进行正确的安全评价和综合的安全管理是事故发生的重要原因。近

J(GJ)AB009
防火防爆技术的基本原理

年来,一些从事化工行业管理和研究的人员发现并认识到上述问题,努力寻求系统的安全管理,于是创造出了系统安全评价方法。对物料和装置进行正确的危险性评价,并以此为依据制定完善的对策,赖以对装置进行安全操作。

1. 物料的火灾爆炸危险

1)气体

爆炸极限和自燃点是评价气体火灾爆炸危险性的主要指标。气体的爆炸极限越宽,爆炸下限越低,火灾爆炸的危险性越大。气体的自燃点越低,越容易起火,火灾爆炸的危险性就越大。此外,气体温度升高,爆炸下限降低;气体压力增加,爆炸极限变宽。所以气体的温度、压力等状态参数对火灾爆炸危险性也有一定影响。

气体的扩散性能对火灾爆炸危险性也有重要影响。可燃气体或蒸气在空气中的扩散速度越快,火焰蔓延得越快,火灾爆炸的危险性就越大。密度比空气小的可燃气体在空气中随风漂移,扩散速度比较快,火灾爆炸危险性比较大。密度比空气大的可燃气体泄漏出来,往往沉积于地表死角或低洼处,不易扩散,火灾爆炸危险性比密度较小的气体小。

2)液体

闪点和爆炸极限是液体火灾爆炸危险性的主要指标。闪点越低,液体越容易起火燃烧,燃烧爆炸危险性越大。液体的爆炸极限与气体的类似,可以用液体蒸气在空气中爆炸的浓度范围表示。液体蒸气在空气中的浓度与液体的蒸气压有关,而蒸气压的大小是由液体的温度决定的。所以,液体爆炸极限也可以用温度极限来表示。液体爆炸的温度极限越宽,温度下限越低,火灾爆炸的危险性越大。

液体的沸点对火灾爆炸危险性也有重要的影响。液体的挥发度越大,越容易起火燃烧。而液体的沸点是液体挥发度的重要表征。液体的沸点越低,挥发度越大,火灾爆炸的危险性就越大。

液体的化学结构和相对分子质量对火灾爆炸危险性也有一定的影响。在有机化合物中,醚、醛、酮、酯、醇、羧酸等的火灾危险性依次降低。不饱和有机化合物比饱和有机化合物的火灾危险性大。有机化合物的异构体比正构体的闪点低,火灾危险性大。氯、羟基、氨基等芳烃苯环上的氢取代衍生物,火灾危险性比芳烃本身低,取代基越多,火灾危险性越低。但硝基衍生物恰恰相反,取代基越多,爆炸危险性越大。同系有机化合物,如烃或烃的含氧化合物,相对分子质量越大,沸点越高,闪点也越高,火灾危险性越小。但是相对分子质量大的液体,一般发热量高,蓄热条件好,自燃点低,受热容易自燃。

3)固体

固体的火灾爆炸危险性主要取决于固体的熔点、着火点、自燃点、比表面积及热分解性能等。固体燃烧一般要在气化状态下进行。熔点低的固体物质容易蒸发或气化,着火点低的固体则容易起火。许多低熔点的金属有闪燃现象,其闪点大都在100℃以下。固体的自燃点越低,越容易着火。固体物质中分子间隔小,密度大,受热时蓄热条件好,所以它们的自燃点一般都低于可燃液体和可燃气体。粉状固体的自燃点比块状固体低一些,其受热自燃的危险性要大一些。

固体物质的氧化燃烧是从固体表面开始的,所以固体的比表面积越大,与空气中氧的接触机会越多,燃烧的危险性越大。许多固体化合物含有容易游离的氧原子或不稳定的单体,受热后极易分解释放出大量的气体和热量,从而引发燃烧和爆炸,如硝基化合物、硝酸酯、高氯酸盐、过氧化物等。物质的热分解温度越低,其火灾爆炸危险性就越大。

2. 化学反应的火灾爆炸危险

1)氧化反应

所有含有碳和氢的有机物质都是可燃的,特别是沸点较低的液体被认为有严重的火险,如汽油类、石蜡油类、醚类、醇类、酮类等有机化合物,都是具有火险的液体。许多燃烧性物质在常温下与空气接触就能反应释放出热量,如果热的释放速率大于消耗速率,就会引发燃烧。

在通常工业条件下易于起火的物质被认为具有严重的火险,如粉状金属、硼化氢、磷化氢等自燃性物质,闪点不大于28℃的液体以及易燃气体,这些物质在加工或储存时,必须与空气隔绝,或是在较低的温度条件下。

在燃烧和爆炸条件下,所有燃烧性物质都是危险的,这不仅是由于存在将其点燃并释放出危险烟雾的足够多的热量,而且由于小的爆炸有可能扩展为易燃粉尘云,引发更大的爆炸。

2)水敏性反应

许多物质与水、水蒸气或水溶液发生放热反应,释放出易燃或爆炸性气体如锂、钠、钾、钙、铷、铯等金属的合金或汞齐、氢化物、氮化物、硫化物、碳化物、硼化物、硅化物、碲化物、硒化物、砷化物、磷化物、酸酐、浓酸或浓碱。

在上述物质中,截至氢化物的八种物质,与潮气会发生程度不同的放热反应,并释放出氢气。从氮化物到磷化物的九种物质,与潮气会发生程度不同的迅速反应,并生成挥发性的、易燃的,有时是自燃或爆炸性的氢化物。酸酐、浓酸或浓碱与潮气作用只是释放出热量。

3)酸敏性反应

许多物质与酸和酸蒸气发生放热反应,释放出氢气和其他易燃或爆炸性气体。这些物质包括前述的除酸酐和浓酸以外的水敏性物质,金属和结构合金,以及砷、硒、碲和氰化物等。

3. 工艺装置的火灾爆炸危险

火灾和爆炸事故的主要原因是对某些事物缺乏认识,例如,对危险物料的物性,对生产规模及效果,对物料受到的环境和操作条件的影响,对装置的技术状况和操作方法的变化等认识不足,特别是新建或扩建的装置,当操作方法改变时,如果仍按过去的经验制定安全措施,往往会因为人为的微小失误而铸成大错。

火灾和爆炸事故的主要原因可以归纳为以下5项,各项中都包含一些小的条目。

1)装置不适当

(1)高压装置中高温、低温部分材料不适当;

(2)接头结构和材料不适当;

(3)有易使可燃物着火的电力装置;

(4)防静电措施不够;

(5)装置开始运转时无法预料的影响。

2)操作失误

(1)阀门的误开或误关；

(2)燃烧装置点火不当；

(3)违规使用明火。

3)装置故障

(1)储罐、容器、配管的破损；

(2)泵和机械的故障；

(3)测量和控制仪表的故障。

4)不停车检修

(1)切断配管连接部位时发生无法控制的泄漏；

(2)破损配管没有修复，在压力下降的条件下恢复运转；

(3)在加压条件下，某一物体掉到装置的脆弱部分而发生破裂；

(4)不知装置中有压力而误将配管从装置上断开。

5)异常化学反应

(1)反应物质匹配不当；

(2)不正常的聚合、分解等；

(3)安全装置不合理。

4. 防火防爆措施   `J(GJ)AB010 防火防爆的措施`

把人员伤亡和财产损失降至最低限度是防火防爆的基本目的。预防发生、限制扩大、灭火熄爆是防火防爆的基本原则。对于易燃易爆物质的安全处理，以及对于引发火灾和爆炸的点火源的安全控制是防火防爆的基本内容。

1)易燃易爆物质的安全处理

易燃易爆气体混合物应该避免在爆炸范围之内加工，可采取下列措施：

(1)限制易燃气体组分的浓度在爆炸下限以下或爆炸上限以上；

(2)用惰性气体取代空气；

(3)把氧气浓度降至极限值以下。

易燃易爆液体加工时应该避免使其蒸气的浓度达到爆炸下限，可采取下列措施：

(1)在液面之上施加惰性气体覆盖；

(2)降低加工温度，保持较低的蒸气压，使其无法达到爆炸浓度。

易燃易爆固体加工时应该避免暴热使其蒸气达到爆炸浓度，应该避免形成爆炸性粉尘，可采取下列措施：

(1)粉碎、研磨、筛分时，施加惰性气体覆盖；

(2)加工设备配置充分的降温设施，迅速移除摩擦热、撞击热；

(3)加工场所配置良好的通风设施，使易燃粉尘迅速排除不至于达到爆炸浓度。

2)点火源的安全控制

(1)明火。

明火主要是指生产过程中的加热用火、维修用火及其他火源。加热易燃液体时，应尽量避免采用明火，而采用蒸汽、过热水或其他热载体加热。如果必须采用明火，设备应该严格密闭,燃烧室与设备应该隔离设置。凡是用明火加热的装置,必须与有火灾爆炸危险的装置相隔一定的距离,防止装置泄漏引起火灾。在有火灾爆炸危险的场所,不得使用普通电灯照明,必须采用防爆照明电器。

在有易燃易爆物质的工艺加工区,应该尽量避免切割和焊接作业,最好将需要动火的设备和管段拆卸至安全地点维修。进行切割和焊接作业时,应严格执行动火安全规定。积存有易燃液体或易燃气体的管沟、下水道、渗坑内及其附近,在危险消除之前不得进行明火作业。

(2)摩擦与撞击。

摩擦与撞击是许多火灾和爆炸的重要原因,如机器上的轴承等转动部分摩擦发热起火;金属零件、螺钉等落入粉碎机、提升机、反应器等设备内,由于铁器和机件撞击起火;铁器工具与混凝土地面撞击产生火花等。

机器轴承要及时加油,保持润滑,并经常清除附着的可燃污垢。可能摩擦或撞击的两部分应采用不同的金属制造,摩擦或撞击时便不会产生火花。铅、铜和铝都不发生火花,而铍青铜的硬度不逊于钢。为避免撞击起火,应该使用铍青铜的或镀铜钢的工具,设备或管道容易遭受撞击的部位应该用不产生火花的材料覆盖起来。搬运盛装易燃液体或气体的金属容器时,不要抛掷、拖拉、震动,防止互相撞击,以免产生火花。防火区严禁穿带钉子的鞋,地面应铺设不发生火花的软质材料。

(3)高温热表面。

加热装置、高温物料输送管道和机泵等的表面温度都比较高,应防止可燃物落于其上而着火。可燃物的排放口应远离高温热表面。如果高温设备和管道与可燃物装置比较接近,高温热表面应该有隔热措施。加热温度高于物料自燃点的工艺过程,应严防物料外泄或空气进入系统。

(4)电气火花。

电气设备所引起的火灾爆炸事故,多由电弧、电火花、电热或漏电引起。在火灾爆炸危险场所,根据实际情况,在不至于引起运行上特殊困难的条件下,应该首先考虑把电气设备安装在危险场所以外或另室隔离。火灾爆炸危险场所应尽量少用携带式电气设备。

根据电气设备产生火花、电弧的情况以及电气设备表面的发热温度,对电气设备本身采取各种防爆措施以供在火灾爆炸危险场所使用。火灾爆炸危险场所选用电气设备时,应该根据危险场所的类别、等级和电火花形成的条件,并结合物料的危险性,选择相应的电气设备。一般是根据爆炸混合物的等级选用电气设备的,防爆电器设备所适用的级别和组别应不低于场所内爆炸性混合物的级别和组别,当场所内存在两种或两种以上的爆炸性混合物时,应按危险程度较高的级别和组别选用电气设备。

(七)有火灾爆炸危险物质的加工处理

为了防火防爆安全,应该对火灾爆炸危险性比较大的物料采取安全措施。首先应考虑通过工艺改进,用危险性小的物料代替火灾爆炸危险性比较大的物料。如果不具备上述条件,则应该根据物料的燃烧爆炸性能采取相应的措施,如密闭或通风、惰性介质保护、降低物料蒸气浓度、减压操作以及其他能提高安全性的措施。

1. 用难燃溶剂代替可燃溶剂

在萃取、吸收等单元操作中,采用的多为易燃有机溶剂,用燃烧性能较差的溶剂代替易燃溶剂,会显著改善操作的安全性。选择燃烧危险性较小的液体溶剂,沸点和蒸气压数据是重要依据。对于沸点高于110℃的液体溶剂,常温(约20℃)时蒸气压较低,其蒸气不足以达到爆炸浓度,如醋酸戊酯在20℃的蒸气压为800Pa,醋酸戊酯的爆炸浓度范围为119~541g/m³,常温浓度只是比爆炸下限的1/3略高一些。除醋酸戊酯以外,丁醇、戊醇、乙二醇、氯苯、二甲苯等都是沸点在110℃以上燃烧危险性较小的液体。

在许多情况下,可以用不燃液体代替可燃液体,这类液体有氯的甲烷及乙烯衍生物,如二氯甲烷、三氯甲烷、四氯化碳、三氯乙烯等。例如,为了溶解脂肪、油脂、树脂、沥青、橡胶以及油漆,可以用四氯化碳代替有燃烧危险的液体溶剂。

使用氯代烃时必须考虑其蒸气的毒性以及发生火灾时可能分解释放出光气。为了防止中毒,设备必须密闭,室内不应超过规定浓度,并在发生事故时要戴防毒面具。

2. 根据燃烧性物质的特性分别处理

遇空气或遇水燃烧的物质,应该隔绝空气或采取防水、防潮措施以免燃烧或爆炸事故发生。燃烧性物质不能与性质相抵触的物质混存、混用;遇酸、碱有分解爆炸危险的物质应该防止与酸碱接触;对机械作用比较敏感的物质要轻拿轻放。燃烧性液体或气体,应该根据它们的密度考虑适宜的排污方法;根据它们的闪点、爆炸范围、扩散性等采取相应的防火防爆措施。

自燃性物质在加工或储存时应该采取通风、散热、降温等措施,以防其达到自燃点,引发燃烧或爆炸。多数气体、蒸气或粉尘的自燃点都在400℃以上,在很多场合要有明火或火花才能起火,只要消除任何形式的明火,就基本达到了防火的目的。有些气体、蒸气或固体易燃物的自燃点很低,只有采取充分的降温措施,才能有效地避免自燃。有些液体如乙醚,受阳光作用能生成危险的过氧化物,对于这些液体,应采取避光措施,盛放于金属桶或深色玻璃瓶中。有些物质能够提高易燃液体的自燃点,如在汽油中添加四乙基铅,就是为了增加汽油的易燃性。而另外一些物质,如铈、钒、铁、钴、镍的氧化物,则可以降低易燃液体的自燃点。对于这些情况应予以注意。

3. 密闭和通风措施

为了防止易燃气体、蒸气或可燃粉尘泄漏与空气混合形成爆炸性混合物,设备应该密闭,特别是带压设备更需要保持密闭性。如果设备或管道密封不良,正压操作时会因可燃物泄漏使附近空气达到爆炸下限;负压操作时会因空气进入而达到可燃物的爆炸上限。开口容器、破损的铁桶、没有防护措施的玻璃瓶不得盛储易燃液体。不耐压的容器不得盛储压缩气体或加压液体,以防容器破裂造成事故。

为了保证设备的密闭性,危险设备和系统应尽量少用法兰连接。输送危险液体或气体时应采用无缝管。负压操作可防止爆炸性气体逸入厂房,但在负压下操作,要特别注意清理设备打开排空阀时,不要让大量空气吸入。

加压或减压设备,在投产或定期检验时,应检查其密闭性和耐压程度。所有压缩机、液泵、导管、阀门、法兰、接头等容易漏油、漏气的机件和部位应该经常检查。填料如有损坏应立即更换以防渗漏。操作压力必须加以限制,压力过高,轻则密闭性遭破坏,渗漏加剧,重则设备破裂,造成事故。

氧化剂如高锰酸钾、氯酸钾、铬酸钠、硝酸铵、漂白粉等粉尘加工的传动装置,密闭性能必须良好,要定期清洗传动装置,及时更换润滑剂,防止粉尘渗进变速箱与润滑油相混,蜗轮、蜗杆摩擦生热而引发爆炸。即使设备密封很严,但总会有部分气体、蒸气或粉尘渗漏到室内,必须采取措施使可燃物的浓度降至最低。同时还要考虑到爆炸物的量虽然极微,但也有局部浓度达到爆炸范围的可能。完全依靠设备密闭,消除可燃物在厂房内的存在是不可能的。往往借助于通风来降低车间内空气中可燃物的浓度。通风可分为机械通风和自然通风;按换气方式也可分为排风和送风。

有火灾爆炸危险厂房通风的空气中含有易燃气体,所以不能循环使用。排除或输送温度超过80℃的空气、燃烧性气体或粉尘的设备,应该用非燃烧材料制成。空气中含有易燃气体或粉尘的厂房,应选用不产生火花的通风机械和调节设备。含有爆炸性粉尘的空气,在进入排风机前应进行净化,防止粉尘进入排风机。排风管道应直接通往室外安全处,排风管道不宜穿过防火墙或非燃烧材料的楼板等防火分隔物,以免发生火灾时,火势顺管道通过防火分隔物。

4. 惰性介质的惰化和稀释作用
1)惰性气体保护作用

惰性气体反应活性较差,常用作保护气体。惰性气体保护是指用惰性气体稀释可燃气体、蒸气或粉尘的爆炸性混合物,以抑制其燃烧或爆炸。常用的惰性气体有氮气、二氧化碳、水蒸气以及卤代烃等燃烧阻滞剂。易燃固体物料在粉碎、研磨、筛分、混合以及粉状物料输送时,应施加惰性气体保护。输送易燃液体物料的压缩气体应该选用惰性气体。易燃气体在加工过程中,应该用惰性气体作稀释剂。有火灾爆炸危险的工艺装置、储罐、管道等应该配备惰性气体,在发生危险时使用。

2)惰性气体用量

在易燃物料的加工中,惰性气体的用量取决于系统中氧的最高允许浓度。氧的最高允许浓度值因采用惰性气体的不同而有所不同。

J(GJ)AB012
焊割工具的安全使用方法

(八)气焊、气割安全技术

从事气焊、气割的工作人员,必须对安全工作做到思想重视、措施落实,定期对安全工作进行检查。在焊接和气割工作中,如不严格遵守安全操作规程,就可能发生触电,引起火灾甚至爆炸等事故。这不仅造成经济损失,而且危害人身安全。因此,每个焊工必须掌握安全防护知识,自觉遵守安全操作规程,才能防止事故的发生。

1. 安全基本要求

(1)工作前应检查焊接设备、工具是否完好,防护用品是否齐全完好,工作地点是否符合安全要求。

(2)气焊、气割人员应经过安全培训合格,具有安全操作证,无证人员不得从事气焊、气割工作,未经有关部门同意,不得乱动焊接机具。

(3)严禁在有压力,装有易燃、易爆和有毒物质的容器或管道上施焊,焊接带电的设备时必须切断电源。

(4)在设备内、高处、井坑、沟道等危险场所和条件恶劣的环境作业时,应采用有效的安全措施,并设专人监护。

2. 焊接安全技术规程

(1) 气焊、气割时,必须佩戴防护眼镜、鞋盖、工作服及手套等防护用品;气焊黄铜、铅等金属时,应戴防毒口罩。

(2) 气焊、气割场地必须设有防火设备,如消防栓、砂箱、灭火器以及盛满水的水桶等。

(3) 凡是有液体压力、气体压力及带电的设备和容器,在一般情况下禁止气焊、气割;存有残余油脂或可燃液体、气体的容器,应先用蒸汽吹洗或用热碱水冲洗干净,并打开所有孔盖后,方可进行气焊、气割作业;密封的容器不准焊接。

(4) 在可燃物品附近进行气焊作业时,必须保持一定的安全距离,一般应在 5m 以外;在易燃易爆物车间或场所以及易燃易爆物品附近进行气焊、气割作业时,必须取得消防部门的意和配合;风力在 5 级以上时,不宜露天操作,以防火星飞溅引起火灾。

(5) 用行灯在照明时,一般采用电压小于 36V 的行灯。

(6) 气焊、气割的工作场所,应尽量改善通风和排除有害气体、灰尘和烟雾。

(7) 在金属容器内进行工作时,应设有监护人员,除防止触电外,还要尽量保持容器通风良好,应穿干燥的工作服和胶鞋;与电焊工一起工作时,最好站在绝缘垫上,严禁将漏乙炔气的焊炬、割炬或乙炔带携带到容器内,防止混合气体遇明火爆炸。

(8) 在 2m 及以上高空作业时,必须使用合格的防火安全带,安全带应扎在结实可靠的地方;工具要放在工具袋里;高空作业处下面不能有其他人工作或站立,防止因落下火花、熔渣和其他物体而受到伤害。

(9) 当气焊、气割工作结束后,要仔细检查工作场地周围,确定没有起火隐患后才可离开现场。

3. 文明生产的要求

为了最大限度地提高产品质量和劳动生产率,必须做到文明生产。

文明生产从广义上来讲,就是以科学的态度,坚持按规章制度来进行焊接结构的生产。从狭义上讲,通常指的是生产环境的安全和卫生。其要求:

(1) 在生产中,焊工必须严格执行安全技术规程,决不能违反科学而盲目蛮干,以免造成设备和人身事故。

(2) 按照放置管理的要求,构件、工具要存放整齐。

(3) 焊工的操作姿势要正确,劳保用品要穿戴整齐,并有良好的工作习惯,工作完毕后要及时清理工作场地,保持设备和工作环境的卫生等。

(4) 要注意节约焊接材料和原材料。

4. 气瓶安全操作

> J(GJ)AB011
> 气瓶的安全使用方法

气焊和气割用的气瓶有氧气瓶、液化石油气瓶和溶解乙炔瓶 3 种。

由于各种气瓶均承受一定压力,而且盛装易燃易爆气体,倘若漏气遇到明火就会引起火灾和爆炸。若受到阳光照射、热辐射等高温,气体受热膨胀,压力会增高。当压力超过气瓶所能承受的允许压力时,将发生严重的爆炸事故,所以使用气瓶时,严防接触高温和明火。

1) 氧气瓶

(1) 氧气瓶平时应直立放置在专用架上,并加以固定;在个别情况下卧放时,要把瓶颈稍微垫高些,并用木块垫紧。

(2)氧气瓶放好后,在装上减压器之前,应该将阀门慢慢地打开,吹掉接口内外的灰尘或属物质;打开时,操作者应站在瓶口侧面,以免气流射伤人体,然后轻轻关闭阀门。

(3)装上减压器,拧好连接螺钉,然后再慢慢打开阀门,如果阀门开启得太快,高压氧气流速过急,会产生静电火花而引起减压器燃烧或爆炸。

(4)氧气瓶和操作场所应当远离高温、熔融金属飞溅物及其他明火,不得与氧气瓶接触,要做到隔离5m以外;夏季室外操作时,气瓶应用隔热物遮盖,以免阳光辐射引起瓶温升高气体膨胀;冬季不能放在火炉或暖气旁。

(5)在压缩状态下的高压氧气与油脂或易燃有机物质接触时,容易产生自燃,甚至引起火定或爆炸,因此,严禁氧气瓶阀、减压器、焊炬、割炬、氧气胶管等沾染上易燃物质和油脂。

(6)冬季氧气出口处如有冻结,应用浸热水的棉布盖上或用蒸汽逐渐加热使其解冻,严禁用明火加热或用铁器敲击。

(7)瓶内氧气不能全部用完,最后要留0.1~0.2MPa的氧气,以便充气时检查和防止可燃气体倒流入瓶内发生事故。

(8)氧气瓶上应装有防震胶圈,在搬动前先检查瓶上安全帽是否拧紧;搬运中要避免碰撞和剧烈的震动。

2)液化石油气瓶

(1)气瓶不得充满液体,必须留出10%~20%容积的汽化空间,这样,即使在温度升高的情况下,液体虽然汽化膨胀,也不会导致气瓶破裂。

(2)胶管和衬垫应采用耐油的材料。

(3)严防气瓶漏气。要注意瓶口螺纹有无磨损和锈蚀,以防在压力下喷射出来。

(4)气瓶应放置在通风良好的室内,环境温度不宜超过60℃;夏季要防止日光暴晒,冬季要放在气温不低于20℃的保暖室内。

(5)气瓶在冬季严禁用火烤或热水加热。可用40℃以下的温水加热,不得靠近暖气片。

(6)严禁用明火试漏,只能用肥皂水检查。一旦在室内发现漏气,必须立即进行通风,待气味完全消失后,才能再行点火。

(7)不得自行倒出残液,以防流淌挥发而引起火灾。

(8)瓶内气体不能全部用完,至少保留0.049MPa以上压力,以防止其他气体混入瓶内。

3)乙炔瓶

(1)乙炔瓶内充满了硅酸钙的固体填料,利用其孔隙装入丙酮来溶解大量乙炔气体,因此使用时瓶身只能直立,不能卧放。以防丙酮流入减压器、胶管或焊炬(割炬)内而发生危险。

(2)使用的乙炔瓶应离明火10m以上。

(3)严禁在烈日下暴晒和靠近热源。一般瓶体温度不得超过30~40℃。

(4)乙炔减压器和瓶阀的连接必须可靠、严密,如发生漏气,则严禁使用。

(5)乙炔瓶的瓶阀在使用过程中,必须全部打开或全部关闭,否则容易漏气。

(6)瓶内气体不得全部用完,至少应保留压力在0.049MPa以上,并将阀门关紧防止泄漏。

5. 乙炔发生器安全操作

（1）乙炔发生器必须有防爆和防止回火的安全装置，中压乙炔发生器必须有乙炔压力表等指示装置。

（2）乙炔发生器零件和随机工具不得用纯铜制造，以防产生乙炔铜，引起爆炸，可采用含铜量70%以下的铜合金。

（3）电石块大小一般为50~80mm，装电石时不宜装得过多，不宜集中使用小粒电石，切不可用碎末。

（4）乙炔发生器压力要保持正常，水要经常保持清洁。电石分解的灰浆要及时清除。

（5）发生室温度不得超过80℃，水入电石式发生器的冷却用水不得超过50℃，否则应停止作业。

（6）中压乙炔发生器的发气室、储气室和回火保险器中都应有相应面积的泄压膜，中压回火保险器应具有逆止阀装置。

（7）乙炔站内及附近严禁烟火；乙炔站要自然通风良好，站内不得产生火星。

（8）移动式乙炔发生器禁止放在有明火的车间和正在运行的锅炉房内使用；乙炔发生器与明火相距应10m以上；乙炔发生器严禁放在高压线、高空作业、烟囱和吊车滑线下使用。

6. 气焊、气割前安全技术要求

J(GJ)AB013 气焊的注意事项

（1）每个氧气减压器和乙炔减压器上只允许接一把焊炬或一把割炬。

（2）氧气胶管和乙炔胶管必须区分，GB 9448—1999《焊接与切割安全》中规定氧气胶管为黑色，乙炔胶管为红色，这样若发生事故就能立即采取措施。新胶管使用前，应先用压缩空气将管内的杂质和灰尘吹尽，以免堵塞焊嘴或割嘴，影响气体流通。在工作中要防止沾上油脂或触及灼热金属。

（3）氧气胶管和乙炔胶管如果需横跨通道或轨道，应从它们的下面穿过或吊在空中，以免疲车轮碾压损坏。

（4）氧气瓶集中存放的地方，不允许在10m以内有明火作业和吸烟，更不允许电焊机的接地线从氧气瓶上通过。

（5）电石必须装在电石桶内，并加以密封。金属桶上应标明"电石"和"防潮防火"等字样。有电石的金属桶应放在干燥、通风良好的室内储存，室内应备有防火措施，如干砂箱和CO_2火器等，但严禁用水。打开电石桶盖时需采用专用工具，禁止用金属器具敲击；不可使电石桶滚动，以免引起火星发生事故。

（6）气焊或气割操作前，应检查氧气胶管、乙炔胶管与焊炬或割炬的连接是否有漏气现象，并检查焊嘴或割嘴有无堵塞现象，必要时可用通针将焊、割嘴通一下。

（7）气焊工、气割工必须穿戴规定的工作服、手套和护目镜等。

7. 气焊、气割时安全技术要求

（1）点火时可先开适量的乙炔，后开少量的氧气，这样不易产生丝状黑烟；点火时应用火柴或专用打火枪，禁用香烟蒂点火，否则，容易烫伤手。

（2）在气焊或气割储存过汽油或其他油类的容器时，需要将容器上的孔盖全部打开，先用咸水将容器内壁清洗干净，再用压缩空气吹干，要充分做好防护工作。

(3)在大型容器内作业时,若工作未完成,严禁将焊炬或割炬放在里面,以防焊炬或割炬的气阀及胶管接头漏气,致使容器内储存大量的乙炔和氧气,一旦接触火种将会立即引起燃烧或爆炸。

(4)在 2m 及以上高空气焊或气割时,必须使用合格的防火安全带;高空作业处的下面不能有人工作或站立,以防被落下的物体砸伤。

(5)气焊或气割过程中,若发生回火,所有型号的焊炬、割炬都应该先关闭乙炔阀,然后再关闭氧气阀,因为氧气只能助燃不能燃烧,而且氧气压力较高,回火到氧气胶管内的现象是极少发生的。绝大部分回火倒袭是向乙炔胶管方向蔓延。只有关闭乙炔阀切断可燃气源,才能使火焰熄灭。我国目前使用的焊炬、割炬多为射吸式,如果先关氧气阀,不但不能断正在燃烧的可燃气源,而且乙炔管路无法起射吸作用,乙炔向外流动的速度大大降低,这样就会使倒袭的火焰加速向乙炔管路方向蔓延,产生更为严重的后果。所以在发生回火时,应立即迅速关闭乙炔阀,然后再关闭氧气阀,回火才会很快熄灭。

(6)气焊或气割工作结束后,应将氧气瓶阀和乙炔瓶阀关紧,再将减压器调节螺钉拧松。如果使用的是乙炔发生器,应在工作结束时将桶内剩余的电石取出,妥善保存;在冬季工作时,为了避免乙炔发生器和回火保险器内的水被冻结而影响工作,工作结束后应将里面的水放掉。

8. 设备用电安全常识

机械切割机电源的电压一般为 220V 或 380V。通过人身的电流若大于 0.1A,已能危害人的生命,电压高于 40V 时,对人就有危险,所以当使用机械切割机气割时,必须遵守下列安技术规则:

(1)操作前必须检查气割机等用电设备的机壳是否接地,以免由于漏电而造成触电事故。

(2)气割机的安装、检查和修理应由电工进行,气割工不得私自拆修。

(3)推拉闸刀开关时,应戴好干燥的橡胶手套,同时头部需要偏斜些,以防脸部被电弧火花灼伤。

(4)使用手提工作行灯时,其电压不能超过 36V。

(5)下雨天不得在室外操作气割机,以防漏电。

(6)遇到有人触电时,切不可用手去拉触电者,应迅速切断电源。如果触电者处于昏迷状态,应立即进行人工呼吸,或尽快送医院进行抢救。

9. 气焊、气割过程中的有害因素

气焊过程中的有害因素比焊条电弧焊要少一些,仅在气焊黄铜、铝等有色金属和火焰钎焊时会有一些烟尘和有毒气体产生。这些有害因素主要来自焊接材料本身,如气焊黄铜时锌的蒸发造成焊接区域产生大量的锌烟;气焊铝和火焰钎焊时所用的焊剂中含有氟化物等。气焊、气割过程中的有害因素,如果在空气中滞留的时间较长时,将会直接影响工人的身体健康。

J(GJ)AB014
气焊的有害因素

二、防火措施

易燃物、助燃物、点火物三者的同时存在是燃烧发生的基本条件,要预防火灾发生,就是要把三者相对分开或绝对分开,易燃物要有相对独立存在的时间和空间。燃烧三要素只有一个要素独立存在,假如此时点火源出现不会发生燃烧。

(一)常用的灭火方法

ZAC019 常用的灭火方法

1. 灭火的基本原理

物质燃烧必须同时具备三个必要条件,即可燃物、助燃物和着火源。根据这些基本条件,一切灭火措施,都是为了破坏已经形成的燃烧条件,或终止燃烧的连锁反应而使火熄灭以及把火势控制在一定范围内,最大限度地减少火灾损失。这就是灭火的基本原理。

(1)冷却法:如用水扑灭一般固体物质的火灾,通过水来大量吸收热量,使燃烧物的温度迅速降低.最后使燃烧终止。

(2)窒息法:如用二氧化碳、氮气、水蒸气等来降低氧浓度,使燃烧不能持续。

(3)隔离法:如用泡沫灭火剂灭火,使产生的泡沫覆盖于燃烧体表面,在冷却作用的同时,把可燃物同火焰和空气隔离开来,达到灭火的目的。

(4)化学抑制法:如用干粉灭火剂通过化学作用,破坏燃烧的链式反应,使燃烧终止。

2. 灭火的基本措施

(1)扑救 A 类火灾(固体物质火灾):一般可采用水冷却法,但对于忌水的物质,如布、纸等,应尽量减少水渍所造成的损失。珍贵图书、档案应使用二氧化碳、卤代烷、干粉灭火剂灭火。

(2)扑救 B 类火灾(液体火灾):首先应切断可燃液体的来源,同时将燃烧区容器内可燃液体排至安全地区,并用水冷却燃烧区可燃液体的容器壁,减慢蒸发速度;及时使用大剂量泡沫灭火剂、干粉灭火剂将液体火灾扑灭。

(3)扑救 C 类火灾(气体火灾):首先应关闭可燃气阀门,防止可燃气发生爆炸,然后选用干粉、卤代烷、二氧化碳灭火器灭火。

(4)扑救 D 类火灾(金属火灾):如镁、铝燃烧时温度非常高,水及其他普通灭火剂无效。钠和钾的火灾切忌用水扑救,水与钠、钾起反应放出大量热和氢,会促进火灾猛烈发展,应用特殊的灭火剂,如干砂等。

(5)扑救 E 类(带电火灾):用干粉灭火器、二氧化碳灭火器效果好,因为这 3 种灭火器的灭火药剂绝缘性能好,不会发生触电伤人的事故。

(二)泡沫灭火器

CAC008 灭火器的使用方法

1. 操作方法

(1)先切断电源。

(2)灭火时,先将灭火器铁把掀转,压盖移开。

(3)一手握提手,一手托底边,倒置灭火器并不断摇动,使两种药剂混合,产生泡沫和气体喷向火焰。

2. 注意事项

(1)有风时,人要站在上风头。

(2)灭火器的盖子底不能对着人体的任何部位,防止底盖弹出伤人。

3. 灭火器的检查和保管

(1)检查喷嘴是否畅通。

(2)按规定每月检查一次药剂。

(3)冬季要防冻。

(4)每半年至少换一次药剂。

(三)四氯化碳灭火器

使用四氯化碳灭火器时,左手提手柄,右手左旋打开手轮,药液即喷出灭火;不用时,关闭手轮。四氯化碳灭火器的药物蒸气有毒,使用时切勿射入眼睛,在室内使用后要通风。

这种灭火器平时不得随意扭动手轮,以免漏气、漏药。灭火器每月称重检查一次,每半年检查压力一次。

(四)二氧化碳灭火器

1. 操作方法

(1)拔去保险销子;

(2)一手紧握喷射喇叭口上的木柄,一手掀动鸭舌开关或旋转转动开关;

(3)提握机身,尽量靠近火源,喷射灭火;

(4)喷射后立即通风。

2. 保管方法

二氧化碳灭火器每4个月应检查一次质量,若其质量较铭牌规定值少1/10时应添加到规定质量。

(五)干粉灭火器

1. 使用方法

ZAC013 干粉灭火器的使用

(1)将灭火器提到离火源7~8m处,把灭火器竖立在地上;

(2)一手握紧喷嘴胶管,另一手拉住提环,用力向上拉起;

(3)提着拉开的灭火器立即靠近火源,筒内的干粉灭火剂就会伴随二氧化碳一起从喷嘴喷出,将火扑灭。

2. 保管方法

干粉灭火器每年检查一次CO_2气体质量,若比额定允装量少5g,需重新充气;干粉如结块,需重新换粉。

项目五 电子电工知识

ZAC014 日常用电知识

CAC013 常用的电工名词

一、电的概念

物质是由原子构成的,原子由原子核和一定数量的电子组成,原子核带正电,电子带负电。但不论什么物质,原子核所带正电荷与原子核周围电子所带负电荷等量,任何物体平常都显电中性,如果设法使某一物质得到多余电子或使它失去一些电子,那么得到多余电子的物质带负电,失去电子的物质带正电,这就是电的来源。

(一)电流

电子在金属导线中规则地向一个方向流动形成电流。电流方向始终不变的称为直流电,电流方向随时间周期性改变的称为交流电。电流的单位是安培(A)。

(二)电压

能够促使电流在导体中流动的力称为电压,单位是伏特(V)。

(三)电阻

电流沿导体流动所受到的阻力称为电阻,电阻的单位是欧姆(Ω)。电阻的大小与导线的材料、长短、截面积及温度有关,导线越长、越细、越热,电阻越大,反之越小。金属线电阻的计算公式为:

$$R = PL/S \tag{1-3-1}$$

式中　　R——电阻,Ω;

　　　　L——长度,m;

　　　　S——截面积,m^2;

　　　　P——电阻率,Ω·m。

在实际电路中,电阻有两种连接方式:串联和并联。电阻依次首尾相连的连接方式称为串联,串联电路总电阻等于各电阻之和;电阻首尾分别相连的连接方式称为并联,并联电路总电阻的倒数等于各支路电阻倒数和。

(四)电容

导体在一定电压下能容纳电的能力称为电容,用符号"C"表示,单位为法拉,记作"F"。单位还有毫法(mF)、微法(μF)、纳法(nF)、皮法(PF),其关系是 $1F = 10^6 μF = 10^{12} pF$。电容在电路中连接方式也分为串联和并联,总电容计算方法为:

电容串联:

$$\frac{1}{C_总} = \frac{1}{C_1} + \frac{1}{C_2} + \cdots + \frac{1}{C_n} \tag{1-3-2}$$

电容并联:

$$C_2 = C_1 + C_2 + \cdots + C_n \tag{1-3-3}$$

二、简单电路

(一)电路的组成

电流所通过的路径称为电路。电路一般由电源、负载和导线3个基本部分组成,如图1-3-1所示。

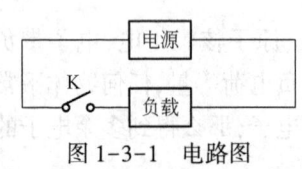

图1-3-1　电路图

(二)串联、并联电路

将用电器首尾依次连接在电路中称为串联电路。串联电路中的电流处处相等,总电压等于各段电压之和。

将用电器相应的两端分别联在电路中称为并联电路,并联电路中,各用电器两端的电压都等于外加电源电压,总电流等于各分路电流之和。

(三)欧姆定律

通过电阻的电流与电阻两端的电压值成正比,与电阻值成反比,这就是部分电路中电压、电流和电阻的关系,称为部分电路的欧姆定律,公式为:

$$I = U/R \tag{1-3-4}$$

式中　I——电流,A;
　　　U——电压,V;
　　　R——电阻,Ω。

(四)电路的通路、断路和短路

如图 1-3-1 所示,当开关闭合时,电路构成闭合回路,电路中有电流通过,这样的电路称为闭路或通路。当开关断开或电路中某一处断开,电路中无电流通过,称为断路。电流不通过负载直接由正极流向负极称为短路。短路时,电路中电流很大,极短时间产生大量的热,导致温度过高,会损坏电源和输电线,甚至引起火灾。

三、日常用电

(一)灯泡

每只灯泡都有额定电压和额定功率,使用时,应注意灯泡的额定电压与电源电压是否相符。按额定电压分类,灯泡有 220V、110V 和各种低压(36V 以下的)小灯泡。常用灯泡电压是 220V,安装接线时,应注意把电源地线拉到灯头的螺旋铜圈上,把电源火线接到灯头中心铜片上,这样,在清洁玻璃灯泡时,可避免触电。在安装开关时,特别注意开关要装在电源火线上,当开关断开时,灯泡上不带电,否则,有触电危险。

(二)日光灯

日光灯管管内壁上涂有白色荧光粉,管内充有微量水银和氩气,管两端各有加热灯丝,由于日光灯工作原理上的要求,需配有起辉器和镇流器附件,起辉器主要作用是使电路接通和自动断开;镇流器作用是限制日光灯电流并点亮日光灯。

(三)LED 灯

LED(Light Emitting Diode,发光二极管)是一种能够将电能转化为可见光的固态的半导体器件,它可以直接把电转化为光。LED 的心脏是一个半导体的晶片,晶片的一端附在一个支架上,一端是负极,另一端连接电源的正极,使整个晶片被环氧树脂封装起来。

(四)试电笔

试电笔是用来检查电器设备是否带电的一种工具,可用来判断交流电电源的火线和地线。使用时,用手拿住金属笔卡,再将笔尖同时与被检查的电器设备接触,看氖气灯管是否明亮,如明亮就说明电器设备上有一定电压,并可根据亮度估计电压的大小。氖管两极中间亮为交流电,单极亮为直流电。

四、安全用电

(一)电气设备的安全使用

通过对电气设备的接地可达到安全使用目的。电气设备的常用接地方式有保护接地、

> CAC015 用电设备的使用安全要求

保护接零、重复接地和工作接地等。

（1）保护接地，指把电器设备的金属构架和外壳等与大地连接，当设备的绝缘被击穿而外壳或构架带电时，因人与设备外壳等电位，所以可避免触电。

（2）保护接零，指在三相四线制低压供电系统中，将电器设备的金属外壳或构架与零线连接，当设备的绝缘被击穿时，便形成了单相或多相短路，此线路上的保护装置迅速动作，使其脱离电源，从而消除触电危险。

（3）重复接地，指零线的一处或多处与大地连接，当零线断路时，可避免由于电气设备的绝缘击穿或三相不平衡等原因使断后的零线带电而发生触电事故。

（4）工作接地，指将电力系统中的某点直接或经特殊设备与大地连接，除满足电力系统的正常运动的需要外，还有降低设备对地的绝缘，迅速切断出故障的设备和降低人体接触电压等作用。

（二）带电作业

作业时应保证人体与大地之间，人体与周围地面金属之间，人体与其他相邻导线或零线之间有良好的绝缘或适当的距离，作业时，应有专人监护，带电部分只允许在作业人员一侧，不应带负荷断电和接电。断电时，先断相线后断零线，接电时先接零线后接相线。因低压各相间距离很小，作业时应注意防止人体同时接触两相，造成相间短路。

（三）临时接线

对于临时接线应有一套严格的管理制度，设专人负责临时线。采用四芯或三芯的橡胶软线，线路配置整齐且满足基本安全要求，长度不宜超过 10m，离地面高度不低于 1.5m。有关设备采取保护接地或其他安全措施。

五、触电急救

（一）触电

人体的一部分接触火线而另一部分接触地线，电流通过人体时会发生触电。当人身通过 50mA 以上的电流时，就有生命危险。触电方式有单相触电和两相触电，前者是指人接触到一根火线而发生触电，后者是指人同时接触到两根火线而发生触电。

（二）触电急救

1. 立即切断电源

（1）关闭电源总开关。当电源开关离触电地点较远时，可用绝缘工具（如绝缘手钳、干燥木柄的斧等）将电线切断，切断的电线应妥善放置，以防误触。

（2）当带电的导线误落在触电者身上时，可用绝缘物体（如干燥的木棒、竹竿等）将导线移开，也可用干燥的衣服、毛巾、绳子等拧成带子套在触电者身上，将其拉出。

（3）救护人员应穿上胶底鞋或站在干燥的木板上，想方设法使伤员脱离电源；高压线需移开 10m 以外方能接近伤员。

2. 现场急救

当触电者脱离电源后，应根据其不同的生理反应进行现场急救。

（1）触电者神志清醒，但心慌、呼吸急迫、面色苍白时，应使触电者躺平，就地安静休息，不要使其走动以减轻心脏负担，同时，严密观察呼吸和脉搏的变化。

(2)触电者神志不清,有心跳,但呼吸停止或呼吸极微弱时,应及时用仰头举颏法使气道开放,并进行口对口人工呼吸。此时,如不及时进行人工呼吸,触电者将会缺氧过久而引起心跳停止。

(3)触电者神志丧失,心跳停止,呼吸极微弱时,应立即进行心肺复苏,不能认为有极微弱的呼吸就只做胸外按压,因为这种微弱的呼吸起不到气体交换的作用。

(4)触电者心跳、呼吸均停止时,应立即进行心肺复苏术,在搬移或送往医院途中仍应按心肺复苏术的规定进行有效的急救。

(5)触电者心跳、呼吸均停止,伴有其他伤害时,应先迅速进行心肺复苏术,然后再处理外伤。伴有颈椎骨折的触电者,在开放气道时,应使头部后仰,以免引起高位截瘫,此时可应用托顿法。

(6)当人遭受雷击,心跳、呼吸均停止时,应立即进行心肺复苏术,否则将会发生缺氧性心跳停止而死亡。

(7)已恢复心跳的伤员,千万不要随意搬动,应该等医生到达或等伤员完全清醒后再搬动,以防再次发生心室颤动,而导致心脏停搏。

(三)防触电常识

ZAC016 防触电的一般方法

(1)认真学习安全用电知识,提高自己防范触电的能力。注意电气安全距离,不进入已标识电气危险标志的场所。不乱动、乱摸电器设备,特别是当人体出汗或手脚潮湿时,不要操作电气设备。

(2)发生电气设备故障时,不要自行拆卸,要找持有电工操作证的电工修理;公共用电设备或高压线路出现故障时,要打报警电话请电力部门处理。

(3)按设计规范和操作规范施工,保证安装质量。不用质量低劣、破旧损坏的电线和电气设备。

(4)电气设备一定要有保护接零和保护接地装置,并经常进行检查,确保其安全可靠。

(5)根据线路安全载流量配置设备和导线,不任意增加负荷,防止过流发热而引起短路、漏电;更换线路熔断丝时不要随意加大规格,更不要用其他金属丝代替。

(6)修理电气设备和移动电气设备时,要完全断电,在醒目位置悬挂"禁止合闸,有人工作"的安全标示牌;未经验电的设备和线路一律认为有电;带电容的设备要先放电,可移动的设备要防止拉断电线。

(7)使用中经常接触的配电箱、配电盘、闸刀、按钮、插座、导线等要完好无损;绝缘老化、损坏的要及时更换。

(8)机床工作灯、手提临时照明灯,要使用不超过 36V 的安全电压。

(9)雷雨天应远离高压电杆、铁塔和避雷针;避雷针要完好无损,并定期进行检测。

(10)各项施工中要避开高压线的保护距离。

(11)高压线落地时要离开接地点至少 20m,如已在 20m 之内,要并足或单足跳离 20m 以外,防止跨步电压触电。

(12)发生电器火灾时,应立即切断电源,用黄沙、二氧化碳灭火器灭火,切不可用水或泡沫灭火器灭火。

项目六　井下作业井控知识

一、井控技术

> ZAA011 井控技术

（一）概述

井控，即井涌控制或压力控制，就是采取一定的方法控制住地层孔隙压力，基本上保持井内压力平衡，保证井下作业的顺利进行。总而言之，井控就是实施油气井压力的控制，就是用井筒系统的压力控制地层压力。

井下作业过程中的井控作业要从其目的和一口井今后整个生产年限来考虑，既要安全、优质、高速地维修好井，又要有利于保护油气层，提高采收率，延长油气井的寿命，所以要依靠良好的井控技术进行近平衡压力的井下作业。

目前的井控技术已从单纯的防喷发展成为保护油气层、防止破坏资源、防止环境污染等多项内容，是快速低成本井下作业技术的重要组成部分和实施近平衡压力井下作业的重要保证，是保证井下作业安全的关键技术。做好井控工作，既有利于保护油气层，又可以有效地防止井喷、井喷失控或着火事故的发生。

（二）井控分级

人们根据井涌规模和采取的控制方法的不同，把井控作业分为三级，即初（一）级井控、二级井控和三级井控。

1. 初级井控

初级井控又称一级井控，就是采用适当的修井液（本书的修井液指井下作业过程中所使用的液体）密度，建立足够的液柱压力去平衡地层压力的工艺技术，此时没有地层流体侵入井内，井侵量为零，自然也无溢流产生。

2. 二级井控

二级井控是指仅靠井内修井液液柱压力不能控制地层压力，井内压力失去平衡，地层流体侵入井内，出现井侵，井口出现溢流，这时要依靠关闭地面设备建立的回压和井内液柱压力共同平衡地层压力，依靠井控技术排除气侵修井液，处理掉溢流，恢复井内压力平衡，使之重新达到初级井控状态。

二级井控是井控培训的重点内容，是井控技术的核心，也是防喷的重点。

3. 三级井控

三级井控是指当二级井控失效后，所采取的各种紧急措施。此时井涌很大，最终失去控制，发生了井喷（地面或地下），这时候要利用专门的设备和技术重新恢复对井的控制，使其达到二级井控状态，并进一步恢复到初级井控状态。

三级井控就是平常说的井喷抢险，可能需要灭火、邻近注水井停注等各种具体技术措施。三级井控应尽量避免发生。

一般地说，在井下作业时要力求使一口井始终处于初级井控状态；同时做好一切应急准备，一旦发生溢流、井涌、井喷，能迅速做出反应，加以解决，恢复正常的井下作业。

(三)井控相关概念

(1)井侵:地层流体(油、气、水)侵入井内的现象。常见的井侵有油侵、气侵、水侵。

(2)井流:当井侵发生后,井口返出的液量比泵入的液量多,停泵后井口修井液自动外溢。

(3)井涌:溢流进一步发展,修井液涌出井口的现象。

(4)井喷:地层流体(油、气、水)无控制地进入井筒,使井筒内的修井液喷出地面的现象(这里所说的井喷指的是地面井喷)。地层流体从井喷地层无控制地流入其他低压地层的现象称为地下井喷。如果没有特殊说明,本书所讲的井喷都是地面井喷。

(5)井喷失控:井喷发生后,无法用常规方法控制井口而出现敞喷的现象。这是井下作业中的恶性事故,一般会带来严重的后果,造成巨大的损失。

综上所述,井侵、溢流、井涌、井喷、井喷失控反映了地层压力与井底压力失去平衡以后井下和井口所出现的各种现象及事故发展变化的不同严重程度。

二、井控设备

(一)手动闸板防喷器

闸板防喷器是井口防喷器组的重要组成部分,关井时可利用手动或液压推动闸板,封闭井口。闸板防喷器的种类很多,闸板防喷器按控制方式分为液控闸板防喷器和手动闸板防喷器;根据所能配置的闸板数量可分为单闸板防喷器、双闸板防喷器和三闸板防喷器。国内常用的闸板防喷器主要有单闸板防喷器与双闸板防喷器,其中双闸板防喷器应用更为普遍。

手动闸板防喷器的开启或关闭是以人工旋转左右丝杠,推动与丝杠配合的闸板轴,带动装有橡胶密封件的左右闸板,沿壳体闸板腔分别向井口中心移动,实现关井。当人工反方向旋转左右丝杠时,拉动与丝杠配合的闸板轴,带动装有橡胶密封件的左右闸板,向离开井口中心方向运动,实现开井。

1. 分类及型号说明

手动闸板防喷器分为手动单闸板防喷器、手动双闸板防喷器和手动三闸板防喷器。

井下作业工作内容的不同,所使用的手动闸板防喷器规格型号也不同,目前我国井下作业用闸板防喷器的规格型号没有统一的标准,通常是制造厂根据井下作业工作要求并参照钻井用防喷器标准设计生产。手动闸板防喷器的规格型号说明如图1-3-2所示。

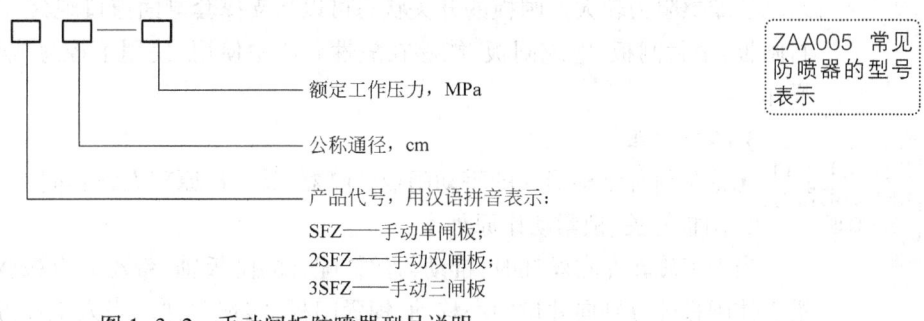

图 1-3-2 手动闸板防喷器型号说明

示例:2SFZ18-35 表示通径为179.4mm、额定工作压力为35MPa 的手动双闸板防喷器。

常见的手动闸板防喷器主要技术参数见表1-3-2。

表1-3-2　手动闸板防喷器技术参数

工作压力,MPa	通径尺寸,mm	连接方式	闸板规格
14,21,35,70	114,179.4,186	法兰连接 裁丝连接	φ5.56mm电缆,φ7.9mm电缆,φ12.7mm电缆,全封,2⅜in,2⅞in,3½in,4½in

手动闸板防喷器常见型号、性能及加工形式见表1-3-3。

表1-3-3　手动闸板防喷器常见型号、性能及加工形式

型号	通径,mm	工作压力,MPa	单闸板	双闸板	三闸板	铸造	锻造
SFZ12—07	120	7	▲				▲
SFZ18—14	179.4/186	14	▲				▲
SFZ18—21	179.4/186	21	▲	▲		▲	▲
SFZ18—35	179.4/186	35	▲				▲

> GBE003 手动闸板防喷器的结构

2. 结构特点

手动闸板防喷器以其小巧轻便、结构简单、辅助设备少等优点,备受使用者的青睐,也因其这些特点,生产制造厂家众多。因此,手动闸板防喷器的结构形式也多种多样,但基本结构大体相同,基本由壳体、闸板总成、侧门、闸板芯子、手控总成及密封装置等组成。

1)SFZ18-21手动单闸板防喷器

> GBE006 手动单闸板防喷器的介绍

SFZ18-21手动单闸板防喷器(图1-3-3)的主要承压件均为锻件,闸板为长圆形整体式,闸板密封胶芯装卸简单,闸板总成运动灵活。闸板的开关状态只能从护盖下部的窗口观察,不太直观,但丝杠螺纹能得到很好的保护。该防喷器可以装配半封闸板、全封闸板、电缆闸板,能够在酸性介质中使用,使用手控总成部件可以进行远距离操作。

2)SFZ18-35手动单闸板防喷器

SFZ18-35手动单闸板防喷器(图1-3-4)适用于试油作业,可作为地层测试工具的配套设备,测试时封闭井口以便进行环空加压作业。

3)2SF18-35手动双闸板防喷器

> GBE007 手动双闸板防喷器的介绍

2SFZ18-35手动双闸板防喷器(图1-3-5)的主要承压件均为铸件,成本低,外形尺寸大、笨重;闸板为长方形分体式,闸板密封胶芯与闸板体通过压块、螺钉连接,闸板总成运动的摩擦阻力较大。闸板的开关状态可以从支撑套侧面窗口观察。该防喷器可以装配半封闸板、全封闸板、电缆闸板,能够在酸性介质中使用,使用手控总成部件可以进行远距离操作。

3. 工作原理

> GBE004 手动闸板防喷器的工作原理

无论是何种结构形式的手动闸板防喷器,其工作原理大致相同。

1)闸板开关、锁紧动作原理

当人工旋转左右丝杠时,推动与丝杠配合的闸板轴,带动装有橡胶密封件的左右闸板,沿壳体闸板腔分别向井口中心移动,锁紧闸板,实现关井。当人工反方向旋转左右丝杠时,拉动与丝杠配合的闸板轴,带动装有橡胶密封件的左右闸板,向离开井口中心方向运动,实现开井。

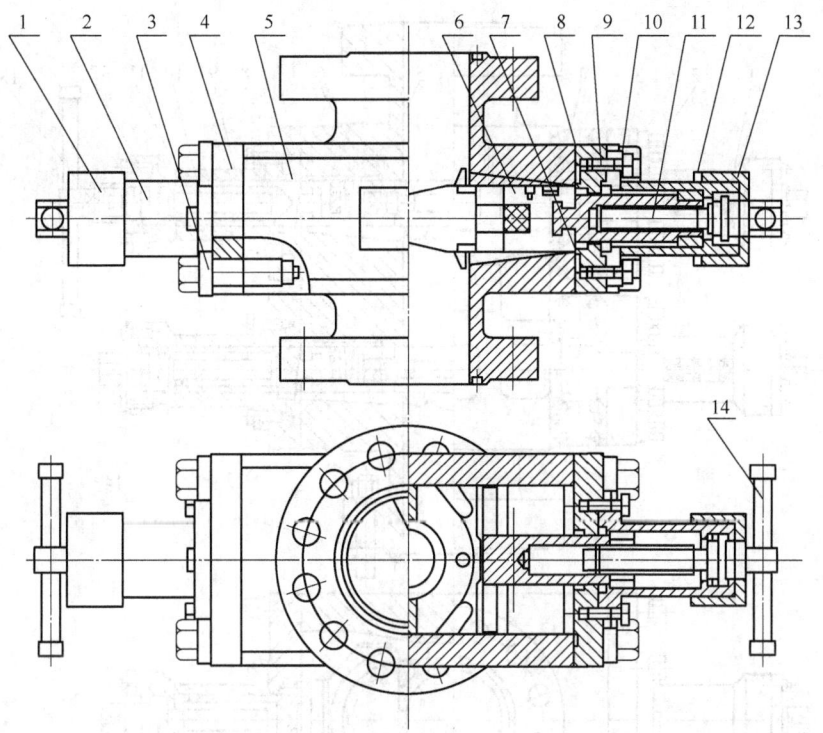

图 1-3-3 SF18-21 手动单闸板防喷器

1—锁紧螺母；2—护盖；3—侧门螺栓；4—侧门；5—壳体；6—闸板总成；7—侧门密封圈；
8—闸板轴密封圈；9—螺钉；10—闸板轴；11—锁紧轴；12—锁帽；13—轴承；14—扳手

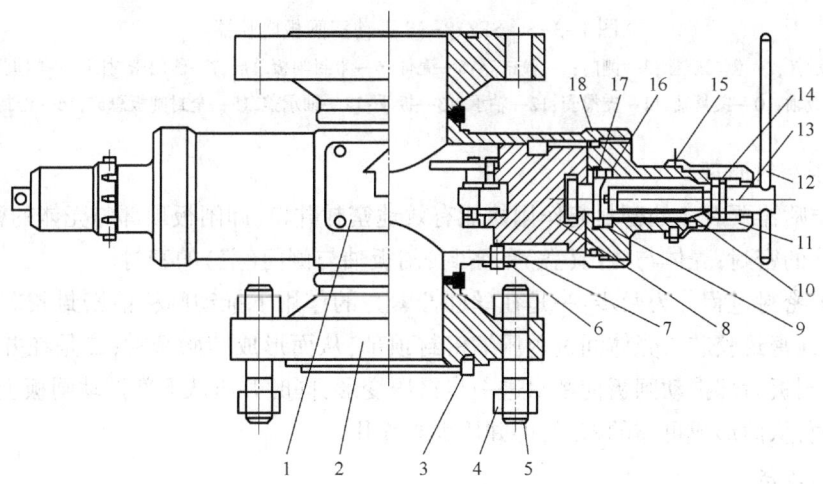

图 1-3-4 SFZ18-35 手动单闸板防喷器

1—铭牌；2—主壳体；3—钢圈；4—M36×3 螺母；5—双头螺栓；6—轴用弹性挡圈；
7—导向限位销；8—闸板总成；9—端盖；10—拉杆；11—轴承套；12—手柄；13—丝杠；
14—轴承；15—螺钉；16—Y形密封圈；17—垫圈；18—孔用弹性挡圈

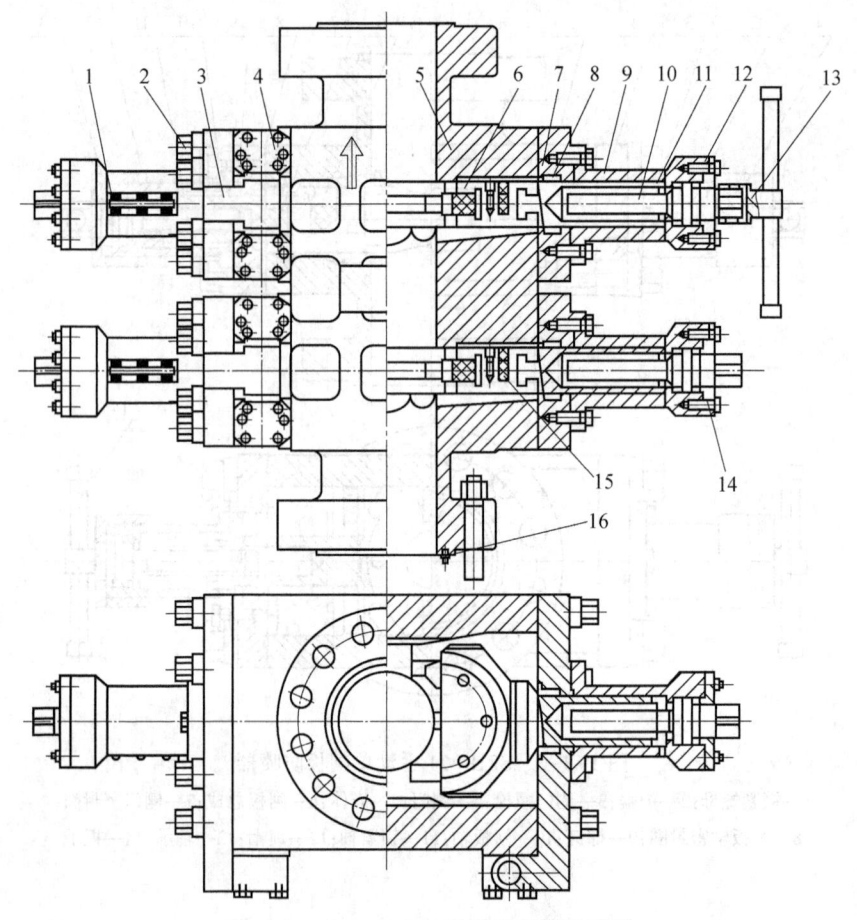

图 1-3-5 SFZ18-35 手动双闸板防喷器

1—开关显示杆;2—侧门螺栓;3—侧门;4—铰链座;5—壳体;6—半封闸板总成;7—侧门密封圈;8—闸板轴密封圈;
9—闸板轴;10—锁紧轴;11—支撑套;12—轴承;13—扳手;14—轴承盖;15—全封闸板总成;16—密封垫环

2)井压密封原理

闸板防喷器要有 4 处密封起作用才能有效地密封井口,即闸板顶部与壳体的密封;闸板前部与管柱的密封;壳体与侧门(盖)的密封;闸板轴与侧门(盖)的密封。

闸板的密封过程分为两步:一是在丝杠拧紧力的作用下推动闸板前密封胶芯挤压变形密封前部,顶密封胶芯与壳体间过盈压缩密封顶部,从而形成初始密封;二是在井内有压力时,井压从闸板后部推动闸板前密封进一步挤压变形,同时井压从下部推动闸板上浮贴紧壳体上密封面,从而形成可靠的密封,即井压助封作用。

GBE005 手动闸板防喷器的使用方法

4.使用方法

手动闸板防喷器安装于井口之后,在使用前应进行以下各项工作,试运行认为无问题时方可使用。

(1)手动闸板防喷器上井安装前要进行闸板密封试验,试验时,应在防喷器内加满水,并且开关闸板活动一次以排除闸板腔内闸板后部的空气,试验压力为最大工作压力,合格后方能使用;与井口连接时,各连接件和连接部位应保持干净并涂上润滑油脂,螺栓应对角上紧。

（2）检查防喷器是否安装正确：壳体顶密封面是否在上部；手动开关装置要装全；如用手控总成进行远距离控制，在适当位置加安支架，将手控总成固定好，并在丝杠旋转处挂牌标明开关旋转圈数及开关的旋转方向；各处连接螺栓对角依次均匀上紧。

（3）操作手动控制装置，进行关闭和打开闸板的作业，检查灵活程度，开关无卡阻，轻便灵活方可使用。

（4）防喷器和井口连接后，整套进行压力试验，检查各连接部位的密封性，试压程序应按有关井控规程条例执行。试压后对各连接螺栓再一次紧固，克服松紧不均现象，法兰螺栓的上紧力矩见表1-3-4。

表1-3-4　螺栓、螺钉连接上紧扭矩推荐值（公制）

螺栓、螺钉规格	上紧扭矩，N·m	螺栓、螺钉规格	上紧扭矩，N·m	螺栓、螺钉规格	上紧扭矩，N·m
M12	80	M33×3	1292	M52×3	5505
M16	153	M36×3	1737	M38×3	7892
M20	266	M39×3	2272	M64×3	10885
M22	424	M42×3	2910	M70×3	14549
M27	643	M45×3	3654	M76×3	18957
M30×3	930	M48×3	4516	M80×3	21565

（5）检查各放喷、压井、节流管汇是否连接好。

（6）使用时闸板尺寸一定要与所用的管柱尺寸一致；如要使用闸板防喷器，应挂牌标明，不能错关全封式或半封式防喷器。

（7）保证修井机游动系统、转盘和井口三点呈一垂线，并将防喷器固定好，与井口保持同心；防喷器在单独使用时上部应加装保护法兰。

5. 注意事项

（1）防喷器的使用要指定专人负责，落实职责，使用者要做到"三懂四会"（懂工作原理、懂性能、懂工艺流程；会操作、会维护、会保养、会排除故障）。

（2）当井内无管柱，试验关闭全封闸板时，不要用力拧紧丝杠，以免损坏胶芯；当井内有管柱时，严禁关闭全封闸板。

（3）所装闸板在井场至少有一套备用件，一旦所装闸板损坏可及时更换。

（4）防喷器的开关状态应挂牌说明。

（5）不允许用打开闸板的方法来泄压，以免损坏胶芯；每次打开闸板后要检查闸板是否处于全开位置（全部退回到壳体内），以免井下工具与闸板互相磕碰损坏；如果开关中有遇阻现象，应将小边盖打开，清洗内部泥砂后再装好使用。

（6）防喷器用完后，应使闸板处于全开位置，以便检修。

（7）起下管柱之前要检查闸板总成是否呈全开状态，严禁在闸板未全开的情况下强行起下；起下管柱过程中要保持平稳，保证不碰防喷器。

（8）更换闸板总成或闸板密封胶芯时，一定要在防喷器腔内无压力的情况下进行，闸板总成应开到位后再打开侧门。

(9)防喷器使用时,应定期检查开关是否灵活,若遇卡阻,应查明原因,予以处理,不要强开强关,以免损坏机件。

(10)防喷器使用过程中要保持其清洁,特别是丝杠外露部分,应随时清洗,以免泥砂卡死丝杠,造成操作时不能灵活使用。

(11)每口井用完后,应对防喷器进行一次清洗检查,运动件和密封件做重点检查,已损坏和失效零件应更换,防喷器外部、壳体腔、闸板室、闸板总成、丝杠应作重点清洗;清洗擦干后,在螺栓孔、钢圈槽、闸板室顶部密封凸台、底部支撑筋、侧门铰链处均涂上润滑脂。

(12)拆开的小零件及专用工具应点齐清洗装箱。

(13)保养后,应按工作位置摆平,用木枕垫起,避免日晒雨淋,环境温度为30~400℃。

(14)在进行试压、挤注等施工前一定要将闸板关闭并检验,严禁在闸板未全部关闭的情况下进行挤注等施工,以防刺坏闸板胶芯,造成事故。

6. 维护与保养

防喷器每服务完3口井或施工周期超过3个月,施工结束后,应送回井控车间,进行全面的清理、检查,有损坏的零件及时更换。

(1)将防喷器各处油污、泥沙清洗干净,拆检。

(2)检查各处密封橡胶件,如有损坏,更换新的密封橡胶件,安装时密封件表面要涂润滑油,相对密封面也要涂润滑油,以利于装配,注意使密封圈能顺利地通过未倒角部分,不要刮坏,如果是唇形密封圈,要将唇边开口对着有压力的一方。

(3)检查各零件,轻微损坏应修复,损坏严重时需更换新零件。

(4)壳体闸板腔涂防锈油,连接螺纹部分涂螺纹脂,轴承部位涂润滑油。

(5)备用橡胶件须存放在光线较暗且又干燥的室内,温度为0~25℃,避免靠近取暖设备、高压带电设备及阳光直射;不能有腐蚀性物质溅到橡胶件上;应使橡胶件在松弛状态下存放,不能弯扭、挤压和悬挂;如发现橡胶件有变脆、龟裂、弯曲、出现裂纹者不可使用,存放期为2年。

7. 常见故障及处理方法

常见故障及处理方法见表1-3-5。

表1-3-5 常见故障及处理方法

序号	故障现象	产生原因	排除方法
1	井内介质从壳体与侧门连接处流出	防喷器侧门密封圈损坏;防喷器侧门螺栓未上紧;防喷器壳体与侧门密封面有脏物或损坏	更换损坏的侧门密封圈,紧固该部位全部连接螺栓,清除密封面脏物,修复损坏部位
2	闸板移动方向与控制台铭牌标志不符	控制台与防喷器连接管线接错	倒换防喷器油路接口的管线位置
3	液控系统正常,但闸板关不到位	闸板接触端有其他物质或砂子、钻井液块的淤积	清洗闸板及侧门
4	井内介质窜到液缸内,使油中含水汽	闸板轴密封圈损坏,闸板轴变形或表面拉伤	更换损坏的闸板轴密封圈,修复损坏的闸板轴

续表

序号	故障现象	产生原因	排除方法
5	防喷器液动部分稳不住压、侧门开关不灵活	防喷器液缸、活塞、锁紧轴、油管、开关侧门活塞杆密封圈损坏,密封表面损伤	更换各处密封圈,修复密封表面或更换新件
6	侧盖铰连接处漏油	密封表面拉伤;密封圈损坏	修复密封表面,更换密封圈
7	闸板关闭后封不住压	闸板密封胶芯损坏,壳体闸板腔上部密封面损坏	更换闸板密封胶芯,修复壳体闸板腔密封面
8	控制油路正常,用液压打不开闸板或侧门	闸板被泥砂卡住	清除泥砂,加大液控压力

(二)油管旋塞阀

油管旋塞阀是装在管串上的专用管柱内防喷工具,是用来封闭管柱的中心通孔,与井口防喷器组配套使用。

ZAA008 旋塞阀的应用

1. 结构

油管旋塞阀主要由本体、上下阀座、球体、叠簧、非金属密封件等组成,如图1-3-6所示。

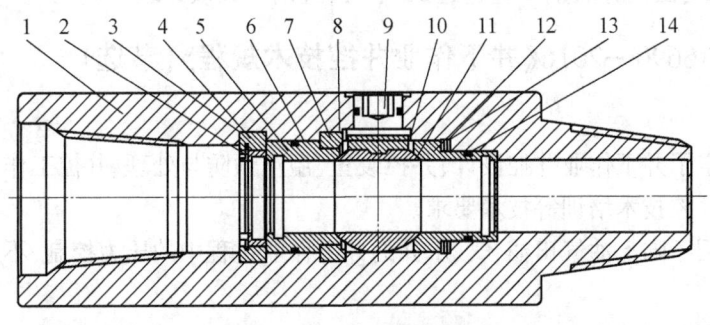

图1-3-6 旋塞阀剖面图

1—本体;2—挡环;3—卡环;4—挡环;5—上阀座;6—密封件;7—挡环;8—定位环;
9—旋钮;10—拔块;11—球;12—下阀座;13—叠簧;14—密封件

2. 特点

油管旋塞阀为单向密封,当阀门关闭时,在井下流体压力和预载弹簧压力的共同作用下,球体迅速向后阀座贴合,从而实现密封。由于后阀座密封面增设了一道"PTFE"非金属圈,从而缓减了球体对阀座的撞击,使密封性能更可靠。

阀体的表面打有明显的"开启""关闭"标记,使得旋塞阀的开关状态一目了然。

3. 作用原理

油管旋塞阀是管柱循环系统中的手动控制阀,专用于防止井喷的紧急情况。常规起下作业时,井口旋塞备于井口,当出现溢流时,将其抢装于井内管柱顶端,对井口内通道实施控制。当井口旋塞处于开启状态时,修井液可液可无压降地自由流过该阀。油管旋塞阀平时为常开式,当发生溢流井涌时,关闭该阀门,可防止地层流体沿管柱水眼向上喷出。在井控作业中,水龙带、高压管汇损坏时,关闭该装置,即可进行安全更换。

4. 主要技术参数

(1) 型号:2$\frac{7}{8}$in×5000psi。

(2) 额定工作压力:5000psi(35MPa)。

(3) 阀体外径:4$\frac{3}{4}$in。

(4) 最小孔径:2in。

(5) 额定温度:-29~82℃。

5. 安装使用

(1) 该阀门的安装方向为内螺纹在上,外螺纹在下;连接前应在内外螺纹部位和肩口涂抹薄层螺纹脂。

(2) 保持阀门处于"开启"位置。

(3) 旋塞阀手柄应置在操作台的固定位置,便于取用。

6. 维护保养

(1) 每次使用完毕后,应仔细清洗该阀门,检查密封件的使用情况,磨损严重的应予更换。

(2) 更换零件的阀门必须按前面的试验方法经检验后方可使用。

(3) O形密封圈的存放期不应超过12个月,过期作失效处理。

三、SY/T 6690—2016《井下作业井控技术规程》(节选)

(一) 范围

本标准规定了井下作业井控设计、井控装置、溢流预防与处理、井控工作要求、井喷失控的紧急处理和井控技术培训等技术要求。

本标准适用于陆上油气田油、气、水井的井下作业过程中的压力控制,不适用于侧钻、加深钻进作业。

(二) 规范性引用文件

下列文件中的条款通过本标准的引用而成为本标准的条款。凡是注日期的引用文件,其随后所有的修改单(不包括勘误的内容)或修订版均不适用本标准,然而,鼓励根据本标准达成协议的各方研究是否可使用这些文件的最新版本。凡是不注日期的引用文件,其最新版本适用于本标准。

GB/T 22513—2008《石油天然气工业 钻井和采油设备 井口装置和采油树》。

SY/T 5225—2012《石油天然气钻井、开发、储运防火防爆安全生产技术规程》。

SY/T 5323—2016《石油天然气工业 钻井和采油设备 节流和压井系统》。

SY/T 5325—2005《射孔施工及质量监督规范》。

SY/T 5587.3—2013《常规修井作业规程 第3部分:油气井压井、替喷、诱喷》。

SY/T 5587.5—2004《常规修井作业规程 第5部分:井下作业井筒准备》。

SY/T 5587.11—2016《常规修井作业规程 第11部分:钻铣封隔器、桥塞》。

SY/T 5587.12—2004《常规修井作业规程 第12部分:打捞落物》。

SY/T 5742《石油与天然气井井控安全技术考核管理规则》。

SY/T 5858—2004《石油工业动火作业安全规程》。

SY/T 5964—2006《钻井井控装置组合配套、安装调试与维护》。
SY/T 6203—2014《油气井井喷着火抢险作法》。
SY/T 6610—2014《含硫化氢油气井井下作业推荐作法》。

(三)井控设计要求

井下作业井控设计不单独编写,地质设计、工程设计和施工设计中应包含井控设计内容及要求,设计应按程序审核、审批。

1. 地质设计的井控要求

1) 基础数据

井身结构数据应包括目前井身结构,各层套管钢级、壁厚、外径和下入深度,人工井底,射孔井段、层位,水泥返深和固井质量等资料。

地层流体的性质:本井产层流体(油、气、水)性质、气油比等。

压力数据:原始地层压力(目前地层压力)或本施工区域地层压力系数、井口压力等。

产量数据:产量(测试产量及绝对无阻流量)、注水、注气(汽)量等。

老井井况:试、修、采等情况,目前井下状况(包括水泥塞或桥塞位置,压井液性能,油管柱的钢级、壁厚、外径、下深,井下工具名称规范,井下套管腐蚀磨损)和井口情况等资料。

邻井情况:邻井的注水或注气(汽)井口压力,本井与邻井地层连通情况,邻井的流体性质、产量、压力及有毒有害气体等资料。

钻井情况:钻井显示、测录井资料、中途测试及钻井液参数等资料。

2) 风险提示。

(1) 标注和说明。

在地质设计中标注和说明,井场周围一定范围内(含硫化氢油气田探井井口周围3km范围内,生产井井口周围2km范围内)的居民住宅、学校、厂矿(包括开采地下资源的矿业单位)、国防设施、高压电线和水资源情况以及风向变化等情况。

(2) 异常高压等特殊情况。

本井及构造区域内可能存在的异常高压情况的提示或说明。

(3) 有毒有害气体提示。

本井或本构造区域内,硫化氢等有毒有害气体的情况。

2. 工程设计的井控要求

(1) 工程设计应依据地质设计提供的井场周围一定范围内的情况,制定预防措施。

(2) 根据地质设计提供的地层压力,预测井口最高关井压力。

(3) 压井液密度设计应依据地质设计与作业层位的最高地层压力当量密度值为基准,另加一个安全附加值确定压井液密度。附加值可选用下列方法确定:

① 油水井为:$0.05 \sim 0.10 \text{g/cm}^3$。

② 气井为 $0.07 \sim 0.15 \text{g/cm}^3$(含硫化氢等有毒有害气体的井取最高值)。

具体选择时应考虑:地层压力大小、油气水层的埋藏深度、钻井时的钻井液密度、井控装置、套管强度和井内管柱结构等。

(4) 根据地质设计的参数,明确压井液的类型、密度、性能、备用量及压井要求等。

(5)施工所需要的井控装置压力等级和组合形式示意图;应提出采油(气)井口装置以及地面流程的配置及试压要求等。

(6)设计中,不需要配置压井与节流管汇进行井下作业的,应明确要求安装简易压井与放(防)喷管线,其通径不小于50mm。

(7)工程设计应进行下列油层套管压力控制设计:

① 依据套管规范的参数、使用状况及井身结构等,确定目前的套管性能能否满足井下施工作业的安全施工要求,有必要时应进行实测评价。

② 油层套管压力控制设计应包括(但不限于)清水时最大掏空深度、纯天然气时最低套压、清水时最高套压和纯天然气时最高套压等。

(8)工程设计中选择的作业管柱应满足井控的需要。

(9)依据地质设计中硫化氢等有毒有害气体的风险提示,制定相应的防范要求。

3. 施工设计的井控要求

(1)依据地质设计和工程设计,施工设计中应有明确的井控内容,应包括(但不限于)以下内容:

① 压井液要求:性能、数量。

② 压井材料准备:清水、添加剂和加重材料等。

③ 防喷器的规格、组合及示意图,节流、压井管汇规格及示意图。

④ 井控装置的现场安装、调试与试压要求等。

⑤ 管柱内防喷工具规格、型号、数量。

⑥ 起下管柱、旋转作业(钻、磨、套、铣等)、起下大直径工具(钻铤或封隔器等)、绳索作业和空井时,应有具体的井控安全措施。

⑦ 施工作业过程中,发生溢流时关井方法的确定(软关井或硬关井)。

⑧ 应明确环境保护、防火和防硫化氢等有毒有害气体的具体措施及器材准备等。

(2)井控应急预案的编写按 SY/T 6610—2005《含硫化氢油气井井下作业推荐作法》的规定执行。

(四)井控装置的现场准备

(1)井下作业井控装置包括井口装置、防喷器及防喷器控制系统、内防喷工具、井控管汇、测试流程和仪器仪表等。

(2)井控装置应有检测报告,检测合格,其原件或复印件粘贴在存档处,备查(这个检测报告不能代替现场试压)。

(3)井控装置及配件的型号、规格和数量应符合设计要求,闸板芯子尺寸、内防喷工具的连接扣型应与所使用管柱相匹配。

(4)环形防喷器、闸板防喷器、井口四通等钢圈和钢圈槽应匹配完好。

(5)压力表量程应与井控装置压力级别相匹配。

(6)闸板防喷器的闸板芯子应灵活,能完全退入腔室内。

(7)防喷器、远程控制台、压井与节流管汇、内防喷工具等井控装置的型号、生产厂家、检测日期、数量等资料要进行核实并记录。

(五)井控装置的安装、试压、使用和管理

1. 安装

1)防喷器

(1)防喷器应按工程设计的要求,安装在井口四通(三通)上。

① 井口四通及防喷器的钢圈槽应清理干净,并涂抹黄油,然后将钢圈放入钢圈槽内。

② 在确认钢圈入槽、上下螺孔对正和方向符合要求后,应上全连接螺栓,对角上紧。

(2)防喷器安装后,应保证防喷器的通径中心与天车、游动滑车在同一垂线上,垂直偏差不得超过10mm。

(3)防喷器安装后应进行下列作业:

① 进行常规井下作业,安装双闸板防喷器组且防喷器顶部距地面高度超过1.5m时,应采用4根直径不小于9.5mm的钢丝绳分别对角绷紧、找正固定。

② 无钻台作业时,安装闸板防喷器,顶部距地面高度小于1.5m的,可以不用钢丝绳固定,防喷器顶部应加防护板。

③ 具有手动锁紧机构的液压防喷器,应装齐手动操作杆并支撑牢固,手轮位于钻台以外。手动操作杆的中心与锁紧轴之间的夹角不大于300°,挂牌标明开、关方向及圈数。

2)远程控制台

(1)远程控制台安装在距井口不少于25m,便于司钻(操作手)观察的位置,并保持不少于2m宽的人行通道;周围10m内不允许堆放易燃、易爆、易腐蚀物品。

(2)液控管线应排列整齐,管排架与防喷管线距离应不少于1m。车辆跨越处应有过桥保护措施,液控管线上不允许堆放杂物。

(3)电源应从配电板总开关处直接引出,并用单独的开关控制。

(4)储能器完好,压力达到规定值,并始终处于工作状态。

3)井控管汇

(1)井控管汇包括节流管汇、压井管汇、防喷管线和放喷管线,简易压井和放喷管线等。

(2)应使用合格的管材,含硫化氢油气井应使用抗硫化氢的管材和配件。

(3)井控管汇的压力级别及组合形式,应符合工程设计要求。

(4)不允许现场焊接井控管汇。

(5)转弯处应使用不小于900的钢质弯头,气井(高气油比井)不允许用活动弯头连接。

(6)井控管汇所配置的平板阀应符合GB/T 22513—2008中的相应规定。

(7)压井管汇和节流管汇应符合SY/T 5323—2016中的相应规定。

(8)放喷管线及测试流程,应按下列要求进行安装:

① 放喷管线应是钢质管线,至少应接一条,其通径不小于50mm。

② 布局要考虑当地季节风的风向、居民区、道路、油罐区、电力线等情况。

③ 放喷管线出口应接至距井口30m以上的安全地带;高压油气井或高含硫化氢等有毒有害气体的井,放喷管线应接至距井口75m以上的安全地带。

④ 管线每隔10~15m、转弯处用地锚或地脚螺栓水泥基墩(长、宽、高分别为0.8m×0.6m×0.8m)或预制基墩固定牢靠,悬空处要支撑牢固;管线出口处2m内宜加密固定。若跨越10m宽以上的河沟、水塘等障碍,应架设金属过桥支撑。

⑤ 水泥基墩预埋地脚螺栓直径不小于20mm,埋深不小于0.5m,压板圆弧应与放喷管线一致。

(9)作业井口井控管汇的安装形式：
① 无钻台作业,井控管汇的安装。
② 有钻台作业,井控管汇的安装。

4)分离器

(1)分离器距井口应大于30m,非橇装分离器用水泥基墩地脚螺栓固定。立式分离器宜用钢丝绳对角四方绷紧、固定。

(2)分离器本体上应安装与之相匹配的安全阀。

(3)排污管线固定牢靠并接入废液池或废液罐。

5)内防喷工具

(1)内防喷工具包括箭式回压阀、旋塞阀、高压闸阀、井下安全阀、堵塞器、防喷单根等。

(2)内防喷工具的额定工作压力应不小于所选用的防喷器压力等级。专用扳手要放在方便取用的位置。

(3)采用手动防喷器时,井口附近应准备与管柱尺寸及井口尺寸相匹配的简易防喷工具。

① 简易防喷工具的抗拉强度应满足施工作业的要求。
② 简易防喷工具的额定工作压力应不小于作业井口的压力级别。

(4)现场使用的旋塞阀,每次起下管柱前应开、关活动一次,旋塞阀要处于常开状态。

(5)使用液压防喷器,钻台上应准备一根防喷单根。

(6)管柱组合中是否接止回阀,应按工程设计执行。

6)采油(气)树

(1)安装采油(气)树时,应把钢圈槽和钢圈清洗干净,不允许有砂泥等杂物留在槽内。下放吻合法兰时,应缓慢防止碰损钢圈,所有螺栓对角上紧,两端余扣相同。

(2)采油(气)树手轮方向一致,在一个垂直平面。

2. 试压

1)试压规则(主要是指:试压介质、试压稳压时间、试压值)

(1)除防喷器控制系统采用规定的液压油试压外,其余井控装置试压介质均为清水。

(2)试压稳压时间不少于10min,允许压降不大于0.7MPa,密封部位无渗漏为合格。

2)试压值

(1)试压值按SY/T 5964—2006《钻井井控装置组合配套 安装调试与维护》中4.3.2的规定执行。

(2)放喷管线、测试流程试验压力不低于10MPa。分离器及安全阀的现场试验压力值执行工程设计中的要求。

(3)以组合形式出现的井控装置现场组合安装后,以各部件的额定压力的最小值为试验压力。

(4)现场每次拆装防喷器和井控管汇后,应重新试压。

(5)压裂酸化的井口装置应按其施工设计中的要求进行试压。

3. 使用及要求

(1) 环形防喷器,非特殊情况不允许用来封闭空井。

(2) 具有手动锁紧机构的闸板防喷器长时间关井,应手动锁紧闸板。打开闸板前,应先手动解锁,锁紧和解锁都应先到位,然后回转 1/4~1/2 圈。

(3) 当井内有管柱时,不允许关闭全封闸板防喷器。

(4) 不允许用打开防喷器的方式来泄井内压力。

(5) 检修装有铰链侧门的闸板防喷器或更换其闸板时,两侧门不能同时打开。

(6) 手动半封闸板防喷器操作时,两翼应同步打开或关闭(数圈的目的)。

(7) 若装有环形防喷器,在井内有管柱的条件下,应试关井。

(8) 防喷器及其控制系统的维护保养按 SY/T 5964—2006 中的相应规定执行。

(9) 平行闸板阀开、关到位后,应回转 1/4~1/2 圈,且开、关应一次完成,不允许作节流阀用。

(10) 压井管汇及简易压井、放喷管线。

① 压井管汇不能用作日常灌注压井液用,防喷管线、节流管汇和压井管汇应采取防堵、防漏、防冻措施。在节流管汇处应采取挂牌形式明示最大允许关井套压值。

② 施工设计中,要求安装使用简易压井、放喷管线的井,对简易压井、放喷管线应采取固定、防堵、防漏、防冻措施。在放喷阀门处应采取立牌或挂牌的形式明示最大允许关井套压值。

③ 井控管汇上所有闸阀,都应挂牌编号并标明其开、关状态。

(11) 采油(气)井口装置。

① 施工时拆卸的采油树部件要清洗、保养、备用。

② 当油管挂坐入大四通后应将顶丝全部顶紧。

③ 双阀门采油树在正常情况下使用外阀门,有两个总阀门时先用上面的阀门,下面的阀门保持全开状态,要定期向阀腔内注入润滑密封脂。

4. 管理

(1) 井控装置应有专门的单位负责管理、维修和定期检查。

(2) 井控车间应对各种井控装置分类、编号、建档(包括检查、维修、试压、使用等情况),并建立井控装置台账(台账的对应管理:小队—井控车间)。

(3) 库房温度应满足橡胶件储藏要求。

(4) 作业队在用井控装置的管理、操作应落实专人负责,并明确岗位责任。井控装置日常检查、维护保养与使用记录格式。

第二部分

初级工操作技能及相关知识

模块一　识别、检测井下工具

项目一　相关知识

一、简单测量工具

(一)钢板尺

钢板尺是一种较常用的测量工具,其测量精度较低(精确度为1mm),适用于尺寸要求精度不高的工件,主要用来测量工件平面的长度、宽度和厚度。

> CBA001 钢板尺的使用方法

(二)钢卷尺

钢卷尺是带有一个尺带的卷尺的测量机构,测量机构有一个带有钩子的端头钩。

钢卷尺的使用方法:

(1)直接读数法。

测量时钢卷尺零刻度对准测量起始点,施以适当拉力(拉尺力以钢卷尺鉴定拉力或尺上标定拉力为准,用弹簧秤衡量),直接读取测量终止点所对应的尺上刻度。

(2)间接读数法。

在一些无法直接使用钢卷尺的部位,可以用钢尺或直角尺,使零刻度对准测量点,尺身与测量方向一致;用钢卷尺量取到钢尺或直角尺上某一整刻度的距离,余长用读数法量出。

> CBA002 钢卷尺的使用方法

(三)卡钳

卡钳是一种测量长度的的工具,分为无表卡钳和有表卡钳,使用方法有钢尺上取尺寸法和卡钳测量法。外卡钳用于测量圆柱体的外径或物体的长度等,内卡钳用于测量圆柱孔的内径或槽宽等。

> CBA003 卡钳的分类

1. 卡钳在钢尺上取尺寸法

外卡钳的一个钳脚的测量面靠着钢尺的端面,另一钳脚的测量面对准所取的尺寸刻线上,且两测量面的连线应与钢尺平行。使用内卡钳时,其取尺寸方法与外卡钳一样,只是在钢尺的端面须靠着一个辅助平面,内卡钳的一个脚也靠着该平面。

> CBA004 卡钳的使用方法

2. 卡钳测量法

用外卡钳测量圆的中心距时,要使两钳脚测量面的连线垂直于圆的轴线,不加外力,靠外卡钳自重滑过圆的外圆,这时外卡钳开口尺寸就是圆柱的直径。用内卡钳测量孔的直径时,要使两钳脚测量面的连线垂直并相交于内孔轴线,测量时一个钳脚靠在孔壁上,另一个钳脚由孔口略偏里面一些逐渐向外测试,并沿孔壁的圆周方向摆动,当摆动的距离最小时,内卡钳的开口尺寸就是内孔直径。

二、游标卡尺的使用和保养

游标卡尺是一种较精密的常用测量工具,适用于对工件厚度、筒状工件内外径、长度和深度等尺寸的测量,精确度可达 0.02mm。

CBA005 游标卡尺的结构

(一) 结构

游标卡尺主要由主尺内外量爪、游尺、深度尺和紧固螺母组成,如图 2-1-1 所示。

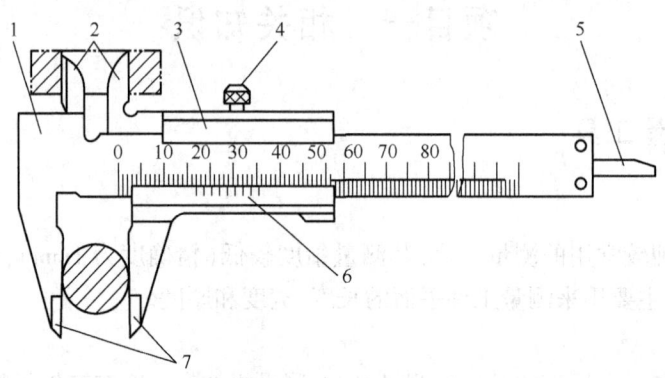

图 2-1-1　游标卡尺

1—尺身；2—内量爪；3—尺框；4—紧固螺母；5—深度尺；6—游标；7—外量爪

CBA006 游标卡尺的读数原理

(二) 刻线原理

以精度为 0.02mm 的游标卡尺为例简要介绍一下游标卡尺的刻线原理。如图 2-1-2 所示,游标卡尺主尺刻度每格为 1mm,50 格即为 50mm,在游尺上取 49mm 对齐处等分 50 上每格宽度为 0.98mm,故主尺和游尺每格相差 0.02mm。

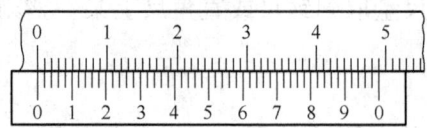

图 2-1-2　0.02mm 游标卡尺刻线原理

CBA007 游标卡尺的使用方法

(三) 测量操作步骤

(1) 松动游标卡尺上部的调节螺钉。

(2) 把工件放入两个张开的卡脚内。

(3) 再贴靠在固定卡脚面上。

(4) 轻微地把活动卡脚推过去。

(5) 两个卡脚的测量面与工件贴靠。

(6) 拧紧调节螺钉,取下游标卡尺。

(7) 读出工件的尺寸。

(四) 测量注意事项

(1) 测量前,应将卡尺和被测工件擦拭干净,不允许有油污泥垢等杂物,以免影响测量的准确性,同时应使两支测量爪靠拢,看主尺与游尺的零线是否对齐,检查卡尺的精确度。

(2)测量时,应使游标卡尺摆正,防止歪斜,使测量爪与被测工件接触,然后旋紧紧固螺钉,取下卡尺进行读数。

(3)读数时,以游尺零刻度线为基准,读取左边主尺上的整数值,再读取游尺上与主尺对齐的刻度线的示数,即游尺的读数,然后将主尺读数与游尺读数相加即是测量的数值。

(五)游标卡尺的使用、保养要求

(1)有校验合格证的游标卡尺才能使用。

(2)游标卡尺在使用前后必须用清洁棉纱擦拭干净。

(3)用游标卡尺测量工件时不能用力过大或推力过猛。

(4)使用时应轻拿轻放,不得磕、碰、砸。

(5)不能测量温度过高的工件。

(6)用完后应擦拭干净放回专用盒里。

(7)按规定要求及时送计量检验单位进行精度检验和调整。

三、外径千分尺的使用和保养

外径千分尺又称螺旋测微器,是井下作业工具维修和保养中较常用的一种测量工具,测量精度比游标卡尺高,其精度可达 0.01mm,图 2-1-3 为测量范围为 0~25mm 的外径千分尺的结构示意图。

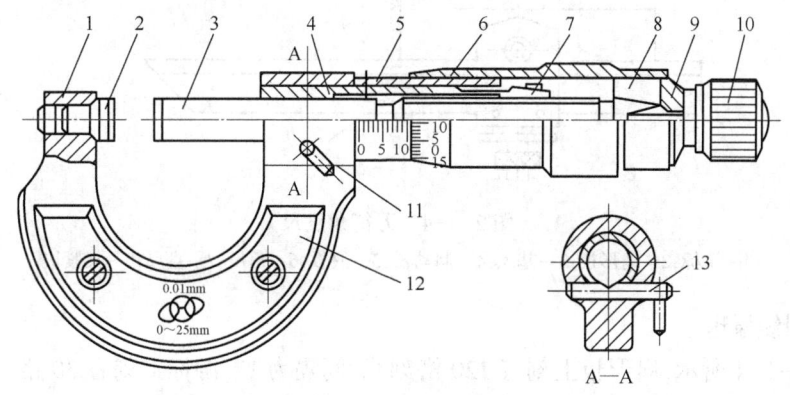

图 2-1-3　外径千分尺

1—尺架;2—测贴;3—测微螺杆;4—螺纹轴套;5—固定套管;6—微分筒;7—调节螺母;8—接头;
9—垫片;10—测力装置;11—锁紧机构;12—绝热片;13—锁紧轴

(一)刻线原理

与游标卡尺相似,外径千分尺的标尺也由固定数值和活动数值组成,固定套上的刻度线每一小格为 0.5mm,在微分筒圆周上等分 50 个格,则微分筒每改变 1 格,则测微螺杆改变 0.01mm。

(二)使用方法

(1)测量前,应保持被测工件和外径千分尺清洁无杂物,因为外径千分尺测量精度较高,任何一点杂物都可能引起测量误差。

(2)测量时,使被测工件置于测砧之间,轻轻转动调节螺母,待棘轮发出声响后说明达到读数状态。

（3）读数，将固定套筒和微分套筒的读数相加，即是被测工件的测量值。

四、万能角度尺的使用和保养

万能角度尺是用来测量和检验工件角度的专用工具，测量精度较高。图2-1-4为分度值为2′的万能角度尺的结构示意图。扇形板上刻有间隔为1°的刻度线，游标固定在底板上可以沿扇形板转动，夹紧块把角尺和直尺固定在底板上从而使可测量角度达到320°。

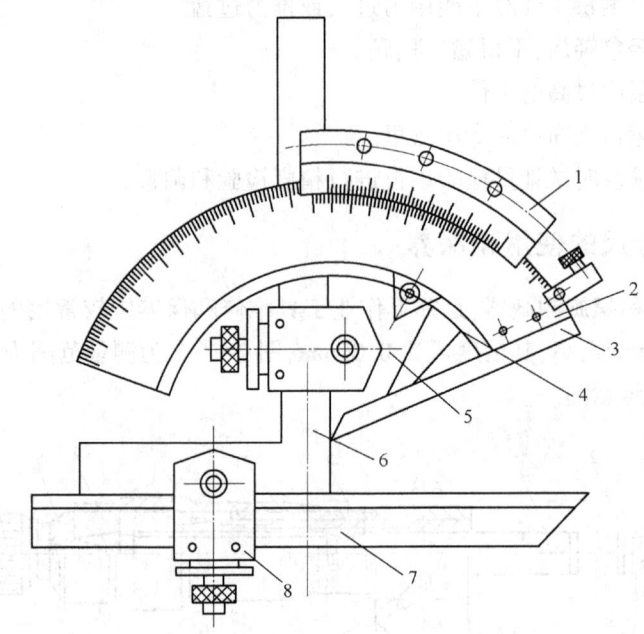

图 2-1-4　万能角度尺

1—游标；2—扇形板；3—基尺；4—制动器；5—底板；6—角尺；7—直尺；8—夹紧块

CBA009 万能角度尺的读数方法

（一）刻线原理

如图2-1-4所示，扇形板上刻有120格刻线，间隔为1°，游标上刻有30格刻线，对应扇形板度数为29°，则游标上每格的度数为58′，与扇形板上每格的度数差为2′。

CBA010 万能角度尺的使用方法

（二）使用方法

（1）使用前检查零位。

（2）测量时，应使万能角度尺的两个测量面与被测件表面在全长上保持良好接触，拧紧制动器进行读。

（3）测量角度为0°~50°，应装上角尺和直尺；为50°~140°，应装上直尺；为140°~230°，应装上角尺；为230°~320°，不装角尺和直尺。

CBA011 水平仪的构成

五、水平仪的使用

水平仪是一种测量小角度的常用量具，在机械行业和仪表制造中用于测量相对于水平位置的倾斜角、机床类设备导轨的平面度和直线度、设备安装的水平位置和垂直位置等。水平仪按外形的不同可分为框式水平仪和尺式水平仪两种；按水准器的固定方式又可分为可调式水平仪和不可调式水平仪。

框式水平仪一般由水平仪主体、横向水准器、绝热手把、主水准器、盖板和零位调整装置等零部件组成。

尺式水平仪一般由水平仪主体、盖板、主水准器和零位调整装置等零部件构成。

水平仪的主气泡管的内表面进行过抛光，气泡管的外表面刻有刻度，在内部充以液体和气泡。主气泡管备有气泡室，用来调整气泡的长度。气泡管总是对底面保持水平，但在使用期间很有可能变化，为此，设置了调节螺钉。

水平仪的使用注意事项：

（1）测量前，应认真清洗测量面并擦干，检查测量表面是否有划伤、锈蚀、毛刺等缺陷。

（2）检查零位是否正确。如不准，对可调式水平仪应进行调整，调整方法：将水平仪放在平板上，读出气泡管的刻度，这时在平板的平面同一位置上，再将水平仪左右反转180°，然后读出气泡管的刻度。若读数相同，则水平仪的底面和气泡管平行，若读数不一致，则使用备用的调整针，插入调整孔后，进行上下调整。

（3）测量时，应尽量避免温度的影响，水准器内液体对温度影响变化较大，因此，应注意手热、阳光直射等因素对水平仪的影响。

（4）使用中，应在垂直水准器的位置上进行读数，以减少视差对测量结果的影响。

CBA012 水平仪的使用方法

六、法定计量单位相关知识

1986年国务院发布命令，在我国统一实行法定计量单位。从1991年起除个别特殊领域外，不允许再使用非法定计量单位。表2-1-1列出了工作中常用的法定计量单位及符号。

表2-1-1 常用法定计量单位

序号	量的名称	中文单位	单位名称	同时使用的单位符号	附注
1	长度	米	m	km、dm、cm、mm	1km=1000m，1m=1000mm
2	面积	平方米	m^2	km^2、dm^2、cm^2、mm^2	$1m^2=10^6 mm^2$
3	体积	立方米	m^3	L，mL	$1L=1dm^3=1000mL$，$1m^3=1000L$
4	时间	秒	s	h	1h=3600s
5	速度	米/秒	m/s	cm/s、km/s	1m/s=100cm/s
6	力	牛	N	kN	1kN=1000N
7	质量	千克	kg	t	1t=1000kg
8	压力	帕	Pa	MPa、N/m^2	$1MPa=10^6 Pa$
9	功率	瓦	W	kW、J/s	1J/s=1W
10	电流	安	A	mA	1A=1000mA
11	电压	伏	V	kV	1kV=1000V
12	电阻	欧	Ω	—	—

CBA020 法定长度计量单位

CBA021 法定质量计量单位

CBA022 法定压力计量单位

七、划线知识

> CBA016 划规的用途
> CBA017 划规的使用方法
> CBA015 划规的构成

(一) 划线工具及其使用

(1) 划线平板。划线平板由铸铁毛坯经精刨或刮研制成,其作用是用来安放工件和划线工具,并在平板工作面上完成划线过程。

(2) 划针。划针是直接在毛坯或工件上划线的工具,在已加工表面上划线时常使用 $\phi(3\sim5)$ mm 弹簧钢丝或高速钢制成的划针,将划针尖部磨成 $10°\sim20°$,并经淬火处理以提高其硬度和耐磨性。

(3) 划规。划规是用来画圆和圆弧、等分线段、等分角度以及量取尺寸的工具。划规由左划规脚、右划规脚、垫片、铆钉等部分组成。划规两脚长度要磨得稍有不等,两脚合拢时脚尖才能靠近。划圆弧时应将手上的力作用到圆心的一脚,以防中心滑移。

(4) 划线盘。划线盘是用来直接划线或找正工件位置的工具。一般情况下,划线盘的直头用来划线,弯头用来找正工件。

(5) 游标高度尺。游标高度尺是比较精密的量具及划线工具,它可以用来测量高度,还可以用量爪直接划线。

(6) 样冲。样冲用于在工件所划的加工线条上打样冲眼,作为加工界限的标志,还用于圆弧中心或钻孔时的定位中心打眼(称为中心样冲眼)。

(7) 各种支撑工具。

① V形架,用来支撑圆柱形工件划线。

② 千斤顶,用来支撑较大的工件,可调整其支撑高度。

(二) 划线方法

> CBA018 划线的方法

1. 划线要求

划线除要求划出的线条清晰均匀外,最重要的是保证尺寸准确。在立体划线中还应注意使长、宽、高3个方向的线条互相垂直。一般的划线精度能达到 $0.25\sim0.5$ mm。因此,通常不能依靠划线直接确定加工时的最后尺寸,而必须在加工过程中通过测量来保证尺寸的准确度。

> CBA019 划线的技巧

2. 划线基准

(1) 平面划线基准。划线时,以工件上的某个点、线、面作为依据,用它来确定工件的各部分尺寸、几何形状及工件上各要素的相对位置,此依据称为划线基准。划线基准一般根据3种类型选择。

(2) 基准个数。划线时在零件的每一个方向都需要选择一个基准,因此,平面划线时一般要选择两个划线基准,而立体划线一般要选择3个划线基准。

3. 找正和借料

(1) 找正。找正就是利用划线工具,通过调节支撑工具,使工件有关的毛坯表面都处于合适的位置。找正时应注意的问题:

① 毛坯上有不加工表面时,应按不加工表面找正后再划线,这样可使加工表面和不加工表面之间保持尺寸均匀。

② 工件上有两个及两个以上的不加工表面时,应选重要的或较大的不加工表面为找正

依据，并兼顾其他的不加工表面，这样可使划线后加工表面与不加工表面之间的尺寸比较均匀，使误差集中到次要或不明显的部位。

③ 工件上没有不加工表面时，可通过对各自需要加工的表面自身位置找正后再划线，这样可使各加工表面的加工余量均匀。

(2) 借料。当毛坯尺寸、形状、位置上的误差和缺陷难以用找正的方法补救时，需要用借料的方法来解决。借料就是通过试划和调整，使各加工表面的余量互相借用，合理分配，从而保证各加工面都有足够的加工余量，使误差和缺陷在加工后排除。借料划线时，应首先测量出毛坯的误差程度，确定借料的方向和大小，然后从基准开始逐一划线。若发现某一加工面的余量不足时，应再次借料，重新划线，直至各加工表面都有允许的最小加工余量为止。

找正和借料这两项工作是密切结合进行的。因此，划线时找正和借料必须相互兼顾，使各方面都满足要求。

八、液压设备的使用

(一) YNJ-160/8 液压拧扣机

1. 用途

YNJ-160/8 液压拧扣机是对螺纹连接件进行上扣或卸扣的专用设备，可用于抽油泵、封隔器等下井工具连接件螺纹的上卸作业。

2. 结构和工作原理

1) 结构

YNJ-160/8 液压拧扣机主要由主扣头、副机头支架、座底、操作台、油箱、齿轮泵、液压马达等组成。

2) 工作原理

主扣头通过齿轮泵、液压马达，借助滚子在渐开线交错面上滚动。当腭板滚子在爬坡滚动时，腭板不断向中心推进，以达到卡紧工件的目的。这种渐开线交错的双曲面，使腭板滚子无论在任何位置，工件表面的切向力和径向力之比均接近一个常数。这就保证了卡紧机构对适应范围内的任意直径都能可靠卡紧。

3) 主要技术规范

低挡额定扭矩：8kN·m。

高挡额定扭矩：2.2kN·m。

低挡额定转速：15r/min。

高挡额定转速：54r/min。

通径：160mm。

液压额定压力：14MPa。

液压额定流量：75L。

总功率：22kW。

3. 上、卸扣操作步骤

(1) 将要上、卸扣的部件分别装夹在拧扣机上。

(2) 根据上扣扭矩初步确定上、卸扣压力。

(3)启动拧扣机进行上、卸扣,并观察记录上、卸扣压力。

(4)卸压。

(5)从拧扣机上拆下上、卸扣部件。

(二)压力表相关知识

在工业过程控制与技术测量过程中,由于机械式压力表的弹性敏感元件具有很高的机械强度以及方便生产等特性,使得机械式压力表得到越来越广泛的应用。压力表的种类很多,矿场和井下作业常用的为单圈C形弹簧管式压力表,精度等级最高为1级,测量值超过大气压力。压力表结构如图2-1-5所示。

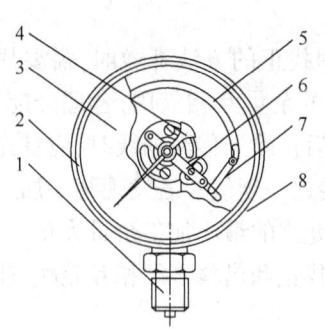

图 2-1-5 压力表结构
1—接头;2—衬圈;3—度盘;4—指针;
5—弹簧管;6—传动机构(机芯);
7—连杆;8—表壳

1. 原理

压力表扁曲弹簧管固定的一端与压力表的接头连通,另一端通过连杆齿轮与指针连接,当压力通过表接头传入弹簧管时,弹簧管受压伸直,压力越大伸长越多,经连杆、齿轮机构的传动,指针转动,指示压力值。弹簧管式压力表的感压元件,将压力变换成位移,机芯能将弹簧管自由端的微小位移量放大,达到易于观察读数的程度。

真空表也是压力表,因为表上指示的压力是不包括大气压力在内的压力,等于绝对真空为零点起算的压力与大气压力之差。负压力就是从真空时起算的压力与大气压力之差,也就是说真空表所指示的压力是比大气压力小多少,如真空表指示的真空压力是-0.02MPa,那么就表示所测压力是比大气压力小0.02MPa。

CBB002 压力表的使用注意事项

2. 使用注意事项

(1)压力表低于1/3量程部分,精度较低。

(2)选择测量上限时,压力表最大测量值应高于测量压力的1/3。

(3)选择使用范围时,最高不得超过刻度的3/4,一般以选用全量程的1/3~2/3为宜,在这一范围准确程度较高,适用平稳、波动两种负荷。

(4)压力表经过一阶段的使用与受压,难免由于内部机件的变形和磨损产生误差和故障,为保持其原有精度,要定期检修压力表。一般测压部位安装的压力表的检定周期不得超过半年;测压部位介质波动大,使用频繁,精度要求较高,安全因素要求较严的可将检定周期适当缩短。

CBB001 压力表的安装要求

3. 安装要求

(1)压力表应安装在便于观察、易于更换的地方。

(2)压力表安装地点应避免振动和高温,要有足够的光线照明。

(3)压力表应垂直安装在管线或容器上。

(4)压力表下端必须安装变螺纹接头。

(5)压力表的最大量程应不小于压力源的1.25倍。

(6)振动较大的压力源要安装导压管或抗震压力表。

(7)压力表要独立安装,不应和其他管道相连。

4.常见故障及处理方法

压力表在使用过程中常见的3个问题：

(1)压力表扇形齿轮工作一段时间出现磨损。

(2)压力表测压系统受到被测介质瞬间超压冲击,使指针回不到零位或者冲到限制钉下面。

(3)仪表指针在系统泄压后不回零位。

解决压力表常见问题的3个方法：

(1)增加扇形齿轮接触面宽度,增大接触面(即加大齿轮模数),以达到抗磨损而增加使用寿命的目的。

(2)在仪表的机芯上加装限位块,测压系统在受到瞬间冲击时使机芯的圆柱齿轮和扇形齿轮不容易脱扣,解决压力表受到冲击压力后指针不回零或者指针被冲到限位钉后面的问题。

(3)冲击压力测量系统时关小压力表下面的阀门。

(三)千斤顶的使用

> CBB003 千斤顶的使用方法

千斤顶是一种起重高度小于1m的最简单的起重设备,用刚性顶举件作为工作装置,通过顶部托座或底部托爪在行程内顶升重物的轻小起重设备。千斤顶分为机械式和液压式两种,千斤顶主要用于厂矿、交通运输等部门作为车辆修理及其他起重、支撑等工作,其结构轻巧坚固、灵活可靠,一人即可携带和操作。

千斤顶安全操作规范：

(1)使用前应检查各部分是否完好,油液是否干净。

(2)千斤顶应设置在平整、坚实处,并用垫木垫平。

(3)千斤顶必须与荷重面垂直,其顶部与重物的接触面间应加防滑垫层。

(4)千斤顶严禁超载使用,不得加长手柄,不得超过规定人数操作。

(5)使用时,任何人不得站在安全栓的前面。

(6)在顶升的过程中,应随着重物的上升在重物下加设保险垫层,到达顶升高度后应及时将重物垫牢。

(7)用两台及两台以上千斤顶同时顶升一个物体时,千斤顶的总起重能力应不小于荷重的2倍;顶升时应由专人统一指挥,确保各千斤顶的顶升速度及受力基本一致。

(8)油压式千斤顶的顶升高度不得超过限位标志线;螺旋及齿条式千斤顶的顶升高度不得超过螺杆或齿条高度的3/4。

(9)千斤顶不得在长时间无人照料下承受荷重。

(10)千斤顶的下降速度必须缓慢,严禁在带负荷的情况下使其突然下降。

(四)试压泵

1.试压泵的使用方法

> CBB005 试压泵的连接方法

1)准备工作

(1)检查减速箱内的润滑油油面高度,同时在各油孔内部加满润滑油。

(2)检查水箱内所有使用的水是否清洁,不允许用含有泥砂的污水,以免堵塞管路,磨损柱塞或使水阀关闭不严而造成故障。

(3)检查并旋紧所有螺钉。

(4)选择合适的压力表并装在气瓶上(工作压力不应大于表压的2/3)。

(5)把需要试压的容器与泵的出水管连接起来,在连接前先用清水灌满被试压的容器。

(6)检查电路的绝缘和安全情况。

(7)在前面各项符合要求时方可开动电动机(电动机在启动前应将低压控制阀打开,使低压水缸不产生水力作用,待运转正常后,将低压控制阀关闭)。

(8)调整高压安全阀,使其符合被试压容器的试验压力。

2)操作步骤

CBB006 试压泵的使用方法

(1)连接试压接头和被试工具。

(2)启动试压泵循环。

(3)关泄压阀。

(4)灌注液体。

(5)大排量灌注液体。

(6)打开连通阀。

(7)小排量注入提高压力。

(8)停泵。

(9)稳压。

(10)泄压,拆卸试压接头。

3)使用注意事项

(1)减速箱在运转过程中声响应均匀,无杂音。

(2)减速箱中润滑油的温度保持在85℃以下。

(3)在工作中如发现有漏水时,应立即停止工作,泄压后进行检查、修理,不允许发现漏水现象后仍继续进行工作或带压进行检修。

(4)工作压力不允许超过额定压力值。

(5)工作压力达到2MPa时,操作者应立即打开低压控制阀。

2.试压泵的维护保养及技术要求

1)试压泵的维护保养

(1)试压泵的外表面必须保持清洁。

(2)按期检查各部件磨损情况,发现磨损严重的要及时更换。

(3)定期检查保养并添加润滑油。

(4)根据季节、工作环境、温度等的变化情况及时更换润滑油、水或加防冻剂。

(5)长期停泵不用时要把水箱内液体排放干净,并拆开柱塞、导体、水缸及安全阀等,在零件的加工表面上涂抹黄油,重新装好,并将外表面做好防腐处理。

(6)新的试压泵视情况应每30h换一次机油,更换两次后,试压泵使用超过500h要更换机油(或根据减速箱内润滑油的清洁情况进行更换)。

(7)润滑油必须是清洁的齿轮油;水(油)箱内使用清水,且不许有杂质污物。

(8)更换牛皮垫圈时,应预先把牛皮垫圈用油浸透。

(9)使用中要注意观察分析泵可能出现的各种情况并及时处理。

（10）使用或保养后,要及时填写使用、保养记录。

2）使用技术要求

（1）试压泵出现问题一定要及时进行维护保养。

（2）使用时,先要排空放掉空气,否则要影响正常工作。

（3）如试压件内容积较小,应加缓冲容器,防止压力迅猛升高出现危险情况。

（4）使用过程中,要注意减速箱、曲轴箱、连杆、十字头的发热情况,温度不能过热(超过35℃)。

九、抽油泵检修

抽油泵是机械采油的主要井下设备,抽油泵可将井下的液体举升到地面。随着我国石油工业的迅速发展,机械采油工艺技术得到了较快的发展,目前已经形成了有杆抽油泵、水力活塞泵、电动潜油离心泵和气举等形式来适应不同的油井类型、工况和井内介质。

ZBE003 抽油杆扶正器的选用

CBC002 抽油泵型号的表示方法

ZBF001抽油泵的型号

GBD006 常规有杆抽油泵介绍

GBD007 特殊有杆抽油泵介绍

(一)有杆抽油泵

1. 用途

有杆抽油泵是有杆抽油系统中的主要设备,作业时安装在井下油管柱的下部,沉没在井液中,通过抽油机抽油杆传递的动力直接进行油井内液体的抽汲。

2. 工作原理

常规有杆抽油泵主要由泵筒、固定阀、游动阀、柱塞等组成,如图2-1-6所示。

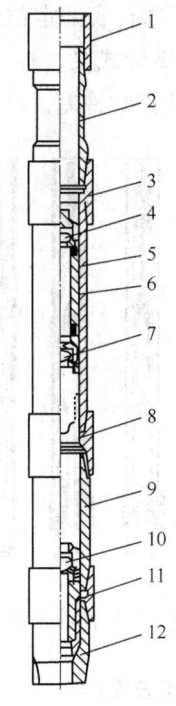

图 2-1-6 抽油泵结构

1—油管接箍;2—上部加长短节;3—泵筒接箍;4—上游阀;5—泵筒;6—柱塞;7—下游动阀;8—泵筒接箍;
9—下部加长短节;10—固定阀;11—油管接箍;12—密封接头

如图2-1-7所示,抽油泵抽汲过程中,柱塞在泵筒内随抽油杆的运动做上下往复运动。上冲程时,上、下游动阀关闭,固定阀开启,柱塞将泵上腔室液体排至泵上油管内,与此同时,井内液体在泵入口压差作用下,经固定阀进入并充满泵下腔室;下冲程时,固定阀关阀,上、下游动阀开启,泵下腔室的液体经游动阀转移到泵上腔室。柱塞上、下往复运动,便将井液不断地抽汲到井口,进入集输系统。

3. 抽油泵的结构形式及表示方法

SY/T 5059—2009组合泵筒管式抽油泵标准规定了的泵型式及表示方法。

泵的基本形式如图2-1-8所示。

图2-1-8(a)是定筒式杆式泵厚壁泵筒,顶部定位组合泵筒,顶部定位。

图2-1-8(b)是定筒式杆式泵薄壁泵筒,顶部定位薄壁泵筒,顶部定位,软密封柱塞。

图2-1-8(c)是定筒式杆式泵厚壁泵筒,底部定位组合泵筒,底部定位。

图2-1-8(d)是定筒式杆式泵薄壁泵筒,底部定位,软密封柱塞。

图2-1-8(e)是动筒式杆式泵厚壁泵筒,底部定位组合泵筒,底部定位。

图2-1-8(f)是定筒式杆式泵薄壁泵筒,底部定位薄壁泵筒,底部定位,软密封柱塞。

图2-1-8(g)是厚壁泵筒式组合泵筒管式泵。

图2-1-8(h)是厚壁泵筒管式泵,软密封柱塞。

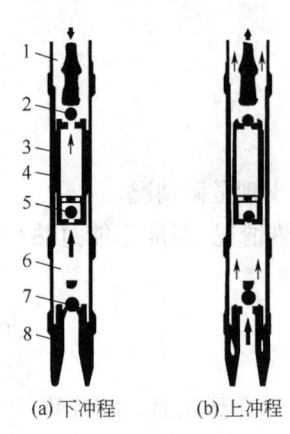

图2-1-7 有杆抽油泵工作原理图

1—上腔室;2—上游动阀;3—泵筒;4—柱塞;5—下游动阀;6—下腔室;7—固定阀;8—固定阀总成

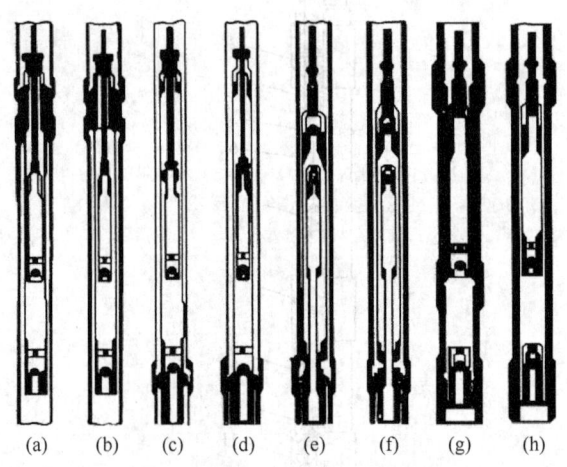

图2-1-8 有杆抽油泵基本形式

抽油泵型号采用图2-1-9所示的方法表示。

示例:泵的公称直径为38mm,泵筒长度为4.5m的厚壁筒,定筒式顶部机械式定位1.5m金属柱塞,加长短节长度为0.6m的杆式抽油泵标记为CYB38RHAM4.5-1.5-0.6。

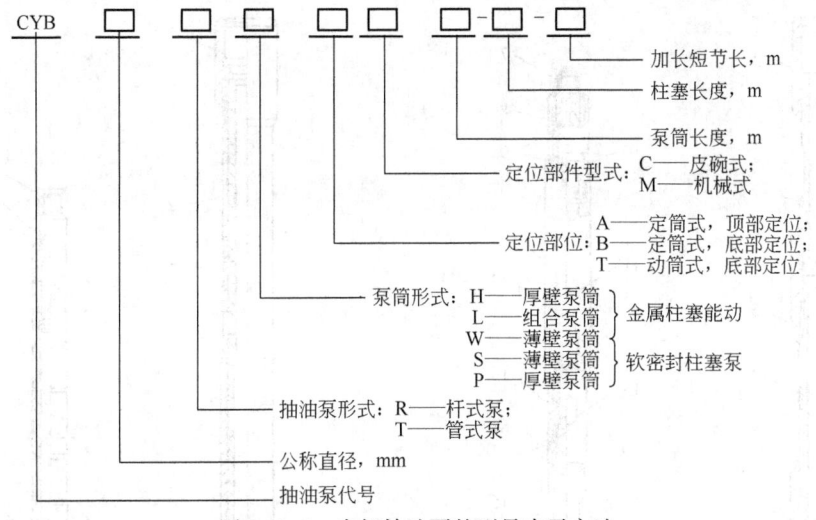

图 2-1-9　有杆抽油泵的型号表示方法

4. 分类

有杆抽油泵可分为管式泵和杆式泵,具体分类方法如图 2-1-10 所示。

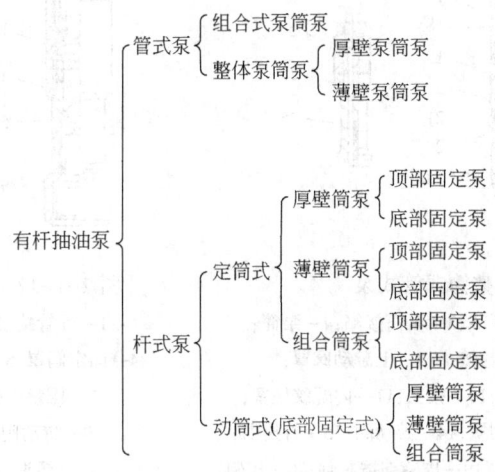

图 2-1-10　有杆抽油泵的分类

1) 管式抽油泵

(1) 用途。

管式抽油泵的泵筒直接接在油管柱下端,柱塞随抽油杆下入泵筒内,管式泵只有泵筒和柱塞两大部分,故泵径可设计得较大,理论排量大,一般用于供液能力强,产量较高的浅、中深油井,但起泵作业时必须起出全部油管。

(2) 结构。

管式泵主要由泵筒、固定阀和带有游动阀的空心柱塞组成,可分为整筒式管式抽油泵(图 2-1-11)和组合泵筒式管式抽油泵(图 2-1-12)两种。

(3) 工作原理。

管式抽油泵的工作原理与有杆抽油泵相同。

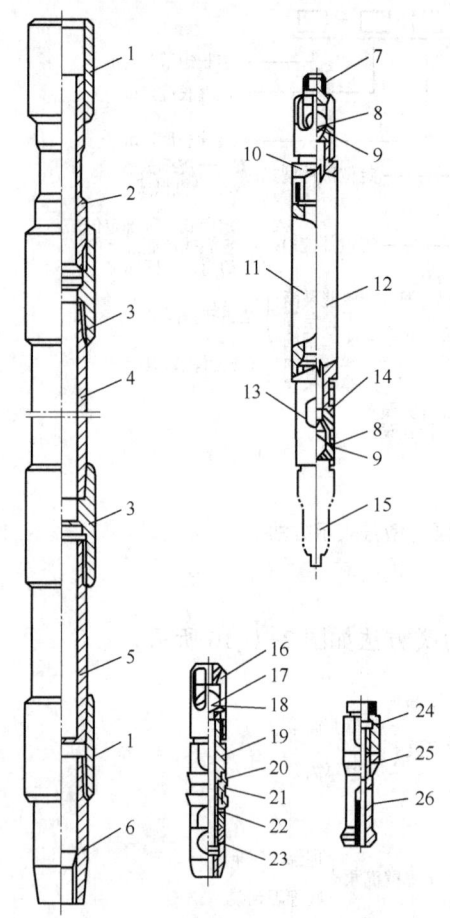
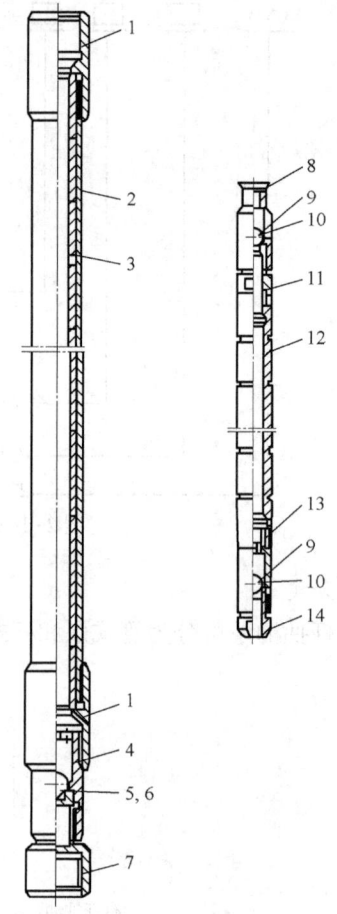

图 2-1-11　整筒式管式泵

1—油管接箍;2—上加长短节;3—泵筒接箍;4—泵筒;
5—下加长短节;6—密封接头;7—上游动阀罩;
8—游动阀球;9—流动阀座;10—接头;11—内螺纹柱塞;
12—外螺纹柱塞;13—游动阀罩;14—游动阀;15—打捞器;
16—固定阀罩;17,18—固定阀;19—皮碗支撑芯轴;20—皮碗;
21—皮碗支座;22—压帽;23—支撑接头;
24—机械工支撑接头;25—支撑环;26—锁紧芯轴

图 2-1-12　组合泵筒式管式泵

1—外管接箍;2—外管;3—缸套;
4—固定阀罩;5—固定阀球;6—固定阀;
7—压紧接头;8—上游动阀罩;
9—游动阀球;10—游动阀座;
11—接头;12—柱塞;13—下游
动滑罩;14—压帽

| ZBF014 杆式抽油泵的结构 |
| ZBF015 杆式抽油泵的工作原理 |

(4)基本参数。

SY/T 5059—2009 规定了管式泵基本参数,见表 2-1-2。

2)杆式抽油泵

(1)用途。

杆式泵具有内外层工作筒,一般泵径较小,泵排量较小。起泵作业时只需起出抽油杆就可将泵带至地面进行检修,不需动油管柱,作业工作量小,一般用于液面较低、产量较小的深井。

表 2-1-2 管式泵基本参数

基本形式		泵的直径,mm		柱塞长度系列 m	加长短节长度 m	连接油管外径 mm	柱塞冲程长度范围 m	理论排量 m^3/d	连接抽油杆螺纹直径 mm (SY/T 5029—2009)
		公称直径	基本直径						
管式泵	整体泵筒	32	31.8	0.6 0.9 1.2 1.5	0.3 0.6 0.9	60.3,73.0	0.6~6	7~69	23.813
		38	38.1			60.3,73.0	0.6~6	10~112	26.988
		44	44.5			60.3,73.0	0.6~6	14~138	26.988
			45.2						
		57	57.2			73.0	0.6~6	22~220	26.988
		70	69.9			88.9	0.6~6	33~328	30.163
		83	83			101.6	1.2~6	93~467	30.163
		95	95			114.3	1.2~6	122~613	34.925
	组合泵筒	32	32			60.3,73.0	0.6~6	7~69	23.813
		38	38			60.3,73.0	0.6~6	10~112	26.988
		44	44			73.0	0.6~6	13~138	26.988
		56	56			73.0	0.6~6	21~220	26.988
		70	70			88.9	0.6~6	33~328	30.163

(2)结构。

杆式抽油泵主要由泵筒、柱塞、游动阀、固定阀、泵定位密封部分及外筒等组成,可分为动筒式杆式泵和定筒式杆式泵两类,定筒式杆式泵又有顶部固定和底部固定杆式泵两种,动筒式杆式泵如图 2-1-13 所示,定筒式顶部固定杆式泵如图 2-1-14 所示,定筒式底部固定杆式如图 2-1-15 所示。

(3)工作原理。

作业下井时,首先将泵的外筒、密封定位部分连接到油管柱中,下到泵挂预定位置(动筒式杆式泵是将柱塞固定在泵外筒底部中心位置,组成一个整体接到油管柱内),再将柱塞、泵筒、固定阀和泵支撑密封所组成的抽汲部分(连接到抽杆柱下端)随抽油杆柱一起下入泵外筒的密封定位处,使泵筒固定并密封。

杆式抽油泵的抽汲原理与有抽油泵相同。

(4)基本参数。

SY/T 5059—2000 标准规定的杆式泵的基本参数见表 2-1-3。

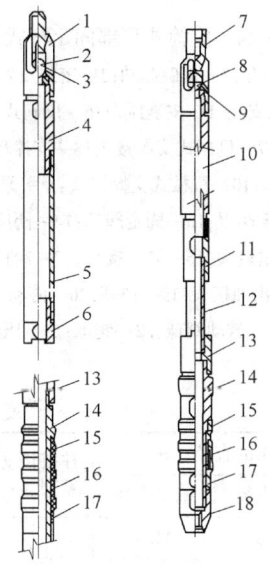

图 2-1-13 动筒式杆式泵
1—游动阀罩;2—游动阀球;3—游动阀座;4—泵筒接头;
5—泵筒;6—导向接头;7—固定阀罩;8—固定阀球;
9—固定阀座;10—柱塞;11—接管上接箍;12—拉管;
13—拉筒下接箍;14—皮碗芯轴;
15—皮碗;16—皮碗支座;
17—皮碗压帽;18—支撑接头

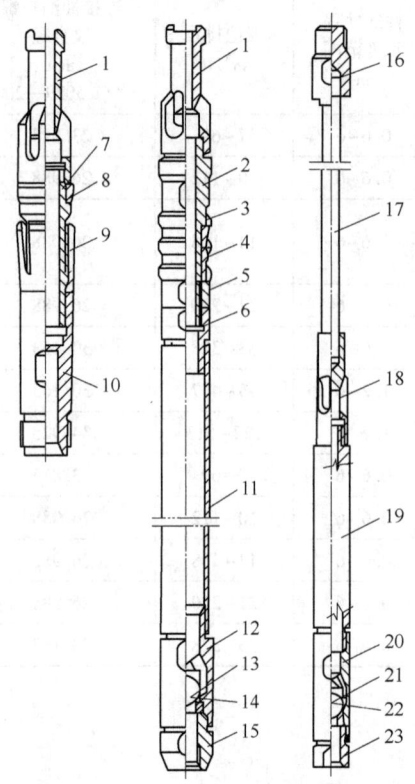
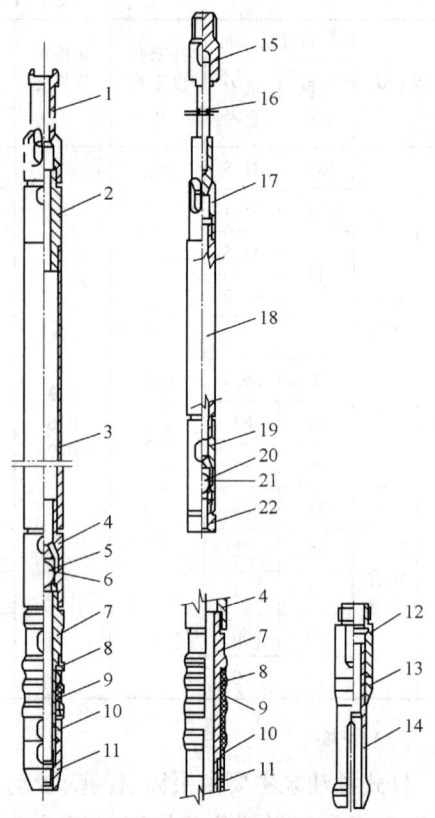

图 2-1-14 定筒式顶部固定杆式泵

1—导向套;2—皮碗芯轴;3—密封皮碗;
4—皮碗支座;5—皮碗压帽;6—皮碗式支
撑接头;7—机械式支撑接头;8—支撑环;
9—卡簧套;10—机械式支撑接头;11—泵筒;
12—固定阀罩;13—固定阀球;14—阀座;
15—压紧接头;16—异径接头;17—阀杆;
18—出油接头;19—柱塞;20—游动
阀罩;21—游动阀球;22—阀球;23—压帽

图 2-1-15 定筒式底部固定杆式泵

1—导向套;2—泵筒接头;3—泵筒;
4—固定阀罩;5,6—固定阀球和座;7—支撑芯轴;8—皮碗;
9—皮碗支座;10—皮碗压帽;
11—支撑接头;12—机械式支承接头;
13—支撑环;14—锁紧芯轴;15—异径接头;
16—阀杆;17—出油接头;18—柱塞;
19—游动阀罩;20,21—游动阀球、阀座;22—压帽

表 2-1-3 杆式泵的基本参数

基本型式	泵的直径,mm		柱塞长度系列,mm	加长短节长度,mm	连接油管外径,mm	柱塞冲程度范围,mm	理论排量,m^3/d	连接抽油杆螺纹直径,mm (SY/T 5029—2009)
	公称直径	基本直径						
杆式泵	32.0	31.8	0.6	0.3	48.3,60.3	1.2~6.0	14.0~69.0	23.813
	38.0	38.1	0.9		60.3~73.0	1.2~6.0	20.0~112.0	26.988
	44.0	44.5	1.2 1.5	0.6	73.0	1.2~6.0	27.0~138.0	26.988
	51.0	50.8	1.8	0.9	73.0	1.2~6.0	35.0~173.0	26.988
	57.0	57.2	2.1		88.9	1.2~6.0	44.0~220.0	26.988

注:理论排量按 $10min^{-1}$、充满系数 $\eta=1$ 计算。

(二)抽油泵的技术要求

1. 技术要求

(1)抽油泵必须符合相应的技术要求,并按企业主管部门规定程序批准的图样及技术文件制造。

(2)抽油泵的零件所用材料应符合图样规定的材料牌号要求。

(3)抽油泵用无缝钢管必须符合(GB/T 8162—2018)《结构用无缝钢管》规定(整体泵的管材例外)。

(4)抽油泵用的油管和接箍必须符合(GB/T 21267—2017)《石油天然气工业 套管及油管螺纹连接试验程序》的规定。

(5)锻件必须按(GB/T 33212—2016)《锤上钢质自由锻件 通用技术条件》要求验收。

(6)图样中,未注明的机械加工尺寸公差,应(按 GB/T 1804—2000)《一般公差 未注公差的线性和角度尺寸的公差》的规定执行。

(7)连接螺纹:

① 金属制件螺纹的表面粗糙度均按(GB/T 1031—2009)《产品几何技术规范(GPS)表面结构 轮廓法 表面粗糙度参数及其数值》中的规定:取样长度为 2.5mm,其轮廓算术平均偏差值尺,不大于 5μm。

② 普通螺纹应按(GB/T 197—2018)《普通螺纹 公差》中 6 级精度制造。

③ 油管螺纹按(GB/T 21267—2017)规定制造。

④ 拉杆螺纹及其与抽油杆相连接的出油阀罩螺纹应按(SY/T 5029—2013)《抽油杆》的规定制造。

(8)零件的配合面、密封面应光洁完整,严禁打任何标记。

(9)同一型式、规格的抽油泵,除配件外,其余零部件必须能互换。制造厂或油田现场进行组装时,为了保证实际需要的间隙,允许对柱塞和泵筒进行选配。

(10)金属柱塞泵和泵筒的配合间隙分为 3 个等级,其间隙值见表 2-1-4。

表 2-1-4 抽油泵间隙等级

间隙等级	I	II	III
直径上的间隙值,μm	20~70	70~120	120~170

(11)允计制造厂按表 2-1-5 中规定的直径尺寸生产组合泵筒和相应柱塞。

表 2-1-5 组合泵筒配合间隙

缸套内径	金属柱塞直径,in		
	d	$d^{+0.05}$	$d^{+0.10}$
	间隙等级		
d	I	—	—
$d^{+0.05}$	II	I	—
$d^{+0.10}$	III	II	I

(12)阀座与阀球相接触面的密封必须可靠,其真空度应保证在 70~100kPa。

(13)泵组装后,柱塞置于泵筒内,往复拉动时应轻快均匀,转动灵活,无阻滞现象。

| CBC006 抽油泵的检测方法 |
| ZBF004 抽油泵的试验标准 |
| ZBF005 抽油泵的试验设备 |
| ZBF006 抽油泵的试压试验 |

(14)成品出厂前,所有油管螺纹最终旋紧时应涂上螺纹润滑油;各螺纹连接,其上紧力矩应符合设计要求。

2.试验方法和验收规则

(1)抽油泵组装后,对泵筒、各接头、吸入阀组件各密封面和油管螺纹进行密封性能试验。

(2)泵筒一端接试压接头,另一端接吸入阀组件,启动试压泵后,紧接着将吸入阀关闭,在表2-1-6规定压力下保持5min,压降不超过0.5MPa为合格。

表2-1-6 抽油泵整体密封试验要求

公称直径,mm	抽油泵型式	
	杆式泵	管式泵
	试验压力,MPa	
32	25(255)	20(204)
38	25(255)	20(204)
44	20(204)	17(173.4)
51	17(173.4)	—
56	—	15(153)
57	15(153)	15(153)
63	15(153)	—
70	—	12(1224)
83	—	10(102)
95	—	8(81.6)

(3)试验全合格后,应在泵筒内壁和柱塞外表面涂防锈油,再旋上防护帽。

(4)每台抽油泵必须有制造厂质量检验人员签发的合格证后才能出厂;出厂时必须附有证明产品质量合格的文件(产品合格证)。

(5)经密封性能试验合格的抽油泵,泵筒内放入选配好的柱塞。一端接上试压接头,另一端接上带孔的定位接头,按表2-1-7所列试验压力进行试验。

表2-1-7 不同直径抽油泵试验压力下的最大允许漏失量

泵的型式	公称直径,mm	试验压力,MPa	间隙等级		
			I	II	III
			最大漏失量,mL/min		
杆式泵	32	15	158	676	1794
	38		187	803	2131
	44		218	930	2468
	51		251	1077	2859
	57		280	1204	3196
	63		310	1331	3533

续表

泵的型式	公称直径,mm	试验压力,MPa	间隙等级		
			I	II	III
			最大漏失量,mL/min		
管式泵	32	10	105	451	1196
	38		125	535	1421
	44		145	620	1645
	56		184	789	2094
	57		187	803	2131
	70		230	986	2617
	83		272	1169	3103
	95		312	1338	3552

(6)泵筒长度小于3m的试其下部漏失量;泵筒长度大于3m者分上、下两部位进行试验。其所试得的漏失量,建议按表2-1-6数值取。

(7)制造厂在质量稳定的情况下,允许对漏失量进行抽试。每批抽试比例应由制造厂质量部门确定,原则上每批抽试数量不应少于20%,如抽试有不合格者,应加倍抽试,如仍有不合格者,则必须逐台试验。

(三)抽油泵的使用及检修要求

1. 使用要求

(1)深井泵下井前要详细检查各部件的规格,要与出厂合格证相符,并符合设计要求。

(2)运送深井泵要防止碰撞,并有专用支架存放,防止脏物进入泵管内。

(3)下井前要保持泵清洁,并涂抹干净的螺纹脂。

(4)起出井的泵,活塞与工作筒不能分开,不能随便乱放,必须全部送回工具车间检修。

(5)起出的泵要清洗干净,应详细检查游动阀与固定阀是否有腐蚀损坏及脏物,并作为深井泵使用检修的依据。

2. 抽油泵的检修

(1)用煤油将抽油泵的零部件(活塞、泵筒、阀等)清洗干净。

(2)检查游动阀和固定阀严密度,并用阀砂研磨阀。

(3)检查工作筒的垂直度。

(4)检查活塞表面光滑程度和尺寸,检查衬套尺寸、表面光滑程度及两者互相配合的严密程度。

(5)组装衬套。

(6)试验泵的耐压程度。

项目二　测量油管、套管、变扣接头规格

一、准备工作

（一）材料、工具

专用工作台 1 套，ϕ177.8mm×1000mm 套管短节 1 根，ϕ139.7mm×1000mm 套管短节 1 根，ϕ127mm×1000mm 套管短节 1 根，ϕ73mm×1000mm 油管短节 1 根，ϕ73mm×ϕ73mm 加厚公油管变扣接头 1 个，ϕ60.3mm×ϕ73mm 平公变扣接头 1 个，500mm 游标卡尺 1 把，1000mm 钢板尺 1 个，15m 卷尺 1 把。

（二）人员

1 人操作，持证上岗，劳动保护用品穿戴齐全。

二、操作规程

序号	工序	操作步骤
1	准备工作	将准备测量的工具放置于专用工作台上
2	检查量具	擦拭游标卡尺、钢板尺和卷尺，检查量具外观及灵活程度
3	测量工件	（1）使用钢板尺测量变扣接头长度； （2）使用卷尺测量油管短节、套管短节长度； （3）使用游标卡尺测量工具内径、外径
4	确定规格及扣型	确定被测件规格及扣型
5	记录填写	将测量结果填写在记录单上
6	清理场地	清理现场，收取工具，上交记录单等

三、注意事项

（1）不能用游标卡尺测量运动着的工件，否则容易使游标卡尺受到严重磨损，也容易发生事故。

（2）不准以游标卡尺代替卡钳在工件上来回拖拉；使用游标卡尺时不可用力和工件撞击，以防损坏游标卡尺。

项目三　测量可退式打捞矛规格

一、准备工作

（一）材料、工具

可退式打捞矛 1 个，棉纱若干，500mm 游标卡尺 1 把，1000m 钢板尺 1 把，15m 卷尺 1 个。

（二）人员

1 人操作，持证上岗，劳动保护用品穿戴齐全。

二、操作规程

序号	工序	操作步骤
1	准备工作	将准备测量的工具放置于专用工作台上
2	检查量具	擦拭游标卡尺、钢板尺和卷尺,检查量具外观及灵活程度
3	测量工件	(1)使用卷尺测量可退式打捞矛长度; (2)使用游标卡尺测量接头、矛杆、卡瓦外径; (3)移动圆卡瓦,使用钢板尺测量圆卡瓦窜动量
4	确定规格及扣型	确定被测件规格及扣型
5	记录填写	将测量结果填写在记录单上
6	清理场地	清理现场,收取工具,上交记录单等

三、注意事项

(1)不能用游标卡尺测量运动着的工件,否则容易使游标卡尺受到严重磨损,也容易发生事故。

(2)不准以游标卡尺代替卡钳在工件上来回拖拉;使用游标卡尺时不可用力同工作撞击,以防损坏游标卡尺。

项目四　检查抽油泵质量、外观

一、准备工作

(一)材料、工具

$\phi 56mm \times 0.8 \sim 3m$ 冲程管式整筒抽油泵 1 套,检修抽油泵工作台 1 套,$\phi 19mm$ 抽油泵柱塞连杆 1 根,台虎钳 1 套,900mm 管钳 2 把,600mm 管钳 1 把。

(二)人员

1 人操作,持证上岗,劳动保护用品穿戴齐全。

二、操作规程

序号	工序	操作步骤
1	准备工作	将抽油泵及使用的工具放置于专用工作台上
2	外观检查	(1)检查所有外露非加工表面的防腐漆层是否均匀牢固; (2)检查所有外露加工表面防锈情况; (3)检查泵筒是否弯曲、接头螺纹是否完好、两端是否有异物; (4)检查杆式泵密封件; (5)检查柱塞表面; (6)检查阀系统; (7)检查泵筒和活塞的间隙

续表

序号	工序	操作步骤
3	试抽	用连杆连接柱塞,转动柱塞并多方位推拉
4	测试	测试抽油泵的抽汲力是否达到使用技术要求
5	记录填写	将检查结果填写在记录单上
6	清理场地	清理现场,收取工具,上交记录单等

三、注意事项

(1)抽油泵拉杆螺纹要与抽油泵柱塞螺纹相匹配。
(2)抽油泵拉杆杆体最大直径要小于泵筒内径。

四、技术要求

(1)防腐漆要求无皱皮、堆积、斑点、气泡、脱落等缺陷。
(2)加工表面要求各连接螺纹无损坏、锈蚀。
(3)泵筒要无弯曲的情况,杆式泵支撑组件要求无损伤、无裂纹。
(4)杆式泵密封件要求皮碗无损伤,橡胶件无老化。
(5)柱塞表面要无气泡、麻点、起皮和碰伤等缺陷。
(6)阀系统要无毛刺、无裂纹。
(7)在泵筒内拉动柱塞时应轻快均匀,无堵塞现象。

五、操作标准

Q/SY DQ0538—2000《抽油泵检测组装操作规程》。

项目五 初步检修抽油泵

一、准备工作

(一)材料、工具

ϕ44mm×0.8~3m 冲程管式抽油泵 1 套,检修抽油泵工作台 1 套,ϕ19mm 抽油泵柱塞连杆 1 根,1200mm 管钳 1 把,900mm 管钳 1 把,600mm 管钳 1 把,台虎钳 1 套,压力钳 1 套,ϕ30mm、400mm 铜棒 1 根,8kg 大锤 1 把,棉纱适量。

(二)人员

1 人操作,持证上岗,劳动保护用品穿戴齐全。

二、操作规程

序号	工序	操作步骤
1	准备工作	(1)将抽油泵及使用的工具放置于专用工作台上; (2)擦拭抽油泵

续表

序号	工序	操作步骤
2	拆卸抽油泵	(1)正确使用拆卸工具; (2)准确卸下各部件
3	检查零部件	(1)检查各连接螺纹有无损坏、锈蚀; (2)检查泵筒有无弯曲、裂纹的情况; (3)检查固定阀和游动阀,包括阀球、阀座的真空度
4	组装	(1)组装抽油泵柱塞,螺纹处涂抹密封脂并上紧; (2)组装抽油泵泵筒,螺纹处涂抹密封脂并上紧
5	试抽	检查泵筒和活塞的间隙,在泵筒内拉动柱塞时手感应轻快均匀,无堵塞现象
6	清理场地	清理现场,收取工具,上交记录单等

三、注意事项

(1)拆装抽油泵时,管钳不许打在泵筒部位。

(2)拆卸的各零部件要清洗干净。

(3)装配前先检修抽油泵各部分:

① 检查工作筒的垂直度。可以目力观测,也可以将活塞插入工作筒内来回抽拉几次进行检查,活塞应在工作筒任意旋转角度,都能很轻松地来回活动。

② 检查阀。检查方法是真空试验法,将阀球和阀座置于真空泵吸入口处抽真空,真空度达到85kPa后关泵,5s内不下降为合格。

四、技术要求

(1)检查活塞表面光滑程度和尺寸,有无腐蚀痕迹,泵径是否符合使用技术要求。

(2)装配前所有零件的表面要清洗干净,柱塞表面上要涂黄油。

(3)各部件连接螺纹一定要涂抹密封脂。

五、操作标准

Q/SY DQ0538—2000《抽油泵检测组装操作规程》。

模块二　拆卸、组装井下工具

项目一　相关知识

一、封隔器

（一）封隔器概述

> CBD001 封隔器的作用
> ZBD001 封隔器的相关术语
> ZBE010 同心集成式细分注水工艺管柱的特点

随着采油工艺技术的不断发展，人们对油层的认识也在不断深化。对于多油层油气井，由于油层是非均质性的，各油层的产量、压力和吸水能力往往差异很大，这就需要对油井进行分层注水、分层采油、分层测试、分层改造、分层管理、分层研究，实现多油层油田的合理开发，这就要用到能起到分隔井下油层与油层的井下分层设备，即封隔器。所谓封隔器是指具有弹性元件，并以此封隔油套环形空间、隔绝产层，以控制产（注）层，保护套管的井下工具。

1. 作用原理

封隔器是套管内封隔油层的重要工具，它的主要元件是胶皮筒，是实现层间分隔的密封元件，通过水力或机械的作用，使胶皮筒膨胀密封油套环形空间，把上下油层分隔开，达到分层的目的。封隔器的主要工作过程有：坐封、验封、解封。

坐封：封隔器在下至预定位置后，在给定的方法和载荷作用下产生动作，使封隔器的密封元件达到膨胀密封的工作状态的操作。

验封：封隔器坐封后，通过泵车打压，验证密封元件是否处于密封状态的操作。

解封：当分层作业完成，需要从井内起出封隔器时，按给定的方法和载荷解除封隔件的工作状态的操作。

> CBD002 封隔器的分类

2. 分类

封隔器是井下分层作业的主要设备，在油气井的各种工艺技术措施中起到极为重要的作用，国内外各油田都非常重视封隔器的结构性能与使用技术的研究，因此封隔器的结构类型与使用工艺技术得到了较快的发展。随着工艺技术的进步，封隔器朝着多功能、多用途的方向发展，因此封隔器的种类较多。封隔器的分类和命名也较复杂，按坐封原理可分为机械式、水力式；按密封原理可分为压缩式、楔入式、扩张式、自封式；按支撑方式可分为支撑式（或锚定式）和悬挂式。按承压大小可分为中压封隔器（耐压力不大于 30MPa）和高压封隔器（耐压压力大于 30MPa）。

此外也可以按使用目的、使用部位、承压方向等进行分类。

为了便于使用和管理，SY/T 6327—2005《石油钻采机械产品型号编制方法》标准对封隔器的分类进行了统一和规范，具体的分类方法是按封隔器封隔件分类代号、封隔器支撑、坐封、解封方式代号及封隔器钢体的最大外径 5 个参数依次排列进行型号分类编制,如图 2-2-1 所示。

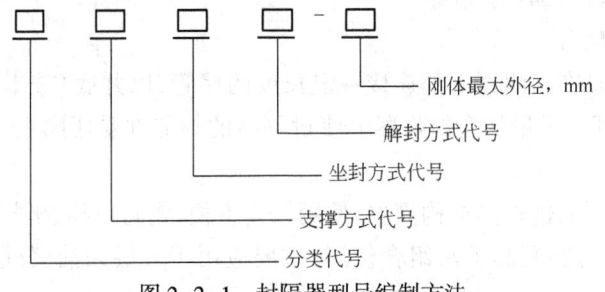

图 2-2-1 封隔器型号编制方法

(1)封隔器的分类代号用分类名称第一个汉语拼音大写字母表示,其分类方法见表 2-2-1。

表 2-2-1 封隔器封隔件分类代号表

分类名称	自封式	压缩式	楔入式	扩张式	组合式
分类代号	Z	Y	X	K	用各式的分类代号组合表示

CBD003 封隔器的分类代号

(2)支撑方式代号用阿拉伯数字表示,具体方法见表 2-2-2。

表 2-2-2 支撑方式代号

支撑方式名称	尾管	单向卡瓦	无支撑	双向卡瓦	锚瓦
支撑方式代号	1	2	3	4	5

CBD005 封隔器的支撑方式代号

(3)坐封方式代号用阿拉伯数字表示,具体方法见表 2-2-3。

表 2-2-3 坐封方式代号

坐封方式名称	提放管柱	转管柱	自封	液压	下工具	热力
坐封方式代号	1	2	3	4	5	6

CBD006 封隔器的坐封方式代号

(4)解封方式代号用阿拉伯数字表示,具体方法见表 2-2-4。

表 2-2-4 解封方式代号

解封方式名称	提放管柱	转管柱	钻铣	液压	下工具	热力	逐级
解封方式代号	1	2	3	4	5	6	7

CBD007 封隔器的解封方式代号

(5)钢体最大外径用阿拉伯数字表示,单位为毫米(mm)。

(6)应用本标准,可将油田名称加在封隔器型号的前面,特殊用途加到封隔器型号的后面,型号编制仍按此标准。

示例:

(1)Y211-114 封隔器:表示该封隔器封器件的工作原理为压缩式,单向卡瓦支撑,提放管柱坐封,提放管柱解封,钢体最大外径为 114mm。

(2)华北 K341-140 型裸眼封隔器:表示华北油田封隔器,封隔件的工作原理为扩张式,无支撑,液压坐封,提放管柱解封,钢体最大外径为 140mm,适用于裸眼井。

(二)压缩式封隔器

压缩式封隔器是靠轴向力压缩封隔件,使封隔件直径变大实现密封的。常用的主要有Y111系列、Y341系列、Y344系列等。

1. Y111系列封隔器

Y111型封隔器是在封隔器下部连接一定长度的尾管,以井底(或卡瓦封隔器和支撑卡瓦)为支点,将油管部分重量加在封隔器上使封隔器的封隔件受压膨胀,达到密封油套环形空间的目的。

Y111系列封隔器的优点是结构简单、使用操作方便、密封可靠、坐封和解封可靠等。它可以单独使用,也可以和配套工具组合使用,主要应用于分层采油、分层测试、分层找水堵水、分层酸化等。

1)结构

Y111型封隔器(图2-2-2)的结构各油田基本相同,主要有Y111-102、Y111-114、Y111-150等规格,分别适用于5in、5$\frac{1}{2}$in、7in等套管。

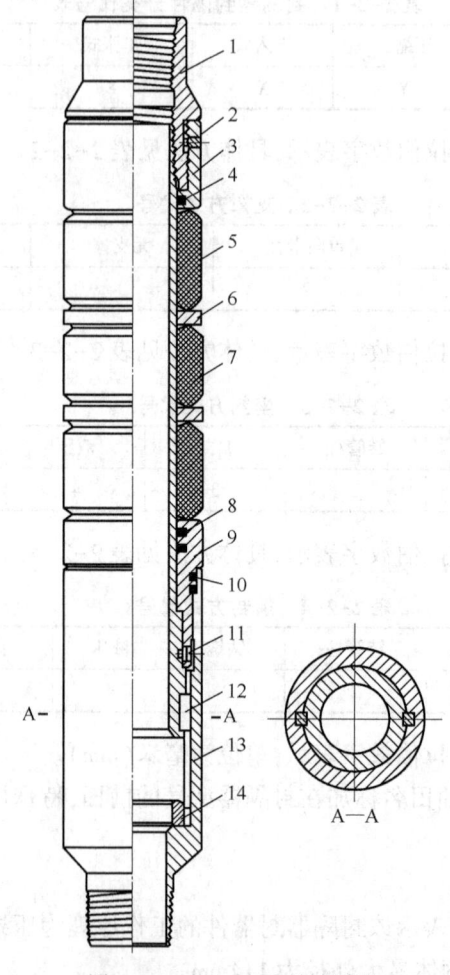

图2-2-2 Y111系列封隔器

1—上接头;2—销钉;3—调节环;4,8,10—O形密封圈;5—胶筒;6—隔环;7—中心管;
9—承压接头;11—坐封剪钉;12—键;13—下接头;14—压缩距垫

2) 工作原理

将封隔器管柱按设计要求下入井内,坐封时先进行坐封高度计算;按所计算的坐封高度下放管柱,因承压接头和下接头与尾管相接,以井底(或卡瓦封隔器或支撑卡瓦)为支点,坐封剪钉在一定管柱重力作用下被剪断,上接头、调节环、中心管和键一起下行,压缩胶筒的外径变大并封隔油套环形空间,解封时上提管柱,胶筒回收恢复原状,实现解封。

3) 主要技术参数

Y111 型封隔器主要技术参数见表 2-2-5。

CBD008 Y111 型封隔器的基本参数

表 2-2-5　Y111 型封隔器主要技术参数

参数	型号		
	Y111-102	Y111-114	Y111-150
总长,mm	725	790	1040
最大外径,mm	102	114	150
内通,mm	50	62	78
坐封载荷,kN	60~80	60~80	60~80
工作温度,℃	120	120	120
工作压力,MPa	8	8	8
适用套管,in	5	5½~5¾	7
胶筒型号	YS100-12-5	YS113-12-15	YS146-12-15

4) Y111-114 封隔器组装

(1) 将封隔器下接头固定在工作台的压力钳上。

(2) 装承压接头密封胶圈和调节环密封胶圈。

(3) 将承压接头套在中心管上。

(4) 装好坐封剪钉。

(5) 将键装入中心管键槽内。

(6) 将压缩距垫环装入下接头。

(7) 连接承压接头与下接头。

(8) 依次将封隔件、隔环套装在中心管上。

(9) 将上接头和调节环组装在一起,装到中心管上端并上紧。

(10) 将调节环压紧,上好防松销钉。

2. Y211 系列封隔器

Y211 型封隔器为单向卡瓦式封隔器,依靠自身结构中的卡瓦咬住套管内壁,以此作为支撑施加部分油管柱重力,压缩胶筒使之膨胀,密封油套环形空间。

Y211 型封隔器主要用于分层试油、分层采油、分层找水、堵水、分层压裂、酸化和防砂等作业。

1) 结构

各油田的 Y211 型封隔器在结构设计上不尽相同,但主要都是由胶筒总成、卡瓦和摩擦块总成和销钉换位机构等组成,其中销钉换位机构主要是长短轨道槽,如图 2-2-3 所示。

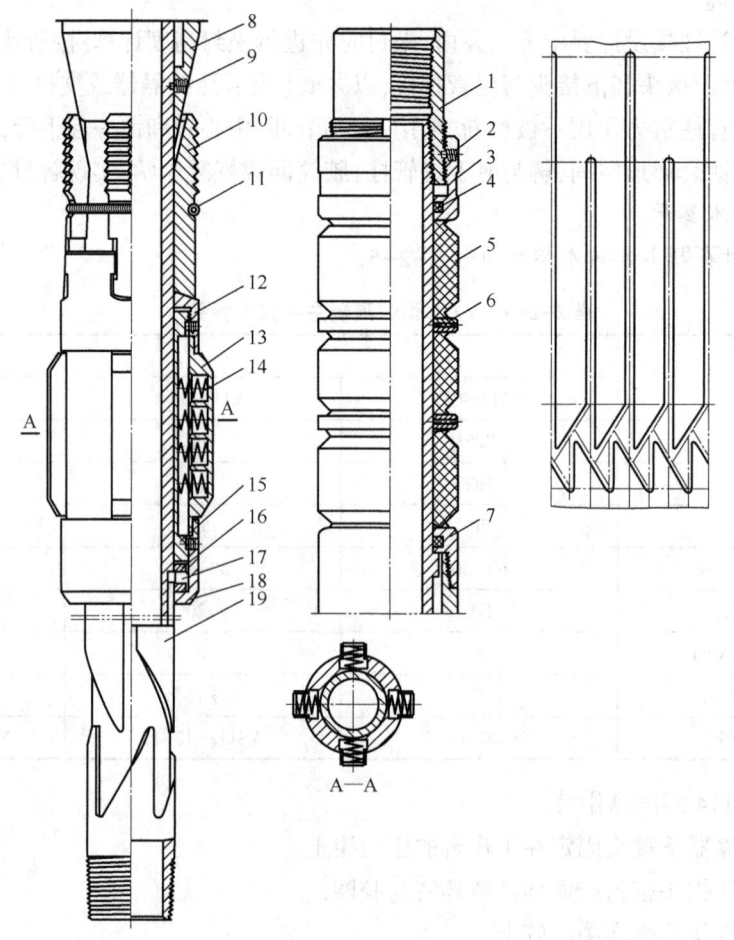

图 2-2-3 Y211 型封隔器

1—上接头；2—定位销钉；3—调节环；4—O形密封圈；5—胶筒；6—隔环；7—限位套；
8—锥体；9—坐封剪钉；10—卡瓦；11—箍簧；12—卡瓦座；13—扶正块；14—弹簧；
15—扶正器座；16—滑环；17—滑环销钉；18—滑环套；19—轨迹中心管

| ZBD012 Y211 型封隔器的工作原理 |

2) 工作原理

在下井过程中，封隔器摩擦块在弹簧的张力作用下紧贴套管内壁下行，卡瓦和摩擦块总成位于短轨道上死点，当封隔器下至预定位置时上提下放管柱，卡瓦和摩擦块总成由短轨道进入长轨道上死点，锥体推动卡瓦张开，使卡瓦咬合在套管壁上形成支撑，同时坐封剪钉在一定重力的作用下被剪断，胶筒压缩，使胶筒的直径变大，从而封隔油套环形空间。

解封时上提管柱，卡瓦和摩擦块总成由长轨道进入短轨道上死点，并带动锥体上行，使锥体退出卡瓦，胶筒也自动回收而解封。

| CBD009 Y211 型封隔器的基本参数 |

3) 主要技术参数

主要技术参数见表 2-2-6。

表 2-2-6 Y211 封隔器主要技术参数

参数		型号		
		Y211-104	Y211-114	Y211-142
最大外径,mm		105	114	142
总长,mm		1565	1575	1720
内通径,mm		40	54	65
扶正块外径,mm	张开	120	131(135)	170
	压缩	105	116(120)	145
胶筒型号		YS100-12-15	YS114-12-15	YS140-12-15
工作压力,MPa	上压	25	25	25
	压缩	8	8	8
工作温度,℃		120	120	120
坐封载荷,kN		60~80	60~80	100~120

4）技术要求

（1）下管柱时,管柱上提高度必须小于防坐距,一般不得超过 0.5m,否则会使封隔器中途坐封,如遇封隔器中途坐封,可上提管柱 1m 左右,解封后继续下管柱。

（2）在井现条件允许时,封隔器下部应接 30~40m 尾管。

3. Y341 型封隔器

Y341 型封隔器为水力压缩式,靠油管内加液压压缩胶筒,使其直径变大密封油套环形空间。该型封隔器坐封后具有锁紧扣构,使胶筒在油管压力卸掉后不能自动收回而解封。

该型封隔器主要用于分层试油、分层采油、分层找水、堵水,也可以和配套工具组合用于分层压裂酸化等,一般可以多级使用。

1）结构

Y341 型封隔器的结构不尽相同,但具工作原理基本一致。图 2-2-4 为 Y341-114 型封隔器的结构示意图。

CBD010 Y341 型封隔器的工作原理

2）工作原理

坐封时,从油管内加液压,液压推动活塞上行,坐封剪钉被剪断,坐封活塞推动上、下调节环外中心管、锁紧座一起上行压缩胶筒并锁紧,使封隔器处于坐封状态。

解封时,上提油管柱,解封剪钉被剪断,解封剪钉座、锥环和锁环被卡在锁套内,随管柱向上运动。锁紧座、外中心管、上调节环、下调节环和坐封活塞在胶筒的弹力作用下退回,胶筒收回解封。

3）主要技术参数

Y341-114 封隔器主要技术参数见表 2-2-7。

CBD011 Y341-114型封隔器的基本参数

表 2-2-7 Y341-114 封隔器主要技术参数

最大外径,mm	114
最小通径,mm	50
坐封压力,MPa	15

胶筒型号	YS113-12-15
工作压力,MPa	15
工作温度,℃	120

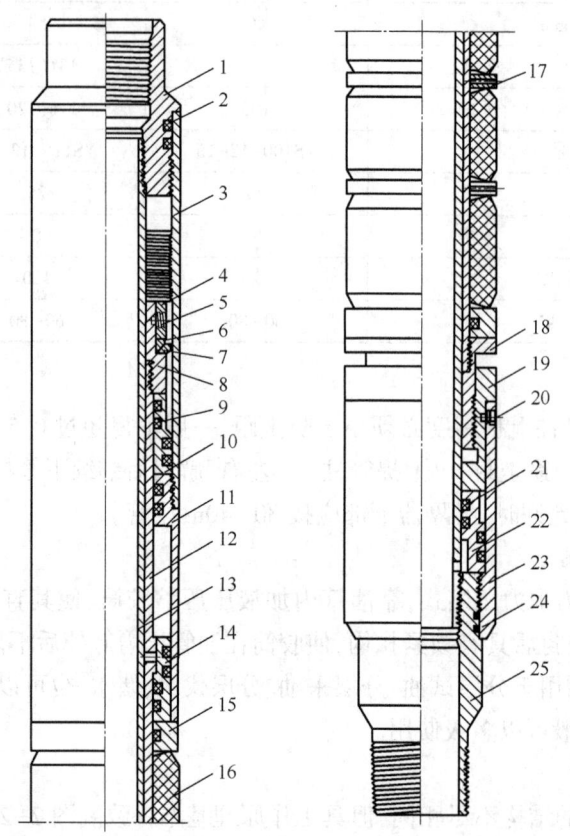

图 2-2-4　Y341-144 型封隔器

1—上接头;2,9,21,24—O 形密封圈;3—锁套;4—解封剪钉座;5,20—坐封剪钉;
6—锥环;7—锁环;8—锁紧座;10—上平衡活塞;11—缸套;12—外中心管;13—内中心管;14—下平衡活塞;
15—密封环;16—胶筒;17—隔环;18—上调节环;19—下调节环;
22—坐封活塞;23—活塞套;25—下接头

4) Y341-114 封隔器拆卸

(1)将封隔器上接头固定在工作台的压力钳上。

(2)卸下下接头和下压帽。

(3)将活塞套与承压接头间的螺纹卸开,取下下压帽和活塞套,此时活塞套内部带有下卡簧压帽和活塞;用专用工具将卡簧压帽与活塞间的扣卸开,即可将它们从活塞套和下压帽中取出。

(4)拆下拉钉挂,取下承压接头。

(5)卸下上接头,依次取下密封环、密封隔件、隔环、承压套。

5)技术要求

Y341型封隔器解封剪钉的材质性能必须稳定,使剪断力有一个固定值,以保证封隔器坐封和解封的可靠性。如果解封剪钉的剪断力大于胶筒与套管的摩擦力,解封剪钉就不能剪断,封隔器就不能解封。

4. Y344型封隔器

Y344封隔器为无支撑、液压坐封和液压解封的压缩式封隔器,主要用于分层试油、分层找水、堵水和油井热油循环清蜡。

1)结构

图2-2-5为Y344型封隔器的结构示意图。

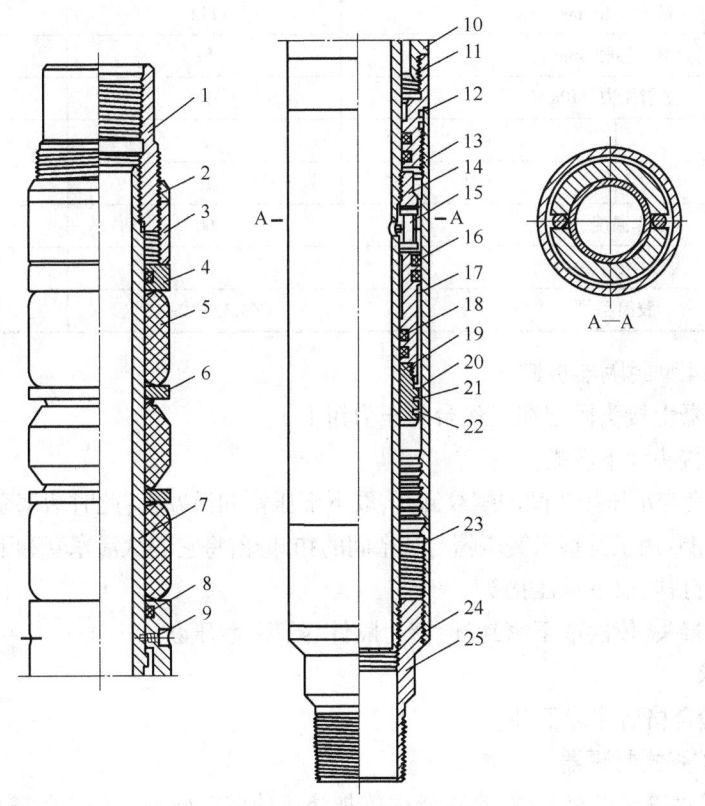

图2-2-5 Y344型封隔器的结构

1—上接头;2—上压帽;3—调节环;4—密封环;5—胶筒;6—隔环;7—中心管;8,12,16,18—O形密封圈;9—剪钉;10—承压套;11—承压接头;13—活塞套;14—拉钉挂;15—解封拉钉;17—活塞;19—卡簧压帽;20—卡簧;21—补簧;22—卡簧;23—上压帽;24—下压帽;25—下接头

2)工作原理

坐封时,从油管内加液压,一方面液压经中心管的孔眼作用在承压接头上,剪钉被剪断,推动活塞套、承压接头和承压套上行压缩胶筒,使胶筒直径变大,封隔油套环形空间,另一方面液压经中心管的孔眼又作用在活塞上,但坐封压力不能使解封拉钉被拉断,活塞固定不动;放掉油管压力,由于活塞套被卡簧卡住,活塞套、承压接头和承压套则在胶筒的弹力作用

下不能退回,胶筒就始终处于封隔油套环形空间的状态。

解封时,油管内加液压,一方面液压经中心管的孔眼作用在承压接头上,推动活塞套,承压接头和承压套上行,直到承压接头的台阶与中心管的外台阶接触,另一方面液压经中心管的孔眼作用在活塞上,解封拉钉被拉断,但活塞的承压面积大于承压接头的承压面积,所以活塞就在液压和胶筒的弹力作用下带着活塞套、承压接头和承压套下行,胶筒就收回解封。

> CBD013 Y344型封隔器的基本参数

3)主要技术参数

Y344型封隔器主要技术参数见表2-2-8。

表2-2-8　Y344型封隔器主要技术参数

参数		Y344-114	Y344-140
最大外径,mm		114	140
最小通径,mm		52	62
坐封压力,MPa		12	12
工作压力,MPa	上压	8	8
	下压	15	15
工作温度,℃		90	90
解封压力,MPa		20	20
胶筒型号		YS113-12-15	YS140-9-15

> CBD016 组装Y341型封隔器的方法

4)Y344-114型封隔器拆卸

(1)将封隔器上接头固定在工作台的压力钳上。

(2)卸下下接头和下压帽。

(3)将活塞套与承压接头间的螺纹卸开,取下下压帽和活塞套,此时活塞套内部带有下卡簧压帽和活塞;用专用工具将卡簧压帽与活塞间的扣卸开,将它们从活塞套和下压帽中取出。

(4)拆下拉钉挂,取下承压接头。

(5)卸下上接头,依次取下密封环、密封隔件、隔环、承压套。

5)技术要求

经地面试验合格后才能下井。

(三)水力扩张式封隔器

水力扩张式封隔器没有支撑,靠油管内施加液压使胶筒向外扩张来封隔油套环形空间,所以水力扩张式封隔器是靠油套的内外压差来实现坐封的,即油管压力必须大于套管压力,故而水力扩张式封隔器必须和节流器配套使用。

水力扩张式封隔器结构简单、安装和使用都非常方便。目前油田常用的水力扩张式封隔器是K344型,主要用于分层注水、分层压裂、酸化等。下面就以K344封隔器为例简要介绍水力扩张式封隔器。

1.结构

图2-2-6为K344封隔器的结构示意图。

> CBD014 K344型封隔器的工作原理

2.工作原理

坐封时,从油管内加液压,液压经滤网罩、下接头的孔眼和中心管的水槽作用于胶筒的内腔,使胶筒胀大,封隔油套环形空间。

解封时,放掉油管内的压力,胶筒即可收回解封。

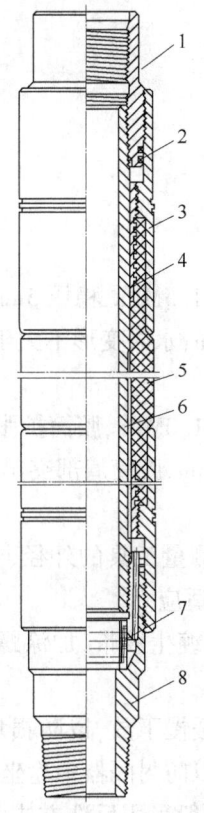

图 2-2-6 K344 封隔器结构图

1—上接头;2—O 形密封圈;3—胶筒座;4—硫化芯子;5—胶筒;6—中心管;7—滤网罩;8—下接头

3. 主要技术参数

K344 型封隔器的主要技术参数见表 2-2-9。

表 2-2-9 K344 封隔器主要技术参数

项目		型号			
		K344-110	K344-135	K344-95	K344-114
最小内径,mm		62	62	50	58
长度,mm		930	920	870	911
油管内外压差,MPa		0.5~0.7	0.5~0.7	0.5~0.7	1.3
封隔器	全长,mm	500	520	190	—
	工作面长度,mm	240	280	240	—
工作压差,MPa		12	12	12	45
工作温度,℃		50	50	50	55
适应套管内径,mm		117~132	140~154	102~127	118~132

4. K344-114 封隔器拆卸

(1)将封隔器上接头固定在工作台的压力钳上。

(2)旋下下接头。

(3)取下滤网罩。

(4)旋下胶筒座和胶筒。

(5)旋下中心管。

(6)将胶筒座与胶筒旋开。

(7)将密封圈从上、下接头取下。

> CBD017 K344型封隔器的质量检验标准

5. 质量检验标准

(1)质量标准:坐封压力为 0.5~1.5MPa,稳压 5min,要求各连接部件不刺不漏,肩部突出 4~5mm,对角偏心值不小于 1.2mm,永久变形不大于 5%,各部件螺纹过盈量不超过技术标准,装配尺寸不超标准。

(2)试压标准:试压压力为 0.8~1.0MPa,胶筒扩张 145mm 以上,在直径 127mm 套管中试压 12MPa,对角偏心不允许超过 6mm,胶筒肩部突出 6mm。

> CBD004 封隔器的使用要求

6. 封隔器的使用要求

(1)封隔器下井前要进行检查,测量工具的外径、长度,检查连接螺纹是否与其他管柱相匹配,工具外径是否与套管内径相适应。

(2)所有封隔器的连接螺纹必须缠生胶带,加涂螺纹脂上紧;所下油管需过油管规(长度为 1m),并加涂螺纹脂上紧。

(3)封隔器过井口要对中扶正,缓慢下放,以防损坏封隔器胶筒;下钻速度控制在 30~40 根/h,匀速下放,严禁溜钻、顿钻,以防封隔器中途坐封。

(4)下钻完成后,可进行洗井,一般采用反洗方式,如果采用正洗,其洗井排量应控制在 0.5m³/min 以内。

二、采油辅助工具

(一)概述

在油井的开发过程中,准确合理地向地层中注水(或注气)可以补充和保持油层中的能量、加快采油速度和提高油田最终采收率。随着油田的全面投入注水开发,油田内油水运动呈现出错综复杂的状况,主要表现在三个方面:

(1)非均质性的影响。

(2)平面非均质性影响。

(3)层内非均质性影响。

这三方面的因素形成了影响油田注水开发效果的三大矛盾,使层间注采呈现出极不均衡的状况,因此必须采取措施来调整这三大矛盾,而分层注采是解决以上问题的有效途径。分层注采就是在注水井和采油井中,按照各油层层段性质上的差异,分别将各层段分隔开,在注水井中实现分层注水,或在油井中实现分层采油。分层注采主要是靠封隔器和各种井下工具组成的分层管柱来完成的。

井下分层注采和分层作业工具种类繁多,为了满足不同的分层工艺要求,便于使用和管理,对井下工具进行了分类和型号编制,如图2-2-7所示。

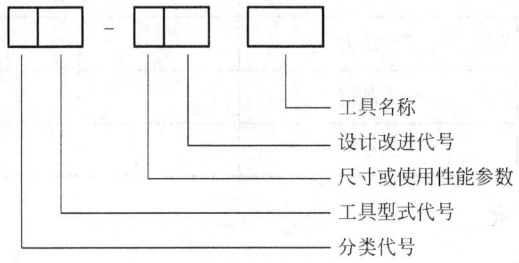

图2-2-7 井下工具的型号编制方法

说明:

(1)分类代号:K表示控制工具类,X表示修井工具类。

(2)工具型式代号:用工具型式名称中的两个关键汉字的第一个拼音字母表示,控制类工具的型式代号见表2-2-10,表中未列出的其他工具的型式代号也可按此规则编写,但不能出现两个相同的型式代号。

表2-2-10 控制类工具型式代号

序号	工具特征	代号	序号	工具特征	代号
1	桥式	QS	11	侧孔	CK
2	固定	GD	12	弹簧	TH
3	偏心	PX	13	轨道	GD
4	滑套	HT	14	正洗	ZX
5	阀	PE	15	反洗	FX
6	喷嘴	PZ	16	卡瓦	QW
7	缓冲	HC	17	锚爪	MZ
8	旁通	PT	18	水力	SL
9	活动	HD	19	连接	LJ
10	开关	KG	20	撞击	ZJ

(3)设计改进代号用A、B、C…表示。

(4)工具名称用汉字表示。

(5)尺寸及使用性能参数表示方法应符合表2-2-11的规定。

表2-2-11 尺寸特征及使用性能参数表示方法

项目		代号	单位
尺寸特征	长度	—	mm
	外直径	—	mm
	外直径×内通径	—	mm×mm
连接螺纹	上端螺纹尺寸×下端螺纹尺寸	M(普通螺纹)	mm×mm
		T(梯形螺纹)	mm×mm
		S(锯齿螺纹)	mm×mm
		TBG(平式油管螺纹)	—
		UPTBG(外加厚油管螺纹)	in

续表

项目		代号	单位
使用性能	工作压力	—	MPa
	引力载荷	—	kN
	扭矩	—	kN·m

<u>CBE002 固定式分层配水工具的技术规范</u>

(二)固定式分层配水

1. KGD-110 配水器

1)结构

KGD-110 配水器的结构如图 2-2-8 所示。

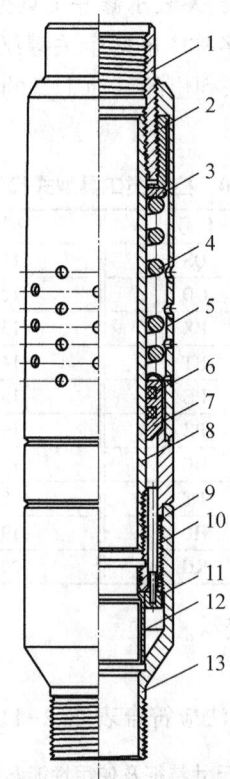

图 2-2-8　KGD-110 配水器结构图

1—上接头;2—调节环;3—垫环;4—压簧;5—护罩;6,9—O 形密封圈;7—阀;
8—中心管;10—阀座接头;11—水嘴;12—滤罩;13—下接头

2)工作原理

当从油管内泵入高压水时,液流经过滤罩(其作用是防止污物堵塞水嘴)进入水嘴和阀座接头的孔眼作用在阀上,阀压缩弹簧离开阀座接头上行,打开油管与油套环空的通道,把水注入欲注的地层中。注入水量的多少可以通过配水嘴来控制,水嘴孔眼的大小可以进行调配,选用不同的水嘴可以满足不同配水量的要求。

3) 主要技术参数

KGD-110 配水器的主要技术参数见表 2-2-12。

表 2-2-12　KGD-110 配水器主要技术参数

项目		KGD-110 配水器
最大外径,mm		110
最小内径,mm		60
总长,mm		638
连接螺纹		$2\frac{7}{8}$ TBG
阀开启压力,MPa		05~0.7
井下工作压差,MPa		12
最大试验压差,MPa		25~30
水嘴数量,个		2~4
总质量,kg		17
弹簧	直径,mm	12
	外径,mm	99
	内径,mm	75
	圈数	8.5
	长度,mm	190

4) KGD-110 配水器组装步骤

(1) 将上接头固定在专用工作台的压力钳上。

(2) 连接中心管与上接头。

(3) 从上接头上端装入调节环和护罩。

(4) 从中心管下端依此装入垫环、压簧和阀。

(5) 将阀座接头连接于中心管下端并上紧螺纹。

(6) 在阀座接头下端装上水嘴。

(7) 连接滤罩和阀座接头。

(8) 连接下接头和阀座接头,并上紧螺纹。

2. KGD-110 节流器

KGD-110 节流器主要用于加强对低渗透层的注水。

1) 结构

KGD-110 节流器的结构如图 2-2-9 所示。

2) 工作原理

从油管内注入高压水,高压汇流经中心管上的水槽作用在阀上,推动阀压缩弹簧使阀开启,高压水流通过油管内通道进入油套环形空间,注入欲注的加强注水层。

3) 主要技术参数

KGD-110 节流器的主要技术参数见表 2-2-13。

表 2-2-13　KGD-110 节流器的主要技术参数

项目		KGD-110 节流器
最大外径, mm		110
最小内径, mm		62
总长, mm		638
连接螺纹		2$\frac{7}{8}$ TBG
阀开启压力, MPa		05~0.7
井下工作压差, MPa		12
最大试验压差, MPa		25~30
水嘴数量, 个		—
总质量, kg		18
弹簧	直径, mm	12
	外径, mm	99
	内径, mm	75
	圈数	8.5
	长度, mm	190

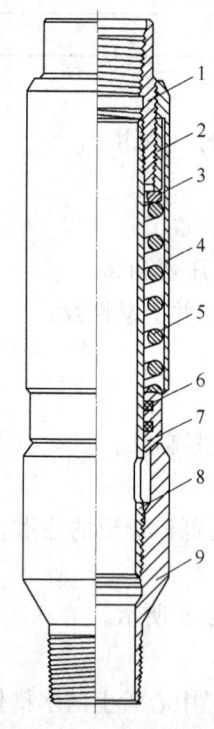

图 2-2-9　KGD-110 节流器结构示意图
1—上接头；2—调节环；3—垫环；4—护罩；5—压簧；5—护罩；6—O 形密封圈；7—阀；8—中心管；9—阀座接头

(三)活动式配水工具

1. KHD-114 配水器

1)结构

KHD-114 配水器的结构如图 2-2-10 所示。

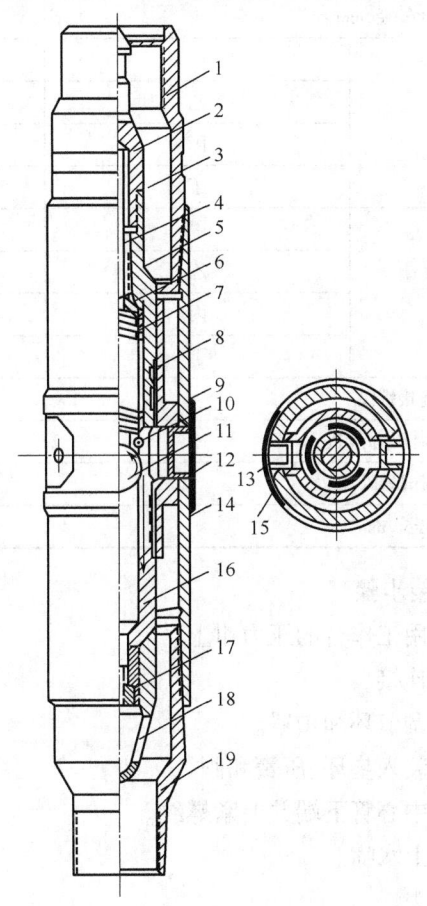

图 2-2-10　KHD-114 配水器结构示意图

1—上接头;2—打捞头;3,8—O 形密封圈;4—调杆;5—密封套;6—弹簧垫片;
7—弹簧;9—保护圈;10—弹簧座;11—阀球;12—防砂套;13—防砂盖;
14—出水套总成;15—固定螺钉;16—阀座;
17—配水嘴;18—锥体;19—下接头

KHD-114 配水器可用专用工具投捞的活动部分又称芯子,配水嘴装在芯子上用以控制注入各层的水量,一个芯子装上一个水嘴。芯子依靠密封段上的台肩定位在分水工作筒上,芯子和分水工作筒之间靠密封圈密封,球座可防止弹簧被卡死。

2)工作原理

油管加液压,高压水流从分水工作筒的竖槽流出,通过导向头的小孔进入芯子,经过配水嘴顶开阀球产生压力降从分水工作筒的侧壁孔进入套管,实现分层注水。

3) 主要技术参数

KHD-114 配水器的主要技术参数见表 2-2-14。

CBE003 活动式分层配水工具的技术规范

表 2-2-14　KHD-114 配水器主要技术参数

类型		KHD-114 配水器
设计外径,mm		114
分水工作筒内径,mm	甲	52
	乙	48
	丙	44
	丁	38
芯子外径,mm	甲	51
	乙	47
	丙	43
	丁	37
连接螺纹		$2\frac{7}{8}$ TBG
阀开启压力,MPa		0.5~0.7
地面测试耐压,MPa		15
总长,mm		636

4) KHD-114 配水器组装步骤

(1) 将上接头固定在专用工作台的压力钳上。

(2) 将中心管与上接头连接。

(3) 从上接头上端装入调节环和护罩。

(4) 从中心管下端依此装入垫环、压簧和阀。

(5) 将阀座接头连接于中心管下端并上紧螺纹。

(6) 在阀座接头下端装上水嘴。

(7) 连接滤罩和阀座接头。

(8) 连接下接头和阀座接头,并上紧螺纹。

2. KPX-113 偏心配水器

1) 用途

KPX-113 偏心配水器主要用于分层注水。

2) 结构

KPX-113 偏心配水器(图 2-2-11)主要由工作筒(图 2-2-12)和堵塞器(图 2-2-13)组成。

3) 工作原理

(1) 注水。

正常注水时,堵塞器坐于配水器主体的偏孔上,堵塞器主体上下两组四道 O 形胶圈封住偏孔的出液槽。注入水经工作筒主通道,再经堵塞器滤罩、水嘴、堵塞器主体的出液槽和工作筒主体的偏孔进入油套管环形空间后注入地层。

(2)捞堵塞器。

将投捞器(图2-2-14)的投捞头接打捞器,收拢锁紧投捞爪,用录井钢丝将投捞器下过配水器工作筒,然后上提到工作筒上部,凸轮过工作筒主通道遇阻向下转动,顶起控制杆,投捞爪失锁向外转动张开;再下放投捞器,投捞器沿工作筒导向主体的螺旋面运动,顺开槽而下;待下放遇阻时,打捞器已捞住堵塞器打捞杆;再上提投捞器,堵塞器打捞杆压缩弹簧上行,下端与凸轮脱离接触,凸轮在扭簧的作用下向下转动,凸轮内收,堵塞器被捞出工作筒,起到地面。

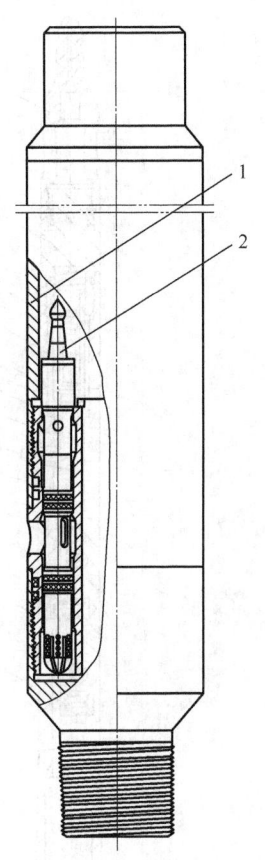

图2-2-11 KPX-113偏心配水器结构示意图

1—工作筒;2—堵塞器

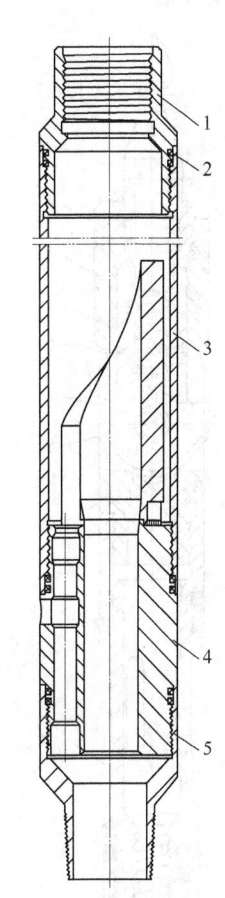

图2-2-12 KPX-113偏心配水器工作筒结构示意图

1—上接头;2—O形密封圈;3—连接套;4—导向主体;5—下接头

(3)投堵塞器。

将投捞器投捞头(图2-2-14)接投捞器,将堵塞器的头部插入投捞器内,用剪钉将堵塞器压帽和投送器连接好,按上述施工步骤将堵塞器下入工作筒导向主体的偏孔内,上提投捞器,由于凸轮的支撑面卡于偏孔的上部扩孔内,结果剪钉被剪断,堵塞器留于工作筒内,投捞器被起出。

CBE004 KPX-113型偏心配水器的技术规范

4）主要技术参数

总长：790mm。

最大外径：113mm。

最小通径：46mm。

偏孔直径：20mm。

堵塞器最大外径：22mm。

工作压力：15MPa。

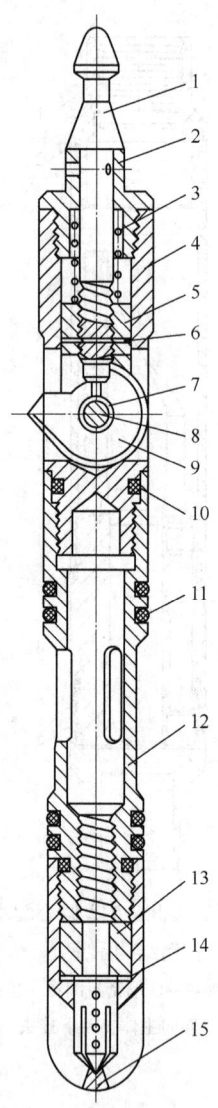 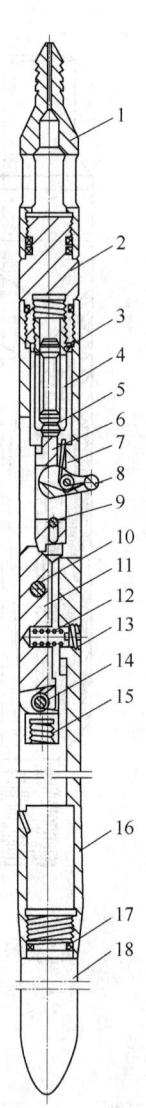

图 2-2-13　KPX-113 配水器堵塞器结构示意图
1—打捞杆；2—压帽；3—压簧；4—支撑座；
5—螺母；6—固定销；7—扭簧；8—轴；
9—凸轮；10,11—O 形密封圈；12—密
封段；13—水嘴；14—紫铜垫；15—滤罩

图 2-2-14　KPX-113 偏心配水器投捞器结构示意图
1—绳帽；2—接头；3—锁紧螺母；4—弹簧爪；5—锁杆；
6—控制杆；7—扭簧；8—凸轮；9,10—轴；11—投捞爪；
12—压簧；13—螺钉；14—扭簧；15—投捞头；16—投捞体；
17—O 形密封圈；18—加重杆

5) KPX-113 偏心配水器工作筒组装步骤

(1) 清除各部件油污和毛刺。

(2) 将上接头固定在专用工作台的压力钳上。

(3) 各连接螺纹、O 形密封圈处涂黄油或密封脂。

(4) 将连接套连接在上接头上。

(5) 导向主体上端连接连接套,下端连接下接头。

(6) 上紧各连接螺纹,保证密封。

6) KPX-113 偏心配水器堵塞器组装步骤

(1) 清除各部件油污和毛刺。

(2) 将支撑座固定在专用工作台的压力钳上。

(3) 将扭簧和凸轮装入支撑座的侧孔中并穿入轴固定。

(4) 从压帽上端穿入打捞杆。

(5) 将压簧从打捞杆下端装上,然后旋入螺母,调整位置后穿入固定销固定。

(6) 从支撑座上端装入打捞头和压帽,转动螺纹的同时调整凸轮位置和扭簧扭矩,使打捞头的下端顶在凸轮的凹槽内。

(7) 密封段上端连接在支撑套上。

(8) 紫铜垫和水嘴依此装入滤罩内。

(9) 将滤罩连接在密封段下端。

(10) 各密封处涂黄油或密封脂。

7) 技术要求

导向主体开口槽中心线、偏孔直径 $\phi 20mm$ 和工作筒中心线应在同一平面;堵塞器凸轮工作状态外伸 5mm,收回后小于直径 $\phi 20mm$;组装试压 15MPa,稳压 3min 为合格。

3. KPX-113 型偏心配水器投捞器

1) 结构

KPX-113 型偏心配水器投捞器的结构如图 2-2-14 所示。

2) 工作原理

投捞时,投捞头接投捞器或投送器,因凸轮在控制杆和扭簧的作用下,凸轮可向上来回转动,收回后不凸出投送器最大外径。控制杆锁住投捞爪,使投捞爪不能向外转出张开,收拢锁紧后也不凸出投捞器最大外径,所以投捞器锁杆随控制杆一起上行,控制杆与投捞爪脱离接触,投捞爪失锁,并在压簧的作用下向外转出张开,从而就可进行打捞或投送。扭簧使装在投捞爪下端的投捞头,在接上打捞器或投送器时,不因投捞爪向外转出张开而向内转。

3) 主要技术参数

总长:1700mm。

最大外径:44mm。

4) 技术要求

凸轮工作状态时外伸 6mm,收回后不凸出投捞器最大外径;投捞爪收拢锁紧后,不凸出投捞器最大外径。

(四)配产器

油井分层采油是通过封隔器和配产器配套使用来实现的。目前配产器与封隔器配套组合广泛用于油井的分层采油、分层测试、分层处理等工艺。下面就以 KQS-110 配产器为例对配产器进行简要介绍。

1. 结构

KQS-110 配产器的结构如图 2-2-15 所示。

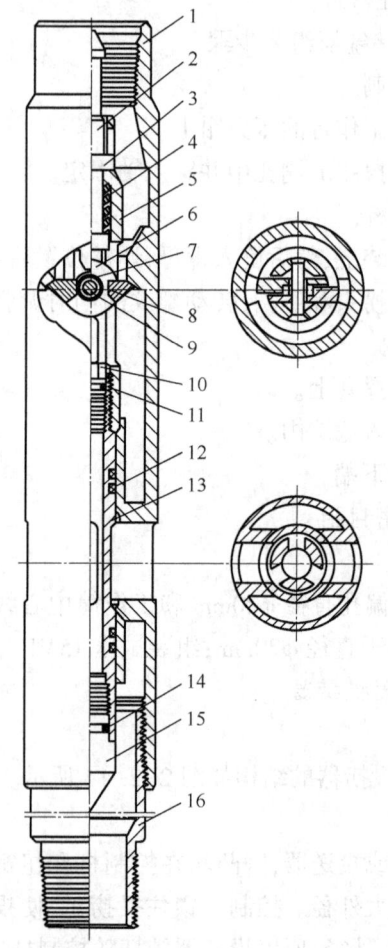

图 2-2-15　KQS-110 配产器结构示意图
1—工作筒；2—打捞头；3—销子；4—压簧；5—支撑套；6—凸轮；7—扭簧；8—衬套；9—轴；10—油嘴；
11,12,14—O 形密封圈；13—密封段；15—导向头；16—下接头

KQS-110 配产器由偏心工作筒和堵塞器组成。工作筒由工作筒主体、下接头、密封段等组成。堵塞器由打捞头、销子、压簧、支撑套、凸轮、扭簧、衬套、轴、死油嘴、O 形密封圈、密封段、导向头等组成。

2. 工作原理

KQS-110 配产器有两个通道：一是由工作筒内壁两个扇形长槽构成的上下通道，使油柱内上下始终连通；二是由工作筒的两个侧孔和内孔构成的油套通道，用投捞堵塞器来控

制,堵塞器靠支撑套坐于工作筒的内孔上,密封段上的两组四道O形密封圈封住工作筒的两个侧孔。凸轮卡于工作筒上部台阶(因凸轮在打捞头下端和扭簧的作用下来回转动,故堵塞器能进入工作筒和被卡住而不飞出),来自油层的油流经油套环形空间、配产器工作筒侧孔和密封段出液槽进到密封段内孔,如将死油嘴换为油嘴,则来自油层的油流就可经油嘴和支撑套的出液槽进入油管柱内。

捞堵塞器时,只需上提打捞头,压缩弹簧,打捞头上行,下端与凸轮脱离接触,凸轮就在扭簧的作用下转动内收,堵塞器被捞出工作筒起到地面。凸轮机构只需在不压井起下管柱时使用。

按直径大小排列,配产器、堵塞器分为甲、乙、丙、丁4级。

3. 主要技术参数

KQS-110配产器的技术参数见表2-2-15。

表2-2-15　KQS-110配产器技术参数

参数		级别			
		甲	乙	丙	丁
结构参数	缸体外径,mm	1100	1100	1100	1100
	总长,mm	700	700	700	700
	工作筒内径,mm	54	48	42	38
	堵塞器外径,mm	56	60	44	40
工作压力,MPa		15	15	15	15

4. KQS-110配产器组装步骤

(1)将工作筒固定在专用工作台的压力钳上。

(2)将弹簧和打捞头依次装入支撑座,用销子穿过打捞头将其固定。

(3)将衬套、扭簧和凸轮装在支撑套的铣槽内后,穿入轴。

(4)密封段上端旋入油嘴,下端连接导向头。

(5)各部件连接好后,从工作筒上端装入,使支撑套坐在工作筒的内孔上。

(6)将下接头连接在工作筒的下端,并上紧螺纹。

5. 技术要求

(1)O形密封圈口的过盈量控制在0.1~0.5mm。

(2)凸轮转动灵活,收回后小于堵塞器钢体外径。

(3)投堵塞器时,勿提打捞头,以防凸轮收回失去支撑作用;投入后应压送,以便使堵塞器坐于工作筒内。

(4)投堵塞器时应自下而上,捞堵塞器时应由上而下逐级进行。

(5)组装试压压力为15MPa,稳压3min为合格。

(五)其他分层控制工具

1. KPS-114喷砂器

1)用途

KPS-114喷砂器主要用于分层压裂,其作用有两个,一是通过它可以向地层喷出

CBE005 KPS-114型喷砂器的技术规范

ZBE015 KPS-114型喷砂器的使用方法

高压液体(或含砂液体),二是通过喷砂器造成节流压差,保证封隔器有足够的坐封力,确保封隔器密封可靠。

2)结构

KPS-114 喷砂器的结构如图 2-2-16 所示。

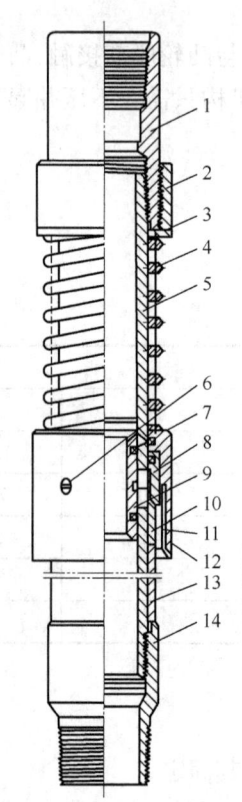

图 2-2-16 KPS-114 喷砂器
1—上接头;2—调节环;3—隔环;4—弹簧;
5—中心管;6—剪钉;7—O 形密封圈;
8—阀;9—滑套芯子;10—阀座;11—钨
钢套;12—护罩;13—衬套;14—下接头

3)工作原理

工作时,从油管内先投入钢球或球杆,再泵入高压液体,剪钉被剪断,滑套下行,高压液体经中心管的孔眼作用在阀上,推动阀和护罩一起压缩压簧上行,阀被打开,液体经阀和油套环形空间进到地层,放掉油管压力,阀在压簧的作用下自行关闭;剪钉被固定在中心管上的滑套芯子上,用来控制阀开关;滑套芯用剪钉固定在中心管内,护罩口嵌有高强度的钨钢套;钨钢套的作用是使高压液流变向减速,保护套管;调节环上扣或退扣,就可调节压簧的松紧,从而就可调节阀的开启压力。

4)主要技术参数

总长:750mm。

最大外径:114mm。

滑套芯子芯子直径(甲):45mm。

滑套芯子芯子直径(乙):40mm。

滑套芯子芯子直径(丙):36mm。

阀开启压力:1.4~1.5MPa。

工作压力:25MPa。

适用套管内径:118~130mm。

5)KPS-114 喷砂器组装步骤

(1)清除各部件油污和毛刺。

(2)将上接头固定在专用工作台的压力钳上,并把调节环装在上接头上。

(3)将中心管与上接头相连接。

(4)在中心管内装入滑套芯子。

(5)在中心管上依次套装上隔环、弹簧、护罩、阀、阀座套。

(6)将下接头与中心管相连接,保证螺纹上紧密封。

(7)地面试压。

6)技术要求

(1)阀开启压力为 1.5MPa,当小于阀开启压力时,阀不渗漏,大于阀开启压力时,流体均匀喷射。

(2)阀开启压力调节好后,装上滑套芯子,整体清水试压压力为 25MPa,稳压 5min 为合格;标记好滑阀套通径的尺寸。

(3)单级使用时可不装滑套芯子,多级使用时最下级也可不装滑套芯子,其余各级均应装上相应的滑套芯子;连接管柱时按照从上到下通径由大变小的原则,不能连错。

2. KPS-114 导压喷砂器

1)用途

KPS-114 导压喷砂器主要用于分层压裂,一是向地层喷出高压含砂液体,二是造成节流压差,保证封隔器有足够的坐封压力。

2)结构

KPS-114 导压喷砂器的结构如图 2-2-17 所示,两个通道滤网和主体的壁内 2 个环形竖槽进行上下连通,喷嘴和主体的侧孔与地层连通。

3)工作原理

从油管内泵入高压液体,经喷嘴节流,在承压体变向后沿主体的侧孔注入地层,同时因节流产生的压差使封隔器坐封。

4)主要技术参数

总长:885mm。

最大外径:114mm。

喷嘴内径:30mm。

剪钉剪断压力:8~10MPa。

5)KPS-114 导压喷砂器组装步骤

(1)清除各部件油污和毛刺。

(2)将主体固定在专用工作台的压力钳上。

(3)将套环装入主体内,并将限位套与主体相连。

(4)压簧和固定销钉装在承压体的孔中后,将承压体穿过主体装入限位套内,并用销钉固定。

(5)滑套芯子和喷嘴连接后用剪钉固定在主体上。

(6)将密封堵头穿入限位套内孔中,用销钉固定。

(7)将上接头连接在主体上。

(8)滤网装入特殊短节后连接在上接头上。

(9)地面试压。

3. SLM 系列水力锚

1)用途

SLM 系列水力锚主要用于分层压裂时固定井下管柱位置,防止轴向移动。

2)结构

SLM 系列水力锚(图 2-2-18)主要由锚体、扶正套、扶正块、锚爪、内压簧、O 形密封圈、外压簧和固定

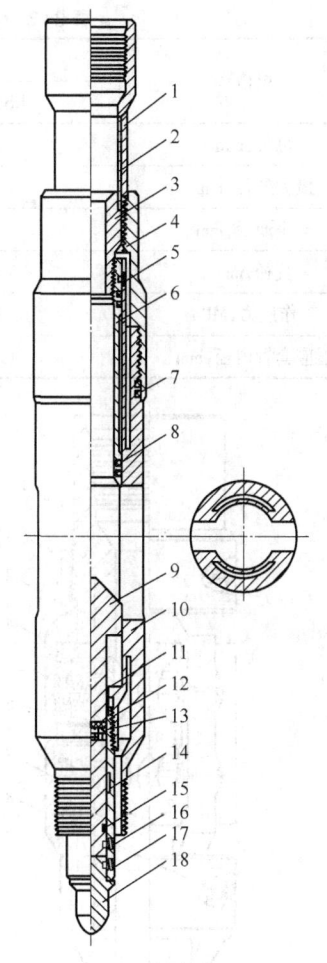

图 2-2-17 KPS-114 导压喷砂器的结构示意图

1—特殊短节;2—滤网;3—喷嘴;4—上接头;
5—剪钉;6—滑套芯子;7,8,15—O 形密封圈;
9—承压体;10—主体;11—套环;
12—压簧;13—固定销钉;14—限位套;
16,17—销钉;18—密封堵头

螺钉所组成。

3）工作原理

从油管内泵入高压液体,锚爪在高压液体作用下压缩内压簧和外压簧,并被推出锚体咬合在套管内壁上,以此来克服在作业施工中产生的轴向推力,起到固定井下管柱位置的作用。当泄掉油压后,锚爪在内压簧和外压簧的推动作用下收回,以使管柱顺利从井内起出。

4）主要技术参数

KSLM 系列水力锚主要有 KSLM-102、KSLM-112、KSLM-148 三种规格,分别适用于 ϕ139.7mm、ϕ127mm、ϕ117.8mm 三种规格的套管。三种规格水力锚的主要技术参数见表 2-2-16。

表 2-2-16 KSLM 系列水力锚主要技术参数

规格	水力锚型号		
	KSLM-102	KSLM-112	KSLM-148
总长,mm	490	490	550
最大外径,mm	102	112	148
最小通径,mm	40	40	55
直径,mm	45	45	50
工作压力,MPa	60~65	60~65	60~65
适应套管内径,mm	112-127	112-127	154-161

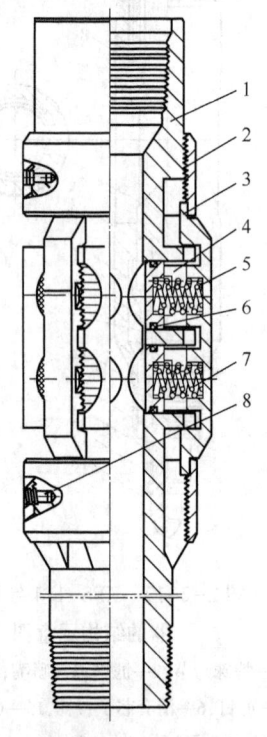

图 2-2-18 水力锚

1—锚体;2—扶正套;3—扶正块;4—锚爪;5—内压簧;
6—O 形密封圈;7—外压簧;8—固定螺钉

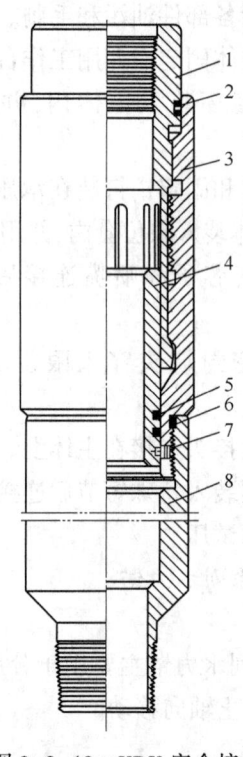

图 2-2-19 KDK 安全接头

1—上接头;2,5,6—O 形密封圈;3—锁套;
4—滑套芯子;7—剪钉;8—下接头

4. KDK-110 安全接头

1)用途

KDK-110 安全接头接在井下易卡工具上部,以便遇卡时可以从安全接头处倒扣,起出接头以上部分管柱。

2)结构

KDK-110 安全接头的结构如图 2-2-19 所示,悬挂锁套的上接头下部开有 12 个槽,以便张和收,锁套的上部加工有打捞用的内螺纹。

3)工作原理

当井下工具遇卡起不出管柱时,可先从油管内投球或使球杆坐于滑套芯子的密封面上,再从油管内加液压(5~7MPa)剪断剪钉,滑套芯子下行,上接头的上部锁爪失去内支撑,上提管柱,锁爪内收,上接头被拔出锁套,上接头以上管柱即可被起出。

4)主要技术参数

总长:506mm。

外径:104mm。

通径:52mm。

工作压力:25MPa。

剪钉剪断压力:5~7MPa。

上部打捞扣:M100×6。

5)技术要求

上接头锁爪弹性须保持良好。

5. KHT-110 常闭开关(滑套开关)

1)用途

KHT-110 常闭开关主要用于连接油管和油套环形空间的通道。

2)结构

KHT-110 常闭开关主要由滑套和滑套芯子等组成,如图 2-2-20 所示

3)工作原理

如图 2-2-20 所示,上、下接头用外套连接起来,外套侧面出液孔被剪钉固定的滑套芯子所封闭,此时滑套处于关闭状态;需要将油套连通时,从油管内先投入钢球或球杆坐于滑套芯子上,再加压 8~10MPa,剪断剪钉,滑套芯子下行坐于下接的下部台阶,打开外套出液孔,从而实现油套连通。

4)主要技术参数

总长:655mm。

最大外径:110mm。

最小通径:30mm、35mm、52mm 三种。

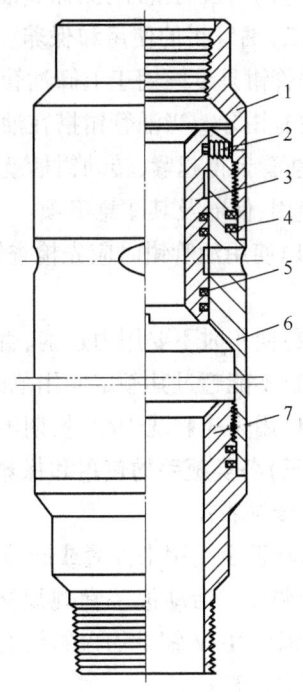

图 2-2-20 KHT 常闭开关
1—上接头;2—剪钉;3—滑套芯子;4,5—O 形密封圈;6—外套;7—下接头

剪断剪钉压力:8~9MPa。

三、专用工具

(一)管钳的使用和保养

管钳是用来转动金属管或其他圆柱形工件上扣、卸扣的工具,是井下施工作业连接地面管线和连接下井管柱的主要工具,其规格是指管钳合口时从钳头到钳尾的长度。修井作业常用管钳的技术规范见表2-2-17。

表2-2-17 常用管钳的技术规范表

公称尺寸,mm(in)	合理使用范围,mm	使用管件最大直径,mm	工作负荷,N·m
450(18)	40	60	850
600(24)	50~62	70	1000
900(36)	62~76	80	1800
1200(48)	76~100	100	2500

使用、保养及其注意事项:

(1)使用管钳时应先检查固定销钉是否牢固,钳头、钳柄有无裂痕,有裂痕者不能使用。

(2)较小的管钳不能用力过大,不能加加力杠使用。

(3)不能将管钳当手锤或撬杠用。

(4)用后及时洗净,涂抹黄油,防止旋转螺母生锈;用后放回工具架上或工具房内。

(二)油管钳的使用和保养

油管钳是专门用于上卸油管螺纹的工具,主要由钳头、钳柄组成,其间用销子连接,小钳腭内镶有钳牙。当油管钳搭在油管上合死后,钳牙紧紧咬住油管,用力越大,小钳腭内越收紧,对油管卡得越紧,转动钳柄就可以上卸油管螺纹。

使用、保养及其注意事项:

(1)使用油管钳时应先检查钳头、钳柄的连接销钉是否牢固,钳牙是否装正紧,销子是否锁紧。

(2)使用时不要用力过猛,否则容易折断。

(3)不能超过其额定使用范围。

(4)用完应刺洗干净,长期不用时应涂抹黄油防锈。

(三)各类扳手的使用和保养

1. 活动扳手

活动扳手是用来拧紧或卸掉不同规格的螺帽、螺栓的工具,视开口大小可在规定的范围内进行调节。活动扳手常规规格一般有4in、6in、8in、10in、12in、15in、18in、24in,一般采用CR-V钢(CR-V钢是加入铬钒合金元素的合金工具钢,热处理后硬度在60HRC以上)、碳钢、铬钒钢等。

正确的使用方法:

(1)使用时应根据所上卸的螺帽、螺栓的规格大小选用相应规格。

(2)活动扳手夹螺帽应松紧适宜。

(3)拉力的方向要与扳手的手柄成直角。

注意事项及保养方法：

(1)活动扳手禁止采用套筒式加力杠。

(2)禁止锤击扳手。

(3)禁止反打扳手。

(4)用过后应及时擦洗干净，抹黄油。

ZBC005 作业常用扳手的保养

2. 固定扳手

固定扳手是只能上卸一种规格的螺栓、螺母的专用工具，规格有 M24、M30、M36 等几种。

正确使用方法：

(1)应选择与螺栓、螺母的尺寸大小相适应的固定扳手。

(2)检查固定扳手的虎口及手柄有无裂痕，无裂痕才能使用。

注意事项及保养方法：

(1)使用时可以砸击手柄加力，但应防止固定扳手飞起或断裂伤人。

(2)扳转固定扳手时应逐渐用力，防止用力时过猛造成滑脱或断裂。

(3)手扶固定扳手虎口上面时，注意不要被夹伤。

(4)用后及时擦洗干净放好。

3. 抽油杆扳手

抽油杆扳手是油田作业施工中专门用于上卸抽油杆的工具，具有比管钳上卸抽油杆灵活、好用的优点。

正确的使用方法：

(1)使用前要先检查扳手是否有裂痕，符合标准方可使用。

(2)上扣时应将开口放入抽油杆接箍半方部位，平稳用力。

(3)卸扣时反过来用，卸不动时用加力杠。

注意事项及保养方法：

(1)禁止用手锤砸击抽油杆扳手，防止滑脱飞起伤人。

(2)防止在扳手没有打牢的情况下用力过猛而滑脱。

(3)用后及时刷洗干净，长期不用应涂抹黄油。

4. 球阀扳手

球阀扳手是油田施工作业开关球阀阀门的专用工具，由手柄鹅颈和凸方组成。

正确的使用方法：

(1)使用时应先检查扳手的凸方是否符合规格，有无损坏痕迹，没有问题方可使用。

(2)将凸方伸进球阀凹方后，先轻力试转，无滑脱现象平稳用力转动；将阀门开关打到规定的位置上。

(3)开关时要将扳手端平，不要用力过猛，防止滑脱伤人。

注意事项及保养方法：

(1)使用扳手时一定要将凸方全部伸到位。

(2)禁止用手锤砸击球阀扳手，防止砸飞扳手伤人或损坏井口设备。

(3)用后及时擦洗干净并放到指定位置上。

5. 管汇扳手

管汇扳手是用于开关高低压管汇控制阀的工具,具有制作简便、操作灵活好用的特点。

正确的使用方法:

(1)使用前应检查管汇扳手的凹方及手柄是否牢固可靠、有无裂痕,符合标准方可使用。

(2)开关管汇控制阀时,将扳手套入控制阀的凸方处,双手均匀用力扳动。

注意事项及保养方法:

(1)禁止用手锤砸击扳手手柄,用加力杠时应平稳用力,防止扳手手柄突然断裂伤人。

(2)用后要及时擦洗干净,防止放置时间过长生锈。

(四)丝堵

丝堵是封闭管柱底部通道和管线端部通道的管子配件。

正确的操作方法及注意事项:

(1)丝堵上扣时注意不能偏扣。

(2)丝堵用手上紧后再用管钳上紧。

(3)用后要清洗干净放好。

(4)必要时应涂密封剂(缠密封带)。

(五)各类阀门的使用和保养

1. 井口球形阀门

球形阀门用于施工管柱的顶端,或流体管线的必要处,起开关和控制作用。

正确操作方法:

(1)刷洗干净球阀,检查螺纹有无断裂损坏现象,完整无缺才能使用。

(2)检查球形开关是否灵活好用。

(3)上扣时用手扶正,操作要平稳,转动管钳防止上偏扣,最后用管钳带紧。

注意事项及保养方法:

(1)经常检查球阀开关是否好用,按时保养,涂抹黄油。

(2)不用时要带上护丝,防止损坏球阀的螺纹,工作时禁止半开半关。

(3)不能用重物砸击球阀,防止壳体变形,导致开关不灵活。

2. 炮弹阀门

炮弹阀门是井下作业的常用阀门,具有耐高压、开关迅速、操作灵活的特点。

正确操作方法:

(1)检查壳体是否有裂痕,开关是否灵活好用。

(2)刷洗干净。

(3)上扣操作要平稳用力,防止上偏扣。

(4)上扣时最后应用1.2m的管钳上紧,以达到承受高压的目的。

注意事项及保养方法:

(1)要经常检查开关是否灵活,凸方是否完整,发现问题及时更换,工作时禁止半开半关。

(2)不用时要擦洗干净、涂黄油。

(六)轻便水龙头

轻便水龙头主要用于螺杆钻磨铣、油井冲砂、套铣、循环洗井等工艺,主要由弹子、弹子盘、鹅颈管、冲管、活接头等组成。

普通的轻便水龙头冲管为 φ62mm,鹅颈为 φ50mm,工作压力为 30MPa,负荷为 300kN。

正确操作方法:

(1)检查水龙头的轴承是否灵活好用。

(2)检查螺纹是否完好,壳体有无断裂。

(3)将水龙头冲管接箍连接,用管钳平稳上扣,上卸扣时,一手扶在鹅颈管上,另一只手扳动管钳上紧扣。

注意事项及保养方法:

(1)禁止上偏螺纹。

(2)卸到最后几扣时应扶紧水龙头鹅颈管,防止掉下伤人。

(3)不用时要刷洗干净戴好护丝,轴承要定期注油保养。

(七)通径规(通管规)

通径规是用于检查油管内径清除油管内杂物的专用工具。

ZBC007 油管通径规的工作原理

ZBC008 油管通径规的使用方法

正确操作方法:

(1)把通径规放入管内用蒸汽枪推动前进,清除管壁杂物。

(2)将通径规从油管前端放入油管内,油管吊起时从尾端控出,达到清除杂物的目的。

注意事项:

(1)防止油管吊起通径规从尾端控出时砸伤人。

(2)防止通径规掉入井内。

(八)胶皮阀门

胶皮阀门是有杆泵井常用的井口配件之一,作用是密封油管。

正确使用方法:

(1)使用前应检查螺纹是否完好、阀门开关是否灵活到位,符合标准方可使用。

(2)上扣要平稳用力,禁止上偏扣。

注意事项及保养方法:

(1)胶皮阀门在工作时禁止半开半关。

(2)要经常检查胶皮芯子、螺纹,发现问题及时解决。

(九)活接头

活接头是井下作业用来连接各种施工管线用具之一,具有操作灵活、耐高压等特点。井下作业施工常用的活接头有 φ50mm、φ62mm、φ76mm 三种。

正确操作方法:

(1)先将活接头的螺纹检查一遍,若有断裂现象应换掉。

(2)用钢丝刷子将活接头刷干净,将螺纹涂上黄油连接在油管或大小头上,用管钳拧紧,然后用手锤砸紧砸牢。

注意事项及保养方法:

(1)用手锤砸活接头时要防止砸坏螺纹。

(2)卸掉后要刷净放在工作台上摆好。

(十)活动弯头

活动弯头是改变施工管线连接方向便于管线连接的管件。

正确使用方法：

(1)使用时应检查弯头的各部件是否灵活好用、符合标准。

(2)压力要符合施工工艺要求，达不到标准的不能用。

(3)用时带紧活接头，调整到所需角度再砸紧。

注意事项及保养方法：

(1)用过后要刷净放好。

(2)旋转部位要经常注黄油，以防锈死。

(十一)自封封井器

自封封井器是在不压井作业时自行密封油套环形空间的井口密封工具，主要用于冲砂作业。

1. 结构和工作原理

自封封井器主要由压盖、胶皮芯子组成，它依靠环形空间的压力和胶皮芯子的伸张力使胶皮芯子扩张，起到密闭油套环形空间的作用，并使管柱和井下工具能够顺利地下入和起出。

2. 使用和保养要求

(1)通过自封封井器的井下工具的最大外径应不超过允许通过的直径；外径过大的井下工具应用自封封井器倒入或倒出。

(2)通过较大直径的下井工具时，可在自封封井器的胶皮芯子上涂抹黄油；冬天使用时，应用蒸汽加热(或用柴油润滑)，以免刮坏胶皮芯子。

(十二)半封封井器

半封封井器是靠关闭闸板来密闭油套环形空间的井口密封工具。

1. 结构和工作原理

半封封井器主要由壳体、半封芯子总成、丝杠组成，它以装在半封芯子总成上的两个半圆孔的胶皮芯子为密封元件，转动丝杠便可带动半封芯子总成里外运动，从而达到开关的目的。

2. 使用和保养要求

(1)芯子手把应灵活、无卡阻现象，要能够保证全开或全关。

(2)保证胶皮芯子无损坏、无缺陷，并随时检查，有问题及时更换。

(3)使用时不能使胶皮芯子关在油管接箍或封隔器等下井工具上，只能关在油管本体上。

(4)正常起下时，要保证半封封井器处于全开状态。

(5)冬季施工时应用蒸汽加热后再转动丝杠，以免半封内结冰，拉脱丝杠。

(6)开关半封封井器时两端开关圈数应一致。

(十三)全封封井器

全封封井器是用于封闭井口的专用工具。

1. 结构与工作原理

全封封井器主要由壳体、闸板、丝杠组成,它的外形和工作原理与半封封井器基本相同,不同之处是闸板没有半圆孔,两块闸板关紧可以密封井口,转动丝杠,可以开井或关井。

2. 使用和保养要求

(1)丝杠应开关灵活,无卡阻现象,全开直径应大于178mm。

(2)冬季施工使用时应加热,以免冻结后拉脱丝杠。

(十四)桌虎钳的使用

桌虎钳是一种钳子,与台虎钳相似,但钳体安装方便,适用于夹持小型工件。钳体为可铸铁制作,使用安全不易断裂;钳口经精密加工后应淬火处理,夹持坚固耐用;丝杠由45号碳结钢调质处理而成。

旋转底座上的手柄可以带动丝杆和夹片,沿垂直方向上下移动,实现安装和拆卸虎钳的功能,活动桌虎钳还可以根据需要转动到任意角度,并通过紧锁手柄固定;旋转固定钳身上的手柄可带动丝杆,进而带动活动钳身沿导轨方向作纵向平移,使桌虎钳的钳口(由紧固在活动钳身和固定钳身上的两钳口板构成)闭合或分开,实现对工件的夹紧或装卸,当工件被夹紧后即可进行加工。

> CBE018 桌虎钳的使用方法

项目二　组装 Y111-114 型封隔器

一、准备工作

(一)材料、工具

150mm、300mm 游标卡尺各 1 把,1200mm、900mm 管钳各 1 把,钢丝刷 1 个,专用工具台 1 台,150mm 螺丝刀 1 把,150mm 锉刀 1 把,8kg 大锤 1 把,油盆 1 个,黄油若干,螺纹脂若干,柴油若干,棉纱若干,铜棒 1 个,Y111-114 型封隔器图样 1 张,Y111-114 型封隔器散件 1 套。

(二)人员

1 人操作,持证上岗,劳动保护用品穿戴齐全。

二、操作规程

序号	工序	操作步骤
1	准备工作	将准备使用的工具放置于专用工作台上
2	检查配件	(1)按图样的要求检查各零部件完好程度; (2)对零部件进行测量并清洗、除毛刺
3	组装	(1)将下接头固定在压力钳上; (2)装承压接头内、外密封胶圈; (3)将中心管无螺纹端插入下接头; (4)从中心管螺纹一端套上承压接头,并与下接头相连; (5)装下、中、上胶筒和隔环;

续表

序号	工序	操作步骤
3	组装	(6)将调节环与上接头连接好; (7)将上接头与中心管连接; (8)调整调节环,压紧上胶筒,装上固定销钉
4	调试	(1)装丝堵,试压头,试压,检查承压接头密封情况; (2)调整中心管,装坐封剪钉
5	记录填写	填写记录、合格证、入库
6	清理场地	对现场进行清理,收取工具,上交记录单等

三、注意事项

(1)拆装时不许把管钳打在螺纹处和密封部位;
(2)卸下的所有零部件都必须清洗干净;
(3)仔细检查各连接处的螺纹,有损伤要及时修复;
(4)检查零部件的损伤情况,有损伤的零部件要及时修复,无法修复的零部件要及时更换;
(5)螺纹要涂密封脂或缠密封胶带且必须连接上紧;
(6)密封胶筒部件不能有老化起泡现象;
(7)组装后,试压压力为25MPa,稳压30min不渗不漏、无压降为合格。

四、技术要求

(1)组装前要按照图样尺寸和要求检查各零件,不合格的零件不能使用;
(2)橡胶部件不能有老化起泡现象,密封圈过盈量在0.25~0.50mm,胶圈安装不能有扭曲现象,上好后要涂抹黄油以便安装;
(3)组装后,必须进行试压;
(4)建立组装试压记录,填写入库、使用清单。

五、操作标准

Q/SY DQ0539—2005《封隔器组装检验操作规程》。

项目三 拆卸 Y211-114 型封隔器

一、准备工作

(一)材料、工具

150mm、300mm 游标卡尺各1把,1200mm、900mm 管钳各1把,钢丝刷1个,专用工具台1台,150mm 螺丝刀1把,150mm 锉刀1把,8kg 大锤1把,油盆1个,黄油若干,螺纹脂若干,柴油若干,棉纱若干,铜棒1个,Y211-114 型封隔器图样1张,Y211-114 型封隔器散件1套。

(二) 人员

1 人操作,持证上岗,劳动保护用品穿戴齐全。

二、操作规程

序号	工序	操作步骤
1	准备工作	将准备使用的工具放置于专用工作台上
2	检查	(1)检查封隔器外观。 (2)清洗封隔器
3	拆卸	(1)调整调节环,卸下固定定位销钉。 (2)卸开上接头与中心管连接螺纹,取下调节环。 (3)从限位套一端取出下、中、上胶筒和隔环。 (4)将下接头与中心管连接螺纹卸开。 (5)拆卸扶正体部分: ①将专用卡箍套入扶正体上; ②从扶正本体取出压缩弹簧、扶正块; ③取出卡瓦块扶正箍簧; ④将扶正本体连同卡瓦一起从中心管另一端取出; ⑤从扶正体拆下滑环、滑环销钉、滑环套; ⑥将卡瓦从扶正本体上的卡瓦槽内退出; ⑦拆下专用卡箍。 (6)取下锥体上的坐封剪断销钉。 (7)将锥体从中心管滑道端取下。 (8)将限位套从中心管无滑道一端取下。 (9)按顺序摆放
4	检查保养	(1)清洗各部件。 (2)检查测量各部件。 (3)各部件涂抹黄油并包装
5	记录填写	对卸下的部件进行编号及登记
6	清理场地	对现场进行清理,收取工具,上交记录单等

三、注意事项

(1)拆装时不许把管钳打在螺纹处和密封部位;

(2)卸下的所有零部件都必须清洗干净;

(3)仔细检查各连接处的螺纹,有损伤要及时修复;

(4)检查零部件的损伤情况,有损伤的零部件要及时修复,无法修复的零部件要及时更换。

四、技术要求

(1)组装前要按照图样尺寸和要求检查各零部件尺寸和质量,不合格的零件不能使用。

(2)根据套管规范选择合格的卡瓦和扶正块。

(3)卡瓦要严格检验,新卡瓦最好抽样进行硬度检测和探伤检验,硬度不够、有裂纹、卡瓦牙磨损严重或脱落牙一定程度者,要及时更换。

(4)密封胶筒部件不能有老化起泡现象,密封圈过盈量在 0.25~0.5mm,胶圈安装不能有扭曲现象,上好后要涂抹黄油以便安装。

五、操作标准

Q/SY DQ0539—2005《封隔器组装检验操作规程》。

项目四　拆卸 Y341-114 型封隔器

一、准备工作

(一)材料、工具

150mm、300mm 游标卡尺各 1 把,1200mm、900mm 管钳各 1 把,钢丝刷 1 个,专用工具台 1 台,150mm 螺丝刀 1 把,150mm 锉刀 1 把,8kg 大锤 1 把,油盆 1 个,黄油若干,螺纹脂若干,柴油若干,棉纱若干,铜棒 1 个,Y341-114 封型隔器图样 1 张,Y341-114 封型隔器 1 套。

(二)人员

1 人操作,持证上岗,劳动保护用品穿戴齐全。

二、操作规程

序号	工序	操作步骤
1	准备工作	将准备使用的工具放置于专用工作台上
2	检查	(1)检查封隔器外观。 (2)清洗封隔器
3	拆卸	(1)调整调节环,卸下固定定位销钉。 (2)卸开上接头与中心管连接螺纹,取下调节环。 (3)从限位套一端取出下、中、上胶筒和隔环。 (4)将下接头与中心管连接螺纹卸开。 (5)拆卸扶正体部分: ①将专用卡箍套入扶正本体上; ②从扶正本体取出压缩弹簧、扶正块; ③取出卡瓦块扶正箍簧; ④将扶正本体连同卡瓦一起从中心管另一端取出; ⑤从扶正体拆下滑环、滑环销钉、滑环套; ⑥将卡瓦从扶正本体上的卡瓦槽内退出; ⑦拆下专用卡箍。 (6)取下锥体上的坐封剪断销钉。 (7)将锥体从中心管滑道端取下。 (8)将限位套从中心管无滑道一端取下。 (9)按顺序摆放
4	检查保养	(1)清洗各部件。 (2)检查测量各部件。 (3)各部件涂抹黄油并包装
5	记录填写	对卸下的部件进行编号及登记
6	清理场地	对现场进行清理,收取工具,上交记录单等

三、注意事项

(1) 拆装时不许把管钳打在螺纹处和密封部位;
(2) 卸下的所有零部件都必须清洗干净;
(3) 仔细检查各连接处的螺纹,有损伤要及时修复;
(4) 检查零部件的损伤情况,有损伤的零部件要及时修复,无法修复的零部件要及时更换;
(5) 螺纹要涂密封脂或缠密封胶带且必须连接上紧;
(6) 密封胶筒部件不能有老化起泡现象;
(7) 组装后,试压 25MPa,稳压 30min 不渗不漏、无压降为合格。

四、技术要求

(1) 组装前要按照图纸尺寸和要求检查各零件,不合格的零件不能使用;
(2) 橡胶部件不能有老化起泡现象,密封圈过盈量在 0.25~0.50mm,胶圈安装不能有扭曲现象,上好后要涂抹黄油以便安装;
(3) 组装后,必须进行试压;
(4) 建立组装试压记录,填写入库、使用清单。

五、操作标准

Q/SY DQ0539—2005《封隔器组装检验操作规程》。

项目五 组装 Y341-114 型封隔器

一、准备工作

(一) 材料、工具

150mm、300mm 游标卡尺各 1 把,1200mm、900mm 管钳各 1 把,钢丝刷 1 个,专用工具台 1 台,150mm 螺丝刀 1 把,8kg 大锤 1 把,油盆 1 个,黄油若干,螺纹脂若干,柴油若干,棉纱若干,铜棒 1 个,Y341-114 型封隔器组装图样 1 张,Y341-114 型封隔器零部件 1 套。

(二) 人员

1 人操作,持证上岗,劳动保护用品穿戴齐全。

二、操作规程

序号	工序	操作步骤
1	准备工作	将准备使用的工具放置于专用工作台上
2	检查	(1) 将封隔器各部件擦洗干净。 (2) 按图样的要求检查各零部件,进行测量并除毛刺

续表

序号	工序	操作步骤
3	组装	(1)套入胶筒和密封胶圈； (2)安装坐封锁紧机构； (3)安装承拉套、卡簧座、下活塞等； (4)安装挡环、卡簧； (5)安装下接头； (6)安装胶筒、隔环； (7)安装上接头
4	记录填写	填写检验记录、合格证，入库
5	清理场地	对现场进行清理，收取工具，上交记录单等

三、注意事项

(1)拆装时不许把管钳打在螺纹处和密封部位；

(2)卸下的所有零部件都必须清洗干净；

(3)仔细检查各连接处的螺纹，有损伤要及时修复；

(4)检查零部件的损伤情况，有损伤的零部件要及时修复，无法修复的零部件要及时更换；

(5)螺纹要涂密封脂或缠密封胶带且必须连接上紧；

(6)密封胶筒部件不能有老化起泡现象；

(7)组装后，试压25MPa，稳压30min不渗不漏、无压降为合格。

四、技术要求

(1)组装前要按照图样尺寸和要求检查各零件，不合格的零件不能使用；

(2)橡胶部件不能有老化起泡现象，密封圈过盈量在0.25~0.50mm，胶圈安装不能有扭曲现象，上好后要涂抹黄油以便安装；

(3)组装后，必须进行试压；

(4)建立组装试压记录，填写入库、使用清单。

五、操作标准

Q/SY DQ0539—2005《封隔器组装检验操作规程》。

项目六　拆卸 K344-114 型封隔器

一、准备工作

(一)材料、工具

150mm、300mm游标卡尺各1把,1200mm、900mm管钳各1把,钢丝刷1个,专用工具台1台,150mm螺丝刀1把,8kg大锤1把,油盆1个,黄油若干,螺纹脂若干,柴油若干,棉纱若干,铜棒 1 个,K344-114 型封隔器图样 1 张,K344-114 型封隔器散件 1 套。

(二)人员

1 人操作,持证上岗,劳动保护用品穿戴齐全。

二、操作规程

序号	工序	操作步骤
1	准备工作	将准备使用的工具放置于专用工作台上
2	检查	(1)检查封隔器外观。 (2)清洗封隔器
3	拆卸	(1)将封隔器上接头固定在工作台的压力钳上。 (2)旋下下接头。 (3)取下滤网罩。 (4)旋下胶筒座和胶筒。 (5)旋下中心管。 (6)将胶筒座与胶筒旋开。 (7)将密封圈从上、下接头取下。 (8)按顺序摆放
4	检查保养	(1)清洗各部件。 (2)检查测量各部件。 (3)各部件涂抹黄油并包装
5	记录填写	对卸下的部件进行编号及登记
6	清理场地	对现场进行清理,收取工具,上交记录单等

三、注意事项

(1)拆装时不许把管钳打在螺纹处和密封部位;

(2)卸下的所有零部件都必须清洗干净;

(3)仔细检查各连接处的螺纹,有损伤要及时修复;

(4)检查零部件的损伤情况,有损伤的零部件要及时修复,无法修复的零部件要及时更换。

四、技术要求

(1)拆卸后要按照图样尺寸和要求检查各零件,不合格的零件不能使用;

(2)螺纹要涂密封脂或缠密封胶带且必须连接上紧;

(3)橡胶部件不能有老化起泡现象,密封圈过盈量在 0.25~0.50mm,胶圈安装不能有扭曲现象,上好后要涂抹黄油以便安装。

五、操作标准

Q/SY DQ0539—2005《封隔器组装检验操作规程》。

项目七　组装 K344-114 型封隔器

一、准备工作

（一）材料、工具

150mm、300mm 游标卡尺各 1 把，1200mm、900mm 管钳各 1 把，钢丝刷 1 个，专用工具台 1 台，150mm 螺丝刀 1 把，8kg 大锤 1 把，油盆 1 个，黄油若干，螺纹脂若干，柴油若干，棉纱若干，铜棒 1 个，K344-114 型封隔器图样 1 张，K344-114 型封隔器零部件 1 套，1200mm 套管短节 1 个，丝堵 1 个，试压设备 1 套。

（二）人员

1 人操作，持证上岗，劳动保护用品穿戴齐全。

二、操作规程

序号	工序	操作步骤
1	准备工作	将准备使用的工具放置于专用工作台上
2	检查	(1)将封隔器各部件擦洗干净。 (2)按图样的要求检查各零部件，进行测量并除毛刺
3	组装	(1)将密封圈套入上、下接头。 (2)将封隔器上接头固定在工作台的压力钳上。 (3)装入滤网罩。 (4)旋入中心管。 (5)旋入胶筒座和胶筒。 (6)旋入下接头。 (7)安装上接头
4	试压	装丝堵，试压头，试压，检查承压接头密封情况
5	记录填写	填写检验记录、合格证，入库。
6	清理场地	对现场进行清理，收取工具，上交记录单等

三、注意事项

(1)安装时不许把管钳打在螺纹处和密封部位；

(2)安装前的所有零部件都必须清洗干净；

(3)仔细检查各连接处的螺纹，有损伤要及时修复；

(4)检查零部件的损伤情况，有损伤的零部件要及时修复，无法修复的零部件要及时更换；

(5)组装后，试压 8MPa，稳压 3min 不渗不漏、无压降为合格。

四、技术要求

(1)组装前要按照图样尺寸和要求检查各零件，不合格的零件不能使用；

(2)螺纹要涂密封脂或缠密封胶带且必须连接上紧；

(3) 橡胶部件不能有老化起泡现象,密封圈过盈量在 0.25~0.50mm,胶圈安装不能有扭曲现象,上好后要涂抹黄油以便安装。

五、操作标准

Q/SY DQ0539—2005《封隔器组装检验操作规程》。

项目八　拆装整筒式抽油泵

一、准备工作

(一)材料、工具

ϕ44mm、0.8~3m 冲程管式抽油泵 1 套,检修抽油泵工作台 1 套,ϕ19mm 抽油泵柱塞连杆 1 根,锉刀 1 把,900mm 管钳 1 把,600mm 管钳 1 把,台虎钳 1 套,压力钳 1 套,ϕ30mm、400mm 铜棒 1 根,8kg 大锤 1 把,棉纱适量。

(二)人员

1 人操作,持证上岗,劳动保护用品穿戴齐全。

二、操作规程

序号	工序	操作步骤
1	准备工作	将准备使用的工具放置于专用工作台上
2	检查	(1)清洗抽油泵。 (2)检查抽油泵外观。 (3)用抽油泵拉杆连接柱塞,在泵筒内拉动柱塞感受手感是否轻快均匀、无堵塞现象,检查泵筒和活塞的间隙
3	拆卸	(1)用拉杆将柱塞从泵筒内取出。 (2)拆卸并清洗柱塞各部件。 (3)拆卸并清洗泵筒各部件。 (4)按顺序摆放
4	检查保养	(1)检查固定阀和游动阀,包括阀球、阀座。 (2)检查各连接螺纹有无损坏及锈蚀
5	组装	(1)按顺序进行组装。 (2)连接螺纹和密封处涂抹黄油或密封脂
6	清理场地	对现场进行清理,收取工具,上交记录单等

三、注意事项

(1)拆装时不许把管钳打在螺纹处和密封部位及泵筒;
(2)卸下的所有零部件都必须清洗干净;
(3)仔细检查各连接处的螺纹,有损伤要及时修复;
(4)检查零部件的损伤情况,有损伤的零部件要及时修复,无法修复的零部件要及时更换。

四、技术要求

（1）装配前先检修抽油泵各部分。

（2）检查活塞表面光滑程度和尺寸以及有无腐蚀痕迹、泵径是否符合使用技术要求；检查泵筒尺寸和表面光滑程度；检查活塞和泵筒互相配合的严密程度，配合间隙应达到质量标准和要求。

（3）装配前所有零件的表面要清洗干净，柱塞表面上要涂黄油。

（4）各部件连接螺纹一定要涂抹密封脂，进行组装。

（5）填写检修记录，填写入库清单。

五、操作标准

Q/SY DQ0538—2000《抽油泵检测组装操作规程》。

项目九 组装 KGD-110 节流器

一、准备工作

（一）材料、工具

500mm 游标卡尺 1 把，1000mm 钢板尺 1 把，600mm、900mm 管钳各 1 把，钢丝刷 1 个，专用工具台 1 台，150mm 螺丝刀 1 把，8kg 大锤 1 把，油盆 1 个，黄油若干，螺纹脂若干，柴油若干，棉纱若干，铜棒 1 个 KGD-110 节流器零部件 1 套，试压设备 1 套。

（二）人员

1 人操作，持证上岗，劳动保护用品穿戴齐全。

二、操作规程

序号	工序	操作步骤
1	准备工作	将准备使用的工具放置于专用工作台上
2	检查	(1)将节流器各部件擦洗干净。 (2)按图样的要求检查各零部件，进行测量并除毛刺
3	组装	(1)将上接头固定在专用工作台的压力钳上。 (2)将中心管与上接头连接。 (3)从上接头上端装入调节环和护罩。 (4)从中心管下端依次装入垫环、压簧和阀。 (5)将阀座接头连接于小心管下端并上紧螺纹
4	试压	装丝堵，试压头，试压，检查承压接头密封情况
5	记录填写	填写检验记录、合格证，入库
6	清理场地	对现场进行清理，收取工具，上交记录单等

三、注意事项

(1) 安装时不许把管钳打在螺纹处和密封部位；
(2) 安装前的所有零部件都必须清洗干净；
(3) 仔细检查各连接处的螺纹，有损伤要及时修复；
(4) 检查零部件的损伤情况，有损伤的零部件要及时修复，无法修复的零部件要及时更换；
(5) 组装后，试压 8MPa，稳压 3min 不渗不漏、无压降为合格。

四、技术要求

(1) 组装前要按照图样尺寸和要求检查各零件，不合格的零件不能使用；
(2) 螺纹要涂密封脂或缠密封胶带且必须连接上紧；
(3) 橡胶部件不能有老化起泡现象，密封圈过盈量在 0.25~0.50mm，胶圈安装不能有扭曲现象，上好后要涂抹黄油以便安装。

项目十　组装 KQS-110 配产器

一、准备工作

(一) 材料、工具

500mm 游标卡尺 1 把，1000mm 钢板尺 1 把，600mm、900mm 管钳各 1 把，钢丝刷 1 个，专用工具台 1 台，150mm 螺丝刀 1 把，8kg 大锤 1 把，油盆 1 个，黄油若干，螺纹脂若干，柴油若干，棉纱若干，铜棒 1 个，KQS-110 配产器零部件 1 套，试压设备 1 套。

(二) 人员

1 人操作，持证上岗，劳动保护用品穿戴齐全。

二、操作规程

序号	工序	操作步骤
1	准备工作	将准备使用的工具放置于专用工作台上
2	检查	(1) 将配产器各部件擦洗干净。 (2) 按图样的要求检查各零部件，进行测量并除毛刺
3	组装	(1) 将工作筒固定在专用工作台的压力钳上。 (2) 将弹簧和打捞头依次装入支撑座，用销子穿过打捞头将其固定。 (3) 将衬套、扭簧和凸轮套在支撑套的铣槽内后，穿入轴。 (4) 密封段上端旋入油嘴，下端连接导向头。 (5) 各部件连接好后，从工作筒上端装入，使支撑套坐于工作筒的内孔上。 (6) 将下接头连接在工作筒的下端并上紧螺纹
4	试压	装丝堵，试压头，试压，检查承压接头密封情况
5	记录填写	填写检验记录、合格证，入库
6	清理场地	对现场进行清理，收取工具，上交记录单等

三、注意事项

(1) 安装时不许把管钳打在螺纹处和密封部位；
(2) 安装前所有零部件都必须清洗干净；
(3) 仔细检查各连接处的螺纹，有损伤要及时修复；
(4) 检查零部件的损伤情况，有损伤的零部件要及时修复，无法修复的零部件要及时更换；
(5) 组装后，试压 15MPa，稳压 3min 不渗不漏，无压降为合格。

四、技术要求

(1) O 形密封圈过盈量为 0.1~0.5mm。
(2) 凸轮转动灵活，收回后小于堵塞器缸体外径。
(3) 投堵塞器时，勿提打捞头，以防凸轮收回失去支撑作用；投入后应压送，以便使堵塞器坐于工作筒内。
(4) 投堵塞器时应自下而上，捞堵塞器时应由上而下逐级进行。

项目十一　组装 KPS-114 喷砂器

一、准备工作

(一) 材料、工具

500mm 游标卡尺 1 把，1000mm 钢板尺 1 把，600mm、900mm 管钳各 1 把，钢丝刷 1 个，专用工具台 1 台，150mm 螺丝刀 1 把，8kg 大锤 1 把，油盆 1 个，黄油若干，螺纹脂若干，柴油若干，棉纱若干，铜棒 1 个，KPS-114 喷砂器零部件 1 套，试压设备 1 套。

(二) 人员

1 人操作，持证上岗，劳动保护用品穿戴齐全。

二、操作规程

序号	工序	操作步骤
1	准备工作	将准备使用的工具放置于专用工作台上
2	检查	(1) 将喷砂器各部件擦洗干净。 (2) 按图样的要求检查各零部件，进行测量并除毛刺
3	组装	(1) 将上接头固定在专用工作台的压力钳上。 (2) 把调节环装在上接头上。 (3) 将中心管与上接头相连。 (4) 在中心管内装入滑套芯子。 (5) 在中心管上依次套装上隔环、弹簧、护罩、阀、阀座、衬套。 (6) 将下接头与中心管相连接，保证螺纹上紧密封

续表

序号	工序	操作步骤
4	试压	装丝堵,试压头,试压,检查承压接头密封情况
5	记录填写	填写检验记录、合格证,入库
6	清理场地	对现场进行清理,收取工具,上交记录单等

三、注意事项

(1)安装时不许把管钳打在螺纹处和密封部位;

(2)安装前所有零部件都必须清洗干净;

(3)仔细检查各连接处的螺纹,有损伤要及时修复;

(4)检查零部件的损伤情况,有损伤的零部件要及时修复,无法修复的零部件要及时更换。

四、技术要求

(1)阀开启压力为 1.5MPa,当小于阀开启压力时,阀不渗漏,大于阀开启压力时,流体均匀喷射。

(2)阀开启压力调节好后,装上滑套芯子,整体清水试压 25MPa,稳压 5min 为合格;标记好滑阀套通径的尺寸。

(3)单级使用时可不装滑套芯子,多级使用时最下级也可不装滑套芯子,其余各级均应装上相应的滑套芯子;连接管柱按照从上到下通径由大变小的原则,不能连错。

模块三　维修、保养井下工具

项目一　相关知识

CBF001　钳工操作的主要工作内容

一、钳工基本操作

钳工是手持工具对工件进行切削加工的工种，是机械制造与维修的重要手段之一，在机械设备的维护和修理中起着重要作用。

钳工操作的主要内容有划线、錾削、锯削、锉削钻孔、攻螺纹、套螺纹、研磨、铆接、锡焊及装配等。

钳工常用设备有钳工工作台、台虎钳、砂轮机、手电钻、钻床等。

（一）錾削

用锤子打击錾子对金属工件进行切削加工的方法称为錾削。錾削主要用于不便机械加工的场合，如去除毛坯上的凸缘、毛刺、浇口和冒口，分割材料以及錾削平面和沟槽等。

CBF002　錾子的分类

1. 錾削工具

錾削主要使用的工具是錾子和锤子。

1）錾子的类型

（1）扁錾。扁錾切削部分扁平，切削刃较长，刃口略带圆弧形，主要用来錾削平面，去除毛刺、凸缘和分割板材等。

（2）尖錾。尖錾切削刃比较短，从切削刃到錾身逐渐变狭窄（故又称窄錾）以防止錾沟槽时两侧面被卡住，主要用来錾削沟槽及将板料分割成曲线形等。

（3）油槽錾。油槽錾切削刃很短并呈圆弧形，切削部分制成弯曲形状，主要用来錾削平面或曲面上的油槽。

2）锤子

锤子由锤头、木柄和楔子组成，其规格有 0.25kg、0.5kg 和 1kg 等多种。

2. 錾削方法

1）錾子握法

錾子用左手的中指、无名指握住，小指自然合拢，食指和大拇指自然接触，錾子头部伸出约 20mm。錾子不能握太紧，以免敲击时掌心承受的振动过大或一旦锤子打偏后伤手。錾削时握錾子的手要保持小臂处于水平位置，肘部不能下垂或抬高。

2）锤子握法

锤子一般采用右手的 5 根手指满握的方法，大拇指轻轻压在食指上，虎口对准锤头方向,不要歪向一侧,木柄尾端露出 15~30mm。

3)錾削姿势

为了形成较大的敲击力量,操作者必须保持正确的站立位置。正确的姿势是左脚超前半步,两腿自然站立,人体重心稍微偏于后脚,视线落在工件的切削部位。

4)錾削操作方法

(1)錾削平面。

錾削平面用扁錾进行,每次錾削余量为 0.5~2mm。起錾时,切削刃应抵紧起錾部位,錾子头部向下倾斜,使錾子与工件起錾端面基本垂直,再轻敲錾子,即可准确和顺利地起錾。起錾完成后,按正常方法进行平面錾削。

錾削较窄平面时,錾子的切削刃最好与錾削的前进方向倾斜一个角度,目的是使切削刃与工件有较大的接触面,且錾子也容易保持平稳。錾削较宽的平面时,由于切削面的宽度超过錾子的宽度,扁錾切削部分的两侧易被卡住增加切削阻力,且不易掌握錾子,影响錾削质量。所以一般应先尖錾间隔开槽,再用扁錾錾去剩余部分。当錾削快到尽头时,必须调头錾削,否则极易使工件边缘崩裂,产生废品。

(2)錾油槽。

錾油槽应首先按图样上油槽的断面形状把油槽錾刃磨好。錾削平面上油槽的,方法与平面錾削一样。錾削曲面上的油槽时,錾子的倾斜度要随曲面不断调整,始终保持一个合适的后角。錾油槽要把握好尺寸和表面粗糙度。油槽錾削后,不再用其他方法进行精加工,必要时可进行一些修磨。

(3)錾削板料。

小尺寸板料常利用台虎钳切断,用扁錾沿钳口自右向左约成 45°方向錾削。工件的断面要与钳口平齐,夹持要牢固,以防止在切断过程中板料松动而使切断线歪斜。大尺寸板料应在铁砧上进行切断。铁砧材料不宜过硬,避免损伤錾刃。切断具有一定厚度及形状较复杂的板料时,应先按划线钻出排孔,再用尖錾逐步切断。

5)錾削的注意事项

(1)錾子要保持锋利,过钝的錾子不但工作费力、錾削表面不平整,而且容易打滑伤手。

(2)錾子头部有明显毛刺时要及时磨掉,避免铁屑碎裂飞出伤人,操作者必须戴上防护眼镜。

(3)锤子木柄松动或损坏时要及时更换,以防锤头飞出。

(4)錾子头部、锤子头部和柄部均不应沾油,以防打滑。

(5)操作者要掌握动作要领,錾削疲劳时应适当休息。

(6)工件必须夹持稳固,伸出钳口高度为 10~15mm,且工件下要加垫木。

(二)锯削

用手锯对材料或工件进行分割或切槽的加工方法称为锯削。

1. 锯削工具

进行锯削加工的工具是手锯,由锯弓和锯条组成,锯条通过两端的销子安装在锯弓上,锯齿向前倾,松紧适当。

锯条的长度是指两端装夹孔的中心距,常用的锯条长度为 300mm,锯条的一边开有交叉形或波浪形排列的锯齿构成削切部分，齿间是容屑槽。

锯条齿的粗细按齿距的大小可分为粗齿，$t=1.4\sim1.8$ mm；中齿，$t=1\sim1.2$ mm；细齿，0.81 mm。锯条齿粗细应根据加工材料的硬度和锯削断面的大小来确定，粗齿锯条适用于锯铜、铝等软金属及较厚的工件，细齿锯条适用于锯硬钢、薄板及薄壁管子等，中齿锯条适用于锯普通钢、铸铁及中厚度的工件。

2. 锯削操作方法

（1）锯削前，应将工件夹紧；在台虎钳上要使被锯削处尽可能靠近钳口。

（2）起锯。起锯是锯削工作的开始，起锯的好坏直接影响锯削的质量。起锯可以分为远起锯和近起锯，起锯时，为防止锯条滑动，可用左手拇指指甲靠稳锯条，起锯角度应小于15°。

（3）锯削：锯削时，右手推进，施压，左手配合右手扶正，施加压力；返回行程中不加压自然拉回。工件将断时压力应小。

（三）锉削

用锉刀对工件表面进行切削加工，使工件达到所需要的尺寸、形状和表面粗糙度，这种加工方法称为锉削。锉削的工作范围较广，可加工平面、曲面、内外圆弧和其他复杂表面，锉削的精度可达 0.01 mm，表面粗糙度（Ra）可达 0.8 μm。

<u>CBF005 锉刀的分类</u>

1. 锉刀

1）锉刀的分类

锉刀按刻齿部分长度可分为 100 mm、150 mm、200 mm、300 mm 等规格。

锉刀按用途可分为钳工锉、特种锉和整形锉（什锦锉）3 种。钳工锉包括平锉、方锉、三角锉、半圆锉和圆锉 5 种。

另外，锉刀根据 10 mm 长范围内齿纹条数多少可分为粗齿锉、中齿锉、细齿锉 3 种。

2）锉刀的选择

锉刀种类的选择取决于工件加工部位的形状。

锉刀粗细的选择取决于工件加工余量大小、加工精度和表面粗糙度的要求，同时也要考虑材料的硬度。加工余量大、表面粗糙度低的选用粗齿锉刀，反之选用细锉刀。表 2-3-1 列出了粗、中、细三种锉刀适宜的加工余量和能达到的加工精度和表面粗糙度。

表 2-3-1　锉刀适应范围

锉刀种类	适应范围		
	加工余量, mm	尺寸精度, mm	表面粗糙度（Ra）, μm
粗齿锉刀	0.5~1	0.2~0.5	100~25
中齿锉刀	0.2~0.5	0.05~0.2	12.5~6.3
细齿锉刀	0.05~0.2	0.02~0.05	12.5~3.2
整形锉刀	<0.05	<0.02	3.2~0.8

<u>CBF006 锉削的方法</u>

2. 锉削

1）锉刀的使用方法

工件紧夹在台虎钳上，右手握锉刀柄，左手压锉刀，锉刀推进时应在水平面方向运动，左手压力大，右手压力小，随着锉刀的推进，右手压力逐增，左手压力逐小。

2)锉削的基本方法

锉削的基本方法有顺向锉、交叉锉和推锉3种。

顺向锉:锉削刀锉削运动方向始终保持一致,锉痕正直一致,适用于粗锉后精锉和小平面加工。

交叉锉:锉刀锉削运动方向与工件夹持方向各成30°~40°角,从两个交叉方向交替地对工件进行锉削,交叉锉适用于粗锉削加工。

推锉:两手对称地横握锉刀,用大拇指推着锉刀顺着工件长度方向进行往复锉削,适用于窄长平面和修正尺寸。

3)锉刀的保养方法

(1)新锉刀要先使用一面,用钝后再使用另一面。

(2)粗锉时,应充分使用锉刀的有效全长,这样既可提高锉削效率,又可避免锉齿局部磨损。

(3)锉刀不能沾油和水。

(4)如锉屑嵌入齿缝内,必须及时用钢丝刷沿着锉齿的纹路清除。

(5)不能锉毛坯上的硬皮及经过淬硬的工件。

(6)铸件表面如有硬皮,应先用砂轮磨去或用旧锉刀和锉刀的有齿侧边将其锉去,然后再进行正常的锉削加工。

(7)锉刀使用完毕必须清刷干净,以免生锈。

(8)锉刀无论是使用过程中还是放入工具箱内,都不能与其他工具或工件放在一起,也不能与其他锉刀相互重叠堆放,以免损坏锉齿。

CBF007 锉刀的保养方法

(四)刮削

刮削是一种精密的加工操作。在机械加工中,有些零件虽然经过车、铣、刨等加工,但是工件表面上还留有较粗糙的痕迹,特别像车床的床面、刀架滑座、轴承等用于滑动支撑的机械零件,如果接触面的精度和表面粗糙度不满足要求,不但影响机器的精度,还会加快滑动面磨损。为了消除床面、轴承上滑动接触的工作表面那些粗糙的痕迹,还有轻微的弯曲、毛刺飞翅、凹陷或凸起,提高工作面的平直度,保证机器的精度和使用的寿命,需要进行刮削加工。

刮削的时候,刮刀的负前角起着推挤的作用,它不单在切削,还起着压光的作用。因此,刮削的表面组织比机械加工的表面严密,而且可以获得较小的表面粗糙度,当两个经过刮削的工作面贴在一起滑动时便有无数接触点,且触点分布比较均匀,所以滑动阻力小,两滑动面的相互磨损也就减少了。

1.刮刀的种类

刮刀是进行刮削的主要工具,制作刮刀的材料要求硬度高、坚实、不起砂口、不易磨耗,刮刀通常采用T10~T12碳素工具钢以及W18Cr4V、W8Cr4V2高速工具钢或轴承钢制作,并经淬火处理(硬度一般为HRC60~65)后磨削而成。

刮刀的种类比较多,按照其用途可分为平面用刮刀(铲刀)和曲面用刮刀。

1)平面刮刀(铲刀)

刮刀的切削刃口呈直线(也有呈微小弧线),适合刮削平整的工件表面。平面刮刀按构造的不同,又可分为普通刮刀和弯头刮刀两种。

(1)普通刮刀(直头铲刀)。

这种刮刀最常见,各部分尺寸根据工件大小和要求的精度来确定。

为了达到工作方便和一刀多用的目的,可以把刮刀制成双头刮刀的样式,它一头可用于粗刮加工,另一头可用于精刮加工。在刮削中,使用粗刮的一头对工件粗刮后,只要调换刮刀的另一头,便可进行精刮了。

(2)弯头刮刀。

这种刮刀的刀头薄,一面有刃,在刮削时具有弹性,可以防止刮削时工件表面出现振纹。

2)曲面刮刀

曲面刮刀多用于刮削曲面和轴承等,通常有三角刮刀和匙形刮刀。三角刮刀的三个刃口形成一个等边三角形,其角度为60°,三个面上有纵槽,方便刮刀的刃磨。

2. 刃磨

为了更好地进行刮削,要求刮刀的刀刃保持光滑和锋利,因而,需要经常进行刃磨。刃磨刮刀的方法如下:

1)粗磨平面刮刀(铲刀)

启动砂轮,把淬硬的刮刀顶端搁在砂轮搁架上,沿着砂轮轮线来回移动,使刃口窄侧面及宽平面互相平行或垂直(刃口可磨成稍带弧形),磨的时候要用水冷却,避免刮刀退火。

2)细磨刮刀

经砂轮粗磨后的刮刀,刃口仍然存在细微的凹痕并带有毛刺,还要进一步在油石或放有研磨剂的平板上进行细磨。在油石上细磨时,需放适量的柴油或机油。刃磨时,铲刀的刀身要垂直于油石表面,两个宽平面和刀刃顶端面要交替着磨,两切削刃应在两宽平面上,不能出现负前角,否则将不再锋利,失去刃磨的意义。条件许可的,铲刀的两宽平面最好在平面磨床上磨光。刮刀在使用中需要刃磨时,只需垂直地刃磨刀刃顶端面便可。这样,既保证了铲刀切削刃口的平整和锋利,工作起来也方便。同时,为了避免刃磨时铲刀的刃口钩住油石,刃口和运动方向应形成一个较小的角度。

3)三角刮刀

三角刮刀的刃磨和铲刀的刃磨相似,也分粗磨和细磨两个步骤。粗磨时,用左手把刃口轻压在砂轮上,右手握住刮刀柄,并使刮刀在砂轮上左右移动。刃磨中,注意检查刮刀的横剖面的三条棱边,看是否保持等边三角形;同时,可在刮刀的三个面上各磨出一条纵槽,以便于细磨。细磨三角刮刀时,为了能获得平整的锋利的刃口,所使用的油石表面必须平整,刃磨时,刮刀与油石交成一角度(45°~60°);要充分地使用油石的整个平面进行刃磨,以防止油石的局部位置过早地凹陷或起槽,否则,既缩短油石的使用寿命,也无法磨好刮刀。

CBF010 刮刀的使用方法

3. 刮削的方法

1)刮削时的角度和刮刀的握法

刮削平面是一种往返的直线运动,刮刀推出去时起切削作用,返回时是空行程。刮削时,刮刀与工件平面斜交一角度,一般为25°~30°。刃口锋利的刮刀,与工件斜交的角度稍小些,刮削一段时间后,刃口变钝时,角度应略增大。使用普通平面刮刀工作时,左手放在靠近刀头的杆上,起引导刮刀方向并施加一定的压力的作用,右手握住刀柄并使刀柄抵住掌心用力向前推进。使用长柄刮刀时,为了减轻疲劳,可把刀顶着髋骨侧部,两手押着刮刀的头部,利用人的重力做前后惯性运动,推动切削刃进行刮削,这样操作既省力又能提高工效。

2)刮削步骤

较小型的工件可夹持在虎钳上刮削,但必须提防工件变形。刮削较大型的工件,可水平牢靠地放在地面上进行。目前许多工厂床身导轨、大拖板燕尾槽均不刮削而是直接用导轨磨床磨出,但有些工厂还采用刮削。刮削工作从开始到完成,可分为粗刮、细刮、精刮3个步骤:

CBF009 平面刮削的操作步骤

CBF008 钳工刮削的种类

(1)粗刮。刮削前,首先要把已进行车、铣、钻或刨等加工的工件用刮刀、锉刀、钻头或修边器等去掉周边毛刺、锐边、锐角,防止碰伤手,并用刮刀全面地刮去机械加工后留下的刀痕,然后涂上显示剂(或工件面不涂色,标准平板等校准工具涂色),与标准平板进行对磨。对磨后,常有以下三种接触情况:一是工件的四周边缘接触而中间位置不接触;二是工件只有中间一部分接触,而其他位置不接触;三是工件的平面一边接触,而另一边不接触或只有对角位置接触等。粗刮前,细心观察和分析平面对磨后磨出的接触情况是很重要的,只有在了解和掌握了接触情况后,才能够正确地进行刮削工作。

粗刮时,要刮去相当厚的切屑(去粗皮),所以刮削压力要大些,这样去屑要快些,粗刮所使用刮刀的端部必须要平,一般多采用长刮刀进行刮削,刮削时刀痕要连成一片,不可重复,以防止平面高低相差过多。经粗刮后,当每25mm^{2}正方形面积内有4~6处接触点时,就可进入细刮。

(2)细刮(点刮)。细刮是把已经贴合的点轻轻地一个一个地刮去,使对磨时工件平面原来不接触位置渐渐接触,不断地增加贴合点的数目,以达到所要求的表面质量。经过一段时间的细刮,磨出来的点子相互间的距离渐近,这时,可以从工件表面看出三种深浅不同颜色的斑点,亮而反光的地方,就是工件表面较高之处;显出黑色点的地方,是平面高低适中的地方,不需刮去;不着色的地方,是平面较低之处,所以对磨时与标准平板不接触。此外,刮削中还要掌握以下要领,即"点子越疏散,需刮去的点子面积越大,点子越集中,则刮去的点子面积越小",才能又快又好地完成刮削工序。当工件平面每25mm^{2}内有15~20个贴合点时,就可以进行精刮了。

(3)精刮。精刮的目的是在细刮的基础上再经过一番的修正,进一步提高工件的表面使用质量。

精刮所使用的刮刀要特别锋利,一般用小刮刀进行。刮削时,为了减少刮刀刃口与工件平面的接触面积,更准确地刮在点子上,可把刮刀的顶端磨成稍带圆弧的形状。进行精刮工作时,精神要集中,每刀刮在点子上,点子越多,刀痕越小,刮时所用的力要轻。

当点子逐渐增大时,可将点子分成3种情况进行刮削,最大最亮的点子要全部刮去,中等的点子刮去一小片,小点子留着不刮。这样,大点子就可分成许多小点子,中等的点子又分成几个小点子,直到每25mm^{2}内有20~25个贴合点为止。

(五)钻孔

用钻头在实心材料上加工出孔的方法称为钻孔。钻孔多用于装配和修理,也是攻螺纹前的准备,其加工精度一般可达到尺寸精度为IT10~IT11级,其表面粗糙度(Ra)一般为100~25μm。

1. 钻孔工具

CBF011 麻花钻的结构

钻孔工具主要是麻花钻头和钻床。钻床主要有台式钻床、立式钻床和摇臂钻床。

麻花钻由柄部、颈部和工作部分组成,柄部是麻花钻的夹持部分,它的作用是定心和传递扭矩;颈部在磨削时作退刀槽使用,钻头的规格、材料及标印在颈部;工作部分由切削部分和导向部分组成,切削部分主要起切削工件的作用,导向部分的作用不仅在于保证钻头钻孔时的正确方向和修光孔壁,同时还是切削部分的后备部件。

麻花钻一般用高速钢(W18Cr4V2 或 W9Cr4V2)制成,淬火后硬度为 62~68HRC,有直柄式和锥柄式两种,一般钻头直径小于 13mm 的制成直柄,大于 13mm 的制成锥柄。

CBF012 麻花钻的特点

麻花钻的特点:刃较长,横刃处前角为负值;主切削刃上各点的前角大小不一样,致使各点切削性能不同;棱边处的副后角为零;主切削刃外缘处的刀尖较小,前角很大,刀齿薄弱,而此处的切削速度最高,故产生的切削热最多,磨损极为严重;切削刃长且全部参与切削。

2. 钻孔方法

CBF013 钻孔的基本方法

(1)钻孔前应用夹具夹紧工件并固定牢靠,然后安装钻头,保证钻头同轴旋转,防止偏摆。

CBF014 钻孔的注意事项

(2)试钻:钻头对准冲眼试钻,如有偏差,应纠正后再钻。

(3)钻进:钻进过程中用力应当均匀,匀速钻进,即将钻通时,应减少进给量,钻削深度较大时,应经常退出钻头来排除切屑并进行冷却和润滑,防止切屑堵塞在孔内使钻头过热,加快钻头磨损和扭断钻头。

(六)铰孔

CBF015 铰刀的种类

用铰刀从工件孔壁上切除微量金属层的加工方法称为铰孔。铰孔一般适用于较小孔径的孔的精加工,其加工精度可达 IT9~IT7 级,其表面粗糙度(Ra)为 3.2~0.8μm。

1. 铰刀

CBF016 铰孔的方法

铰刀按刀体结构可分为正体式铰刀、焊接式铰刀、镶齿式铰刀和装配可调节铰刀等,按外形可以分为圆柱铰刀和圆锥铰刀,按使用手段可分为机用铰刀和手用铰刀。

2. 手工铰孔操作

(1)工件装夹要牢固平整。

(2)保证铰刀和孔的同轴度,防止将孔铰偏。

(3)铰削过程中,两手旋转铰杠,用力要平衡,随铰刀的旋转要加适当的压力使铰刀旋转和铰进,防止孔径扩大和铰成喇叭口。

(4)每铰进 2~3mm 应退出铰刀,清除切屑,加润滑油。

(5)铰进和退刀时禁止铰刀反转,避免擦伤工件表面和损坏铰刀。

(6)当孔快铰通时,不允许铰刀的标准部分完全穿出铰孔,以免划伤孔的下端表面。

(7)铰刀使用完毕应擦拭干净,涂防锈油,装袋或装盒保存。

3. 机动铰孔操作

(1)钻床主轴中心线的跳动量及对工作台面的垂直度应不大于 0.03mm。

(2)装夹工件应保证孔、铰刀和钻床主轴线的同轴度偏差不大于 0.02mm。

(3)铰削时,应先手动进给,当铰刀进入孔 2~3mm 后改用机动进给。

(4)铰孔过程中要保证切削口选用合理且供给充足。
(5)铰孔完毕后应先退刀和停钻床,防止在孔壁上留下刀痕。

(七)攻螺纹

用丝锥在工件内孔上加工出内螺纹的操作称为攻螺纹。根据断面的形状,螺纹可分为三角形螺纹、矩形螺纹、梯形螺纹、锯齿形螺纹和圆锥管螺纹。根据绕行的方向,螺纹有右旋和左旋的区别。根据螺纹螺旋线的头数,螺纹可分为单头及多头螺纹。

螺纹按用途可分为连接螺纹和专用螺纹。普通螺纹是最常用的连接螺纹,有粗牙和细牙两种。在大径相同的条件下,细牙普通螺纹的螺距与螺纹高度都比粗牙的小。管螺纹只用于管子的连接,梯形螺纹和锯齿形螺纹是常用的传动螺纹,锯齿形螺纹只能传递单向动力。

1. 攻螺纹工具

攻螺纹工具是同一规格的丝锥和绞手。丝锥主要包括工作部分和校准部分,在丝锥的侧面开有容屑槽。丝锥分为头锥和二锥,头锥切削部分长、锥角小,是攻螺纹的主要切削工具;二锥切削部分短、锥角大、主要用于对螺纹的修整。绞手是夹持和扳转丝锥的工具。

2. 攻螺纹

1)底孔直径的确定

攻螺纹前应钻出螺纹底孔,并在孔端倒棱,底孔直径一般比螺纹小径稍大,螺纹底孔的直径可查表和用经验公式计算。

脆性材料:

$$D_o = D - (1.05 \sim 1.1)P \qquad (2\text{-}3\text{-}1)$$

韧性材料:

$$D_o = D - P \qquad (2\text{-}3\text{-}2)$$

式中 D_o——底孔直径,mm;

  D——螺纹大径,mm;

  P——螺距,mm。

圆柱和圆锥管螺纹一般查表确定。

2)攻螺纹操作

攻螺纹时,应先将丝锥摆正,然后对丝锥加以适当压力,同时旋转绞手,在丝锥切入底孔工圈前,用90°角尺仔细校正丝锥和螺纹底孔端面的垂直度,边旋入边校正丝锥位置,达到垂直位置后,绞手每扳转1/2~1圈,就应将丝锥倒转1/4圈断屑,如此直至攻螺纹达到设计要求。

(八)套螺纹

用板牙在圆柱体工件上加工出外螺纹的操作称为套螺纹。

1. 套螺纹工具

套螺纹工具是同一规格的板牙和板牙架。板牙是套外螺纹的工具,由切削部分、校准部分和排屑孔组成,板牙两端有切削锥角部分,排屑孔和螺纹牙交叉形成前角,中间的螺纹为校准部分。板牙架用来装夹和旋转板牙。

2. 套螺纹

1) 圆杆直径的确定

用板牙在工件上套普通螺纹时,工件直径应略小于螺纹的大径,其直径可以用式(2-3-3)来确定。

$$d_o = d - 0.13p \tag{2-3-3}$$

式中 d_o——圆杆直径,mm;
　　　d——螺纹大径,mm;
　　　p——螺纹距,mm。

2) 套螺纹操作

套螺纹前,圆杆工件端部通常倒出 15°~20° 斜角,以便板牙对准工件和切入,倒角处小端直径应小于螺纹小径。套螺纹时,应使板牙的端面和圆杆轴线保持垂直,在转动板牙架时施加轴向压力,用力平稳,缓慢转动,待板牙切入圆杆并套出螺纹后,不再施加轴向压力。在套螺纹过程中要经常逆转板牙进行断屑。

(九) 研磨

用研磨工具和研磨剂从工件表面磨去一层极薄的金属层,使工件得到精确的尺寸、几何外形和较小的表面粗糙度的精加工方法,称为研磨,工件尺寸精度一般可达 0.001~0.005mm,圆度和圆柱度可达 0.001~0.002mm,表面粗糙度(Ra)可达 0.1μm。

1. 研磨的原理

研磨时,将研磨剂均匀地涂在研具上,当受到工件和研具的压力后,研磨剂中的微小磨粒便嵌入研具的表面,形成无数个刀刃,在工件和研具之间的相对运动和压力作用下,磨粒对工件表面进行微量的切削,使工件表面被切削掉一层极薄的金属层,这就是研磨切削的基本原理。

2. 研具材料

研具的材料必须比工件稍软,但不可太软,否则会使磨料全部嵌进研具而失去研磨作用。材料的组织须细密均匀,否则会使研具产生不均匀磨损而影响工件质量。研具材料主要有灰铸铁、球墨铸铁、低碳钢和铜等。

(1) 灰铸铁。灰铸铁是常用的研具材料,具有润滑性能好、磨耗较慢、硬度适中、研磨剂在其表面容易涂均匀等优点。

(2) 球墨铸铁。球墨铸铁比灰铸铁更容易嵌存磨粒,且嵌得均匀牢固,同时由于其强度较高还能增加研具的耐用度,目前已得到广泛使用。

(3) 低碳钢。低碳钢韧性较好,不容易折断,常用于制作小型的研具,如研磨螺纹和细小的工件等。

(4) 铜。铜较软,表面容易嵌存磨粒,适于作软钢研磨加工范围内的研具。

3. 研具类型

常用的研具有研磨平板、研磨环和研磨棒等。

1) 研磨平板

研磨平板主要用来研磨平面,如量块、精密量具的测量面及精密机械的导轨等,也可使用研磨平板对外圆柱或外圆锥工件进行抛光加工。研磨平板有槽和光滑两种,有槽研磨平板用于粗研,研磨时易于将工件压平,防止将工件磨成凸起的弧面;光滑研磨平板用于精研。

2)研磨环

研磨环主要用来研磨外圆柱表面和外圆锥表面。研磨环的内径通常比工件的外径大 0.025~0.05mm。经过一段时间的研磨后,其内径增大,这时可通过拧紧调节螺钉使孔径缩小,以保持所需的间隙。

3)研磨棒

研磨棒主要用来研磨圆柱孔和圆锥孔,有固定式和可调式两种。

固定式研磨棒制造容易,但外径磨损后无法补偿。因此,对每个工件某一孔径的研磨,需要 2~3 个预先制好的有粗、半精、精研磨余量的研磨棒。工件孔的精度要求越高,则研磨棒的数量越多,其中带槽的研磨棒用于粗磨,光滑研磨棒用于精磨。

4. 研磨剂

研磨剂是一种由磨料、研磨液和辅料调和而成的混合剂。

CBF025 常用的研磨剂

1)磨料

磨料在研磨中起切削作用,有不同的粒度,在研磨中可根据被加工工件的精度要求选择不同粒度的磨料。

(1)氧化物磨料(即刚玉类磨料),主要用于碳素工具钢、合金工具钢、高速钢和铸铁工件的研磨。

(2)碳化物磨料,硬度高于氧化物磨料,除了可用于一般钢铁制件的研磨外,主要用于研磨硬质合金、陶瓷与硬铬之类的高硬度工件。

(3)刚石磨料,分人造和天然两种。它的切削能力和硬度比前两类都高,实用效果好,但价格昂贵,一般只用于硬质合金、硬铬、宝石、玛瑙和陶瓷等高硬度工件的精研磨加工。

2)研磨液

研磨液在研磨剂中起稀释、润滑和冷却作用。

3)辅料

辅料是一种混合脂,在研磨中起吸附、润滑及化学作用。

4)研磨方法

(1)涂敷研磨法。

涂敷研磨是指直接把研磨剂均匀地涂敷在工件或研具上进行研磨,这种方法切削力强,但加工精度低。

(2)嵌砂研磨法。

嵌砂研磨是指把研磨剂均匀地涂在两个研具之间,先使研具对研,使磨粒嵌入研具工作表面,再用经过嵌砂的研具去研磨工件。嵌砂研磨能获得准确的尺寸、精确的表面几何外形和较高的表面精度,但研磨效率低,不宜用于一般精度的研磨。

5. 研磨的运动形式

研磨一般采用直线、摆线、螺旋线、"8"字形等运动形式。直线研磨的运动轨迹容易重合,工件不易得到较高的表面精度,但可获得较高的几何精度;螺旋形研磨适用于圆片和圆柱形工件端面;"8"字形研磨适用于研磨小平面工件。

(十)钳工安全操作注意事项

1. 一般安全事项

(1)工作地点应保持清洁。

(2)工具、成品、半成品或原材料要摆放整齐且安全。

(3)经常检查机床、工具(如砂轮机、钻床、手电钻和锉刀等),发现损坏应立即停止使用。

(4)操作时,必须严格遵守安全技术操作规程,如发现防护用具(如防护眼镜、绝缘手套和胶鞋等)损坏失效,应立即修补或更换。

2. 钻孔及锉削安全操作规程

(1)钻孔:不准戴手套,工作台不准摆放工具;钻孔时,工件下部应加垫块,工件要夹紧,清除切屑应用钩子或刷子,并尽量在停车时清除。

(2)锉削:不使用无柄或手柄开裂的锉刀,锉柄应安装牢固,不准用嘴吹工件上的切屑,也不准用手清除切屑,不准用手抚摸锉削的平面。

二、常用修井打捞工具

<u>CBG001 修井打捞工具的种类</u>

打捞类工具是油水井大修施工应用最广泛,使用次数最多,应用品种、规格最全的专用工具。打捞类工具品种、规格较多,按井内落物类型分类,可分成管类打捞工具、杆类打捞工具、绳缆类打捞工具、小物件类打捞工具四大类,若按工具结构特点分类,则可分为锥类、矛类、筒类、钩类、篮类、其他类六大类。

(一)套管系列通径规

<u>CBH001 通径规的常用规格</u>

在采取井下作业措施之前,特别是下入井下工具之前,通常要进行通井作业,下入比套管内径小 6~8mm 的通径规进行通井,以判断井内套管状况。若通径规能顺利通过,可进行下一步作业措施;若遇阻,说明井筒可能存在问题,应先检验套管和井下状况。通井时应先取得通径规规范(外径、长度)、通井深度(人工井底)、通井过程中特殊情况描述(遇阻位置、套管变形情况)等资料。

1. 结构

套管系列通径规的结构如图 2-3-1 所示。

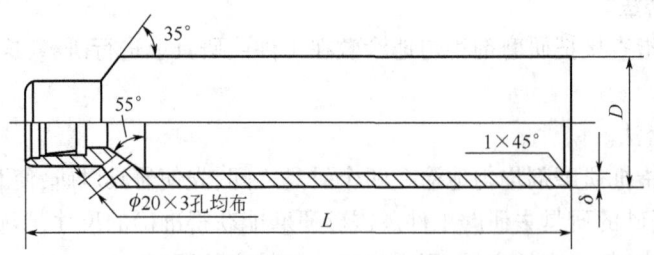

图 2-3-1 套管系列通径规的结构示意图

2. 技术参数

套管系列通径规的主要技术参数见表 2-3-2。

表 2-3-2　套管系列通径规主要技术参数

套管规范	in	$4\frac{1}{2}$	5	$5\frac{1}{2}$	$5\frac{3}{4}$	$6\frac{5}{8}$
	mm	114	124	139.7	146	168.2
外径(D),mm		92~95	102~107	114~118	116~128	136~148
长度(L),mm		500	500	500	500	500
上部接头螺纹		NC26-12E $2\frac{3}{8}$TBG	NC26-12E $2\frac{3}{8}$TBG	NC31-12E $2\frac{7}{8}$TBG	NC31-12G $2\frac{7}{8}$TBG	NC26-22G $2\frac{7}{8}$TBG
下部接头螺纹		NC26-12E $2\frac{3}{8}$TBG	NC26-12E $2\frac{7}{8}$TBG	NC31-12E $2\frac{7}{8}$TBG	NC31-12G $2\frac{7}{8}$TBG	NC26-22G $2\frac{7}{8}$TBG

注:(1)D 应比施工井套管内径小 6~8mm。
　　(2)δ 一般为 5~6mm。
　　(3)一般井长度为500mm,特殊井可根据井下工具长度而定。

3. 通径规的维修保养

(1)清除通径规本体及螺纹部分的油污等杂质。
(2)检查螺纹部分有无缺齿、滑扣及变形等现象,影响使用的应予以淘汰。
(3)检查通径规本体有无损伤、变形等现象,影响使用的应予以淘汰。
(4)检查通径规水眼有无堵塞。
(5)螺纹部分涂抹黄油,带上护丝,油纸包裹,装箱于干燥处保存。

CBH002 通径规的保养方法

(二)公锥

1. 用途

公锥是一种专门在油管、钻杆、封隔器、配水器、配产器等有孔落物的内孔进行造扣打捞的工具。公锥与正扣、反扣钻杆及其他工具配合使用,可实现不同的打捞工艺。

CBG007 公锥的结构

2. 结构

公锥是长锥形整体结构,可分为接头和打捞螺纹两部分,如图 2-3-2 所示,接头上部有与钻杆相连接的螺纹,有正扣、反扣标志槽,便于归类和识别;接头下部有细牙螺纹,用以连接引鞋。公锥自上至下有水眼。

公锥最重要的部分是打捞螺纹,按牙尖角分类,有两种不同的规范。

(1)螺纹牙尖角为 55°,螺距为 8 牙/25.4mm。

这种打捞螺纹目前使用较多,其优点是螺纹牙尖角较小,易于吃入落鱼内壁,所需的造扣扭矩也较小,但由于牙尖角小,齿根断面也相应较小,螺纹强度较低,不适于打捞材质较硬、韧性较大的落物,如 P110 材质的落物,造扣时可能造成螺纹崩扣挤毁、打捞部分螺纹损坏,导致打捞失败。

(2)螺纹牙尖角为 89°30′,螺距为 5 牙/25.4mm。

该螺纹的优点是增大了牙尖角,加大了螺距,也相对地增加了螺纹根部的断面积,从而提高了打捞螺纹的强度,使之能承受较大的造扣扭矩及提拉负荷。但由于牙尖角的增大,在造扣吃入深度与55°牙尖角相同的情况下则需要增大造扣扭矩,因而增加了地面造扣扭矩。这种打捞螺纹对于材质较硬、韧度较大的落物,打捞成功率较高,建议选用。对于一般材料落鱼的打捞,仍建议选用55°牙尖角的打捞螺纹。

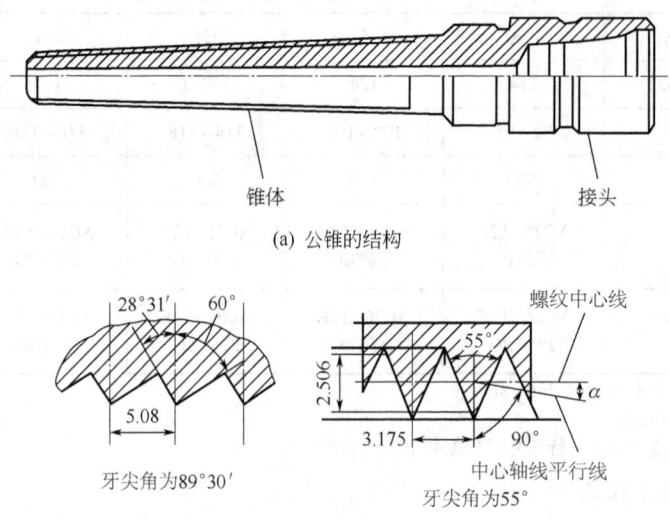

(a) 公锥的结构

(b) 打捞螺纹

图 2-3-2　公锥的结构及其打捞螺纹示意图

3. 工作原理

当公锥进入打捞落物内孔之后加以适当的钻压并转动钻具,迫使打捞螺纹挤压吃入落鱼内壁进行造扣,当所造扣能承受一定的拉力和扭矩时,则可采取上提或倒扣的办法将落物全部或部分捞出。

老式公锥多带有数条排屑槽,此槽原设计意图是排出造扣切削时产生的铁屑,但实际造扣工况是挤压成型,并无铁屑生成。实践证明排屑槽未发生效用,而且对某些造扣后需要憋压的作业又极为不利,因它只能承受 10MPa 以下的泵压,再高则会由此槽窜通。

4. 技术规范

公锥的技术规范见表 2-3-3。

表 2-3-3　公锥的技术规范

分类	规格型号	外形尺寸 （直径×长度） mm×mm	接头螺纹	使用规范及性能参数			
				打捞螺纹 表面硬度	抗拉极限 MPa	冲击韧度 J/cm²	打捞直径 mm
钻井公锥	GZ105	105×800	NC31(210)	HRC60-65	≥932	≥58.8	48~60
	GZ121	121×800	NC38(310)				60~77
	GZ156	156×800	NC50(410)				89~103
	GZ108	108×800	3½REG				38~60
	GZ178	178×900	5½FH				89~103
修井公锥	GZ86-1	86×560	NC26(2A10)	HRC60-65	≥932	≥58.8	39~67
	GZ86-2	86×535	NC26(2A10)				54~77
	GZ105-1	105×535	NC31(210)				54~77
	GZ105-2	105×475	NC31(210)				72~90
	GZ121	121×145	NC38(310)				88~103

5. 操作工艺及注意事项

当工具下至鱼顶上部1~2m时开泵冲洗鱼顶,逐步下放:工具至鱼顶,观察泵压变化,如泵压突然上升、指重表悬重下降,说明公锥进入鱼腔,可以进行造扣打捞;如悬重逐步下降而泵压并无变化,说明公锥插入鱼腔外壁的套管环形空间,这时应上提钻柱,然后转动钻柱重新对鱼腔,直至悬重与泵压均有明显变化、公锥入腔才能加压造扣进行打捞。鱼腔畅通,泵压无明显变化的落鱼打捞时,应加扶正找中接头或引鞋结构,以防止造扣位置错误酿成事故。

打捞操作时不要猛顿鱼顶,防止将鱼顶或打捞螺纹顿坏,尤其应注意分析判断造扣位置,切忌在落鱼外壁与套管内壁的环形空间造扣,以避免造成严重的后果。

6. 保养

(1)工具使用完毕后全面清洗,清除公锥本体的油污等杂质。

(2)检查连接螺纹部分和打捞螺纹部分有无缺齿、断裂、滑扣等缺损现象,若缺损严重应予淘汰。

(3)压井液内含盐、含碱等腐蚀物质的应用清水反复冲洗干净再进行保养,以免锈蚀。

(4)连接螺纹部分和打捞螺纹部分应涂抹黄油,用油纸包裹,装箱并置于干燥处保存。

7. 优缺点

(1)优点:结构简单,容易操作,加工及维修保养方便。

(2)缺点:公锥打捞必须加压旋转造扣,对于较长的遇卡落物倒扣,操作不当或其他原因可能造成多段松扣,出现落鱼螺纹倒散现象,形成多鱼顶,增加打捞次数与打捞难度。

(三)母锥

1. 用途

母锥是一种专门在油管、钻杆等管状落物外壁进行造扣打捞的工具,对于无内孔或内孔堵死的圆柱形落物打捞效果更好。

2. 结构

母锥是长筒形整体结构,由接头与本体两部分构成,接头上有正扣、反扣标志槽,本体内锥面上有打捞螺纹,打捞螺纹与公锥相同,有55°及89°30′两种,同时也分为排屑槽和无排屑槽两种,如图2-3-3所示。

3. 工作原理

母锥工作原理与公锥相同,均依靠打捞扣在钻具压力与扭矩作用下吃入落物外壁造扣将落物捞住。就造扣机理而言,纯属挤压吃入,不产生切屑。

4. 技术规范

母锥的技术规范见表2-3-4。

表2-3-4 母锥技术规范

序号	规格型号	接头螺纹	外形尺寸,mm×mm	使用规范及主要参数
1	MZ/Z50	50钻杆	68×260	打捞2½in油管
2	MZ/NC26-1	NC26(2A10)	86×295	打捞2½in油管

续表

序号	规格型号	接头螺纹	外形尺寸, mm×mm	使用规范及主要参数
3	MZ/NC26-2	NC26(2A10)	95×280	打捞2~1/2in油管、2~3/8in钻杆
4	MZ/NC26-3	NC26(2A10)	95×340	打捞2~1/2in油管、2~7/8in钻杆油管接箍等
5	MZ/NC31-1	NC31(210)	114×350	打捞2~1/2in油管、2~7/8in钻杆油管接箍等
6	MZ/NC31-2	NC31(210)	114×390	打捞2~1/2in油管、2~7/8in钻杆的加厚部位
7	MZ/NC31-3	NC31(210)	115×440	打捞2~1/2in外加厚油管接箍、3in油管、3~1/2in钻杆
8	MZ/NC38-1	NC38(210)	135×480	打捞3~1/2in、3in、3~1/2in外加厚油管加厚部位
9	MZ/NC38-2	NC38(210)	146×670	打捞直径为90mm
10	MZ/Z50	NC50(410)	180×750	打捞直径为127mm
11	MZ/94½FH	4½FH(420)	168×700	打捞直径为114mm
12	MZ/5½FH	5½FH(520)	194×750	打捞直径为141mm
13	MZ/6⅝FH	6⅝FH(620)	219×730	打捞直径为168mm

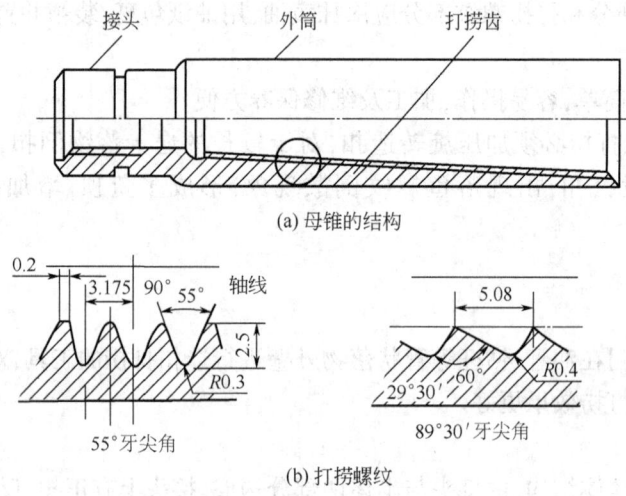

图 2-3-3 母锥的结构及其打捞螺纹示意图

对于特殊要求的母锥,可以按其需要尺寸另行加工制作。

CBG012 母锥的操作方法

5. 操作方法与注意事项

操作方法与注意事项均与公锥相同。

6. 维修保养

(1)工具使用完毕后全面清洗,清除母锥本体的油污等杂质。

(2)检查连接螺纹部分和打捞螺纹部分有无缺齿、断裂、滑扣等缺损现象,若缺损严重时应予淘汰。

(3)压井液内含盐、含碱等腐蚀物质的应用清水反复冲洗干净再进行保养,以免锈蚀。

(4)连接螺纹部分和打捞螺纹部分应涂抹黄油,用油纸包裹,装箱并置于干燥处保存。

7. 优缺点

(1)优点:结构简单,容易操作,加工及维修保养方便。

(2)缺点:母锥打捞必须加压旋转造扣,较长的遇卡落物倒扣时,如操作不当或其他原因,可能造成多段松扣,出现落鱼螺纹倒散现象,形成多鱼顶,增加打捞次数与打捞难度。

(四)滑块卡瓦打捞矛

1. 用途

滑块卡瓦打捞矛是内捞工具,可以打捞钻杆、油管、套铣管、衬管、封隔器、配水器、配产器等具有内孔的落物,又可对遇卡落物进行倒扣作业或配合其他工具使用(如震击器、倒扣器等)。

2. 结构

滑块卡瓦打捞矛由上接头、矛杆、卡瓦、锁块及螺钉组成,有单滑块和双滑块两种,如图2-3-4所示。

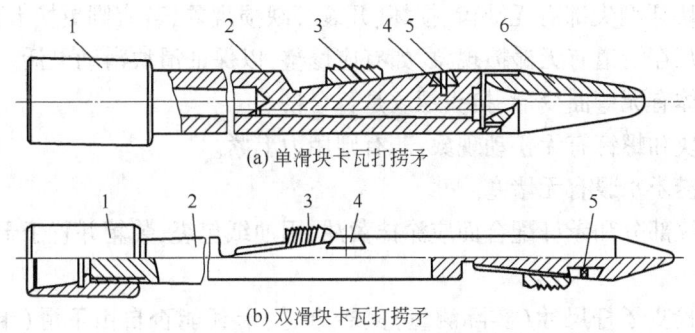

图2-3-4 滑块卡瓦捞矛结构示意图
1—上接头;2—矛杆;3—卡瓦;4—锁块;5—螺钉;6—引鞋

上接头:上端有与钻柱相连接的螺纹,下端有与矛杆相连接的内螺纹及与引鞋相连接的外螺纹,接头体上有正反扣识别槽。

矛杆:为柱形长杆,其外径比被打捞的落物内孔小3~4mm;杆身下端除引锥外,还有一倾斜的燕尾轨以安装卡瓦;燕尾导轨的终端有一个横向燕尾槽,可安装锁块,阻止卡瓦自由滑出;在矛杆上的燕尾导轨有单一斜面,也有互相对称、上下错开的双斜面,还可根据特殊需要,加工成双面对称,斜面较短,斜度较小的特殊矛杆。

卡瓦:其圆弧外径与被打捞落物内径相同,表面加工有梳形尖齿;圆弧背部有与矛杆燕尾导轨相同斜度的燕尾槽。

3. 工作原理

当矛杆与卡瓦进入鱼腔之后,卡瓦依靠自重向下滑动,卡瓦与斜面产生相对位移,卡瓦齿面与矛杆中心线距离增加,使其打捞尺寸逐渐加大,直至与鱼腔内壁接触为止。上提矛杆时斜面向上运动所产生的径向分力,迫使卡瓦咬入落物内壁,抓住落物。

4. 技术规范

滑块卡瓦打捞矛的主要技术规范见表2-3-5。

表 2-3-5　滑块卡瓦打捞矛的技术规范

序号	规格型号	外径,mm	接头螺纹	使用规范及性能参数		工具长度,mm
				打捞内径,mm	许用拉力,kN	
1	HLM-D(S)48	73	2TBG	38	251	550、650、750、800、1000、1200、1500、1800、2000
2	HLM-D(S)60	86	NC26(2A10)	42~53.8	496	
3	HLM-D(S)73	105	NC31(210)	52.6~64	781	
4	HLM-D(S)89	105	NC31(211)	64.1~77.9	1039	
5	HLM-D(S)102	105	NC31(212)	77.6~92.1	1147	
6	HLM-D(S)114	121	NC38(310)	90~102.5	2246	
7	HLM-D(S)127	121	NC38310)	103~117.8	2746	
8	HLM-D(S)140	135	NC38(310)	115.7~129.3	3854	

> CBG017 滑块式打捞矛的保养方法

5. 维修保养

(1) 清除各部件的油污等杂质。

(2) 检查滑块牙型尖部有无缺齿、损坏、开裂等缺损现象,若有则更换卡瓦。

(3) 检查卡瓦在滑道有无碰撞现象,如有应修整,以保证滑块滑动灵活。

(4) 检查主体有无弯曲变形、接头螺纹是否合格。

(5) 检查锁块和螺钉有无松动现象,若有则用力上紧。

(6) 检查打捞矛水眼有无堵塞。

(7) 连接螺纹部分和矛杆配合面应涂抹黄油,用油纸包裹,装箱并置于干燥处保存。

> CBG016 滑块式打捞矛的操作方法

6. 操作方法

(1) 在地面检查矛杆尺寸(实际测量)是否合适,卡瓦能否自由下滑(卡瓦对落鱼的打捞位置应距锁块以上5mm),并在卡瓦滑道上涂机油,用手来回滑动,使其运动灵活。

(2) 下钻柱至鱼顶,记好钻柱悬重与方入,开泵洗井。

(3) 下放钻柱,引入鱼腔,观察碰鱼方入及悬重变化。

(4) 上提钻柱,若悬重增加,则已捞获落鱼。

(5) 倒扣作业时,将悬重提至设计的倒扣负荷,再增加10~12kN,即可进行倒扣作业。

7. 优缺点

优点:结构简单,操作方便,加工容易,可以倒扣,便于维修。

缺点:卡瓦受力面积较小,负荷较大时,易胀破鱼顶,不能在井下自由退出。

> CBG018 可退式打捞矛的工作原理
> ZBG008 可退式打捞矛的使用

(五) 可退式打捞矛

1. 用途

可退式打捞矛是从鱼腔内孔进行打捞的工具,它既可抓获自由状态下的管柱,也可抓获遇卡管柱,还可按不同的作业要求与安全接头、上击器、加速器、管子割刀等组合使用。

可退式打捞矛具有以下特点:

(1) 结构简单,动作灵活可靠,操作简便易行。

(2) 作业成功率高,不易损坏鱼顶。

(3) 由于是圆形卡瓦,与落鱼接触面积大,因而抗拉负荷高,抗冲击负荷大。

(4) 可循环冲洗鱼顶。

(5)抓住落物后，可根据需要很容易地退出落物。

2. 结构

可退式打捞矛由芯轴、圆卡瓦、释放环和引鞋组成，如图 2-3-5 所示。

芯轴中心有水眼，可冲洗鱼顶和进行修井液循环，上部是钻杆螺纹（或油管螺纹），与工具或管柱相连。钻杆上有正扣、反扣标志槽，中部是锯齿形大螺距外螺纹，下部有细牙螺纹同引鞋相连。圆卡瓦的内表面有与芯轴相配合的锯齿形内螺纹，外表面有多头的锯齿形左旋打捞螺纹，在它的 360°圆周上，均布有 4 条纵向槽（其中有一条是通槽）使圆卡瓦成为一个可胀缩的弹性体。释放环套在芯轴上，下接引鞋。释放环与引鞋接触面间有 3 对互相吻合的凸缘，各凸缘由不同升角的右旋长斜面和左旋螺纹与芯轴外螺纹有一定的径向间隙，使其沿轴向有一定的自由窜动量。

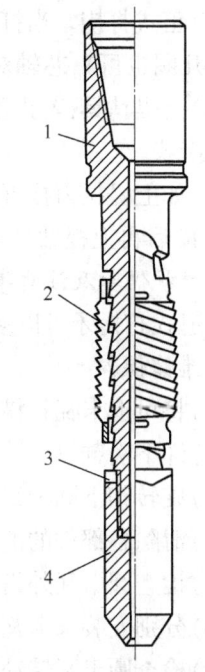

图 2-3-5　可退式打捞矛的结构示意图
1—芯轴；2—圆卡瓦；
2—释放环；4—引鞋

3. 工作原理

（1）打捞。自由状态下圆卡瓦外径略大于落物内径，当工具进入鱼顶时圆卡瓦被压缩产生一定的外胀力，使圆卡瓦贴紧落物内壁。随芯轴上行和提拉力逐渐增加，芯轴、圆卡瓦上的锯齿形螺纹互相吻合，圆卡瓦产生径向力，使其咬住落鱼实现打捞。

（2）一旦落鱼卡死无法捞出需退出打捞矛时，只要给芯轴一定的下击力，就能使圆卡瓦与芯轴的内外锯齿形螺纹脱开（此下击力由钻柱本身重量或使用下击器来实现），再正转钻具 2～3 圈，直至圆卡瓦与释放环上端面接触（此时卡瓦与芯轴处于完全释放位置），上提钻具即可退出落鱼。

4. 技术规范

可退式打捞矛的技术规范见表 2-3-6。

表 2-3-6　可退式捞矛的技术规范

序号	规格型号	外形尺寸（直径×长度）mm×mm	接头螺纹		使用规范及性能参数		
			钻杆	油管	打捞范围 m	许用拉力 kN	卡瓦窜动量 mm
1	LM-T48	48×447	NC26(2A10)	1~1/2TBG	40.3~44	210	6
2	LM-T60	86×618	NC26(2A10)	2TBG	46.1~50.3	340	7.7
3	LM-T73	95×651	2~7/8REG	2~1/2TBG	54.6~62	535	7.7
4	LM-T89	105×670	NC31(210)	2~1/2TBG	66.1~77.9	814	10

5. 操作要领

（1）根据落鱼内径的尺寸选用相应的可退式打捞矛。

（2）检查工具，使圆卡瓦的轴向窜动量符合技术要求，用手转动圆卡瓦使其靠近释放环,工具处于自由状态。

(3)接好钻具下井,下至鱼顶以上 2m 左右开泵循环,并缓慢下放钻具探鱼顶。

(4)探准鱼顶后,试提打捞管柱并记录悬重。

(5)正式打捞。当打捞矛进入鱼腔且悬重有下降显示时,反转钻具 1~2 圈(现场经验证明多转几圈也可),芯轴对圆卡瓦产生径向推力迫使芯轴上行,使圆卡瓦卡住落鱼而捞获。

(6)上提钻具,若指重表悬重增加,证明已捞获,可起钻,若悬重不增加,可重复上述操作直至捞获。

(7)如上提拉力接近或大于钻具安全负荷,则以钻具(或用下击器)下击芯轴,并正转钻具 2~3 圈后再上提钻具即可将工具退出。

> ZBG009 可退式打捞矛的检修保养

6. 维护保养及注意事项

可退式打捞矛可以多次下井使用,因此维护保养与检查就很重要。

1)维修保养

(1)将可退卡瓦打捞矛的芯轴上端固定在专用工作台的压力钳上。

(2)卸下引鞋。

(3)旋转卸下圆卡瓦。

(4)清除各部件的油污等杂质,检查水眼是否通畅。

(5)检查圆卡瓦外齿及内外锯齿形螺纹有无缺损、断裂等现象,若有则更换该部件。

(6)分别安装圆卡瓦和引鞋。

(7)检查圆卡瓦转动是否灵活。

(8)圆卡瓦和上端螺纹部分分别涂抹黄油,用油纸包裹,装箱并置于干燥处保存。

2)拆卸要点

(1)夹紧上接头。

(2)卸掉引鞋。

(3)取下释放环。

(4)将圆卡瓦右旋并取下。

(5)清洗、检查、涂油。

3)装配要点

(1)用虎钳夹紧芯轴并在其表面涂钙基润滑脂。

(2)检查圆卡瓦内外齿及尺寸,涂钙基润滑脂后左旋拧在芯轴上。

(3)将释放环套在芯轴上。

(4)拧紧引鞋。

(5)合格后涂油入库待用。

> CBG020 卡瓦打捞筒的操作方法

(六)卡瓦打捞筒

1. 用途

卡瓦打捞筒是从落鱼外壁进行打捞的不可退式工具,它除了可以抓捞各种油管、钻杆、加重杆、长铅锤等外,还可对遇卡管柱施加扭矩进行倒扣。

> CBG019 卡瓦打捞筒的结构

2. 结构

卡瓦打捞筒由上接头、筒体、弹簧、卡瓦座、卡瓦、引鞋等组成,如图 2-3-6 所示。

3. 工作原理

当卡瓦打捞筒引鞋引入落鱼之后下放钻具,落鱼将卡瓦上推压缩弹簧,卡瓦脱开筒体锥孔上行并逐渐分开,落鱼进入卡瓦;此时卡瓦在弹簧力作用下将其压下,将鱼顶抱住并给其初夹紧力;上提钻具,在初夹紧力作用下筒体上行,卡瓦、筒体内外锥面贴合,产生径向夹紧力将落鱼卡住,提钻具即可捞出。

4. 技术规范

卡瓦打捞筒的技术规范见表2-3-7。

5. 维修保养

卡瓦打捞筒起出地面后,应将其从鱼顶上卸下,用清水将内腔冲洗干净,并用机油浸泡,然后送回工具车间检修保养。工具车间应将收回的卡瓦打捞筒拆开,逐件清洗检查,如有损坏变形应及时更换,然后涂油组装好,地面检验合格后方能入库待发。

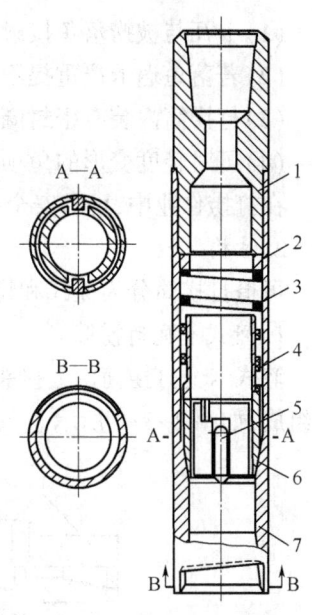

图2-3-6 卡瓦打捞筒
1—上接头;2—垫环;3—弹簧;4—卡瓦座;5—键;6—卡瓦;7—筒体

主要维修保养步骤:

(1)将卡瓦打捞筒的上接头端固定在专用工作台的压力钳上。

(2)卸下筒体,分别取下垫环、弹簧、卡瓦座和卡瓦。

(3)清洗各部件油污等杂质,并检查各部件有无缺损现象。

(4)各部件涂黄油或密封脂,按与拆卸相反的顺序进行组装。

(5)用油纸包裹,装箱并置于干燥处保存。

表2-3-7 卡瓦打捞筒的技术规范

序号	规格型号	外形尺寸 (直径×长度),mm×mm	接头螺纹	使用规范及性能参数	
				打捞范围,mm	许用拉力,kN
1	DLT-95	95×610	NC26(2A10)	32~60	400
2	DLT-108	108×610	NC31(210)	45~65	650
3	DLT-114	114×660	NC31(210)	48~73	950

6. 优缺点

优点:能打捞各种尺寸的圆柱状落鱼,加工容易,可以更换各种不同内径的卡瓦以打捞不同尺寸的落物。

缺点:键的强度低,不适合大扭矩施工;只能抓捞,不能自由退出;外径尺寸较大,限制了其使用范围;除特殊情况外,一般已被可退式卡瓦打捞筒或倒扣打捞筒所取代。

(七)可退式卡瓦打捞筒

1. 用途

可退式卡瓦打捞筒是一种从管子外部进行打捞的工具,可打捞不同尺寸的油管、钻杆和套管等鱼顶为圆柱形的落鱼,并可与震击类工具配合使用,其特点:

（1）卡瓦与被捞落鱼接触面积大，鱼顶受力均匀，不易损坏鱼顶。

（2）若落鱼遇卡严重提不出时，工具可以安全退出。

（3）打捞筒内装有密封圈，当工具入鱼后可以循环洗井。

（4）可对轻度变形的鱼项进行修整。

在打捞作业中，可与安全接头、下击器、上击器、加速器组合使用，效果更好。

2. 结构

可退打捞筒分为篮式和螺旋式两种。

1) 篮式卡瓦打捞筒

篮式卡瓦打捞筒由上接头、筒体总成、篮式卡瓦、铣控环、内密封圈、O形密封圈、引鞋等件组成，如图2-3-7所示。

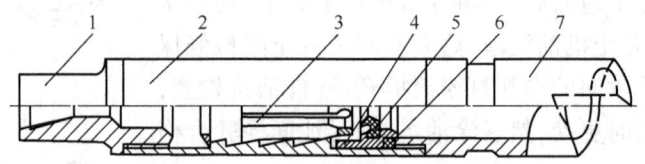

图2-3-7　篮式卡瓦打捞筒的结构示意图

1—上接头；2—筒体总成；3—篮式卡瓦；4—铣控环；5—内密封圈；6—O形密封圈；7—引鞋

（1）上接头内螺纹与钻柱相连，外螺纹与筒体相连，中心是阶梯形孔，可对落鱼起定位作用。

（2）筒体总成两端有细牙螺纹，靠近挡圈一端与上接头相连，另一端接引鞋。筒内加工有大螺距左旋锥面螺纹，左旋螺纹上端焊有挡圈，挡圈与上接头倾角的空间安放一个舌形密封圈，以保证修井液在井内正常循环。筒体下端的螺纹起点处有一个键槽，限定着铣控环并传递扭矩。

（3）篮式卡瓦内壁有经过淬火处理的多头锯齿形螺纹，外部有与筒体相一致的左旋锥面螺纹，在同一筒体内只要装不同规格或不同类型的篮式卡瓦或螺旋式卡瓦，便可打捞不同规格的落物。在篮式卡瓦360°圆周方向开有4条均布纵向长槽，其中一条是两端开通的，两端开通槽的端部有宽键槽与铣控环的键配合。正常情况下卡瓦内径略小于落物的外径，由于卡瓦有一通长开槽，所以在工具入鱼过程中卡瓦会胀开，并对落鱼有一个初夹紧力。

（4）铣控环端部有铣齿，可对鱼顶进行修整，另一端有与筒体开口键槽相配的键。工具装配后，铣控环的键与筒体键槽配合定位不能相对旋转，卡瓦也由此键定位，只能在筒体内沿轴向窜动，不能旋转。

（5）工具最下端引鞋可顺利将鱼顶引入工具之内。

2) 螺旋式卡瓦打捞筒

螺旋式卡瓦打捞筒由上接头、筒体总成、密封圈、螺旋卡瓦、控制环、引鞋组成，如图2-3-8所示。

螺旋式卡瓦打捞筒的上接头、筒体总成、引鞋与篮式卡瓦打捞筒相同。密封圈装在挡圈与上接头大倾角之间。控制环只起定位螺旋卡瓦的作用。螺旋式卡瓦壁要比篮式卡瓦薄，因此，在同一筒体内打捞落鱼尺寸要比篮式打捞筒大。

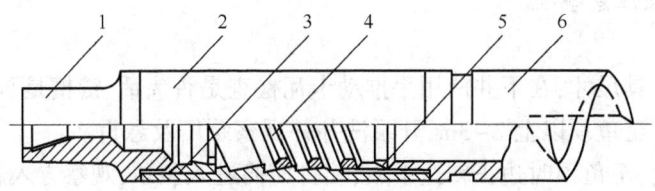

图 2-3-8 螺旋式卡瓦打捞筒的结构示意图
1—上接头;2—壳体总成;3—密封圈;4—螺旋卡瓦;5—控制环;6—引鞋

3. 工作原理

当可退式卡瓦打捞筒捞获落鱼后,上提钻具,卡瓦外螺旋锯齿形锥面与筒体内相应的齿面有相对位移而将落鱼卡紧捞出。

4. 技术规范

可退式卡瓦打捞筒的技术规范见表 2-3-8 和表 2-3-9。

表 2-3-8　A 系列可退式打捞筒技术规范

规格型号	外形尺寸 (直径×长度) mm×mm	接头	打捞尺寸 mm		许用提拉负荷 kN		工作井眼名义尺寸 in
			不带台肩	带台肩	带台肩	不带台肩	
LT-01TA	95×795	NC26	47~49.3	52.5~55.7	100	600	4.5
LT-02TA	105×875	NC31	59.7~61.3	63~65	850	600	5
LT-03TA	114×846	NC31	72~74.5	77~79	900	450	5½~5¾
LT-04TA	134×875	NC31	88~91	92~94.5 94.5~97.3	1300	928	6⅝
LT-05TA	145×900	NC38	101~104	104~106 106.5~108.5	1330	950	6⅝~7
LT-06TA	160×900	NC38	113~115	116~119	1300	928	6⅝
LT-07TA	185×950	NC38	126~129 (139~142)	145~148	18000	1280	6⅝~7

表 2-3-9　B 系列可退式打捞筒技术规范

规格型号	外形尺寸(直径×长度) mm×mm	接头螺纹	打捞尺寸 mm	许用提拉负荷 kN	工作井眼名义尺寸 in
LT-01TB	95×795	NC26	53~62	1200	4½
LT-02TB	105×815	NC31	63~79	1200	5
LT-03TB	114×846	NC3	81~90	1000	5½~5¾
LT-04TB	134×875	NC31	93~105	1460	6⅝
LT-05TB	145×900	NC38	106~119	1410	6⅝~7
LT-06TB	160×900	NC38	120~134	1530	6⅝
LT-07TB	185×950	NC38	139~156	2130	8⅝

5. 操作方法及注意事项

1) 操作方法

(1) 选择好工具尺寸,在下井前用手推动卡瓦检查是否灵活、键槽是否合格。

(2) 将工具下至鱼顶以上 2~3m,开泵洗井并观察泵压及悬重。

(3) 慢放钻具,至鱼顶时边正转边下放,使打捞筒进入鱼顶,观察方入悬重及泵压变化。

(4) 缓慢上提,如悬重大于原打捞钻柱重量说明已捞获,则可继续上提;如果上提时悬重上升至工具允许最大载荷时应停止上提,说明遇卡严重,应将打捞筒退出落鱼,方法:

① 下击,如果打捞筒上部带有下击器,可按下击器操作规程进行,如无下击器,可视钻具重量加压下击或较慢溜钻下击。

② 一边正转,一边上提即可退击。

2) 注意事项

(1) 使用篮式卡瓦打捞筒磨铣修整鱼顶时加压不应过大。

(2) 因打捞筒内有密封圈,当落鱼进入打捞筒循环洗井时,应注意泵压变化,防止憋泵。

(3) 由于工具外径较大,井内必须清洁,防止沉砂卡钻。

(4) 如被捞管柱未卡,可直接下打捞筒打捞;如遇卡严重可配震击类工具使用。

6. 维修与保养

每次用后在现场彻底清洗工具,工具车间回收后应拆开检查卡瓦、控制环、铣控环,如有损坏应更换,每次装配应更换新的密封圈并涂防锈油。

主要维修保养步骤:

(1) 将可退式打捞筒的上接头端固定在专用工作台的压力钳上。

(2) 分别卸下引鞋和筒体总成,取出篮式卡瓦(螺旋卡瓦)、铣控环和密封圈。

(3) 清洗各部件油污等杂质并检查各部件有无缺损现象。

(4) 各部件涂黄油或密封脂,按顺序进行组装。

(5) 检查各运动部件是否灵活、有无阻滞现象。

(6) 检查合格后用油纸包裹,装箱于干燥处保存。

CBG003 开窗式打捞筒的用途

ZBG031 开窗式打捞筒的检修保养

(八) 开窗式打捞筒

1. 用途

开窗打捞筒是一种用来打捞长度较短的管状、柱状落鱼,或具有卡取台阶的落物的工具,如带接箍的油管短节、筛管、测井仪器、加重杆等,也可在工具底部开成一把抓齿形。

2. 结构

开窗打捞筒由筒体与上接头两部分焊接而成(也有用螺纹连接的),如图 2-3-9 所示。

上接头上部有与钻柱连接的钻杆螺纹,下端与筒体焊接。筒体上开有 1~3 排梯形窗口,在同一排窗口上有 3~4 只梯形窗舌,窗舌向内腔弯曲,变形后的舌尖内径略小于落物最小外径。筒体上端钻有 4~6 个小孔作为塞焊孔,以增加与接头的连接强度。

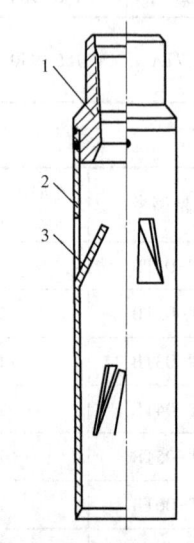

图 2-3-9 开窗打捞筒

1—上接头;2—筒身;3—窗舌

窗舌根据要求不同可按下列方法制作：

(1)氧炔焰切割，即在薄壁筒体上按要求画线，切出窗口并形成窗舌，然后将窗舌向中内腔压弯到设计尺寸。这种方法用于制造筒体较薄，窗舌弹性要求不高，提拉负荷较低的开窗捞筒。

(2)机械加工法，即在筒体上用铣、钻等方法加工成要求的窗形，然后将窗舌向内腔压弯到设计要求。这种方法用于制造筒体厚，窗舌的弹性要求较高，提拉负荷较大的开窗捞筒。该方法的优点是防止了热加工中引起的退火，不会使窗舌变软、降低工具机械性能。

根据打捞需要，筒体下端可以制成下列4种不同结构：

(1)螺旋形半斜向切口，便于旋转剖入落鱼。

(2)锯齿形铣鞋切口，便于套铣清洗鱼顶较硬的物体和引导入鱼。

(3)内锥面喇叭口，便于直接引导入鱼。

(4)一把抓形切口，一把抓与开窗打捞筒联合使用，增加打捞效果。

3. 工作原理

当落鱼进入筒体并顶入窗舌时，窗舌外胀，其反弹力将紧紧咬住落鱼本体，窗舌牢牢卡住台阶，即把落物捞住。

4. 使用方法

(1)检查各部螺纹或焊缝是否完好，测量窗舌尺寸与闭合状态的最小内径是否能与落鱼配合，并留图待查。

(2)下钻至鱼顶以上2~3m开泵洗井，慢转下放钻柱，观察指重表与方入变化，记好碰鱼方入，引导筒体入鱼。

(3)继续下放钻柱，使落鱼进入工具筒体内腔(视落鱼具体情况，可以稍加钻压或不加钻压)，若落物长度较短、井较深、方入及悬重变化难以判断，可再一次打捞之后将钻柱提起1~2m，转动一个方向再继续旋转下放，重复数次即可提钻。在打捞中应注意观察指重表反应。进行第二次打捞时如无碰鱼反应可再打捞一次，如仍无反应，说明在第一次已将落鱼捞获，即可以停泵提钻。

(4)提钻时应平稳操作，切勿顿碰与敲击钻柱，以免将落鱼震落使其再次掉井。

5. 维修保养

使用完后将工具内外冲洗干净，将抓齿弯曲变形部分切割掉，可以留待下次使用时切割。

(九)铅模

铅模的使用方法：

CBG002 铅模的使用方法

(1)铅模柱体四周与底部不能有影响印痕判断的伤痕存在，如有轻微伤痕，应及时用锉刀将其修复平整。

(2)测量铅模外形尺寸，如果是一次成型铅模，铅体呈锥形，应以铅模底部直径为下井直径，并留草图。

(3)螺纹涂油，接上钻具下入井中。

(4)下钻速度不宜过快，以免中途将铅模顿碰变形，影响分析结果。

(5)下至鱼顶以上1个单根时开泵冲洗，待鱼顶冲净后，加压打印。

(6) 打印钻压一般加压 30kN,特殊情况下可适当增减,但增加钻压时不能超过 50kN。

(7) 加压打印一次即起钻。

(十) 抽油杆打捞筒

> CBG004 抽油杆打捞筒的分类

抽油杆打捞筒是专门用来打捞断脱在油管或套管内的抽油杆的一种工具,按性能可分为可退式和不可退式;按结构可分为螺旋卡瓦式、篮式卡瓦和锥面卡瓦多种。无论哪种形式的抽油杆打捞筒,其夹紧落物的机理都是靠锥面内缩产生的夹紧力抓住落井抽油杆的。

三、钻杆接头

钻杆接头的外径一般大于钻杆本体外径,因为螺纹经常上卸,要求有较高的耐磨性和强度,所以接头一般用高级合金钢制造,如 35GrMo、40GrMo、36GrNiMo。

(一) 钻杆接头的分类

> CBG005 钻杆接头的种类

按石油钻杆接头螺纹形式,钻杆可分为数字型接头(NC)、内平型接头(IF)、贯眼型接头(FH)、正规型接头(REG)。按钻杆接头内径和钻杆本体内径的关系,钻杆可分为内平式接头、贯眼式接头、正规式接头 3 类:

(1) 内平式接头,适用于外加厚钻杆及内加厚钻杆。

(2) 贯眼式接头,适用于内加厚钻杆或内外加厚钻杆。

(3) 正规式接头,适用于内加厚钻杆。

(二) 钻杆接头螺纹

钻杆接头螺纹是牙形为 60°三角形、大螺距大锥度、带密封台肩面的特殊螺纹,主要有数字型螺纹(NC)、内平型螺纹(IF)、贯眼型螺纹(FH)、正规型螺纹(REG),适用于石油钻杆接头、水龙头、方钻杆、钻铤、钻头及其他钻柱部件的连接。

(1) 数字型螺纹(NC):采用 V-0.038R 牙型,并以螺纹基面中径表示的螺纹。

(2) 内平型螺纹(IF):内平型钻杆接头采用的螺纹。该型钻杆接头连接外加厚或内外加厚钻杆,形成钻杆接头内径、钻杆管体加厚端内径与钻杆管体内径相等或近似的通径。

(3) 贯眼型螺纹(FH):贯眼型钻杆接头采用的螺纹。该型钻杆接头连接内外加厚钻杆形成钻杆接头内径和钻杆加厚端内径相等而均小于钻杆管体内径的通径。

(4) 正规型螺纹(REG):正规型钻杆接头采用的螺纹。该型钻杆接头曾用于连接内加厚钻杆,形成钻杆接头内径小于钻杆加厚端内径而钻杆加厚端内径又小于钻杆管体内径的通径。

(三) 接头螺纹代号

接头螺纹的代号见表 2-3-10。

表 2-3-10 接头螺纹代号表

数字型螺纹	NC26	NC31	NC38	NC46	NC50
文字性螺纹	$2\frac{3}{8}$IF	$2\frac{7}{8}$IF	$3\frac{1}{2}$IF	4IF	$4\frac{1}{2}$IF
三位数字螺纹(内螺纹)	2A10	210	310	4A10	410
三位数字螺纹(外螺纹)	2A11	211	311	4A11	411

1. 文字型代号

REG 表示正规型螺纹;FH 表示贯眼型螺纹;IF 表示内平型螺纹;NC 表示数字型螺纹。

2. 三位数字代表

第一位表示钻杆公称尺寸代号。

第二位表示螺纹型:1——内平,2——贯眼,3——正规。

第三位表示内、外螺纹:1——外螺纹,0——内螺纹。

示例:"310"中第一位"3"表示钻杆公称尺寸为 $3\frac{1}{2}$in,第二位"1"表示螺纹型为内平型,第三位"0"表示内螺纹。

"4A31"中第一位"4A"表示钻杆公称尺寸为 4in;第二位"3"表示螺纹型为正规型;第三位"1"表示外螺纹。

(四)石油钻杆接头标志

石油钻杆接头在外螺纹外圆表面加长方形标志槽,高强度钻杆加工半圆形识别槽,左螺纹增加两道 5mm 宽、1.5m 深的识别槽。标准重量的 E 级钻杆无标志槽。在长方形的标志槽内用 7 号钢字打印制造厂标志和接头代号。无标志槽的接头应在外螺纹的小端面上用钢字模打印制造厂标志和接头代号。接头的出厂年月日、批号、代号及其他用油漆写在接头的外圆上。

(五)钻杆接头的识别方法

在钻(修)井过程中,要将不同尺寸和不同类型的钻杆及工具连接起来,以便进行钻修井和复杂情况的处理,不同尺寸、不同螺纹的钻杆是通过转换接头来连接的,如使用外加厚钻杆时,上部用 $2\frac{7}{8}$in 外加厚钻杆,下面接 $3\frac{1}{2}$in 外加厚钻杆,则用 210×311 转换接头。在实际工作中,必须从几个或十几个接头中去识别出要选的接头,识别接头最准确的方法是测量接头螺纹的有关尺寸,根据数据对照测量,看是否相符,也可以用接头尺直接测出检查识别无任何标记的接头,用接头尺可很直观地量出接头螺纹型。另一种方法是查看接头本体上的标记槽,正扣钻杆接头标记槽为一道(槽宽 10mm,深 1.5mm),反扣钻杆标记槽为两道(第一道槽宽 10mm,深 1.5mm;第二道槽宽 5mm,深 1.5mm),标记槽内用钢字码打有螺纹型代号字样,如"330"或"NC31LH"(LH 表示反扣)、"421"等。

四、油管接头螺纹

油管接头螺纹标记包括两部分:第一部分表示油管公称直径,单位为 in;第二部分表示油管螺纹代号,TBG 表示平式油管螺纹,UPTBG 表示外加厚油管螺纹。

示例:$2\frac{7}{8}$UPTBG 表示公称直径为 $2\frac{7}{8}$in 的外加厚油管螺纹。

五、吊卡

吊卡是用来卡在油管、钻杆或抽油杆接箍下进行起下作业的专用工具,起下作业时先用吊卡吊住钻杆、油管或抽油杆,再用吊环将吊卡悬吊在游动滑车大钩上,启动游动系统即可进行起下作业。

CBH004 吊卡的用途

（一）吊卡的类型

吊卡的类型见表 2-3-11。

表 2-3-11　吊卡类型

吊卡	型式				
	侧开式		对开式		闭锁环式
钻杆吊卡	平台阶	锥形台阶	平台阶	锥形台阶	—
套管吊卡	平台阶	—	平台阶	—	—
油管吊卡		—		—	平台阶

（二）吊卡型号的表示方法

吊卡型号的表示方法如图 2-3-10 所示。

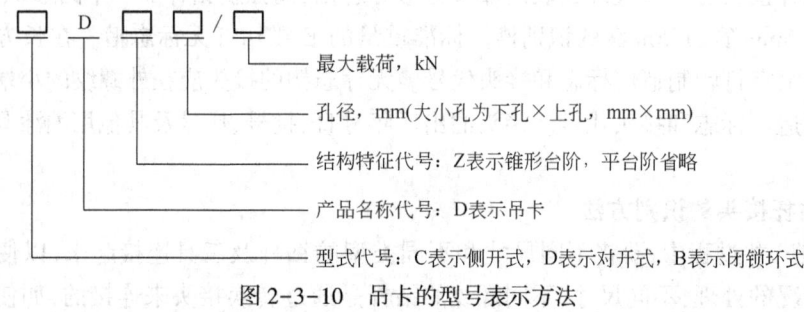

图 2-3-10　吊卡的型号表示方法

示例：侧开式平台阶吊卡，下孔径为 131mm，上孔径为 134mm，最大载荷为 1350kN，则表示为 CD131×134/1350。

（三）常用吊卡

修井作业常用的吊卡有活门吊卡、月牙形吊卡和抽油杆吊卡等。

（1）活门吊卡主要由吊卡体、手柄、活门等部件组成，主要用于油管或钻杆的起下作业，其特点是起重量大。

（2）月牙形吊卡主要由壳体、凹槽、插门和柄和弹簧等组成，适用于重量不大的油管或钻杆柱的起下。

（3）抽油杆吊卡是修井作业中起下抽油杆的专用吊卡，其特点是体积小、重量轻、使用方便、安全可靠。

常用吊卡的主要技术规范见表 2-3-12。

表 2-3-12　常用吊卡的主要技术规范

吊卡类型		名义尺寸,in	外廓尺寸,mm			起重量,t	自重量,kg
			开口直径	宽度	高度		
活门吊卡	油管用	2	62	450	205	23	40.5
		2½	77	440	210	30	40.3

续表

吊卡类型		名义尺寸,in	外廓尺寸,mm			起重量,t	自重量,kg
			开口直径	宽度	高度		
活门吊卡	油管用	3	91	495	220	35	52
		4	116	525	250	40	69
	钻杆用	2⅞	76	540	240	130	70
		3	92	540	240	130	69
		4	117	600	245	140	92
月牙形吊卡		2	62	435	201	28	23
		2½	77	480	205	30	54
		3	89	600	205	42	74
		4	115	600	280	65	121

抽油杆吊卡技术规范见表 2-3-13。

表 2-3-13　抽油杆吊卡技术规范

吊卡规格	使用抽油杆,mm	负荷,t	质量,kg
SDK26	19,22	20	17
SDK29	25	20	17

(4)其他特殊用途吊卡。

随着采油生产和井下工艺技术的不断发展和完善,出现了双管采油、不压井作业、机械防砂等作业工艺。为了适应这些工艺,出现了特殊作业用吊卡,有双管吊卡、双管绳索吊卡、加压吊卡、分段加厚吊卡,有些是专门设计的,有些是改制而成的。

(四)吊卡的维修保养

(1)清除吊卡活动部件间的油污和铁锈。
(2)检查活动部件是否转动灵活。
(3)检查上锁和开锁是否灵活。
(4)在活动部件和上锁、开锁部位涂抹润滑脂或注入机油,确保使用灵活。
(5)变形或严重受损的部件及时更换。

六、安全卡瓦

安全卡瓦是靠自身结构的斜度及镶于里面的钢牙的斜度相配合来卡住钻杆或油管的,可用于起、下钻铤和无接箍的井下工具,其用途:

(1)防止管柱旋转;
(2)卡住钻杆柱或其他下井工具,以防在起下钻时落井。

安全卡瓦按功能可分为活动式和卡死式两种。卡死式卡瓦卡死后不能自动张开。活动式卡瓦在钻具上提时张开,钻具下放时卡住钻具。

安全卡瓦按卡瓦的多少可分为双片式卡瓦、三片式卡瓦、四片式卡瓦、多片式卡瓦和链式卡瓦。链式安全卡瓦有多个卡瓦体,可将多个铰链销钉连接在一起。卡瓦体内装有卡瓦牙。当需要卡不同尺寸钻杆时可通过调整卡瓦体的节数来改变尺寸。

活动式安全卡瓦工作原理:当钻杆下行时,钻杆接触卡瓦牙之后推动卡瓦牙使之成为水平状态,钻杆即被卡住;当上提钻具时,钻杆向上推动卡瓦牙,并使之微微向上倾斜而松开。卡瓦牙可以转动,所以卡住钻杆不沿牙板滑动,这样可使钻杆不被损坏。

项目二　在 $\phi 40mm \times 15mm$ 工件中心钻孔、攻 M10 普通螺纹

一、准备工作

(一)材料、工具

台式钻床1台,试压设备1套,$\phi 40mm \times 15mm$ 铁棒料1个,润滑油少许,画线游标卡尺1件,划针1个,样冲1个,手锤1个,$\phi 9mm$ 钻头1个,M10头锥1个,M10二锥1个,绞手1个。

(二)人员

1人操作,持证上岗,劳动保护用品穿戴齐全。

二、操作规程

序号	工序	操作步骤
1	准备工作	准备工具及材料
2	画线	(1)正确画线; (2)找出圆心; (3)打样冲眼
3	钻孔	(1)正确夹持工件; (2)试钻; (3)钻头冷却
4	攻丝	(1)头锥攻螺纹; (2)二锥攻螺纹; (3)调整垂直度; (4)冷却丝锥
6	清理场地	对现场进行清理、收取工具

三、注意事项

(1)正确选用画线工具,按要求进行画线。

(2)正确选择钻头,按要求进行钻孔。

(3)正确选择丝锥,按要求攻螺纹。

项目三　检修公锥

一、准备工作

(一)材料、工具

公锥 1 个,300mm 游标卡尺 1 把,1000mm 钢板尺 1 把,600mm、900mm 管钳各 1 把,钢丝刷 1 个,专用工具台 1 台,150mm 螺丝刀 1 把,150mm 锉刀 1 把,油盆 1 个,黄油若干,螺纹脂若干,柴油若干,棉纱若干。

(二)人员

1 人操作,持证上岗,劳动保护用品穿戴齐全。

二、操作规程

序号	工序	操作步骤
1	准备工作	将准备使用的工具放置于专用工作台上
2	清洗	清洗公锥
3	检查	(1)检查水眼是否畅通； (2)检查打捞螺纹有无损伤； (3)检查主体有无损伤、接头螺纹有无损伤
4	维修保养	(1)用锉刀去除工具表面毛刺,修复损伤的打捞螺纹； (2)对接头螺纹涂抹黄油并包装
5	记录填写	填写检修记录
6	清理场地	对现场进行清理,收取工具,上交记录单等

三、注意事项

(1)打捞螺纹不能有挤毁、崩塌、变形等现象。
(2)连接螺纹不能有损伤、滑扣等现象。

项目四　检修母锥

一、准备工作

(一)材料、工具

母锥 1 个,300mm 游标卡尺 1 把,1000mm 钢板尺 1 把,600mm、900mm 管钳各 1 把,钢丝刷 1 个,专用工具台 1 台,150mm 螺丝刀 1 把,150mm 锉刀 1 把,油盆 1 个,黄油若干,螺纹脂若干,柴油若干,棉纱若干。

(二)人员

1 人操作,持证上岗,劳动保护用品穿戴齐全。

二、操作规程

序号	工序	操作步骤
1	准备工作	将准备使用的工具放置于专用工作台上
2	清洗	清洗母锥
3	检查	(1)检查打捞螺纹有无损伤； (2)检查主体有无损伤，接头螺纹有无损伤
4	维修保养	(1)用锉刀去除工具表面毛刺，修复损伤的打捞螺纹 (2)对接头螺纹涂抹黄油包装
5	记录填写	填写检修记录
6	清理场地	对现场进行清理，收取工具，上交记录单等

三、注意事项

(1)打捞螺纹不能有挤毁、崩塌、变形等现象。
(2)连接螺纹不能有损伤、滑扣等现象。

项目五　检修滑块打捞矛

一、准备工作

(一)材料、工具

滑块打捞矛 1 个，300mm 游标卡尺 1 把，1200mm、900mm 管钳各 1 把，钢丝刷 1 个，专用工具台 1 台，150mm 螺丝刀 1 把，150mm 锉刀 1 把，油盆 1 个，黄油若干，螺纹脂若干，柴油若干，棉纱若干，1000mm 测试短节 1 根。

(二)人员

1 人操作，持证上岗，劳动保护用品穿戴齐全。

二、操作规程

序号	工序	操作步骤
1	准备工作	将准备使用的工具放置于专用工作台上
2	清洗	清洗各部件油污等杂质
3	检修	(1)检查滑块牙型尖部有无缺齿、损坏、开裂等缺损现象，若有则更换卡瓦。 (2)检查卡瓦在滑道有无碰撞现象，如有应修整，以保证滑块滑动灵活。 (3)检查主体有无弯曲变形，接头螺纹是否合格。 (4)检查锁块和螺钉有无松动现象，若有则上紧。 (5)检查打捞矛水眼有无堵塞。 (6)连接螺纹部分和矛杆配合面涂抹黄油
4	测试	对测试短节进行试捞
5	记录填写	填写检修保养记录，登记入库
6	清理场地	对现场进行清理，收取工具，上交记录单等

三、注意事项

(1)检查卡瓦尺寸是否符合使用要求。
(2)保证矛杆水眼通畅。
(3)卡瓦不能有无缺齿、开裂等现象。

项目六　检修可退式打捞矛

一、准备工作

(一)材料、工具

可退式捞矛 1 个,300mm 游标卡尺 1 把,1200mm、900mm 管钳各 1 把,钢丝刷 1 个,专用工具台 1 台,150mm 螺丝刀 1 把,150mm 锉刀 1 把,油盆 1 个,黄油若干,螺纹脂若干,柴油若干,棉纱若干,1000mm 测试短节 1 根。

(二)人员

1 人操作,持证上岗,劳动保护用品穿戴齐全。

二、操作规程

序号	工序	操作步骤
1	准备工作	将准备使用的工具放置于专用工作台上
2	清洗	清洗可退式捞矛
3	检修	(1)将芯轴上端固定在专用工作台的压力钳上。 (2)卸掉引鞋,取出释放环。 (3)旋转卸下圆卡瓦。 (4)清除各部件的油污杂质并检查水眼是否畅通。 (5)检查圆卡瓦内、外锯齿形螺纹有无缺损、断裂等现象,如有则更换该部件。 (6)分别安装圆卡瓦和引鞋。 (7)检查圆卡瓦转动是否灵活。 (8)圆卡瓦和上端螺纹部分涂抹黄油。
4	测试	对测试短节进行试捞
5	记录填写	填写检修记录
6	清理场地	对现场进行清理,收取工具,上交记录单等

三、注意事项

(1)保证芯轴水眼通畅。
(2)芯轴不能有弯曲、变形等现象。
(3)卡瓦不能有缺齿、开裂等现象。
(4)各螺纹连接处涂抹黄油。

项目七　检修卡瓦打捞筒

一、准备工作

（一）材料、工具

卡瓦打捞筒1个,300mm游标卡尺1把,1200mm、900mm管钳各1把,钢丝刷1个,专用工具台1台,150mm螺丝刀1把,150mm锉刀1把,油盆1个,黄油若干,螺纹脂若干,柴油若干,棉纱若干,1000mm测试短节1根。

（二）人员

1人操作,持证上岗,劳动保护用品穿戴齐全。

二、操作规程

序号	工序	操作步骤
1	准备工作	将准备使用的工具放置于专用工作台上
2	清洗	清洗卡瓦打捞筒
3	检修	(1)将上接头固定在专用工作台的压力钳上。 (2)卸下筒体,分别取下垫环、弹簧、卡瓦座和卡瓦。 (3)清洗各部件油污等杂质并检查各部件有无缺损现象。 (4)各部件涂抹黄油和密封脂。 (5)按拆卸相反顺序进行组装
4	测试	对测试短节进行试捞
5	记录填写	填写检修记录
6	清理场地	对现场进行清理,收取工具,上交记录单等

三、注意事项

(1)检查卡瓦尺寸是否符合使用要求。
(2)保证内腔通畅。
(3)筒体不能有弯曲、变形等现象。
(4)卡瓦不能有缺齿、开裂等现象。

项目八　检修月牙式油管吊卡

一、准备工作

（一）材料、工具

月牙式油管吊卡1套,300mm游标卡尺1把,150mm螺丝刀1把,150mm锉刀1把,油盆1个,黄油若干,螺纹脂若干,柴油若干,棉纱若干,1000mm测试短节1根。

(二)人员

1人操作,持证上岗,劳动保护用品穿戴齐全。

二、操作规程

序号	工序	操作步骤
1	准备工作	将准备使用的工具放置于专用工作台上
2	清洗	清洗月牙式油管吊卡
3	检修	(1)卸掉手柄。 (2)取出月牙。 (3)清除吊卡各部件的油污和铁锈。 (4)对活动部件涂抹黄油或机油。 (5)按正确顺序进行组装
4	测试	使用短节进行测试
5	记录填写	填写检修记录
6	清理场地	对现场进行清理,收取工具,上交记录单等

三、注意事项

(1)检查月牙、壳体和月牙槽有无损伤。

(2)检查手柄销螺纹完好程度。

(3)检查弹簧弹性是否符合使用要求。

第三部分

中级工操作技能及相关知识

模块一 识别、检测井下工具

项目一 相关知识

一、液压动力钳

(一)型号表示方法

液压动力钳的型号表示方法如图3-1-1所示。

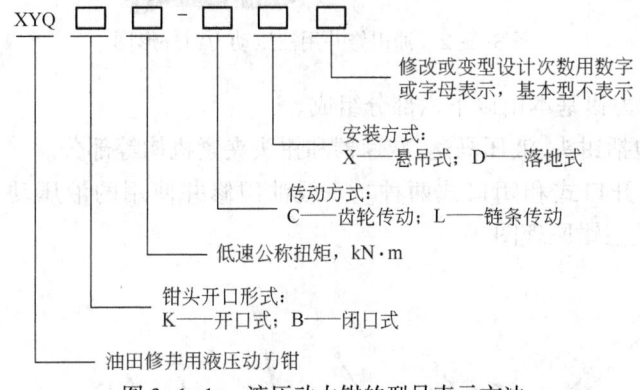

图3-1-1 液压动力钳的型号表示方法

> ZBB004 液压动力钳的使用方法

(二)用途

液压动力钳是利用修井机动力操作的机械上、卸扣工具,可以极大地减轻修井工人的劳动强度,避免或减少伤害事故的发生。同时,液压动力钳可增强管具、钻具螺纹的扭力,减少管具、钻具脱扣事故的发生。

使用液压动力钳时,首先悬吊安装,将其悬吊于修井机井架上,悬点距离井口15m以上,悬吊高度以背钳恰好卡着油管接箍为宜。其次调整悬吊杆上的调节螺钉,使液压动力钳保持水平。然后结尾绳,尾绳一端结在井架上,另一端结在动力钳的尾座上,尾绳拉力应能承受20kN负荷。当动力处于上扣状态时,尾绳应与动力保持垂直,从而保证通常站在操纵手柄一侧的操作者的安全。最后接通液压源,连接来自液压源的高压胶管,供油胶管接手动换向阀的上部油口,回油胶管接手动换向阀的下部油口,切勿接错位置。完成安装。

上扣操作:在主钳和背钳钳头对齐开口的状态下,将复位旋钮扳向上扣方向,并将动力钳推向管柱,操纵手动换向阀使主钳沿上扣方向旋转,进行上扣。上扣完毕,操纵手动换向阀使主钳反转,主钳、背钳钳头分别对齐开口,然后将动力钳撤离管柱,即完成一次上扣操作。

卸扣操作:在主钳和背钳钳头对齐开口的状态下,将复位旋扭向卸扣方向,并将动力钳推向管柱,操纵手动向阀使主钳沿卸扣方向旋转,进行卸扣。卸扣完毕,操纵手动换向阀使主钳反转,主钳、背钳钳头分别对齐开口,然后将动力钳撤离管柱,即完成一次卸扣操作。

（三）结构

修井用液压动力钳有多种结构型式,图3-1-2为油田修井用液压动力钳外形图。

图3-1-2 油田修井用液压动力钳外形图

修井用液压动力钳基本由以下六部分组成。

(1)主钳体,包括钳头、液压马达、减速器和钳头夹紧机构等部分。

主钳体钳头有开口式和闭口式两种。一般油田修井使用的液压动力钳是开口式的,图3-1-3为开口式主钳原理图。

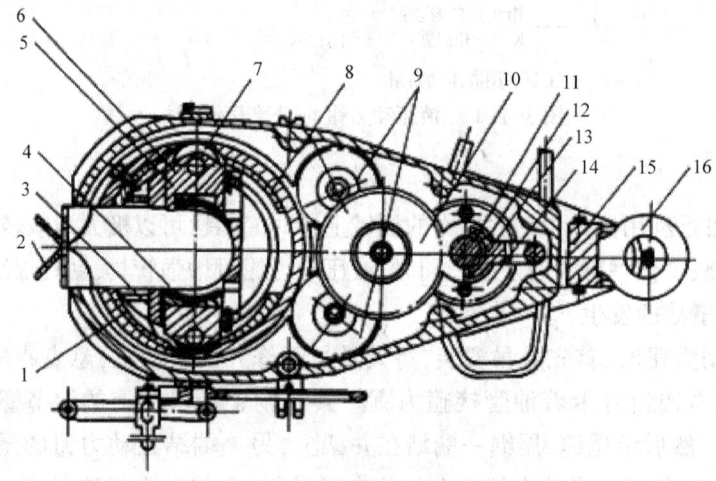

图3-1-3 开口式主钳原理图

1—坡板;2—护门;3—腭板架;4—钳牙;5—钳牙座;6—腭板;7—腭板轮;8—开口齿轮;9—过桥齿轮;10—双链大齿轮;11—变速齿轮轴;12—滑动齿轮;13—拨叉;14—变速器轮;15—壳体;16—尾绳

主钳体的传动多为两挡变速齿轮传动,其中最后一级传动方式有链条和齿轮两种。钳头夹紧机构有内曲面凸轮双腭板和外曲面凸轮双腭板两种。如图3-1-4和图3-1-5所示。

(2)操纵部分,由两套拉杆系统组成,其作用是操纵主钳复位和上卸扣,并操纵主钳两挡变速杆。

(3) 悬挂部分，采用吊筒式结构将液压动力钳悬挂起来，吊筒中安装有压缩弹簧，以满足上、卸油管螺纹时震动对钳体上下浮动的技术要求。

(4) 尾绳，是拴在钳把和吊筒上的一根细钢丝绳，用于定位并承受上卸油管螺纹时的反扭矩，在使用背钳时起安全保护作用。

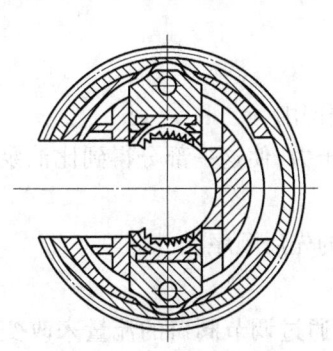 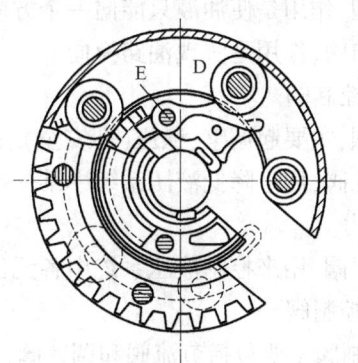

图 3-1-4　内曲面凸轮夹紧机构　　　图 3-1-5　外曲面凸轮夹紧机构

(5) 背钳，一般为开口式，在没有井口卡瓦或井口卡瓦失灵时，用于卡紧主钳夹紧部位以下的管柱以克服上卸扣时的反扭矩。不使用背钳时，可以将其卸下，放好。

(6) 动力装置，为动力钳提供动力液的装置，由油泵、溢流阀、管线和接头等组成，其液压传动工作原理如图 3-1-6 所示。

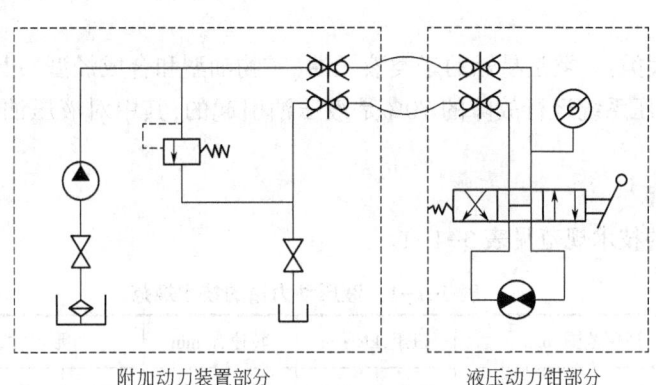

图 3-1-6　动力装置液压传动工作原理

ZBB001 液压动力钳的工作原理

(四) 工作原理

液压动力钳靠液压系统进行控制和传递动力，经两挡减速输出两种转速和扭矩，再通过夹紧机构，使钳牙板夹紧和转动管柱，在背钳的配合下实现上、卸油管螺纹的目的。

液压系统一般由动力部件、控制部件、执行部件和辅助部件四部分组成。

1. 动力部件

液压系统的动力部件指的是油泵，它是整个液压系统的动力源，用以将机械能转换为液压能。

2. 控制部件

控制部件指压力控制阀、流量控制阀和方向控制阀,通过它们来满足主机对力、速度和运动方向的要求,实现各种不同的工作循环,并保证工作的安全。

1)方向控制阀

(1)流阀,作用是使油液只能向一个方向流动。

(2)换向阀,作用是实现油路换向。

2)压力控制阀

(1)流阀,主要起调整、稳压(即安全)、卸荷的作用。

(2)减压阀,用来降低液压系统中某一部分的压力,使这一部分得到比油泵所供油压略低的稳定压力。

(3)顺序阀,用来控制液压系统中各元件动作的先后顺序。

3)流量控制阀

流量控制阀主要包括节流阀和调速阀,作用是通过调节阀口的流量来改变执行机构的运动速度。

3. 执行部件

执行部件指各种油马达和油缸,作用是把液压能转换为机械能。

4. 辅助部件

辅助部件包括油箱、油管、管接头密封件、储能器、冷却器、滤油器及各种控制仪表,它们能够保证系统可靠工作。

(五)液压油

液压油有两大类:一类是易燃的烃类液压油(矿物油型和合成烃型);另一类是抗燃(或难燃)液压油。液压系统运行故障的70%是液压油引起的,其中对液压油的使用不当是一个重要方面。

(六)技术规范

[ZBB003 液压动力钳的技术规范]

液压动力钳的技术规范见表3-1-1。

表3-1-1 液压动力钳的技术规范

型号	适用范围,mm		扭矩,kN·m		转速,r/min		外形尺寸,mm			质量,kg
	抽油杆	油管	低挡	高挡	低挡	高挡	长	宽	高	
XYQK3-CX	16~25	60.3~88.9	3	1.1	33	92	675	435	1325	127
XYQK6-CX	16~25	60.3~88.9	6	1.6	24	91	680	484	1630	146
XYQK12-CX	—	88.9~101.6	12	3	20	82	1180	680	1630	250

(七)检修操作步骤

[ZBB005 液压动力钳的故障排除]

(1)拆卸所有零部件。

(2)清洗各零部件并除锈。

(3)检修各零部件(制动盘、制动片、弹簧、腭板及腭板架等)。

(4)组装调试。

(5)处理液压动力钳常见故障,液压动力钳常见故障见表3-1-2。

表3-1-2 液压动力钳常见故障

故障	故障原因	处理方法
上卸螺纹时打滑	钳牙磨损	更换新牙板
	钳牙槽被脏物堵塞	清洗
	制动盘被油污染	将油擦净
	制动盘调节螺钉松动或弹簧弹力不够或制动盘严重磨损	拧紧调节螺钉或更换弹簧或制动盘
腭板不退回	腭板或滑道变形、腭板弹簧片断裂	修复腭板或滑道或更换新弹簧片
钳牙不闭或咬住管柱后松不开	方向杆或摇杆的位置不对	重调方向杆、摇杆
	制动盘弹簧断裂或弹簧调节螺钉过松或脱落	调整制动盘,拧紧螺钉或更换新弹簧
	腭板及轨道被脏物卡住	清除脏物,保持润滑
开口齿轮不能复合,与壳体缺口对不准	复位结构调整不当	调整复位结构
排挡杆不灵	排挡杆的变速拨叉定位调整螺钉太紧或太松	调整调节螺钉,使之松紧适度
	在高速挡换挡	在低速挡换挡
脱挡	弹簧弹力不足或有零件损坏	拆开尾绳,加弹簧调整片或更换弹簧,更换损坏零件
背钳打滑	钳牙磨损	更换新钳牙
	背钳方向装反	调整方向

(八)检修技术要求

(1)拆卸下来的零部件要清洗干净。

(2)逐个检查零部件的损伤情况,有损伤的部件及时修复或更换。

(3)相互配合件之间不能因磨损而间隙过大,也不能因变形而出现过盈的情况,能修复的要尽快修复,影响使用性能的要及时更换。

(4)需要润滑的部件在装配时一定要加注或涂抹黄油。

(5)组装好后要对钳体进行调试,主要是制动盘咬紧转向、复位操纵杆对中、测验各项技术指标要符合设计要求;试车时,无碰撞、卡住,不漏油,无过大震动和噪声,卡紧油管不滑动、不变位,对中准确为合格。

(6)组装后应达到以下技术参数:最大扭矩为$3.0×10^9$N·m,最小转速为33r/min,高挡扭矩为$1.1×10^9$N·m,最大转速为130r/min,工作压力为10MPa。

(7)液压钳还应配备尾绳,使用背钳时它可承受钳子的反扭矩,起安全保护作用。

(8)液压钳应安装扭矩表,明确反映出上卸扣时扭矩的大小。

(9)填写保养记录,登记入库。

二、水力打捞矛

ZBG007 水力打捞矛的检修保养

(一)用途

水力打捞矛用于从落鱼内孔打捞各种大直径管类落鱼,如断裂的套铣管、打捞筒和大直径冲铣管等。

> ZBG005 水力打捞矛的工作原理

(二)结构

水力打捞矛由上接头、矛体、活塞、活塞推杆、弹簧、卡瓦及锥体等组成,如图 3-1-7 所示。

上接头与钻柱连接,下端又与矛体相连接,矛体下端与锥体相连。矛体内孔中安装活塞与活塞推杆,并在矛体中部钻有内外连通的孔,以便安装伸缩弹簧。锥体上端与矛体相连,中部开有 3 条直槽,为卡瓦运移滑道。锥体末端为导锥,打捞时起入鱼引导作用。

(三)工作原理

当工具进入落物内腔之后,开泵憋压,迫使活塞推杆带动卡瓦销子沿直槽向下滑动,推动卡瓦沿锥面向下使卡瓦张开,直至与落鱼内孔完全结合将落鱼捞获。

当活塞下行一定长度之后,矛体中部连接通孔打开,如果此时卡瓦未处于打捞位置可继续下行,直至连通孔处于打捞位置,然后上提钻柱,落鱼的自重使落鱼、卡瓦、锥体三者卡死,将落鱼捞出。

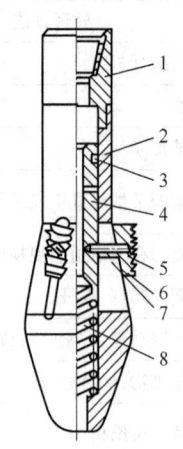

图 3-1-7 水力打捞矛
1—上接头;2—矛体;3—密封圈;4—活塞;
5—活塞推杆;6—卡瓦;7—拉簧;8—弹簧

> ZBG006 水力打捞矛的使用

(四)使用方法

(1)在地面检查接头螺纹等是否完好,筒体上各个孔是否畅通。

(2)检查活塞、卡瓦是否运动灵活、复位可行;观察卡瓦是否能随活塞上、下灵活滑动,有无卡阻或不同步现象。

(3)在卡瓦滑轨道涂抹机油润滑。

(4)连接管柱下井,当接近鱼顶时应缓慢下放,引入鱼腔;当操作人证明入鱼之后,开泵憋压,记录泵压值;当泵压上升到不再上升并且井口有回流时,说明连通孔已打开,可以加大排量洗井;在不停泵的情况下上提钻柱,观察指重表,悬重若有增加,说明已捞获落鱼,可以起钻。

(5)若井较深,钻具本身重量较大而落鱼重量小,依据指重表难以判断,可以在一次打捞操作之后,再重复几次,以提高打捞效果。

(6)根据打捞落物的尺寸,可以更换不同厚度的卡瓦进行施工。

> ZBG014 可退式倒扣打捞矛的结构与工作原理

三、可退式倒扣打捞矛

(一)用途

倒扣打捞矛在倒扣作业中具有同时完成抓捞和传递左旋扭矩的两种功能,它可以代替左旋螺纹公锥和母锥,其功能与倒扣打捞接头相似,不同的是,该工具不必与落鱼对扣,可以打捞落鱼内径的任何部位。

> ZBG015 可退式倒扣打捞矛的使用

(二)结构

可退式倒扣打捞矛由上接头、矛杆、连接套(花键套)、止动片、卡瓦等零件组成,如图 3-1-8 所示。

上接头连接钻具或其他工具,下连接套的键槽与矛头的下端面有三爪牙嵌,与连接套配合传递扭矩,连接套的键槽与矛杆上部的键相配合。矛杆是细长的杆体,承载着工具许用的全部拉力和下击力。矛杆下端安装卡瓦,卡瓦可以在矛杆上上下活动和转动一定角度。卡瓦抓捞部分分为三瓣,称为分瓣卡瓦,每瓣的内表面呈圆锥面。工作状态下,分瓣卡瓦被压下,内锥面与矛杆锥面贴合。卡瓦外表面略带锥度,其抓捞部分外径略大于落鱼内径。卡瓦进入落鱼时,上行到矛杆小锥端,靠弹性紧贴落鱼内壁,上提矛杆,矛杆锥面撑紧卡瓦即可抓住落鱼,三个键把力矩传给卡瓦实施倒扣。

退倒扣打捞时,下放矛杆,使卡瓦相对矛杆处于最高位置,再右旋90°,卡瓦的下端面将被三个键顶住,不能下行,工具处于释放状态。

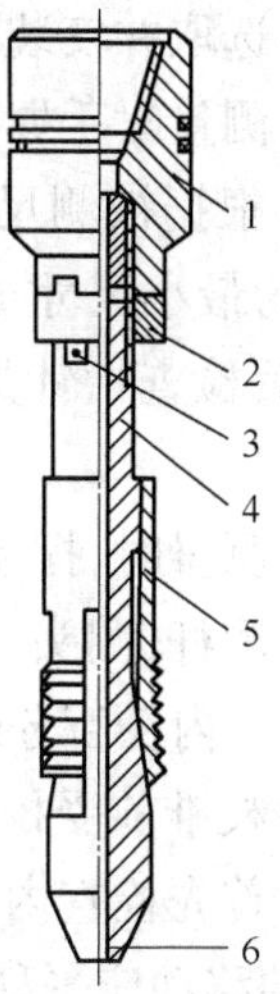

图3-1-8 可退式倒扣打捞矛
1—上接头;2—花键套;3—限位块;
4—矛杆;5—卡瓦;6—水眼

(三)工作原理

可退式倒扣打捞矛与其他打捞工具一样,靠两个零件在斜面或锥面上相对移动胀紧或松开落鱼,靠键和键槽传递力矩,或正转或倒扣。

可退式倒扣打捞矛在抓捞和倒扣作业中,主要动作过程:当卡瓦接触落鱼时,卡瓦与矛杆开始产生相对滑动,卡瓦从矛杆锥面脱开。矛杆继续下行,连接套顶着卡瓦上端面,迫使卡瓦缩进落鱼内。若停止下放,此时卡瓦对落鱼有外胀力,紧紧贴住落鱼内壁,然后上提钻具,矛杆上行,矛杆与卡瓦锥面吻合,随着上提力的增加,卡瓦外胀力使得三角形牙咬入落鱼内壁。如果此时施以扭矩,那么扭矩将通过上接头的牙嵌和连接套的内花键、矛杆上的键传给卡瓦乃至落鱼,实现倒扣。如果在井中需要退出落鱼,必须下击矛杆,使矛杆锥面脱开,然后右旋钻杆使矛杆转动,卡瓦下端倒角斜面进入锥面键的夹角中,此时卡瓦上部的筒体内壁的1/4弧形孔的侧面与矛杆上的限位键接触,限定了卡瓦与矛杆的相对位置,上提钻具卡瓦矛杆锥面不再贴合,即可退出落鱼。

四、内径百分表

ZBA005 内径百分表的使用

(一)用途

内径百分表是将测头的直线位移变为指针的角位移的计量器具,用比较测量法完成测量,用于不同孔径的尺寸及其形状误差的测量。

1. 使用前检查

(1)检查表头的相互作用和稳定性。

(2)检查活动测头和可换测头表面是否光洁、连接是否稳固。

2. 读数方法

测量孔径,孔轴向的最小尺寸为其直径,测量平面间的尺寸,任意方向内均最小的尺寸为平面间的测量尺寸。内径百分表测量读数加上零位尺寸即为测量数据。

3. 正确使用

(1)把内径百分表插入量表直管轴孔中,压缩内径百分表一圈,紧固。

(2)选取并安装可换测头,紧固。

(3)测量时手握隔热装置。

(4)根据被测尺寸调整零位。用已知尺寸的环规或平行平面(千分尺)调整零位,以孔轴向的最小尺寸或平面间任意方向内均最小的尺寸对零位,然后反复测量同一位置2~3次后检查指针是否仍与零线对齐,如不齐则重调。为读数方便,可用整数来定零位位置。

(5)测量时,摆动内径百分表,找到轴向平面的最小尺寸(转折点)来读数。

(6)测杆、测头。内径百分表等配套使用,不要与其他表混用。

(二)内径百分表的校准

ZBA004 内径百分表的校准

(1)校准前受校内径百分表及所用标准器在校准室内恒温度的时间一般不少于2h。

(2)首先检查内径百分表外观,确定有没有影响校准计量特性的因素,如内径百分表测量机构的移动应平稳、灵活、无卡住和阻滞现象,每个测头更换应方便,紧固后应平稳可靠。

(3)检查测头测量面的表面粗糙度和测头的球面半径,用表面粗糙度比较样块比较。要求带定位护桥的内径百分表测头、活动测头的测量面和定位护桥接触面的表面粗糙度不超过$2\mu m$,涨簧式内径百分表表面粗糙度不超过$0.1\mu m$,钢球式内径百分表的测量钢球和定位钢球的表面粗糙度不超过$0.05\mu m$;测头球面半径用半径样板比较,要求均小于其测量下限尺寸的1/2。

(4)指示表的检定是按JJG 34—2008《指示表(指示式、数显式)检定规程》中的要求进行。

(5)对活动测头的工作行程进行校准。

① 用手压缩带定位护桥的内径百分表的活动测头,在指示表上读取数据。

② 用手压缩涨簧式内径百分表的涨簧测头两侧,在指示表上读数。

③ 用千分尺测量钢球式内径百分表,测量钢球工作行程,测量时注意要把两测量钢球放在千分尺测砧和测微螺杆之间,并使两钢球轴线与测微螺杆轴线一致。

(6)对活动测头的测力和定位护桥的接触压力进行校准。

① 带定位护桥的内径百分表分别放在内径尺寸等于内径百分表的测量上限和测量下限尺寸光面环规内,定位护桥在此两位置时,分别做出标记。然后将定位护桥的接触面与放在测力装置上的一个圆筒形辅助台的端面接触,并向下加压。当定位护桥压缩到测量上限和测量下限所处的位置时,分别读取读数测力装置示值为校准结果。

② 涨簧式测头或测量钢球置于测量装置和压杆之间,下降压杆压缩涨簧测头或测量钢球到工作行程的起点,在测量装置读数,然后继续压缩工作行程的终点,装置的示值即作为校准结果。

(7)定中心装置的正确性校准。

① 对于带定位护桥的内径百分表,压缩定位护桥使其不起作用,把内径百分表放进专用环规内,环规的轴向面内找最小尺寸(转折点),在环规的径向面内找最大尺寸(转折点),当两转折点一起时确定指示表"读数"。然后放松定位护桥,在放入环规的同一个位置上,在环规的轴向面内找最小尺寸读数。两次读数之差作为校准结果。

② 钢球式内径百分表是先将受校内径百分表钢球测头放进与专用环规尺寸相同的量块组成的内尺寸中,在互相垂直的两个方向上分别在平行和垂直于两侧块的工作面的平面

内找最小尺寸（转折点），然后"读数"。在两个方向上的示值一致时放进专用环规内，在环规的轴向面内找最小读数，经修正后两次读数之差为校准结果。

（8）示值变动性校准可在工作行程的任意位置进行。把内径百分表放进专用环规内，在环规的轴向面内找最小读数，记下读数。连续在同一位置重复进行5次，所得5个读数中，最大值与最小值之差即为校准结果。

（9）示值误差和相邻误差。

① 带定位护桥的内径百分表用百分表检定器检定，将内径百分表装在表架上，压缩内径百分表测头一圈（此时指针应在指在距测杆轴线方向的左上方0.1mm处），用锁紧装置把内径百分表夹紧。将内径百分表安装在百分表检定器上，转动测微头，使活动测头压缩到工作行程的起点，调整百分表对零位。然后按间隔转动测微头，直到工作行程终点。测量所得的各点误差中的最大值与最小值之差为示值误差的校准结果；用各相邻误差中的最大值作为相邻误差的校准结果。

② 涨簧式和钢球式内径百分表用百分表检定器测量。将百分表装在表架上，压缩一圈，把内径表安装在百分表检定器上。测量是在压缩测头的行程方向进行的。测头的工作行程小于0.5mm的，按间隔0.05mm逐点测量；测头的工作行程不小于0.5mm的，按间隔0.1mm逐点测量，直到工作行程终点。

（10）经校准的内径表出具校准证书。

五、钢卷尺

ZBA001 钢卷尺的应用范围

（一）使用方法

（1）用钢卷尺测量时，将尺钩挂在被测件边缘即可；使用时不要前倾后仰、左右歪斜；如需测量直径但又无法直接测量时，可通过测量圆周长来求得直径。

（2）用钢卷尺测量时，拉力不宜过大，尺的长度以在20℃、50N拉力标准状况下的测得值为依据，因此使用时的拉力要与检定时的拉力一致，这样可减小误差。

（3）在不同温度环境下使用钢卷尺时，应通过线膨胀公式将测量值换算成20℃的值。例如30m钢卷尺，在温度为35℃环境中使用，它的线膨胀值ΔL可以以式（3-1-1）计算：

$$\Delta L = L\alpha(t-t_0) \tag{3-1-1}$$

式中 L——钢卷尺标称长度，mm；

α——线胀系数，取11.5×10^{-6}；

t——测量时温度，℃；

t_0——标准温度，℃。

其中$t=35℃$，$t_0=20℃$，则：

$$\Delta L = 30\times 10^3 \times 11.5\times 10^{-6}\times(35-20)=5.18(\text{mm})$$

如果此尺修正值为-1.8mm，那么30m的实际值$L_{实}=30000+5.18-1.8=30003.38$mm。

（二）保养方法

（1）尺带的刻线面一般镀镍、铬或其他镀层，要保持清洁，测量时尽量不要使其与被测面摩擦，防止划伤。

(2)拉尺带时不要用力过猛,用毕徐徐退回尺带;使用自卷式卷尺时,拉出时要平拉,收卷时要用手将尺带往回送一下,避免猛地一下收卷将尺带扭弯或折断;使用制动式卷尺时,应先按下制动按钮,然后拉出尺带,用毕按下按钮,尺带自动卷进;尺带只能卷不能折。

(3)用后将尺带上的油污水渍揩干,防止锈蚀。

六、万用表

万用表又称为复用表、多用表、三用表、繁用表等,是电力电子等部门不可缺少的测量仪表,一般以测量电压、电流和电阻为主要目的。万用表是一种多功能、多量程的测量仪表,一般万用表可测量直流电流、直流电压、交流电流、交流电压、电阻和音频电平等,有的还可以测交流电流、电容量、电感量及半导体的一些参数等。万用表按显示方式分为指针万用表和数字万用表,下面以数字万用表为例介绍万用表测电压、电阻、电容等的方法。

(一)测电压

直流电压的量测:首先将黑表笔插进"COM"孔,红表笔插进"VΩ"孔。数值可以直接从显示屏上读取,若显示为"1.",则表明量程太小,就要加大量程后再量测。把旋钮选到比估计值大的量程(注意:表盘上的数值均为最大量程,"V-"表示直流电压挡,"V~"表示交流电压挡,"A"是电流挡),接着把表笔接电源或电源两端,保持接触稳定。如果在数值左边出现"-",则表明表笔极性与实际电源极性相反,此时红表笔接的是负极。

交流电压的量测:表笔插孔与直流电压的量测一样,不过应该将旋钮打到交流挡"V~"处所需的量程即可。交流电压无正负之分,量测方法跟前面相同。无论测交流还是直流电压,都要注意人身安全,不要随便用手触摸表笔的金属部分。

(二)测电阻

将量程开关拨至"Ω"的合适量程,红表笔插入"V/Ω"孔,黑表笔插入"COM"孔。如果被测电阻值超出所选择量程的最大值,万用表将显示"1.",这时应选择更高的量程。测量电阻时,红表笔为正极,黑表笔为负极,这与指针式万用表正好相反,因此,测量晶体管、电解电容器等有极性的元器件时,必须注意表笔的极性。

(三)测电流

首先选择量程,万用表直流电流挡标有"mA"的有 1mA、10mA、100mA 三挡量程,应根据电路中的电流大小选择量程,万用表应与被测电路串联,将电路相应部分断开后,将万用表表笔接在断点的两端,最后正确读数,直流电流挡刻度线仍为第二条,如选 100mA 挡时,可用第三行数字,读数后乘 10 即可。

(四)测电容

某些数字万用表有测量电容的功能,其量程分为 2000p、20n、200n、2μ 和 20μ 五挡。测量时可将已放电的电容两引脚直接插入表板上的"Cx"插孔,选取适当的量程后就可读取显示数据。

七、螺杆钻具

(一)用途

螺杆钻具是一种以钻井液为动力,把液体压力能转为机械能的容积式井下动力钻具。

当钻井泵泵出的钻井液流经旁通阀进入马达,在马达的进口、出口形成一定的压力差,推动转子绕定子的轴线旋转,并将转速和扭矩通过万向轴和传动轴传递给钻头,从而实现钻井作业。

(二)结构

螺杆钻具主要由旁通阀、马达、万向轴和传动轴等四大总成组成。

螺杆马达是钻具的主要部件,由定子、转子组成。定子是在钢管内壁上压注橡胶衬套而成的,其内孔是具有一定几何参数的螺旋;转子是一根有硬层的螺杆。转子与定子相互啮合,用两者的导程差形成螺旋密封腔以完成能量转换。马达转子的螺旋线有单头和多头之分,转子的头数越少,转速越高,扭矩越小;头数越多,转速越低,扭矩越大。

旁通阀由阀体、阀套、阀芯及弹簧等部件组成,在压力作用下阀芯在阀套中滑动,阀芯的运动改变了液体的流向,使得旁通阀有旁通和关闭两个状态:在起下钻作业过程中,阀套与阀体通孔未闭合,旁通阀处于旁通状态,使钻柱中钻井液绕过马达进入环空;当钻井液流量和压力达到标准设定值时,阀芯下移,关闭旁通阀孔,此时钻井液流经马达,把压力能转变成机械能。当钻井液流量值过小或停泵时,弹簧把阀芯顶起,旁通阀孔处于开启位置,既处于旁通状态。

万向轴的作用是将马达的行星运动转变为传动轴的定轴转动,将马达产生的扭矩及转速传递给传动轴至钻头。万向轴多采用挠轴式。

传动轴的作用是将马达的旋转动力传递给钻头,同时承受钻压所产生的轴向和径向负荷。因此,传动轴需要高的硬度、耐磨性和使用寿命。

(三)技术参数

螺杆钻具主要技术参数见表 3-1-3。

表 3-1-3 螺杆钻具的主要技术参数

制造厂	外径 mm	接头螺纹 上	接头螺纹 下	最高排量 L/min	最大压差 kPa	转速 r/min	近似扭矩 N·m	适用井筒尺寸 in	工具长度 m	质量 kg
克利斯坦森公司	44.45	AWROD	AWROD	167.1	3206.78	720~1800	34.32	$1\frac{7}{8} \sim 2\frac{3}{4}$	2.7	20.4
	69.85	BWROD	BWROD	340.7	4824.87	485~1200	135.33	$3 \sim 3\frac{7}{8}$	4.6	95.3
	95.25	$2\frac{7}{8}''$REG	$2\frac{7}{8}''$REG	681.3	4001.11	340~855	325.58	$4\frac{1}{2} \sim 5\frac{7}{8}$	6.1	349.3
	120.25	$3\frac{1}{2}''$REG	$3\frac{1}{2}''$REG	851.6	4001.11	270~680	544.27	$6 \sim 7\frac{7}{8}$	6.1	449.1
	158.75	$4\frac{1}{2}''$REG	$4\frac{1}{2}''$REG	1608.6	4001.11	200~510	1274.86	$7\frac{7}{8} \sim 9\frac{7}{8}$	7.6	848.2
	171.45	$4\frac{1}{2}''$REG	$4\frac{1}{2}''$REG	1797.9	3206.78	190~480	1464.13	$8\frac{3}{8} \sim 10\frac{5}{8}$	7.6	929.9
	230.20	$6\frac{5}{8}''$REG	$6\frac{5}{8}''$REG 135	2195.3	3206.78	160~400	2101.57	$9\frac{1}{2} \sim 12\frac{1}{4}$	7.6	1200.2
	241.30	$6\frac{5}{8}''$REG	$6\frac{5}{8}''$REG	2592.7	3206.78	135~340	2942.00	$12\frac{1}{2} \sim 17\frac{1}{2}$	7.9	1800.8
	285.73	$7\frac{5}{8}''$REG	$7\frac{5}{8}''$REG	3065.9	3206.78	115~290	4012.88	$17\frac{1}{2} \sim 26$	7.9	2349.3
代纳公司	44.45	AWROD	AWROD	68.1	1725.97	760	14.71	$1\frac{7}{8} \sim 2\frac{15}{16}$	2.5	21.3

续表

制造厂	外径 mm	接头螺纹 上	接头螺纹 下	最高排量 L/min	最大压差 kPa	转速 r/min	近似扭矩 N·m	适用井筒尺寸 in	工具长度 m	质量 kg
大港油田 YLⅡ-100型	100	2½TBG	2½TBG	300	1961.33	80	225.55	5½~7	2.5	84
				370	2353.60	90	274.59			
				400	2451.66	100	274.59			

八、水龙头

水龙头通过提环挂在大钩上,随大钩运行而上提下放。

(一)型号

水龙头的型号表示方法如图3-1-9所示。

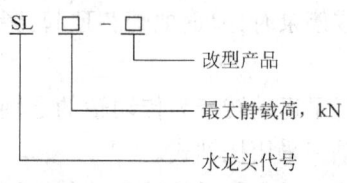

图3-1-9 水龙头的型号表示方法

示例:最大静载荷为1350kN、第一次改型的石油钻机用水龙头,型号为SL135-1。

(二)技术参数

水龙头的主要技术参数见表3-1-4。

表3-1-4 水龙头的技术参数

序号	基本参数	型号										
1	最大静载荷,kN	SL36	SL60	SL70	SL90	SL110	SL135	SL170	SL225	SL315	SL450	SL585	SL900
2	主轴承额定载荷,kN	360	600	700	900	1100	1350	1700	2250	3150	4500	5850	9000
3	额定管中心线与垂直线的夹角不小于,(°)	200	300	400	600	800	900	1150	1600	2100	3000	4100	6000
4	接头下端螺纹	4½REGLH 3½REGLH	4½REGLH	6⅝REGLH 4½REGLH		6⅝REGLH						
5	中心管通孔直径,mm	50		64			75						
6	钻井液管通径直径,mm	50		64			75						
7	最大工作压力,MPa	25(14)		35(21)			35					53

注:括号中的数值为修井机水龙头的选项。

(三)检测、维修保养

详见 SY/T 5530—2013《石油钻机和修井机用水龙头》。

九、印模

印模法检测适用于井下落物鱼顶几何形状、尺寸、深度等的核定,套管变形、错断、破裂等套损程度及深度位置的验证,以及在作业、修井施工过程中临时需要查明套管技术状况等其他情况的井况。

(一)印模种类

印模的种类较多,一般按制造材料和基本结构形式进行分类。

ZBC010 印模的分类

1. 按制造材料分类

(1)铅类印模,通称铅模;
(2)胶类印模,通称胶模;
(3)蜡类印模,通称蜡模;
(4)泥类印模,通称泥模。

2. 按印模结构形式分类

(1)平底形;
(2)锥形;
(3)环形;
(4)凹形;
(5)筒形。

目前较为广泛使用的是铅模和胶模。铅模中较广泛使用的是平底带水眼式平底铅模,胶模广泛使用的是封隔器式胶筒形的侧向打印胶模。

3. 铅模与胶模的基本结构

1)铅模

以广泛使用的平底带水眼式铅模为例介绍铅模结构。典型的铅模的本体是用 $2\frac{7}{8}$ in 内平式油管接头焊接骨架制成的。骨架用钢筋一般不少于 4 条,互成 90°角。带护罩的平底式铅模的护罩与油管间间隙应在 15mm 左右。平底带水眼式铅模浇铸成型后,底端中间钻 30~40mm 水眼,并整平端面。下端部的铅层厚度应不小于 20mm,但一般最厚不超过 40mm。

2)胶模

胶模一般用于套管孔洞、破裂等漏失情况的验证,即套管侧面打印,所以胶模又称为套管侧面打印器,其基本结构形式与扩张式封隔器相似,但其胶筒内部帘线较少、工作面长度较长,胶筒面作半硫化处理,表面光滑、平整无缺陷,可承受 0.5~1.0MPa 的压力。

胶筒表面邵尔硬度应保持在 30~40。外形尺寸的最大工作面外径应比钢体最大外径小 0.5~1mm,以免入井时划擦胶筒。工作面长度视打印井段长度而定,钢体中心管长度应与胶筒总长度相匹配。

ZBC011 印模打印施工方法

(二)印模打印(检测)施工方法

印模打印检测井下技术状况一般包括井下落物鱼顶状况打印、套管变形错断的最小径向变化打印和套管破裂、孔洞等的侧面打印等 3 种形式。

1. 端部打印

端部打印,即井下鱼顶状况和套损程度打印,一般有两种方式打印,即管柱硬打印法和绳缆软打印法。

软打印法虽然施工时间短,速度快,但其危险性大,易造成绳缆堆积卡阻,因而各油田严格限制使用。

硬打印可用不压井和压井两种作业方式施工,压井状态下打印施工操作安全、平稳。无论压井或不压井,铅模入井时都不得直接穿过自封压入井内。

下面重点介绍不压井施工的操作方法:

(1)管柱结构:管柱自上而下为油管柱(或钻杆柱)、工作筒、单流阀、印模(端部打印常用平底带水眼、带护罩式铅模)。

(2)安装不压井作业井口控制装置:井口控制装置自上而下主要由安全卡瓦、自封封井器及自封芯子、法兰短节、半封封井器、全封封井器、半封封井器、任意法兰等部件组成。井口装置应安装平、正、牢固,各紧固螺栓旋紧扭矩一般不低于 2800N·m。

(3)连接下井工具:将工作筒、单流阀连接在第一根入井油管下端,旋紧扭矩不低于 2400N·m,并涂抹密封脂。

(4)印模入井:清洗干净铅模,在螺纹处涂抹密封脂,记录铅模端面形状。将第一根油管提起,使工作筒插入自封芯内,然后卸掉自封压盖,按下安全卡瓦手柄,使卡瓦牙咬住油管,提起油管,自封芯子即与油管同时上提,然后将铅模连接在单流阀之下,旋紧扭矩不低于 2800N·m,注意不得划碰铅模。连紧后,下放油管,使自封芯子坐回自封座内,上紧压盖,然后缓缓下放。第一根油管下入井后,连续下入油管。

(5)打印:铅模下至距预打印深度 1~2m 时记录管柱悬重,开泵循环工作液,冲洗鱼头或套损点 1~2 周,正常后,以 0.5~1m/s 的速度下放打印。管柱下降悬重不得超过 2~3kN,且只能打印一次,然后测量最后一根油管方余,计算下入深度。

(6)起打印管柱:正常起打印管柱,起至最后一根时,上提速度应控制在 0.5m/s 以内,当工作筒、单流阀、铅模进入法兰短节内全封以上时,停止上提,按下安全卡瓦手柄,咬紧油管,然后关闭全封,两侧关闭圈数应相同,打开放空阀放净法兰短节内余压,即可提出工作筒、单流阀、铅模。

(7)卸掉铅模:将起出的最后一根带有铅模的油管拉向油管桥,不得划碰铅模,分别卸掉工作筒、单流阀、铅模,将铅模清洗干净。

(8)印痕分析:核定打印深度,计算鱼顶变形或错断深度,将铅模端面印痕描绘出来。

2. 侧面打印

侧面打印是利用管柱将侧面打印胶模下至设计深度,然后开泵憋压(0.5~1MPa),使胶模在液压下扩张,紧紧贴在套管内壁上,将套管的孔洞、破裂等破损状况印在胶模上。管柱泄压后,起出打印管柱,卸掉胶模并清洗干净后,将胶模连在地面泵上,憋压使其扩张到在井下的工作尺寸,即可清晰地将井下套管的破损状况直观地反映出来,既有准确的几何形状,又可直接测得破损尺寸。这种方法简便易行,获得的资料数据真实可信。

侧面打印可在不压井状态下进行。不压井的管柱起下操作方法与铅模的不压井起下作业相同。

印模打印(检测)施工方法：

(1)管柱结构：管柱为油管柱、工作筒、胶模、油管短节、丝堵。

(2)打印：按铅模不压井打印方式将侧面打印胶模管柱下至设计深度，核定无误后，向管柱内灌注清水，当压力显示为 0.5~1.0MPa 后，稳压 5min，放净管柱内压力，起出打印管柱侧面打印只许进行一次。

(3)印痕分析：将起出的胶模卸掉，清洗干净，连接在地面泵上，用清水憋压 0.5~1.0MPa，使胶模扩张至井下工作状态尺寸，此时胶模即可将套管的破裂、孔洞等破损程度清晰地反映出来，对印痕进行测量描绘，并可拍照存档，即可获得准确的套损程度尺寸。

(三)印痕分析方法

印痕分析是对印模的印痕进行测量、描绘、对比，并作定性、定量地分析解释的方法，其结论可用于指导修复措施的制定和施工设计的编写，同时也可为套损井的套损机理研究和预防措施的制定提供可靠依据。

1. 作图法

作图法是将印模入井前的端面基本形状测绘清楚备存，然后印模入井打印，再将打印后的印模印痕进行测量描绘作图，比较备存的图形与印痕描绘图形，找出基本变化轮廓，然后进行分析。

(1)印模中心点与套管中心垂线重合，即印模打印时印模是基本居中的。作图方法是以套管内径为直径作圆，然后将印模中心点与套管圆点对正画出印痕的图形，将印痕的变形处画清圆弧并找出该弧的圆心，同时将弧延长与套管圆线相交，所得两点即为套管变形的基本点，而印痕的变形弧(亦即套管凹陷顶点)即为套管变形后的径向尺寸起点。

(2)若印模打印时印模中心偏离套管轴线，若印模一侧离套管壁较近或接触套管壁无擦痕，另一侧被挤缩有明显弧形，为较典型的单凹陷型变形，则印痕最小直径仍不是套管变形的最小直径。若印模一侧紧贴套管壁并被挤压有较明显的擦痕，另一侧被套管变形内凹陷顶部挤压缩成明显弧形，基本显示套管变形的较小或最小直径。

2. 模拟法

模拟法是在作图法基础上，根据印痕形状、尺寸，用相应规格的套管或其他类似管类材料模拟做出井下套管的变形、错断、破裂、孔洞等形态，与印模印痕基本相吻合，然后直观地观察出套管的损坏情况。这种模拟法的最大优点是套损状况直观、清晰、准确。不足之处是制作较麻烦。

目前，随着计算机多媒体三维图像软件的开发和应用，计算机辅助分析、模拟井下套管技术状况已不是什么难题。将印模印痕的几何形状和尺寸在作图法基础上，输入计算机制成三维图像，可直观、准确地显示出井下套管的各种变形情况、错断情况，以及孔洞、破裂等漏失情况。

十、吊环

ZBE011 吊环的技术规范

(一)吊环种类

吊环分为单臂吊环和双臂吊环两种。

(二)型号

吊环的型号表示方法如图3-1-10所示。

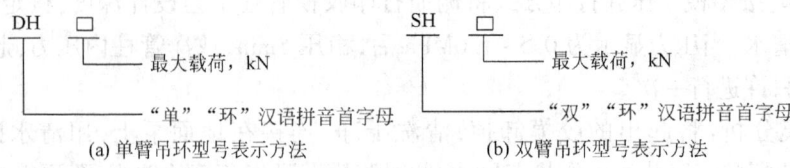

图 3-1-10 吊环的型号表示方法

(三)基本参数

吊环的技术参数见表3-1-5。

表 3-1-5 吊环的技术参数

型号	DH6750	SH225	SH360	SH585	SH675	SH900	SH1235
长度,mm	3660	600	1100	1100	1500	1500	1700

> ZBE013 吊钳的技术规范

十一、吊钳

(一)吊钳种类

吊钳分为多扣合钳和单扣合钳两种。

(二)产品代号

吊钳的产品代号如图3-1-11所示。

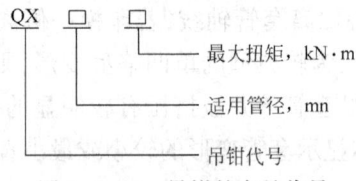

图 3-1-11 吊钳的产品代号

(三)基本参数

吊钳的基本参数见表3-1-6和表3-1-7。

表 3-1-6 多扣合钳的基本参数

型号	Q60−273×35	Q340−648×35	Q86−324×75	Q86−432×90	Q102−305×140
适用范围,mm	60.3~273	339~647	85.7~114.3	85.7~216	101.6~304.8
最大扭矩,kN·m	35	35	55	90	140

表 3-1-7 单扣合钳的基本参数

型号	Q324×8	Q340×8	Q375×8	Q425×8	Q60×30	Q73×30
适用管径,mm	323.9	339.7	374.7	425.5	60.3	73
适用接箍或接头外径,mm	349.2	365.1	400	450.9	85.7	105
最大扭矩,kN·m	8	8	8	8	30	30

项目二　检修液压动力钳

一、准备工作

(一)设备

液压动力钳 1 台、试压泵 1 台、专用工作台 1 台。

(二)材料、工具

液压动力钳图样 1 套、液压动力钳专用工具 1 套、柴油 1 盆、锉刀 1 把、游标卡尺 1 把、螺丝刀 1 把、油盆 1 个。

(三)人员

1 人操作,持证上岗,劳动保护用品穿戴齐全。

二、操作规程

序号	工序	操作步骤
1	准备工作	将准备使用的工具放置于专用工作台上
2	拆卸	(1)将液压动力钳各部件拆卸下来; (2)擦洗干净各部件; (3)按图样的要求检查各零部件,进行测量、除毛刺、除锈操作
3	组装	(1)检修制动盘; (2)检修制动片; (3)检修弹簧; (4)检修腭板及腭板架; (5)按顺序组装液压钳
4	试运转	(1)连接液压源并试运行,检查承压接头密封情况; (2)试运行时,无碰撞、卡阻,不漏油,无过大震动和噪声,卡紧油管不滑动、不变位,对中准确为合格
5	记录填写	填写检验记录、合格证,入库
6	清理场地	对现场进行清理,收取工具,上交记录单等

三、注意事项

(1)测量制动盘和制动片磨损程度,超差必须更换。

(2)用锉刀打磨腭板及腭板架,保证无变形、碰撞现象。

(3)拆卸后检查液路有无弯曲变形堵塞,保证畅通。

(4)检查螺钉配合情况,有松动现象则用力上紧。

四、技术要求

(1)拆卸下来的零部件要清洗干净。

(2)逐个检查零部件的损伤情况,有损伤的部件要及时修复或更换。

(3)相互配合件之间不能因磨损而间隙过大,也不能因变形而出现过盈的情况,能修复的要尽快修复,影响使用性能的要及时更换。

(4)需要润滑的部件在装配时一定要加注或涂抹黄油。

(5)组装好后要对钳体进行调试,主要是制动盘咬紧转向、复位操纵杆对中;测验各项技术指标要符合设计要求。

(6)组装后应达到以下技术参数:最大扭矩为 3.0×10^9 N·m,最小转速为 33r/min,高挡扭矩为 1.1×10^9 N·m,最大转速为 130r/min,工作压力为 10MPa。

(7)液压钳还应配备尾绳,使用背钳时它可承受钳子的反扭矩,起安全保护作用。

(8)液压钳应安装扭矩表,明确反映出上、卸扣时扭矩的大小。

(9)填写保养记录,登记入库。

五、操作标准

SY/T 5074—2012《钻井和修井动力钳、吊钳》。

项目三　根据井下工具装配图简述其结构、工作原理和组装步骤

一、准备工作

(一)材料、工具

各种井下工具装配图 1 套、2B 铅笔 1 支、纸张若干。

(二)人员

1 人操作,持证上岗,劳动保护用品穿戴齐全。

二、操作规程

序号	工序	操作步骤
1	准备工作	准备图样、纸张、铅笔等
2	检查	(1)检查图样数量、名称。 (2)检查图样是否完整
3	笔答	(1)正确写出工具的标准名称并简述其用途。 (2)对照图样按从上到下的顺序正确写出工具主要结构的名称并简述其工作原理。 (3)正确说出工具的拆装步骤。 (4)正确说出主要零件的材质。 (5)正确说出工具的总长度、最大钢体外径和适用范围
4	记录填写	填写检验记录
5	清理场地	对现场进行清理,收取工具,上交记录单

三、技术要求

(1)借助产品说明书等资料,对照装配图了解和分析部件的工作原理、每个零件的作用和传动路径。

(2)从视图了解零件间的装配关系(连接形式、相对位置、配合要求等)、装拆顺序等。

(3)根据零件的作用,从相关的视图中(特别从剖面线方向、间隔等)弄清每一条图线的含义、划清零件界限,看懂零件的结构形状。

四、注意事项

装配图四要素:一组尺寸、图、技术要求、序号标题栏。图应该反映出所有的结构,看不到的应该有剖面图。所有的螺钉和零件都应标出,且应与零部件表、标准件表对应一致。尺寸包括整体尺寸及关键部位的尺寸。技术要求包括整个机器对于装配工作的要求和装配好的整体要求。

项目四 测量确定整筒抽油泵规格

一、准备工作

(一)设备

整筒抽油泵 1 台、抽油泵拉杆 1 根、专用工作台 1 个。

(二)材料、工具

棉纱若干,柴油若干,油盆 1 个,外径千分尺 1 把,内径百分表 1 块,整筒泵金属柱塞与泵筒配合间隙表 1 份。

(三)人员

1 人操作,持证上岗,劳动保护用品穿戴齐全。

二、操作规程

序号	工序	操作步骤
1	准备工作	将准备使用的工具放置于专用工作台上
2	检查	(1)清洗抽油泵。 (2)检查抽油泵外观。 (3)检查各连接螺纹有无损坏、锈蚀。 (4)检查泵筒有无弯曲、裂纹。 (5)检查固定阀和游动阀,包括阀球、阀座。 (6)检查泵筒和活塞的间隙,在泵筒内拉动柱塞手感是否轻快均匀,无堵塞
3	拆卸	(1)用拉杆将柱塞从泵筒内取出。 (2)拆卸并清洗柱塞各部件。 (3)拆卸并清洗泵筒各部件。 (4)按顺序摆放各部件

续表

序号	工序	操作步骤
4	测量	(1)用外径千分尺测量柱塞外径。 (2)用内径百分表测量泵筒内径。 (3)对照整筒泵金属柱塞与泵筒的配合间隙表确定抽油泵间隙并记录
5	组装、试压	(1)按顺序进行组装。 (2)连接螺纹和密封处涂抹黄油或密封脂。 (3)将抽油泵固定阀上好后,连接试压泵,试压
6	清理场地	对现场进行清理,收取工具,上交记录单

三、注意事项

(1)外径千分尺和内径百分表使用前需要检验、校对。

(2)读取泵筒内径时,要在不少于3个不同深度的位置进行测量,每一深度同一圆周不同位置测量不少于3次,取平均值为泵筒内径。

(3)读取柱塞外径时,要在不少于3个不同长度的位置进行测量,每一长度同一圆周不同位置测量不少于3次,取平均值为柱塞外径。

四、技术要求

(1)拆装抽油泵时,管钳不许打在工作筒部位。

(2)拆卸的各零部件要清洗干净。

(3)装配前先检修抽油泵各部分:

① 检查工作筒的垂直度。可以用目力观测,也可以将活塞插入工作筒内来回抽拉几次进行检查,一台良好的抽油泵的活塞在工作筒任意旋转角度,都能很轻松地来回活动。

② 检查阀。检查方法是真空试验法、灯光检验法和口吸法,主要检查阀球与阀座之间配合的紧密度和阀球的损伤程度,若不严密应用研磨机研磨阀,损伤严重影响使用的应更换。

③ 检修泵筒。用卡钳测量内径是否合格,测量泵筒内部的表面粗糙度、圆度及有无伤痕。

④ 检查柱塞。用卡尺量柱塞直径看其圆度是否符合要求;用目测法观察柱塞表面有无伤痕和磨损的地方;用水压试验检查柱塞与泵筒接触的紧密程度。

(4)检查活塞表面光滑程度和尺寸、有无腐蚀痕迹、泵径是否符合使用技术要求;检查泵筒尺寸和表面光滑程度;检查活塞和泵筒互相配合的严密程度,配合间隙应达到质量标准和要求。

(5)检查各部件连接处螺纹有无损伤现象,经修复达到技术要求方可使用,否则不能使用。

(6)装配前所有零件的表面要清洗干净,柱塞表面上要涂黄油。

(7)各部件连接螺纹一定要涂抹密封脂。

(8)组装后,按标准要求试压,检查漏失量是否满足要求,稳压 3min,压力降小于 0.5MPa 为合格。

五、操作标准

SY1T 5188—2012《抽油泵维护和推荐做法》。

项目五　检测滑块打捞矛

一、准备工作

(一)设备
滑块打捞矛 1 根,专用工作台 1 个。

(二)材料、工具
棉纱若干,柴油若干,油盆 1 个,游标卡尺 1 把,管钳 2 把,钢丝刷 1 个。

(三)人员
1 人操作,持证上岗,劳动保护用品穿戴齐全。

二、操作规程

序号	工序	操作步骤
1	准备工作	将准备使用的工具放置于专用工作台上
2	检查	(1)将滑块打捞矛各部件擦洗干净。 (2)检查滑块牙型尖部有无缺齿、损坏、开裂等缺损现象。 (3)检查卡瓦在滑道有无碰撞现象。 (4)检查主体有无弯曲变形,接头螺纹是否合格。 (5)检查锁块和螺钉有无松动现象。 (6)检查打捞矛水眼有无堵塞
3	维修	(1)更换不合格滑块。 (2)修整滑道以保证滑块滑动灵活。 (3)上紧锁块和螺钉。 (4)疏通打捞矛水眼
4	保养	(1)连接螺纹部分和矛杆配合面涂抹黄油,用油纸包裹。 (2)装配时严禁损伤零部件
5	记录填写	填写检验记录、合格证,入库
6	清理场地	对现场进行清理,收取工具,上交记录单

三、注意事项

(1)测量滑块磨损程度,超差必须更换。

(2)用锉刀打磨滑道,保证无变形、碰撞现象。

(3)拆卸后滚动主体,检查有无弯曲变形。
(4)检查锁块和螺钉配合情况,有松动现象则用力上紧。
(5)清理打捞矛水眼确保其畅通。

四、技术要求

(1)打捞矛应符合标准要求,并按规定程序批准的图样和技术文件制造。
(2)主要零件,如上接头、连接套、矛杆、卡瓦用材料,须有检验合格证。
(3)机械加工件应符合 GB/T 25376—2010《金属切削机床 机械加工通用技术条件》的规定。
(4)上接头及连接钻杆接头螺纹的主要尺寸应符合 SY/T 5561—2014《钻杆》、GB/T 9253.2—2017《石油天然气工业套管、油管和管线管螺纹的加工、测量和检验》的有关规定。
(5)卡瓦螺纹部分须经渗碳淬火处理,渗碳厚度为 0.8~1.2mm,其硬度为 58~63HRC。
(6)主要零件热处理后应进行无损探伤检查,表面不得有碰伤及其他影响强度的缺陷。
(7)上接头端面(密封面)的表面粗糙度(Ra)为 1.6μm,不得有毛刺、龟裂、凹痕等缺陷。
(8)产品装配应按中的有关规定要求进行。
(9)产品外表面应涂漆,接头螺纹涂螺纹脂并戴护丝。

五、操作标准

SY/T 5069—2017《石油天然气工业 钻井和采油设备 管柱类落物打捞工具》。

项目六　检测可退式打捞矛

一、准备工作

(一)设备

可退式打捞矛 1 个,专用工作台 1 个。

(二)材料、工具

棉纱若干,黄油若干,螺纹脂若干,锉刀 1 把,螺丝刀 1 把,钢丝刷 1 个,柴油若干,油盆 1 个。

(三)人员

1 人操作,持证上岗,劳动保护用品穿戴齐全。

二、操作规程

序号	工序	操作步骤
1	准备工作	(1)将准备使用的工具放置于专用工作台上。 (2)按图样的尺寸和要求检查各零部件的数量和质量

续表

序号	工序	操作步骤
2	检查	(1)将可退式打捞矛各部件擦洗干净。 (2)检查卡瓦有无缺齿、损坏、开裂等缺损现象。 (3)检查换向槽和换向钉有无挤压、变形、不灵活等现象。 (4)检查主体有无弯曲变形,接头螺纹是否合格。 (5)检查锁块和螺钉有无松动现象。 (6)检查打捞矛水眼有无堵塞
3	维修	(1)更换不合格滑块。 (2)修整滑道以保证卡瓦上下换向灵活。 (3)上紧螺纹和螺钉。 (4)疏通打捞矛水眼
4	保养	(1)连接螺纹部分和矛杆配合面涂抹黄油,用油纸包裹。 (2)装配时严禁损伤零部件
5	记录填写	填写检验记录、合格证,入库
6	清理场地	对现场进行清理,收取工具,上交记录单

三、注意事项

(1)测量卡瓦磨损程度,超差必须更换。

(2)用锉刀打磨滑道,保证无变形、碰撞现象。

(3)拆卸后滚动主体,检查有无弯曲变形。

(4)检查锁块和螺钉配合情况,有松动现象则用力上紧。

(5)清理打捞矛水眼,确保其畅通。

四、技术要求

(1)打捞矛应符合标准要求,并按规定程序批准的图样和技术文件制造。

(2)主要零件,如上接头、连接套、矛杆、卡瓦用材料,须有检验合格证。

(3)机械加工件应符合 GB/T 25376—2010《金属切削机床 机械加工件通用技术条件》的规定。

(4)上接头及连接钻杆接头螺纹的主要尺寸应符合 SY/T 5561—2014《钻杆》、GB/T 9253.2—2017《石油天然气工业 套管、油管和管线管螺纹的加工、测量和检验》的有关规定。

(5)卡瓦螺纹部分须经渗碳淬火处理,渗碳厚度为 0.8~1.2mm,其硬度为 58~63HRC。

(6)主要零件热处理后应进行无损探伤检查,表面不得有碰伤及其他影响强度的缺陷。

(7)上接头端面(密封面)的表面粗糙度(Ra)为 1.6μm,不得有毛刺、龟裂、凹痕等缺陷。

(8)产品装配应按操作标准中的有关规定要求进行。

(9)产品外表面应涂漆,接头螺纹涂螺纹脂并戴护丝。

(10)按许用拉力提拉后,各零件不得有变形或损坏。

(11)按 2 倍的许用拉力提拉后,上接头、接头和矛杆不得有塑性变形或损坏。

(12)按许用倒扣扭矩倒扣后,各零件不得有损坏。

(13)按2倍的许用倒扣扭矩倒扣后,上接头、连接套、矛杆和卡瓦不得有塑性变形或损坏。

(14)按许用拉力提拉和许用倒扣扭矩倒扣后,应能顺利退出工具。

五、操作标准

SY/T 5069—2017《石油天然气工业钻井和采油设备 管柱类落物打捞工具》。

模块二　拆卸、组装井下工具

项目一　相关知识

一、封隔器

(一) Y221 型封隔器

Y221 型封隔器是一种高温高压封隔器,适用于卡封压裂、挤堵、验封、高压注水等措施施工。该封隔器主要由胶皮筒、支撑卡瓦、扶正体、换向体等部件组成。

Y221 型封隔器的优点:胶筒位于卡瓦之上,避免卡瓦砂埋;结构简单,操作方便。

1. 结构

各油田 Y221 型封隔器的结构基本相同,如图 3-2-1 所示。Y221 型封隔器主要有 Y221-105、Y221-114、Y221-150 等规格,分别适用于 5in、5½in、7in 等套管。

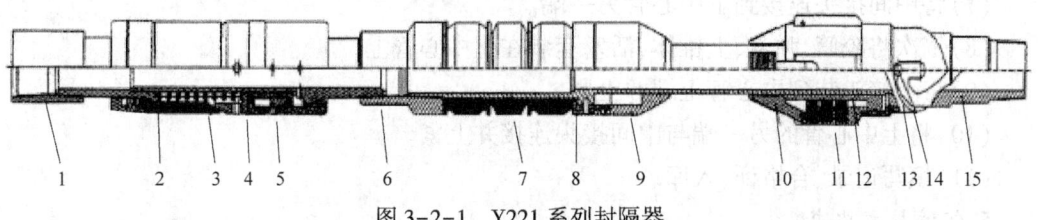

图 3-2-1　Y221 系列封隔器

1—上接头;2—胶筒;3—弹簧;4—上锥体;5—活塞;6—中间接头;7—中间胶筒;8—锥体帽;
9—锥体;10—卡瓦牙;11—摩擦片;12—扶正体键;13—导向套;14—导向销;15—下接头

ZBD014 Y221 型封隔器的工作原理

2. 工作原理

将 Y221 型封隔器下到预定位置,按所需坐封高度上提管柱,然后正转油管柱并下放管柱,使锚定总承换向并上行,单向卡瓦被撑开卡在套管内壁上,继续下行,用管柱重量压缩胶筒使封隔器坐封;反洗井时,套管泵入洗井液,经过封隔器内部的反洗通道推开反洗活塞后,到达封隔器下部环空,进行反洗井。解封时,上提管柱,上接头和中心管一起上行,胶筒即可收回,继续上提管柱,锚定总承的卡瓦收回解卡,与此同时,胶筒依靠自身弹力继续径向收缩完成解封。

3. Y221 型封隔器技术参数

Y221 型封隔器主要技术参数见表 3-2-1。

表 3-2-1　Y221 封隔器主要技术参数

参数	型号		
	Y221-105	Y221-114	Y221-150
总长,mm	1170	1362	1480
最大外径,mm	105	114.25	147.5
内通,mm	40	50	60
坐封载荷,kN	100±20	100±20	100±20
工作温度,℃	120	120	120
工作压力,MPa	8	8	8
适用套管,in	5	5½~5¾	7

4. Y221-114 封隔器组装步骤

(1)将封隔器下接头固定在工作台的压力钳上,装好卡瓦牙、摩擦片。

(2)装导向套密封胶圈。

(3)将导向套套在下接头上,装上导向销。

(4)将中间胶筒、锥体帽、锥体依次套入下中心管。

(5)将下中心管旋入下接头。

(6)将键装入中心管键槽内。

(7)将中间接头连接到下中心管另一端。

(8)依次将胶筒、弹簧、上锥体、活塞套装在上中心管上。

(9)将上接头装到中心管上端并上紧。

(10)将上中心管的另一端与中间接头连接并上紧。

(11)填写记录、合格证、入库。

5. 组装技术要求

(1)组装前要按照图样尺寸和要求检查各零件,不合格的零件不能使用。

(2)螺纹要涂密封脂或密封胶带且必须连接上紧。

(3)密封胶筒部件不能有老化起泡现象,密封圈过盈量为 0.25~0.50mm,胶圈安装不能有扭曲现象,上好后要涂抹黄油以便安装。

(4)组装后,试压 15MPa,稳压 5min,不渗不漏、无压降为合格。

(5)建立组装试压记录,填写入库、使用清单。

(二)Y211 型封隔器

ZBD013　组装 Y211 型封隔器

1. 组装步骤

(1)将限位套从中心管无滑道一端套入。

(2)将锥体从中心管滑道端套入,并与限位套连接。

(3)装锥体上的坐封剪断销钉。

(4)将锥体部件固定在压力钳上。

(5)安装扶正体部分:

① 专用卡箍套入扶正本体;

②扶正块内压缩弹簧、扶正块装在扶正本体上,并用专用卡箍箍好;
③卡瓦装入扶正本体上的卡瓦槽内;
④扶正本体连同卡瓦一起从中心管另一端套入中心管;
⑤装卡瓦块扶正箍簧;
⑥装滑环、滑环销钉、滑环套并使之与扶正体连接好;
⑦拆下专用卡箍。

(6)将下接头与中心管连接。
(7)从限位套一端装下、中、上胶筒和隔环。
(8)将调节环连上接头上后,上接头与中心管连接。
(9)调整调节环,压紧密封胶筒后,上固定定位销钉。
(10)将调节环连上接头上后,上接头与中心管连接。
(11)调整调节环,压紧密封胶筒后,上固定定位销钉。
(12)连接丝堵、试压头、试压;检查螺纹密封情况。
(13)填写记录、合格证,入库。

2. 组装技术要求
(1)组装前要按照图样尺寸和要求检查各零部件尺寸和质量,不合格的零件不能使用。
(2)根据套管规范选择合格的卡瓦和扶正块。
(3)卡瓦要严格检验,新卡瓦最好抽样进行硬度检测和探伤检验,硬度不够、有裂纹、卡瓦牙磨损严重或脱落牙一定程度者要及时更换。
(4)卡瓦块要嵌在卡瓦座的燕尾槽内,并向外突出 3~5mm,以防止蹩断卡瓦。
(5)组装后的扶正块要伸缩灵活自如,扶正块弹簧要求至少经过 5 次压缩而不折断。
(6)扶正器各螺纹连接部分要求必须上紧锁死,严防螺纹松。
(7)密封胶筒部件不能有老化起泡现象,密封圈过盈量为 0.25~0.5mm,胶圈安装不能有扭曲现象,上好后要涂抹黄油以便安装。
(8)装胶筒前要在中心管上涂抹黄油,且安装的胶桶外径不得大于钢体本体外径。
(9)卡瓦扶正部分组装后,要求换向灵活可靠、滑动自如。
(10)组装后,试压 15MPa,稳压 5min,不渗不漏、无压降为合格。
(11)长时间不用时,要求各部件涂抹黄油保管;搬运过程要求平稳,不能磕伤螺纹、胶筒等。
(12)建立组装试压记录,填写入库、使用清单。

(三)Y344 型封隔器

ZBD010 组装 Y344型封隔器

1. 组装步骤
(1)装各级活塞密封胶圈、滤网及各级活塞中心管胶圈;
(2)将一级液缸套固定在压力钳上;
(3)将中心管与活塞中心管连接后插入液缸套内;
(4)两端各套入一个活塞,注意方向;
(5)在中心管上依次套入下、中、上胶筒和隔环;
(6)胶筒座与上接头连好后,使上接头与中心管连接;

(7)调整胶筒座,压紧胶筒;

(8)二级中心管与活塞中心管连好后套入二级液缸套,再套入一个活塞;

(9)连接三级活塞中心管,套入三级液缸套;

(10)连接下接头;

(11)上扣连接保护环,并上好固定销钉;

(12)在胶筒处套入专用试压套管短节;

(13)连接丝堵、试压专用接头,连好试压泵,试压;

(14)检查胶筒膨胀收缩情况和液缸胶圈密封情况;

(15)填写记录、合格证、入库。

> ZBD011 组装Y344型封隔器的技术要求

2. 组装技术要求

(1)组装前要按照图样尺寸和要求检查各零件,不合格的零件不能使用;

(2)螺纹要涂密封脂或密封胶带且必须连接上紧;

(3)密封胶筒部件不能有老化起泡现象,密封圈过盈量为 0.25~0.5mm,胶圈安装不能有扭曲现象,上好后要涂抹黄油以便安装;

(4)装胶筒前要求在中心管上涂抹黄油,且安装的胶筒外径不得大于钢体本体外径;

(5)水眼要装滤网,且保证通畅;

(6)组装后,试压 15MPa,稳压 5min,不渗不漏、无压降为合格;

(7)建立组装试压记录,填写入库、使用清单。

(四) K344 型封隔器

1. 组装步骤

(1)将上接头固定在压力钳上,并装上钢套密封胶圈;

(2)连接中心管与上接头螺纹;

(3)胶圈涂抹黄油,上钢套从中心管套入并与上接头连接;

(4)长胶筒从中心管套入;

(5)装好滤网;

(6)下接头与下钢套连接;

(7)在胶筒处套入专用试压套管短节;

(8)连接丝堵、试压专用接头,连好试压泵,试压;

(9)检查胶筒膨胀情况和胶圈密封情况;

(10)填写记录、合格证、入库。

2. 组装技术要求

(1)组装前必须对各部件按照图样尺寸和要求进行检查,要求部件齐全,无损伤,不合格的零件不能使用;

(2)螺纹要涂密封脂或密封胶带且必须连接上紧;

(3)密封胶筒部件不能有老化起泡现象,密封圈过盈量为 0.25~0.5mm,胶圈安装不能有扭曲现象,上好后要涂抹黄油以便安装;

(4)组装后,试压 25MPa,稳压 30min,不渗不漏、无压降为合格;

(5)建立组装试压记录,填写入库、使用清单。

(五)Y347型封隔器

1. 用途

Y347型封隔器主要用于油气井封堵水层,从而完成油气井的分层采油、采气。

2. 工作原理

坐封时,向中心管内加压,推动释放活塞,剪断释放销钉,压缩胶筒,完成坐封。洗井时,套管打压,推动洗井活塞打开洗井通道,完成洗井。解封时,上提上接头,剪断解封销钉,完成解封。解封时封隔器串上一级封隔器解封后,上提力量才传递到下一级封隔器,实现逐级解封。

3. 主要参数

工具总长:920mm。

最大外径:ϕ114mm。

最小通径:ϕ56mm。

坐封压力:15MPa。

工作压力:30MPa。

工作温度:140℃。

连接螺纹:$2\frac{7}{8}$TBG。

4. 组装步骤

(1)先将封隔器外表面的原油等污物刮掉,擦洗干净;

(2)卸下上接头、上工作筒、密封活塞;

(3)拆下胶筒、隔环;

(4)卸下下接头;

(5)摘掉挡环、卡簧;

(6)卸下承拉套、卡簧座、下活塞等;

(7)拆卸坐封锁紧机构后,再逐个分解;

(8)清洗全部卸下零部件;

(9)检修各零部件,主要检修上下接头、上工作筒、密封活塞锁环、锁套、卡瓦、中心管、活塞、密封套、密封胶圈等;

(10)更换胶筒和密封胶圈;

(11)按卸下时的相反顺序依次安装;

(12)填写检验记录、合格证、入库。

5. 组装技术要求

(1)组装时不许把管钳打在螺纹处和密封部位;

(2)卸下的所有零部件都必须清洗干净;

(3)仔细检查各连接处的螺纹,有损伤的要及时修复或更换;

(4)检查零部件的损伤情况,有损伤的零部件要及时修复,无法修复的零部件要及时更换;

(5)螺纹要涂密封脂或密封胶带且必须连接上紧;

(6)密封胶筒部件不能有老化起泡现象,密封圈过盈量为0.25~0.5mm,胶圈安装不能

有扭曲现象,上好后要涂抹黄油以便安装;

(7)组装后,试压15MPa,稳压5min,不渗不漏、无压降为合格;

(8)建立组装试压记录,填写入库、使用清单。

(六)R-2型注汽封隔器

> ZBE004 R-2型注汽封隔器的原理

R-2型注汽封隔器用于密封注汽管柱和套管的环形空间,对防止蒸汽上窜,降低井筒热损失,保护套管具有重要作用。

1. 结构

R-2型注汽封隔器主要由卡瓦支撑、密封和坐封释放三部分组成,如图3-2-2所示。

2. 主要技术参数

总长:1230mm。

最大外径:152mm。

摩擦块最大外径(自由外径):172mm。

摩擦块最小外径(自由外径):145mm。

密封筒外径:150mm。

密封件长度:114mm。

总质量:86kg。

适用套管内径:157~163mm。

适用注汽温度:不大于353℃。

承受注汽压力:不大于15.7MPa。

3. 工作原理

R-2型注汽封隔器为双向卡瓦支撑式封隔器,坐封、解封是靠转动管柱带动中心管与开合螺母做相对轴向运动来完成的。封隔器下到设计深度后,正转管柱使中心管右旋螺纹从开合螺母中向下旋出,上锥体随着向下移动,与开合螺母连成一体的下锥体不动,由于上下锥体相对运动距离缩小,使卡瓦张开卡在套管上,然后继续下放管柱使中心管上部左旋螺纹滑到开合螺母中相互咬合。在下放管柱过程中,管柱的重量把密封筒和碗状密封盒压开,密封油套环空,完成密封。解封释放时,上提管柱,正转中心管,过程与坐封过程正好相反。

4. 主要特点

(1)采用双向卡瓦支撑,能承受管柱重量和注汽压差,卡得牢、不滑动、密封可靠。

(2)加长了旋转坐封螺纹长度和增加了挡油环,减少了中途误坐封。

(3)具有打捞密封接头,便于打捞。

(4)摩擦块压缩弹簧数可根据套管内径选择,适用范围广。

(5)密封筒采用聚四氟乙烯复合材料,提高了耐温性能。

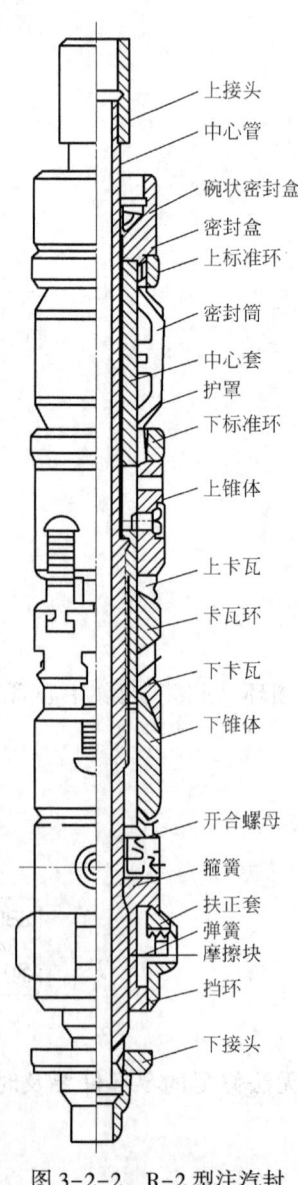

图3-2-2 R-2型注汽封隔器结构图

5. 辅助工具

JRB-Ⅱ型井下热胀补偿器是注汽管柱井下配套工具之一,其主要作用是补偿注汽管柱因受热伸长发生的尺寸变化,同时还能满足注汽封隔器旋转坐封释放的要求。

1)结构

JRB-Ⅱ型井下热胀补偿器主要由密封补偿、转动扭矩、连接保护三部分组成。密封总成由聚四氟乙烯、胶性石墨和金属隔环3种V形密封圈组合而成。

2)主要技术参数

最大外径:146mm。

通径:62mm。

有效补偿长度:5~6.4m。

滑管伸出全长:13~15m。

3)工作原理

滑管缩回全长:6.5~7.5m。

适用温度:不大于353℃。

适用工作压力:不大于15.7MPa。

JRB-Ⅱ型井下热胀补偿器下井时处于全拉开状态,全长为13~15m,离合器处于啮合状态,当封隔器下到设计深度时,正转管柱通过离合器传递扭矩使注汽封隔器坐封,然后再下放管柱使离合器脱开,滑管伸出,此时井下补偿器处于自由状态。注汽时,管柱随注入温度升高而伸长,带动滑管在外管内自由伸长,从而使注汽管柱受热时伸长、冷却时缩短得到可靠的补偿。

4)主要特点

(1)能够传递扭矩,与注汽封隔器配套使用可简化作业程序。

(2)可在353℃温度、15.7MPa压差下工作,密封可靠。

(3)有效补偿距为5~6.4m,保证了注汽管柱受热伸长后可安全注汽。

(七)可钻封隔器

可钻封隔器(可钻桥塞)是指停留在井中某一深度又与管柱脱离的一种丢手封隔器。

1. 用途

(1)代替水泥塞,用于封堵底层、封井等;

(2)分采,例如与插管组合卡堵水层、开采油层;

(3)用作底封隔器,进行挤注水泥、压裂、酸化和堵水等特殊井下作业。

2. 主要结构类型

按坐封方式,可钻封隔器分为电缆和管柱(油管或钻杆)两种;按解封(取出)方式,可钻封隔器分为可取、不可取和可钻三种;按使用期,可钻封隔器分为可取式暂时性和固定式永久性两种;按用途,可钻封隔器分为普通封堵型和分层挤注型两种。

3. 结构

可钻封隔器结构如图3-2-3所示。

4. 工作原理

(1)电缆坐封方式的原理:依靠电打火引燃火药产生的高压气体做动力,通过浮动活塞缸套和活塞使坐封工具伸开,使接头外筒向下运动,中间的连杆不动,于是活塞的运动变成挤压桥塞的两端,卡瓦咬住套管完成坐封,同时坐封工具将桥塞上端的释放环拉断,实现坐封工具与桥塞脱手分开。

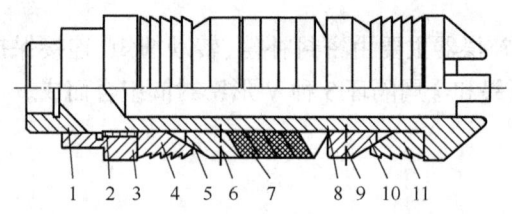

(a) 普通封堵型

1—销钉;2—锁环;3—上压套;4—上卡瓦;5—上锥体;6—上锥体剪钉;7—胶筒;8—中心管;9—下锥体剪钉;10—下锥体;11—下卡瓦

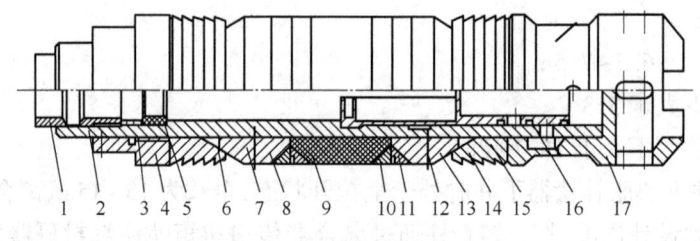

(b) 挤注型

1—释放环;2—中心管;3—锁环;4—压套;5—内密封套;6—上卡瓦;7—上锥体;8—上锥体剪钉;9—胶筒;10—公胀环;11—母胀环;12—下锥体剪钉;13—下锥体;14—下卡瓦;15—滑套;16—O形橡胶密封圈;17—下接头

图 3-2-3 可钻封隔器结构示意图

(2)管柱坐封方式的原理:由水泥车在管柱内正打压产生的高压液体作动力,其他与电缆坐封方式相同。

(八)Y445 型封隔器

1. 用途

Y445 型封隔器主要用于油气井封堵水层,从而完成油气井的分层采油、采气。

2. 工作原理

封隔器坐封时,将封隔器下到井下设计位置,向油管内打液压,当压力达 17~21MPa 时,压力突然降为 0,封隔器坐封,上提管柱,丢开送封工具。封隔器解封时,将封隔器打捞工具下到距封隔器鱼顶 2~3m 时,开始冲砂,至清水进出时,边冲洗边缓慢下放打捞工具,打捞爪抓锁鱼顶,上提即可解封,但需重复几次上提下放动作,这样能松动剩余积砂,解封彻底。

> ZBD005 Y445 型封隔器的性能指标

3. 主要参数

钢体最大外径:114mm。

丢手前最小内通径:35mm。

丢手后最小内通径:48mm。

坐封压力:17~21MPa。

工作压差:20MPa。

解封载荷:40~60kN。

连接螺纹:2⅞TBG。

4. 组装步骤

(1) 先将封隔器外表面的原油等污物刮掉,擦洗干净;

(2) 卸下上接头、上工作筒、密封活塞;

(3) 拆下胶筒、隔环;

(4) 卸下下接头,卡瓦座及卡瓦;

(5) 摘掉挡环、卡簧;

(6) 卸下承拉套、卡簧座、下活塞等;

(7) 拆卸坐封锁紧机构后,再逐个分解;

(8) 清洗全部卸下零部件;

(9) 检修各零部件,主要检修上下接头、上工作筒、密封活塞锁环、锁套、卡瓦、中心管、活塞、密封套、密封胶圈等;

(10) 更换胶筒和密封胶圈;

(11) 按与卸下时的相反顺序依次安装;

(12) 填写检验记录、合格证,入库。

ZBD003 组装Y445封隔器

5. 组装技术要求

(1) 组装时不许把管钳打在螺纹处和密封部位;

(2) 卸下的所有零部件都必须清洗干净;

(3) 仔细检查各连接处的螺纹,有损伤要及时修复或更换;

(4) 检查零部件的损伤情况,有损伤的零部件要及时修复,无法修复的零部件要及时更换;

(5) 螺纹要涂密封脂或缠密封胶带且必须连接上紧;

(6) 密封胶筒部件不能有老化起泡现象,密封圈过盈量为 0.25~0.5mm,胶圈安装不能有扭曲现象,上好后要涂抹黄油以便安装;

(7) 组装后,试压 15MPa,稳压 5min,不渗不漏、无压降为合格;

(8) 建立组装试压记录,填写入库、使用清单。

ZBD004 组装Y445型封隔器技术要求

(九) Y541 型封隔器

1. 用途

Y541 型封隔器是一种液压坐封可取式封隔器,可一个或多个一起下入井中,特别适合机械和电缆坐封,不适宜下入的大角度斜井或水平井中,两个或两个以上的封隔器可一次坐封或按照设计的顺序依次坐封。该封隔器主要用于生产、注水(气)、层间封隔、分注分采、多层测试等增产措施作业中。

2. 工作原理

ZBD015 Y541型封隔器的工作原理

下放封隔器至预定坐封深度后投球,球入座后可泵送液体,缓慢升压至初始坐封压力,这将剪断凸轮块挡圈上的剪切销钉,凸轮块挡圈受推力上行从而释放凸轮块,连接套受井口打压压力及管柱内液柱压力综合作用带动锥体、胶筒、水力锚与中心管产生相对位移向下运动,从而使下卡瓦张开,嵌入套管内壁,胶筒受压膨大密封环空。坐封过程完成后中心管上的锁环锁定连接套,使其只能向下运行,从而保证管柱泄压后即使活塞不能产生坐封推力,封隔器胶筒也无法回缩卡瓦,无法解封,使封隔器完全坐封。封隔器坐封后,如果管柱收缩,中心管即会向上运动直到释放环座抵住坐封套下的减震套,如果油管伸长,中心管向下运动的趋势通过中心管上的锁环将力量传递给球齿座、衬套、胶筒、锥体等,从而增加封隔器的坐封力。

ZBD002 封隔器检修的注意事项

(十)封隔器检修、试压注意事项

(1)按要求更换胶筒,要求胶筒表面无划伤、无气泡,无老化裂纹现象。

(2)仔细检查各部件有无损伤,有损坏的要及时修复或更换。

(3)认真检查密封胶圈,以保证其达到技术要求。

(4)封隔器组装好后按要求进行试压,合格后方可现场使用。

(5)封隔器试压时应按要求检查以下几项内容:

① 各连接部件是否连接牢固可靠,螺纹是否上紧。

② 管线上各连接用的接头是否满足被试压件的压力要求。

③ 压力表是否满足试压压力要求的量程范围。

④ 安全阀是否正常好用。

⑤ 被试压件保护套装置是否装好,摆放位置是否正确。

⑥ 试压时各连接部位是否有刺漏现象,如有应停泵重新连接。

⑦ 当泵压升高到 3MPa 后及时换向,用小排量高压缸工作,严禁用大排量低压缸打高压,以防损坏泵体。

⑧ 当泵压升高后,高压区严禁人员走动并应远离高压区 3m 以上。

⑨ 当压力达到试压要求时应停泵,稳压 30min 以上,不渗不漏为合格。

⑩ 试压后要求填写试压记录。

ZBD016 封隔器坐封高度的计算

(十一)封隔器坐封高度的计算

1. 压缩式封隔器(不带卡瓦)坐封高度的计算

为了给管柱增加一定的重力来保证封隔器坐封所需要的坐封载荷,封隔器必须要有一定的坐封高度(油管挂距顶丝法兰的高度),这个高度取决于封隔器的下入深度、坐封载荷和套管内径大小等因素。支撑式封隔器在坐封情况下,管柱受力分两部分(当坐封载荷小于管柱重量时),一部分管柱处于自重伸长状态,一部分受压管柱处于压缩状态。在管柱受拉与受压间,处于既不受拉也不受压的一点称为中性点(图3-2-4),则坐封高度的近似计算公式为:

$$H = \Delta L - \Delta L_1 + \Delta L_2 + S \tag{3-2-1}$$

式中 H——封隔器坐封高度,m;

ΔL——坐封前,封隔器以上长度为 L 的油管柱的自重伸长,m;

ΔL_1——中性点以上油管自重伸长长度,m;

ΔL_2——中性点以下油管自重伸长长度,m;

S——胶筒压缩距,m。

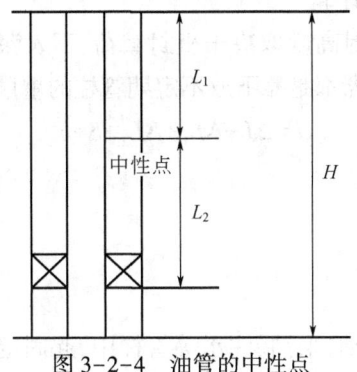

图 3-2-4　油管的中性点

中性点的确定:封隔器坐封时的管柱重量,就是封隔器的坐封载荷,则坐封载荷可近似计算为:

$$p = L_2 F(\rho - \rho_0) \tag{3-2-2}$$

或

$$p = L_2 q \tag{3-2-3}$$

式中　p——坐封载荷,kgf;
　　　q——每100m 油管在井内液体中质量,kg/m;
　　　F——油管环形截面积,m^2;
　　　ρ——钢的密度,kg/m^3;
　　　ρ_0——井内液体密度,kg/m^3。

则中性点近似计算公式:

$$L_2 = \frac{p}{(\rho - \rho_0)F} \tag{3-2-4}$$

或

$$L_2 = \frac{p}{q} \tag{3-2-5}$$

则油管自重伸长的计算公式:

$$\Delta L = \frac{pL}{2EF} \tag{3-2-6}$$

或

$$\Delta L = \frac{(\rho - \rho_0)L_2}{2E} \tag{3-2-7}$$

式中　ΔL——油管自重伸长,m;
　　　L——油管不伸长、不压缩时的长度,m;
　　　E——钢的弹性模量,取 $2.1 \times 10^6 kg/m^2$。

其中封隔件压缩距是指封隔器坐封前密封件的自由长度减去坐封后封隔件的受压长度。

2. 卡瓦封隔器的坐封高度计算

以 Y211 封隔器为例,其坐封高度取决于坐封载荷、下入深度和胶筒密封压缩距等因素。由于 Y211 封隔器和 Y111 封隔器都是靠下放不定期管柱的重量来坐封的,因此坐封高度:

$$H = \Delta L - \Delta L_1 + \Delta L_2 + S + h \quad (3\text{-}2\text{-}8)$$

式中 h——卡瓦行程,m。

二、水力锚

(一)用途

水力锚用于酸化、压裂、试油、采油、注水等管柱中,起固定井下管柱的作用,防止井下管柱因地层或施工压力过高产生轴向移动。

(二)结构

水力锚主要由锚体、锚块、弹簧、压条、螺钉、中心衬管、O 形密封圈组成,如图 3-2-5 所示。

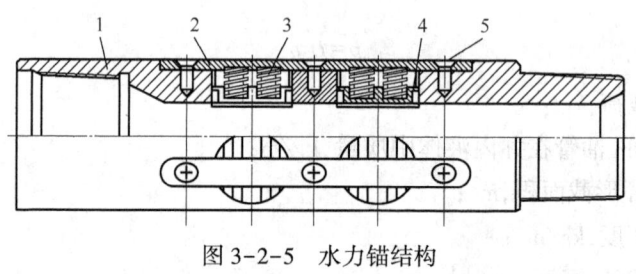

图 3-2-5 水力锚结构

1—锚体;2—挡板;3—弹簧;4—卡瓦;5—螺钉

(三)工作原理

在压裂施工中从油管内打入高压液体,压力从衬管外缝隙传到锚块,在压力作用下锚块开始压缩弹簧并被逐渐推出卡紧在套管内壁上,以此克服施工中产生的轴向力,起到固定井下管柱位置的作用。施工结束,管柱内压力逐渐扩散净后,锚块在弹簧弹力作用下逐渐收回锚体内,解除支撑作用,管柱恢复到自由状态。

(四)技术参数

水力锚的主要技术参数见表 3-2-2。

表 3-2-2 水力锚主要技术参数

钢体最大外径,mm	100	110	148
最小通径,mm	40	40	55
工具长度,mm	490	490	550
锚块直径,mm	45	45	50
工作压力,MPa	60~65		
适用套管内径,mm	108~112	121~127	154~160

(五)注意事项

水力锚下井前必须在地面上做认真检查,检查内容全部合格后方可下井。

(1) 开箱检查合格证,出厂超过 8 个月的产品建议不使用。
① 检查挡板上的紧固螺钉是否有松动,必须确保各螺钉上紧。
② 下井前必须按照最小通径尺寸通井,合格方可入井。
③ 拆装水力锚时不得把管钳打在锚牙块上。
④ 装水力锚锚块时,要小心谨慎防止密封圈被切坏。
⑤ 组装好水力锚后,要以 60MPa 压力试压,稳压 30min,不渗不漏、无压降为合格。
(2) 入井液体、材料、管柱、工具等应清洁干净,符合质量标准。
(3) 下管柱时,操作应平稳,严禁猛提猛放,严禁顿钻、溜钻。

(六) 操作规程

(1) 连接管柱时,确保螺纹连接牢靠。
(2) 下井后直接憋油压即可实现锚定作业,油套压力平衡后即可解除锚定作用。

(七) 检修步骤

(1) 先将水力锚外表面的原油等污物刮掉,擦洗干净。
(2) 依次卸下压条紧固螺钉。
(3) 取下压条和压力弹簧。
(4) 上专用长螺钉于锚块上的螺孔内。
(5) 边旋转边活动上提,卸下锚块。
(6) 卸下下接头。
(7) 用专用工具卸下中心管衬套。
(8) 清洗全部卸下零部件。
(9) 检修各零部件,主要检查弹簧弹力、锚块牙磨损、衬套变形、各螺纹损伤等情况。
(10) 更换锚块密封胶圈。
(11) 按卸下时的相反顺序依次安装。
(12) 套上专用试压套管短节,试压。
(13) 检查各锚块密封情况和伸出、回收情况。
(14) 填写检验记录、合格证,入库。

(八) 检修技术要求

(1) 拆装时不许把管钳打在锚块牙上。
(2) 卸下的所有零部件都必须清洗干净。
(3) 仔细检查各连接处的螺纹,有损伤要及时修复。
(4) 检查锚块牙、弹簧、紧固螺钉,锚牙磨损严重、弹簧弹性不够的要及时更换。
(5) 螺纹要涂密封脂或缠密封胶带且必须连接上紧。
(6) 密封圈过盈量为 0.25~0.5mm,密封圈安装不能有扭曲现象,上好后要涂抹黄油以便安装。
(7) 装锚块时要小心谨慎,防止密封圈被损坏。
(8) 组装后,试压 60MPa,稳压 30min,不渗不漏、无压降为合格。
(9) 组装后,锚块牙要求伸缩动作灵活可靠,压条不变形。
(10) 建立组装试压记录,填写入库、使用清单。

三、螺纹量规

`ZBA008 螺纹量规的类型`

螺纹量规有环规和塞规,环规检测外螺纹尺寸,塞规检测内螺纹尺寸,不论是环规或是塞规都由检测最大极限尺寸和最小极限尺寸的检验量具构成。螺纹塞规用于综合检验内螺纹,螺纹环规用于综合检验外螺纹。螺纹量规的种类繁多,从形状上可分为普通粗牙、细牙和管子螺纹 3 种。螺距为 0.35mm 或更小的、2 级精度及高于 2 级精度的和螺距为 0.8mm 或更小的 3 级精度的塞规都没有止端测头。100mm 以下的为锥柄螺纹量规,100mm 以上的为双柄螺纹量规。

四、抽油杆接箍

`ZBC009 抽油杆接箍的类型`

抽油杆接箍是用于连接两根抽油杆的接箍。抽油杆接箍两端带有螺纹,可以根据需要将不同直径的抽油杆组合起来,按结构特征分为普通接箍、异径接箍和特种接箍。抽油杆接箍采用优质的碳素结构钢为原料制造而成,具有不易生锈,不易腐蚀的特点,连接安全可靠,施工方便。

普通接箍用于连接等直径的抽油杆,其型号可用图 3-2-6 所示的方法表示。

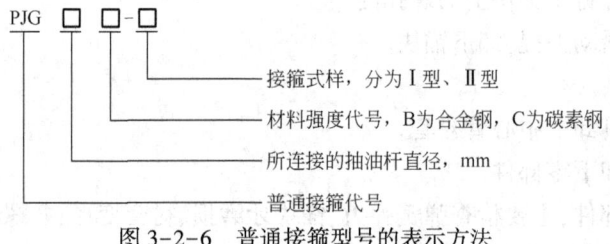

图 3-2-6 普通接箍型号的表示方法

两端螺纹直径不等的接箍为异径接箍,用于连接直径不同的抽油杆,其型号表示方法如图 3-2-7 所示。

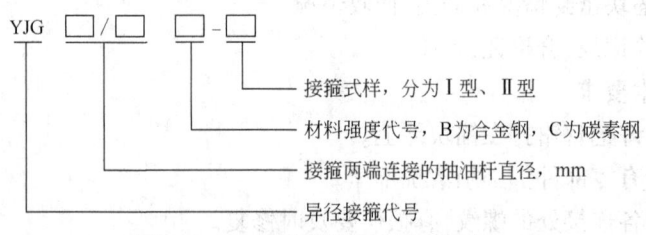

图 3-2-7 异径接箍的型号表示方法

`ZBF020 特种抽油泵的结构`

Ⅰ型与Ⅱ型接箍的结构尺寸相同,Ⅰ型接箍外表面加工有搭扳手的凹槽,Ⅱ型接箍外形为圆柱形。

`ZBF016 防砂卡抽油泵的结构`

五、特种抽油泵

`ZBF017 防砂卡抽油泵的工作原理`

(一)防砂卡抽油泵

1. 用途

`ZBF018 防砂卡抽油泵的特点`

防砂卡抽油泵用于出砂油井生产,可消除泵在出砂油井生产过程中或中途停抽时,因泵上积砂和砂子进入柱塞与泵筒之间造成砂卡,会减少泵的拉缸、磨损,延长油井生产周期和泵使用寿命。

2. 结构

防砂卡泵主要由双筒环形空间沉砂结构部分、滑阀和泄油器、泵筒、柱塞、游动阀和固定阀等组成,如图 3-2-8 所示。

3. 工作原理

上冲程时,游动阀关闭,固定阀开启,柱塞将泵上腔室液体排至泵上油管,与此同时,油井液经双通接头处的进油孔道进入下腔室;下冲程时,固定阀关闭,游动阀开启,油井液由下腔经过游动阀转移到上腔,完成一个抽汲过程。泵在工作中,抽汲到泵上的液体把大部分砂子携带到地面,携带不到地面的大颗粒砂子下沉。由于滑阀的遮挡,砂子不能回落到泵筒内,而是通过沉砂环形空间沉到泵下的沉砂管中,若因地面设备故障、停电等原因中途停抽时,泵上油管内的砂子便会沉到泵下沉砂管内,从而防止了泵上积砂导致砂埋泵造成的砂卡。同时,由于柱塞的刮砂功能,防止了砂子进入柱塞与泵筒之间的间隙。

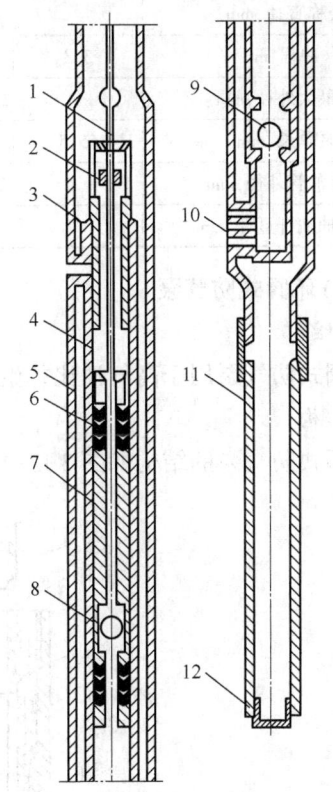

图 3-2-8 防砂卡抽油泵
1—特殊连杆;2—游阀;3—泄油器;4—泵筒;5—外套;
6—刮砂结构;7—柱塞;8—游动阀;9—固定阀;
10—双通接头;11—沉砂管;12—丝堵

4. 特点

(1)采用了双筒环形空间沉砂原理,可防止抽油泵砂卡和泵上沉砂;

(2)采用了软硬补偿,使柱塞既起到补偿和增加泵的密封性能的作用,又具有刮砂作用;

(3)泵筒为整体内孔氮化加工处理,可适应出砂井生产需要。

5. 型号表示法及技术参数

防砂卡抽油泵型号采用图 3-2-9 所示的方法表示。

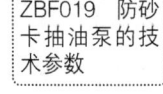
ZBF019 防砂卡抽油泵的技术参数

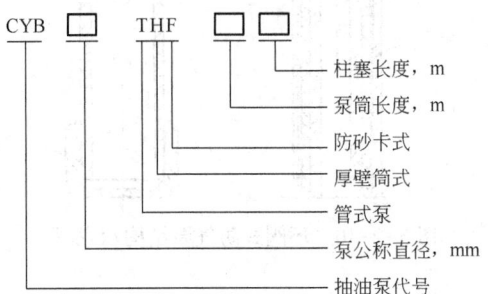

图 3-2-9 防砂卡抽油泵型号的表示方法

防砂卡抽油泵技术参数见表 3-2-3。

表 3-2-3　防砂卡泵技术参数

公称直径,mm	44		56		70
冲程,m	3.3	5.1	3.3	5.1	3.3
泵最大外径,mm	100		114		116
泵总长,mm	6515	8485	6437	8614	6382
配合油管外径,mm	73		73		89
配合抽油杆直径,mm	19		22		25

(二)环阀式防气泵

1. 用途

环阀式防气泵用于高气油比井生产,减少气体对泵的影响,可防止"气锁",提高泵效。

2. 结构

环阀式防气泵的结构如图 3-2-10 所示。

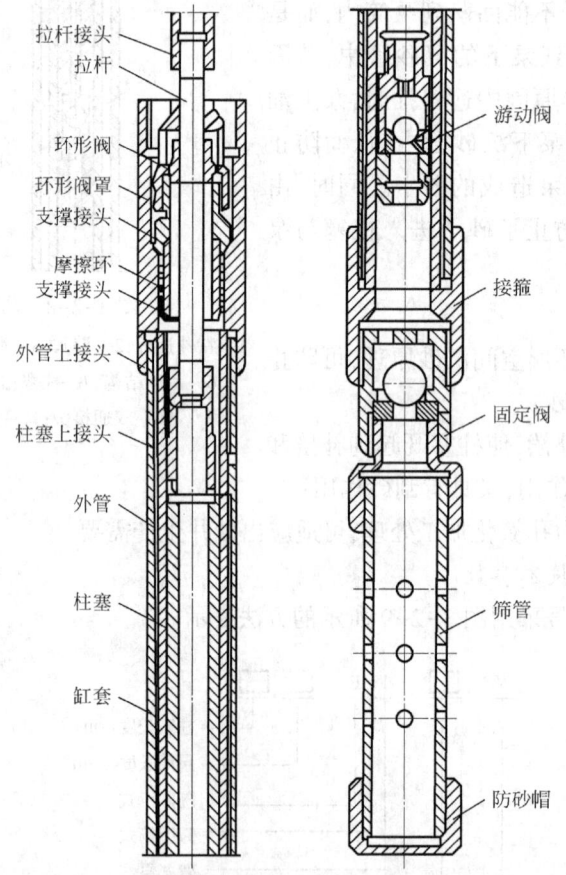

图 3-2-10　环阀式防气泵结构示意图

3. 工作原理

环阀式防气泵的抽汲过程与常规泵相同,其特殊点是在下冲过程中,泵筒上端的环形阀首先关闭,随着柱塞的下行,泵上腔室压力迅速降低,加速了游动阀上、下空间的压力平衡,降低了游动阀的开启压力,使泵的游动阀在高气油比井中能够迅速开启,增加了泵的实际抽汲排液量,提高了泵效。

4. 特点

只在泵筒上端增加一个环形阀结构,不增加任何作业程序,即可利用泵上环形阀降低游动阀的开启压力,减少气体对泵的影响,防止"气锁",提高抽油泵工作效率。

5. 技术参数

环阀式防气泵主要技术参数见表 3-2-4。

表 3-2-4　环阀式防气泵技术参数

泵径 mm	柱塞长度 m	连接油管外径 mm	柱塞冲程 m	理论排量 m^3/d	连接抽油杆直径 mm
38		60.3,73		19~112	16
44		60.3,73		26~138	16
56	1.0	73	1.2~6	44~220	19
70		89		66~328	22
83		89		93~467	22
95		101.6		122~613	25

注:泵筒长度系列为 2.1,2.4,2.7,3.0,3.3,3.6,3.9,4.2,4.5,4.8,5.1,5.4,5.7,6.0,6.3,6.6,6.9,7.2,7.5m,其中 2.1~4.5m 范围内为组合泵筒;4.8~7.5m 范围内为整体泵筒。

(三)液压反馈抽稠泵

1. 用途

液压反馈抽稠泵用于常规稠油井生产,增加柱塞下行力,克服稠油井黏滞阻力过大造成的杆柱下行困难。

2. 结构

液压反馈抽稠泵结构如图 3-2-11 所示。

3. 工作原理

液压反馈抽稠泵的上、下两个泵串联起来,抽汲过程中上、下泵皆处于密封状态。上冲程时,出油阀关闭,井内液体经下柱塞中心孔顶开进油阀进入下柱塞与上泵和上柱塞所形成的环形腔室;下冲程时,环形腔式逐渐减小,油井液打井出油阀排到上柱塞中心空腔及泵上油管内,完成一个抽汲过程。随着泵的不断抽汲,井液被抽到地面。柱塞下行过程中,进油阀始终处于关闭状态,由于下柱塞上端压力与泵上压力相同,下柱塞下端是泵沉没度压力,二者产生一个液柱压力差。在此压差下,下柱塞产生向下的轴向力,推动泵柱塞下行,以克服因油稠所产生的下行黏滞阻力。

4. 特点

液压反馈抽油泵的特点是利用泵上液柱压力产生的液压反馈力增加泵下行力,克服油稠造成的泵上杆柱下行困难,使抽油泵在稠油井中正常生产。

5. 技术参数

液压反馈抽油泵的主要技术参数见表 3-2-5。

表 3-2-5 液压反馈抽油泵的技术参数

泵径 mm/mm	柱塞长度 m	连接油管外径 mm	柱塞冲程 m	理论排量 m³/d	连接抽油杆直径 mm
56/38		73		34~115	19
70/44	0.6	89	1.2~6	60~201	22
83/56		101.6		76~255	25

注:泵筒长度系列为 2.1,2.4,2.7,3.0,3.3,3.6,3.9,4.2,4.5,4.8,5.1,5.4,5.7,6.0,6.3,6.6,6.9m,其中 2.1~4.5m 范围内为组合泵筒;4.8~6.9m 范围内为整体泵筒。

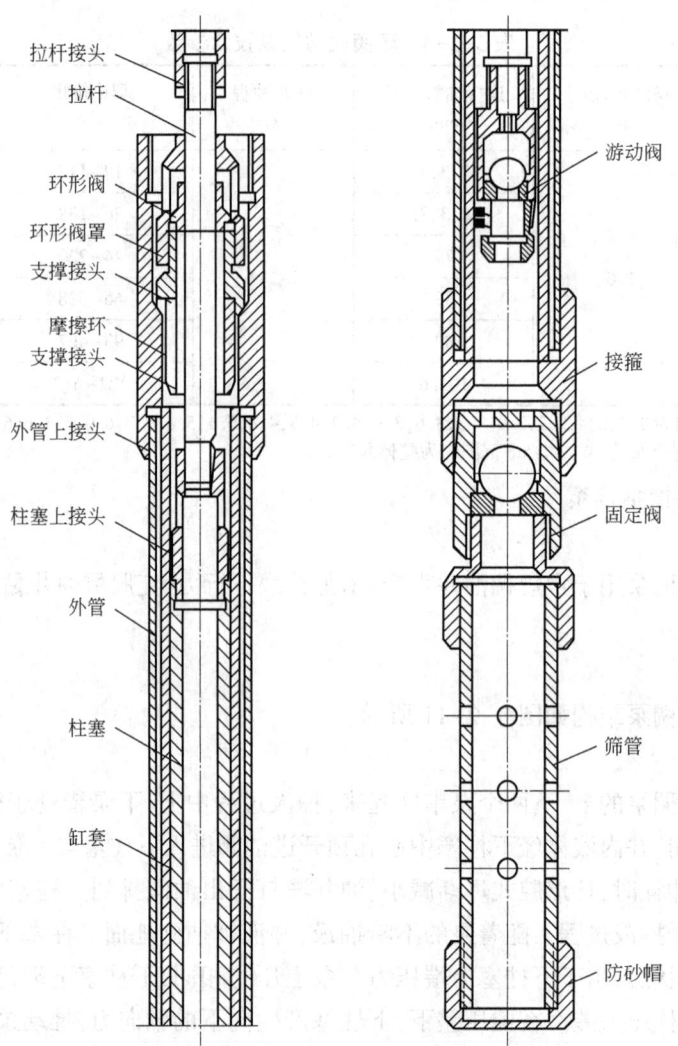

图 3-2-11 液压反馈抽稠泵结构示意图

(四)BNS 井下抽稠泵

1. 用途

BNS 井下抽稠泵用于稠油井生产,以消除抽油杆在稠油中的运动阻力,解决抽油杆在稠油中的下行困难问题。

2. 结构

BNS 抽稠泵的结构如图 3-2-12 所示。

3. 工作原理

BNS 井下抽稠泵是将泵上油管与密封所形成的容腔内加满液体(水或轻质油),使抽油杆在稀液中运动,井液由油套管环形成空间产生,消除了抽油杆在稠油中的运动阻力。该泵还可以进行油井的正、反热洗,其抽汲原理与常规泵相同。

(五)双作用泵

1. 用途

双作用泵用于高产能油井,可实现油井大排量提液。

2. 结构

双作用泵结构如图 3-2-13 所示。

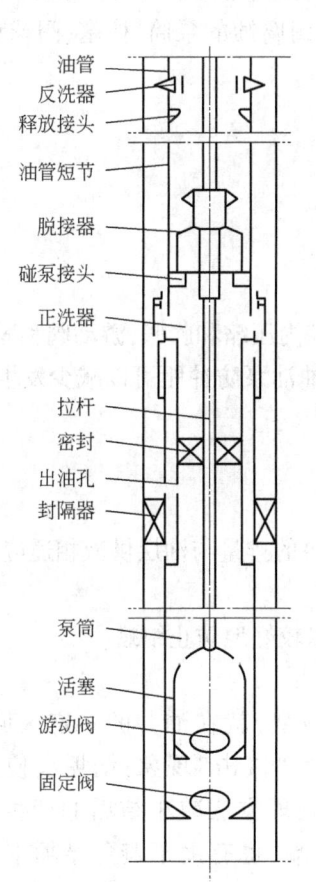

图 3-2-12　BNS 抽稠泵的结构示意图

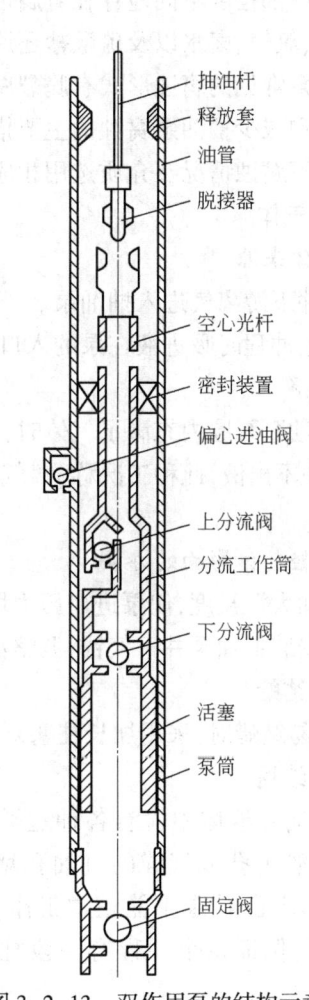

图 3-2-13　双作用泵的结构示意图

3. 工作原理

活塞上行时,偏心进油阀关闭,上腔液体顶开上分流阀并通过分流工作筒、空心光杆排入油管内,同时,泵下腔室进油。活塞下行时相反,随着不断抽汲,井内液体被举升到地面。

双作用泵在一个上、下冲程内完成了两次进油和排油过程。

4. 特点

双作用泵可在不增加抽油机载荷情况下提高采液量;与常规泵相比,具有更大的排量和高效率,适用于供液能力充足、原油黏度低的油井。由于这种泵下行阻力大,有时下行困难,可采用加重杆或泵上加液力反馈结构,以增加其下行力。

> ZBF009 抽油泵的常见故障
> ZBF010 抽油泵的故障预防
> ZBF011 抽油泵的故障排除

六、抽油泵故障与排除

影响抽油泵井下正常工作的因素通常有腐蚀、液击、气体、砂、结蜡和结垢等几种因素,它们都是抽油泵发生故障的主要原因。

(一)腐蚀介质

油井中都程度不同地存在着腐蚀,腐蚀对井下所有设备危害很大,油井中腐蚀介质主要有硫化氢、氧气、卤水以及硫酸盐还原菌等。

抽油泵常见的腐蚀形式有脆裂腐蚀、酸蚀、断裂处腐蚀、电化学腐蚀、点蚀和磨蚀 6 种。预防和减少抽油泵腐蚀的主要措施是设计和制造耐腐蚀的泵筒、柱塞、阀球和阀座等,应根据井下腐蚀情况及介质选用相应材质的抽油泵。

(二)气体

1. 气体来源

(1)井下游离气进入抽油泵。

(2)上冲程时吸进液在泵的入口处油气分离。

2. 气锁

当抽油泵泵腔内充满了气体时,冲程中气体在泵腔内压缩和膨胀,游动阀和固定阀失去作用,油井不出液,此种工况称为"气锁",尽可能减小抽油泵防冲距可以减少发生气锁的可能性。

3. 减轻气体影响的办法

(1)加大沉没度,使泵进口压力增加。

(2)安装抽油泵井下气锚,调整油井工作制度,使泵的排量与油层供液相适应。

(三)结蜡

当泵易结蜡时,采用加长柱塞泵或动筒杆式泵可以较好地防止结蜡。

(四)结垢

许多油井液体中含有各种盐类,一旦物化条件改变,就在油井的一定区域结垢,结垢会使套管射孔或气锚的进油孔堵塞,致使油井产生"液击"现象;结垢会使抽油泵部件或孔眼堵死,使泵不能正常工作。目前多以化学处理方法减小结垢的产生。使用加长柱塞泵,保证每个冲程有一段柱塞冲出泵筒的上端,也有助于避免结垢卡钻现象的发生。

(五)液击

抽油泵的上冲程中,当泵腔未被液体完全充满时,泵腔顶部将会出现低压气顶,随后在下冲程中,游动阀一直处于关闭状态,直至与液体接触时的一瞬间液压突然升高阀被打开为止,这一工况称为"液击","液击"对整个抽油系统危害甚大。

1. 产生"液击"的原因
(1) 沉没度不够,泵内井液充满不足,抽油工况不理想。
(2) 泵进油孔眼局部堵塞,动液面上升,而泵排量下降。

2. "液击"引起的危害
(1) "液击"将会加剧抽油机变速箱齿轮、轴承和其他构件或基础等的疲劳。
(2) "液击"会使抽油杆抗拉疲劳加剧,使抽油泵游动阀组件损坏加剧,同时也加快阀杆破损、泵筒破裂和固定阀失效。
(3) "液击"也会使油管螺纹磨损和漏失,甚至断裂。

3. 减弱"液击"的措施
(1) 建立合理的抽油井工作制度,优选抽油参数,使泵的排量与油层供液能力相适应,使泵效始终处于高效界线(最佳状态时,泵效应达到80%)。
(2) 调整发动机的速度或电动机皮带轮,使泵的排量与油层供液能力相适应。
(3) 用抽空控制器定时开停电动机,间歇抽油,减少"液击"现象的发生。
(4) 掌握液面恢复时间和下降时间,自动开停抽油机。
(5) 如确认泵进油孔被堵塞时,应起泵清除。

七、螺杆泵

(一) 用途

螺杆泵是近几年在油田广泛使用的一种采油设备,由于它具有节能、投资少、适应黏度范围广等优点,在试油排液、采油生产中得到推广应用。

(二) 结构

螺杆泵主要由上接箍、上筒、衬胶筒、下接头及螺杆组成,如图3-2-14所示。

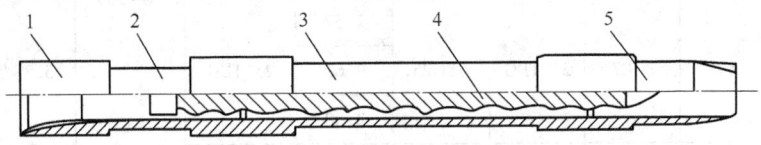

图3-2-14 螺杆泵结构示意图
1—上接箍;2—上筒;3—衬胶筒;4—螺杆;5—下接头

(三) 工作原理

螺杆泵的工作部位由衬胶筒和螺杆组成。衬胶筒内的橡胶也是螺旋形状,但与螺杆的螺旋有一定的差别。当螺杆插入衬胶筒后,螺杆与衬胶筒的橡胶形成多个密封的空间,这些空间的位置随螺杆的转动不断上移,而下部也不断形成新的空间。当井筒内的液体被吸入这个空间后,这些液体随螺杆的转动被不断带动挤入油管内。这样,螺杆不断转动,井筒内液体也不断被挤入油管内。随着液体量的增加,一直被排到地面。

(四) 技术规范

螺杆泵的型号表示方法如图3-2-15所示。

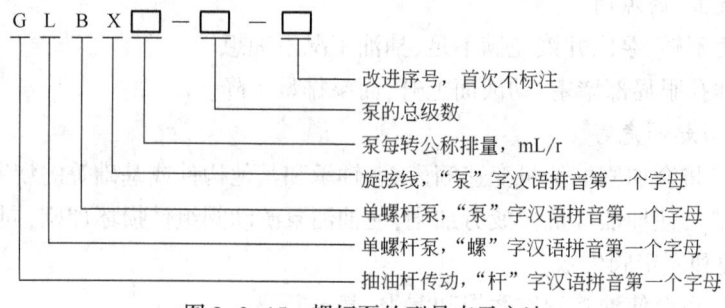

图 3-2-15 螺杆泵的型号表示方法

CLBX 螺杆泵(旋弦线 2∶3 结构单螺杆泵)是一种新型采油排液设备,具有排量大、扬程高、能耗低、寿命长等特点,得到了石油行业的认可。为了与其他螺杆泵区分,旋弦线 2∶3 结构单螺杆泵加注"旋弦线"的"旋"字汉语拼音第一个字母"X"。

常用螺杆泵的规格见表 3-2-6。

表 3-2-6 常用螺杆泵的规格

型号	排量	最大外径,mm	定子上螺纹	转子螺纹	长度,m	定子下螺纹	转子转速范围,r/min	理论产液量,m³/d	额定工作压力,MPa
GLBX22-20	22	φ89	2⅞TBG	CYG19	1.95	2⅞TBG	50~200	1.5~6.3	10
GLBX22-30					2.7				15
GLBX22-40					3.45				20
GLBX40-20	40	φ89	2⅞TBG	CYG19	2.45	2⅞TBG		2.8~11.5	10
GLBX40-30					3.45				15
GLBX22-40					4.25				20
GLBX80-10	80	φ107	2½TBG	CYG25	1.52	2½TBG		5.7~23	5
GLBX80-20					2.60				10
GLBX80-30					3.60				15
GLBX120-10	120	φ107	2½TBG	CYG25	2.60	2½TBG		8.4~34	6
GLBX120-20					3.60				10
GLBX120-27					4.60				13.5

ZBF025 螺杆泵的工作特性

(五)螺杆泵工作特性

螺杆泵工作特性曲线是通过在室内检测试验装置上模拟井下工况实测的,包括:

(1)容积效率曲线——压头与排量的关系曲线;

(2)扭矩曲线——压头与转子扭矩关系曲线;

ZBF026 螺杆泵的质量检测方法
ZBF028 螺杆泵的性能判断

(3)系统效率曲线——压头与系统效率关系曲线。

螺杆泵工作特性曲线是指导螺杆泵抽油的技术基础,无论是选井、选泵、施工设计和使用管理都要以泵的特性曲线为基础。

(六) 螺杆泵质量检测方法

螺杆泵检测的主要内容有螺杆泵工作特性检测和定子橡胶衬套偏心度检测,检测标准为 GB/T 21411.1—2014《石油天然气工业 人工举升用螺杆泵系统 第1部分:泵》。螺杆泵检测是依靠螺杆泵工作特性检测系统完成的该系统主要采集转子转数、转子工作扭矩、泵的排量,泵进出口压力和介质温度等数据,并生成容积效率与泵出口压力关系曲线、泵总效率与泵出口压力关系曲线、转子扭矩与泵出口压力关系曲线。螺杆泵的最高效率点不应低于 75%。螺杆泵水力特性检测过程中,以零压点下的排量为泵的理论排量,用各压力点下泵的实际排量除以泵的理论排量再乘以 100%,即为该压力点的容积效率。零压头下螺杆泵的实际排量与设计排量的误差不应超过设计排量的 ±10%。

> ZBF030 螺杆泵水力特性检测标准

(七) 螺杆泵橡胶特性

橡胶的性能可分为两大类,分别为结构性能和功能特性,结构性能是指高弹性和强度等力学性能;功能特性指橡胶的物理特性和化学特性,如耐介质、电绝缘性、耐化学腐蚀性等。在螺杆泵橡胶制品中,以利用前一类性能为主,结构性能即机械力学性能最为重要,因为它是一切性能的基础。

> ZBF027 螺杆泵的橡胶特性

(八) 螺杆泵转子的构造

螺杆泵的转子是由合金钢调质后经防腐耐磨处理形成的一段螺纹状金属直杆。转子的任一截面都是偏离中心线一定距离半径为 R 的圆,每一截面中心相对整个转子的中心位移都有一个偏心距 E,转子的螺距为 t。螺杆泵转子采用双吸式结构,螺杆两端处于同一压力腔中,轴向力可以自行平衡。螺杆泵转子与定子之间采用过盈配合,转子在定子内转动形成一个一个的密闭空腔,可输送介质,定子、转子转动摩擦时会产生热量,摩擦产生的高温会将定子橡胶烧坏,所以单螺杆泵严禁干运行,即不能空转,必须在有介质进入时运转,液体介质会将定转子摩擦产生的热量带走。

> ZBF029 螺杆泵转子的构造

八、潜油电泵

潜油电泵(图 3-2-18)全称为电动潜油离心泵,简称电泵,是将潜油电动机和离心泵一起下入油井内液面以下进行抽油的举升设备,用于非自喷的高产井或高含水井采油中。

(一) 潜油电泵的分类

潜油电泵用电驱动无杆泵举升(抽油)设备,根据其结构和工作原理的不同,分为 3 种,即电动潜油离心泵、电动潜油单螺杆泵和电动潜油隔膜泵。电动潜油离心泵主要适用于低黏度或高含水的油井;电动潜油单螺杆泵适用于高黏度或高含气量的油井;电动潜油隔膜泵则适用于高含砂量及有腐蚀性介质的油井。

(二) 潜油电泵系统组成及设备装置

1. 潜油电泵机组型号表示方法

潜油电泵机组型号表示方法如图 3-2-16 所示。

2. 泵型号表示方法

泵的型号表示方法如图 3-2-17 所示。

> ZBF034 潜油电泵的型号表示方法

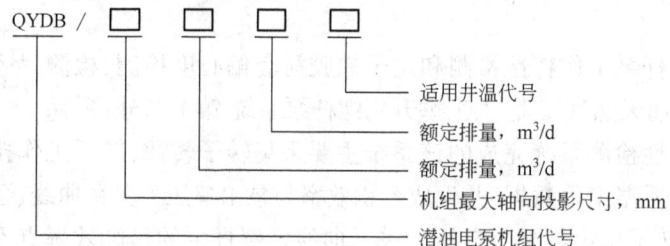

图 3-2-16 潜油电泵机组型号表示方法

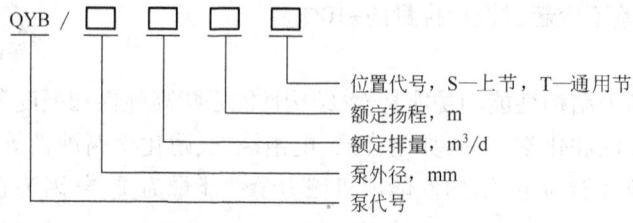

图 3-2-17 泵的型号表示方法

ZBF035 潜油电泵的主要零部件

(三)结构

潜油电泵(图 3-2-18)是由多级叶轮和导轮组成的多节串联的离心泵,其转动部分主要有轴、键、叶轮、垫片、轴套和限位卡簧等;固定部分主要有壳体、泵头(即上部接头)、泵座(即下部接头)、导轮和扶正轴承等,相邻两节泵的泵壳用法兰连接,轴用花键套连接。

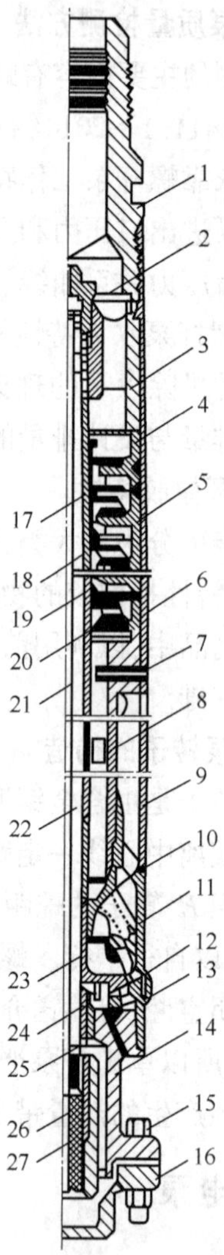

ZBF031 潜油电泵的工作原理

(四)工作原理

潜油泵的工作原理与普通离心泵相同,电动机带动泵轴上的叶轮高速旋转时,叶轮内液体的每一质点受离心力作用,从叶轮中心沿叶片间的流道甩向叶轮四周,压力和速度同时增加,经过导轮流道引向下一级叶轮,这样逐级流经所有的叶轮和导轮,使液体压能逐次增加,最后获得一定的扬程,将液体输送出地面。

图 3-2-18 潜油电泵结构示意图
1—泵出口接头;2—轴头压盖;3—上轴承外套;4—导轮;5—胶圈;6—泵壳;7—放气孔;8—交叉流道管;9—分离器壳体;10—诱导轮;11—分离壳;12—分离器叶轮座;13—半圆头丝堵;14—泵下接头;15—六角螺栓;16—泵护帽;17—上止推垫;18—中止推垫;19—叶轮;20—下止推垫;21—键;22—轴;23—分离器叶轮;24—轴承内套;25—卡簧;26—花键套;27—花键套弹簧

ZBH033 潜油电泵的基本参数

(五)技术参数

潜油电泵的主要技术参数见表 3-2-7。

表 3-2-7 潜油电泵技术参数

泵系列 mm	额定排量 m^3/d	额定扬程 m	泵效	额定转速 r/min
88	30	根据油田需要配	35%	2850
	50		42%	

续表

泵系列 mm	额定排量 m³/d	额定扬程 m	泵效	额定转速 r/min
88	100	根据油田需要配	49%	2850
	150		52%	
	200		44%	
95	30	根据油田需要配	36%	2850
	50		44%	
	100		52%	
	150		56%	
	200		58%	
	250		59%	
	300		60%	
	400		61%	
	500		59%	
98	30	根据油田需要配	38%	2850
	50		45%	
	100		53%	
	150		58%	
	200		59%	
	250		60%	
	300		61%	
	400		61%	
	500		60%	
	600		58%	
	700		56%	
130	200	根据油田需要配	59%	2850
	400		63%	
	600		65%	
	800		64%	
	1000		62%	
	1200		60%	

（六）油气分离器

油井的油流内含有天然气,这些气体进入泵内将直接影响泵的正常工作,使液体不能连续输送,造成汽蚀。为克服这一影响,应在离心泵下装一个油气分离器,使流体在进入泵之前先通过油气分离器进行液气分离,被分离出的气体进入油套环形空间,然后排出地面,被分离后的液体则进入泵内,这样可减少气体对泵的汽蚀现象,达到提高泵效及延长泵的使用寿命的作用。

ZBF038 潜油电泵油气分离器的工作原理

目前现场使用的油气分离器有沉降式和旋转式两种类型。

1. 沉降式油气分离器

沉降式油气分离器结构比较简单,在壳体内装一个倒置叶轮,主要是依据重力原理来进行油气分离。油气混合物从分离器外壳的进液孔进入分离器后,由于液体的相对密度要比气体大得多,气体向上流动,通过分离器的排气孔进入油套环形空间,而液体由于相对密度大,向下流动通过分离器底部的内腔进液孔进入分离器内腔,并经过底部轮增压产生一个稳定压头,把井内液体举升到泵的第一级叶轮,从而完成油气分离过程。

沉降分离器有效行程(大约为0.4m)小,因此分离效率较低。三级分离占油、气、水三相总体积10%的游离气,并且分离效率最高只能达到37%,如果泵吸入口气液比超过10%,分离器的分离效果将会大大变差,进而使泵的工作特性受到严重影响,从而达不到抽油效果。

2. 离心旋转式油气分离器

1) 结构

离心旋转式油气分离器由上接头、壳体、衬套、叶轮、诱导轮、轴、吸入口滤网、下接头等组成,如图3-2-19所示。

2) 工作原理

利用离心力分离原理,使气体在近轴区、液体在边缘壁区,达到油气分离的目的。

这种分离器可处理占油、气、水三相总体积30%的游离气,并且分离效率可达90%以上。

(七)潜油电动机

1. 结构

潜油电动机主要由定子、转子、扶正轴承、电动机轴、电缆头、注油阀、引线、打油叶轮、滤网、放油阀、电动机壳体、止推轴承及循环系统等组成。

2. 工作原理

潜油电动机是三相鼠笼式异步感应电动机,与其他异步电动机相同,当定子绕组的三相引出线接通三相电流时,在电动机内产生一个转速为 n 的旋转磁场,其转向取决于电源相序。

(八)起下潜油电泵的质量标准

(1)动管柱前要求井架重新校正,大钩必须对中井口;协助电泵专业人员安装好施工辅助设备及专用工具。

(2)整个起下电泵的过程中,必须听从专业人员的指挥,平稳操作,缓起缓下(以每4~5min下一根油管为宜),切勿顿钻、溜钻;要注意保护电缆,避免使用电缆出现死弯、磕碰、扭伤和损坏包皮现象。

(3)每根油管打3个电缆卡子(电缆的接口处上下各打

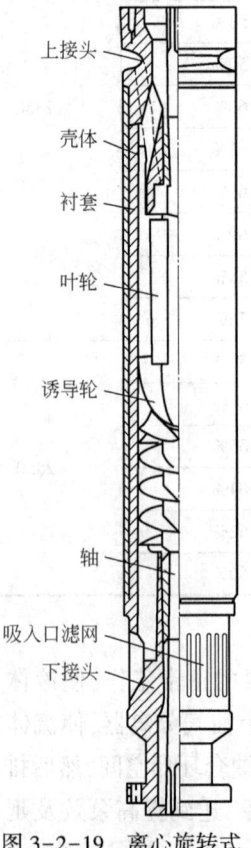

图3-2-19 离心旋转式油气分离器

一个电缆卡子),每根油管距离两端1~1.5m以内各打一个电缆卡子,在油管的中部打一个电缆卡子,打卡子要注意质量,松紧适度,以不在油管上受力滑动为宜,严格防止松卡和漏卡下井。

(4)全部油管在上卸扣过程中,必须打好背钳,以防油管转动扭伤电缆。

(5)随管柱下井数量的增加,悬重增加,重心偏移,必须随时调整井架,保证大钩对正井口,以免电缆被井壁擦伤。

(6)下井油管必须测量长度,复查,检查螺纹质量,油管要冲洗干净,油管螺纹部必须涂密封脂,保证油管不刺不漏。

(7)机组下井过程中,电工负责电缆的检查测量,每5根油管检测一次,若发现相间机组对地绝缘电阻导通,立即停止施工,检查处理妥当后方可继续施工。

(8)电缆随管柱下井,要有专人负责电缆滚筒上电缆的投放,应随下井速度投放,不得使电缆突然卡死,不能强力拉伸,也不可投放速度过大而使电缆打扭或造成死弯。

(9)施工过程中严防任何物品落井。

(九)潜油泵电力电缆

潜油泵电力电缆是潜油电泵机组配套使用的专用电缆,敷设于油井中,电缆下端与引接电缆相连,上端与地面控制柜相连,油井中工作条件恶劣,电缆常处于高温、高压以及含油气等腐蚀性很强的环境中。潜油泵电力电缆可分为圆形和扁形两种,受油井套管狭小空间的限制,通常潜油泵电力电缆以扁形为主,由于扁形电缆是非对称结构,当电力传输时,磁场的不平衡而产生的电磁感应会引起磁滞损耗,使电缆发热。当油井套管尺寸允许的情况下宜采用圆形电缆,结构对称的圆形电缆产生的电磁场均匀分布,相互干扰小,电磁兼容性好,在油井中敷设时也便于收线、放线。

潜油泵电力电缆主要由导体、绝缘层、阻挡层等组成。

1. 导体

导体材料为无氧铜杆拉制而成的导线,由于铜与聚丙烯直接接触会加速聚丙烯的老化,所以聚丙烯或改性聚丙烯为绝缘的电缆时,导线必须镀锡,若三元乙丙橡胶为绝缘时,为防止油井下的气体渗入到导体与绝缘层间隙之间,导体外应涂覆一层特殊黏合剂,通过连续硫化之后可使导线与绝缘层紧密地粘接。

2. 绝缘层

(1)聚丙烯绝缘。聚丙烯(PP)绝缘是热塑性塑料,适用于-20~100℃的环境,低温时聚丙烯易脆,高温时易老化变形。

(2)三元乙丙橡胶绝缘。三元乙丙橡胶绝缘是目前使用较广泛的热固树脂材料,具有良好的绝缘性能,可长时间工作于-40~180℃的环境中,但乙丙橡胶耐油性差,可通过导体表面涂敷粘接剂及绝缘层外增加一层束紧层(如聚四氟乙烯薄膜和锦纶丝包带)来有效地防止其在油井中受热溶胀。

(3)聚酰亚胺/F46复合薄膜+三元乙丙橡胶组合绝缘。在导体外层包覆聚酰亚胺F46复合薄膜后烧结,并通过特殊结构设计,在薄膜烧结层外涂以特殊粘接剂,然后挤制三元乙丙橡胶,通过连续硫化后复合薄膜与三元乙丙橡胶能紧密粘接。

3. 阻挡层

聚四氟乙烯(F40)薄膜带具有很好的耐油、耐高温性能,将 F40 薄膜带绕包于绝缘层外,可阻挡油气对乙丙橡胶侵入,延长电缆的使用寿命。

4. 护套层

护套采用机械性能良好、耐油性、耐化学腐蚀性强的丁腈橡皮,并要求表面带有花键式外楞,以防止铠装时护套受损,也可增加与连锁钢带铠装摩擦力,使连锁铠装纵向受力均衡。

5. 铠装层

联锁的钢带铠装起着一个纵向受力作用,同时对护套层起着关键的保护作用,若无铠装保护作用,一旦电缆提升起出或压力突变,护套会溶胀而破裂。钢带铠装重叠绕包,重叠率大于 35%,铠装后电缆圆整度控制较难,尤其是铅护套电缆铠装后易将铅层变形。

(十)潜油电泵的维修保养

在潜油电泵的运行过程中,要使设备能够长期正常运行,除要求合理选择潜油电泵、使其在最佳状况下运行外,还必须定期对井下设备进行检查和对地面设备进行正常的维护保养。

(1)定期测量井下设备的对地绝缘电阻和三相直流电阻。

(2)进行控制柜的检查和维护:

① 定期对控制柜进行清扫,除去潮气、灰尘和污垢。

② 检查控制柜门是否密封,如有问题及时进行修理,以保证其密封性、防尘防潮。

③ 定期检查接触器、指示灯、熔断器等各种电气元器件,使其保持良好的工作状态。

④ 经常检查、紧固各连接螺钉。

(3)变压器的检查和维护:

① 检查变压器是否漏油、腐蚀及绝缘失效,缺油的要及时补充变压器油;检查连接螺钉是否松动及变压器壳体的状况,及时处理所发现的问题。

② 经常对变压器的过滤器和干燥器进行检查,有问题及时进行更换。

(4)定期检查从电源到变压器、控制柜、接线盒及井口的连接电缆和紧固螺钉。

(5)经常仔细检查所有设备壳体的接地线,以保证其安全性。

(6)对井口电缆密封定期进行检查,以确定它的密封是否可靠,如有渗漏,应采取措施及时进行处理。

(7)电流记录仪的维护:

① 电流记录仪必须定期检查是否校准正确。

② 检查电流记录仪的记录笔的清洁度及动作是否正常,缺墨水的记录笔要及时进行更换。

(十一)潜油电泵的组装

ZBF036 潜油电泵的组装

1. 准备工作

在进行潜油泵组装前,首先按照零配件清单进行清点并配套,将检验合格的叶轮隔套、叶轮、导轮、轴及壳体等用清洗剂清洗干净,并用压缩空气吹干,然后将叶轮压装上止推垫片。

2. 叶轮与导轮组装

(1) 一个导轮内要套入一个叶轮,同时配备一个相应的叶轮隔套。套入叶轮时,用手转动检查是否灵活,并检查两个导轮止口配合是否合适。叶导轮单级窜量应符合要求,标准为 0.8~1.5mm。按以上方法组装其他叶轮与导轮,并将组装好的叶轮与导轮放入工作台的 V 形槽内。将头尾前四级导轮各套一个 O 形密封圈,其余每隔 10 级在导轮上套一个 O 形密封圈。QN120、QN70 泵每隔 4 级放一副装有合金摩擦副的防砂叶导轮及配套隔套,QN55 泵每隔 5 级放一副装有合金摩擦副的防砂导轮及配套隔套。

(2) 将校直好的轴抬放到工作台 V 形槽内备用,轴下端应放在拉力机的一端。

(3) 将叶轮、导轮、防砂叶导轮及底部导轮穿到轴上,并留出一根键的长度;调整好下接头处合金套的位置,并确定好下接头处压紧尺寸,同时确定泵轴上推尺寸;在轴下端装上卡簧,在轴上装上一根键,将叶导轮及隔套装到轴上,并装完全部键和叶导轮。

(4) 对于下节泵和中节泵,调整好合金套位置,装上卡簧即可;对于上节泵,在上轴头装上压帽。

3. 装泵壳和下接头

(1) 在装好的导轮外加润滑油。

(2) 将泵壳吊起放在工作台 V 形槽内,对准轴与叶导轮总成,在拉力机的拉动下将泵壳套在轴与叶导轮总成的外面,将叶导轮总成装入壳体。

(3) 检查下接头的螺纹是否完好,O 形密封圈涂润滑油并装入下接头的 O 形密封圈槽内,螺纹部位涂螺纹油,用专用三节扳钳或拧扣机拧紧下接头。

4. 装压紧管及上接头

(1) 计算确定压紧管的长度:压紧管的作用是固定导轮的轴向位置,其尺寸除考虑测量量外还应考虑导轮各级数的压缩量,其测量和计算步骤如下:

① 用手推紧最上一级导轮,测出最上一级导轮距泵壳端部的尺寸;

② 用深度千分尺测量出上接头螺纹端部至螺纹尾部台肩的距离 B;

③ 计算所有导轮的压缩量 E。QYB130R 型潜油泵每级导轮的窜量为 0.051mm,设叶导轮级数为 N,则 $E=0.051N$mm;

④ 压紧管长度为 $A=L-B+E+2$,即压紧管长度等于导轮至泵壳端部的距离 L 减去接头螺纹的长度 B,加上所有导轮的压缩量 E,再加 2mm。

(2) 按计算出的长度加工压紧管。

(3) 将压紧管装入泵壳内并装好上接头,如果空壳部分大于 200mm,应加装无螺纹的扶正体,然后用一个专用三节扳钳打好背钳,再用一个三节扳钳全力拧紧或用拧扣机拧紧下接头。

(4) 测量泵轴下推尺寸,调整上轴头隔套,确定所需的泵下轴头下推尺寸。

5. 测量检查

(1) 盘轴检查:用盘轴器进行盘轴检查,扭矩值不大于 7N·m 为合格,否则,必须检查原因并进行处理。

(2) 测量轴头尺寸(下轴头尺寸)。

三节以上的泵:上节,下推凹法兰面 2~3mm;中节,下推凸法兰面 0.5~1mm;下节,下推凸法兰面 10~11.5mm；上推凹入 3~5mm。

两节泵：上节，下推凸法兰面 0.5~1mm；下节，下推凸法兰面 10~115mm；上推凹入 3~5mm。

单节泵下推凸法兰面：0.5~1mm；上推凹入 3~5mm。

总体完成：

(1) 装花键套并检查花键套与轴配合是否灵活，然后装上护盖，并用螺栓拧紧。

(2) 在上、下接头与壳体连接处焊上防倒块，上下防倒块要焊在一条直线上。

(3) 在泵接头处打上泵编号。在上接头细颈处打钢号。

(4) 装钉泵铭牌。

(5) 装箱，移交下道工序。

(十二) 潜油电泵的拆检

ZBF037 潜油电泵的拆检

(1) 进行泵外表清洗。

(2) 将泵吊放在泵拆检车上。

(3) 按随机卡片记录泵型号、编号、铭牌参数、井号、运行天数、起泵日期及拆检日期。

(4) 检查泵外表是否损伤，护盖与螺栓是否齐全，安装是否正确，拆下两端护盖，检查花键套是否齐全，用盘轴器进行盘轴检查，用游标卡尺测量下轴头，根据运行时间、盘轴情况以及泵内的清洁程度等确定是否可以免拆。

免拆条件：

① 运行时间在 100 天以内；

② 盘轴灵活、平稳（油井含砂量在允许范围内）；

③ 轴的窜量及轴头尺寸符合图样要求；

④ 上、下接头内无结垢及杂物堵塞现象；

⑤ 性能试验达到出厂标准。

符合免拆条件的继续使用，不符合免拆条件的执行下述拆检程序：

① 用角向砂轮机将防倒块磨去，取下防倒块。

② 用三节扳钳或拧扣机卸掉上、下接头，检查螺纹、O形密封圈是否完好及扶正体磨损情况，检查合金套是否损坏和脱落。

③ 将泵吊放在拆检台上，将拉轴器卡于泵的下轴头上，将轴及叶导轮总成从泵壳内拉出，检查导轮外表及密封情况。

④ 用内六方扳手卸下上节轴的固定螺钉，用卡簧钳卸下中、下节泵卡簧并拆下隔套，检查合金套磨损情况及有无裂痕现象。

⑤ 用导轮卡瓦逐级拆下叶轮与导轮及隔套。

⑥ 上、中、下每个部位抽查总数 5%~10% 的叶轮及导轮，检查叶轮与导轮配合面、止推垫片及导轮上裙部磨损情况；检查流道内有无异物堵塞及含砂和结垢，检查防砂叶轮是否磨损、是否有裂痕，若发现特殊情况要留取样件，并在记录上描述清楚。

⑦ 将配件分类装筐，并在配件筐上挂上注明泵编号、拆检时间、配件种类及数量的标牌。

⑧ 将泵壳内表面及螺纹和止口清洗干净，并涂防锈油；泵壳两端螺纹套上塑料护盖，放到指定位置。

⑨ 将泵轴上的方键取下并擦洗干净;检查键槽、卡簧槽及花键和花键套有无异常情况,并做好记录。

⑩ 将拆下的零配件送交清洗工序进行清洗,叶导轮内如含砂和结垢必须清洁干净。

九、采油(气)树

采油(气)树是在完井之后,用于控制油气井的流量和井口压力、开关以及井下作业时进行井口操作的装置。采气树是指井口装置中油管头以上的部分,主要由总阀门、四通、油管阀门、针形阀、测压阀门、套管阀门组成,它是进行开、关井,调节压力、气量,循环压井,下压力计测压和测量井口压力等作业的主要装置。采气树共有11个阀门,包括1个测压阀门、2个油管阀门、2个针形阀门、2个总阀门和4个套管阀门,套管阀门可用于测套压、套管采气、气举;小四通可用于采气、放喷或压井;测压阀门可用于不停产进行下压力计测压、取样、接油压表测油压;油管阀门可用于开关井(油管采气);针形阀(针阀)可用于调节气井压力和产量;总阀门一般2个,处于开启状态。

采气树的技术参数见表3-2-8。

表3-2-8 采气树技术参数

参数	型号					
	KQS25/65	KQS35/65	KQS60/65	KQS70/65	KQS40/67	KQS105/65
工作压力 MPa	25	35	60	70	40	105
强度试压 MPa	50	70	90	105	80	157.5
大四通垂直通径 mm	195	160	160	160	160	—
闸阀型式	闸阀	楔式闸阀	楔式闸阀	平板闸阀	平板闸阀	平板闸阀

十、YNJ-160/8 液压拧扣机

(一)用途

液压拧扣机是对螺纹连接件进行上扣或卸扣的专用设备,可用于抽油泵、封隔器等下井工具连接件螺纹的上、卸扣作业。下文以常用的YNJ-160/8型液压拧扣机为例进行介绍。

(二)结构

YNJ-160/8液压拧扣机主要由主扣头、副机头支架、座底、操作台、油箱、齿轮泵、液压马达等组成。

(三)工作原理

主扣头通过齿轮泵、液压马达借助滚子在渐开线交错面上滚动,当腭板滚子在爬坡滚动时,腭板不断向中心推进以达到卡紧工件的目的,这种渐开线交错的双曲面使腭板滚子无论在任何位置,工件表面的切向力和径向力之比均接近一个常数,这就保证了卡紧机构对适应范围内的任意直径都能可靠卡紧。

(四)技术规范

低挡额定扭矩:8kN·m。

高挡额定扭矩:2.2kN·m。

低挡额定转速:15r/min。

高挡额定转速:54r/min。

通径:160mm。

液压额定压力:14MPa。

液压额定流量:75L。

总功率:22kW。

(五)上、卸扣操作步骤

(1)将要上、卸扣的部件分别装夹在拧扣机上。

(2)根据上扣扭矩初步确定上卸扣压力。

(3)启动拧扣机进行上、卸扣并观察记录上、卸扣压力。

(4)卸压。

(5)从拧扣机上拆下上、卸扣部件。

项目二 组装 Y221-114 型封隔器

一、准备工作

(一)设备

Y221-114 型封隔器 1 套,SY-350 试压泵 1 台,专用工作台 1 个。

(二)材料、工具

1200mm、900mm 管钳各 2 把,台虎钳 1 台,压力钳 1 把,丝堵 1 个,试压接头 1 个,扳手 1 把,螺丝刀 1 把。

(三)人员

1 人操作,持证上岗,劳动保护用品穿戴齐全。

二、操作规程

序号	工序	操作步骤
1	准备工作	将准备使用的工具放置于专用工作台上
2	检查	(1)将封隔器各部件擦洗干净。 (2)按图样的要求检查各零部件,进行测量、除毛刺
3	组装	(1)将下接头固定在压力钳上。 (2)装卡瓦牙、摩擦片。 (3)装导向套密封胶圈。 (4)将导向套套在下接头上,装上导向销。 (5)将中间胶筒、锥体帽、锥体依次套入下中心管。 (6)将下中心管旋入下接头。 (7)将键装入中心管键槽内。 (8)将中间接头连接到下中心管另一端。 (9)依次将胶筒、弹簧、上锥体、活塞套装在上中心管上。 (10)将上接头装到中心管上端并上紧。 (11)将上中心管的另一端与中间接头连接并上紧

续表

序号	工序	操作步骤
4	试压	(1)装丝堵,试压头,试压,检查承压接头密封情况。 (2)调整中心管,装坐封剪钉。
5	记录填写	填写检验记录、合格证,入库。
6	清理场地	对现场进行清理,收取工具,上交记录单等

三、注意事项

(1)拆装时不许把管钳打在螺纹处和密封部位;
(2)卸下的所有零部件都必须清洗干净;
(3)仔细检查各连接处的螺纹,有损伤要及时修复;
(4)检查零部件的损伤情况,有损伤的零部件要及时修复,无法修复的零部件要及时更换;
(5)螺纹要涂密封脂或缠密封胶带且必须连接上紧;
(6)密封胶筒部件不能有老化起泡现象;
(7)组装后,试压 50MPa,稳压 30min,不渗不漏、无压降为合格。

四、技术要求

(1)组装前要按照图样尺寸和要求检查各零件,不合格的零件不能使用;
(2)橡胶部件不能有老化起泡现象,密封圈过盈量为 0.25~0.5mm,胶圈安装不能有扭曲现象,上好后要涂抹黄油以便安装;
(3)组装后,必须进行试压;
(4)建立组装试压记录,填写入库、使用清单。

五、操作标准

SY/T 5106—1998《油气田用封隔器通用技术条件》。

项目三 组装 Y341-114 型封隔器

一、准备工作

(一)设备

Y341-114 封隔器 1 套,SY-350 试压泵 1 台,专用工作台 1 台。

(二)材料、工具

1200mm、900mm 管钳各 2 把,台虎钳 1 台,压力钳 1 把,丝堵 1 个,试压接头 1 个,扳手 1 把,螺丝刀 1 把。

(三)人员

1 人操作,持证上岗,劳动保护用品穿戴齐全。

二、操作规程

序号	工序	操作步骤
1	准备工作	将准备使用的工具放置于专用工作台上
2	检查	(1)将封隔器各部件擦洗干净； (2)按图样的要求检查各零部件,进行测量、除毛刺
3	检修	(1)卸下上接头； (2)拆下胶筒、隔环； (3)卸下下接头； (4)摘掉挡环、卡簧； (5)卸下承拉套、卡簧座、下活塞等； (6)拆卸坐封锁紧机构后再逐个分解； (7)清洗全部卸下零部件； (8)检修各零部件,主要检修上下接头、锁环、锁套、卡瓦、中心管、活塞、密封套、密封胶圈等； (9)更换胶筒和密封胶圈； (10)按卸下时的相反顺序依次安装
4	试压	装丝堵,试压头,试压,检查承压接头密封情况
5	记录填写	填写检验记录、合格证,入库
6	清理场地	对现场进行清理,收取工具,上交记录单等

三、注意事项

(1)拆装时不许把管钳打在螺纹处和密封部位；

(2)卸下的所有零部件都必须清洗干净；

(3)仔细检查各连接处的螺纹,有损伤要及时修复；

(4)检查零部件的损伤情况,有损伤的零部件要及时修复,无法修复的零部件要及时更换；

(5)螺纹要涂密封脂或缠密封胶带且必须连接上紧；

(6)密封胶筒部件不能有老化起泡现象；

(7)组装后,试压25MPa,稳压30min,不渗不漏、无压降为合格。

四、技术要求

(1)组装前要按照图样尺寸和要求检查各零件,不合格的零件不能使用；

(2)橡胶部件不能有老化起泡现象,密封圈过盈量为0.25~0.5mm,胶圈安装不能有扭曲现象,上好后要涂抹黄油以便安装；

(3)组装后,必须进行试压；

(4)建立组装试压记录,填写入库、使用清单。

五、操作标准

SY/T 5106—1998《油气田用封隔器通用技术条件》。

项目四　组装 Y211-114 型封隔器

一、准备工作

(一)设备
Y221-114 型封隔器 1 套,SY-350 试压泵 1 台,专用工作台 1 台。

(二)材料、工具
1200mm、900mm 管钳各 2 把,台虎钳 1 台,压力钳 1 把,丝堵 1 个,试压接头 1 个,扳手 1 把,螺丝刀 1 把。

(三)人员
1 人操作,持证上岗,劳动保护用品穿戴齐全。

二、操作规程

序号	工序	操作步骤
1	准备工作	将准备使用的工具放置于专用工作台上
2	检查	(1)将封隔器各部件擦洗干净。 (2)按图样的要求检查各零部件,进行测量、除毛刺
3	组装	(1)将限位套从中心管无滑道一端套入。 (2)将锥体从中心管滑道端套入,并与限位套连接。 (3)装锥体上的坐封剪断销钉。 (4)将锥体部件固定在压力钳上。 (5)安装扶正体部分: ①将专用卡箍套入扶正本体; ②将扶正块内压缩弹簧、扶正块装在扶正本体上,并用专用卡箍箍好; ③将卡瓦装入扶正本体上的卡瓦槽内; ④将扶正本体连同卡瓦一起从中心管另一端套入中心管; ⑤装卡瓦块扶正箍簧; ⑥装滑环、滑环销钉、滑环套并使之与扶正体连接好; ⑦拆下专用卡箍。 (6)将下接头与中心管连接。 (7)从限位套一端装下、中、上胶筒和隔环。 (8)将调节环连上接头上后,上接头与中心管连接。 (9)调整调节环,压紧密封胶筒后上固定定位销钉。 (10)将调节环连上接头上后,上接头与中心管连接。 (11)调整调节环,压紧密封胶筒后,上固定定位销钉
4	试压	装丝堵,试压头,试压,检查承压接头密封情况
5	记录填写	填写检验记录、合格证,入库
6	清理场地	对现场进行清理,收取工具,上交记录单等

三、注意事项

(1)拆装时不许把管钳打在螺纹处和密封部位;
(2)卸下的所有零部件都必须清洗干净;

(3) 仔细检查各连接处的螺纹,有损伤要及时修复;

(4) 检查零部件的损伤情况,有损伤的零部件要及时修复,无法修复的零部件要及时更换;

(5) 螺纹要涂密封脂或缠密封胶带且必须连接上紧;

(6) 密封胶筒部件不能有老化起泡现象。

四、技术要求

(1) 组装前要按照图样尺寸和要求检查各零部件尺寸和质量,不合格的零件不能使用。

(2) 根据套管规范,选择合格的卡瓦和扶正块。

(3) 卡瓦要严格检验,新卡瓦最好抽样进行硬度检测和探伤检验,硬度不够、有裂纹、卡瓦牙磨损严重或脱落者要及时更换。

(4) 卡瓦块要嵌在卡瓦座的燕尾槽内,并向外突出 3~5mm,以防止蹩断卡瓦。

(5) 组装后的扶正块要伸缩灵活自如,扶正块弹簧要求经过至少 5 次压缩而不折断。

(6) 抉正器各螺纹连接部分要求必须上紧锁死,严防螺纹松动。

(7) 密封胶筒部件不能有老化起泡现象,密封圈过盈量为 0.25~0.5mm,胶圈安装不能有扭曲现象,上好后要涂抹黄油以便安装。

(8) 安装胶筒前要求在中心管上涂抹黄油,且安装的胶筒外径不得大于钢体本体外径。

(9) 卡瓦扶正部分组装后,要求换向灵活可靠、滑动自如。

(10) 组装后,试压 25MPa,稳压 30min,不渗不漏、无压降为合格。

(11) 长时间不用时,各部件要涂抹黄油保管;搬运过程要求平稳,不能磕伤螺纹、胶筒等。

(12) 建立组装试压记录,填写入库、使用清单。

五、操作标准

SY/T 5106—1998《油气田用封隔器通用技术条件》。

项目五　组装 Y344-114 型封隔器

一、准备工作

(一) 设备

Y344-114 型封隔器 1 套,SY-350 试压泵 1 台,专用工作台 1 台。

(二) 材料、工具

1200mm、900mm 管钳各 2 把,台虎钳 1 台,压力钳 1 把,丝堵 1 个,试压接头 1 个,扳手 1 把,螺丝刀 1 把。

(三) 人员

1 人操作,持证上岗,劳动保护用品穿戴齐全。

二、操作规程

序号	工序	操作步骤
1	准备工作	将准备使用的工具放置于专用工作台上
2	检查	(1)将封隔器各部件擦洗干净。 (2)按图样的要求检查各零部件,进行测量、除毛刺
3	组装	(1)装各级活塞密封胶圈、滤网及各级活塞中心管胶圈; (2)将一级液缸套固定在压力钳上; (3)将中心管与活塞中心管连接后,插入液缸套内; (4)两端各套入一个活塞,注意方向; (5)在中心管上依次套入下、中、上胶筒和隔环; (6)胶筒座与上接头连好后,使上接头与中心管连接; (7)调整胶筒座,压紧胶筒; (8)二级中心管与活塞中心管连后,套入二级液缸套,再套入一个活塞; (9)连接三级活塞中心管,套入三级液缸套; (10)连接下接头; (11)上扣连接保护环,并上好固定销钉; (12)在胶筒处套入专用试压套管短节
4	试压	(1)装丝堵,试压头,试压,检查承压接头密封情况; (2)检查胶筒膨胀收缩情况和液缸胶圈密封情况
5	记录填写	填写检验记录、合格证,入库
6	清理场地	对现场进行清理,收取工具,上交记录单等

三、注意事项

(1)拆装时不许把管钳打在螺纹处和密封部位;
(2)卸下的所有零部件都必须清洗干净;
(3)仔细检查各连接处的螺纹,有损伤要及时修复;
(4)检查零部件的损伤情况并及时修复,无法修复的零部件要及时更换;
(5)螺纹要涂密封脂或缠密封胶带且必须连接上紧;
(6)密封胶筒部件不能有老化起泡现象。

四、技术要求

(1)组装前要按照图样尺寸和要求检查各零件,不合格的零件不能使用;
(2)密封胶筒部件不能有老化起泡现象,密封圈过盈量为 0.25~0.5mm,胶圈安装不能有扭曲现象,上好后要涂抹黄油以便安装;
(3)装胶筒前要求在中心管上涂抹黄油,且安装的胶筒外径不得大于钢体本体外径;
(4)水眼要装滤网,且保证通畅;
(5)组装后,试压 25MPa,稳压 30min,不渗不漏、无压降为合格;
(6)建立组装试压记录,填写入库、使用清单。

五、操作标准

SY/T 5106—1998《油气田用封隔器通用技术条件》。

项目六　检测 SLM-114 型水力锚

一、准备工作

(一)设备

SLM-114 型水力锚 1 套,专用工作台 1 台。

(二)材料、工具

棉纱若干,柴油若干,油盆 1 个,游标卡尺 1 把,大锤 1 个,铜棒 1 个。

(三)人员

1 人操作,持证上岗,劳动保护用品穿戴齐全。

> ZBG007 水力打捞矛的检修保养

二、操作规程

序号	工序	操作步骤
1	准备工作	将准备使用的工具放置于专用工作台上
2	检查	(1)将水力锚各部件擦洗干净。 (2)按图样的要求检查各零部件,进行测量、除毛刺
3	组装	(1)先将将卡瓦牙坐于锚体孔内。 (2)将弹簧装入锚牙的弹簧孔内。 (3)弹簧另一端装入挡板的孔内。 (4)挡板放入锚体的槽内,同时嵌入锚牙的槽内。 (5)将锚体与挡板用螺钉连接,并将螺纹上紧。 (6)旋转锚体,重新按技术要求安装其他锚牙
4	试压	装丝堵,试压头,试压,检查承压接头密封情况
5	记录填写	填写检验记录、合格证,入库
6	清理场地	对现场进行清理,收取工具,上交记录单等

三、注意事项

(1)保证活塞弹簧、活塞推杆、活塞在筒体安装顺序正确。
(2)拆装时不许把管钳打在螺纹处和密封部位。
(3)卸下的所有零部件都必须清洗干净。
(4)仔细检查各连接处的螺纹,有损伤要及时修复。
(5)检查零部件的损伤情况,有损伤的零部件要及时修复,无法修复的零部件要及时更换。

四、技术要求

(1) 工具使用完之后,应拆卸清洗,逐件检查,尤其是弹簧部分。
(2) 组装之后,应从接头螺纹一端压缩活塞,检查活塞、推杆、卡瓦的运动情况,要求同步运行、复位正确,如有卡、阻、不同步等现象,应重新拆卸检查。

五、操作标准

SY/T 5628—2008《水力锚》。

项目七　维修保养抽油泵

一、准备工作

(一)设备

整筒抽油泵 1 台,抽油泵拉杆 1 根,专用工作台 1 台。

(二)材料、工具

棉纱若干,柴油若干,油盆 1 个,游标卡尺 1 把,千分尺 1 把,千分表 1 个,抽油泵漏失量-间隙等级表 1 份。

(三)人员

1 人操作,持证上岗,劳动保护用品穿戴齐全。

二、操作规程

序号	工序	操作步骤
1	准备工作	将准备使用的工具放置于专用工作台上
2	检查	(1) 清洗抽油泵。 (2) 检查抽油泵外观。 (3) 检查各连接螺纹有无损坏、锈蚀。 (4) 检查泵筒有无弯曲、裂纹的情况。 (5) 检查固定阀和游动阀,包括阀球、阀座。 (6) 检查泵筒和活塞的间隙,在泵筒内拉动柱塞感觉是否轻快均匀,无堵塞
3	拆卸	(1) 用拉杆将柱塞从泵筒内取出。 (2) 拆卸并清洗柱塞各部件。 (3) 拆卸并清洗泵筒各部件。 (4) 按顺序摆放
4	测量	(1) 用外径千分尺测量柱塞外径。 (2) 用内径百分表测量泵筒内径。 (3) 根据抽油泵间隙要求,选配活塞
5	组装、试压	(1) 按顺序进行组装。 (2) 连接螺纹和密封处涂抹黄油或密封脂。 (3) 连接试压泵,测定漏失量。 (4) 将抽油泵固定阀上好后,整体试压
6	清理场地	对现场进行清理,收取工具,上交记录单等

三、注意事项

> ZBF008 抽油泵组装的质量要求

(一)解体拆卸要点

抽油泵的解体拆卸看似仅仅是简单的螺纹拆卸,其实这一工序具有较高的技术要求,特别是对拆卸柱塞的技术要求更高。因为柱塞本体的外圆表面直接与泵筒的内孔互相配合,它们之间允许的配合间隙仅有 0.025~0.188mm,所以要求拆卸时必须保证拆卸工具不能咬伤柱塞本体光滑的外表面,柱塞不能因为受力不当而发生弯曲变形,否则拆卸后的柱塞就会无法继续利用。

(二)内清洗要求

抽油泵各零部件之间的配合属于比较精密的配合,只有把黏附在抽油泵上的油污彻底清洗干净,才能开展下一步的检修工序。因为抽油泵长时间在井下使用后,泵的各个部位不同程度地附着有污垢,特别是在进油阀的入口处和泵筒下端沉积了许多泥砂,清洗难度很大,必须采取加热清洗介质、在清洗介质中加入清洗剂、制作专用除垢工具并加压冲洗等多种办法,才能达到既有效地消除泵内污垢,又保护进油阀和泵筒内孔质量的要求。

(三)阀球与阀座修理及密封性检验

为了保证泵的阀球与阀座之间密封和开启的可靠性,需要对阀球与球座进行配对研磨修理,达到阀球表面无腐蚀、无疲劳点蚀等缺陷,阀座密封面无腐蚀、沟槽以及较大的冲击变形等要求,修理后先用肉眼观察阀球与阀座之间的接触是否严密,还必须对互相配合的阀球与阀座进行密封性检验,只有通过密封性检验合格的阀球与阀座配偶件,才能按照一一对应的要求配对组成进出油阀总成。

(四)组装柱塞总成、柱塞与泵筒间隙的选配技术

柱塞总成由上下出油阀和柱塞本体组合而成,各部的连接螺纹必须紧固可靠,为了避免抽油泵下井后发生柱塞脱落的事故,柱塞的螺纹连接部位均需涂抹结构胶进行黏结。

在抽油泵中,柱塞与泵筒的配合属于往复运动的间隙配合。为了使检修的抽油泵符合泵隙分级要求,除了选择的泵筒应该符合技术要求之外,还应该着重从以下几方面入手:一是利用现有的技术测量手段,准确测量柱塞相关尺寸,检查和检验柱塞质量,要求柱塞表面的拉沟槽宽度不大于 1mm,深度不大于 0.02mm,柱塞本体直径偏差小于 0.05mm,柱塞本体直线度为 0.02mm,为合理选配泵隙提供必要的数据;二是用测量、计算加经验的方法确定应选择的柱塞直径。

四、技术要求

> ZBF007 抽油泵组装的技术要求

(1)拆装抽油泵时,管钳不许打在工作筒部位。

(2)拆卸的各零部件要清洗干净。

(3)装配前先检修抽油泵各部分:

① 检查工作筒的垂直度,可以用目力观测,也可以将活塞插入工作筒内来回抽拉几次进行检查,一台良好的抽油泵,活塞在工作筒任意旋转角度都能很轻松地来回活动。

② 检查阀,采用真空试验法,将配研后的阀球和阀座置于真空泵吸入口处抽真空,使其

真空度达到85kPa后关泵,5s内不下降为合格,若不合格应用研磨机研磨阀,损伤严重影响使用的应更换。

③ 检修泵筒,用卡钳测量内径是否合格,若磨损量超出名义内径的0.127mm,应更换泵筒;测量泵筒内部的表面粗糙度、圆度,检查有无伤痕。

④ 检查柱塞,用卡尺量柱塞直径,看其圆度是否符合要求,若大部外径磨损值低于柱塞原直径下偏差值0.050~0.076mm时,必须更换;用目测法观察柱塞表面有无伤痕和磨损;用水压试验检查柱塞与工作衬套接触的紧密程度。

(4)检查活塞表面光滑程度和尺寸,检查有无腐蚀痕迹,泵径是否符合使用技术要求;检查衬套尺寸和表面光滑程度;检查活塞和衬套互相配合的严密程度,配合间隙应达到质量标准和要求。

(5)检查各部件连接处螺纹有无损伤现象,经修复达到技术要求后方可使用,否则不能使用。

(6)装配前所有零件的表面要清洗干净,柱塞表面上要涂黄油。

(7)各部件连接螺纹一定要涂抹密封脂。

(8)组装后,按标准要求试压,检查漏失量是否满足要求,泵整体试压20MPa,稳压30min,压力降小于0.5MPa为合格。

(9)填写检修记录,填写入库清单。

五、操作标准

SY/T5188—2012《抽油泵维护和使用推荐作法》。

模块三　维修、保养井下工具

项目一　相关知识

一、试压泵

（一）用途

〔ZBH001 试压泵的用途〕

试压泵主要作为各种压力容器和设备（如化工容器、泵体、阀门和管道等）进行水压或油压密封试验、强度试验和橡胶件密封试验的一种工具泵，主要在室内试压时使用，它的最大特点是排出压力很高，一般试压泵都可达几十兆帕，超高压试压泵可达上千兆帕，而流量一般较小，最多不到 $1m^3/h$。但输出流量小并不会增加试压泵试压所需的时间，因为容器试压并不是由试压泵去灌满后才完成试压的，通常试压工艺过程是需要先在容器内灌满液体，然后留出接头与试压泵出口相连，再利用液体具有等值传递作用力的原理，这样当试压泵出口达到某一压力值时，容器内也相应承受此压力，从而达到试验压力的目的。试压泵的工作介质一般是清水，也可用纯净的矿物油，如机油等。

（二）种类

试压泵一般按用法分为手动试压泵和电动试压泵两种。

〔ZBH002 试压泵的结构〕

（三）结构

1. 手动试压泵

手动试压泵主要由泵体、柱塞、手摇柄、放水阀、水箱、压力表等组成。由于试压泵排出的压力较高，因此手动试压泵一般都属于单作用柱塞式往复泵。图 3-3-1 是一种最常见的手动试压泵。

泵整体装在水箱的上部，水箱上有加水螺塞，旋开螺塞可加水进水箱。柱塞在泵缸内上端与手摇柄相连。利用杠杆原理，扳动手摇柄即可使柱塞上下往复运动，这样水箱内的液体便不断被吸入并压入压力容器内，容器内由于液体的不断增加而使压力不断提高，直到达到试验压力值。试验压力可在压力表上显示出来。

试压完毕，打开放水阀，泵内液体流回水箱中即可排空泄掉容器内的压力。

2. 电动试压泵

电动试压泵主要由泵体、柱塞、电动机、蜗轮、放水阀、水箱、压力表等组成。泵缸由 4 个单作用柱塞组成。传动部分依靠电动机带动蜗轮蜗杆减速装置，由蜗轮轴上的偏心轮推动柱塞做往复运动。图 3-3-2 是一种电动试压泵。

电动机与减速箱的蜗杆用弹性联轴器直接连接，一般装在水箱上，水箱同时为全机的机架。

图 3-3-1　手动试压泵

图 3-3-2　电动试压泵

减速箱通过蜗杆与蜗轮的传动,减速比为 1∶34。蜗轮轴的两端装有两只偏心,当偏心转动时,将圆周运动改变为水平往复运动,推动滑块在导体槽中上下滑动,达到推动导体在水平方向作往复运动的目的。导体水平方向的两端分别固定着一个高压柱塞和低压柱塞。当柱塞为吸入行程时,水缸的工作容积增大,造成部分真空,水箱内的水通过滤网、进水管、进水阀而进入水缸内。当柱塞为压缩行程时,进水阀因自重而自动关闭,出水阀被顶开,水经集水管集于集水器,最后被输送到受试压容器中。

电动试压泵有两个高压水缸、高压柱塞和两个低压水缸、低压柱塞,它们的作用是当被试压容器开始试压且需要较多的水量时,四个水缸同时供水工作,但当工作压力上升达到 2MPa 后,为了缓和压力上升的速度,便于操作控制,必须立即将两个低压水缸中间的低压控制阀打开,使两个低压水缸的供水工作相互抵消,同时也减少电动机的负荷。只用两个高压水缸继续增压,这样保持压力稳步上升,直至达到被试压容器所需测试的压力。

在工作时气瓶内必须存储一定的空气,使出水压力均匀,缓冲压力表指针的摆动,气量可通过气瓶上部的空气阀进行调整。

试压完毕时,将泄压阀打开,泄压后将被试压容器与试压泵出水管卸开,再进行另一个试压容器的试压。

(四) 技术参数

1.电动试压泵技术参数

电动试压泵的技术参数见表 3-3-1 和表 3-3-2。

ZBH003　试压泵的技术参数

表 3-3-1　大流量电动试压泵技术参数表

型号	工作压力 MPa	流量 L/h	柱塞直径 mm	充水齿轮泵型号	电动机功率 kW	外形尺寸(长×宽×高) mm×mm×mm	质量 kg
DSY60K	6	1700	32	CB-25	3	1050×480×1350	190
DSY100K	10	1250	18	CB-25	1.1	840×329×975	120

表 3-3-2　电动试压泵技术参数表

型号	最高工作压力 MPa		流量 L/h		柱塞直径 mm		柱塞行程 mm	柱塞冲次 次/min	电动机功率 kW	外形尺寸（长×宽×高）mm×mm×mm	质量 kg
	高压	低压	高压	低压	高压柱塞	低压柱塞					
4D-SY200/3	3	—	200	—	24	—	55	34	0.55	650×300×850	73.5
4D-SY50/35	35	2	38	590	12	46	67	42	3	1050×480×1350	190
4D-SY50/60	60	2	25	530	11	46	67	42	3	1050×480×1350	194
4D-SY22/80	80	2	22	528	10	46	67	42	3	1050×480×1350	194

2.手动试压泵技术参数

手动试压泵的技术参数见表3-3-3。

表 3-3-3　手动试压泵技术参数表

型号	工作压力 MPa	流量 L/h	柱塞直径 mm	柱塞行程 mm	手柄施力 N	外形尺寸（长×宽×高）mm×mm×mm	质量 kg
SB-60	6	0.03	24	65	360	410×280×650	15
SB-100	10	0.019	20	65.5	350	410×288×650	20
SB-200	20	0.0075	12	65.5	300	410×288×650	20
SB-300	30	0.0075	12	65.5	320	410×288×650	20
SB-400	40	0.009	16	44	600	850×240×320	44

（五）使用方法

1.准备工作

（1）检查减速箱内的润滑油油面高度,同时在各油孔内部加满润滑油。

（2）检查水箱内所有使用的水是否清洁,不允许用含有泥砂的污水,以免堵塞管路、磨损柱塞或使水阀关闭不严而造成故障。

（3）检查并旋紧所有螺钉。

（4）选择合适的压力表装在气瓶上（工作压力应不大于表压的2/3）。

（5）把需要试压的容器与泵的出水管连接起来,在连接前先用清水灌满被试压的容器。

（6）检查电路的绝缘和安全情况。

（7）前面各项符合要求方可开动电动机（电动机在启动前应将低压控制阀打开,使低压水缸不产生水力作用,待运转正常后,将低压控制阀关闭）。

（8）调整高压安全阀,使其符合被试压容器的试验压力。

2.操作步骤

（1）将试压接头和被试工具连接。

（2）启动试压泵循环。

(3)关泄压阀。
(4)灌注液体。
(5)大排量灌注液体。
(6)打开连通阀。
(7)小排量注入提高压力。
(8)停泵。
(9)稳压。
(10)泄压,拆卸试压接头。

3. 使用中的注意事项
(1)减速箱在运转过程中声响应均匀、无杂音。
(2)减速箱中润滑油的温度保持在85℃以下。
(3)在工作中如发现漏水,应立即停止工作,泄压后进行检查、修理,不允许在发现漏水现象后仍继续进行工作或带压进行检修。
(4)工作压力不允许超过额定压力值。
(5)工作压力达到2MPa时,操作者应立即打开低压控制阀。

(六)维护保养及技术要求
1. 试压泵的维护保养
(1)试压泵的外表面必须保持清洁。
(2)按期检查各部件磨损情况,发现有磨损严重的要及时更换。
(3)定期检查保养并添加润滑油。
(4)按季节、工作环境、温度等的变化情况及时更换润滑油、水或加防冻剂。
(5)长期停泵不用时要把水箱内液体排放干净,并拆开柱塞、导体、水缸及安全阀等,在零件的加工表面上涂抹黄油,重新装好,并将外表面做好防腐处理。
(6)新的试压泵视情况应每30h换机油一次,两次更换后,试压泵使用超过500h要更换机油(或根据减速箱内润滑油的清洁情况进行更换)。
(7)润滑油必须是清洁的齿轮油,水(油)箱内使用清水,且不许有杂质污物。
(8)在更换牛皮垫圈时,应预先把牛皮垫圈用油浸透。
(9)使用中要注意观察分析泵可能出现的各种情况并及时处理。
(10)使用或保养后,要及时填写使用、保养记录。

2. 使用技术要求
(1)试压泵出现问题一定要及时进行维护保养。
(2)使用时,先要排空放掉空气,否则要影响正常工作。
(3)如试压件内容积较小,应加缓冲容器,防止压力迅猛升高出现危险情况。
(4)使用过程中,要注意减速箱、曲轴箱、连杆、十字头的发热情况,温度不能过热(不能超过35℃)。

(七)故障原因及排除方法
试压泵故障分析与排除方法见表3-3-4。

表 3-3-4　试压泵故障分析与排除方式

故障现象	故障原因	排除方法
稳不住压	针阀、放气阀、水阀泄漏	研磨或更换
	高压缸处堵塞、螺钉等泄漏	上紧螺钉或更换垫圈
	高压柱塞与柱塞套间隙过大	更换柱塞副或更换密封圈
	低压溢流阀、阀杆与溢流阀座密封副泄漏	重新研磨或更换
	安全阀漏水,弹簧失灵	研磨清洗,更换弹簧
泵压停留在 2.5MPa 不上升	高压缸进水阀不密封	研磨或更换
	高压缸进水阀卡死	轻击阀外部或拆开检查
	高压缸密封圈损坏	更换密封圈
泵压升不上去,上升不均匀或太慢	低压缸进水阀不密封	研磨或更换
	柱塞密封圈损坏或松动	调整螺套,更换密封圈
	低压缸一个缸工作	判断故障后,分别拆或换
	低压缸进出阀轻微渗漏	研磨或清洗处理

二、压力表

在工业过程控制与技术测量过程中,机械式压力表的弹性敏感元件具有机械强度高和生产方便等特性,使得机械式压力表得到越来越广泛的应用。压力表的种类很多,矿场和井下作业常用的结构为单圈 C 形弹簧管式压力表,精度等级最高为 1 级,测量值超过大气压力,如图 3-3-3 所示。

(一)原理

压力表通过表内的敏感元件(波登管、膜盒、波纹管)的弹性形变,再由表内机芯的转换机构将压力形变传导至指针,引起指针转动来显示压力。弹簧管式压力表的感压元件,将压力变换成位移,机芯能将弹簧管自由端的微小位移量放大,达到易于观察读数的程度。

真空表也是压力表,因为表上指示的压力是不包括大气压力在内的压力,等于绝对真空为零点起算的压力与大气压力之差,负压力就是从真空时起算的压力与大气压力之差,也就是说真空表所指示的压力是比大气压力小多少,例如,真空表指示的真空压力是-0.02MPa,那么就表示所测压力是比大气压力小 0.02MPa。

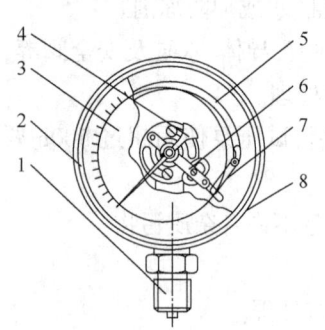

图 3-3-3　压力表结构
1—接头;2—衬圈;3—度盘;4—指针;
5—弹簧管;6—传动机构(机芯);
7—连杆;8—表壳

(二)使用压力表注意事项

(1)压力表低于 1/3 量程部分,精度较低。

(2)选择测量上限时,一般压力表应高于测量压力的 4/3。

(3)选择使用范围时,最高不得超过刻度为 3/4,一般以选用全量程的 1/3~2/3 为宜,在这一范围准确程度较高,适用平稳、波动两种负荷。

(4)压力表经过一定阶段的使用与受压,难免由于内部机件的变形和磨损产生误差和故障,为保持其原有精度,要定期检修压力表,一般测压部位安装的压力表其检定周期不得超过半年;测压部位介质波动大,使用频繁,精度要求较高,安全因素要求较严的可将检定周期适当缩短。

(三)压力表安装要求

(1)压力表应安装在便于观察,易于更换的地方。

(2)压力表安装地点应避免振动和高温,要有足够的光线照明。

(3)压力表应垂直安装在管线或容器上。

(4)压力表下端必须安装变螺纹接头。

(5)压力表的最大量程应不小于压力源的1.25倍。

(6)振动较大的压力源要安装导压管或抗震压力表。

(7)压力表要独立安装,不应和其他管道相连。

ZBA006 压力表的安装操作

(四)常见故障及处理方法

1. 三个压力表使用过程中常见问题

(1)压力表扇形齿轮工作一段时间出现磨损现象;

(2)压力表测压系统受到被测介质瞬间超压冲击,使指针回不到零位或者冲到限制钉下面;

(3)仪表指针在系统泄压后不回零位。

ZBA007 压力表常见问题的处理

2. 压力表三个常见问题的解决方法

(1)增加扇形齿轮接触面宽度,增大接触面(即加大齿轮模数),以达到抗磨损、增加使用寿命的目的;

(2)在仪表的机芯上加装限位块,测压系统在受到瞬间冲击时使机芯的圆柱齿轮和扇形齿轮不容易脱扣,解决压力表受到冲击压力后指针不回零或者指针被冲到限位钉后面的问题;

(3)冲击压力测量系统时关小压力表下面的阀门。

三、油管接箍打捞矛

(一)用途

接箍打捞矛专门用来捞取鱼顶为接箍的工具,它的主要特点是不论接箍处于较大还是较小环形空间,都能准确无误地抓住捞出。

ZBG020 接箍打捞矛的结构

(二)结构

接箍打捞矛按打捞的落物分类,可分为抽油杆接箍打捞矛和油管接箍打捞矛。

1. 油管接箍打捞矛

油管接箍打捞矛主要由上接头、锁紧螺母、导向螺钉、芯轴、卡瓦、冲砂管等组成,如图3-3-4所示。

上接头上部为油管螺纹或钻杆螺纹,用来连接打捞管柱。下部的细牙螺纹与芯轴相连,并用一个锁紧螺母压紧,以防松扣。芯轴锥体与卡瓦的内锥

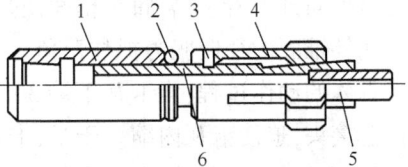

图3-3-4 油管接箍打捞矛
1—上接头;2—锁紧螺母;3—导向螺钉;
4—卡瓦;5—冲砂管;6—芯轴

面一致,芯轴中部有一导向槽,螺钉圆柱头部就嵌在此槽中。卡瓦下端表面加工成与被捞接箍螺纹一致的尖齿,纵向开4~6个窄槽。为了便于引进落鱼,芯轴下端头部呈球台形,卡瓦下端倒角为30°。为了加强冲洗鱼顶的力量,芯轴水眼最下端有时可安装一个冲砂管。

2．抽油杆接箍打捞矛

抽油杆接箍打捞矛主要由上接头、锁紧螺母、芯轴、弹簧、卡瓦和引鞋等组成,如图3-3-5所示。

上接头上部为抽油杆内螺纹,用来连接打捞管柱。下部的细牙螺纹与芯轴相连,并用一个锁紧螺母压紧,以防松扣。芯轴上装有弹簧和卡瓦,芯轴下端是圆柱体,锥度与卡瓦的内锥面一致。圆柱形螺旋弹簧将卡瓦紧紧压向芯轴下端,使其内外锥面贴合。卡瓦呈薄壳形,卡瓦下端表面加工成与被捞接箍螺纹一致的尖齿,纵向开3~4个窄槽。为了便于引进落鱼,芯轴下端头部呈球台形,卡瓦下端倒成30°锥角。

接箍打捞矛的基本参数应符合表3-3-5的规定。

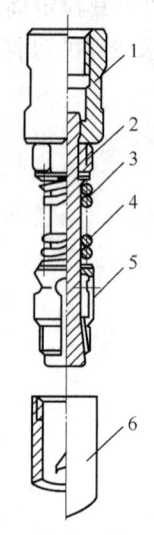

图3-3-5　抽油杆接箍打捞矛
1—上接头;2—锁紧螺母;3—芯轴;
4—弹簧;5—卡瓦;6—引鞋

表3-3-5　打捞矛的基本参数

规格型号	外形尺寸,mm×mm	接头螺纹	使用规范和性能参数	
			落鱼规格	许用拉力,kN
JKLM38	$\phi38\times260$	$\phi19mm$ 抽油杆接箍螺纹	$\phi16mm$、$\phi19mm$ 抽油杆接箍	70
JKLM46	$\phi46\times265$	$\phi25mm$ 抽油杆接箍螺纹	$\phi21mm$、$\phi25mm$ 抽油杆接箍	90
JKLM73	$\phi85\times300$	2⅜TBG 内螺纹	$\phi60mm$ 油管接箍	350
JKLM90	$\phi95\times380$	—	$\phi73mm$ 油管接箍	550
JKLM107	$\phi112\times480$	—	$\phi88.9mm$ 油管接箍	700
JKLM121	$\phi126\times550$	—	$\phi101.6mm$ 油管接箍	700
JKLM133	$\phi140\times600$	—	$\phi114mm$ 油管接箍	850

（三）工作原理

接箍打捞矛实质上是一种内、外螺纹的对扣打捞工具,为了能使接箍打捞矛进入接箍,卡瓦沿纵向开了若干槽,每个卡瓦间便是一个卡瓦片,弹性变形后进入接箍内螺纹中,靠芯轴和卡瓦外锥面的径向胀力抓住落鱼。

具体的动作过程:当卡瓦下端30°锥体进入被捞接箍时,卡瓦上行,或者压缩弹簧,或者抵住上接头,迫使卡瓦内缩。于是,卡瓦上的牙尖滑动,实现卡瓦下端外螺纹与接箍内螺纹的对扣,上提钻具,芯轴、卡瓦内外锥面贴合,产生径向胀力,阻止对扣后的螺纹牙尖退出牙间,从而实现打捞。

四、伸缩式打捞矛

(一) 用途

伸缩打捞矛和两用伸缩打捞矛是用于小修井的打捞工具。小修要求打捞作业迅速,且落井大部分油管多数未卡,因此工具为不可退式。该工具有两种型式:对未遇卡油管,设计为直接打捞型式,有3种接头;对遇卡油管,设计为打捞倒扣型式,螺纹型为钻杆左旋螺纹。

两种工具不同之处在于:两用伸缩打捞矛一种规格可打捞两种规格油管,而伸缩打捞矛一种规格只能打捞一种规格的油管。

(二) 结构

伸缩打捞矛由打捞体、卡瓦、弹簧、接头、上接头等组成,如图3-3-6所示。两用伸缩打捞矛由下打捞体、下卡瓦、弹簧、接头、上接头等件组成。

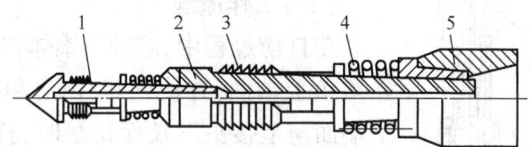

图3-3-6 伸缩式打捞矛结构示意图
1—打捞体;2—接头;3—卡瓦;4—弹簧;5—上接头

下打捞体:下打捞体下端以台肩为界,其下制成小径向的外锥体,其上有四道轴向键,其上为大径向朝下的外锥体。另一端为外螺纹,与扶正套和上打捞体连接。伸缩打捞矛打捞体的外螺纹与接头连接。上、下打捞体均有水眼。上打捞体与下打捞体和打捞体所不同的是上打捞体以内螺纹与下打捞体连接,另一端制成外螺纹与接头连接。

上、下卡瓦:卡瓦下端为大径向朝下的外锥体,上段为外打捞牙。卡瓦有四道轴向开口槽,在开口槽有内锥面。在开口端有内锥面。卡瓦的开口槽和内锥面在弹簧力的作用下分别与上、下打捞体(或打捞体)的键和外锥面相吻合。

扶正套:扶正套的螺纹与下打捞体连接,下端为小径向朝下的外锥体。

接头:接头一端为内外螺纹,分别与上打捞体(或打捞体)的上接头连接。

(三) 工作原理

工具下井后,下打捞体(或打捞体)由下锥体引入落鱼。下放钻柱,卡瓦被落鱼推动上移使卡瓦外径收缩到最小。上提工具,打捞体锥体将卡瓦外径胀大,卡瓦牙牢牢地咬在油管内壁上实现打捞。

若左旋两用伸缩打捞矛或伸缩打捞矛反转钻柱,上提,下打捞体(可打捞体)的键带动卡瓦转动落鱼可实现倒扣。

> ZBG010 伸缩式打捞矛的使用

五、提放式分瓣打捞矛

(一) 用途

提放式分瓣打捞矛是一种专门用来打捞落鱼上端是接箍的可退式打捞工具,首先与落鱼上部的接箍对扣,然后靠芯轴锥面胀开打捞爪咬紧接箍。当落鱼严重遇卡时可顺序下放,

> ZBG012 提放式分瓣打捞矛的使用

然后上提管柱即可退出打捞工具。

(二) 结构

提放式分瓣打捞矛由上接头、内套、导向销、外套、打捞爪和芯轴组成,如图 3-3-7 所示。

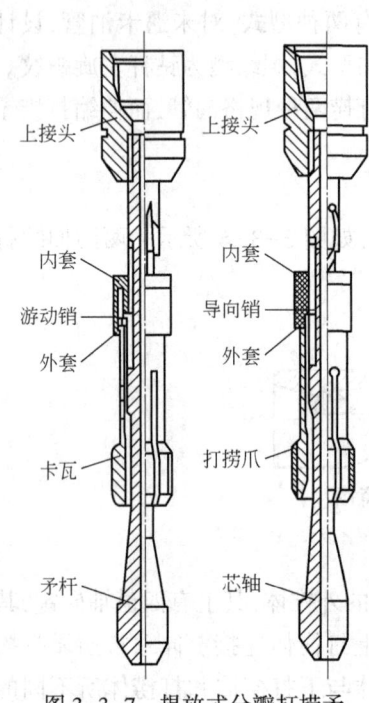

图 3-3-7 提放式分瓣打捞矛

上接头为油管或钻杆内螺纹,用来连接上部打捞管柱,下部螺纹与芯轴连接。内套、外套、打捞爪用螺纹连在一起。导向销安装在芯轴的轨迹槽内,打捞爪可在其内上下运动,实现打捞或释放状态。打捞爪的打捞螺纹为外螺纹,开槽为六瓣,渗碳淬火后具有良好的弹性和韧性。芯轴上有长短轨迹槽并有水眼,可循环清洗鱼头,实现顺利抓捞。下部为锥体便于引进落鱼。

(三) 工作原理

在打捞过程中,芯轴下锥体首先进入鱼腔,打捞爪抵住落鱼上端面,并使外套、内套和导向销沿轨迹槽上行。上端面与上接头下端面接触时,打捞爪弹性变形后进入接箍中实现对扣。上提管柱,打捞爪与被捞接箍连在一起,带动外套、内套和导向销相对芯轴沿轨迹槽做螺旋下行运动,直到芯轴、打捞爪内外锥面贴合,产生径向胀力抓住落鱼为止,此时导向销处在轨迹长槽内。

释放落鱼时,下放工具导向销带动旋转装置和打捞爪上行,然后上提,导向销处于短槽中,芯轴与打捞爪内外锥面脱开,打捞爪弹性变形脱开被捞接箍。

六、提放式倒扣打捞矛

ZBG016 提放式倒扣打捞矛的使用

(一) 用途

在打捞作业中,常会遇到落鱼被卡的情况,这时只打捞是不够的,还须施加扭矩来实现打捞又反转倒扣目的。

提放式倒扣打捞矛具有退出落鱼不需正转、只需提放即能收回工具的优点。该工具主要用于打捞倒扣井下套管、油管、钻杆等管状遇卡落鱼以及打捞规定范围内的带孔落鱼。

(二) 结构

提放式倒扣打捞矛由上接头、连接套、止动片、矛杆、换向销、定位套、滑套、导向销、卡瓦等组成,如图 3-3-8 所示。

上接头下端部铣有牙嵌。连接套内孔有 3 个均布的键槽与矛杆上的 3 个键配合;连接套上部牙嵌与上接头牙嵌相啮合;连接套用止动片进行轴向定位。矛杆下部为圆锥体,在圆锥体上均布三凸键,上部螺纹与上接头连接,中间有长短不同的轨道槽。滑套外部有细牙螺纹,滑套装在矛杆上,并有换向销孔;滑套可在矛杆上滑动和转动。定位套外部有细牙螺纹与滑套上的螺纹连接,限位卡瓦、换向销、导向销的轴向位置。卡瓦为一个薄壁筒,分上下两部分;下部为三瓣形外表面为锯齿形打捞螺纹,内表面为锥面,打捞螺纹直径大于落鱼内径;

圆筒形上钻有导向销孔。

(三)工作原理

提放式倒扣打捞矛的锥面的贴合或脱离可使卡瓦胀紧或退出,从而实现抓捞或释放,由键传递扭矩。落鱼进入工具产生内压力,卡瓦咬住落鱼。提放工具可使卡瓦沿工具作轴向位移,换向销在轨道槽中的位置变动便实现锥面贴合或脱离,实现打捞或释放。

抓住落鱼后反转,即可由键将扭矩传递到落鱼上实施倒扣。

七、螺旋式卡瓦打捞筒

> ZBG027 螺旋式卡瓦打捞筒的使用

(一)用途

螺旋式卡瓦打捞筒是从管子外部进行打捞的一种工具,可打捞不同尺寸的油管、钻杆、和套管等鱼顶为圆柱形的落鱼,并可与震击类工具配合使用。

特点:

(1)卡瓦与被捞落鱼接触面积大,鱼顶受力均匀,不易损坏鱼顶。

(2)如落鱼遇卡严重提不出时,工具可以安全退出。

(3)打捞筒内装有密封圈,当工具入鱼后可以循环洗井。

(4)可对轻度变形的鱼顶进行修整。

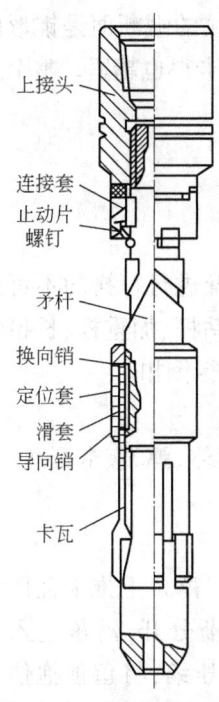

图3-3-8 提放式倒扣打捞矛结构图

(二)结构

螺旋式卡瓦打捞筒由上接头、筒体总成、密封圈、螺旋卡瓦、控制环、引鞋组成,如图3-3-9所示。

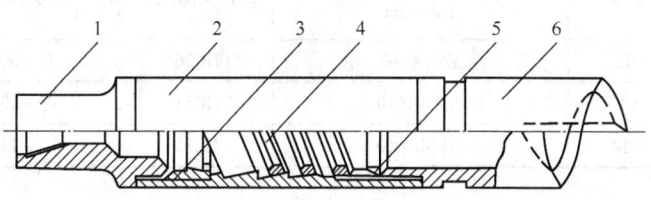

图3-3-9 螺旋式卡瓦打捞筒

1—上接头;2—壳体总成;3—密封圈;4—螺旋卡瓦;5—控制环;6—引鞋

螺旋卡瓦形如弹簧,外部为宽锯齿左旋螺纹,与筒体内螺纹配合,螺距相同,但螺纹面较筒体的窄得多。内部是抓捞牙为多头左旋锯齿形螺牙,螺牙锋利坚硬。螺旋卡瓦下端焊有指形键,与控制卡配合后就阻止了螺旋卡瓦在筒体内转动。

(三)工作原理

打捞筒的抓捞零部件是螺旋卡瓦,其外部的宽锯齿螺纹和内面的抓捞牙均是左旋螺纹,与筒体相配合的间隙较大,这样就能使卡瓦在筒体内有一定行程能胀大和缩小。当落鱼被引入捞筒后,只要施加一个轴向压力,卡瓦就在筒体内上行。由于轴向压力使落鱼进入卡瓦,此时卡瓦上行并张大,运用它坚硬锋利的卡牙借弹性力的作用将落

> ZBG023 可退式卡瓦打捞筒的使用
>
> ZBG025 双片式卡瓦打捞筒的结构及工作原理

鱼咬住卡紧。上提捞柱,卡瓦在筒体内相对地向下运动。因宽锯齿螺纹的纵断面是锥形斜面,卡瓦必然带着沉重的落鱼向锥体的小锥端运动,此时落鱼重量越大卡得也越紧。整个重量由卡瓦传递给筒体。

八、双片式卡瓦打捞筒

(一)用途

双片式卡瓦打捞筒是从落鱼外壁进行打捞的不可退式工具,它除了可以抓捞各种油管、钻杆、加重杆、长铅锤等外,还可以对遇卡管柱施加扭矩进行倒扣。

(二)结构

双片式卡瓦打捞筒由上接头、筒体、弹簧、卡瓦座、卡瓦、引鞋等组成,如图3-3-10所示。

(三)工作原理

工具引鞋引入落鱼后,下放钻具,落鱼上推卡瓦压缩弹簧,卡瓦脱开筒体锥孔上行并逐渐分开,落鱼进入卡瓦。此时卡瓦在弹簧力作用下将其压缩,将鱼顶抱住并给其初夹紧力。上提钻具,在初夹紧力作用下筒体上行,卡瓦、筒体内外锥面结合,产生径向夹紧力将落鱼卡住,上提钻具即可捞出。

卡瓦打捞筒的主要技术参数见表3-3-6。

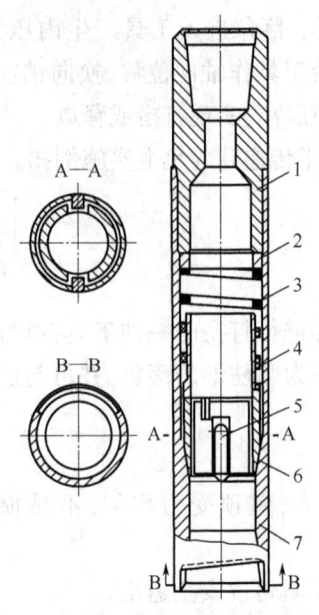

图3-3-10 卡瓦打捞筒
1—上接头;2—垫环;3—弹簧;4—卡瓦座;
5—键;6—卡瓦;7—筒体

表3-3-6 卡瓦打捞筒主要技术参数

序号	规格型号	外形尺寸(直径×长度) mm×mm	接头螺纹	打捞范围	许用拉力 kN
1	DLT-95	φ95×610	NC26	32~60	400
2	DLT-108	φ108×610	NC31	45~65	650
3	DLT-114	φ114×660	NC31	48~73	950

ZBG026 篮式卡瓦打捞筒的使用

九、篮式卡瓦打捞筒

(一)用途

篮式卡瓦打捞筒是从管子外部进行打捞的一种工具,可打捞不同尺寸的油管、钻杆和套管等鱼顶为圆柱形的落鱼,并可与震击类工具配合使用。

特点:

(1)卡瓦与被捞落鱼接触面积大,鱼顶受力均匀,不易损坏鱼顶。

(2)如落鱼遇卡严重提不出时,工具可以安全退出。

(3)打捞筒内装有密封圈,当工具入鱼后可以循环洗井。

(4)可对轻度变形的鱼顶进行修整。

(二)结构

篮式卡瓦打捞筒由上接头、筒体总成、篮式卡瓦、铣控环、内密封圈、O形密封圈、引鞋等件组成,如图3-3-11所示。

篮状卡瓦为圆筒状,形似花篮,外部与螺旋卡瓦一样,但为完整的宽锯齿左旋螺纹,内部抓捞牙也为多头左旋锯齿形螺牙,下端开有键槽,纵向开有等分胀缩槽,如同弹簧卡头。

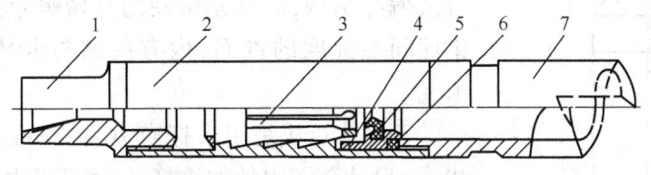

图3-3-11 篮式卡瓦打捞筒
1—上接头;2—筒体总成;3—篮式卡瓦;4—铣控环;5—内密封圈;6—O形密封圈;7—引鞋

(三)工作原理

(1)上接头内螺纹与钻柱相连接,外螺纹与筒体相连接,中心是阶梯形孔,可对落鱼起定位作用。

(2)筒体总成两端有细牙螺纹,靠近挡圈一端与上接头相连,另一端接引鞋;筒内加工有大螺距左旋锥面螺纹,在左旋螺纹上端焊有挡圈,它与上接头倾角的空间安放一个舌形密封圈,以保证修井液在井内正常循环;筒体下端的螺纹起点处有一个键槽,限定着铣控环并传递扭矩。

(3)篮式卡瓦内壁有经过淬火处理的多头锯齿形螺纹,外部有与筒体相一致的左旋转面螺纹,在同一筒体内只要装不同规格或不同类型的篮式卡瓦或螺旋式卡瓦便可打捞不同规格的落物;在篮式卡瓦360°圆周方向开有四条均布纵向长槽,其中一条是两端开通的;在两端开通槽的端部有宽键槽与铣控环的键配合;正常情况下卡瓦内径略小于落物的外径;由于卡瓦有一通长开槽,所以在工具入鱼过程中卡瓦会胀开,并对落鱼有一初夹紧力。

(4)铣控环端部有铣齿,可对鱼顶进行修整,另一端有与筒体开口键槽相配的键;工具装配后,铣控环的键与筒体键槽配合定位不能相对旋转,卡瓦也由此键定位,只能在筒体内沿轴,向窜动,不能旋转。

(5)工具最下端引鞋可顺利将鱼顶引入工具之内。

十、多功能打捞筒

ZBG028 多功能打捞筒的结构及原理

(一)用途

多功能打捞筒是一种在套管内打捞尺寸的抽油杆、接箍及加重杆测井仪的组合式打捞工具,在不需更换卡瓦的情况下,可打捞16~25mm抽油杆本体和16~22mm抽油杆接箍、35~42mm范围内的加重杆及测井仪,具有结构简单、操作维修方便的优点,是一种用途多、高效率的打捞抽油杆工具。

(二)结构

多功能打捞筒主要由上筒体总成和下筒体总成两部分组成,如图3-3-12所示。
上筒体总成是专供打捞抽抽杆本体用的,由上接头、上筒体、弹簧、卡环、卡瓦组成。上接头的上部有用来连接打捞管柱的油管(钻杆)螺纹;下部有与上筒体连接的外螺纹及台肩,弹簧装在台肩上;上筒体的上部有螺纹与上接头连接,下部有外螺纹与下筒体总成连接;内部有上、下二锥面,上锥面与卡瓦外锥面锥度一致,产生夹紧力可抓捞抽油杆,下锥面为引鞋;卡瓦为剖分式偏心结构,内部是坚硬的打捞螺牙,外部是与筒体上锥面同一锥度的锥面,内有一槽与卡环配合,使之扶正卡瓦。

下筒体总成是用来打捞 16~22mm 抽油杆接箍、35~42mm 尺寸范围内的加重杆的,由下筒体、活瓣、扭簧、销、螺钉、活瓣座、引鞋组成。下筒体的上部有与上筒体连接的螺纹,下部与引鞋相连接,内装有 2 个经渗碳淬火的弧面齿活瓣;活瓣在活瓣座上通过扭簧及固定销组成活瓣开关;活瓣坐于引鞋台肩上,由螺钉固定。

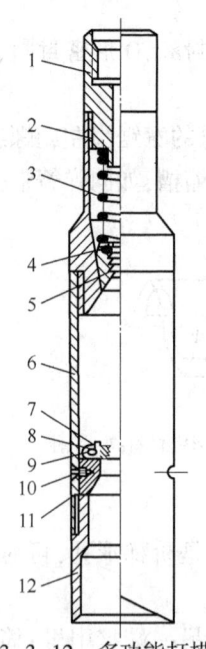

图 3-3-12　多功能打捞筒
1—上接头;2—上筒体;3—弹簧;4—卡环;
5—卡瓦;6—下筒体;7—活瓣;8—扭簧;
9—销;10—螺钉;11—活瓣座;12—引鞋

(三)工作原理

多功能打捞筒打捞抽油杆本体时,本体通过下筒体总成进入上筒体,然后进入上筒体内装的三块剖分式偏心卡瓦内,在弹簧力作用下卡瓦沿上筒体上移,卡瓦内牙与落鱼咬紧,上提工具时,落鱼带动卡瓦相对筒体下移,筒体迫使卡瓦产生径向夹紧力咬住落鱼。该工具打捞抽油杆接箍及光杆件时,随着工具下放,落鱼被引入下筒体,下筒体内装有两块活瓣,可绕固定转轴翻转,使两个活瓣弧面齿形成不同的打捞尺寸,卡住不同尺寸的落鱼,活瓣的上端面又可抵住抽油杆接箍台肩,从而实现打捞。

(四)使用方法

(1)下井前检查打捞筒各零件是否完好,各螺纹部分是否拧紧。

(2)与下井管柱连接并上紧,组成工具管柱入井。

(3)当将工具管柱下至鱼顶 1~2m 时,记下工具悬重,开泵循环,正常后停泵,慢慢下放并慢转引入落鱼,注意观察指重表悬重变化,如有轻微变化,应立即停止下放。

(4)试提钻具,指重表大于悬重时证明已抓住落鱼。

(5)上提时加力均匀,不能猛拉、猛放。

(五)维修保养

工具用完之后,拆卸各零件,清洗检查,如有损坏应及时更换;涂油重新组装,并做好防锈处理,放阴干处保存。

十一、梨形磨铣鞋

(一)用途

铣鞋是用来修理被破坏鱼顶的工具,如被顿坏、损坏的油管、钻杆本体等。

(二)结构

梨形磨铣鞋由磨铣鞋本体及碳化钨材料、扶正体组成。如图 3-3-13 所示。

磨鞋本体由一段前端为锥形的圆柱体组成,圆柱体上部是钻杆扣同钻柱相连,圆柱体侧面有过水槽,在侧面过水槽间堆焊碳化钨材料;磨鞋本体从上至有直通水眼。

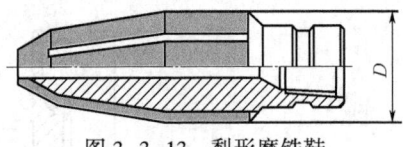

图3-3-13 梨形磨铣鞋

(三)工作原理

梨形磨铣鞋侧面上碳化钨材料在钻压的作用下吃入落物,磨碎落物随循环洗井液带上地面。

(四)使用方法

1. 操作

(1)下井前检查钻杆扣是否完好,水眼是否畅通,碳化钨材料是否超过本体直径,一般应比本体小2~3mm。

(2)将梨形磨铣鞋拧紧在工具最下端下井。

(3)下至鱼顶以上2~3m开泵冲洗鱼顶,待井口返出液体平稳后启动转盘,慢慢下放钻具使其接被落鱼。

(4)洗井液排量不低于$25m^3/h$。

2. 作业中注意事项

(1)下钻速度不宜太快。

(2)用碳化钨材料铣磨时可稍抬一下钻具,下放,砸出新的硬质合金切削刃。

(3)作业中不得停泵。

(4)如果出现单点磨铣或长期无进尺,应分析原因,采取措施,防止磨坏套管。

(五)维修保养

(1)每次用完后要清洗干净,冲净水眼里的一切杂物。

(2)侧面上磨损的碳化钨材料允许补焊,但必须先预热,待焊接表面加热均匀后再施补焊料,并防止过热。

十二、倒扣套铣矛

(一)用途

倒扣套铣矛又称连续套铣工具,它在卡钻后不能一次完成套铣,需在分段套铣打捞时使用。使用这种工具时,可以在套铣完一段落鱼(铣管套完)之后立即与落鱼对扣,然后用爆炸松扣的方法倒开并捞出解卡的钻具,一次下井作业即可完成套铣和打捞两项工作。

(二)结构特点及作用

倒扣套铣矛主要由上接头、缸筒、中间接头、超越离合器、紧扣牙嵌、倒扣牙嵌、冲管、打捞杆、活塞总成、弹簧、偏水眼接头、锁紧键等组成,如图3-3-14所示。

上接头的上端和钻具连接;中间内孔装有较长的冲管,引导和扶正活塞总成做上下活动。上接头下端的孔内装有内、外锁紧套;打捞杆进入锁紧套后,该矛处于闭合状态,便于运输和存放。超越离合器的上下两半部分用定位销定位,并用螺钉分别固定在上接头的下端和活塞的上端(超越离合器的作用:当套铣到最后时,由它传递扭矩使打捞矛与落鱼对扣)。

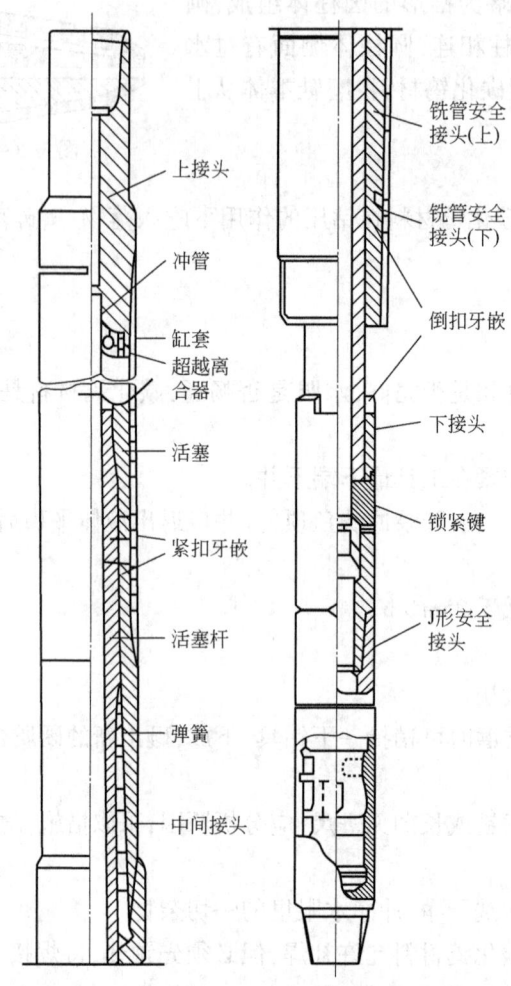

图 3-3-14 倒扣套铣矛

活塞总成由活塞杆和活塞组成；活塞总成坐落在矩形弹簧上，悬浮在缸筒里；该总成与缸筒之间可以相对移动和上下移动；由于活塞具有一定的行程（186mm，倒扣套铣矛行程为1220mm），给打捞后的起钻卸扣带来了方便；活塞外圆焊有铜棱条起轴承作用；活塞下端和中间接头上端分别为紧扣牙嵌。超越离合器对扣后，上提钻具，用紧扣牙嵌紧扣，以便爆炸松扣作业。偏水眼接头与活塞杆上扣后用锁紧键锁紧，防止退扣落井。当落鱼水眼被堵时，循环修井液可以从偏水眼流出。该接头上端有一对牙嵌，当套铣管被卡时，可以利用这对牙嵌倒开套铣管安全接头，起出钻具和倒扣套铣矛，这对牙嵌离合器称为倒扣离合器。

ZBG018 倒扣套铣矛的使用

（三）操作方法

1. 准备

（1）测卡点并从卡点以上 1~2 单根处倒扣；通修井液，确保工具能顺利下入。

（2）套铣前对工具进行无损探伤。检查倒扣套铣矛，转动偏水眼接头观察活塞杆是否转动灵活，上下活动是否无阻卡。将活塞杆推入锁紧套内，使倒扣套铣矛处于闭合位置。在倒扣套铣矛中间接头下端接铣管安全接头。

(3) 检查 J 形安全接头。J 形安全接头有铜销和钢销两种销子,根据井下情况选用。铜销和钢销的剪切力分别为 165kN 和 225kN;销子两端不得外露。

2. 下钻

内部钻具组合:对扣接头+J 形安全接头+偏水眼接头。

外部钻具组合:铣鞋+套铣管+铣管安全接头+倒扣套铣矛+下击器+上击器+钻具。

下钻遇阻时,不得用套铣管长段划眼。

3. 套铣

下钻到接近(一般为 3m)鱼顶时,开泵循环,将鱼顶内螺纹冲洗干净,慢慢转动下放,若遇阻时,轻转慢拨,使铣鞋套进落鱼;落鱼被套进铣鞋后,开始套铣;一般采用较低转速(70r/min 以下)。

套铣接单根与钻进时接单根一样,套铣完铣管的转动,打捞套铣矛上的超越离合器使对扣接头与落鱼对扣,对扣以后,超越离合器打滑,地面反映出有规律的跳钻,扭矩增大,套铣没有进尺,上提钻柱,根据悬重判断落鱼解卡即可起钻,若没有解卡,则可上提钻具超过原悬重 20~25kN,这时,紧扣牙嵌啮合,正转紧扣,准备爆炸松扣。

4. 松扣及起钻

紧扣后上提钻具,剪断 J 形安全接头销钉,退开 J 形安全接头,较大距离地活动铣管,防止黏卡,然后,下爆炸松扣装置,当爆炸松扣装置下到 J 形安全接头顶部时,对上 J 形安全接头,继续下放爆炸松扣装置到预定深度,按爆炸松扣工艺要求进行倒扣作业,爆炸点一般选在卡点以上 1~2 个单根接头处,以便下次套铣时找鱼和套鱼容易,倒扣后起钻。

若是间断卡钻,套铣完对扣紧扣后先测卡点后松扣。起钻时要细心操作,先起出打捞钻具,然后起出倒扣套铣矛和落鱼。当套铣管起出转盘时,用卡瓦和安全卡瓦把套铣管卡在转盘里。从套铣管安全接头处卸开,在套铣管顶部装上开口卡盘,用卡瓦和吊卡坐在落鱼,卸掉倒扣套铣矛,然后从铣管中起出落鱼。如果不换铣鞋和不检查套铣管,即可立即下钻,做第二次套铣和打捞。

需要从铣管内起钻铤或下部带有稳定器和钻头的落鱼时,卸掉套铣打捞矛后,用钻杆对接落鱼,将落鱼送到下面的套铣管里,然后把套铣管和连接落鱼的钻杆一同提升、卸扣,再从卸下的套铣管中起出钻杆后,与落鱼对接,这样即可逐根起出套铣管,当铣管起完之后,再起出大尺寸的鱼。

5. 退和对 J 形安全接头

退安全接头的方法:上提钻具剪断 J 形安全接头销钉,下放复位,反转(1~2 圈/1000m),憋住,上提即可提出 J 形安全接头销钉。

对 J 形安全接头很简单,下放钻具到安全接头对扣位置,待外螺纹接头进入内螺纹接头并遇阻后,正转(1~2 圈/1000m),即可对好 J 形安全接头。

ZBG019 倒扣套铣矛的检修保养

(四) 维修保养

(1) 工具出井后用清水冲洗干净。

(2) 检查全部零件,连接套、卡瓦、弹簧要做无损探伤,确认无损伤方可装配再次使用。

(3) 零件重新组装后,涂机油,放阴干处保管。

项目二 检修、操作 SY-600B 型试压泵

一、准备工作

(一)设备
SY-350 试压泵 1 台,SY-600B 型电动试压泵 1 台。

(二)材料、工具
各种试压接头各 1 个,管钳 2 把,各类扳手各 1 个,螺丝刀 1 把,生料带 1 卷。

(三)人员
1 人操作,持证上岗,劳动保护用品穿戴齐全。

二、操作规程

序号	工序	操作步骤
1	准备工作	(1)检查减速箱内的润滑油油面高度,同时在各油孔内部加满润滑油。 (2)检查水箱内所有使用的水是否清洁,不允许用含有泥砂的污水,以免堵塞管路、磨损柱塞或使水阀关闭不严而造成故障。 (3)检查并旋紧所有螺钉。 (4)选择合适的压力表装在气瓶上。 (5)把需要试压的容器与泵的出水管连接起来,在连接前先用清水灌满被试压的容器。 (6)检查电路的绝缘和安全情况。 (7)前面各项符合要求方可开动电动机(电动机在启动前应将低压控制阀打开,使低压水缸不产生水力作用,待运转正常后,将低压控制阀关闭)。 (8)调整高压安全阀,使其符合被试压容器的试验压力
2	检查工具	观察压力表量程(工作压力应不大于表压的 2/3)
3	操作步骤	(1)将试压接头和被试工具连接。 (2)启动试压泵循环。 (3)关泄压阀。 (4)灌注液体。 (5)大排量灌注液体。 (6)打开连通阀。 (7)小排量注入提高压力。 (8)停泵。 (9)稳压。 (10)泄压,拆卸试压接头
4	检查保养	(1)确定设备运转良好。 (2)润滑各运转部位
5	记录填写	将测量结果填写在记录单上
6	清理场地	对现场进行清理,收取工具,上交记录单

三、技术要求

(一)试压泵的维护保养
(1)试压泵的外表面必须保持清洁。

(2)按期检查各部件磨损情况,发现有磨损严重的要及时更换。

(3)定期检查保养并添加润滑油。

(4)按季节、工作、环境温度等的变化情况及时更换润滑油、水或加防冻剂。

(5)长期停泵不用时要把水箱内液体排放干净,并拆开柱塞、导体、水缸及安全阀等,在零件的加工表面上涂抹黄油,重新装好,并将外表面做好防腐处理。

(6)新的试压泵视情况应每 30h 换一次机油,更换两次后,试压泵使用超过 500h 要更换机油(或根据减速箱内润滑油的清洁情况进行更换)。

(7)润滑油必须是清洁的齿轮油;水(油)箱内使用清水,且不许有杂质污物。

(8)在更换牛皮垫圈时,应预先把牛皮垫圈用油浸透。

(9)使用中要注意观察分析泵可能出现的各种情况并及时处理。

(10)使用或保养后,要及时填写使用、保养记录。

(二)使用技术要求

(1)试压泵出现问题一定要及时进行维护保养。

(2)使用时,先要排空空气,否则会影响正常工作。

(3)如试压件内容积较小,应加缓冲容器,防止压力迅猛升高出现危险情况。

(4)使用过程中,要注意减速箱、曲轴箱、连杆、十字头的发热情况,温度不能过热(不能超过 35℃)。

四、注意事项

(1)减速箱在运转过程中声响应均匀,无杂音。

(2)减速箱中润滑油的温度保持在 85℃以下。

(3)在工作中如发现有漏水,应立即停止工作,泄压后进行检查、修理,不允许在发现漏水现象后仍继续进行工作或带压进行检修。

(4)工作压力不允许超过额定压力值。

(5)工作压力达到 2MPa 时,操作者应立即打开低压控制阀。

五、操作标准

JB/T 9089—2014《试压泵》。

项目三 检修油管接箍打捞矛

一、准备工作

(一)设备

油管接箍打捞矛 1 套,专用工作台 1 台。

(二)材料、工具

棉纱若干,柴油若干,黄油 1 管,锉刀 1 把,螺丝刀 1 把,油盆 1 个,钢丝刷 1 个,螺纹脂 1 盒。

ZBG022 接箍打捞矛的检修保养

（三）人员

1人操作,持证上岗,劳动保护用品穿戴齐全。

二、操作规程

序号	工序	操作步骤
1	准备工作	(1)将准备使用的工具放置于专用工作台上。 (2)按图样的尺寸和要求检查各零部件的数量和质量
2	检查	(1)将油管接箍打捞矛各部件擦洗干净。 (2)按正确顺序拆卸工具各部件,并按顺序摆放。 (3)检查工具各部件是否存在缺损现象: ①检查连接螺纹有无损伤、变形、滑扣等现象。 ②检查卡瓦有无缺齿、开裂等现象。 ③检查换向槽和换向螺钉有无挤压、变形、活动不灵活等现象
3	维修	(1)缺损零部件应及时修复或更换。 (2)轨道卡瓦上行换向或压缩复位应灵活。 (3)检查卡瓦的缩放应灵活自如。 (4)按正确顺序进行组装
4	保养	(1)连接螺纹部分和矛杆配合面涂抹黄油、油纸包裹。 (2)装配时严禁损伤零部件
5	记录填写	填写检验记录、合格证,入库
6	清理场地	对现场进行清理,收取工具,上交记录单

三、注意事项

(1)检查卡瓦尺寸是否符合使用要求。

(2)保证矛杆水眼通畅。

(3)芯轴不能有弯曲、变形等现象。

(4)卡瓦不能有无缺齿、开裂等现象。

(5)弹簧不能有开裂、变形、活动不灵活等现象。

四、技术要求

(1)产品应符合标准要求,并按规定程序批准的图样和技术文件制造。

(2)产品主要零件材料的机械性能应符合规定。

(3)分瓣矛爪螺纹表面硬度为45~50HRC。

(4)上接头、分瓣矛爪、胀管热处理后应进行无损探伤检查,不得有裂纹和其他影响强度的缺陷。

(5)产品按2倍的许用载荷提拉时,分瓣矛爪螺纹不得有坍塌、黏合咬伤,胀管不得损坏。

(6)接头螺纹涂螺纹脂并戴护丝。

五、操作标准

SY/T 5069—2017《石油天然气工业 钻井和采油设备 管柱类落物打捞工具》。

项目四 检修伸缩式打捞矛

一、准备工作

（一）设备
伸缩式打捞矛 1 套,专用工作台 1 台。

（二）材料、工具
棉纱若干,柴油若干,黄油 1 管,锉刀 1 把,螺丝刀 1 把,油盆 1 个,钢丝刷 1 个,螺纹脂 1 盒。

（三）人员
1 人操作,持证上岗,劳动保护用品穿戴齐全。

ZBG011 伸缩式打捞矛的检修保养

二、操作规程

序号	工序	操作步骤
1	准备工作	(1)将准备使用的工具放置于专用工作台上。 (2)按图样的尺寸和要求检查各零部件的数量和质量
2	检查	(1)将伸缩式打捞矛各部件擦洗干净。 (2)检查卡瓦有无缺齿、损坏、开裂等缺损现象。 (3)检查换向槽和换向钉有无挤压、变形、不灵活等现象。 (4)检查主体有无弯曲变形,接头螺纹是否合格。 (5)检查锁块和螺钉有无松动现象。 (6)检查打捞矛水眼有无堵塞。 (7)检查弹簧的压缩与恢复是否达到使用要求
3	维修	(1)更换不合格卡瓦。 (2)修整滑道以保证卡瓦上下换向灵活。 (3)上紧螺纹和螺钉。 (4)疏通打捞矛水眼
4	保养	(1)连接螺纹部分和矛杆配合面涂抹黄油,用油纸包裹。 (2)装配时严禁损伤零部件
5	记录填写	填写检验记录、合格证,入库
6	清理场地	对现场进行清理,收取工具,上交记录单

三、注意事项

(1)检查卡瓦尺寸是否符合使用要求。
(2)保证矛杆水眼通畅。
(3)芯轴不能有弯曲、变形等现象。

(4) 卡瓦不能有缺齿、开裂等现象。

(5) 弹簧不能有开裂、变形、活动不灵活等现象。

四、技术要求

(1) 产品应符合标准要求,并按规定程序批准的图样和技术文件制造。

(2) 产品主要零件材料的机械性能应符合规定。

(3) 卡瓦螺纹表面硬度为 45~50HRC。

(4) 上接头、卡瓦、打捞体热处理后应进行无损探伤检查,不得有裂纹和其他影响强度的缺陷。

(5) 产品按 2 倍的许用载荷提拉时,卡瓦螺纹不得有坍塌、黏合咬伤,打捞体不得损坏。

(6) 接头螺纹涂螺纹脂并戴护丝。

五、操作标准

SY/T 5069—2017《石油天然气工业钻井和采油设备 管柱类落物打捞工具》。

项目五 检修提放式分瓣打捞矛

一、准备工作

(一) 设备

提放式分瓣打捞矛 1 套,专用工作台 1 台。

(二) 材料、工具

棉纱若干,柴油若干,黄油 1 管,锉刀 1 把,螺丝刀 1 把,油盆 1 个,钢丝刷 1 个,螺纹脂 1 盒。

(三) 人员

1 人操作,持证上岗,劳动保护用品穿戴齐全。

ZBG013 提放式分瓣打捞矛的检修保养

二、操作规程

序号	工序	操作步骤
1	准备工作	(1) 将准备使用的工具放置于专用工作台上。 (2) 按图样的尺寸和要求检查各零部件的数量和质量
2	检查	(1) 将提放式分瓣打捞矛各部件擦洗干净。 (2) 检查卡瓦有无缺齿、损坏、开裂等缺损现象。 (3) 检查换向槽和换向钉有无挤压、变形、不灵活等现象。 (4) 检查主体有无弯曲变形,接头螺纹是否合格。 (5) 检查锁块和螺钉有无松动现象。 (6) 检查打捞矛水眼有无堵塞。 (7) 检查弹簧的压缩与恢复是否达到使用要求

续表

序号	工序	操作步骤
3	维修	(1)更换不合格卡瓦。 (2)修整滑道以保证卡瓦上下换向灵活。 (3)上紧螺纹和螺钉。 (4)疏通打捞矛水眼
4	保养	(1)连接螺纹部分和矛杆配合面涂抹黄油,用油纸包裹。 (2)装配时严禁损伤零部件
5	记录填写	填写检验记录、合格证,入库
6	清理场地	对现场进行清理,收取工具,上交记录单

三、注意事项

(1)检查卡瓦尺寸是否符合使用要求。
(2)保证矛杆水眼通畅。
(3)芯轴不能有弯曲、变形等现象。
(4)卡瓦不能有缺齿、开裂等现象。
(5)换向槽和导向销不能有挤压、变形、活动不灵活等现象。

四、技术要求

(1)产品应符合标准要求,并按规定程序批准的图样和技术文件制造。
(2)产品主要零件材料的机械性能应符合规定。
(3)卡瓦螺纹表面硬度为 45~50HRC。
(4)上接头、卡瓦、打捞体热处理后应进行无损探伤检查,不得有裂纹和其他影响强度的缺陷。
(5)产品按 2 倍的许用载荷提拉时,卡瓦螺纹不得有坍塌、黏合咬伤,打捞体不得损坏。
(6)接头螺纹涂螺纹脂并戴护丝。

五、操作标准

SY/T 5069—2017《石油天然气工业钻井和采油设备 管柱类落物打捞工具》。

项目六　检修提放式倒扣打捞矛

一、准备工作

(一)设备

提放式倒扣打捞矛 1 套,专用工作台 1 台。

(二)材料、工具

棉纱若干、柴油若干、黄油 1 管、锉刀 1 把、螺丝刀 1 把、油盆 1 个、钢丝刷 1 个、螺纹脂 1 盒。

ZBG017 提放式倒扣打捞矛的检修保养

（三）人员

1 人操作，持证上岗，劳动保护用品穿戴齐全。

二、操作规程

序号	工序	操作步骤
1	准备工作	(1)将准备使用的工具放置于专用工作台上。 (2)按图样的尺寸和要求检查各零部件的数量和质量
2	检查	(1)将提放式倒扣打捞矛各部件擦洗干净。 (2)检查卡瓦有无缺齿、损坏、开裂等缺损现象。 (3)检查换向槽和换向钉有无挤压、变形、不灵活等现象。 (4)检查主体有无弯曲变形、接头螺纹是否合格。 (5)检查锁块和螺钉有无松动现象。 (6)检查打捞矛水眼有无堵塞。 (7)检查弹簧的压缩与恢复是否达到使用要求
3	维修	(1)更换不合格卡瓦。 (2)修整滑道以保证卡瓦上下换向灵活。 (3)上紧螺纹和螺钉。 (4)疏通打捞矛水眼
4	保养	(1)连接螺纹部分和矛杆配合面涂抹黄油，用油纸包裹。 (2)装配时严禁损伤零部件
5	记录填写	填写检验记录、合格证，入库
6	清理场地	对现场进行清理，收取工具，上交记录单

三、注意事项

(1)检查卡瓦尺寸是否符合使用要求。

(2)保证矛杆水眼通畅。

(3)矛杆不能有弯曲、变形等现象。

(4)卡瓦不能有缺齿、开裂等现象。

(5)换向槽和换向螺钉不能有挤压、变形、活动不灵活等现象。

四、技术要求

(1)产品应符合标准要求，并按规定程序批准的图样和技术文件制造。

(2)产品主要零件材料的机械性能应符合规定。

(3)卡瓦螺纹表面硬度为 45~50HRC。

(4)上接头、卡瓦、打捞体热处理后应进行无损探伤检查，不得有裂纹和其他影响强度的缺陷。

(5)产品按 2 倍的许用载荷提拉时，卡瓦螺纹不得有坍塌、黏合咬伤，打捞体不得损坏。

(6)接头螺纹涂螺纹脂并戴护丝。

五、操作标准

SY/T 5069—2017《石油天然气工业钻井和采油设备 管柱类落物打捞工具》。

项目七　检修螺旋式卡瓦打捞筒

一、准备工作

(一)设备

螺旋式卡瓦打捞筒 1 套,专用工作台 1 台。

(二)材料、工具

棉纱若干,柴油若干,油盆 1 个,游标卡尺 1 把,管钳 1 把,螺丝刀 1 把,钢丝刷 1 个,螺纹脂 1 盒,黄油 1 管,锉刀 1 把。

(三)人员

1 人操作,持证上岗,劳动保护用品穿戴齐全。

> ZBG024 可退式卡瓦打捞筒的检修保养

二、操作规程

序号	工序	操作步骤
1	准备工作	(1)将准备使用的工具放置于专用工作台上。 (2)按图样的尺寸和要求检查各零部件的数量和质量
2	检查	(1)将螺旋式卡瓦打捞筒各部件擦洗干净,按顺序摆放。 (2)检查卡瓦有无缺齿、损坏、开裂等缺损现象。 (3)检查连接螺纹有无损伤、变形、滑扣等现象。 (4)检查捞筒内腔是否通畅,筒体是否有弯曲、变形等。 (5)检查控制环有无挤压、变形、活动不灵活等现象
3	维修	(1)更换不合格卡瓦。 (2)修整滑道以保证卡瓦上下换向灵活。 (3)上紧螺纹。 (4)清理捞筒内腔
4	保养	(1)按正确顺序进行组装,各螺纹连接处涂抹黄油。 (2)装配时严禁损伤零部件
5	记录填写	填写检验记录、合格证,入库
6	清理场地	对现场进行清理,收取工具,上交记录单

三、注意事项

(1)检查卡瓦尺寸是否符合使用要求。
(2)保证内腔通畅。
(3)筒体不能有弯曲、变形等现象。
(4)卡瓦不能有无缺齿、开裂等现象。
(5)控制环不能有挤压、变形、活动不灵活等现象。

四、技术要求

(1)产品应符合标准要求,并按规定程序批准的图样和技术文件制造。
(2)产品主要零件材料的机械性能应符合规定。
(3)卡瓦螺纹表面硬度为45~50HRC。
(4)上接头、卡瓦、打捞体热处理后应进行无损探伤检查,不得有裂纹和其他影响强度的缺陷。
(5)产品按2倍的许用载荷提拉时,卡瓦螺纹不得有坍塌、黏合咬伤,打捞体不得损坏。
(6)接头螺纹涂螺纹脂并戴护丝

五、操作标准

SY/T 5069—2017《石油天然气工业钻井和采油设备 管柱类落物打捞工具》。

项目八 检修双片式卡瓦打捞筒

一、准备工作

(一)设备

双片式卡瓦打捞筒1套,专用工作台1台。

(二)材料、工具

棉纱若干,柴油若干,油盆1个,游标卡尺1把,管钳1把,螺丝刀1把,钢丝刷1个,螺纹脂1盒,黄油1管,锉刀1把。

(三)人员

1人操作,持证上岗,劳动保护用品穿戴齐全。

二、操作规程

序号	工序	操作步骤
1	准备工作	(1)将准备使用的工具放置于专用工作台上。 (2)按图样的尺寸和要求检查各零部件的数量和质量
2	检查	(1)将双片式卡瓦打捞筒各部件擦洗干净,按顺序摆放。 (2)检查卡瓦有无缺齿、损坏、开裂等缺损现象。 (3)检查连接螺纹有无损伤、变形、滑扣等现象。 (4)检查捞筒内腔是否通畅,筒体是否有弯曲、变形等。 (5)检查控制环有无挤压、变形、活动不灵活等现象
3	维修	(1)更换不合格卡瓦。 (2)修整滑道以保证卡瓦上下换向灵活。 (3)上紧螺纹。 (4)清理捞筒内腔

续表

序号	工序	操作步骤
4	保养	(1)按正确顺序进行组装,各螺纹连接处涂抹黄油。 (2)装配时严禁损伤零部件
5	记录填写	填写检验记录、合格证,入库
6	清理场地	对现场进行清理,收取工具,上交记录单

三、注意事项

(1)检查卡瓦尺寸是否符合使用要求。
(2)检查内腔,保证通畅。
(3)筒体不能有弯曲、变形等现象。
(4)卡瓦不能有缺齿、开裂等现象。
(5)控制环不能有挤压、变形、活动不灵活等现象。

四、技术要求

(1)产品应符合标准要求,并按规定程序批准的图样和技术文件制造。
(2)产品主要零件材料的机械性能应符合规定。
(3)卡瓦螺纹表面硬度为45~50HRC。
(4)上接头、卡瓦、打捞体热处理后应进行无损探伤检查,不得有裂纹和其他影响强度的缺陷。
(5)产品按2倍的许用载荷提拉时,卡瓦螺纹不得有坍塌、黏合咬伤,打捞体不得损坏。
(6)接头螺纹涂螺纹脂并戴护丝。

五、操作标准

SY/T 5069—2017《石油天然气工业钻井和采油设备 管柱类落物打捞工具》。

项目九 检修篮式卡瓦打捞筒

一、准备工作

(一)设备
篮式卡瓦打捞筒1套,专用工作台1台。

(二)材料、工具
棉纱若干,柴油若干,油盆1个,游标卡尺1把,管钳1把,螺丝刀1把,钢丝刷1个,螺纹脂1盒,黄油1管,锉刀1把。

(三)人员
1人操作,持证上岗,劳动保护用品穿戴齐全。

二、操作规程

序号	工序	操作步骤
1	准备工作	(1)将准备使用的工具放置于专用工作台上。 (2)按图样的尺寸和要求检查各零部件的数量和质量
2	检查	(1)将篮式卡瓦打捞筒各部件擦洗干净,按顺序摆放。 (2)检查卡瓦有无缺齿、损坏、开裂等缺损现象。 (3)检查连接螺纹有无损伤、变形、滑扣等现象。 (4)检查捞筒内腔是否通畅,筒体是否有弯曲、变形等。 (5)检查控制环有无挤压、变形、活动不灵活等现象。
3	维修	(1)更换不合格卡瓦。 (2)修整滑道以保证卡瓦上下换向灵活。 (3)上紧螺纹。 (4)清理捞筒内腔。
4	保养	(1)按正确顺序进行组装,各螺纹连接处涂抹黄油。 (2)装配时严禁损伤零部件
5	记录填写	填写检验记录、合格证、入库
6	清理场地	对现场进行清理,收取工具,上交记录单

三、注意事项

(1)检查卡瓦尺寸是否符合使用要求。

(2)保证内腔通畅。

(3)筒体不能有弯曲、变形等现象。

(4)卡瓦不能有缺齿、开裂等现象。

(5)控制环不能有挤压、变形、活动不灵活等现象。

四、技术要求

(1)产品应符合标准要求,并按规定程序批准的图样和技术文件制造。

(2)产品主要零件材料的机械性能应符合规定。

(3)卡瓦螺纹表面硬度为45~50HRC。

(4)上接头、卡瓦、打捞体热处理后应进行无损探伤检查,不得有裂纹和其他影响强度的缺陷。

(5)产品按2倍的许用载荷提拉时,卡瓦螺纹不得有坍塌、黏合咬伤,打捞体不得损坏。

(6)接头螺纹涂螺纹脂并戴护丝。

五、操作标准

SY/T 5069—2017《石油天然气工业钻井和采油设备 管柱类落物打捞工具》。

项目十　维修保养胶筒式套管刮削器

一、准备工作

(一)设备

胶筒式套管刮削器 1 套,专用工作台 1 台。

(二)材料、工具

棉纱若干,柴油若干,油盆 1 个,游标卡尺 1 把,大锤 1 个,铜棒 1 根。

(三)人员

1 人操作,持证上岗,劳动保护用品穿戴齐全。

> ZBG003 胶筒式套管刮削器的检修保养

二、操作规程

序号	工序	操作步骤
1	准备工作	(1)将准备使用的工具放置于专用工作台上。 (2)按图样的尺寸和要求检查各零部件的数量和质量
2	检查	(1)将胶筒式套管刮削器各部件擦洗干净,按顺序摆放。 (2)检查刀片有无缺齿、损坏、开裂等缺损现象。 (3)检查连接螺纹有无损伤、变形、滑扣现象。 (4)检查水眼内腔是否通畅,筒体是否有开裂、变形等。 (5)检查胶筒、弹簧的弹性,密封胶圈的过盈量
3	维修	(1)清除刀片、刀板上残留水泥、铁屑。 (2)更换不合格胶筒、密封圈。 (3)上紧螺纹。 (4)清理水眼
4	保养	(1)按正确顺序进行组装,各螺纹连接处涂抹黄油。 (2)装配时严禁损伤零部件
5	记录填写	填写检验记录、合格证,入库
6	清理场地	对现场进行清理,收取工具,上交记录单

三、注意事项

(1)卸下各零部件要全部清洗。

(2)测量刀片、刀板磨损情况,超差必须更换。

(3)清理疏通水眼,保证其畅通。

(4)检修各连接螺纹并涂抹黄油。

四、技术要求

(1)拆卸后将各零件清洗干净。

(2)检查胶筒有无损坏,如有损坏及时更换。

(3)检查壳体与刀片槽是否有变形和裂纹,如有及时修复或更换。

(4)刀片应完整无损,各刮削刃角应完好锐利。
(5)检查各连接螺纹是否完好,如有损伤及时更换。
(6)检查密封胶圈完好情况,有损伤及时更换。
(7)水眼应保持通畅。
(8)组装时,应逐件按规定进行保养,涂黄油。
(9)各连接螺纹要涂抹密封脂或缠密封胶带,并上紧。
(10)组装后用专用工具检查刀片最大外径与压缩后的最小外径,应符合技术要求。
(11)填写保养记录,登记入库。

五、操作标准

SY/T 5110—2000《套管刮削器》。

理论知识练习题

初级工理论知识练习题及答案

一、单项选择题(每题有4个选项,只有1个是正确的,将正确的选项号填入括号内)

1. AA001　为探明地质构造及其含油气情况,寻找油、气田而钻的井称为(　　)。
　　A. 探井　　　　　　B. 调整井　　　　　C. 资料井　　　　　D. 观察井

2. AA001　对于一口钻完进尺的井,井内有钻井液和滤饼保护井壁,这时的井称之为(　　)。
　　A. 探井　　　　　　B. 石油井　　　　　C. 资料井　　　　　D. 裸眼井

3. AA001　要把石油和天然气开采出来,需要在地面和(　　)之间建立一条油气通道,这条通道就称为井。
　　A. 地道　　　　　　B. 地下油气层　　　C. 井口　　　　　　D. 管线

4. AA002　构成石油的主要成分是(　　)。
　　A. 油质　　　　　　B. 胶质　　　　　　C. 沥青质　　　　　D. 碳质

5. AA002　石油的相对密度是指在(　　)条件下,石油密度与4℃条件下纯水密度的比值。
　　A. 0℃　　　　　　 B. 自然　　　　　　C. 常温　　　　　　D. 标准

6. AA002　天然气的主要成分是(　　)。
　　A. 甲烷　　　　　　B. 乙烷　　　　　　C. 丙烷　　　　　　D. 丁烷

7. AA003　井身结构中最内一层用来保护井壁和形成油气通道的套管是(　　)。
　　A. 油层套管　　　　B. 技术套管　　　　C. 表层套管　　　　D. 导管

8. AA003　井身结构中下入的第一层套管,为防止地表地层坍塌,引钻头钻进而下入的大直径套管是(　　)。
　　A. 油层套管　　　　B. 技术套管　　　　C. 表层套管　　　　D. 导管

9. AA003　表层套管的作用是(　　)。
　　A. 防止井口附近地表层坍塌
　　B. 封隔松软地层和水层
　　C. 封隔复杂地层
　　D. 保护井壁,封隔油、气、水层和形成油气通道

10. AA004　完钻井深是指从(　　)补心面到钻井完成时钻头所钻进的最后位置之间的距离。
　　A. 井口　　　　　　B. 转盘　　　　　　C. 套管四通　　　　D. 套管法兰

11. AA004　油补距是指从转盘补心面到(　　)上法兰面之间的距离。
　　A. 井口　　　　　　B. 转盘　　　　　　C. 套管四通　　　　D. 套管法兰

12. AA004　套管下入深度(　　)下入井内套管的累积长度(不考虑螺纹接头长度)。
　　A. 等于　　　　　　B. 不大于　　　　　C. 小于　　　　　　D. 大于

13. AA005　在诸多完井方法中,(　　)对油层内油气流入井筒阻力最小。
　　A. 裸眼完井法　　　B. 贯眼完井法　　　C. 衬管完井法　　　D. 射孔完井法
14. AA005　完井方法中,砾石衬管完井法具有(　　)的作用。
　　A. 油流阻力小,便于流体流入井筒　　　B. 防砂
　　C. 保护油层　　　　　　　　　　　　　D. 防砂和保护油层
15. AA005　在诸多完井方法中,(　　)是在钻穿油气层后,把带孔眼的套管直接下到油气层部位。
　　A. 裸眼完井法　　　B. 贯眼完井法　　　C. 衬管完井法　　　D. 射孔完井法
16. AA006　裸眼完井法的最大特点是整个油层完全裸露,油层和井底没有任何障碍,油气流入井筒(　　)。
　　A. 压力小　　　　　B. 压力大　　　　　C. 阻力小　　　　　D. 阻力大
17. AA006　裸眼完井法油气层完全裸露,对井壁没有保护装置,不能解决井壁坍塌和产层(　　)的问题。
　　A. 出水　　　　　　B. 出油　　　　　　C. 出蜡　　　　　　D. 出砂
18. AA006　裸眼完井法不适用于(　　)地层,并在油层间差异大时,不能实现分采、分注和分层改造。
　　A. 高含水　　　　　B. 疏松　　　　　　C. 黏土　　　　　　D. 低渗透
19. AA007　射孔完井法能够封隔和支撑疏松地层,加固井壁,防止(　　)。
　　A. 地层坍塌　　　　B. 油井出水　　　　C. 油井污染　　　　D. 套管变形
20. AA007　射孔完井法的缺点是射孔孔眼数量有限,油气流入井底的(　　)。
　　A. 压力小　　　　　B. 压力大　　　　　C. 阻力小　　　　　D. 阻力大
21. AA007　目前油井完井中最广泛应用的方法是(　　)。
　　A. 射孔完井法　　　B. 筛管完井法　　　C. 贯眼完井法　　　D. 裸眼完井法
22. AA008　油气井口装置可以(　　)井下套管柱和油管柱。
　　A. 支持　　　　　　B. 负担　　　　　　C. 悬挂　　　　　　D. 吊挂
23. AA008　油层套管是靠(　　)坐在表层套管上。
　　A. 采油树　　　　　B. 环形钢板　　　　C. 阀门　　　　　　D. 大四通
24. AA008　油管头是整个井口装置的中间部分,装在套管头上,包括(　　)两部分。
　　A. 套管接头和套管悬挂器
　　B. 套管大四通和套管悬挂器
　　C. 套管大四通和油管悬挂器
　　D. 套管接头和油管悬挂器各种阀门
25. AA009　套管头装在整个井口装置的(　　),其作用是将井内各层套管连接起来,使各层套管间的环形空间密封不漏。
　　A. 最上端　　　　　B. 中间　　　　　　C. 外部　　　　　　D. 最下端
26. AA009　井口装置的主要作用:悬挂油管、承托井内的油管柱重量;(　　);控制和调节油井的生产;录取油套压资料并测压,清蜡等日常生产管理;保证各项井下作业施工。
　　A. 保护环境　　　　B. 连接油套　　　　C. 密封油套环形空间　　　D. 保护套管

27. AA009　胶皮阀门是有杆泵井常用的井口配件之一,作用是(　　)。
　　A. 密封套管　　　　B. 密封油套环空　　C. 密闭油管　　　　D. 密封
28. AA010　采油树各部件的连接方式有法兰、螺纹和(　　)三种。
　　A. 卡牙　　　　　　B. 卡箍　　　　　　C. 油管头　　　　　D. 焊接
29. AA010　KQ70/78-65采气树上的节流阀为(　　)。
　　A. 针形阀　　　　　B. 固定孔径的油嘴　C. 油嘴套　　　　　D. 平板阀
30. AA010　CYB-250S723采油树上的平板阀通径为(　　)。
　　A. 76mm　　　　　　B. 73mm　　　　　　C. 62mm　　　　　　D. 65mm
31. AA011　采油树的安装和选择首先应考虑的是(　　)工作压力。
　　A. 最高　　　　　　B. 最低　　　　　　C. 平均　　　　　　D. 安全
32. AA011　采油树的安装和选择最后考虑安装的(　　)。
　　A. 角度　　　　　　B. 尺度　　　　　　C. 尺寸　　　　　　D. 美观
33. AA011　采油树的安装一定要按操作顺序进行,大四通上、下法兰(　　)。
　　A. 规格要统一　　　　　　　　　　　　B. 外径尺寸要统一
　　C. 方向要统一　　　　　　　　　　　　D. 间隙要统一
34. AA012　(　　)采油是指通过抽油机带动抽油泵和井下抽油杆往复运动从地下开采石油。
　　A. 有杆泵　　　　　B. 电动机　　　　　C. 机械　　　　　　D. 抽油泵
35. AA012　由于地层能量充足,地层压力较高、井底压力低,形成较大压差,油层压力推动石油流向井底,沿着油管举升到地面,这种采油方法称为(　　)。
　　A. 自动采油　　　　B. 自喷采油　　　　C. 常规采油　　　　D. 机械采油
36. AA012　在有射开油层的井起下油管时,如中途停工时,应用(　　)。
　　A. 自封封井　　　　　　　　　　　　　B. 油管悬挂器封井
　　C. 总阀门封井　　　　　　　　　　　　D. 吊卡封井
37. AA013　有杆泵抽油设备主要包括抽油机、井下抽油泵和(　　)。
　　A. 井口装置　　　　　　　　　　　　　B. 采油树
　　C. 抽油杆　　　　　　　　　　　　　　D. 地面管线
38. AA013　有杆泵抽油设备中,抽油机属于地面(　　)。
　　A. 输油装置　　　　　　　　　　　　　B. 掺水装置
　　C. 注水装置　　　　　　　　　　　　　D. 传动装置
39. AA013　抽油机按结构和工作原理可以分为游梁式抽油机和(　　)。
　　A. 前置型抽油机　　　　　　　　　　　B. 无游梁式抽油机
　　C. 链条式抽油机　　　　　　　　　　　D. 液压式抽油机
40. AA014　游梁式抽油机分为常规型游梁式抽油机、前置型游梁式抽油机和(　　)。
　　A. 变型游梁式抽油机　　　　　　　　　B. 异相型游梁式抽油机
　　C. 无游梁式抽油机　　　　　　　　　　D. 旋转驴头式游梁式抽油机
41. AA014　常规型游梁式抽油机的(　　)在驴头和曲柄连杆之间,其上、下冲程的时间相等。
　　A. 电动机　　　　　B. 支架　　　　　　C. 平衡块　　　　　D. 刹车手柄

42. AA014　特色双驴头游梁式抽油机是(　　)的。
    A. 曲柄平衡　　　　B. 游梁平衡　　　　C. 后置机械平衡　　D. 气动平衡
43. AA015　(　　)主要有链条式抽油机、曲柄连杆无游梁抽油机、液压抽油机等10余种。
    A. 变型游梁抽油机　　　　　　　　　B. 前置型游梁抽油机
    C. 无游梁抽油机　　　　　　　　　　D. 小梁式抽油机
44. AA015　(　　)工作时,往返架的上下垂直运动使光杆和抽油机相应地进行上、下冲程运动。
    A. 变型游梁抽油机　　　　　　　　　B. 前置型游梁抽油机
    C. 无游梁抽油机　　　　　　　　　　D. 链条式抽油机
45. AA015　曲柄连杆无游梁抽油机取消了(　　),动力由减速箱经V形曲柄、连杆、横梁、传到柔性件,而柔性件再通过绳轮和光杆的悬绳器相连,使抽油杆柱做上下往复运动。
    A. 游梁　　　　　　B. 电动机　　　　　C. 曲柄　　　　　　D. 链条
46. AA016　电潜泵装置主要由(　　)、保护器和潜油电动机及附属设备等几部分组成。
    A. 电动机　　　　　B. 电泵　　　　　　C. 多级离心泵　　　D. 抽油泵
47. AA016　油气分离器的作用是将部分气体从液体中分离出来,防止多级离心泵发生(　　)。
    A. 停转　　　　　　B. 汽蚀　　　　　　C. 卡泵　　　　　　D. 砂卡
48. AA016　电潜泵保护器的作用主要是平衡电动机中的压力,使电动机内部压力始终(　　)周围井筒压力。
    A. 小于　　　　　　B. 等于　　　　　　C. 大于　　　　　　D. 不等于
49. AA017　正洗井时,洗井工作液从(　　)打入,从油套环空返出,一般用在油管结蜡严重的井。
    A. 油管　　　　　　B. 套管　　　　　　C. 空心杆　　　　　D. 油套环形空间
50. AA017　(　　)对井底造成的回压较小,但洗井工作液在油套环空中上返的速度稍慢,对套管壁上脏物的冲洗力度相对小些。
    A. 正洗井　　　　　B. 反洗井　　　　　C. 正反洗井　　　　D. 小管洗井
51. AA017　(　　)对井底造成的回压较大,洗井工作液在油管中上返的速度较快,对套管壁上脏物的冲洗力度相对大些。
    A. 正洗井　　　　　B. 反洗井　　　　　C. 正反洗井　　　　D. 小管洗井
52. AA018　挤注法压井主要用于因事故不能循环的(　　)。
    A. 低压井　　　　　　　　　　　　　B. 中压井
    C. 高压井　　　　　　　　　　　　　D. 以上选项均正确
53. AA018　灌注法压井是往井筒内灌注一段(　　),此法多用在井底压力不高、修井工作简单、修井时间不长的井上。
    A. 压裂液　　　　　B. 溶液　　　　　　C. 封堵液　　　　　D. 压井液
54. AA018　循环法压井法现场应用较多,它是把配好的压井液泵入井内,替出井筒内(　　)较小的井液。
    A. 浓度　　　　　　B. 密度　　　　　　C. 重量　　　　　　D. 分子

55. AA019 压井前应备足井筒容积(　　)的压井液。
    A. 1倍　　　　　　B. 1.5倍　　　　　　C. 2倍　　　　　　D. 2.5倍

56. AA019 压井作业后要用清水进行替喷工作,先清除池子内泥沙脏物,准备好替喷用(　　)。
    A. 压井液　　　　B. 压裂液　　　　C. 盐水　　　　D. 清水

57. AA019 反循环压井前油管用油嘴控制,套管用针形阀控制,放净油套管内的(　　)。
    A. 压裂液　　　　B. 气体　　　　C. 水　　　　D. 压井液

58. AA020 按质量标准要求起下管柱施工前应检查(　　),如不合格,要求分开排放,做好标记。
    A. 泵质量　　　　　　　　　　B. 杆质量
    C. 安全阀质量　　　　　　　　D. 油管质量

59. AA020 压井起下作业时不准装(　　)芯子,防止把死油和蜡块刮入井内,影响起下作业。
    A. 全封　　　　B. 半封　　　　C. 自封　　　　D. 解封

60. AA020 油管桥应不少于3个支点,离地面高度不小于(　　)。
    A. 200dm　　　　B. 300cm　　　　C. 500m　　　　D. 600mm

61. AA021 检泵是指定期检、修、换泵或改变(　　)、改变泵挂深度或解决砂卡、蜡卡、抽油杆断脱等故障而进行的修井作业。
    A. 泵径　　　　B. 泵压　　　　C. 泵的方向　　　　D. 泵的冲次

62. AA021 泵挂深度=油补距+油管挂及短节长度+泄油器长度+(　　)+泵长度。
    A. 活塞长度　　　　　　　　B. 抽油杆长度
    C. 油管总长度　　　　　　　D. 泵以上油管总长度

63. AA021 抽油杆从井里起出后,要整齐排放在不少于(　　)支撑点的杆桥上,清洗表面的结蜡和泥沙。
    A. 3个　　　　B. 2个　　　　C. 4个　　　　D. 1个

64. AA022 地层砂随井液流到井筒而掩埋油层,需要冲砂作业,为了知道砂面(　　)首先要探砂面。
    A. 面积　　　　B. 深度　　　　C. 硬度　　　　D. 长度

65. AA022 探砂面管柱下至距井底30m时,要控制下放速度、管柱遇阻后,拉力计悬重下降20~30kN、做记号,连续探(　　),深度一致即为砂面深度。
    A. 1次　　　　B. 2次　　　　C. 3次　　　　D. 6次

66. AA022 探砂面时,要平稳地下放管柱,并注意观察(　　)变化。
    A. 溢流　　　　B. 深度　　　　C. 悬重　　　　D. 长度

67. AA023 冲砂管柱下至距砂面(　　)处,开泵循环,逐渐提高排量,缓慢加深冲至人工井底。
    A. 0.5m　　　　B. 1.0m　　　　C. 1.5m　　　　D. 2.0m

68. AA023 冲砂过程中,循环排量要达到(　　)以上。
    A. 18m³/h　　　　B. 24m³/h　　　　C. 36m³/h　　　　D. 48m³/h

69. AA023　冲砂至人工井底后,仍要大排量循环,出口含砂量小于( )为合格。
　　　A. 0.1%　　　　　B. 0.2%　　　　　C. 0.3%　　　　　D. 0.4%

70. AA024　冲砂弯头及水龙带应用安全绳系在( )上,防止落物而意外发生伤人事故。
　　　A. 吊卡　　　　　B. 油管　　　　　C. 井架　　　　　D. 大钩

71. AA024　冲砂过程中,如果中途因故停泵,必须将冲砂管上提至原砂面( )以上,并活动管柱。
　　　A. 10m　　　　　B. 15m　　　　　C. 20m　　　　　D. 30m

72. AA024　冲砂过程中,如果中途发生( ),必须充分循环洗井。
　　　A. 管漏　　　　　B. 地层漏失　　　　C. 井喷　　　　　D. 修井机故障

73. AA025　使用刮削器刮削液面以上井段时,每下入( )油管,反循环洗井一次。
　　　A. 200m　　　　　B. 300m　　　　　C. 400m　　　　　D. 500m

74. AA025　刮削器下至设计要求井段前50m时,下放速度要控制在( )。
　　　A. 5~10m/min　　　　　　　　　　B. 10~20m/min
　　　C. 20~30m/min　　　　　　　　　　D. 30~40m/min

75. AA025　刮削中途遇阻,当负荷下降( )时应停止下管柱。
　　　A. 5~10kN　　　B. 10~20kN　　　C. 20~30kN　　　D. 30~40kN

76. AA026　通井作业施工前应选择通径规,其最大外径要求比所通套管内径小( )。
　　　A. 2~4mm　　　B. 2~6mm　　　C. 6~8mm　　　D. 8~12mm

77. AA026　通井作业施工中如遇阻,可起出管柱,根据工艺要求可更换比前次最少小( )的小直径通径规,继续下入通井一直到要求位置。
　　　A. 11mm　　　　B. 2mm　　　　C. 5mm　　　　D. 4mm

78. AA026　下通径规时应注意观察指重表,如遇阻,应( ),使管柱通过遇阻位置。
　　　A. 下顿管柱　　　　　　　　　　B. 换大通径规
　　　C. 左右晃动管柱　　　　　　　　D. 上下活动管柱

79. AA027　使用LLB-120型拉力表时,被测拉力值不得超过( )。
　　　A. 80kN　　　　B. 100kN　　　C. 120kN　　　D. 140kN

80. AA027　安装拉力表时,拉力表应安装在游动系统( )死绳端。
　　　A. 大钩　　　　B. 游动滑车　　　C. 滚筒　　　　D. 大绳

81. AA027　拉力计卸除拉力后( )。
　　　A. 工作指针回零,瞬时指针停留在瞬时最大值
　　　B. 工作指针瞬时指针都回零
　　　C. 瞬时指针回零,工作指针停留在瞬时最大值位置
　　　D. 工作指针、瞬时指针都在瞬时最大值位置

82. AB001　按钢的含碳量分类,碳素钢分为低碳钢、中碳钢、( )。
　　　A. 碳素结构钢　　B. 合金钢　　　C. 铸钢　　　　D. 高碳钢

83. AB001　碳素钢按其用途可分为碳素结构钢和( )。
　　　A. 低碳钢　　　　　　　　　　　B. 中碳钢
　　　C. 高级优质碳素钢　　　　　　　D. 碳素工具钢

84. AB001 中碳钢的含碳量(   )。
   A. ≤0.25%   B. 为0.30%~0.55%
   C. 为0.55%~1%   D. ≥0.6%

85. AB002 (   )主要用于制造各种工程构件和机器零件,这类钢一般属于低碳钢和中碳钢。
   A. 金属   B. 合金钢   C. 铸钢   D. 碳素结构钢

86. AB002 碳素工具钢主要用于制造(   ),这类钢含碳量较高,一般属于高碳钢。
   A. 拖拉机   B. 汽车
   C. 各种刀具、量具、模具   D. 火车

87. AB002 甲类钢牌号数字越大,钢的含碳量越高,因而(   )。
   A. 强度、硬度也越高,塑性及冲击韧度也升高
   B. 强度、硬度也越高,塑性及冲击韧度则下降
   C. 强度、硬度也越低,塑性及冲击韧度也下降
   D. 强度、硬度也越低,塑性及冲击韧度则升高

88. AB003 合金钢的分类方法很多,通常按用途分为合金结构钢、合金工具钢、(   )。
   A. 中碳钢   B. 碳素工具钢
   C. 优质碳素钢   D. 特殊性能钢

89. AB003 用于制造工程构件和重要零件的合金钢通常为(   )。
   A. 合金结构钢   B. 合金工具钢   C. 优质碳素钢   D. 特殊性能钢

90. AB003 用于制造工具的合金钢通常为(   )。
   A. 合金结构钢   B. 合金工具钢   C. 优质碳素钢   D. 特殊性能钢

91. AB004 钢号的末尾加"(   )"表示该钢为高级优质钢。
   A. A   B. B   C. C   D. D

92. AB004 合金钢的编号方法中,若要表示钢的特殊用途,在钢号前面加(   )。
   A. 数字   B. 元素符号   C. 特殊字母   D. 百分数

93. AB004 合金钢的编号方法中,合金钢中的含碳量以平均含碳量的(   )表示。
   A. 十分之几   B. 百分之几   C. 千分之几   D. 万分之几

94. AB005 普通低合金钢是一种低碳结构用钢,(   )含量较少。
   A. 钢   B. 铁   C. 合金元素   D. 铜

95. AB005 渗碳钢的含碳量都较低,为(   )。
   A. 0.05%~0.1%   B. 0.1%~0.15%
   C. 0.1%~0.25%   D. 0.27%~0.50%

96. AB005 调质钢大多属于碳钢,含碳量为(   )。
   A. 0.05%~0.1%   B. 0.1%~0.15%
   C. 0.1%~0.25%   D. 0.27%~0.50%

97. AB006 普通低合金钢具有较好的韧性和塑性以及良好的焊接性和(   ),常用于制造锅炉、高压容器、船舶、桥梁等。
   A. 耐蚀性   B. 耐磨性   C. 硬度   D. 耐热性

98. AB006　弹簧钢具有较高的（　　）、屈服比和疲劳强度，常用来制造各种机械和仪表中的弹簧。
　　A. 抗拉强度　　　B. 抗压强度　　　C. 抗腐蚀性　　　D. 淬透性

99. AB006　滚动轴承钢具有高而均匀的硬度和（　　），高的弹性极限和接触疲劳强度，常用来制造工程用滚动轴承。
　　A. 强度　　　　　B. 耐磨性　　　　C. 抗腐蚀性　　　D. 淬透性

100. AB007　合金工具钢按用途可以分为刃具刚、模具钢、（　　）。
　　A. 不锈钢　　　　B. 量具钢　　　　C. 渗碳钢　　　　D. 轴承钢

101. AB007　热作模具钢具有较高的强度和韧度、足够的硬度和（　　），同时必须具有抗热疲劳能力。
　　A. 耐蚀性　　　　B. 耐磨性　　　　C. 硬度　　　　　D. 耐热性

102. AB007　量具钢具有较高的（　　）和耐磨性，热变形小，具有较好的加工工艺性。
　　A. 耐蚀性　　　　B. 韧度　　　　　C. 硬度　　　　　D. 耐热性

103. AB008　不锈钢中主要的合金元素是（　　）。
　　A. 铝和铜　　　　B. 铜和铬　　　　C. 铝和镍　　　　D. 铬和镍

104. AB008　铸造用的铝合金主要是（　　）。
　　A. 铝铜　　　　　B. 铝镁　　　　　C. 铝硅合金　　　D. 铝锰

105. AB008　普通低合金钢是一种（　　），其强度显著高于相同含碳量的碳素钢，同时还具有较好的韧性和塑性以及良好的焊接性和耐蚀性。
　　A. 铸钢　　　　　B. 碳素工具钢　　C. 低碳结构钢　　D. 特殊性能钢

106. AB009　KTH350-10 表示最低抗拉强度不小于 350MPa、延伸率不小于 10% 的（　　）。
　　A. 金属　　　　　B. 可锻铸铁　　　C. 低碳结构钢　　D. 特殊性能钢

107. AB009　铸铁是指含碳量大于 2.11% 的（　　）。
　　A. 碳素工具钢　　B. 金属　　　　　C. 铁碳合金　　　D. 低碳结构用钢

108. AB009　QT 450-18 表示最低抗拉强度不小于 450MPa，延伸率不小于 18% 的（　　）。
　　A. 金属　　　　　B. 碳素工具钢　　C. 球墨铸铁　　　D. 特殊性能钢

109. AB010　灰口铸铁中碳大部分以片状形式存在，断口呈（　　）。
　　A. 淡蓝色　　　　B. 橘黄色　　　　C. 暗灰色　　　　D. 黑褐色

110. AB010　可锻铸铁是由（　　）在固态下经长时间石墨化退火而得到的具有团絮状石墨的一种铸铁。
　　A. 白口铸铁　　　B. 球墨铸铁　　　C. 可锻铸铁　　　D. 灰口铸铁

111. AB010　球磨铸铁中石墨以球状形式存在，由于球状石墨对基体的割裂作用小，故其（　　）比灰口铸铁和可锻铸铁都高。
　　A. 化学性能　　　B. 物理性能　　　C. 机械性能　　　D. 导电性能

112. AB011　下列材料中不属于黑色金属的是（　　）。
　　A. 铁　　　　　　B. 钢　　　　　　C. 铸铁　　　　　D. 铝

113. AB011　下列属于有色金属的是（　　）。
　　A. 铁　　　　　　B. 铝　　　　　　C. 铬　　　　　　D. 锰

114. AB011　下列属于有色金属的是(　　)。
　　　A. 铁　　　　　　B. 铬　　　　　　C. 锌　　　　　　D. 锰
115. AB012　金属材料受外力作用产生显著变形而不被破坏的性能称为(　　)。
　　　A. 强度　　　　　B. 硬度　　　　　C. 塑性　　　　　D. 韧度
116. AB012　金属材料在弹性变形范围内,载荷越大,(　　)越大。
　　　A. 强度　　　　　B. 硬度　　　　　C. 塑性　　　　　D. 弹性变形
117. AB012　金属材料的抗氧化性属于金属的(　　)。
　　　A. 机械性能　　　B. 工艺性能　　　C. 物理性能　　　D. 化学性能
118. AB013　材料在受力过程中从开始加载至断裂时所能达到的最大应力值称为(　　)。
　　　A. 屈服极限　　　B. 剪切极限　　　C. 弹性极限　　　D. 韧度
119. AB013　金属材料在静载荷作用下抵抗塑性变形和断裂的能力称为(　　)。
　　　A. 强度　　　　　B. 硬度　　　　　C. 韧度　　　　　D. 塑性
120. AB013　材料的强度可分为抗拉强度、抗压强度和(　　)。
　　　A. 同心度　　　　　　　　　　　　B. 抗弯强度
　　　C. 密封性　　　　　　　　　　　　D. 抗推强度
121. AB014　(　　)是指金属材料抵抗其他更硬物体压入其表面的能力。
　　　A. 强度　　　　　B. 硬度　　　　　C. 塑性　　　　　D. 韧度
122. AB014　布氏硬度的代号用(　　)。
　　　A. HB　　　　　　B. HV　　　　　　C. HS　　　　　　D. HR
123. AB014　布氏硬度的单位是(　　),习惯上不予标出。
　　　A. kg/mm^2　　　B. kg/cm^2　　　C. mm^2　　　　D. cm^2
124. AB015　机械零件的弹性变形是零件材料(　　)的性能。
　　　A. 恢复变形　　　B. 抵抗变形　　　C. 产生变形　　　D. 韧度大小
125. AB015　零件表面产生明显塑性变形,是(　　)造成的。
　　　A. 材料尺寸不够　　　　　　　　　B. 承受外力太大或材料表面硬度不够
　　　C. 材料厚度差　　　　　　　　　　D. 表面粗糙度大
126. AB015　两个互相接触的零件,表面互相摩擦,使其表面不断损失,这种现象称为(　　)。
　　　A. 塑性变形　　　B. 弹性变形　　　C. 磨损　　　　　D. 韧度
127. AB016　热处理可以分为普通热处理和(　　)。
　　　A. 锻造　　　　　B. 机加工　　　　C. 表面热处理　　D. 化学处理
128. AB016　对金属材料进行热处理是提高金属材料(　　)的途径之一。
　　　A. 热抵抗　　　　B. 柔韧性　　　　C. 性能　　　　　D. 功能
129. AB016　金属的化学热处理方法有渗氮、(　　)、氰化等。
　　　A. 发蓝　　　　　B. 磨光　　　　　C. 抛光　　　　　D. 渗碳
130. AB017　退火热处理工艺可以细化晶粒,改善组织以提高钢的(　　)。
　　　A. 物理性能　　　B. 化学性能　　　C. 硬度　　　　　D. 机械性能
131. AB017　退火热处理工艺可以使钢件(　　)以便进行切削加工。
　　　A. 硬度提高　　　B. 强度提高　　　C. 软化　　　　　D. 变脆

132. AB017 退火热处理工艺可以消除钢件的( )以防止钢件的变形、开裂。
    A. 杂质　　　　　　B. 残余应力　　　　C. 硬度　　　　　　D. 强度

133. AB018 常用的退火方法有完全退火、( )和去应力退火等。
    A. 球化退火　　　　B. 柱化退火　　　　C. 高温退火　　　　D. 冷退火

134. AB018 退火工件一般在( )冷却。
    A. 空气中　　　　　B. 水中　　　　　　C. 石灰中　　　　　D. 炉中

135. AB018 对中碳钢来说,一般退火加热温度是( )。
    A. 700~780℃　　　B. 810~880℃　　　C. 900~950℃　　　D. 950~100℃

136. AB019 正火是将钢件加热到适宜温度后在( )冷却的热处理操作。
    A. 空气中　　　　　B. 炉中　　　　　　C. 在水中快速　　　D. 在石灰中

137. AB019 热处理操作中,正火的主要目的是( )。
    A. 稳定共建组织　　　　　　　　　　　B. 降低脆性
    C. 改善切削加工性能　　　　　　　　　D. 代替中碳钢

138. AB019 当力学性能要求不高时,正火可作为( )。
    A. 一般处理方法　　　　　　　　　　　B. 特殊处理方法
    C. 最终热处理　　　　　　　　　　　　D. 代替中碳钢

139. AB020 淬火就是将钢件加热到临界点以上的预定温度,保温一段时间后( )冷却的热处理操作。
    A. 在空气中　　　　B. 随炉　　　　　　C. 在水中快速　　　D. 在石灰中

140. AB020 钢件淬火的目的是( )。
    A. 提高强度　　　　　　　　　　　　　B. 提高机械性能
    C. 提高疲劳强度　　　　　　　　　　　D. 提高硬度和耐磨性

141. AB020 常用的淬火冷却介质有( )。
    A. 水　　　　　　　　　　　　　　　　B. 油
    C. 盐水和碱水　　　　　　　　　　　　D. 以上选项均正确

142. AB021 ( )的加热温度是150~250℃。
    A. 低温回火　　　　　　　　　　　　　B. 中温回火
    C. 高温回火　　　　　　　　　　　　　D. 超低温回火

143. AB021 ( )的加热温度是350~500℃。
    A. 低温回火　　　　B. 中温回火　　　　C. 高温回火　　　　D. 超低温回火

144. AB021 ( )的加热温度是500~650℃。
    A. 低温回火　　　　B. 中温回火　　　　C. 高温回火　　　　D. 超低温回火

145. AB022 回火的作用是( )。
    A. 降低脆性,消除或减少内应力　　　　B. 调整工件硬度,提高韧度和塑性
    C. 稳定工件组织和尺寸　　　　　　　　D. 以上三项均正确

146. AB022 ( )的作用是在保护淬火硬度和高耐磨性的情况下,适当提高韧度,消除内应力。
    A. 低温回火　　　　B. 中温回火　　　　C. 高温回火　　　　D. 超高温回火

147. AB022　(　　)的目的是使钢件获得高的弹性极限及足够的强度和硬度,保持一定的韧度。
　　　A. 低温回火　　　　B. 中温回火　　　　C. 高温回火　　　　D. 超高温回火

148. AB023　(　　)是各机构中常见的原件,它可以起到控制运动、缓冲吸振、储存能量、控制或测量力的大小的作用。
　　　A. 液压缸　　　　B. 橡胶塞　　　　C. 磁铁　　　　D. 弹簧

149. AB023　通常情况下要求弹簧的(　　)要大,外力作用后能产生较大的变形,随着载荷的卸除,能自动消除变形,恢复原状。
　　　A. 硬度　　　　B. 强度　　　　C. 刚度　　　　D. 韧度

150. AB023　弹簧按受载荷性质可分为拉伸弹簧、(　　)、扭转弹簧和弯曲弹簧。
　　　A. 螺旋弹簧　　　　B. 碟形弹簧　　　　C. 环形弹簧　　　　D. 压缩弹簧

151. AB024　在热态下绕制螺旋弹簧时,芯子直径应(　　)。
　　　A. 比弹簧内径大5%　　　　　　　　B. 比弹簧内径小5%
　　　C. 比弹簧内径小10%　　　　　　　 D. 与弹簧内径相等

152. AB024　当弹簧钢丝直径在(　　)以下时,常用冷卷法加工弹簧。
　　　A. 8mm　　　　B. 8cm　　　　C. 18mm　　　　D. 18cm

153. AB024　弹簧的(　　)用以作为检验弹簧最大工作载荷是否超出其极限的依据和作为弹簧实验的依据。
　　　A. 屈服极限　　　　B. 强度极限　　　　C. 抗拉极限　　　　D. 特性曲线

154. AB025　机构"十字"保养法要求对螺纹连接件经常进行(　　)。
　　　A. 紧固　　　　B. 调整　　　　C. 润滑　　　　D. 清洗

155. AB025　机构"十字"保养法的润滑是指各轴承处加黄油,减速箱要保持一定的润滑油位,各运动部件经常加(　　)。
　　　A. 稀油　　　　B. 稠油　　　　C. 润滑油　　　　D. 原油

156. AB025　机构"十字"保养法要求检查刹车机构、减速箱、齿轮的(　　)情况,刹车的(　　)和皮带的(　　)等。
　　　A. 磨损,松紧度,抱合度　　　　　　B. 抱合度,磨损,松紧度
　　　C. 磨损,抱合度,松紧度　　　　　　D. 松紧度,抱合度,磨损

157. AB026　用于输送工作压力(　　)以上的管材是高压管。
　　　A. 2.0MPa　　　　B. 3.0MPa　　　　C. 4.0MPa　　　　D. 5.0MPa

158. AB026　输送较高压力的油、气、水一般采用(　　)。
　　　A. 有缝管　　　　B. 无缝钢管　　　　C. 塑料管　　　　D. 橡胶管

159. AB026　有缝钢管一般用于(　　)的输送。
　　　A. 低压水、气　　　　B. 高压油液　　　　C. 高压气体　　　　D. 高压水

160. AB027　公称直径为140mm的套管,壁厚为7.72mm,则其内径为(　　)。
　　　A. 133.3mm　　　　B. 139.7mm　　　　C. 124.3mm　　　　D. 146mm

161. AB027　5½in套管的公称直径是(　　)。
　　　A. 133mm　　　　B. 139.7mm　　　　C. 148mm　　　　D. 146mm

162. AB027　公称直径146mm套管,当内径为130mm,其壁厚是(　　)。
　　A. 7.0mm　　　　　B. 7.5mm　　　　　C. 8.0mm　　　　　D. 10.0mm
163. AB028　同一种油管两端都是外螺纹,油管螺纹的规范又分为平式和(　　)。
　　A. 正规式　　　　B. 贯眼式　　　　C. 内平式　　　　D. 外加厚
164. AB028　外径为φ73mm、内径为φ62mm的油管,其壁厚是(　　)。
　　A. 5mm　　　　　B. 5.5mm　　　　　C. 6mm　　　　　D. 6.5mm
165. AB028　2⅞UPTBG油管加厚部分的外径为(　　)。
　　A. 78.6mm　　　　B. 82mm　　　　　C. 85mm　　　　　D. 90mm
166. AB029　图样中细点画线用来画(　　)。
　　A. 极限位置的轮廓线　　　　　　　　B. 对称中心线
　　C. 假想投影轮廓线　　　　　　　　　D. 中断线
167. AB029　机械制图中,粗实线表示(　　)。
　　A. 可见轮廓线　　　　　　　　　　　B. 不可见轮廓线
　　C. 重合剖面轮廓线　　　　　　　　　D. 剖面线
168. AB029　机械制图中,图线的宽度分粗细两种,粗线的宽度在(　　)选择。
　　A. 0.2~1mm　　　B. 0.5~2mm　　　C. 1~2mm　　　　D. 1.5~3mm
169. AB030　当图样中图形比实际机件大一倍时,图样的比例是(　　)。
　　A. 1:2　　　　　B. 2:1　　　　　C. 1:0.5　　　　D. 0.5:1
170. AB030　当机件的实际大小是图样上图形大小的4倍时,图样的比例是(　　)。
　　A. 1:4　　　　　B. 0.25:1　　　　C. 1:0.25　　　　D. 4:1
171. AB030　图样中机件要素的某一线性尺寸为50mm,对应的实际机件要素的线性尺寸为100mm,该图样所采用的比例是(　　)。
　　A. 1:2　　　　　B. 2:1　　　　　C. 0.5:1　　　　D. 1:0.5
172. AB031　左视图是机件的(　　)投影。
　　A. 左面　　　　　B. 右面　　　　　C. 正面　　　　　D. 水平
173. AB031　主视图与俯视图中相应投影的(　　)相等,并且对正。
　　A. 长　　　　　　B. 宽　　　　　　C. 高　　　　　　D. 长和宽
174. AB031　在三视图的三等规律中,主、俯视图是(　　)。
　　A. 长对应　　　　B. 长对正　　　　C. 高平齐　　　　D. 宽相等
175. AB032　为了便于看图,轴、套类零件的(　　)均按加工位置绘制。
　　A. 主视图　　　　B. 俯视图　　　　C. 左视图　　　　D. 右视图
176. AB032　左视图反应物体的前后上下的面是(　　)。
　　A. 正面　　　　　B. 上面　　　　　C. 左面　　　　　D. 右面
177. AB032　通常讲的三视图是指(　　)。
　　A. 主视图、俯视图、左视图　　　　　B. 主视图、仰视图、左视图
　　C. 左视图、俯视图、右视图　　　　　D. 俯视图、仰视图、右视图
178. AC001　劳动保护是指保护劳动者在劳动生产过程中的(　　)。
　　A. 安全与健康　　B. 安全与效益　　C. 健康与效益　　D. 安全与环保

179. AC001　劳动保护是我国的一项基本国策,(　　)是载入宪法的神圣规定。
　　　A. 加强劳动保护
　　　B. 改善劳动条件
　　　C. 加强环境保护,改善劳动报酬
　　　D. 加强劳动保护,改善劳动条件

180. AC001　劳动法规定,在距离地面(　　)以上的地方进行的作业,称为高空作业。
　　　A. 1m　　　　　B. 2m　　　　　C. 5m　　　　　D. 10m

181. AC002　"安全第一、预防为主"是(　　)的原则之一。
　　　A. 环境保护　　　　　　　　　B. 安全生产
　　　C. 劳动保护　　　　　　　　　D. 安全生产与环境保护

182. AC002　"安全(　　)否决权"是劳动保护的原则之一。
　　　A. 不具有　　　B. 具有　　　C. 应该有　　　D. 不应该有

183. AC002　员工上岗前必须穿戴(　　)。
　　　A. 手套　　　B. 劳动保护用品　　　C. 安全帽　　　D. 工鞋

184. AC003　(　　)不是安全教育的基本形式。
　　　A. 三级安全教育、特殊工作教育　　　B. 现场技术交底
　　　C. 安全竞赛　　　　　　　　　　　　D. 安全奖罚

185. AC003　复工教育是对离岗(　　)以上或发生事故的员工进行的安全教育。
　　　A. 4个月　　　B. 3个月　　　C. 2个月　　　D. 1个月

186. AC003　三级安全教育由入厂教育、车间教育和(　　)三部分组成。
　　　A. 处级教育　　　　　　　　　B. 科级单位教育
　　　C. 局级教育　　　　　　　　　D. 班组教育

187. AC004　企业安全生产责任制是企业岗位责任制的一个(　　)。
　　　A. 原则　　　B. 目标　　　C. 组成部分　　　D. 目的

188. AC004　实行施工总承包的施工现场安全由(　　)负责。
　　　A. 总承包单位　　　B. 分包单位　　　C. 项目经理　　　D. 技术人员

189. AC004　作业施工过程中,要以(　　)为原则。
　　　A. 完成生产任务　　　　　　　B. 多劳多得
　　　C. 安全生产　　　　　　　　　D. 效益最大化

190. AC005　安全行为是指人们在劳动(　　)表现出保护自身和保护设备、工具等物资的一切动作。
　　　A. 生产时　　　　　　　　　　B. 生产过程中
　　　C. 生产前　　　　　　　　　　D. 生产后

191. AC005　造成人的不安全行为和物的不安全状态的主要原因有技术原因、教育原因、(　　)原因、管理原因等。
　　　A. 身体　　　B. 身体和态度　　　C. 态度　　　D. 行为

192. AC005　一切作业施工设备、容器必须在(　　)负荷、工作压力范围内使用。
　　　A. 规定　　　B. 安全　　　C. 较小　　　D. 较大

193. AC006 (　　)是系统安全的主要特点。
　　A. 安全是绝对的
　　B. 安全只是系统运行阶段要考虑的工作
　　C. 在系统各个阶段都要进行危险源的辨识、评价和控制
　　D. 事故是系统的危险源

194. AC006 安全技术最根本目的是实现生产过程中的(　　)。
　　A. 本质安全　　　B. 人身安全　　　C. 设备安全　　　D. 各种安全

195. AC006 除直接安全技术措施外,(　　)是安全技术不可缺少的措施。
　　A. 定期进行设备维护保养和检验检测　　　B. 合理布置工作场地
　　C. 搞好文明生产　　　D. 以上选项均正确

196. AC007 燃烧是一种同时伴有(　　)、发热的激烈(　　)反应。
　　A. 发光,氧化　　　B. 发光,还原
　　C. 发生,还原　　　D. 以上选项都不对

197. AC007 一般可燃物质,当空气含氧量低于(　　)时不会发生燃烧。
　　A. 15%　　　B. 14%　　　C. 13%　　　D. 12%

198. AC007 氢气在空气中的浓度低于(　　)时便不能点燃。
　　A. 7%　　　B. 6%　　　C. 5%　　　D. 4%

199. AC008 使用灭火器灭火时,应站在燃区(　　),对准燃烧点灭火。
　　A. 上风头　　　B. 任一位置　　　C. 侧风头　　　D. 下风头

200. AC008 泡沫灭火器应(　　)检查一次药剂。
　　A. 每月　　　B. 每季度　　　C. 半年　　　D. 一年

201. AC008 使用手提储压式干粉灭火器扑救火灾时,首先(　　),然后压动开关压把,将喷嘴对准着火部位,干粉通过喷嘴喷出灭火。
　　A. 拔出安全销　　　B. 将筒体颠倒
　　C. 将容器阀上的手柄扳转　　　D. 旋转手轮

202. AC009 工具工安全操作规程规定:试压过程中,操作人员要在受压件侧翼(　　)以外。
　　A. 1m　　　B. 1.5m　　　C. 2m　　　D. 3m

203. AC009 试压泵在使用前,必须先运转(　　),检查各连接部件是否牢固,各开关是否灵活。
　　A. 4min　　　B. 3min　　　C. 2min　　　D. 1min

204. AC009 在试压泵试高压时,被试压件应套(　　)装置。
　　A. 防爆　　　B. 绝缘　　　C. 防水　　　D. 密封

205. AC010 在使用起重设备进行作业时,应按起重设备的(　　)规范来操作。
　　A. 设计说明书　　　B. 抗拉能力　　　C. 强度　　　D. 施工设计

206. AC010 对于有液压缸的起重设备,其危险部位应装有防护罩,定期检查安全开关,检查(　　)装置是否可靠,并按要求定期加注润滑油。
　　A. 轨道　　　B. 电源　　　C. 防护　　　D. 防滑

207. AC010　起重机安装、维修人员(　　)可从事起重机安装、维修工作。
　　A. 经培训后　　　　　　　　　　B. 无须培训
　　C. 有工作经验　　　　　　　　　D. 经培训并取得安装、维修资格证后

208. AC011　QHSE 管理体系中,字母"Q"代表的含义是(　　)。
　　A. 质量　　　　B. 健康　　　　C. 安全　　　　D. 环境

209. AC011　QHSE 管理体系中,字母"H"代表的含义是(　　)。
　　A. 质量　　　　B. 健康　　　　C. 安全　　　　D. 环境

210. AC011　QHSE 管理体系中,字母"S"代表的含义是(　　)。
　　A. 质量　　　　B. 健康　　　　C. 安全　　　　D. 环境

211. AC012　企业建立一套行之有效的 QHSE 管理体系,使企业的质量、健康、安全、环境管理与(　　)接轨,并在 QHSE 管理上创造优秀业绩。
　　A. 企业　　　　B. 市场　　　　C. 国际　　　　D. 国内同行业

212. AC012　企业建立 QHSE 管理体系的目标是使体系得到维护和持续(　　)。
　　A. 稳定　　　　　　　　　　　　B. 改进
　　C. 保护　　　　　　　　　　　　D. 以上选项都可以

213. AC012　企业建立 QHSE 管理体系采取适当的预防和控制措施,消除或减少(　　)发生及环境污染,合理利用自然资源,提高经济效益。
　　A. 事故　　　　B. 疾病　　　　C. 事情　　　　D. 灾害

214. AC013　电子在金属导线中规则地向一个方向流动形成(　　)。
　　A. 电流　　　　B. 电压　　　　C. 电阻　　　　D. 电容

215. AC013　能使电流在导体中流动的力称为(　　)。
　　A. 电流　　　　B. 电压　　　　C. 电阻　　　　D. 电容

216. AC013　电路中形成电流的必要条件是有(　　)存在,而且电路必须闭合。
　　A. 电阻　　　　B. 电子　　　　C. 电源　　　　D. 用电器

217. AC014　井场用的电源线必须用木杆架设,高度不得低于(　　)。
　　A. 1.5m　　　　B. 2.0m　　　　C. 2.5m　　　　D. 3.0m

218. AC014　当电气设备采用了超过(　　)的电压时,必须采取防止人接触带电体的防护措施。
　　A. 24V　　　　B. 36V　　　　C. 42V　　　　D. 12V

219. AC014　在狭窄、行动不方便以及周围有大面积接地导体的工作环境中,使用的手提照明灯应采用(　　)电压。
　　A. 24V　　　　B. 36V　　　　C. 42V　　　　D. 12V

220. AC015　三相交流电动机在三相电源情况下,接线时它的机壳应采用(　　)的措施。
　　A. 接零保护　　B. 接地保护　　C. 罩安全网　　D. 罩防雨装置

221. AC015　使用电工钢丝钳之前,必须检查绝缘柄(　　)是否完好。
　　A. 接触　　　　B. 绝缘　　　　C. 坚固程度　　D. 外观

222. AC015　电工钢丝钳由钳头、(　　)组成。
　　A. 护套　　　　B. 侧口　　　　C. 钳柄　　　　D. 齿口

223. BA001　用钢板尺测量工件,读数时,视线必须与钢板尺的尺面(　　)。
    A. 平行　　　　　B. 重合　　　　　C. 垂直　　　　　D. 相交
224. BA001　用钢板尺测量工件时要注意尺的零线与工件(　　)相重合。
    A. 边缘　　　　　B. 中间　　　　　C. 侧面　　　　　D. 底边
225. BA001　钢板尺的最小刻度单位是(　　),常用来测量长度。
    A. m　　　　　　B. mm　　　　　C. cm　　　　　　D. dm
226. BA002　现场使用钢卷尺测量油管长度时由(　　)操作。
    A. 1人　　　　　B. 2人　　　　　C. 3人　　　　　D. 1~2人
227. BA002　小钢卷尺主要用于测量较短管线的(　　)。
    A. 长度　　　　　B. 内径　　　　　C. 外径　　　　　D. 壁厚
228. BA002　钢卷尺的最小刻度是毫米,长度为(　　)。
    A. 5m　　　　　B. 5.0m　　　　　C. 5.00m　　　　D. 5.000m
229. BA003　按结构不同,卡钳又可分为普通式钳和(　　)两种。
    A. 中卡钳　　　　B. 内卡钳　　　　C. 外卡钳　　　　D. 弹簧式卡钳
230. BA003　测量工件内孔处的凹槽内径尺寸时,应选用(　　)进行测量。
    A. 游标卡尺　　　　　　　　　　　B. 千分尺
    C. 弹簧式内卡钳　　　　　　　　　D. 弹簧式外卡钳
231. BA003　卡钳在测量工件过程中,主要用来测量一些精度(　　)或尺寸过大、几何形状复杂的零件。
    A. 较高　　　　　B. 较低　　　　　C. 一般　　　　　D. 精准
232. BA004　使用外卡钳时测量工件时,用右手中指挑起卡钳,用拇指和食指撑住卡钳的销轴两边,不加外力,仅靠卡钳的(　　)划过被测表面。
    A. 夹持力　　　　B. 吸力　　　　　C. 自重　　　　　D. 摩擦力
233. BA004　使用卡钳时测量工件时,两钳口(　　)于轴心线,即在工件的径向平面内测量。
    A. 平行　　　　　　　　　　　　　B. 垂直
    C. 包围　　　　　　　　　　　　　D. 以上选项均正确
234. BA004　使用内卡钳时测量工件内径时,先将卡钳的一个钳口靠在空的内表面上作为支撑点,再将另一个钳口在内表面(　　)来回摆动选出最大值。
    A. 四周　　　　　　　　　　　　　B. 垂直
    C. 径向上　　　　　　　　　　　　D. 以上选项均正确
235. BA005　游标卡尺安装数显装置后成为(　　)。
    A. 数显量具　　　B. 带表卡尺　　　C. 千分尺　　　　D. 直尺
236. BA005　游标卡尺量得尺寸后,可拧紧螺钉能使(　　)紧固。
    A. 主尺　　　　　B. 游标尺　　　　C. 刻度　　　　　D. 直径
237. BA005　游标卡尺上端的量爪可以用来测量齿轮公法线长度和(　　)尺寸。
    A. 外圆　　　　　　　　　　　　　B. 内孔
    C. 孔距　　　　　　　　　　　　　D. 以上选项均正确

238. BA006　1/50mm 游标卡尺,主尺每小格 1mm,当两量爪合并时,游标尺上的 20 格刚好与主尺上的(　　)对正。
　　A. 49mm　　　　B. 20mm　　　　C. 18mm　　　　D. 19.5mm

239. BA006　主尺的读数加上(　　)上的读数即是游标卡尺所测得的值。
　　A. 角尺　　　　B. 游标尺　　　　C. 板尺　　　　D. 深度尺

240. BA006　0.1mm、0.05mm、0.02mm 三种规格游标卡尺,0.02mm 规格游标卡尺精度(　　)。
　　A. 最小　　　　B. 最高　　　　C. 一般　　　　D. 和其他两种相同

241. BA007　测量钢丝绳外径应选用(　　)。
　　A. 游标卡尺　　　　　　　　　B. 钢板尺
　　C. 外卡尺与钢板尺配合　　　　D. 内卡尺

242. BA007　Ⅰ型三用游标卡尺的测量范围是(　　)。
　　A. 0~125mm　　B. 0~270mm　　C. 0~360mm　　D. 0~1500mm

243. BA007　1/50mm 游标卡尺可以测量较精的零部件,它的示值误差为(　　)。
　　A. 0.01mm　　　B. 0.03mm　　　C. 0.02mm　　　D. 0.05mm

244. BA008　游标卡尺使用完毕后要擦净(　　),放在游标卡尺盒内,以免生锈或弄脏。
　　A. 除尘　　　　　　　　　　　B. 打蜡
　　C. 上油　　　　　　　　　　　D. 以上选项都可以

245. BA008　测量结束后,游标卡尺要(　　)。
　　A. 架放　　　　　　　　　　　B. 平放
　　C. 立放　　　　　　　　　　　D. 以上选项都可以

246. BA008　游标卡尺受到损伤后,应及时送到(　　)修理。
　　A. 工商管理部门　B. 计量部门　　C. 工具车间　　D. 上级

247. BA009　游标万能角度尺读数时,先看游标零线左边主尺上标明的(　　),并作为整数部分,读出"度"的数值;再看游标上哪条刻线与主尺上的刻线对齐,读出"分"的数值,将度数值与分数值相加即为角度数值。
　　A. 长度　　　　B. 尺度　　　　C. 角度　　　　D. 深度

248. BA009　游标万能角度尺在使用时要调整(　　),将游标的零线对准尺身的相应刻线,再拧紧固定。
　　A. 卡位　　　　B. 零位　　　　C. 角度　　　　D. 深度

249. BA009　游标万能角度尺在测量工件时,应先调整好(　　)和直尺的位置,并用连杆上的螺钉紧固后,再松动螺母,移动尺身做调整,直到要求位置为止。
　　A. 直尺　　　　B. 基尺　　　　C. 三角尺　　　　D. 量块

250. BA010　Ⅰ型游标万能角度尺测量(　　)度时,将被测件置于基尺和直尺之间。
　　A. 0°~50°　　B. 50°~140°　　C. 140°~230°　　D. 230°~320°

251. BA010　Ⅰ型游标万能角度尺测量(　　)时,应取下直尺与尺架,将角尺下移,把被测件置于基尺和角尺之间。
　　A. 0°~50°　　B. 50°~140°　　C. 140°~230°　　D. 230°~320°

252. BA010　游标万能角度尺(　　),要擦干净角度尺和被测体。
　　　A. 使用前　　　　　　　　　　B. 使用后
　　　C. 使用过程中　　　　　　　　D. 以上选项都可以

253. BA011　当水平仪放在标准的水平位置时,水准器的气泡正好在两刻度的(　　)位置。
　　　A. 两侧　　　　B. 一侧　　　　C. 中间　　　　D. 左面

254. BA011　水平仪上的气泡每移动一格,被测长度在2m的两端上,高低相差(　　)。
　　　A. 0.01mm　　　B. 0.02cm　　　C. 0.03cm　　　D. 0.04m

255. BA011　普通水平仪上一般镶有2个水泡玻璃短管,分别用来检测水平度和(　　)。
　　　A. 倾斜度　　　B. 垂直度　　　C. 长度　　　　D. 角度

256. BA012　框式水平仪主要用于检测(　　)相对于水平位置的误差。
　　　A. 平面或斜线　B. 平面或直线　C. 斜面或直线　D. 任意位置

257. BA012　常用框式水平仪的平面长度为(　　)。
　　　A. 200mm　　　B. 1500mm　　　C. 1000mm　　　D. 500mm

258. BA012　生产中常用水平仪是(　　)水平仪。
　　　A. 框式　　　　　　　　　　　B. 条形
　　　C. 合像　　　　　　　　　　　D. 以上选项均正确

259. BA013　千分尺的测微螺杆在端面接触工件时,棘轮在棘爪销的斜面上打滑,(　　)就停止前进。
　　　A. 棘轮　　　　B. 棘轮盘　　　C. 罩壳　　　　D. 测微螺杆

260. BA013　外径千分尺的测量范围为(　　)。
　　　A. 25~5000mm　B. 50~7500mm　C. 0~150mm　　D. 100~15000mm

261. BA013　千分尺活动套转一周时,螺杆就移动(　　)。
　　　A. 0.6mm　　　B. 0.65mm　　　C. 0.5mm　　　D. 0.55mm

262. BA014　螺纹千分尺能用来测量螺纹的(　　)。
　　　A. 内径　　　　B. 中径　　　　C. 外径　　　　D. 螺距

263. BA014　千分尺的精度主要由它的(　　)误差和两个测量面平行度误差的大小来决定。
　　　A. 测量　　　　B. 圆度　　　　C. 示值　　　　D. 工作

264. BA014　千分尺的精度为(　　)两种。
　　　A. 0级和1级　 B. 2级和3级　 C. 3级和4级　 D. 4级和5级

265. BA015　划线平台又称划线平板,它是用来支撑工件并用作(　　)时的基准。
　　　A. 平面划线　　B. 立体划线　　C. 划线　　　　D. 点画线

266. BA015　划规是能进行(　　)的工具。
　　　A. 线段等分　　B. 体积等分　　C. 密度等分　　D. 深度等分

267. BA015　可以用来划圆弧的工具是(　　)。
　　　A. 直尺　　　　B. 三角板　　　C. 台虎钳　　　D. 划规

268. BA016　划针用弹簧钢丝或高速钢制成,直径为(　　),可在各种材料的工件表面上划线。
　　　A. 1~30mm　　 B. 5~60mm　　 C. 4~60mm　　 D. 3~6mm

269. BA016　在零件图上,用来确定其他点、线、面位置的基准称为( )基准。
　　　A. 设计　　　　　　B. 加工　　　　　　C. 制造　　　　　　D. 使用
270. BA016　划线的作用是( )。
　　　A. 检查毛坯的质量　　　　　　　　　B. 便于工件的夹持
　　　C. 确定工件加工面的位置　　　　　　D. 以上选项均正确
271. BA017　使用尖端到转轴高度为125mm 的划规,不能画直径超过( )的圆。
　　　A. 100mm　　　　　B. 150mm　　　　　C. 200mm　　　　　D. 250mm
272. BA017　划规在使用时要保持两脚尖的( )。
　　　A. 圆润　　　　　　B. 平滑　　　　　　C. 锐利　　　　　　D. 凸圆
273. BA017　立体划线时一般要确定( )基准。
　　　A. 1个　　　　　　B. 2个　　　　　　C. 3个　　　　　　D. 4个
274. BA018　直径不等的轴类零件划线时应将工件水平放置,其支撑方式应为( )支撑。
　　　A. 分度头　　　　　B. V形铁　　　　　C. 平台　　　　　　D. 调节千斤
275. BA018　立体划线是在零件的( )不同表面上进行划线。
　　　A. 2个　　　　　　B. 3个　　　　　　C. 4个　　　　　　D. 几个
276. BA018　划线时在零件的每一个方向都需要选择一个基准,因此,立体划线时一般要选
　　　择( )划线基准。
　　　A. 2个　　　　　　B. 3个　　　　　　C. 4个　　　　　　D. 几个
277. BA019　安装在方箱上的工件,通过方箱翻转,可划出( )方向的尺寸线。
　　　A. 1个　　　　　　B. 3个　　　　　　C. 4个　　　　　　D. 2个
278. BA019　一般要求划线的尺寸公差为( )。
　　　A. 0.2mm　　　　　B. 0.4mm　　　　　C. 0.6mm　　　　　D. 0.5mm
279. BA019　平面划线是在零件的( )表面上进行划线。
　　　A. 2个　　　　　　B. 3个　　　　　　C. 4个　　　　　　D. 同一
280. BA020　1m 等于( )。
　　　A. 50mm　　　　　B. 100mm　　　　　C. 500mm　　　　　D. 1000mm
281. BA020　1mm 等于( )。
　　　A. 10μm　　　　　B. 100μm　　　　　C. 1000μm　　　　D. 10000μm
282. BA020　1ft 等于( )。
　　　A. 0.3048m　　　　B. 0.3028m　　　　C. 0.3058m　　　　D. 0.3068m
283. BA021　10z 等于( )。
　　　A. 27.9875g　　　　B. 24.3495g　　　　C. 28.3495g　　　　D. 29.4536g
284. BA021　"kg"是质量单位,它与"t"的换算关系是( )。
　　　A. 1t=100kg　　　　B. 1t=1000kg　　　C. 1t=10000kg　　　D. 1t=100000kg
285. BA021　下列单位符号,不属于质量单位是( )。
　　　A. g　　　　　　　B. kg　　　　　　　C. kN　　　　　　　D. t
286. BA022　兆帕是法定压力计量单位,它与工程压力的换算关系是1MPa≈( )kgf/cm²。
　　　A. 1000　　　　　　B. 100　　　　　　C. 10　　　　　　　D. 1

287. BA022　1mmHg 等于(　　)。
　　　A. 13.33Pa　　　　B. 133.322Pa　　　　C. 101.325Pa　　　　D. 98.0665Pa
288. BA022　1bar 等于(　　)。
　　　A. 160Pa　　　　B. 150Pa　　　　C. 100Pa　　　　D. 1000Pa
289. BB001　被测压力为脉动压力时,所选用压力表的量程应为被测压力值的(　　)。
　　　A. 1.5 倍　　　　B. 2 倍　　　　C. 3 倍　　　　D. 4 倍
290. BB001　有一测压点,如被测量最大压力为 10MPa,则选用压力表的量程应为(　　)。
　　　A. 16MPa　　　　B. 25MPa　　　　C. 10MPa　　　　D. 12MPa
291. BB001　压力表安装时,其与支点的距离应尽量缩短,最大不应超过(　　)。
　　　A. 400mm　　　　B. 600mm　　　　C. 800mm　　　　D. 1000mm
292. BB002　压力式温度计中的(　　)是用铜或钢等材料冷拉成的无缝圆管,起传递压力的作用。
　　　A. 温包　　　　B. 毛细管　　　　C. 弹簧管　　　　D. 盘簧盘
293. BB002　选择现场用压力表的量程时,应使常用点压力落在仪表量程的(　　)。
　　　A. 1/4~2/3　　　　B. 1/3~2/3　　　　C. 1/3~3/4　　　　D. 1/4~3/4
294. BB002　在压力表温度计使用时,毛细管会因(　　)而堵塞。
　　　A. 柴油　　　　B. 死弯　　　　C. 温度低　　　　D. 湿度大
295. BB003　千斤顶是一种起重高度小的最简单的起重设备,有(　　)和液压式两种。
　　　A. 机械式　　　　B. 气压式　　　　C. 杠杆式　　　　D. 电动式
296. BB003　千斤顶的构造应保证在(　　)起升高度时,齿条、螺杆、柱塞不能从底座的筒体中脱出。
　　　A. 最大　　　　B. 最小　　　　C. 1/3　　　　D. 1/2
297. BB003　千斤顶按工作原理可分为螺旋千斤顶、齿条千斤顶、(　　)千斤顶。
　　　A. 机动　　　　B. 机械式　　　　C. 压解式　　　　D. 油压
298. BB004　YNJ-160/8 型拧扣机的通径为(　　)。
　　　A. 114mm　　　　B. 140mm　　　　C. 127mm　　　　D. 160mm
299. BB004　YNJ-160/8 型拧扣机高挡额定扭矩为(　　)。
　　　A. 10kN·m　　　　　　　　　　　　B. 6kN·m
　　　C. 2kN·m　　　　　　　　　　　　D. 2.2kN·m
300. BB004　YNJ-160/8 液压拧扣机是对螺纹连接件进行(　　)的专用设备。
　　　A. 上扣或卸扣　　　　　　　　　　B. 上扣
　　　C. 卸扣　　　　　　　　　　　　　D. 以上选项均不正确
301. BB005　试压泵试高压时规定:被试压件必须使用相应的(　　)。
　　　A. 防护装置　　　　B. 夹紧机构　　　　C. 增压泵　　　　D. 高压管线
302. BB005　DSY100K 电动试压泵的工作压力为(　　)。
　　　A. 15MPa　　　　B. 200MPa　　　　C. 10MPa　　　　D. 9MPa
303. BB005　试压泵在更换牛皮垫圈时,应预先把垫圈用(　　)。
　　　A. 水浸透　　　　B. 火加热　　　　C. 油浸透　　　　D. 黄油涂好

304. BB006　试压泵试压时规定:被试压件(　　)之内不许站人。
　　A. 1.5m　　　　B. 2m　　　　C. 2.5m　　　　D. 3m
305. BB006　试压泵在使用时要(　　),否则会影响正常工作。
　　A. 排空空气　　B. 加油　　　C. 加水　　　　D. 用黄油涂好
306. BB006　试压完毕,打开(　　),泵内液体流回水箱中即可排空泄掉容器内的压力。
　　A. 泵筒　　　　　　　　　　　B. 泵体
　　C. 放水阀　　　　　　　　　　D. 柱塞
307. BC001　有杆抽油泵中的管式泵分为(　　)两种。
　　A. 整体泵筒泵和分体泵筒泵　　B. 厚壁泵筒泵和薄壁泵筒泵
　　C. 组合式泵筒泵和分体式泵筒泵　D. 组合式泵筒泵和整体泵筒泵
308. BC001　有杆抽油泵一般分为(　　)两大类。
　　A. 管式泵、杆式泵　　　　　　B. 管式泵、组合泵
　　C. 杆式泵、整体泵　　　　　　D. 组合泵、整体泵
309. BC001　固定式杆式泵工作时(　　)。
　　A. 活塞与工作筒同时做往复运动　B. 活塞不动,工作筒做往复运动
　　C. 工作筒不动,活塞做往复运动　D. 活塞与工作筒都不运动
310. BC002　某抽油泵标记为CYB38RHAM4.5-1.5-0.6,其中"1.5"指的是(　　)。
　　A. 泵的公称直径为15mm　　　　B. 泵的泵筒长度为1.5m
　　C. 泵的柱塞长度为1.5m　　　　D. 泵的柱塞直径为15mm
311. BC002　某抽油泵标记为CYB38RHAM4.5-1.5-0.6,其中"R"指的是(　　)。
　　A. 管式泵　　　B. 杆式泵　　　C. 整筒泵　　　D. 组合泵筒
312. BC002　管式泵泵筒的形式代号中,金属柱塞厚壁泵筒的形式代号用字母(　　)表示。
　　A. H　　　　　B. L　　　　　C. W　　　　　D. S
313. BC003　管式泵一般适用于(　　)高、含气量小、含砂量小的油井。
　　A. 产量　　　　B. 出油　　　　C. 出气　　　　D. 出水
314. BC003　管式泵整体泵筒的公称直径为57mm,其基本直径为(　　)。
　　A. 57.2mm　　　B. 57.3m　　　C. 57.4cm　　　D. 57.5dm
315. BC003　管式泵组合泵筒公称直径为44mm,其理论排量为(　　)。
　　A. $10 \sim 1120 m^3/d$　　　　　B. $13 \sim 138 m^3/d$
　　C. $21 \sim 2200 m^3/d$　　　　　D. $33 \sim 328 m^3/d$
316. BC004　管式泵在下泵时,(　　)。
　　A. 工作筒与油管相连,活塞与抽油杆连接
　　B. 工作筒和活塞都与油管连接
　　C. 工作筒和活塞都与抽油杆连接
　　D. 工作筒与抽油杆连接,活塞与油管连接
317. BC004　管式抽油泵的泵筒直接接在油管柱(　　),柱塞随抽油杆下入(　　)内。
　　A. 中下端,油管　　　　　　　B. 下端,泵内
　　C. 下端,油管　　　　　　　　D. 泵管下端,油管

318. BC004　同等条件下,管式泵与杆式泵的泵效相比,(　　)。
　　　A. 前者大于后者　　　　　　　　　B. 后者大于前者
　　　C. 两者相同　　　　　　　　　　　D. 两者无可比性
319. BC005　抽油泵必须符合技术要求,并按企业主管部门规定程序批准的(　　)制造。
　　　A. 图样及技术文件　　　　　　　　B. 文件
　　　C. 方式　　　　　　　　　　　　　D. 技术文件
320. BC005　杆式泵在下泵时,(　　)。
　　　A. 内外工作筒与油管连接,活塞与抽油杆连接
　　　B. 内工作筒、活塞均与抽油杆连接
　　　C. 外工作筒与油管连接,内工作筒通过活塞杆与抽油杆连接
　　　D. 内工作筒与油管连接,外工作筒与抽油杆连接
321. BC005　检修抽油泵时,应检查泵工作筒的(　　)。
　　　A. 轴度　　　　B. 圆度　　　　C. 圆锥度　　　　D. 垂直度
322. BC006　抽油泵试验合格后,应在泵筒内壁和柱塞外表面(　　),再旋上保护帽,进行密封性能试验。
　　　A. 涂防锈油　　B. 打蜡　　　　C. 抛光　　　　　D. 刷漆
323. BC006　抽油泵筒一端接试压接头,另一端接吸入阀组件,启动试压泵后,紧接着将吸入阀关闭,保压5min,压降不超过(　　)为合格。
　　　A. 0.5MPa　　　B. 1MPa　　　　C. 1.5MPa　　　　D. 2MPa
324. BC006　泵筒内径应当用一根直径公差为-0.025mm(-0.001in),长度不小于1.219m(4ft)的通径柱塞进行(　　)通径试验。
　　　A. 50%　　　　B. 70%　　　　　C. 100%　　　　　D. 120%
325. BC007　拆卸抽油泵配件时必须使用专用(　　),避免碰伤泵筒、柱塞。
　　　A. 管钳　　　　B. 摩擦台钳　　C. 液压钳　　　　D. 油管钳
326. BC007　检修抽油泵时,检查抽油泵游动阀和固定阀严密度,并用(　　)研磨阀。
　　　A. 油石　　　　B. 砂纸　　　　C. 什锦锉　　　　D. 阀砂
327. BC007　抽油泵组装后,对泵筒、各接头、吸入阀组件各密封面和油管(　　)进行密封性能试验。
　　　A. 螺纹　　　　B. 连接　　　　C. 密封　　　　　D. 表面
328. BC008　深井泵的检验要求是深井泵的内外(　　)及各部零件应清洁。
　　　A. 衬套　　　　B. 表面　　　　C. 直径　　　　　D. 间隙
329. BC008　深井泵检验要求(　　)无弯曲,螺纹无损伤,各螺纹连接要牢固。
　　　A. 衬套　　　　B. 泵筒　　　　C. 活塞　　　　　D. 连杆
330. BC008　运送深井泵要防止碰撞并有专用(　　)存放,并防止脏物进入泵管内。
　　　A. 库房　　　　B. 包装盒　　　C. 场地　　　　　D. 支架
331. BD001　使用单只桥塞只能实现(　　)的采油方式。
　　　A. 封上采下　　　　　　　　　　　B. 封下采上
　　　C. 封两头采中间　　　　　　　　　D. 封中间采两头

332. BD001　可钻桥塞是一种井下工具,可代替注水泥塞进行分层(　　)。
　　　A. 试油　　　　　B. 酸化　　　　　C. 找窜　　　　　D. 封窜
333. BD001　封隔器和其他井下工具配套后,可用来进行分层试油、分层开采、分层(　　)、分层压裂等油气田开发工艺措施。
　　　A. 封窜　　　　　B. 找水　　　　　C. 找窜　　　　　D. 注水
334. BD002　靠封隔件外径与套管内径的过盈和压差实现密封的称为(　　)封隔器。
　　　A. 自封式　　　　B. 压缩式　　　　C. 楔入式　　　　D. 扩张式
335. BD002　靠轴向力压缩封隔件,使封隔件直径变大实现密封的称为(　　)封隔器。
　　　A. 自封式　　　　B. 压缩式　　　　C. 楔入式　　　　D. 扩张式
336. BD002　一定压力的液体作用于封隔件内腔,使封隔件直径扩大实现密封的称为(　　)封隔器。
　　　A. 扩张式　　　　B. 压缩式　　　　C. 楔入式　　　　D. 自封式
337. BD003　扩张式封隔器工作原理分类代号为(　　)。
　　　A. K　　　　　　B. X　　　　　　C. Y　　　　　　D. Z
338. BD003　压缩式封隔器工作原理分类代号为(　　)。
　　　A. K　　　　　　B. X　　　　　　C. Y　　　　　　D. Z
339. BD003　封隔器代号中第一位代表的是(　　)。
　　　A. 分类代号　　　B. 固定方式　　　C. 坐封方式　　　D. 解封方式
340. BD004　组装封隔器时,装入胶筒后要涂抹(　　)。
　　　A. 清水　　　　　B. 黄油　　　　　C. 机油　　　　　D. 柴油
341. BD004　封隔器检修试压过程中,当泵压升高到(　　)后应及时换向,用小排量高压主泵工作。
　　　A. 2MPa　　　　　B. 3MPa　　　　　C. 4MPa　　　　　D. 5MPa
342. BD004　Y445型封隔器组装卡瓦时,要将卡瓦块嵌在卡瓦座的燕尾槽内,且不能大于(　　)外径。
　　　A. 接头　　　　　B. 胶筒　　　　　C. 钢体　　　　　D. 中心管
343. BD005　封隔器锚瓦支撑方式代号为(　　)。
　　　A. 2　　　　　　B. 3　　　　　　C. 4　　　　　　D. 5
344. BD005　封隔器尾管支撑方式代号为(　　)。
　　　A. 4　　　　　　B. 3　　　　　　C. 2　　　　　　D. 1
345. BD005　封隔器单向卡瓦支撑方式代号为(　　)。
　　　A. 1　　　　　　B. 2　　　　　　C. 3　　　　　　D. 4
346. BD006　封隔器提放管柱坐封方式代号为(　　)。
　　　A. 1　　　　　　B. 3　　　　　　C. 4　　　　　　D. 5
347. BD006　每一种封隔器都可以在给定的方法和载荷作用下产生动作,使封隔器的密封元件达到膨胀密封的工作状态,这种操作称为封隔器的(　　)过程。
　　　A. 解封　　　　　　　　　　　　　　B. 自封
　　　C. 坐封　　　　　　　　　　　　　　D. 全封

348. BD006 封隔器液压坐封方式代号为（　　）。
　　A. 5　　　　　　B. 4　　　　　　C. 3　　　　　　D. 2

349. BD007 封隔器下工具解封方式代号为（　　）。
　　A. 4　　　　　　B. 5　　　　　　C. 3　　　　　　D. 2

350. BD007 封隔器提放管柱解封方式代号为（　　）。
　　A. 5　　　　　　B. 4　　　　　　C. 3　　　　　　D. 1

351. BD007 Y341型封隔器解封方式为（　　）。
　　A. 旋转　　　　B. 液压　　　　C. 下工具　　　D. 上提管柱

352. BD008 Y111型封隔器是以井底为支点，利用（　　）支撑加压一定管柱重量来坐封的。
　　A. 锚瓦　　　　B. 卡瓦　　　　C. 尾管　　　　D. 无支撑

353. BD008 Y111-150型封隔器的工作压力为（　　）。
　　A. 6MPa　　　B. 8MPa　　　C. 10MPa　　　D. 12MPa

354. BD008 Y111-102型封隔器通径为（　　）。
　　A. 200mm　　B. 50mm　　　C. 780mm　　　D. 102mm

355. BD009 Y211型封隔器下管柱时，管柱上提高度必须小于防坐距，一般不得超过（　　）。
　　A. 0.3m　　　B. 1.0m　　　C. 0.8m　　　D. 0.5m

356. BD009 Y211型封隔器下管柱时，如遇封隔器中途坐封，最少可上提管柱（　　）左右，解封后继续按要求下管柱。
　　A. 0.2m　　　B. 0.3m　　　C. 2.0m　　　D. 0.4m

357. BD009 Y211-114型封隔器的（　　）高度大于1.0m。
　　A. 自封　　　　B. 解封　　　　C. 下井　　　　D. 验封

358. BD010 Y341型封隔器是靠上提管柱（　　）的封隔器。
　　A. 自封　　　　B. 坐封　　　　C. 解封　　　　D. 验封

359. BD010 Y341型封隔器的支撑方式为（　　）。
　　A. 单向支撑　　B. 双向支撑　　C. 锚瓦支撑　　D. 无支撑

360. BD010 Y341-114型封隔器的外径为（　　）。
　　A. 95mm　　　B. 114mm　　C. 341mm　　　D. 140mm

361. BD011 Y341-114型封隔器缸体最大外径为（　　）。
　　A. 341mm　　B. 114mm　　C. 110mm　　　D. 140mm

362. BD011 Y341-114型封隔器的工作压力为（　　）。
　　A. 6MPa　　　B. 8MPa　　　C. 10MPa　　　D. 15MPa

363. BD011 Y341-114型封隔器最小通径为（　　）。
　　A. 341mm　　B. 50mm　　　C. 114mm　　　D. 102mm

364. BD012 Y344型封隔器的支撑方式为（　　）。
　　A. 锚瓦支撑　　B. 双向支撑　　C. 单向支撑　　D. 无支撑

365. BD012 Y344型封隔器的解封方式为（　　）。
　　A. 液压　　　　B. 钻铣　　　　C. 转管柱　　　D. 下工具

366. BD012　Y344 型封隔器是用于分层(　　)、试油和油井热油循环清蜡。
　　　A. 测试　　　　　B. 测井　　　　　C. 作业　　　　　D. 找水堵水
367. BD013　Y344-114 型封隔器的解封压力为(　　)。
　　　A. 1.5MPa　　　B. 1.2MPa　　　C. 20MPa　　　D. 80MPa
368. BD013　Y344-140 型封隔器的最小通径为(　　)。
　　　A. 58mm　　　B. 52mm　　　C. 48mm　　　D. 62mm
369. BD013　Y344-114 型封隔器的工作温度为(　　)。
　　　A. 70℃　　　B. 90℃　　　C. 100℃　　　D. 120℃
370. BD014　K344 型封隔器是(　　)的封隔器。
　　　A. 自封式　　　B. 压缩式　　　C. 楔入式　　　D. 扩张式
371. BD014　K344-110 型封隔器试压放压后,胶筒永久变形处增长不超过(　　)。
　　　A. 50%　　　B. 14%　　　C. 5%　　　D. 6%
372. BD014　K344-114 型封隔器试压 16MPa,稳定 3min,(　　)为合格。
　　　A. 压降小于 0.5MPa　　　　　B. 压降小于 1.0MPa
　　　C. 压降在 0.5~1.0MPa　　　　D. 不渗不漏
373. BD015　K344-114 型封隔器全长是(　　)。
　　　A. 800mm　　　B. 900mm　　　C. 911mm　　　D. 920mm
374. BD015　K344-110 型封隔器的最小内通径为(　　)。
　　　A. 62mm　　　B. 110mm　　　C. 50mm　　　D. 344mm
375. BD015　K344-95 型封隔器的最小内通径为(　　)。
　　　A. 45mm　　　B. 50mm　　　C. 54mm　　　D. 62mm
376. BD016　封隔器组装后按要求进行(　　),合格后方可现场使用。
　　　A. 试压　　　B. 试坐封　　　C. 解封　　　D. 检查
377. BD016　封隔器试压压力达到要求时应停泵,稳压(　　)以上,不渗不漏为合格。
　　　A. 10min　　　B. 20min　　　C. 30min　　　D. 40min
378. BD016　Y341-114 型封隔器解封剪钉的剪断力应(　　)胶筒与套管摩擦力。
　　　A. 大于　　　　　　　　　　B. 小于
　　　C. 等于　　　　　　　　　　D. 以上选项均正确
379. BD017　K344-114 封隔器试压放压后,胶筒永久变形处增长不超过(　　)。
　　　A. 50%　　　B. 14%　　　C. 5%　　　D. 6%
380. BD017　K344-114 封隔器试压时在封隔件部位套上内径为 φ(　　)×450mm 套管短节。
　　　A. 127mm　　　B. 139mm　　　C. 152mm　　　D. 165mm
381. BD017　K344-114 封隔器的工作压差为(　　)。
　　　A. 15MPa　　　B. 25MPa　　　C. 35MPa　　　D. 45MPa
382. BE001　井下工具中,分类代号为 QS 的控制类工具的工具特征是(　　)。
　　　A. 固定　　　B. 活动　　　C. 侧孔　　　D. 桥式

383. BE001　井下工具中,分类代号为 PX 的控制类工具的工具特征是(　　)。
　　　A. 偏心　　　　　　B. 喷嘴　　　　　　C. 旁通　　　　　　D. 开关
384. BE001　井下工具中,分类代号为 TH 的控制类工具的工具特征是(　　)。
　　　A. 缓冲式　　　　　B. 滑套式　　　　　C. 活动式　　　　　D. 弹簧式
385. BE002　KGD-110 型配水器的井下作业压差为(　　)。
　　　A. 14MPa　　　　　B. 12MPa　　　　　C. 10MPa　　　　　D. 16MPa
386. BE002　KGD-110 型节流器代号中的"GD"代表(　　)。
　　　A. 滑套工具　　　　B. 固定工具　　　　C. 开关工具　　　　D. 侧孔工具
387. BE002　KGD-110 节流器主要用于对低渗透层进行(　　)作业。
　　　A. 加压　　　　　　B. 注钻井液　　　　C. 注水　　　　　　D. 加强注水
388. BE003　KHD-114 型配水器是一种实现分层(　　)的井下控制工具。
　　　A. 采油　　　　　　B. 找水　　　　　　C. 注水　　　　　　D. 堵水
389. BE003　KHD-114 型配水器可用专用工具投捞的(　　)部分又称芯子,配水嘴装在芯子上用以控制各层的水量。
　　　A. 偏心　　　　　　B. 滑套　　　　　　C. 固定　　　　　　D. 活动
390. BE003　KHD-114 型配水器阀开启压力为(　　)。
　　　A. 0.2~0.5MPa　　　B. 0.5~0.7MPa　　　C. 0.7~1.0MPa　　　D. 1.0~1.5MPa
391. BE004　KPX-113 型配水器代号中,PX 代表(　　)工具。
　　　A. 旁通式　　　　　B. 旁泻式　　　　　C. 喷嘴式　　　　　D. 偏心式
392. BE004　KPX-113 型配水器的工作压力为(　　)。
　　　A. 10MPa　　　　　B. 12MPa　　　　　C. 15MPa　　　　　D. 20MPa
393. BE004　KPX-113 型配水器投捞器的最大外径为(　　)。
　　　A. 20mm　　　　　B. 22mm　　　　　C. 40mm　　　　　D. 44mm
394. BE005　KPS-114 型喷砂器的主要用途是(　　)。
　　　A. 分层采油　　　　B. 分层注水　　　　C. 分层压裂　　　　D. 堵水
395. BE005　KPS 型喷砂器每级加砂量一般不超过(　　)。
　　　A. 15m³　　　　　　B. 20m³　　　　　　C. 25m³　　　　　　D. 10m³
396. BE005　KPS 型喷砂器在多级使用时,各等级均应安装相应的滑套芯子,连接管柱时按照从上到下(　　)由大到小的原则。
　　　A. 外径　　　　　　B. 内通径　　　　　C. 长度　　　　　　D. 工作压力
397. BE006　KPS-114 型导压喷砂器用于分层压裂,一是向地层喷出(　　),二是造成流压差,保证封隔器有足够的坐封压力。
　　　A. 高压含砂气体　　　　　　　　　　　B. 高压液体
　　　C. 高压含砂液体　　　　　　　　　　　D. 高压气体
398. BE006　KPS-114 型导压喷砂器的最大外径为(　　)。
　　　A. 111mm　　　　　B. 112mm　　　　　C. 113mm　　　　　D. 114mm
399. BE006　KPS-114 型导压喷砂器喷嘴的内径为(　　)。
　　　A. 20mm　　　　　B. 30mm　　　　　C. 40mm　　　　　D. 50mm

400. BE007　KDK 型安全接头的工作压力为(　　)。
　　　A. 12MPa　　　　　B. 8MPa　　　　　C. 20MPa　　　　　D. 25MPa
401. BE007　KDK 型安全接头的外径为(　　)。
　　　A. 102mm　　　　B. 104mm　　　　C. 113mm　　　　D. 114mm
402. BE007　KDK 型安全接头剪钉剪断压力为(　　)。
　　　A. 7~8MPa　　　B. 5~9MPa　　　C. 7~10MPa　　　D. 5~7MPa
403. BE008　KHT-110 型常闭开关主要用于(　　)。
　　　A. 分层采油　　　　　　　　　　B. 分层注水
　　　C. 连接油管和油套环形空间的通道　　D. 堵水
404. BE008　KHT-110 型常闭开关的最大外径为(　　)。
　　　A. 102mm　　　　B. 110mm　　　　C. 114mm　　　　D. 116mm
405. BE008　KHT-110 型常闭开关的总长为(　　)。
　　　A. 455mm　　　　B. 555mm　　　　C. 655mm　　　　D. 955mm
406. BE009　自封封井器主要由压盖、压环、壳体、(　　)等部件组成。
　　　A. 上压盖　　　　B. 胶皮芯子　　　C. 密封圈　　　　D. 闸板
407. BE009　自封封井器起密封作用的关键部件是(　　)。
　　　A. 压盖　　　　　B. 压环　　　　　C. 密封圈　　　　D. 胶皮芯子
408. BE009　自封封井器依靠环形空间的压力和胶皮芯子的伸张力使胶皮芯子扩张,起到密封(　　)的作用。
　　　A. 油管　　　　　B. 套管　　　　　C. 油套环形空间　　D. 油管和套管
409. BE010　半封封井器能密封(　　)空间。
　　　A. 油管　　　　　B. 套管　　　　　C. 油套环形　　　　D. 井口
410. BE010　半封封井器由壳体、(　　)、丝杠组成。
　　　A. 压盖　　　　　B. 压环　　　　　C. 半封芯子总成　　D. 胶皮芯子
411. BE010　在开、关半封封井器时,两块闸板(　　)。
　　　A. 同时进退,手轮圈数相同　　　　B. 一块不动,一块进退
　　　C. 同时进退,手轮圈数不同　　　　D. 进退随意
412. BE011　全封封井器是在(　　)封井的。
　　　A. 下管柱前或提出管柱后　　　　B. 提管柱过程中
　　　C. 下管柱过程中　　　　　　　　D. 任意时刻
413. BE011　全封封井器由(　　)、闸板、丝杠组成。
　　　A. 压盖　　　　　B. 压环　　　　　C. 胶皮芯子　　　　D. 壳体
414. BE011　全封封井器和半封封井器的区别是闸板有没有(　　)。
　　　A. 半圆孔　　　　B. 压环　　　　　C. 密封圈　　　　　D. 丝杠
415. BE012　活动弯头紧扣时,应用(　　)上紧。
　　　A. 手　　　　　　B. 管钳　　　　　C. 扳手　　　　　　D. 手锤
416. BE012　活动弯头使用时与(　　)对接。
　　　A. 油管外螺纹　　B. 油管内螺纹　　C. 采油树卡箍头　　D. 活接头

417. BE012 活动弯头用过后要清洗干净放好,对旋转部位要经常注(　　)以防锈死。
　　A. 机油　　　　　　　　　　　　B. 润滑油
　　C. 黄油　　　　　　　　　　　　D. 以上选项均正确

418. BE013 管钳主要由手柄、活动钳口、固定钳口、(　　)和固定销组成。
　　A. 弹簧　　　B. 螺杆　　　C. 内方轮　　　D. 旋转螺纹

419. BE013 管钳是井下作业施工连接地面管线和连接下井管柱的(　　)工具。
　　A. 辅助　　　B. 一般　　　C. 主要　　　D. 特殊

420. BE013 管钳是用来上、(　　)的工具。
　　A. 下　　　B. 拉　　　C. 卸　　　D. 拽

421. BE014 夹持50mm的管子时,管钳长度最小应该是(　　)。
　　A. 250mm　　　B. 300mm　　　C. 350mm　　　D. 450mm

422. BE014 夹持55mm的管子,在管钳合理使用范围内,应选用长度为(　　)的管钳。
　　A. 450mm　　　B. 600mm　　　C. 900mm　　　D. 1200mm

423. BE014 夹持89mm的管子,在管钳合理使用范围内,应选用长度为(　　)的管钳。
　　A. 450mm　　　B. 600mm　　　C. 900mm　　　D. 1200mm

424. BE015 使用管钳时应检查钳头、钳柄有无(　　)。
　　A. 标识　　　B. 裂痕　　　C. 锈蚀　　　D. 开焊

425. BE015 下列选项中关于管钳的描述正确的是(　　)。
　　A. 不能当手锤或撬杠用　　　　　B. 能做加力杠使用
　　C. 能做棍棒使用　　　　　　　　D. 能做铁柱使用

426. BE015 管钳使用后,要及时洗涤涂抹(　　),防止旋转螺母生锈。
　　A. 黄油　　　B. 机油　　　C. 柴油　　　D. 汽油

427. BE016 根据管子或工作物的(　　)选择合适的管钳。
　　A. 长度　　　　　　　　　　　　B. 直径
　　C. 内径　　　　　　　　　　　　D. 以上选项均正确

428. BE016 在井口使用管钳上卸较松的油管扣时,用管钳卡油管,将钳口开到适当的尺度,一手扶住钳头,另一只手握钳柄(　　)。
　　A. 向外推　　　B. 向上抬　　　C. 向怀里拉　　　D. 不动

429. BE016 在地面上卸扣时,调整好管钳开口后,一手扶住钳头,另一只手(　　),掌心部位向下压钳柄。
　　A. 握紧　　　B. 上抬　　　C. 握拳　　　D. 伸开五指

430. BE017 油管钳主要由钳头和钳柄组成,钳头的小钳腭内镶有(　　)。
　　A. 卡瓦　　　B. 钳牙　　　C. 滑轮　　　D. 齿轮

431. BE017 油管钳主要由钳头和钳柄组成,其间用(　　)连接。
　　A. 卡瓦　　　B. 销子　　　C. 滑轮　　　D. 齿轮

432. BE017 油管钳用后要刺洗干净,长期不用时应(　　),防止生锈。
　　A. 喷漆放置　　　　　　　　　　B. 打蜡
　　C. 涂抹黄油　　　　　　　　　　D. 以上选项都可以

433. BE018　使用桌虎钳时,若工具超出(　　)过长时,应另加支撑,不能使桌虎钳受力过大。
　　　A. 螺杆　　　　　B. 螺母　　　　　C. 钳口　　　　　D. 手柄

434. BE018　使用桌虎钳需要加大夹紧力矩时,不能使用(　　)。
　　　A. 加力杠　　　　　　　　　　　　B. 手柄接管子
　　　C. 大锤　　　　　　　　　　　　　D. 以上选项均正确

435. BE018　桌虎钳的螺杆、螺母、各活动部位及回转配合部位要定期(　　)。
　　　A. 加油润滑　　　B. 拆卸　　　　　C. 清洗　　　　　D. 喷漆

436. BE019　200mm 长的活动扳手最大开口是(　　)。
　　　A. 20mm　　　　B. 24mm　　　　C. 28mm　　　　D. 32mm

437. BE019　活动扳手最大开口是 55mm,全长(　　)。
　　　A. 350mm　　　B. 375mm　　　C. 450mm　　　D. 500mm

438. BE019　10in 活动扳手的最大开口是(　　)。
　　　A. 10mm　　　　B. 20mm　　　　C. 30mm　　　　D. 40mm

439. BE020　禁止(　　)打活动扳手。
　　　A. 直　　　　　　B. 平　　　　　　C. 正　　　　　　D. 反

440. BE020　使用活扳手夹螺帽时应(　　)。
　　　A. 上提手柄　　　B. 下压手柄　　　C. 松紧适宜　　　D. 旋转手柄

441. BE020　使用活扳手时,拉力的方向与扳手的手柄成(　　)。
　　　A. 平角　　　　　B. 锐角　　　　　C. 钝角　　　　　D. 直角

442. BF001　钳工操作的主要内容是(　　)。
　　　A. 划线　　　　　　　　　　　　　B. 锯削和钻孔
　　　C. 攻螺纹和套螺纹　　　　　　　　D. 以上选项均正确

443. BF001　钳工操作的设备是(　　)。
　　　A. 台虎钳　　　　　　　　　　　　B. 车床
　　　C. 电焊机　　　　　　　　　　　　D. 以上选项均正确

444. BF001　钳工常用设备有(　　)、台虎钳、砂轮机、手电钻、钻床等常用工具。
　　　A. 工作台　　　　　　　　　　　　B. 加工台
　　　C. 钳工工作台　　　　　　　　　　D. 钳工加工工作台

445. BF002　錾子可分为油槽錾、尖錾和(　　)。
　　　A. 直角錾　　　　B. 方形錾　　　　C. 平錾　　　　　D. 扁錾

446. BF002　錾削平面使用(　　)。
　　　A. 扁錾　　　　　B. 油槽錾　　　　C. 狭錾　　　　　D. 尖錾

447. BF002　錾削沟槽或将板料分割成曲线使用(　　)。
　　　A. 扁錾　　　　　B. 油槽錾　　　　C. 尖錾　　　　　D. 狭錾

448. BF003　錾削时,錾子前刀面与基面之间的夹角称为(　　)。
　　　A. 楔角　　　　　B. 后角　　　　　C. 刃角　　　　　D. 前角

449. BF003　錾削小尺寸板料时,用扁錾沿钳口自右向左约成(　　)方向錾削。
　　　A. 30°　　　　　　B. 45°　　　　　　C. 60°　　　　　　D. 90°

450. BF003 錾削平面每次錾削余量为( )。
　　　A. 0.3~1mm　　　B. 0.3~2mm　　　C. 0.5~1mm　　　D. 0.5~2mm
451. BF004 錾子头部有明显毛刺时要及时磨掉,避免铁屑碎裂飞出伤人,操作者必须戴上防护( )。
　　　A. 安全帽　　　B. 口罩　　　C. 眼镜　　　D. 手套
452. BF004 錾子、锤子头部和柄部均不应沾( ),以防打滑。
　　　A. 水　　　B. 油　　　C. 土　　　D. 灰
453. BF004 錾削时,工件加持稳固,伸出钳口高度为( ),且工件下要加垫木。
　　　A. 5~10mm　　　B. 20~25mm　　　C. 15~20mm　　　D. 10~15mm
454. BF005 锉刀按用途不同,可分为普通钳工锉、异型锉、( )3种。
　　　A. 扁三角锉　　　B. 菱形锉　　　C. 整形锉　　　D. 椭圆锉
455. BF005 普通钳工锉按其断面形状可分为平锉、( )、三角锉、半圆锉、圆锉5种。
　　　A. 方锉　　　B. 菱形锉　　　C. 整形锉　　　D. 什锦锉
456. BF005 异形锉有刀口锉、( )、扁三角锉、椭圆锉、圆肚锉等。
　　　A. 方锉　　　B. 菱形锉　　　C. 整形锉　　　D. 什锦锉
457. BF006 加工零件特殊表面用( )。
　　　A. 普通锉　　　B. 特种锉　　　C. 整形锉　　　D. 板锉
458. BF006 锉削的最高精度可达到( )左右。
　　　A. 0.1mm　　　B. 0.05mm　　　C. 0.01mm　　　D. 0.001mm
459. BF006 锉削工件平面的方法有( )。
　　　A. 顺向锉法、反向锉法　　　　　　　B. 顺向锉法、交叉锉法
　　　C. 交叉锉法、推锉法　　　　　　　　D. 顺向锉法、交叉锉法、推锉法
460. BF007 ( )时,应充分使用锉刀的有效全长,这样既可以提高锉削效率,又可以避免锉尺局部磨损。
　　　A. 精锉　　　B. 细锉　　　C. 粗锉　　　D. 锉花
461. BF007 锉削时,如锉屑嵌入锉刀尺缝内,必须用钢丝刷沿着( )的纹路进行清除。
　　　A. 锉刀面　　　B. 锉刀边　　　C. 锉齿　　　D. 木柄
462. BF007 在锉削时,锉刀不能锉毛坯上的硬皮及( )的工件。
　　　A. 经过打磨　　　B. 经过淬硬　　　C. 氧化　　　D. 生锈
463. BF008 钳工刮削分为平面刮削和( )两种。
　　　A. 曲面刮削　　　B. 立体刮削　　　C. 三角刮削　　　D. 球面刮削
464. BF008 平面刮削分为( )和组合平面刮削两种。
　　　A. 单个平面刮削　　　　　　　　　　B. 多个平面刮削
　　　C. 三角平面刮削　　　　　　　　　　D. 两个平面刮削
465. BF008 曲面刮削分为( )和球面刮削等。
　　　A. 外圆柱面　　　B. 内圆锥面　　　C. 外圆锥面　　　D. 平板
466. BF009 加工表面有明显的加工刀痕、严重的锈蚀或刮削余量较大时就需要进行( )。
　　　A. 粗刮　　　B. 细刮　　　C. 精刮　　　D. 刮花

467. BF009 用( )在刮削面上刮去稀疏的大块研点可进一步改善不平现象。
   A. 粗刮刀　　　　B. 细刮刀　　　　C. 精刮刀　　　　D. 刮花刀

468. BF009 ( )可在刮削面或机器外露表面上利用刮刀刮出装饰性花纹。
   A. 粗刮　　　　　B. 细刮　　　　　C. 精刮　　　　　D. 刮花

469. BF010 精刮时刮刀刀痕一般在( )左右。
   A. 2mm　　　　　B. 3mm　　　　　C. 4mm　　　　　D. 5mm

470. BF010 刮刀是( )的主要工具,常用的刮刀有平面刮刀、半圆刮刀、三角刮刀等。
   A. 切削　　　　　B. 锯割　　　　　C. 刮削　　　　　D. 研磨

471. BF010 刮刀的规格是指( )。
   A. 刮刀全长(带柄)　　　　　　　　B. 刮刀全长(不带柄)
   C. 刮刀直径　　　　　　　　　　　D. 刮刀形状

472. BF011 麻花钻由柄部、( )和工作部分组成。
   A. 切削部分　　　B. 导向部分　　　C. 颈部　　　　　D. 扁尾

473. BF011 麻花钻的工作部分包括导向部分和( )。
   A. 切削部分　　　B. 麻花部分　　　C. 颈部　　　　　D. 扁尾

474. BF011 麻花钻的( )用来传递钻孔时所需的扭矩和轴向力。
   A. 柄部　　　　　B. 工作部分　　　C. 颈部　　　　　D. 导向部分

475. BF012 麻花钻的横刃较长,横刃处前角为( )。
   A. 正值　　　　　B. 负值　　　　　C. 零值　　　　　D. 正值或零值

476. BF012 麻花钻主切削刃上个点的( )大小不一样,致使各点切削性能不同。
   A. 刀刃　　　　　B. 副后角　　　　C. 后角　　　　　D. 前角

477. BF012 麻花钻主切削刃长且( )参与切削。
   A. 少部分　　　　B. 全部　　　　　C. 大部分　　　　D. 都不

478. BF013 钻孔前,应在工件上划出所要钻孔的( ),并在孔的圆周上打4个样冲孔,作为钻孔后检查用。
   A. 十字中心线　　　　　　　　　　B. 直径
   C. 圆心　　　　　　　　　　　　　D. 十字中心线和直径

479. BF013 钻孔时,孔大于规定尺寸的可能原因是( )。
   A. 钻头不锋利　　　　　　　　　　B. 钻头两切削刃长度不等,高低不一致
   C. 切削速度过快　　　　　　　　　D. 钻头后角太大

480. BF013 钻直径超过30mm的孔时,可分两次钻削,先用( )孔径的钻头钻孔,然后再用所需孔径的钻头扩孔。
   A. 0.5~0.7倍　　　　　　　　　　B. 0.5倍
   C. 0.8倍　　　　　　　　　　　　D. 0.7~0.9倍

481. BF014 钻孔前应用夹具夹紧工件并固定牢靠,再安装钻头,保证钻头( )旋转,防止偏摆。
   A. 单轴　　　　　B. 双轴　　　　　C. 同轴　　　　　D. 顺时针

482. BF014 除钻( )和很小直径的孔时可以不使用冷却液,钻其他材料一般都应使用冷却液。
 A. 铝　　　　　　B. 铸铁　　　　　　C. 青铜　　　　　　D. 黄铜

483. BF014 钻小孔时切削量的选择是( )。
 A. 转速慢些,走刀量小些　　　　　　B. 转速快些,走刀量大些
 C. 转速快些,走刀量小些　　　　　　D. 转速慢些,走刀量大些

484. BF015 铰刀按使用方法的不同可分为手动铰刀和( )。
 A. 直槽铰刀　　　B. 锥铰刀
 C. 螺旋槽铰刀　　D. 机用铰刀

485. BF015 机用铰刀的特点是工作部分较短,而( )较长,主偏角较大。
 A. 柄部　　　　　B. 颈部　　　　　　C. 尾部　　　　　　D. 中部

486. BF015 手动铰刀的工作部分较长,主偏角较小,一般为( )。
 A. 40′~4°　　　B. 60′~6°　　　　C. 50′~5°　　　　D. 70′~7°

487. BF016 用高速钢铰刀铰削钢件时,切削速度应为( )。
 A. 4~8m/min　　B. 6~8m/min　　　C. 8~12m/min　　D. 12~16m/min

488. BF016 铰削铜件时,切削速度应为( )。
 A. 4~8m/min　　　　　　　　　　　B. 6~8m/min
 C. 8~12m/min　　　　　　　　　　　D. 12~16m/min

489. BF016 铰孔时,孔壁表面粗糙度值超差的可能原因是( )。
 A. 前道工序圆度超差　　　　　　　B. 铰孔时两手用力不均,铰刀晃动
 C. 铰削余量太大或太小　　　　　　D. 铰刀磨钝或磨损

490. BF017 钳工进行锯削操作时,起锯是锯削工作的开始,它的好坏影响锯削的质量。起锯分为( )两种。
 A. 快起锯和慢起锯　　　　　　　　B. 远起锯和近起锯
 C. 正起锯和倒起锯　　　　　　　　D. 上起锯和下起锯

491. BF017 钳工进行锯削操作时,右手控制推力与压力,左手配合右手扶正锯弓,应注意压力不要过大;返回行程( )。
 A. 与推进行程相同　　　　　　　　B. 切削但不加压
 C. 不切削、不加压　　　　　　　　D. 根据情况定

492. BF017 为保证起锯平稳,起锯时( )。
 A. 施加压力要小,行程要短　　　　B. 施加压力要小,行程要长
 C. 施加压力要大,行程要短　　　　D. 施加压力要大,行程要长

493. BF018 加工内螺纹的工具有丝锥和( )。
 A. 钻头　　　　　B. 套筒　　　　　　C. 铰杠　　　　　　D. 扳手

494. BF018 铰杠是加工内螺纹的工具,分为普通铰杠和( )。
 A. 特殊铰杠　　　B. 机用铰杠　　　　C. Y形铰杠　　　　D. T形铰杠

495. BF018 丝锥柄部是攻螺纹时被加持部分,起( )的作用。
 A. 传递扭矩　　　B. 固定　　　　　　C. 切削　　　　　　D. 校准

496. BF019 普通螺纹分为(　　)和细牙普通螺纹。
     A. 锯齿形螺纹   B. 粗牙普通螺纹   C. 管螺纹   D. 梯形螺纹
497. BF019 粗牙普通螺纹用字母(　　)及公称直径表示。
     A. T   B. R   C. M   D. N
498. BF019 细牙普通螺纹用字母"M"及公称直径×(　　)表示。
     A. 长度   B. 圆周   C. 螺距   D. 孔径
499. BF020 用丝锥加工工件的内螺纹称为(　　)。
     A. 套螺纹   B. 铣螺纹   C. 滚压螺纹   D. 攻螺纹
500. BF020 攻螺纹时,每转(　　),就应倒转0.5圈,排出切削碎屑。
     A. 0.5~20圈   B. 0.5~1圈   C. 1~1.50圈   D. 1~20圈
501. BF020 攻螺纹时,发生丝锥折断的可能原因是(　　)。
     A. 圆杆直径过大   B. 圆杆不直
     C. 底孔太小   D. 孔口、杆端倒角不良
502. BF021 用板牙加工工件的外螺纹称为(　　)。
     A. 攻螺纹   B. 铣螺纹   C. 套螺纹   D. 滚压螺纹
503. BF021 加工外螺纹的工具板牙有封闭式和(　　)两种结构。
     A. 开放式   B. 开槽式   C. 楔入式   D. 分离式
504. BF021 V形铁用来支撑和调整工件,属于(　　)。
     A. 量具   B. 夹持工具   C. 绘画工具   D. 基准工具
505. BF022 套螺纹时,为了使板牙容易切入材料,圆杆端部要倒成(　　)。
     A. 平角   B. 直角   C. 周角   D. 锥角
506. BF022 套螺纹时圆杆端部要倒(　　)锥角。
     A. 15°~20°   B. 50°~100°   C. 100°~400°   D. 50°~300°
507. BF022 套螺纹时切削力矩较大,(　　)类工件要用V形钳口或厚铜板作衬垫才能牢固地加持。
     A. 圆锥   B. 长方形   C. 三角形   D. 圆杆
508. BF023 研磨外圆柱表面或外圆锥表面主要用(　　)。
     A. 研磨平板   B. 研磨环   C. 研磨棒   D. 研磨球
509. BF023 研磨圆柱孔或圆锥孔主要用(　　),它分为固定式和可调式两种。
     A. 研磨平板   B. 研磨环   C. 研磨棒   D. 研磨球
510. BF023 研磨环的内通径通常比工件的外径大(　　),经过一点时间的研磨后,其内径增大,可通过拧紧调节螺钉使孔径缩小,保持所需要的间隙。
     A. 0.01~0.02mm   B. 0.025~0.05mm
     C. 0.035~0.65mm   D. 0.05~0.075mm
511. BF024 用(　　)做研具时,得不到很好的粗糙度。
     A. 灰铸铁   B. 低碳钢   C. 铜   D. 铅
512. BF024 在研磨螺纹时,应用(　　)做研具。
     A. 灰铸铁   B. 低碳钢   C. 黄铜   D. 铅

513. BF024 研磨软钢及软金属时,应用( )做研具。
    A. 灰铸铁　　　　　B. 低碳钢　　　　　C. 黄铜　　　　　D. 铅
514. BF025 ( )主要用于碳素工具钢、合金工具钢、高速钢、和铸铁工件的研磨。
    A. 氧化物磨料　　　　　　　　　　B. 碳化物磨料
    C. 金刚石磨料　　　　　　　　　　D. 细铁砂磨料
515. BF025 ( )分为人造和天然两种,一般只用于硬质合金、硬铬、宝石、玛瑙等高硬度工件的精研磨加工。
    A. 氢化物磨料　　B. 碳化物磨料　　C. 金刚石磨料　　D. 细铁砂磨料
516. BF025 研磨( )时,应用铅做研具。
    A. 硬质合金　　　　B. 软金属　　　　C. 宝石　　　　D. 硬铬
517. BG001 打捞管类落物应使用( )。
    A. 公锥、母锥　　B. 磁性打捞器　　C. 内钩、外钩　　D. 一把抓
518. BG001 打捞杆类落物应选用( )。
    A. 捞矛　　　　B. 打捞筒　　　　C. 内钩、外钩　　D. 磁性打捞器
519. BG001 打捞绳类落物应选用( )。
    A. 打捞筒　　　　B. 捞矛　　　　C. 内钩、外钩　　D. 磁性打捞器
520. BG002 铅模的用途是( )。
    A. 探视落物的准确深度和形状　　　B. 检查套管内径的变化
    C. 判断事故的情况、方位和性质　　D. 以上选项均正确
521. BG002 验证套管损坏状况和最小通径的打印应选用( )。
    A. 普通平底带水眼铅模　　　　　　B. 蜡模或泥模
    C. 带护罩式平底带水眼铅模　　　　D. 胶模
522. BG002 常用铅模结构类型有平式铅模和( )铅模两种。
    A. 锥形套铣式　　B. 组合式　　　　C. 刮刀式　　　　D. 锥形
523. BG0031 用开窗打捞筒打捞落物时,捞筒的内径应( )。
    A. 大于落鱼内径　　　　　　　　　B. 大于落鱼外径
    C. 等于落鱼内径　　　　　　　　　D. 等于落鱼外径
524. BG003 开窗打捞筒用于打捞( )落物。
    A. 不带接箍的杆类　　　　　　　　B. 带接箍管类
    C. 不带接箍管类　　　　　　　　　D. 绳类
525. BG003 开窗打捞筒是通过对落物( )实现打捞。
    A. 内径造扣　　　　　　　　　　　B. 外壁造扣
    C. 外壁挂卡　　　　　　　　　　　D. 内径挂卡
526. BG004 抽油杆打捞筒从结构上分为篮式卡瓦、螺旋式卡瓦和( )。
    A. 滑块式卡瓦　　B. 锥面式卡瓦　　C. 剖分式卡瓦　　D. 楔入式卡瓦
527. BG004 在油管内使用抽油杆打捞筒打捞抽油杆时,其外径应( )。
    A. 等于油管内径　　　　　　　　　B. 比油管内径小 10~15mm
    C. 比油管内径小 5~7mm　　　　　 D. 等于抽油杆外径

528. BG004　抽油杆打捞筒加装引鞋后,可以在(　　)打捞抽油杆的。
A. 油管内　　　　　　　　　　B. 套管内
C. 油管和套管内　　　　　　　D. 特定环境下

529. BG005　钻头由接头、钻头体与磨铣材料焊接而成,可根据不同需要制作不同尺寸的尖钻头,也可以在尖钻头体部加焊 YG 焊料(或 YD 合金焊料),以增加(　　)和硬度。
A. 柔韧性　　　B. 耐磨性　　　C. 抗压性　　　D. 抗拉性

530. BG005　石油钻杆接头螺纹形式分为数字型接头(　　)、内平型接头 IF、贯眼型接头 FH、正规型接头 REG。
A. EF　　　　　B. AF　　　　　C. NC　　　　　D. FF

531. BG005　反扣钻杆接头标记槽有(　　)。
A. 3 道　　　　B. 4 道　　　　C. 2 道　　　　D. 1 道

532. BG006　修井公锥 GZ86 1 型打捞直径为(　　)。
A. 39～67mm　　B. 88～103mm　　C. 54～77mm　　D. 72～90mm

533. BG006　修井公锥 GZ121 型打捞直径为(　　)。
A. 39～67mm　　B. 88～103mm　　C. 54～77mm　　D. 72～90mm

534. BG006　修井公锥 GZ105-1 型打捞直径为(　　)。
A. 39～67mm　　B. 88～103mm　　C. 54～77mm　　D. 72～90mm

535. BG007　公锥从上至下有(　　)。
A. 螺纹　　　　B. 水眼　　　　C. 接头　　　　D. 引鞋

536. BG007　公锥接头下部有细牙螺纹,用以连接(　　)。
A. 打捞管柱　　B. 捞筒　　　　C. 接头　　　　D. 引鞋

537. BG007　公锥的牙尖角有 55°螺距为 8 牙/in,89°30′螺距为(　　)。
A. 5 牙/in　　　B. 6 牙/in　　　C. 7 牙/in　　　D. 8 牙/in

538. BG008　公锥进入打捞落物内孔后,加适当(　　)并旋转钻具,迫使打捞螺纹挤压吃入落鱼内壁造螺纹。
A. 提拉力　　　B. 钻压　　　　C. 扭矩　　　　D. 重力

539. BG008　公锥造扣时,当所造螺纹能承受一定的拉力和(　　)时,可采取上提或倒扣的办法将落物捞出。
A. 提拉力　　　B. 钻压　　　　C. 扭矩　　　　D. 重力

540. BG008　老式公锥有数条排屑槽,它只能承受(　　)以下的泵压,再高,则会由此槽窜通。
A. 5MPa　　　　B. 15MPa　　　C. 10MPa　　　D. 20MPa

541. BG009　选用公锥时,其打捞圆锥体最小外径应(　　)鱼腔内径。
A. 大于　　　　B. 等于　　　　C. 小于　　　　D. 不小于

542. BG009　使用公锥打捞时,应(　　)上提。
A. 加压后　　　　　　　　　　B. 加压造扣后
C. 不加压造扣后　　　　　　　D. 进入鱼腔后

543. BG009 公锥下至鱼顶上部（　　）时,开泵冲洗,并逐步下放工具至鱼顶,观察泵压变化。如泵压上升,指重表悬重下降,说明公锥进入鱼腔,可以进行造扣打捞。
　　　A. 0.5~1m　　　　B. 1~2m　　　　C. 1.5~2.5m　　　　D. 0.5~1.5m
544. BG011 母锥本体内锥面上有（　　）。
　　　A. 滑块卡瓦　　　B. 螺旋卡瓦　　　C. 篮式卡瓦　　　D. 打捞螺纹
545. BG011 母锥本体内有打捞螺纹,接头上有（　　）标志槽。
　　　A. 正扣　　　　　B. 反扣　　　　　C. 油扣　　　　　D. 正扣或反扣
546. BG011 母锥的牙尖角有（　　）和89°30′两种。
　　　A. 45°　　　　　B. 55°　　　　　C. 65°　　　　　D. 75°
547. BG011 母锥是在落鱼（　　）进行造扣打捞的工具。
　　　A. 上部　　　　　B. 下部　　　　　C. 外壁　　　　　D. 内壁
548. BG011 母锥引入打捞落物后,加适当（　　）并旋转钻具,迫使打捞螺纹挤压吃入落鱼外壁进行造螺纹。
　　　A. 提拉力　　　　B. 钻压　　　　　C. 扭矩　　　　　D. 重力
549. BG011 母锥造扣时,当所造螺纹能承受一定的拉力和（　　）时,可采取上提或倒扣的办法将落物捞出。
　　　A. 提拉力　　　　B. 钻压　　　　　C. 扭矩　　　　　D. 重力
550. BG012 选择母锥时,其最大内径应（　　）鱼头外径。
　　　A. 大于　　　　　B. 等于　　　　　C. 小于　　　　　D. 不大于
551. BG012 母锥是依靠（　　）打捞管类或杆类落物的。
　　　A. 扭转管柱　　　B. 板牙加压　　　C. 加压扭转管柱造扣　D. 弹簧张力
552. BG012 母锥的接头螺纹标记NC31 LH为（　　）。
　　　A. 310反　　　　B. 310正　　　　C. 210反　　　　D. 210正
553. BG013 滑块卡瓦打捞矛的矛杆为圆柱形,其外径比被打捞落物内孔小（　　）。
　　　A. 1~2mm　　　　B. 2~3mm　　　　C. 3~4mm　　　　D. 4~5mm
554. BG013 滑块卡瓦打捞矛的矛杆的下端除引鞋外,还有一倾斜的燕尾轨道,用以安装（　　）。
　　　A. 卡瓦　　　　　B. 接头　　　　　C. 滑道　　　　　D. 引鞋
555. BG013 滑块卡瓦打捞矛的燕尾槽主要是用来安装（　　）,阻止卡瓦自由滑出。
　　　A. 卡瓦　　　　　B. 锁块　　　　　C. 滑道　　　　　D. 引鞋
556. BG014 HLM-S60型滑块卡瓦打捞矛为（　　）打捞矛。
　　　A. 双滑块　　　　B. 单滑块　　　　C. 三滑块　　　　D. 有水眼
557. BG014 HLM-S60型滑块卡瓦打捞矛可以打捞内径为（　　）的管类落物。
　　　A. 42~53.8mm　　　　　　　　　　B. 52.6~64mm
　　　C. 64.1~77.9mm　　　　　　　　　D. 77.6~92.1mm
558. BG014 HLM-S73型滑块卡瓦打捞矛可以打捞内径为（　　）的管类落物。
　　　A. 42~53.8mm　　　　　　　　　　B. 52.6~64mm
　　　C. 64.1~77.9mm　　　　　　　　　D. 77.6~92.1mm

559. BG015 使用滑块卡瓦打捞矛打捞落物时,当矛杆和卡瓦进入鱼腔之后,卡瓦会依靠( )向下滑动。
  A. 液柱   B. 压力   C. 自重   D. 吸力
560. BG015 使用滑块卡瓦打捞矛打捞落物时,卡瓦与斜面产生相对位移,卡瓦齿面与矛杆中心线距离增加,使其打捞尺寸( ),直至与鱼腔内部接触为止。
  A. 保持不变   B. 逐渐减小
  C. 逐渐加大   D. 以上选项均正确
561. BG015 使用滑块卡瓦打捞矛打捞落物,当矛杆和卡瓦进入鱼腔之后,上提矛杆,斜面向上运动所产生的( )迫使卡瓦咬入落物内壁,抓住落物。
  A. 径向分力   B. 径向合力   C. 重力   D. 提拉力
562. BG016 滑块卡瓦打捞矛下至鱼顶时,要记录好( )和方入,开泵洗井。
  A. 压力   B. 悬重   C. 排量   D. 长度
563. BG016 滑块卡瓦打捞矛打捞落物后,上提钻柱,如( )增加,说明已经捞获落鱼。
  A. 压力   B. 长度   C. 排量   D. 悬重
564. BG016 下不带引鞋的打捞工具,应采用( )的方法进行反复打捞,如负荷增加,说明已捞获。
  A. 猛放加压试提   B. 轻放猛提
  C. 平稳下放缓慢加压试提   D. 猛放猛提
565. BG017 对滑块卡瓦打捞矛进行保养时,应检查( )有无堵塞。
  A. 接头   B. 卡瓦   C. 螺纹   D. 水眼
566. BG017 对滑块卡瓦打捞矛进行保养时,应检查( )在滑道有无碰撞现象,如有应修整,以保证滑块滑动灵活。
  A. 接头   B. 卡瓦   C. 螺纹   D. 水眼
567. BG017 滑块卡瓦打捞矛使用后,连接螺纹部分和矛杆配合面应( )并用油纸包裹。
  A. 涂抹黄油   B. 涂抹机油   C. 用清水清洗   D. 打蜡
568. BG018 可退式打捞矛由芯轴、圆卡瓦、( )和引鞋组成。
  A. 锥体   B. 下接头   C. 矛杆   D. 释放环
569. BG018 LM-T73型可退式打捞矛的卡瓦窜动量是( )。
  A. 7.7mm   B. 10mm   C. 13mm   D. 16mm
570. BG018 使用正扣可退式打捞矛打捞时,如落鱼卡死需退出打捞矛,只要给一定的下击力,( ),上提钻具即可退出落鱼。
  A. 先正转再反转钻具   B. 再反转钻具2~3圈
  C. 再直接上提钻具   D. 再正转钻具2~3圈
571. BG019 LT-02TA型可退式卡瓦打捞筒的卡瓦是( )。
  A. 双片式   B. 螺旋式   C. 篮式   D. 鼠笼式
572. BG019 篮式卡瓦打捞筒由上接头、筒体总成、篮式卡瓦、( )、内密封圈、O形密封圈、引鞋等组成。
  A. 双片式   B. 螺旋式   C. 铣控环   D. 鼠笼式

573. BG019　可退式卡瓦打捞筒的工作原理与可退式打捞矛一样,捞获落鱼后上提钻具,卡瓦(　　)与筒体内相应的齿面有相对位移,则将落鱼卡紧。

　　A. 接箍　　　　　　　　　　　　B. 内螺旋锯齿形锥面
　　C. 外螺旋锯齿形锥面　　　　　　D. 引鞋

574. BG020　卡瓦打捞筒由上接头、筒体、(　　)、卡瓦座、卡瓦、引鞋等组成。

　　A. 弹簧　　　　B. 下接头　　　　C. 锥面　　　　D. 锥体

575. BG020　卡瓦打捞筒打捞落物的缺点是(　　)的强度低,不适合大扭矩施工,只能抓牢,不能自由退出。

　　A. 接头　　　　B. 键　　　　　　C. 卡瓦　　　　D. 筒体

576. BG020　DLT-114 型卡瓦打捞筒的打捞范围为(　　)。

　　A. 54~730mm　　B. 520~73mm　　C. 50~730mm　　D. 48~73mm

577. BH001　168mm 套管用通径规的外径为(　　)。

　　A. 92~95mm　　B. 102~107mm　　C. 114~118mm　　D. 136~148mm

578. BH001　通径规的用途是(　　)。

　　A. 清洗油管　　　　　　　　　　B. 测套管外径
　　C. 判断井内套管状况　　　　　　D. 测套管接箍

579. BH001　选择通径规时,通径规的外径应比套管内径小(　　)。

　　A. 1~3mm　　　B. 8~10mm　　　C. 0.5~0.9mm　　D. 6~8mm

580. BH002　通径规下井前,应检查通径规(　　)部分有无缺齿、滑扣及变形等现象,影响使用的应予以淘汰。

　　A. 接头　　　　B. 本体　　　　C. 螺纹　　　　D. 引鞋

581. BH002　通径规下井前,应检查通径规(　　)有无损伤及变形等现象,影响使用的应予以淘汰。

　　A. 接头　　　　B. 本体　　　　C. 螺纹　　　　D. 引鞋

582. BH002　通径规使用后,通径规(　　)部分涂抹黄油,带上护丝,油纸包裹,装箱于干燥处保存。

　　A. 接头　　　　B. 本体　　　　C. 引鞋　　　　D. 螺纹

583. BH003　按用途划分,吊卡可分为油管吊卡、套管吊卡和(　　)。

　　A. 侧开式吊卡　B. 对开式吊卡　C. 闭锁式吊卡　D. 钻杆吊卡

584. BH003　活门吊卡属于(　　)。

　　A. 侧开式吊卡　B. 对开式吊卡　C. 闭锁式吊卡　D. 月牙形吊卡

585. BH003　月牙形吊卡属于(　　)。

　　A. 侧开式吊卡　B. 对开式吊卡　C. 闭锁式吊卡　D. 活门吊卡

586. BH004　活门吊卡用于油管或钻杆的起下作业,其特点是起重量(　　)。

　　A. 大　　　　　　　　　　　　　B. 比月牙形吊卡大
　　C. 没有月牙形吊卡大　　　　　　D. 小

587. BH004　月牙形吊卡主要用于油管的起下作业,其特点是起重量(　　)。

　　A. 大　　　　　B. 比活门吊卡小　C. 比活门吊卡大　D. 小

588. BH004　起下φ73mm 的平式油管时,应选用公称尺寸(　　)的 BD76/585 型油管
　　　　　　　吊卡。
　　　　A. 50mm　　　　　B. 73mm　　　　　C. 79mm　　　　　D. 89mm
589. BH005　(　　)吊卡的形式代号用字母"B"表示。
　　　　A. 侧开式　　　　B. 对开式　　　　C. 闭锁式　　　　D. 钻杆
590. BH005　(　　)吊卡的形式代号用字母"C"表示。
　　　　A. 侧开式　　　　B. 对开式　　　　C. 闭锁式　　　　D. 钻杆
591. BH005　吊卡型号为 CD2⅜EU-150,则该吊卡为(　　)吊卡,适用于外加厚油管规格
　　　　　　　代号2⅜,额定载荷代号150。
　　　　A. 锥形台阶　　　B. 直角台阶　　　C. 钝角台阶　　　D. 无台阶
592. BH006　变形或严重受损的吊卡部件要(　　)。
　　　　A. 维护和用后保养　　　　　　　　B. 买新吊卡
　　　　C. 及时更换　　　　　　　　　　　D. 报废
593. BH006　月牙吊卡使用前,应检查(　　)、手柄及月牙的开启与关闭是否灵活、锁紧螺
　　　　　　　钉是否紧固。
　　　　A. 活门　　　　　B. 锁销　　　　　C. 壳体　　　　　D. 弹簧
594. BH006　使用吊卡过程中,吊卡开口必须(　　)。
　　　　A. 向上　　　　　B. 向下　　　　　C. 向左　　　　　D. 向右
595. BH007　吊卡直角台阶表面应进行(　　)处理,硬度为48~58HRC,深度不小于2mm。
　　　　A. 退火　　　　　B. 淬火　　　　　C. 回火　　　　　D. 正火
596. BH007　吊卡两耳孔轴线相对于吊卡孔径的对称度公差为(　　)。
　　　　A. 2mm　　　　　B. 3mm　　　　　C. 4mm　　　　　D. 5mm
597. BH007　吊卡全开时,开口的宽度应大于吊卡孔径;侧开式吊卡的活门全开时,活门开
　　　　　　　口的最大张开角应不大于(　　)。
　　　　A. 90°　　　　　B. 100°　　　　　C. 110°　　　　　D. 120°
598. BH008　安全卡瓦的主要功能是(　　)。
　　　　A. 密封油套环形空间　　　　　　　B. 密封井口
　　　　C. 密封油管　　　　　　　　　　　D. 卡住油管或钻杆任一部分
599. BH008　安全卡瓦合拢后,在卡瓦的额定负荷内,井内油管(　　)。
　　　　A. 能上行　　　　　　　　　　　　B. 能转动
　　　　C. 不能上行不能转动　　　　　　　D. 能下行,能转动
600. BH008　安全卡瓦由主体手把连杆机构和卡瓦组成,用力(　　)便通过连杆机构使卡
　　　　　　　瓦合拢,卡住油管。
　　　　A. 上提手把　　　B. 下压手把　　　C. 拉出手把　　　D. 旋转手把

二、判断题(对的画"√",错的画"×")

(　　)1. AA001　在油田开发过程中,专门用来观察油井压力的井称为观察井。
(　　)2. AA002　石油的相对密度随温度、压力的增加而降低。

(　　)3. AA003　技术套管是指下在地层和油层套管之间的套管。

(　　)4. AA004　水泥返高是指固井时,水泥浆沿套管与井壁之间的环形空间上返面与四通法兰上平面之间的距离。

(　　)5. AA005　衬管完井法的缺点是油流阻力大,不便于流体流入井筒。

(　　)6. AA006　裸眼完井法适用于岩层非常坚固,且无油、气、水夹层的单一油层或油层性质相同的多油层井。

(　　)7. AA007　套管射孔完井方法是先钻开油气层,然后下入油层套管至油气层底部后用水泥浆固井,再用射孔器对准油气层部位射孔,射穿套管和水泥环并进入地层一定深度,为油气流入井筒打开通道。

(　　)8. AA008　目前油田常用的采油树有250型、350型和600型3种。

(　　)9. AA009　井口装置的作用没有油气产量管理重要。

(　　)10. AA010　采油树用螺纹连接上扣方便。

(　　)11. AA011　采油树的安装和选择不但要考虑安全工作压力,还应考虑施工允许的最大通径要求。

(　　)12. AA012　自喷采油需要机械动力提升。

(　　)13. AA013　有杆泵采油是指电动机带动井下抽油杆和抽油泵往复运动从地下开采石油。

(　　)14. AA014　游梁抽油机都是以电动机作为原动力,曲柄连杆机构作为动力的传动装置。

(　　)15. AA015　无游梁抽油机与游梁式抽油机不同的是抽油机的结构和运动形式发生了变化。

(　　)16. AA016　潜油电动机与保护器之间的壳体用花键套连接。

(　　)17. AA017　洗井是在地面向井筒内打入具有一定性质的洗井工作液,把井壁和油管上的结蜡、死油、铁锈、杂质等脏物混合到洗井工作液中带到地面的施工。

(　　)18. AA018　压井的主要方法有灌注法、正循环法和反循环法。

(　　)19. AA019　在替钻井液过程中要认真观察进出口有无异常、漏失,发现异常应及时上报上级技术部门,采取相应措施。

(　　)20. AA020　起下管柱施工前应将油管按顺序整齐摆放在油管桥上,接箍方向一致,5根一组。

(　　)21. AA021　螺杆泵井试运行期内跟踪测量动液面是为了根据动液面的变化情况及时调整防冲距。

(　　)22. AA022　探砂面作业施工时,井架必须安装灵敏的指重表或拉力表。

(　　)23. AA023　冲砂过程中,应注意排量、泵压变化,防止井喷、井漏,观察拉力计变化,防止砂堵憋泵。

(　　)24. AA024　压力大的气井冲砂时,要注意防喷、防火。

(　　)25. AA025　使用刮削器刮削射孔井段时,要有专人指挥。

(　　)26. AA026　通径规通井是检查井下套管内径变化及后续措施管柱能否正常下至设计深度的重要手段。

( )27. AA027 拉力表可用于井下管柱悬重的测量以及磨铣施工时泵压的测量。

( )28. AB001 碳素钢具有较好的机械性能、良好的锻压性能、焊接性能和切削加工性能，价格比合金钢低，在机械工业中得到广泛应用。

( )29. AB002 甲类钢是按用途供应的钢，在应用时一般不经过热加工或热处理。

( )30. AB003 合金是由两种或两种以上的金属元素与非金属组成的具有金属特性的物质。

( )31. AB004 合金钢的编号方法中合金元素用化学符号表示。

( )32. AB005 普通低合金钢是一种低碳结构用钢，合金元素含量较少，一般在 3% 以下。

( )33. AB006 合金渗碳钢中所含合金元素可以提高钢的淬透性和高渗碳层的化学性能。

( )34. AB007 刃具钢主要是指制造车刀、铣刀、钻头等切削工具的钢种。

( )35. AB008 在真空或介质中不易腐蚀的钢称为不锈钢。

( )36. AB009 球墨铸铁的机械性能比灰口铸铁和可锻铸铁都低。

( )37. AB010 在生产方面，铸铁价格低廉，是机械制造的主要金属材料。

( )38. AB011 黑色金属材料是工业上对铁、铬和锰的统称。

( )39. AB012 铁素体强度、硬度不高，但具有优良的塑性和韧性。

( )40. AB013 屈服极限是指材料产生屈服现象时的最小应力。

( )41. AB014 强度不足是零件产生塑性变形的原因之一。

( )42. AB015 机械零件由于某些原因不能正常工作时，称为蠕变。

( )43. AB016 表面热处理包括表面淬火和渗碳处理。

( )44. AB017 退火是将钢加热到一定温度保温后，随炉缓慢冷却的热处理工艺。

( )45. AB018 完全退火主要用于细化内部组织，降低硬度，改善切削加工性能。

( )46. AB019 正火的效果同退火相似，只是得到的组织更细，常用于改善材料的切削性能，有时也用于一些要求不高的零件，作为最终热处理。

( )47. AB020 淬透性是指淬硬层的深度。

( )48. AB021 回火就是将淬火后的工件重新加热到 723℃ 以下某一温度，保温一段时间，然后取出工件以一定的方式冷却下来的热处理操作。

( )49. AB022 回火热处理工艺可以改变工件尺寸及获得工件所需的组织和性能。

( )50. AB023 弹簧所受的载荷与强度之间的关系曲线称为弹簧的特性曲线。

( )51. AB024 弹簧类零件为了获得高的弹性极限和足够的强度和硬度，必须采用淬火加中温回火处理。

( )52. AB025 机构"十字"保养法中的润滑是指各轴承处加黄油，减速箱要保持一定的润滑油位，各运动部件经常加润滑油。

( )53. AB026 无缝钢管为低中压管材。

( )54. AB027 套管的公称直径指的是内径。

( )55. AB028 油田常用的油管有 $\phi 88.9mm$ 的油管和 $\phi 73mm$ 油管。

( )56. AB029 在图样中尺寸线和尺寸界线都用细实线来画。

( )57. AB030 图形的线性尺寸与实际机件的线性尺寸之比称为比例。

( )58. AB031 能够反映出投影物体高度和宽度的视图是俯视图。

( )59. AB032 主视图能反映出物体的高度和长度。

( )60. AC001 搞好劳动保护是搞好文明生产的重要条件,但不是实现企业生产现代化的重要条件。

( )61. AC002 安全工作只有安全监督人员才可以管。

( )62. AC003 一切作业施工人员要尽量执行各项规章制度和技术措施。

( )63. AC004 安全生产责任制是根据"管生产必须管安全"的原则,综合各种安全生产管理、安全操作制度制定的。

( )64. AC005 起管柱作业按照安全操作规程要求进行施工属于安全行为。

( )65. AC006 安全技术是指企业在组织进行生产过程中,为防止伤亡事故,保障劳动者人身安全采取的各种技术措施。

( )66. AC007 燃烧的三个条件是可燃物、助燃物、火源。

( )67. AC008 干粉灭火器打开的方法:一手紧握胶管,另一手将提环用力向上拉起。

( )68. AC009 工具工安全操作规程规定:试易爆件或进行强度爆破实验前必须上报领导。

( )69. AC010 在野外使用起重设备进行作业时,遇到 6 级以上大风天气应减少作业。

( )70. AC011 井场用锅炉房距井口防火距离不得少于 15m。

( )71. AC012 QHSE 管理体系可促进我国石油企业进入国际市场。

( )72. AC013 串联电路的特点是各用电器电流之和与总电流相等。

( )73. AC014 人体被电流伤害程度与电流频率无关。

( )74. AC015 剥线钳是用于剥大直径导线绝缘层的专用工具。

( )75. BA001 钢板尺是测量长度的工具。

( )76. BA002 大钢卷尺又称为钢盒尺。

( )77. BA003 内、外卡钳是测量工件长度的专用工具。

( )78. BA004 内卡钳用来测量工件的内径、外卡钳用来测量工件的外径。

( )79. BA005 游标卡尺由主尺、副尺、辅助游标和螺钉组成。

( )80. BA006 若将游标卡尺游标向右移动 0.02mm,则游标零线后的第一根线与主尺的刻线对正。

( )81. BA007 使用游标卡尺测量内孔时,应使尺面倾斜紧压向内表面上以保证测量结果准确。

( )82. BA008 游标卡尺的量爪可以当划针、圆规使用。

( )83. BA009 游标万能角度尺是用于直接测量角度的一种角度的量具。

( )84. BA010 游标万能角度尺在使用前要检查测量面是否生锈和碰伤,活动件是否灵活、平稳,能否固定在规定的位置上。

( )85. BA011 水平仪主要用于测量平面对水平面和垂直平面的位置偏差。

( )86. BA012 水平仪的零值正确与否是相对的,只要水平仪的气泡在中间位置,就表明零值是正确的。

( )87. BA013　公法线千分尺用于测量齿轮公法线长度。

( )88. BA014　千分尺的测微螺杆右面的螺纹可沿内螺纹回转,并用固定套定心。

( )89. BA015　划规自身可装配刻度尺。

( )90. BA016　划线分平面划线和斜面划线。

( )91. BA017　画机械图样时,物体的轴线、对称中心,应使用实线。

( )92. BA018　划线精度一般能达到 0.25~0.5mm,因此可以依靠划线直接确定加工的最后尺寸。

( )93. BA019　划规两脚的长度要一致,脚尖要靠紧,以利于画大圆。

( )94. BA020　长度单位为米时,其单位符号为 kN。

( )95. BA021　"千克"和"克"都是法定质量单位。

( )96. BA022　法定压力计量单位与工程压力单位的换算关系是:$1kgf/cm^2 = 9.80665 \times 10^4 Pa = 98066.5 Pa$。

( )97. BB001　指针不归零的压力表不可以使用。

( )98. BB002　大气压力变化对压力表式气体温度计的测量结果影响较大。

( )99. BB003　常用的千斤顶均为手动千斤顶。

( )100. BB004　YNJ-160/8 型拧扣机高挡额定转速为 1000r/min。

( )101. BB005　试压泵试压时的注意事项:试压件带压时,如有滴漏现象,不许带压上扣,泄压后方可紧固。

( )102. BB006　试压泵按用法分为游动试压泵和电动试压泵两种。

( )103. BC001　杆式泵具有内外层工作筒,一般设计泵径较大,泵排量较大,用于液面较高、产量较大的深井。

( )104. BC002　抽油泵的型式代号中,管式泵的形式代号为字母"T"。

( )105. BC003　管式泵主要由泵筒、固定阀和带有游动阀的实心柱塞组成。

( )106. BC004　管式泵在下井时,泵筒连接在抽油杆下端。

( )107. BC005　抽油泵的零件所用材料应符合图样规定的材料牌号要求。

( )108. BC006　抽油泵组装后,应对泵筒、各接头、吸入阀组件各密封面和油管螺纹进行压力试验。

( )109. BC007　抽油泵试验合格后,应在泵筒内壁和柱塞外表面涂防锈油,再旋上保护帽,进行密封性能试验。

( )110. BC008　深井泵下井时要保持泵清洁,并涂抹干净的机油。

( )111. BD001　井下工具按功能分为封隔器、控制工具和修井工具三类。

( )112. BD002　油气田封隔器按封隔件的工作原理分为 4 类。

( )113. BD003　Y445 型封隔器是一种自封式封隔器。

( )114. BD004　可洗井封隔器在洗井时应接好洗井管线,倒流程,关闭生产阀门,打开洗井阀门,慢慢打开套管阀门,由低压到高压慢慢地洗。

( )115. BD005　Y445 型封隔器支撑方式为双向卡瓦。

( )116. BD006　Y344 型封隔器的坐封方式为转管柱坐封。

( )117. BD007　Y111 型封隔器的解封方式为尾管解封。

( )118. BD008　Y111-102 型封隔器适用于 φ146mm 套管。
( )119. BD009　Y211-110 型封隔器扶正块外径张开时为 110mm。
( )120. BD010　可洗井 Y341 型封隔器可用于分层注水。
( )121. BD011　Y341-114 型封隔器支撑方式为无支撑。
( )122. BD012　Y344 型封隔器坐封时从套管内加液压。
( )123. BD013　Y344-114 型封隔器的总长度为 1070mm。
( )124. BD014　K344-110 型封隔器适应套管内径为 124～140mm。
( )125. BD015　K344-95 型封隔器适应套管内径为 102～114mm。
( )126. BD016　组装 Y341 型封隔器时要求建立组装试压记录,填写入库使用清单。
( )127. BD017　K344-114 型封隔器适应套管内径为 108～132mm。
( )128. BE001　井下工具中,型式代号为 HD 的控制类工具是滑套式工具。
( )129. BE002　KGD-110 型配水器的工作原理是油管加液压,液流经滤罩口水嘴和阀接头的孔眼作用在阀上。
( )130. BE003　KHD-114 型配水器在阀座接头的下端安装水嘴。
( )131. BE004　KPX-113 偏心型配水器的总长为 790mm。
( )132. BE005　KPS 型喷砂器连接管柱时,应符合从上到下、通径由小变大的原则,不得接错。
( )133. BE006　KPS-114 型导压喷砂器的剪钉剪断压力为 15MPa。
( )134. BE007　KDK 型安全接头接在井下易卡工具的上部,以便遇卡时可以从安全接头处倒扣起出接头以上部分的管柱。
( )135. BE008　KHT-110 型常闭开关用于连接油管和油套环形空间的通道。
( )136. BE009　作业用的自封封井器是环形封井器,但在空井眼时不能封井。
( )137. BE010　正常起下管柱作业时,半封封井器要处于全开状态。
( )138. BE011　全封封井器是靠闸板和壳体封井的。
( )139. BE012　活动弯头需要重点保养的部位是上下接头,要防止螺纹损坏。
( )140. BE013　管钳不但能扳转钢管,还能代替扳手扳转螺栓和螺母。
( )141. BE014　管钳的规格是指管钳开口时从钳头到钳尾的长度。
( )142. BE015　使用管钳时应先检查固定销钉是否牢固,钳头、钳柄有无裂痕,有裂痕者不能使用。
( )143. BE016　使用管钳上卸扣前,将钳口开到适当的尺度,一手扶钳头,一手握钳柄试卡管径,调节螺母来调整开口直到大小正好为止。
( )144. BE017　油管钳是专门用于上卸抽油杆螺纹的工具。
( )145. BE018　桌虎钳安装在案子上一定要牢靠,允许在砧案上做锤击操作,其他部位则不能敲打。
( )146. BE019　活动扳手应符合螺母的尺寸规格,不得以大代小,以免损坏螺栓。
( )147. BE020　使用活动扳手夹螺母时越紧越好。
( )148. BF001　钳工是手持工具对加工工件进行切削加工的工种。
( )149. BF002　錾子的主要工具是錾子和锯。

( )150. BF003　錾削平面要使用狭錾。

( )151. BF004　錾子要保持锋利,过钝的錾子虽然能够使錾削表面平整,但工作费力,而且容易打滑伤手。

( )152. BF005　顺向锉是顺着同一方向对工件进行锉削,它适用于最后锉光和锉削不大的平面。

( )153. BF006　锉削时右手推动锉刀并决定推动距离,左手协同右手使锉刀保持平衡。

( )154. BF007　新锉刀要两面一起使用。

( )155. BF008　钳工刮削是用刮刀在工件表面上刮去一层很薄的金属以提高工件加工精度的切削方法。

( )156. BF009　平面刮削的方法分为手刮法和身刮法。

( )157. BF010　刮刀是刮削的主要工具,刀头部分应具有足够高的韧度,刃口必须锋利。

( )158. BF011　麻花钻有直柄式和锥柄式两种。

( )159. BF012　麻花钻主切削刃外缘处切削速度最高,故产生的切削热最多,磨损极为严重。

( )160. BF013　钻不通孔时,可按钻孔深度调整挡块,并通过测量实际尺寸来控制钻孔深度。

( )161. BF014　为提高工作效率,不允许在开车状况下装卸钻头和工件。

( )162. BF015　铰刀由柄部、颈部和工作部分组成。

( )163. BF016　铰削余量是指上道工序完成后在直径方向留下的加工余量。

( )164. BF017　锯弓上的调整螺杆是 M10 螺杆。

( )165. BF018　丝锥由柄部和工作部分组成。

( )166. BF019　螺纹的种类中,应用较多的是普通螺纹和矩形螺纹。

( )167. BF020　攻螺纹时,底孔直径应比螺纹小径略小,这样,挤出的金属流向牙尖,易卡住丝锥。

( )168. BF021　加工套螺纹的工具主要是板牙。

( )169. BF022　正常套螺纹时,不要加压,使板牙自然引进,以免损坏螺纹和板牙。

( )170. BF023　有槽研磨平板用于精研,研磨时易于将工件压平,防止将工件磨成凸起的弧面。

( )171. BF024　研具的材料必须比工件稍硬,但不可太硬,否则会使磨料全部嵌进研具而失去研磨作用。

( )172. BF025　研磨剂是由磨料和磨液调和而成的混合剂。

( )173. BG001　一把抓只能打捞小件落物,不能打捞重物或大件落物。

( )174. BG002　使用铅模打印时,只许一次打印完成。

( )175. BG003　开窗打捞筒不但可以直接打捞落物,而且能进行倒扣打捞。

( )176. BG004　抽油杆打捞筒从性能上分有不可退式和可退式两种。

( )177. BG005　在钻(修)井过程中,要将不同尺寸和类型的钻杆及工具连接起来以便进行修井和复杂情况的处理,不同尺寸、不同螺纹型的钻杆是通过转换接头来连接的。

(   ) 178. BG006 公锥倒扣打捞较长的遇卡落物时不会形成多鱼顶。

(   ) 179. BG007 公锥的扣型有正扣和反扣两种,正扣是直接倒扣打捞,反扣是造扣打捞。

(   ) 180. BG008 公锥是一种专门从油管、钻杆、封隔器、配水器、配产器等有孔落物的内孔进行造扣打捞的工具。

(   ) 181. BG009 公锥造扣时,如悬重逐步下降而泵压并无变化,说明公锥插入鱼腔外壁的套管环形空间。

(   ) 182. BG011 母锥是长筒形整体结构,由接头和本体两部分组成。

(   ) 183. BG011 母锥只用于打捞管类落物,不能用于打捞杆类落物。

(   ) 184. BG012 母锥造扣环形面积大,容易破坏鱼顶。

(   ) 185. BG013 滑块卡瓦打捞矛分为单滑块打捞矛和双滑块打捞矛两种。

(   ) 186. BG014 滑块卡瓦打捞矛的型号中,字母"D"表示单滑块。

(   ) 187. BG015 滑块卡瓦打捞矛是内捞工具,它可以打捞钻杆、油管、套铣筒、衬管、封隔器、配水器、配产器等具有内孔的落物。

(   ) 188. BG016 使用滑块卡瓦打捞矛打捞落物时,要注意观察碰鱼方入和悬重变化。

(   ) 189. BG017 对滑块卡瓦打捞矛进行保养时,首先要清除各部件油污等杂质。

(   ) 190. BG018 可退式卡瓦打捞矛抓住落物后,可根据需要很容易地打捞落物。

(   ) 191. BG019 对于不同直径的落鱼,只要在筒体许可的情况下更换不同的卡瓦卡瓦打捞筒即可打捞。

(   ) 192. BG020 螺旋式卡瓦壁比篮式卡瓦壁壁薄,因此,在同一筒体内打捞落鱼尺寸比篮式捞筒要小。

(   ) 193. BH001 通径规是检测套管、油管、钻杆以及其他管子内通径尺寸的简单而常用的工具。

(   ) 194. BH002 对通径规进行保养时,要检查通径规本体有无弯曲,轻微弯曲的通径规仍可继续使用。

(   ) 195. BH003 吊卡的台阶有两种,一种是直角台阶,一种是钝角台阶。

(   ) 196. BH004 在作业施工过程中,油管吊卡和抽油杆吊卡是通用的。

(   ) 197. BH005 吊卡的结构特征代号中,锥形台阶用字母"Z"表示。

(   ) 198. BH006 起下油管使用吊卡时,吊卡销子齐全即可,不用拴保险绳。

(   ) 199. BH007 吊卡未注公差的加工应不低于 GB/T 1804—2000《一般公差 未注公差的线性和角度尺寸的公差》规定的值。

(   ) 200. BH008 安全卡瓦是靠自身结构的斜度及镶嵌于里面的钢牙的斜度配合来卡住钻杆或油管的。

答 案

一、单项选择题

1. A	2. D	3. B	4. C	5. D	6. A	7. A	8. D	9. A	10. B
11. C	12. D	13. A	14. D	15. B	16. C	17. D	18. B	19. A	20. D
21. A	22. C	23. B	24. C	25. D	26. C	27. C	28. B	29. A	30. D
31. D	32. D	33. D	34. A	35. B	36. C	37. C	38. D	39. B	40. A
41. B	42. A	43. C	44. D	45. A	46. C	47. B	48. C	49. A	50. A
51. B	52. C	53. D	54. B	55. C	56. D	57. B	58. D	59. C	60. B
61. A	62. D	63. C	64. B	65. C	66. C	67. D	68. C	69. B	70. D
71. B	72. D	73. D	74. A	75. C	76. C	77. B	78. D	79. D	80. D
81. A	82. D	83. D	84. B	85. D	86. C	87. B	88. D	89. D	90. B
91. A	92. C	93. D	94. C	95. C	96. D	97. A	98. A	99. B	100. B
101. B	102. C	103. D	104. C	105. C	106. B	107. C	108. C	109. C	110. A
111. C	112. D	113. B	114. C	115. C	116. D	117. D	118. C	119. A	120. B
121. B	122. A	123. A	124. A	125. B	126. C	127. C	128. C	129. D	130. D
131. C	132. B	133. A	134. D	135. B	136. A	137. C	138. C	139. C	140. D
141. D	142. A	143. B	144. C	145. D	146. A	147. B	148. D	149. C	150. C
151. D	152. A	153. D	154. A	155. C	156. C	157. C	158. B	159. A	160. C
161. B	162. C	163. D	164. B	165. A	166. B	167. A	168. B	169. B	170. A
171. A	172. B	173. A	174. B	175. A	176. C	177. A	178. A	179. C	180. B
181. C	182. B	183. B	184. B	185. B	186. D	187. C	188. A	189. C	190. B
191. B	192. B	193. C	194. A	195. D	196. A	197. B	198. D	199. A	200. A
201. A	202. D	203. D	204. A	205. A	206. D	207. D	208. A	209. B	210. C
211. C	212. B	213. A	214. A	215. B	216. C	217. B	218. A	219. D	220. B
221. B	222. C	223. C	224. A	225. B	226. C	227. A	228. D	229. D	230. C
231. B	232. C	233. B	234. C	235. A	236. B	237. C	238. A	239. B	240. B
241. A	242. A	243. C	244. B	245. B	246. B	247. C	248. B	249. B	250. A
251. B	252. A	253. C	254. A	255. B	256. B	257. A	258. D	259. D	260. C
261. C	262. B	263. C	264. A	265. B	266. A	267. D	268. B	269. A	270. D
271. D	272. C	273. C	274. A	275. D	276. B	277. B	278. B	279. D	280. D
281. C	282. A	283. C	284. B	285. C	286. C	287. B	288. C	289. B	290. A
291. B	292. B	293. B	294. B	295. A	296. A	297. D	298. D	299. D	300. A
301. A	302. C	303. C	304. D	305. C	306. C	307. D	308. A	309. C	310. C

311. B	312. A	313. A	314. A	315. B	316. A	317. D	318. A	319. A	320. C
321. D	322. A	323. A	324. C	325. B	326. D	327. A	328. B	329. B	330. D
331. B	332. A	333. D	334. A	335. B	336. A	337. A	338. C	339. A	340. B
341. B	342. C	343. D	344. D	345. B	346. A	347. C	348. B	349. B	350. D
351. B	352. C	353. B	354. D	355. D	356. B	357. B	358. D	359. B	360. C
361. B	362. D	363. B	364. D	365. A	366. D	367. C	368. D	369. B	370. D
371. C	372. D	373. C	374. A	375. D	376. D	377. C	378. B	379. D	380. B
381. D	382. D	383. A	384. D	385. D	386. D	387. D	388. D	389. D	390. D
391. D	392. C	393. D	394. D	395. D	396. D	397. D	398. D	399. B	400. D
401. B	402. D	403. C	404. B	405. C	406. D	407. C	408. D	409. C	410. C
411. A	412. A	413. D	414. A	415. D	416. D	417. D	418. D	419. C	420. C
421. C	422. B	423. D	424. B	425. A	426. D	427. C	428. D	429. D	430. B
431. B	432. C	433. C	434. B	435. D	436. D	437. B	438. C	439. D	440. C
441. D	442. D	443. A	444. C	445. D	446. D	447. D	448. D	449. C	450. D
451. C	452. B	453. D	454. D	455. D	456. D	457. D	458. D	459. D	460. C
461. D	462. D	463. D	464. D	465. B	466. D	467. D	468. D	469. C	470. C
471. A	472. C	473. A	474. A	475. B	476. D	477. D	478. D	479. B	480. A
481. C	482. B	483. D	484. D	485. D	486. A	487. A	488. C	489. C	490. B
491. C	492. D	493. C	494. D	495. A	496. D	497. C	498. C	499. D	500. B
501. C	502. C	503. B	504. B	505. D	506. A	507. D	508. B	509. C	510. B
511. C	512. B	513. D	514. A	515. C	516. B	517. D	518. B	519. C	520. D
521. C	522. D	523. B	524. B	525. C	526. D	527. D	528. B	529. B	530. C
531. C	532. A	533. B	534. C	535. D	536. D	537. D	538. D	539. C	540. C
541. C	542. B	543. B	544. D	545. D	546. D	547. C	548. B	549. C	550. A
551. C	552. C	553. C	554. A	555. D	556. A	557. D	558. D	559. D	560. C
561. A	562. B	563. D	564. D	565. D	566. B	567. A	568. D	569. A	570. D
571. C	572. C	573. C	574. A	575. D	576. D	577. D	578. C	579. D	580. C
581. B	582. D	583. D	584. A	585. C	586. D	587. B	588. B	589. C	590. A
591. B	592. C	593. B	594. A	595. D	596. B	597. C	598. D	599. C	600. B

二、判断题

1. × 正确答案:在油田开发过程中,专门用来观察油田地下动态的井,称为观察井。 2. √
3. × 正确答案:技术套管是指下在表层套管和油层套管之间的套管。 4. × 正确答案:水泥返高是指固井时,水泥浆沿套管与井壁之间的环形空间上返面与转盘上平面之间的距离。 5. × 正确答案:衬管完井法的优点是油流阻力小,便于流体流入井筒。 6. √
7. √ 8. √ 9. × 正确答案:井口装置的作用与油气产量管理同等重要。 10. × 正确答案:采油树用螺纹连接上扣困难。 11. √ 12. × 正确答案:自喷采油不需要机械动力提升。 13. × 正确答案:有杆泵采油是指抽油机带动井下抽油杆和抽油泵往复运动从地下开采石油。   14.√   15.√   16.×   正确答案:潜油电动机与保护器之间的壳体用法兰螺丝连接。   17.√   18.×   正确答案:压井主要方法有灌注法、循环法和挤注法。   19.√   20.×   正确答案:起下管柱施工前应将油管按顺序整齐摆放在油管桥上,接箍方向一致,10根一组。   21.×   正确答案:螺杆泵井试运行期内跟踪测量动液面是为了根据动液面的变化情况及时调整转速,建立良好的油井产液供排协调关系。   22.√   23.√   24.√   25.√   26.√   27.×   正确答案:拉力表可用于井下管柱悬重的测量以及磨铣施工时钻压的测量。   28.√   29.√   30.√   31.√   32.√   33.×   正确答案:合金渗碳钢中所含合金元素可以提高钢的淬透性和高渗碳层的机械性能。   34.√   35.×   正确答案:在大气或其他介质中不易腐蚀的钢称为不锈钢。   36.×   正确答案:球墨铸铁的机械性能比灰口铸铁和可锻铸铁都高。   37.√   38.√   39.√   40.√   41.√   正确答案:硬度不足是零件产生塑性变形的原因之一。   42.×   正确答案:机械零件由于某些原因不能正常工作时,称为失效。   43.×   正确答案:表面热处理包括加热、保温、冷却3个过程,有时只有加热和冷却两个过程。   44.√   45.√   46.√   47.√   48.√   49.√   正确答案:回火热处理工艺可以稳定工件尺寸及获得工件所需的组织和性能。   50.×   正确答案:弹簧所受的载荷与变形之间的关系曲线称为弹簧的特性曲线。   51.√   52.√   53.×   正确答案:无缝钢管为高、中压管材。   54.×   正确答案:套管的公称直径指的是外径。   55.√   56.√   57.√   58.×   正确答案:能够反映出投影物体高度和宽度的视图是左视图。   59.√   60.×   正确答案:搞好劳动保护是搞好文明生产、实现企业生产现代化的重要条件。   61.×   正确答案:安全工作人人有责,无论谁来管都不过分。   62.×   正确答案:一切作业施工人员必须严格执行各项规章制度和技术措施。   63.√   64.√   65.√   66.√   67.√   68.×   正确答案:工具工安全操作规程规定:试易爆件或进行强度爆破实验前必须通过主管部门审批,方可进行实验。   69.×   正确答案:在野外使用起重设备进行作业时,遇到6级以上大风天气应停止作业。   70.×   正确答案:井场用锅炉房距井口防火距离不得少于50m。   71.√   72.×   正确答案:串联电路的特点是各用电器电流与总电流相等。   73.×   正确答案:人体被电流伤害程度与电流频率有关,频率为50~60Hz的交流电是最危险的。   74.×   正确答案:剥线钳是用于剥小直径导线绝缘层的专用工具。   75.√   76.×   正确答案:大钢卷尺又称为卷尺或盒尺。   77.×   正确答案:内、外卡钳是测量工件孔径的专用工具。   78.√   79.√   80.×   正确答案:若将游标卡尺游标向左移动0.02mm,则游标零线后的第一根线与主尺的刻线对正。   81.×   正确答案:使用游标卡尺测量内孔时,应使尺面垂直紧紧压向内表面上以保证测量结果准确。   82.×   正确答案:游标卡尺作为较精密的量具,不得随意作它用。   83.√   84.√   85.√   86.√   87.√   88.×   正确答案:千分尺的测微螺杆右面的螺纹可沿内螺纹回转,并用轴套定心。   89.×   正确答案:划规自身可装配量角器。   90.×   正确答案:划线分平面划线和找正划线。   91.×   正确答案:画机械图样时,物体的轴线、对称中心,应使用细点画线。   92.×   正确答案:划线精度一般能达到0.25~0.5mm,因此不可以依靠划线直接确定加工的最后尺寸。   93.×   正确答案:划规两脚的长度要一致,脚尖要靠紧,以利于画小圆。   94.×   正确答案:长度单位为米时,其单位符号为m。   95.√   96.√   97.√   98.×   正确答案:大气压力变化对压力表式气体温度计的测量结果影响不大。   99.√   100.×   正确答案:YNJ-160/8型拧扣机高挡额定转速为54r/min。   101.√   102.×

正确答案:试压泵按结构分为游动试压泵和电动试压泵两种。 103.× 正确答案:杆式泵具有内外层工作筒,一般设计泵径较小,泵排量较小,用于液面较低、产量较小的深井。 104.√ 105.× 正确答案:管式泵主要由泵筒、固定阀和带有游动阀的空心柱塞组成。 106.× 正确答案:管式泵在下井时,泵筒连接在油管下端。 107.√ 108.× 正确答案:抽油泵组装后,应对泵筒整体进行压力试验。 109.√ 110.× 正确答案:深井泵下井时要保持泵清洁,并涂抹干净的密封脂。 111.√ 112.√ 113.× 正确答案:Y445型封隔器是一种压缩式封隔器。 114.√ 115.√ 116.× 正确答案:Y344型封隔器的坐封方式为液压坐封。 117.× 正确答案:Y111型封隔器的解封方式为上提解封。 118.× 正确答案:Y111-102型封隔器不适用于φ146mm套管。 119.× 正确答案:Y211-110型封隔器扶正块外径张开时为118mm。 120.√ 121.√ 122.× 正确答案:Y344型封隔器坐封时从油管内加液压。 123.√ 124.× 正确答案:K344-110型封隔器适应套管内径为117~132mm。 125.× 正确答案:K344-95型封隔器适应套管内径为102~127mm。 126.√ 127.× 正确答案:K344-114型封隔器适应套管内径为118~132mm。 128.× 正确答案:井下工具中,型式代号为HD的控制类工具是活动式工具。 129.√ 130.√ 131.√ 132.× 正确答案:KPS型喷砂器连接管柱时,应符合从上到下、通径由大变小的原则,不得接错。 133.× 正确答案:KPS-114型导压喷砂器的剪钉剪断压力为8~10MPa。 134.√ 135.√ 136.√ 137.√ 138.√ 139.× 正确答案:活动弯头需要重点保养的部位是活动肘接,确保转动灵活。 140.× 正确答案:管钳能扳转钢管,不能代替扳手扳转螺栓和螺母。 141.× 正确答案:管钳的规格是指管钳合口时从钳头到钳尾的长度。 142.√ 143.√ 144.× 正确答案:油管钳是专门用于上卸油管螺纹的工具。 145.√ 146.√ 147.× 正确答案:使用活动扳手夹松紧螺母应松紧适宜。 148.√ 149.× 正确答案:錾子的主要工具是錾子和锤子。 150.× 正确答案:錾削平面要使用扁錾。 151.× 正确答案:錾子要保持锋利,过钝的錾子不但工作费力,錾削表面不平整,而且容易打滑伤手。 152.√ 153.× 正确答案:锉削时右手推动锉刀并决定推动方向,左手协同右手使锉刀保持平衡。 154.× 正确答案:新锉刀要先使用一面,用钝后在使用另一面。 155.√ 156.× 正确答案:平面刮削的方法分为手刮法和挺刮法。 157.× 正确答案:刮刀是刮削的主要工具,刀头部分应具有足够高的硬度,刃口必须锋利。 158.√ 159.√ 160.√ 161.√ 162.√ 163.√ 164.√ 正确答案:锯弓上的调整螺杆是M24螺杆。 165.√ 166.√ 正确答案:螺纹的种类中,应用较多的是普通螺纹和梯形螺纹。 167.× 正确答案:攻螺纹时,底孔直径应比螺纹小径略小,这样,挤出的金属流向牙尖正好形成完整螺纹,又不易卡住丝锥。 168.√ 169.√ 170.× 正确答案:有槽研磨平板用于粗研,研磨时易于将工件压平,防止将工件磨成凸起的弧面。 171.× 正确答案:研具的材料必须比工件稍软,但不可太软,否则会使磨料全部嵌进研具而失去研磨作用。 172.√ 173.√ 174.√ 175.× 正确答案:开窗打捞筒可以直接打捞落物,不能进行倒扣打捞。 176.√ 177.√ 178.× 正确答案:公锥倒扣打捞较长的遇卡落物,容易形成多鱼顶。 179.× 正确答案:公锥的扣型有正扣和反扣两种,正扣是直接造扣打捞,反扣是倒扣打捞。 180.√ 181.√ 182.√ 183.× 正确答案:母锥既用于打捞管类落物,也能用于打捞杆类落物。 184.× 正确答案:母锥造扣环形面积大,不易破坏鱼顶。 185.√ 186.√ 187.√ 188.√ 189.√ 190.× 正确答案:可退式卡瓦打捞矛抓住落物后,可根据需要很容易地退出。 191. √ 192. × 正确答案:螺旋式卡瓦壁比篮式卡瓦壁薄,因此,在同一筒体内打捞落鱼尺寸比篮式捞筒大。 193. √ 194. × 正确答案:对通径规进行保养时,要检查通径规本体有无弯曲,对于弯曲变形的通径规,应予以淘汰。 195. × 正确答案:吊卡的台阶有两种,一种是直角台阶,一种是锥形台阶。 196. × 正确答案:在作业施工过程中,所用油管吊卡的规格与油管规范是相对应的。 197. √ 198. × 正确答案:起下油管使用吊卡时,吊卡销子必须要拴好保险绳。 199. √ 200. √

中级工理论知识练习题及答案

一、单项选择题(每题有4个选项,只有1个是正确的,将正确的选项号填入括号内)

1. AA001　规定采油速度和(　　)在油田开发原则中具有重要作用。
   A. 开采方式　　　B. 开发层系　　　C. 布井原则　　　D. 稳产期限

2. AA001　压力通常所用的单位是(　　)。
   A. 公斤　　　　　B. 兆帕　　　　　C. 千帕　　　　　D. 米

3. AA001　地质上油(气)层可进一步划分为单油层、隔层、夹层、(　　)、油砂体等。
   A. 层段　　　　　B. 层系　　　　　C. 油层组　　　　D. 断层

4. AA002　采油方式中(　　)不属于机械采油。
   A. 无梁式抽油机井采油　　　　　　B. 电动螺杆泵采油
   C. 自喷井采油　　　　　　　　　　D. 电动潜油泵采油

5. AA002　属于无杆泵采油的是(　　)。
   A. 无梁式抽油机井采油　　　　　　B. 电动螺杆泵采油
   C. 自喷井采油　　　　　　　　　　D. 电动潜油泵采油

6. AA002　属于有杆泵采油的是(　　)。
   A. 游梁式抽油机井采油　　　　　　B. 水力活塞泵采油
   C. 自喷井采油　　　　　　　　　　D. 电动潜油泵采油

7. AA003　反循环压井前用清水对进口管线试压,试压压力为设计工作压力的(　　)。
   A. 1.5倍　　　　B. 2.0倍　　　　C. 2.5倍　　　　D. 3.0倍

8. AA003　反循环压井停泵后应观察(　　),进、出口均无溢流、压力平衡时,完成反循环压井操作。
   A. 20min　　　　B. 30min　　　　C. 60min　　　　D. 90min

9. AA003　用压井液反循环压井,若遇到高压气井,在压井过程中使用(　　)控制进出排量平衡,以防止压井液在井筒内被气侵。
   A. 单流阀　　　B. 针形阀　　　　C. 采油树阀门　　D. 油嘴

10. AA004　反替钻井液结束前测清水密度,要求进、出口水性一致,密度差小于(　　),且无杂物时停泵。
    A. 1.5%　　　　B. 2%　　　　　C. 3%　　　　　D. 4%

11. AA004　反替钻井液前,应先用清水对井口管线试压,试压压力为设计工作压力的(　　)。
    A. 1.2倍　　　　B. 1.5倍　　　　C. 2.0倍　　　　D. 2.5倍

12. AA004　反循环替钻井液施工时,接好进、出口管线,(　　)装单流阀。
    A. 进口需要　　　　　　　　　　　B. 出口需要
    C. 进、出口都需要　　　　　　　　D. 进、出口都不需要

13. AA005 防喷器按照工作原理可分为( )防喷器。
   A. 环形、闸板
   B. 环形、防喷抢装短节
   C. 闸板、防喷抢装短节
   D. 环形、闸板、防喷抢装短节

14. AA005 国产防喷器型号 2FZ18-21 表示( )防喷器,通径为( ),工作压力为( )。
   A. 环形,18cm,21MPa
   B. 单闸板,18cm,21MPa
   C. 单闸板,21cm,18MPa
   D. 双闸板,18cm,21MPa

15. AA005 ( )又称管子闸板防喷器。
   A. 半封闸板防喷器
   B. 全封闸板防喷器
   C. 剪切闸板防喷器
   D. 变径闸板防喷器

16. AA006 锥形胶芯环形防喷器的组成部件中,( )是其核心部件。
   A. 活塞
   B. 壳体
   C. 胶芯
   D. 壳体和胶芯

17. AA006 下面关于环形防喷器工作原理的说法错误的是( )。
   A. 环形防喷器是靠液压驱动的
   B. 环形防喷器进油接头采用上关下开布置
   C. 关井时,胶芯在顶盖的限定下挤出橡胶进行封井
   D. 当需要打开井口时,胶芯在自身弹力作用下恢复原形,井口打开

18. AA006 为了确保闸板的浮动密封性能和再次使用灵活,锁紧和解锁手轮均不得扳紧,扳到位后要回转手轮( )。
   A. 1/2~1/3 圈
   B. 1/2~1/4 圈
   C. 1/3~1/4 圈
   D. 1/2~1/5 圈

19. AA007 下面对闸板防喷器的功用说法错误的是( )。
   A. 当井内有管柱,能封闭管柱与套管形成的环空
   B. 能封闭空井
   C. 封井后,不可进行强行起下作业
   D. 在必要时用半封闸板能悬挂钻具

20. AA007 快速防喷装置的主要构成部件不包括( )。
   A. 带控制阀的提升短节
   B. 防喷油管挂
   C. 快速连接捞筒或捞矛
   D. 锥阀总成

21. AA007 液压防喷器控制系统必须采取防冻、防堵、防漏措施,安装在距井口( )以外,保证灵活好用。
   A. 20m
   B. 35m
   C. 30m
   D. 25m

22. AA008 现场使用的旋塞阀,每次起下管柱前应开、关一次,旋塞阀应处于( )状态。
   A. 常开
   B. 常关
   C. 半开
   D. 开 2/3

23. AA008 油管旋塞阀属于( )密封。
   A. 单向
   B. 双向
   C. 半
   D. 液压

24. AA008 油管旋塞阀的安装方向为( )螺纹在上,( )螺纹在下。
   A. 内,外
   B. 外,内
   C. 内,内
   D. 外,外

25. AA009　下面关于双翼单闸板防喷器使用要求的说法不准确的是(　　)。
   A. 正常起下时,要保证处于全开状态
   B. 开关半封时两端开关圈数应一致
   C. 芯子手把应灵活,无卡阻现象,能够保证全开或全关
   D. 使用时尽量不要使芯子关在油管接箍或封隔器等下井工具上

26. AA009　下面关于环形防喷器维护保养的说法错误的是(　　)。
   A. 必须保证胶芯完整无损,更换胶芯时,要在胶芯与活塞锥面配合处涂些黄油
   B. 壳体与顶盖密封面、顶盖大螺纹、螺栓等安装时要涂防水黄油,液缸、活塞和密封圈靠液压油润滑
   C. 应适时检查防尘圈、活塞、壳体上的密封圈,若有损坏、老化则应进行更换
   D. 对于环形防喷器,允许打开来泄井内压力,同时允许修井液有少量的渗透,这样渗出的修井液在一定程度上可起到延长胶芯使用寿命的作用。

27. AA009　以下说法错误的是(　　)。
   A. 环形防喷器,非特殊情况不允许用来封闭空井
   B. 检修装有铰链侧门的闸板防喷器或更换其闸板时,两侧门需同时打开
   C. 手动半封闸板防喷器操作时,两翼应同步打开或关闭
   D. 当井内有管柱时,不允许关闭全封闸板防喷器

28. AA010　闸板防喷器封闭不严的应检查(　　)。
      (1)闸板前端是否有硬东西卡住。(2)两块闸板尺寸是否与所封钻具(管柱)尺寸一致。(3)花键轴套,滑套是否卡死。(4)两闸板封闭处钻具有无缺陷(如不圆)。(5)胶芯是否老化。(6)液控压力是否低。
   A. (1)(3)(4)(5)
   B. (1)(2)(4)(6)
   C. (1)(2)(3)(3)(6)
   D. (1)(2)(3)(4)(5)(6)

29. AA010　闸板防喷器封井后井内介质从壳体与侧门连接处流出可能的原因是(　　)。
   A. 防喷器侧门密封圈损坏
   B. 防喷器侧门螺栓未上紧
   C. 防喷器壳体与侧门密封面有脏物或损坏
   D. 以上三种情况皆可能

30. AA010　下面对于闸板防喷器的维护保养说法错误的是(　　)。
   A. 打开井口后,必须到井口检查防喷器是否全开,以免起下钻具时损坏闸板和钻具
   B. 旋转式侧门闸板密封胶芯是防喷器能否封井的关键件,密封面损坏,必须及时更换
   C. 井中有管柱时,不得用全封闸板封井,必要时可用打开闸板的方法来泄井内压力
   D. 闸板防喷器闸板总成、闸板顶面及底部滑道、侧门与壳体密封面及螺栓用防水黄油润滑;液缸、活塞、密封圈靠液压油润滑

31. AA011　SFZ防喷器的注明关井圈数为(　　)。
   A. 14 圈　　　　B. 15 圈　　　　C. 16 圈　　　　D. 17 圈

32. AA011　防喷器安装后,应保证防喷器的通径中心与天车、游动滑车在同一垂线上,垂直偏差不得超过(　　)。
　　A. 5mm　　　　　　B. 10mm　　　　　C. 15mm　　　　　D. 20mm

33. AA011　实现一次井控是指仅用(　　)就能平衡地层压力的控制。
　　A. 防喷器　　　B. 井内液柱压力　　C. 简易防喷装置　　D. 内防喷工具

34. AA012　软关井是指(　　)。
　　A. 先关防喷器,再开节流阀,再关节流阀
　　B. 先开节流阀,再关防喷器,再关节流阀
　　C. 先关节流阀,再关防喷器,在开节流阀
　　D. 先关防喷器,再关节流阀,再开防喷器

35. AA012　一旦收到HSE监督的疏散通知,所有不必要的人员应(　　)。
　　A. 做好灭火准备　　　　　　B. 做好通风准备
　　C. 迅速撤离井场　　　　　　D. 通知附近居民

36. AA012　如果发现井侵或溢流,应(　　)。
　　A. 上报队干部　　　　　　　B. 报公司领导
　　C. 观察井口情况,等候处理　　D. 立即报警实施关井

37. AA013　油层出砂的主要因素是反映地层物理特性的自然因素和反映(　　)特性的因素。
　　A. 人为　　　　B. 开发开采　　　C. 生产措施　　　D. 渗透

38. AA013　造成油层出砂的地质构造原因不包括(　　)。
　　A. 地层疏松引起出砂　　　　B. 油层构造变化引起出砂
　　C. 油井出水时引起出砂　　　D. 地层的渗透率过高引起出砂

39. AA013　油层出砂的危害包括(　　)。
(1)原油产量、注水量下降,甚至停产、停注。(2)地面和井下设备磨损。(3)套管损坏、油水井报废。(4)修井工作量增加。
　　A. (1)(2)(3)　　　　　　　B. (2)(3)(4)
　　C. (1)(3)(4)　　　　　　　D. (1)(2)(3)(4)

40. AA014　冲砂液沿冲砂管内径向下流动,在流出冲砂管口时,以较高流速冲击砂堵,冲散的砂子与冲沙液混合后,一起沿冲砂管与套管环形空间返至地面的冲砂方式是(　　)。
　　A. 正冲砂　　　B. 反冲砂　　　C. 正反冲砂　　　D. 冲管冲砂

41. AA014　冲砂液由套管与冲砂管环形空间进入,冲击沉砂,冲散的砂子与冲砂液混合后,沿冲砂管内径上返至地面的冲砂方式是(　　)。
　　A. 正冲砂　　　B. 反冲砂　　　C. 正反冲砂　　　D. 冲管冲砂

42. AA014　采用小直径的管子下入油管中进行冲砂,清除砂堵的冲砂方式是(　　)。
　　A. 正冲砂　　　B. 冲管冲砂　　　C. 反冲砂　　　D. 联泵冲砂

43. AA015　下列关于油井出水原因的叙述错误的是(　　)。
　　A. 射孔时误射水层　　　　　B. 固井质量不合格造成套管外窜槽而出水
　　C. 水的流动性好　　　　　　D. 套管损坏使水层的水进入井筒

44. AA015　生产压差(　　)会引起底水侵入而造成油井出水。
　　A. 过小　　　　　B. 过大　　　　　C. 适中　　　　　D. 较小

45. AA015　断层、裂缝等的存在会使(　　)侵入而造成油井出水。
　　A. 边水　　　　　B. 底边　　　　　C. 外来水　　　　D. 顶水

46. AA016　在油井出水的预防中,可采取(　　)来控制油水边界均匀推进。
　　A. 分层注水、分层采油　　　　　　B. 笼统注水
　　C. 分层注水　　　　　　　　　　　D. 注蒸汽

47. AA016　在油井出水的预防中,要加强油水井的管理和分析,及时调整(　　)确保均衡开采。
　　A. 采油参数　　　B. 分层采油强度　C. 分层注采强度　D. 笼统注水强度

48. AA016　油层出水后的渗透率(　　)原来的地层渗透率。
　　A. 高于　　　　　B. 低于　　　　　C. 等于　　　　　D. 大于或等于

49. AA017　使用封隔器找水时,(　　)资料必须齐全准确。
　　A. 油层测试　　　B. 井身结构　　　C. 井场及设备　　D. 作业

50. AA017　在使用封隔器找水施工时,下管柱要平稳操作,速度应小于(　　)。
　　A. 0.25m/s　　　B. 0.5m/s　　　　C. 1m/s　　　　　D. 1.5m/s

51. AA017　水化学分析法找水是根据地层水(　　)的特点区分地层水和注入水的方法。
　　A. 矿化度高　　　B. 矿化度低　　　C. 油的水溶度高　D. 油的水溶度低

52. AA018　普通通径规的长度大于(　　),特殊井可按设计要求而定。
　　A. 500mm　　　　B. 700mm　　　　C. 1000mm　　　　D. 1200mm

53. AA018　某井选用直径为102mm通径规通井,则该井套管规格为(　　)。
　　A. 114.30mm　　 B. 127.00mm　　　C. 139.70mm　　　D. 146.05mm

54. AA018　特殊井作业通井时,选择通径规应(　　)下井工具的最大直径和长度。
　　A. 小于　　　　　B. 等于　　　　　C. 大于　　　　　D. 小于或等于

55. AA019　由于地层中天然缝洞的大小结构和岩石矿物成分不均一,酸液总是沿(　　)方向推进,就使一些原来比较大的缝洞被溶蚀得更大,容易形成类似蚯蚓状的溶蚀孔道。
　　A. 水平　　　　　B. 垂直　　　　　C. 阻力大的　　　D. 阻力小的

56. AA019　当井筒附近地层有裂缝发育带时,采用(　　)能获得好的增产效果。
　　A. 基质酸化　　　B. 分层酸化　　　C. 酸压　　　　　D. 压裂

57. AA019　前置酸压井,在不能自喷排液时应立即进行(　　),否则在地层中的前置液、残酸将长时间滞留而污染产层,降低酸化效果。
　　A. 洗井　　　　　B. 人工助排　　　C. 稀释　　　　　D. 下泵

58. AA020　下列对铅模打印的要求的描述错误的是(　　)。
　　A. 下铅模前必须将鱼顶冲洗干净,严禁带铅模冲砂
　　B. 若铅模遇阻时,应立即起出检查,找出原因
　　C. 当套管缩径、破裂、变形时,下铅模打印加压不超过50kN,以防止铅模卡在井内
　　D. 冲砂打印时,洗井液要干净、无固体颗粒,经过滤后方可泵入井内

59. AA020　在铅模打印时,根据特殊施工需要,加压吨位可放宽到(　　)。
    A. 50kN　　　　　B. 60kN　　　　　C. 80kN　　　　　D. 100kN
60. AA020　铅模水眼小容易堵塞,钻具应清洁无氧化铁屑,为防止堵塞,可下钻(　　)后洗井一次。
    A. 50~100m　　　B. 100~200m　　　C. 200~300m　　　D. 300~400m
61. AB001　将能量由(　　)传递到工作机的一套装置称为传动装置。
    A. 发电机　　　　B. 汽油机　　　　C. 柴油机　　　　D. 原动机
62. AB001　两构件做点或线接触的运动副称为(　　)。
    A. 高副　　　　　B. 低副　　　　　C. 次高副　　　　D. 次低副
63. AB001　下列选项中不属于机械传动的是(　　)。
    A. 液压传动　　　B. 齿轮传动　　　C. 链传动　　　　D. 皮带传动
64. AB002　使用链节数为奇数的链节时,应采取(　　)固定活动销轴。
    A. 开口销　　　　B. 弹簧卡片　　　C. 过渡链节　　　D. 圆柱销
65. AB002　两链轮装配后,中心距小于500mm时,轴向偏移量应在(　　)以内。
    A. 1mm　　　　　B. 2mm　　　　　C. 3mm　　　　　D. 4mm
66. AB002　起重链用于(　　)。
    A. 机械提升重物　B. 索道　　　　　C. 牵引　　　　　D. 机械行走
67. AB003　齿轮在轴上固定,当要求配合过盈量很大时,应采用(　　)。
    A. 敲击法装入　　B. 压力机压入　　C. 液压套合装配　D. 冲压装配
68. AB003　安装渐开线圆柱齿轮时,接触点处于异向偏接触的不正确位置,其原因是两齿轮(　　)。
    A. 轴线平行　　　B. 轴线歪斜　　　C. 轴线不平行　　D. 中心距不准确
69. AB003　齿轮传动中两齿轮之间利用轮齿相互(　　)传递动力和运动。
    A. 啮合　　　　　B. 挤压　　　　　C. 摩擦　　　　　D. 撞击
70. AB004　传动平稳、无噪声,能缓冲、吸振的传动是(　　)。
    A. 带传动　　　　B. 斜齿轮传动　　C. 螺旋传动　　　D. 蜗杆传动
71. AB004　螺旋传动在车床上广泛用作(　　)。
    A. 进给机构　　　B. 变速机构　　　C. 控制机构　　　D. 锁紧机构
72. AB004　螺旋传动主要用于将旋转运动转换成直线运动,将转矩转换成(　　)。
    A. 推力　　　　　B. 压力　　　　　C. 势能　　　　　D. 热量
73. AB005　在蜗杆和轮传动机构中,杆轴心线应与蜗轮轴心线互相(　　)。
    A. 平行　　　　　B. 垂直　　　　　C. 交叉　　　　　D. 不交叉
74. AB005　丝杠螺母副的配合精度常以(　　)间隙来表示。
    A. 轴向　　　　　B. 法向　　　　　C. 径向　　　　　D. 端面
75. AB005　下列选项中不属于蜗轮蜗杆传动优点的是(　　)。
    A. 可以回旋　　　B. 重合度大　　　C. 齿面润滑好　　D. 效率高
76. AB006　当铁由体心立方晶格转变为面心立方晶格时,(　　)会发生变化。
    A. 质量　　　　　B. 体积　　　　　C. 化学成分　　　D. 硬度

77. AB006　晶体与非晶体的区别在于(　　)。
　　　A. 化学成分　　　B. 内部原子的排列　　C. 力学性能　　　D. 外部形状

78. AB006　金属材料在固态下随温度的改变由一种晶格转变为另一种晶格的现象称为(　　)。
　　　A. 共晶转变　　　B. 共析转变　　　C. 迁移　　　D. 同素异构转变

79. AB007　金属化合物的特点是(　　)。
　　　A. 硬度高、脆性大　　　　　　　B. 硬度高、脆性小
　　　C. 硬度低、脆性大　　　　　　　D. 硬度低、脆性小

80. AB007　当合金由液态晶体转变为固态时,组元间仍能互相溶解而形成的均匀一致的固态合金称为(　　)。
　　　A. 金属化合物　　B. 固溶体　　　C. 机械混合物　　　D. 晶体

81. AB007　一种合金的力学性能不仅取决于它的化学成分,更取决于它的(　　)。
　　　A. 显微组织　　　B. 晶体组织　　　C. 温度　　　D. 湿度

82. AB008　碳溶入 α-Fe 所形成的间隙固溶体称为(　　)。
　　　A. 铁素体　　　B. 奥氏体　　　C. 渗碳体　　　D. 珠光体

83. AB008　珠光体的力学性能特点是(　　)。
　　　A. 强度较高,有塑性　　　　　　B. 强度较低,有塑性
　　　C. 强度、塑性很差　　　　　　　D. 强度较低,塑性很好

84. AB008　马氏体通常用符号"(　　)"表示。
　　　A. F　　　　　B. A　　　　　C. P　　　　　D. M

85. AB009　球墨铸铁的代号是(　　)。
　　　A. KT　　　　B. QT　　　　C. HT　　　　D. YT

86. AB009　45号钢是一种优质中碳钢,其含碳量为(　　)。
　　　A. 45%　　　B. 4.5%　　　C. 0.45%　　　D. 0.045%

87. AB009　灰口铸铁的表示方法是在铸件的抗拉强度数字前冠以字母(　　)。
　　　A. ZG　　　　B. L　　　　C. H　　　　D. HT

88. AB010　铜与锌的合金称为(　　)。
　　　A. 青铜　　　B. 黄铜　　　C. 无锡青铜　　　D. 紫铜

89. AB010　铸造用的铝合金主要是铝(　　)合金,具有良好的铸造性、耐蚀性。
　　　A. 铅　　　　B. 锌　　　　C. 碳　　　　D. 硅

90. AB010　狭义的有色金属又称(　　)。
　　　A. 贵金属　　B. 稀有金属　　C. 非铁金属　　D. 重金属

91. AB011　钢按含碳量分类有(　　)。
　　　A. 3种　　　　B. 4种　　　　C. 5种　　　　D. 6种

92. AB011　钢的种类很多,分类方法也多,(　　)是属于按用途分类的。
　　　A. 优质钢　　B. 碳素结构钢　　C. 转炉钢　　D. 沸腾钢

93. AB011　钢按(　　)可分为转炉钢、平炉钢和电炉钢。
　　　A. 含碳量　　B. 化学成分　　　C. 冶炼方法　　D. 用途

94. AB012　金属材料的工艺性能是指机械零件在加工制造过程中，在所定的(　　)加工条件下表现出来的性能。
    A. 车前　　　　　B. 铸造　　　　　C. 拉伸　　　　　D. 冷、热

95. AB012　金属材料受外力作用时产生变形，当外力去掉后变形仍然保留下来的性能称为(　　)。
    A. 弹性　　　　　B. 塑性　　　　　C. 硬度　　　　　D. 强度

96. AB012　金属材料在加热时，由固态变为液态是的温度称为(　　)。
    A. 沸点　　　　　B. 燃点　　　　　C. 熔点　　　　　D. 融点

97. AB013　金属材料在加工过程中显示的有关性能称为金属的(　　)。
    A. 工艺性能　　　B. 物理性能　　　C. 化学性能　　　D. 机械性能

98. AB013　下列属于金属材料工艺性能的是(　　)。
    A. 耐酸性　　　　B. 抗氧化性　　　C. 可锻性　　　　D. 热膨胀性

99. AB013　冲击韧度是指金属材料抵抗冲击载荷作用下(　　)的能力。
    A. 断裂　　　　　B. 变形　　　　　C. 弯曲　　　　　D. 腐蚀

100. AB014　利用激光和等离子等技术并在普通钢工件表面涂敷一层其他耐磨、耐蚀或耐热涂层以改变原工件表面性能的新技术称为(　　)。
    A. 表面正火　　　B. 表面改性　　　C. 表面回火　　　D. 表面退火

101. AB014　将淬火后的零件加热到723℃以下的某一温度，保温一段时间，然后在油、火或空气冷却的操作称为(　　)。
    A. 正火　　　　　B. 回火　　　　　C. 退火　　　　　D. 淬火

102. AB014　下列属于热处理工艺解释的是(　　)。
    A. 淬火后低温回火称为调质　　　　B. 正火与退火的作用基本相同
    C. 淬火是在空气中冷却　　　　　　D. 淬火的目的在于提高钢的韧度

103. AB015　渗碳是向钢的表面渗入(　　)。
    A. 氢原子　　　　B. 氧原子　　　　C. 碳原子　　　　D. 中子

104. AB015　在钢件表层同时渗入碳原子和氮原子的过程称为(　　)。
    A. 氰化　　　　　B. 氧化　　　　　C. 氮化　　　　　D. 化学

105. AB015　下列选项中不属于化学热处理基本过程的是(　　)。
    A. 化学渗剂分解为活性原子或离子的分解过程
    B. 活性原子或离子被钢件表面吸收和固溶的吸收过程
    C. 被渗元素原子不断向内部扩散的扩散过程
    D. 加热到一定的温度后保温一段时间

106. AB016　在外力作用下金属材料产生弹性变时所承受的最大应力称为(　　)。
    A. 屈服极限　　　B. 剪切极限　　　C. 弹性极限　　　D. 韧度

107. AB016　金属材料高于屈服强度的屈服变形是(　　)，变形不可恢复。
    A. 塑性变形　　　B. 弹性变形　　　C. 刚性变形　　　D. 韧性变形

108. AB016　硬度越高表明金属抵抗(　　)的能力越强，金属产生塑性变形越困难。
    A. 弹性变形　　　B. 塑性变形　　　C. 断裂　　　　　D. 高温

109. AB017　按用途和出厂保证条件的不同分类,普通碳素结构钢分为(　　)。
　　A. 合金钢和乙类钢　　　　　　B. 碳钢和特类钢
　　C. 甲类钢、乙类钢和碳钢　　　D. 甲类钢、乙类钢及特类钢

110. AB017　普通碳素钢分为3类,其中甲类钢(A类钢),只保证力学性能,不保证(　　)。
　　A. 物理成分　　　　　　　　　B. 化学成分
　　C. 化学性能　　　　　　　　　D. 强度性能

111. AB017　优质碳素结构钢按含碳量分为(　　)。
　　A. 低碳钢和中碳钢　　　　　　B. 中碳钢和高碳钢
　　C. 低碳钢、中碳钢和高碳钢　　D. 低碳钢、中碳钢、高碳钢和锰钢

112. AB018　在碳素钢的基础上,为了达到某些特定的性能要求,在冶炼时有目的地加入一种或几种合金元素,即构成(　　)。
　　A. 合金结构钢　　B. 优质碳素钢　　C. 普通钢　　D. 铸铁

113. AB018　不锈钢中主要的合金元素是(　　)。
　　A. 铝和铜　　　　B. 铜和铬　　　　C. 铝和镍　　D. 铬和镍

114. AB018　合金弹簧钢 60Si2Mn 含碳量为(　　);硅含量为 1.5%～2.0%;锰含量为 0.6%～1.0%。
　　A. 0.56%～0.6%　　B. 0.05%～0.06%　　C. 5.0%～6.0%　　D. 50.0%～60.0%

115. AB019　青铜分为(　　)两种。
　　A. 硅青铜和锡青铜　　　　　　B. 锡青铜及无锡青铜
　　C. 硅青铜和无锡青铜　　　　　D. 硅青铜和无硅青铜

116. AB019　铸造用的铝合金主要是(　　)。
　　A. 铝铜　　　　　B. 铝镁　　　　　C. 铝硅合金　　D. 铝锰

117. AB019　白铜是以(　　)为主要添加元素的铜合金。
　　A. 锌　　　　　　B. 硅　　　　　　C. 碳　　　　　D. 镍

118. AB020　金属材料的抗氧化性属于金属的(　　)。
　　A. 机械性能　　　B. 工艺性能　　　C. 物理性能　　D. 化学性能

119. AB020　金属及合金在高温时发生氧化作用的能力称为金属的(　　)。
　　A. 物理性能　　　B. 化学性能　　　C. 工艺性能　　D. 机械性能

120. AB020　下列选项中不属于金属物理性能的是(　　)。
　　A. 密度　　　　　B. 熔点　　　　　C. 导热性　　　D. 耐腐蚀性

121. AC001　标准化可改进产品、过程或服务的(　　)。
　　A. 品质　　　　　B. 性能　　　　　C. 适用性　　　D. 功能性

122. AC001　标准化品种控制是指为满足主要需要,对产品、过程或服务的(　　)作最佳选择。
　　A. 质量　　　　　　　　　　　B. 数量
　　C. 量值或种类数量　　　　　　D. 种类

123. AC001　现代化大生产有两个显著特点:以先进的(　　)为基础;生产的高度社会化。
　　A. 科学技术　　　B. 科学管理　　　C. 自由贸易　　D. 经济体系

124. AC002　产品质量认证活动是(　　)开展的活动。
   A. 生产方
   B. 购买方
   C. 生产和购买双方
   D. 独立于生产方和购买方之外的第三方机构
125. AC002　《中华人民共和国标准化法》《中华人民共和国产品质量认证管理条例》规定，对有(　　)的产品，企业可以申请产品质量认证。
   A. 国家标准和行业标准　　　　B. 地方标准
   C. 法人标准　　　　　　　　　D. 企业标准
126. AC002　质量认证按认证的对象分为(　　)认证和质量体系认证两类。
   A. 产品质量　　B. 生产过程　　C. 安全体系　　D. 销售流通
127. AC003　广义的质量包括(　　)、服务的质量。
   A. 工序　　　　B. 产品　　　　C. 用户　　　　D. 设计
128. AC003　产品的质量特性包括性能、寿命、可靠性和(　　)。
   A. 规格　　　　B. 材质　　　　C. 价格　　　　D. 安全性
129. AC003　全过程的质量管理包括了从市场调研、产品的(　　)、生产(作业)，到销售、服务等全部有关过程的质量管理。
   A. 技术要求　　B. 设计开发　　C. 设计质量　　D. 生产数量
130. AC004　按 ISO 9001:2000 标准建立质量管理体系，鼓励组织采用(　　)方法。
   A. 管理的系统　　　　　　　　B. 过程管理
   C. 基于事实的决策　　　　　　D. 全员参与的
131. AC004　企业的质量方针是由(　　)决策的。
   A. 员工　　　　B. 基层人员　　C. 中层人员　　D. 最高管理层人员
132. AC004　在建立(　　)时，编写的质量手册至少应含有质量管理体系所覆盖的范围，按 GB/T 19001—2016《质量管理体系 要求》标准编制。
   A. 质量管理体系　B. 组织机构　　C. 职能分配表　D. 考勤表
133. AC005　下列关于质量管理中 PDCA 管理工作方法特点的叙述错误的是(　　)。
   A. 大环套小环，互相促进
   B. 推动 PDCA 循环，关键在于检查阶段
   C. 4 个阶段不断循环
   D. 不断循环上升
134. AC005　按照工作程序，一般情况下 PDCA 可具体分为(　　)步骤。
   A. 2 个　　　　B. 4 个　　　　C. 6 个　　　　D. 8 个
135. AC005　质量管理中推动 PDCA 循环的关键是(　　)。
   A. 计划阶段　　B. 执行阶段　　C. 检查阶段　　D. 总结阶段
136. AC006　ISO 9001 和 ISO 9004 的区别在于 ISO 9001(　　)。
   A. 采用以过程为基础的管理模式　　B. 建立在质量管理基础之上
   C. 具有相容性　　　　　　　　　　D. 用于审核和认证

137. AC006 下列关于 ISO 9001 和 ISO 9004 说法不正确的是( )。
   A. 两项标准具有相同的适用范围
   B. 两项标准具有相同的产品标准
   C. 两项标准具有相同的基础
   D. 两项标准具有相同的产品
138. AC006 ISO 14000 是一个系列的环境管理标准,它包括了( )、环境审核、环境标志、生命周期分析等国际环境管理领域内的许多焦点问题。
   A. 环境管理标准   B. 环境管理体系
   C. 环境建设标准   D. 环境地域建设
139. AC007 下列对于质量定义中"要求"的理解不正确的是( )。
   A. 要求是指明示的需求   B. 要求是指隐含的需求
   C. 要求是指标准规定的需求和期望   D. 要求是指履行的期望
140. AC007 ISO 9000 系列标准中,质量具有广义( )等性质。
   A. 适用性   B. 使用性   C. 相对性   D. 标准性
141. AC007 建立质量责任制要明确:( ),三者相辅相成、互为补充。
   A. 责任是核心,权力是条件,利益是动力
   B. 权力是核心,利益是条件,责任是动力
   C. 利益是核心,责任是条件,权力是动力
   D. 责任是核心,利益是条件,权力是动力
142. AC008 PDCA 循环是实施 ISO 9000 系列标准( )原则的方法。
   A. 系统管理   B. 持续改进   C. 过程   D. 以事实为依据
143. AC008 "将各个过程的目标与组织的总体目标相关联"是实施 ISO 9000 系列标准中( )原则带来的效应。
   A. 过程方法   B. 持续改进   C. 系统管理   D. 全员参与
144. AC008 管理是指管理者根据目标要求对职责范围内的事情进行的控制和处理,即管理者通过对管理对象的调查研究形成决策和计划,确定要达到的目标,然后将可支配的资源(人力、物力、财力、设备、技术和时间等)以一定的方式( )一个有机的系统,对管理对象进行有效的控制。
   A. 组合   B. 计划   C. 组成   D. 设计
145. AC009 QHSE 管理体系只是企业管理( )的一部分。
   A. 计划   B. 内部   C. 目标   D. 体系
146. AC009 QHSE 管理体系为企业实现持续发展提供了一个结构化的( )。
   A. 运行机制   B. 工作机制
   C. 结构机制   D. 转化机制
147. AC009 QHSE 管理体系是在企业现存和各种( )的健康、安全和环境管理组织结构、程序、过程和资源的基础上建立起来的,并按 HSE 管理体系标准的要求加以规范和补充,使之转化为体系的有机组成部分。
   A. 要求   B. 有效   C. 无效   D. 常见

148. AC010　HSE 管理体系文件可分为(　　)。
　　　A. 20 层　　　　B. 3 层　　　　C. 12 层　　　　D. 69 层
149. AC010　QHSE 体系文件主要包括管理手册、程序文件、(　　)。
　　　A. 质量证书　　B. 标书　　　　C. 作业文件　　D. 法律法规
150. AC010　在 HSE 管理体系中,危害识别的范围主要包括人员、原材料、机械设备和(　　)等方面。
　　　A. 产品　　　　B. 质量　　　　C. 销售　　　　D. 作业环境
151. AC011　企业单位各生产小组都应该设有(　　)的安全员。
　　　A. 不脱产　　　B. 脱产　　　　C. 只进行检查　　D. 只进行技术教育
152. AC011　安全生产责任制这一制度与措施最早见于(　　)1963 年 3 月 30 日颁布的《关于加强企业生产中安全工作的几项规定》(即《五项规定》)。
　　　A. 石油部　　　B. 中国石油　　C. 国务院　　　D. 黑龙江省政府
153. AC011　小组安全员协助小组长做好的工作包括(　　)。
　　　A. 经常对本组工人进行安全生产教育
　　　B. 督促小组工人遵守安全操作规程和各种安全生产制度
　　　C. 正确地使用个人防护用品
　　　D. 以上选项均正确
154. AC012　在使用起重设备进行作业时,应按起重设备的(　　)进行操作。
　　　A. 使用说明书　B. 抗拉能力　　C. 强度　　　　D. 施工设计
155. AC012　起重设备定期检查应根据工作繁重、环境恶劣程度确定检查周期,但不得少于(　　)。
　　　A. 半年　　　　B. 3 个月　　　C. 1 个月　　　D. 1 年
156. AC012　下列选项中不属于起重设备"三定"内容的是(　　)。
　　　A. 定人　　　　B. 定机　　　　C. 定岗位制度　D. 定时
157. AC013　使用手提储压式干粉灭火器扑救火灾时,首先(　　),然后压动开关压把,将喷嘴对准着火部位,干粉通过喷嘴喷出灭火。
　　　A. 拔出安全销
　　　B. 将筒体颠倒
　　　C. 将容器阀上的手柄扳转
　　　D. 旋转手轮
158. AC013　一般要求定期检查手提式干粉灭火器,如果检查储气瓶的质量发现质量减少(　　)以上,应该补充加压气体。
　　　A. 1/2　　　　　B. 1/4　　　　C. 1/8　　　　　D. 1/10
159. AC013　手提储压式干粉灭火器将干粉和压缩(　　)共同储在筒体内。
　　　A. 氧气　　　　B. 二氧化碳　　C. 氮气　　　　D. 空气
160. AC014　日光灯由于工作原理上的要求,需配有起辉器和镇流器附件,起辉器主要作用是使电路(　　)。
　　　A. 接通
　　　B. 自动断开
　　　C. 接通和自动断开
　　　D. 电压升高

161. AC014 试电笔氖管两极中间亮为(　　),单极亮为(　　)。
　　　A. 直流电,交流电　　　　　　　　B. 交流电,直流电
　　　C. 交流电,交流电　　　　　　　　D. 直流电,直流电

162. AC014 在安装开关时,开关要装在电源(　　)上,当开关断开时,灯泡上不带电,否则有触电危险。
　　　A. 火线　　　B. 地线　　　C. 零线　　　D. 任意一线

163. AC015 电路通常有通路、开路、(　　)三种状态。
　　　A. 短路　　　B. 并路　　　C. 负载　　　D. 空载

164. AC015 家用照明电路通常是(　　)电路。
　　　A. 短路　　　B. 混联　　　C. 并联　　　D. 串联

165. AC015 并联电路中,各支线电路电压与总电压的关系是(　　)的关系。
　　　A. 和　　　B. 差　　　C. 相等　　　D. 不确定

166. AC016 在一般情况下,(　　)的雨伞手柄能防止雷电产生的电流对人体的伤害。
　　　A. 铝质　　　B. 合金材质　　　C. 塑料材质　　　D. 不锈钢材质

167. AC016 防止直接触电可以采取绝缘、屏护、障碍、间隔、(　　)和安全电压等防护措施。
　　　A. 漏电保护装置　　B. 装设地线　　C. 工作票制度　　D. 等电位环境

168. AC016 下列有关电器照明防火、防触电的叙述错误的是(　　)。
　　　A. 照明电线上应安装熔断丝和自动开关装置
　　　B. 车间照明用的功率大的电灯泡应用灯罩进行防护
　　　C. 在有爆炸危险性厂房内,应采用防爆灯
　　　D. 水蒸气多的厂房内,应及时擦拭灯具以防水,没有必要采用防水灯罩

169. AC017 常见人体触电方式有(　　)。
　　　A. 接触电压触电、跨步电压触电
　　　B. 高压触电、中压触电
　　　C. 接触电压触、单相触电、两相触电、跨步电压触电
　　　D. 单相触电、两相触电

170. AC017 在三相四线制线路上,当发生两相触电时,人体承受的电压是(　　)。
　　　A. 380V　　　B. 220V　　　C. 160V　　　D. 600V

171. AC017 带电体与地面之间、带电体与带电体之间、带电体与人体之间、带电体与其他设施和设备之间,均应保持一定距离,这种距离称之为电气(　　)。
　　　A. 放电距离　　B. 安全距离　　C. 安全地带　　D. 防护距离

172. AC018 触电者脱离电源后,如果出现丧失知觉、面色苍白、瞳孔放大、脉搏、呼吸停止,有可能是"假死"现象,应(　　)。
　　　A. 调查研究　　B. 立即进行抢救　　C. 保护现场　　D. 测量电压

173. AC018 发现有人触电,应首先(　　)。
　　　A. 进行人工呼吸　　　　　　　　B. 打120急救电话
　　　C. 迅速使触电者脱离电源　　　　D. 迅速远离触电者再设法切断电源

174. AC018　如果触电者心脏停止跳动,应(　　)。
    A. 进行口对口人工呼吸　　　　　B. 进行胸外心脏挤压法
    C. 通知家属　　　　　　　　　　D. 通知单位

175. AC019　在燃烧区撒土和砂子属于(　　)灭火。
    A. 抑制法　　　B. 冷却法　　　C. 隔离法　　　D. 窒息法

176. AC019　灭火的基本措施有(　　)。
    A. 控制可燃烧物　　　　　　　　B. 隔绝空气
    C. 消除火源组织火势蔓延　　　　D. 以上选项均正确

177. AC019　限制和停止可燃物进入燃烧区,也包括将可燃物质撤离燃烧区的阻止物质燃烧的方法称为(　　)。
    A. 隔离法　　　B. 抑制法　　　C. 冷却法　　　D. 窒息法

178. AC020　在产品进行高压试验时,至少要有(　　)操作。
    A. 1人　　　　B. 2人　　　　C. 3人　　　　D. 4人

179. AC020　在肩部和腋窝运动受限制的情况下,井下作业工具工弧形触及的安全距离不得小于(　　)。
    A. 85mm　　　B. 8.5mm　　　C. 8500m　　　D. 850mm

180. AC020　在臂被支撑至腕部的情况下,井下作业工具工弧形触及的安全距离不得小于(　　)。
    A. 23mm　　　B. 230mm　　　C. 2.3mm　　　D. 2300mm

181. BA001　钢卷尺适用于(　　)要求不高的场合。
    A. 准确度　　　B. 精确度　　　C. 质量　　　　D. 操作

182. BA001　使用钢卷尺测量时,必须保持测量卡点在被测工件的(　　)截面上。
    A. 交叉　　　　B. 垂直　　　　C. 水平　　　　D. 剖面

183. BA001　拉伸钢卷尺时应(　　)操作,速度不能过快。
    A. 平稳　　　　B. 反复　　　　C. 垂直　　　　D. 间断

184. BA002　外径千分尺又称螺旋测微器,其精度可以达到(　　)。
    A. 1mm　　　　B. 0.1mm　　　C. 0.01mm　　　D. 10mm

185. BA002　量程为0~25mm外径千分尺的受检点有(　　)。
    A. 2个　　　　B. 3个　　　　C. 4个　　　　D. 5个

186. BA002　外径千分尺对准零位时,微分筒锥面的端面与固定套管横刻线的右边缘应相切,允许压线不大于(　　),离线不大于0.10mm。
    A. 0.1mm　　　B. 0.01mm　　　C. 0.05mm　　　D. 0.5mm

187. BA003　一般情况下,(　　)千分尺适用于测量IT8级公差等级以下工件。
    A. 0级　　　　B. 1级　　　　C. 2级　　　　D. 3级

188. BA003　千分尺的测量值=(　　)+固定刻度的中心水平线与可动刻度对齐的位置的读数×0.01mm。
    A. 估计值　　　　　　　　　　　B. 固定刻度值
    C. 量程　　　　　　　　　　　　D. 精度

189. BA003　千分尺在(　　)和测量时,都要使用棘轮,这样才能保持千分尺使用的拧紧力。
　　　A. 上油　　　　　B. 清洗　　　　　C. 对零位　　　　D. 工作
190. BA004　百分表主要用于长度的相对测量和形状、位置偏差的(　　)测量。
　　　A. 相对　　　　　B. 绝对　　　　　C. 直接　　　　　D. 间接
191. BA004　使用百分表测量平面时,测量杆要与被测平面(　　)。
　　　A. 垂直　　　　　B. 平行　　　　　C. 呈45°角接触　　D. 相交
192. BA004　百分表的分度值为(　　)。
　　　A. 0.01mm　　　 B. 0.1mm　　　　C. 0.05mm　　　　D. 1mm
193. BA005　使用内径百分表时,首先要根据零件的孔径选定相应的测头(　　),并将它装在测头上。
　　　A. 长度　　　　　B. 圆度　　　　　C. 弧度　　　　　D. 硬度
194. BA005　内径百分表是将测头的直线位移变为指针的(　　)的计量器具。
　　　A. 角位移　　　　B. 圆度　　　　　C. 温度　　　　　D. 硬度
195. BA005　使用内径百分表测量时,连杆中心线应与工件中心线(　　),不得歪斜。
　　　A. 平行　　　　　B. 交叉　　　　　C. 重合　　　　　D. 垂直
196. BA006　压力表的精度等级最高为(　　)。
　　　A. 0级　　　　　B. 10级　　　　　C. 5级　　　　　D. 1级
197. BA006　压力表在选择测量上限时,一般高于测量压力的(　　)。
　　　A. 1/2　　　　　B. 1/3　　　　　C. 4/3　　　　　D. 5/3
198. BA006　一般测压部位安装的压力表的检定周期不得超过(　　)。
　　　A. 1年　　　　　B. 2年　　　　　C. 半年　　　　　D. 3年
199. BA007　若选用的压力表量程过小,设备的工作压力等于或接近压力表的刻度极限,则会使压力表中的弹性元件长期处于最大的变形状态,易产生(　　),导致压力表的误差增大和使用寿命降低。
　　　A. 弹性变形　　　　　　　　　　　B. 永久变形
　　　C. 系统误差　　　　　　　　　　　D. 视觉误差
200. BA007　压力表指针偏离零位示值误差超过允许值的原因是(　　)。
　　　A. 传动机构的紧固螺钉松动　　　　B. 降压速度快,指针碰弯或松动
　　　C. 弹簧管产生永久变形　　　　　　D. 以上选项都有可能
201. BA007　压力表指针不能指示上限刻度的原因是(　　)。
　　　A. 传动比小　　　　　　　　　　　B. 机芯固定在机座位置不当
　　　C. 弹簧管焊接位置不当　　　　　　D. 以上选项都有可能
202. BA008　抽油杆内螺纹量块可分为内螺纹通端塞规和(　　)。
　　　A. 接头螺纹量块　　　　　　　　　B. 钻头螺纹量块
　　　C. 钻杆螺纹量块　　　　　　　　　D. 内螺纹止端塞规
203. BA008　螺纹量块无论是螺纹规还是锥度规都是由一件(　　)和一件环规组成。
　　　A. 量块　　　　　B. 尺规　　　　　C. 塞规　　　　　D. 圆规

204. BA008　抽油杆外螺纹量块使用的是(　　)和 P6 外螺纹止端环规。
　　A. P6 外螺纹通端环规　　　　B. P8 外螺纹通端环规
　　C. P7 外螺纹通端环规　　　　D. P5 外螺纹通端环规
205. BA009　万用表的挡位有多种，以下选项不属于万用表挡位的是(　　)。
　　A. 电压挡　　　B. 电流挡　　　C. 电阻挡　　　D. 电功挡
206. BA009　下列选项中不属于万用表组成部分的是(　　)。
　　A. 表头　　　B. 测量电路　　　C. 转换开关　　　D. 压力表
207. BA009　下列属于使用万用表测量电阻时错误操作的是(　　)。
　　A. 将表笔插进"COM"和"VΩ"孔中　　B. 把旋钮打旋到"Ω"中所需的量程
　　C. 用表笔接在电阻两端金属部位　　　D. 把手同时接触电阻两端
208. BB001　在液压系统中，机械能与液压能之间的转换是通过(　　)的变化实现的。
　　A. 体积　　　B. 容积　　　C. 面积　　　D. 流量
209. BB001　液压动力钳通过夹紧机构使钳牙板夹紧和(　　)管柱。
　　A. 上提　　　B. 下送　　　C. 转动　　　D. 固定
210. BB001　液压动力钳的动力装置是(　　)。
　　A. 电动机　　　B. 液压马达　　　C. 油泵　　　D. 柱塞和油缸
211. BB002　液压动力钳基本构成：悬吊式安装臂、开口式钳头、腭板凸轮夹紧机构和(　　)传动。
　　A. 两挡变速齿轮　　B. 四挡变速齿轮　　C. 无级变速　　D. 液压
212. BB002　XYQK3-CX 液压钳中的"3"指的是(　　)。
　　A. 低速公称扭矩　　　　B. 高速公称扭矩
　　C. 中速公称扭矩　　　　D. 齿轮传动
213. BB002　XYQK3-CX 液压钳中"C"指的是(　　)。
　　A. 钳头开口形式为开口　　　B. 钳头开口形式为闭口
　　C. 传动方式为齿轮传动　　　D. 传动方式为链条传动
214. BB003　XYQK3-CY 型液压动力钳的最高挡转速是(　　)。
　　A. 103r/min　　B. 91r/min　　C. 92r/min　　D. 82r/min
215. BB003　操作液压动力钳卸扣时，调整溢流阀压力为(　　)。
　　A. 8MPa　　　B. 10MPa　　　C. 12MPa　　　D. 15MPa
216. BB003　油田小修作业中上卸油管和抽油杆常使用液压动力钳的型号是(　　)。
　　A. XYQ-3　　　B. XYQ-5　　　C. XYQ-10　　　D. XYQ-15
217. BB004　液压动力钳吊装要牢固可靠，尾绳必须用(　　)。
　　A. 棕绳　　　B. 尼龙绳　　　C. 钢丝绳　　　D. 麻绳
218. BB004　液压动力钳更换钳牙时必须使牙座向(　　)移动，缺口一端向下插。
　　A. 一侧　　　B. 两侧　　　C. 中间　　　D. 外侧
219. BB004　液压钳制动螺纹过松会造成(　　)。
　　A. 腭板不伸出　　　　B. 腭板不退回
　　C. 上卸扣打滑　　　　D. 开口齿轮缺口不对中

220. BB005 造成液压钳腭板轮不爬坡或不伸出的原因是(　　)。
    A. 定位旋转箭头方向倒错或没有旋到预定位置
    B. 制动螺钉过紧
    C. 制动片磨损严重
    D. 腭板螺钉断裂

221. BB005 上卸扣液压钳打滑的原因是(　　)。
    A. 钳牙槽被脏物塞平或齿磨损过   B. 鄂板进出不灵或滚子塞板不转
    C. 鄂板调整螺钉松脱或鄂报损坏   D. 以上选项都有可能

222. BB005 钳头大齿轮转而抱不动的原因是(　　)。
    A. 定位销剪断或锁销损坏   B. 齿轮、鄲板架二者不错位
    C. 静环松脱   D. 油箱缺油

223. BB006 螺杆钻具是通过(　　)将高压液的能量变成机械能的。
    A. 定子   B. 旁通阀   C. 定子和转子   D. 过水接头

224. BB006 由于转子和定子都采用螺旋线,因而转子绕定子轴线做(　　)转动,并以自身轴线做(　　)转动去带动钻具旋转。
    A. 顺时针,逆时针   B. 顺时针,顺时针
    C. 逆时针,顺时针   D. 逆时针,逆时针

225. BB006 螺杆钻具结构中,(　　)的寿命决定了螺杆钻具的总体寿命。
    A. 马达总成   B. 传动轴总成   C. 旁通阀   D. 万向轴

226. BB007 YLⅡ-100型螺杆钻具有3种转速,下列选项不属于这3种转速的是(　　)。
    A. 80r/min   B. 90r/min   C. 100r/min   D. 110r/min

227. BB007 大港油田YLⅡ-100型螺杆钻具的最大排量有3种,下列选项不属于的是(　　)。
    A. 300L/min   B. 370L/min   C. 400L/min   D. 500L/min

228. BB007 大港油田所生产的YLⅡ-100型螺杆钻具的3种型号最大压差有3种,以下选项不正确的是(　　)。
    A. 1.961MPa   B. 2.254MPa   C. 2.451MPa   D. 2.354MPa

229. BB008 震击器可将储存在钻柱内的弹性势能迅速转变成(　　),并以应力波的形式传递到卡点。
    A. 热能   B. 动能   C. 势能   D. 电能

230. BB008 震击器主要有机械式、液压式、(　　)3种。
    A. 电动式   B. 爆炸式   C. 螺旋式   D. 机液式

231. BB008 液压式震击器由于其工作原理的限制,只能在(　　)上产生震击。
    A. 轴向   B. 径向   C. 上下   D. 圆周

232. BC001 磁力打捞器是用来打捞在钻井、修井作业中掉入井里的钻头、牙轮、轴、卡瓦牙、钳牙、手锤及油、套管碎片等小件(　　)落物的工具。
    A. 橡胶   B. 铁磁性   C. 非磁性   D. 各类型

233. BC001 能进行正反循环的磁力打捞器可打捞小件(　　)落物。
    A. 橡胶   B. 铁磁性   C. 非磁性   D. 各类型

234. BC001 公称直径为100mm的普通型反循环磁力打捞器的型号表示为( )。
A. CL10FP　　　　B. CL100FP　　　　C. FP100CL　　　　D. CQ100FP
235. BC002 型号表示为CL100ZG的磁力打捞器是公称直径为100mm的( )打捞器。
A. 低温型正循环　　　　　　　　B. 高温型正循环
C. 高温型不循环　　　　　　　　D. 普通型正循环
236. BC002 磁力打捞器为避免在井内与套管发生磁性吸附,结构中必须要有( )。
A. 压盖　　　　B. 磁网　　　　C. 芯铁　　　　D. 隔磁套
237. BC002 反循环型强磁打捞器的循环通道内必须有( )。
A. 芯铁　　　　B. 钢球　　　　C. 磁网　　　　D. 压盖
238. BC003 规格型号为GX-T114防脱式套管刮削器的刀片伸出量为( )。
A. 10.5mm　　　　B. 13.5mm　　　　C. 15.5mm　　　　D. 20.5mm
239. BC003 规格型号为GX-T178的防脱式套管刮削器的外形尺寸(外径×长度)为( )。
A. 129mm×1443mm　　　　　　B. 133mm×1443mm
C. 156mm×1604mm　　　　　　D. 166mm×1604mm
240. BC003 某井使用外形尺寸为129mm×1443mm的防脱式套管刮削器,它的规格型号是( )。
A. GX-T140　　　　B. GX-T146　　　　C. GX-T168　　　　D. GX-T127
241. BC004 抽油杆扳手使用前要先检查扳手是否有( ),符合标准方可使用。
A. 探伤　　　　B. 加力杠　　　　C. 合格证　　　　D. 裂痕
242. BC004 根据所上卸的抽油杆的规格大小选用抽油杆扳手的( )。
A. 大小　　　　B. 重量　　　　C. 规格　　　　D. 外形
243. BC004 管汇扳手是用于开关高低压管汇( )的工具。
A. 压力表　　　　B. 控制阀　　　　C. 活接头　　　　D. 法兰螺栓
244. BC005 使用球阀扳手时一定要将( )全部伸到位。
A. 凹方　　　　B. 开口　　　　C. 手柄　　　　D. 凸方
245. BC005 禁止( )打抽油杆扳手。
A. 直　　　　B. 平　　　　C. 正　　　　D. 反
246. BC005 使用球阀扳手时将( )方伸进球阀( )方后,先轻力试转,无滑脱现象再平稳用力转动。
A. 凸,凸　　　　B. 凹,凸　　　　C. 凹,凹　　　　D. 凸,凹
247. BC006 在控制工具分类代号中用"( )"表示控制工具类。
A. K　　　　B. X　　　　C. Y　　　　D. Q
248. BC006 工具型式代号是用工具型式名称中的两个关键汉字的第一个( )表示。
A. 英语字母　　　　B. 法语字母　　　　C. 拼音字母　　　　D. 德语字母
249. BC006 KHT-110配产器表示为控制类工具,最大外径为110mm的( )配产器。
A. 桥式　　　　B. 固定式　　　　C. 偏心式　　　　D. 滑套式
250. BC007 油管通径规可以检查各种管子的内通径变形后能通过的( )几何尺寸。
A. 最大　　　　B. 最小　　　　C. 平均　　　　D. 原

251. BC007　油管通径规形状为一个（　　），形式为两端无螺纹和两端有螺纹两种。
　　　A. 球体　　　　　　B. 长圆柱体　　　　C. 长方体　　　　　D. 正方体
252. BC007　油管通径规为两端无螺纹形式的是利用剌油管时的（　　）作动力,将其从被通管子的一端推入,另端顶出。
　　　A. 流速　　　　　　B. 蒸汽　　　　　　C. 液体　　　　　　D. 钻压
253. BC008　被通管子为2½in 时,油管通径规的长度为（　　）。
　　　A. 400mm　　　　　B. 700mm　　　　　C. 500mm　　　　　D. 600mm
254. BC008　被通管子为2½in 时,油管通径规的直径为（　　）。
　　　A. 58mm　　　　　 B. 60mm　　　　　 C. 62mm　　　　　 D. 59mm
255. BC008　被通管子为3in 时,油管通径规的直径为（　　）。
　　　A. 73mm　　　　　 B. 70mm　　　　　 C. 62mm　　　　　 D. 71mm
256. BC009　异形接箍用来连接直径（　　）的抽油杆。
　　　A. 大　　　　　　　B. 小　　　　　　　C. 不同　　　　　　D. 相同
257. BC009　特种接箍用于降低斜井或普通油井中接箍与油管的（　　）,减少油管的磨损。
　　　A. 作用力　　　　　B. 反作用力　　　　C. 摩擦阻力　　　　D. 压力
258. BC009　接箍按连接螺纹类型分为两种,（　　）接箍和光杆接箍。
　　　A. 抽油杆　　　　　B. 加重杆　　　　　C. 钻杆　　　　　　D. 油管
259. BC010　印模的种类较多,一般按制造材料可分成（　　）、胶模、蜡模、泥模。
　　　A. 砂模　　　　　　B. 铅模　　　　　　C. 木模　　　　　　D. 铁模
260. BC010　平底带水眼式铅模有普通型与（　　）两种。
　　　A. 带护罩型　　　　B. 无水眼型　　　　C. 常规型　　　　　D. 大水眼型
261. BC010　胶模一般用于套管孔洞、破裂等漏失情况的验证,即套管（　　）打印。
　　　A. 侧面　　　　　　B. 正面　　　　　　C. 环面　　　　　　D. 下部
262. BC011　侧面打印是利用管柱将侧面打印胶模下至设计深度,然后开泵憋压0.5~1MPa,使胶模在液压下（　　）,紧紧贴在套管内壁上,将套管的孔洞、破裂等破损状况印在胶模上。
　　　A. 扩张　　　　　　B. 压缩　　　　　　C. 挤压　　　　　　D. 运动
263. BC011　胶模的胶筒外形尺寸的最大工作面外径应比钢体最大外径（　　）,以免入井时划擦胶筒。
　　　A. 小1~2mm　　　 B. 小0.5~1mm　　　C. 大0.5~1mm　　　D. 大1~2mm
264. BC011　一般有两种方式打印,即管柱（　　）和绳缆软打印法。
　　　A. 直接打印法　　　B. 硬打印法　　　　C. 软打印法　　　　D. 连续打印法
265. BD001　封隔器代号中第二位代表的是（　　）。
　　　A. 分类代号　　　　B. 固定方式　　　　C. 坐封方式　　　　D. 解封方式
266. BD001　封隔器代号中第三位代表的是（　　）。
　　　A. 分类代号　　　　B. 固定方式　　　　C. 坐封方式　　　　D. 解封方式
267. BD001　封隔器代号中第四位代表的是（　　）。
　　　A. 分类代号　　　　B. 固定方式　　　　C. 坐封方式　　　　D. 解封方式

268. BD002 封隔器检修试压过程中,当泵压升高到( )后应及时换向,用小排量高压主泵工作。
    A. 2MPa   B. 3MPa   C. 4MPa   D. 5MPa

269. BD002 对封隔器胶筒的要求是( )。
    A. 无划伤   B. 无气泡   C. 无老化裂纹   D. 以上选项全对

270. BD002 如果没有特殊要求,封隔器的密封圈胶圈的过盈量要控制在( )。
    A. 0.25~0.5mm   B. 0.5~0.8mm   C. 0.8~1.0mm   D. 1.0~1.5mm

271. BD003 组装Y445型封隔器时,要按照( )检查各零件。
    A. 图样尺寸和要求   B. 工作习惯
    C. 工作惯例   D. 根据图样和工作经验

272. BD003 组装Y445型封隔器时,要求密封圈过盈量为( )
    A. 0.1~0.2mm   B. 0.2~0.4mm   C. 0.25~0.5mm   D. 0.3~0.5mm

273. BD003 组装好Y445型封隔器后,要以15MPa压力试压,稳压( ),不渗不漏、无压降为合格。
    A. 20min   B. 25min   C. 30min   D. 40min

274. BD004 Y445型封隔器是靠( )解封的。
    A. 下工具   B. 液压   C. 上提管柱   D. 转管柱

275. BD004 Y445-114封隔器中"114"是指( )。
    A. 最大外径   B. 最小内径   C. 适用温度   D. 长度

276. BD004 Y445-114型封隔器中第1个"4"是指( )。
    A. 双向卡瓦   B. 无支撑   C. 单向卡瓦   D. 转管柱坐封

277. BD005 Y445-114/48-D-CY-90/15型封隔器中"48"是指( )。
    A. 最大外径   B. 最小内径   C. 适用温度   D. 长度

278. BD005 Y445-114/48-D-CY-90/15型封隔器中"90"是指( )。
    A. 最大外径   B. 最小内径   C. 工作温度   D. 长度

279. BD005 Y445-114/48-D-CY-90/15型封隔器中"Y"是指( )。
    A. 压缩式   B. 自封式   C. 扩张式   D. 组合式

280. BD006 可钻桥塞是一种新型井下工具,可代替注水泥塞进行分层( )。
    A. 试油   B. 酸化   C. 找窜   D. 封窜

281. BD006 可钻桥塞用于油气井进行分层作业时,可暂时或永久封堵( )油水层、气层或水层。
    A. 上部   B. 中部   C. 下部   D. 多个

282. BD006 电缆桥塞是( )。
    A. 电缆坐封、油管解封   B. 电缆坐封、液压解封
    C. 电缆坐封、电缆解封   D. 电缆坐封、钻塞解封

283. BD007 组装Y347型封隔器时,要求密封圈过盈量为( )。
    A. 0.1~0.2mm   B. 0.2~0.4mm
    C. 0.25~0.5mm   D. 0.3~0.5mm

284. BD007　组装好 Y347 型封隔器后,要以 15MPa 压力试压,稳压(　　),不渗不漏、无压降为合格。
　　　A. 20min　　　　B. 25min　　　　C. 30min　　　　D. 40min
285. BD007　Y347 型封隔器是靠(　　)坐封的。
　　　A. 下工具　　　B. 液压　　　　C. 提放管柱　　　D. 转管柱
286. BD008　Y347 型封隔器是靠(　　)解封的。
　　　A. 下工具　　　B. 液压　　　　C. 逐级　　　　　D. 转管柱
287. BD008　Y347-114 型封隔器中"3"是指(　　)。
　　　A. 下工具坐封　B. 无支撑　　　C. 单向卡瓦　　　D. 转管柱坐封
288. BD008　组装 Y347 型封隔器时要调整(　　),压紧上胶筒,装上固定销钉。
　　　A. 密封胶筒　　B. 调节环　　　C. 隔环　　　　　D. 上接头
289. BD009　Y347-114/62-D-CY-90/15 型封隔器中"62"是指(　　)。
　　　A. 最大外径　　B. 最小内径　　C. 适用温度　　　D. 长度
290. BD009　Y347-114/62-D-CY-90/15 型封隔器中"90"是指(　　)。
　　　A. 最大外径　　B. 最小内径　　C. 工作温度　　　D. 长度
291. BD009　Y347-114/62-D-CY-90/15 型封隔器中"Y"是指(　　)。
　　　A. 压缩式　　　B. 自封式　　　C. 扩张式　　　　D. 组合式
292. BD010　组装 Y344 型封隔器第四步:两端各套入一个(　　),注意保证方向正确。
　　　A. 密封胶圈　　B. 隔环　　　　C. 活塞　　　　　D. 限位套
293. BD010　组装 Y344 型封隔器时,在(　　)上依次套入下、中、上胶套和隔环。
　　　A. 中心管　　　B. 隔环　　　　C. 活塞　　　　　D. 限位套
294. BD010　组装 Y344 型封隔器时,在连接(　　)活塞中心管后套入三级液压缸。
　　　A. 四级　　　　B. 三级　　　　C. 二级　　　　　D. 一级
295. BD011　组装 Y344 型封隔器胶套前要求在中心管上涂抹(　　)。
　　　A. 机油　　　　B. 黄油　　　　C. 密封脂　　　　D. 润滑油
296. BD011　Y344 型封隔器是(　　)的。
　　　A. 液压解封　　B. 上提解封　　C. 钻铣解封　　　D. 旋转解封
297. BD011　Y344 型封隔器是(　　)封隔器。
　　　A. 无支持　　　B. 单向卡瓦　　C. 锚瓦　　　　　D. 双向卡瓦
298. BD012　Y211-114 封隔器的防坐距为(　　)。
　　　A. 1000mm　　　B. 850mm　　　 C. 550mm　　　　 D. 500mm
299. BD012　Y211-114 封隔器的最小通径为(　　)。
　　　A. 73mm　　　　B. 62mm　　　　C. 58mm　　　　　D. 54mm
300. BD012　Y211-114 封隔器的支撑方式为(　　)。
　　　A. 尾管支撑　　　　　　　　　　B. 单向卡瓦支撑
　　　C. 双向卡瓦支撑　　　　　　　　D. 无支撑
301. BD013　组装 Y211 型封隔器时,应将限位套从中心管(　　)套入。
　　　A. 螺纹端　　　B. 无螺纹端　　C. 滑道端　　　　D. 无滑道端

302. BD013　组装 Y211 型封隔器时,应将(　　)从中心管滑道端套入,并与限位套连接。
　　　A. 椎体　　　　　B. 调节环　　　　C. 隔环　　　　D. 承压接头
303. BD013　组装 Y211 型封隔器时,要求卡瓦块要嵌在卡瓦座的燕尾槽内,并向外突
　　　　　　出(　　)。
　　　A. 1~3mm　　　B. 2~4mm　　　C. 3~5mm　　　D. 4~6mm
304. BD014　Y221 型封隔器是(　　)坐封、上提油管解封的压缩式封隔器。
　　　A. 提放管柱　　 B. 转管柱　　　　C. 自封　　　　D. 液压
305. BD014　Y221-114 封隔器的工作压力为(　　)。
　　　A. 5MPa　　　　B. 8MPa　　　　C. 10MPa　　　D. 视胶筒确定
306. BD014　Y221-114 封隔器的工作温度为(　　)。
　　　A. 110℃　　　　B. 120℃　　　　C. 140℃　　　D. 视胶筒确定
307. BD015　Y541 型封隔器是一种利用井内液柱压力和常压室的压力差坐封、(　　)解封
　　　　　　的压缩式封隔器。
　　　A. 旋转管柱　　 B. 上提管柱　　　C. 液压　　　　D. 下工具
308. BD015　Y541-115 封隔器适用套管内径为(　　)。
　　　A. 80~90mm　　B. 95~100mm　　C. 100~115mm　D. 121~127mm
309. BD015　Y541-115 封隔器水力锚的密封压力为(　　)。
　　　A. 20MPa　　　 B. 25MPa　　　　C. 30MPa　　　D. 35MPa
310. BD016　为了给管柱增加一定的重力以保证封隔器坐封所需要的坐封载荷,封隔器必
　　　　　　须要有一定的坐封高度,坐封高度是指(　　)。
　　　A. 人工井底的深度　　　　　　　　B. 封隔器坐封深度
　　　C. 油管长度　　　　　　　　　　　D. 油管挂距顶丝法兰的高度
311. BD016　坐封高度取决于封隔器的下入深度、(　　)和套管内径大小等因素。
　　　A. 封隔器级数　 B. 坐封载荷　　　C. 油管长度　　D. 人工井底的深度
312. BD016　在坐封情况下,支撑式封隔器管柱受力分两部分,一部分管柱处于(　　),一
　　　　　　部分受压管柱处于压缩状态。
　　　A. 自由　　　　 B. 拉伸　　　　　C. 运动　　　　D. 自重伸长状态
313. BE001　当施工结束放压后,水力锚能(　　)对管柱的锚定作用。
　　　A. 解除　　　　 B. 保持　　　　　C. 减弱　　　　D. 增强
314. BE001　水力锚是依靠(　　)使锚块卡在套管内壁的。
　　　A. 液体压力　　 B. 提放管柱　　　C. 下工具　　　D. 转管柱
315. BE001　水力锚在压裂施工中从(　　)打入高压液体。
　　　A. 套管　　　　　　　　　　　　　B. 油管
　　　C. 油管、套管都可以　　　　　　　D. 油套环空
316. BE002　钢体直径为 114mm 的水力锚适用的套管直径是(　　)。
　　　A. ϕ114mm　　B. ϕ177.8mm　　C. ϕ139.7mm　　D. ϕ127mm
317. BE002　水力锚的工作压力为(　　)。
　　　A. 30~35MPa　 B. 40~45MPa　　C. 50~55MPa　 D. 60~65MPa

318. BE002　钢体最大外径为148mm的水力锚适用于内径为(　　)套管。
　　　A. 154~160mm　　B. 121~127mm　　C. 108~112mm　　D. 178mm
319. BE003　为保障抽油杆扶正器的使用寿命,应选用(　　)的材料。
　　　A. 有弹性、抗拉伸　B. 有韧性、耐磨　C. 有韧性、抗扭　D. 绝缘、耐腐蚀
320. BE003　为避免抽油杆与油管的偏磨,通常在(　　)安置抽油杆扶正器。
　　　A. 杆体上　　　　B. 杆接箍上　　　C. 杆扳手方上　　D. 油管上
321. BE003　在斜井抽油工艺中,采用尼龙刮蜡器作为扶正器,当泵挂深度(　　)时,能基本满足抽油杆扶正的要求。
　　　A. ≤2200m　　　B. ≤2500m　　　C. ≤2700m　　　D. ≤3000m
322. BE004　R-2型注汽封隔器的主要作用是(　　)。
　　　A. 保护套管　　　B. 封堵油层　　　C. 支撑管柱　　　D. 固定管柱
323. BE004　R-2型注汽封隔器的坐封方式是(　　)。
　　　A. 热力坐封　　　B. 旋转下放坐封　C. 提放坐封　　　D. 自封
324. BE004　R-2型注汽封隔器承受注汽压力不大于(　　)。
　　　A. 10.2MPa　　　B. 11.5MPa　　　C. 13.8MPa　　　D. 15.7MPa
325. BE005　JBR-Ⅱ型井下热胀补偿器的作用是(　　)。
　　　A. 代替部分注汽封隔器的作用　　　B. 补偿注汽管柱因受热伸长
　　　C. 代替注汽封隔器　　　　　　　　D. 补偿注汽热损失
326. BE005　使用JBR-Ⅱ型井下热胀补偿器时,(　　),使补偿器处于自由状态。
　　　A. 先正转管柱再下放管柱　　　　　B. 先上提管柱再下放管柱
　　　C. 先下放管柱再上提管柱　　　　　D. 先反转管柱再下放管柱
327. BE005　JBR-Ⅱ型井下热胀补偿器的适用注汽温度不大于(　　)。
　　　A. 288℃　　　　B. 353℃　　　　C. 408℃　　　　D. 512℃
328. BE006　偏心配水器做密封性试验的压力是(　　)。
　　　A. 15MPa　　　　B. 10MPa　　　　C. 20MPa　　　　D. 25MPa
329. BE006　偏心配水器做密封性试验达到预定压力后需稳压(　　)。
　　　A. 10min　　　　B. 15min　　　　C. 20min　　　　D. 30min
330. BE006　偏心配水器试压合格后要将(　　)清除干净,螺纹涂上防锈油,两端旋上防护帽。
　　　A. 积水　　　　　B. 铁屑　　　　　C. 机油　　　　　D. 场地
331. BE007　工作筒密封性试验前要投入相应的(　　)。
　　　A. 钢球　　　　　B. 堵塞器　　　　C. 胶塞　　　　　D. 密封圈
332. BE007　工作筒做密封性试验时,达到预定压力后需稳压(　　)。
　　　A. 5min　　　　 B. 15min　　　　C. 20min　　　　D. 30min
333. BE007　工作筒做密封性试验正确步骤是(　　)。
　　　(1)压力迅速升至20MPa。(2)压力慢慢升至20MPa。(3)稳压5min。(4)压力降至零。
　　　A. (1)(2)(3)(4)　B. (2)(3)(4)　　C. (1)(3)(4)　　D. (1)(2)(3)

334. BE008 YNJ-160/8液压拧扣机的（　　）通过齿轮泵、液压马达,借助滚子在渐开线交错面上滚动。
A. 副机头　　　　B. 齿轮泵　　　　C. 主机头　　　　D. 液压马达

335. BE008 当YNJ-16018液压拧扣机的腭板滚子在爬坡滚动时,腭板不断向（　　）推进,以达到卡紧工件的目的。
A. 中心　　　　B. 两侧　　　　C. 前　　　　D. 后

336. BE008 YNJ-160/8液压拧扣机的通径是（　　）。
A. 160mm　　　　B. 8mm　　　　C. 80mm　　　　D. 16mm

337. BE009 分层配水堵塞器运动机构动作灵活,凸轮高出支撑座（　　）。
A. 2.0mm　　　　B. 2.2mm　　　　C. 2.5mm　　　　D. 2.7mm

338. BE009 可调堵塞器工作温度范围是（　　）。
A. 50~90℃　　　　B. 0~70℃　　　　C. 0~85℃　　　　D. 60~100℃

339. BE009 恒流堵塞器恒流工作压差为（　　）,外界压差为0.7~10MPa。
A. 1.0MPa　　　　B. 0.7MPa　　　　C. 1.2MPa　　　　D. 1.5MPa

340. BE010 同心集成式细分注水工艺管柱的可洗井分层封隔器的内径为（　　）。
A. $\phi 60mm$　　　　B. $\phi 50mm$　　　　C. $\phi 55mm$　　　　D. $\phi 52mm$

341. BE010 同心集成式细分注水工艺管柱一级配水封隔器能够满足两个层段的注水要求,因此该工艺管柱最小卡距可达（　　）,有利于细分注水。
A. 7m　　　　B. 2m　　　　C. 5m　　　　D. 3m

342. BE010 同心集成式细分注水工艺管柱的配水堵塞器的中间开有（　　）的通孔,作为下面其他层段的注水通道及同位素测试通道。
A. $\phi 15mm$　　　　B. $\phi 20mm$　　　　C. $\phi 25mm$　　　　D. $\phi 30mm$

343. BE011 DH40型吊具代表的是（　　）。
A. 额定载荷40t的双臂吊环　　　　B. 额定载荷40t的单臂吊环
C. 额定载荷40t的双臂吊卡　　　　D. 额定载荷40t的双臂吊卡

344. BE011 吊环型号为SH-150,一对吊环负荷为（　　）。
A. 300kN　　　　B. 500kN　　　　C. 750kN　　　　D. 1500kN

345. BE011 吊环（　　）不相同时,不得继续使用。
A. 直径　　　　B. 长度　　　　C. 材质　　　　D. 表面粗糙度

346. BE012 CD4½IEU-150型吊卡适用钻杆规格是（　　）。
A. 4IEU　　　　B. 4½IEU　　　　C. 4⅞IEU　　　　D. 5IEU

347. BE012 CD2⅜EU-150型吊卡的结构形式是（　　）。
A. 侧开式　　　　B. 闭锁式　　　　C. 可调式　　　　D. 对开式

348. BE012 $\phi 73mm$油管月牙式吊卡的开口直径是（　　）。
A. 62mm　　　　B. 73mm　　　　C. 76mm　　　　D. 89mm

349. BE013 吊钳型号由产品代号、适用管径代号和（　　）组成。
A. 额定载荷　　　　B. 额定扭矩
C. 本身重量　　　　D. 生产厂家代号

350. BE013 吊钳型号 Q2⅜-30 的额定扭矩是(　　)。
　　A. 30kN·m　　　B. 2.78kN·m　　　C. 300kN·m　　　D. 27.8kN·m

351. BE013 吊钳牙板表面硬度应不低于(　　)。
　　A. HRC50　　　B. HRC55　　　C. HRC60　　　D. HRC65

352. BE014 球形阀门用于施工管柱的(　　),或流体管线的必要处,起开关和控制作用。
　　A. 底部　　　B. 中间　　　C. 任意位置　　　D. 顶端

353. BE014 炮弹阀门是井下作业常用阀门,具有(　　)、开关迅速、操作灵活的特点。
　　A. 承压低　　　B. 不承压　　　C. 耐高压　　　D. 体积小

354. BE014 阀门是使配管和设备内的介质流动或停止并能控制其(　　)的装置。
　　A. 流量　　　B. 压强　　　C. 温度　　　D. 密度

355. BE015 喷砂器用于分层压裂的用途之一是通过喷砂器造成节流(　　),保证封隔器有足够的坐封力,确保封隔器密封可靠。
　　A. 压力　　　B. 流量　　　C. 压强　　　D. 压差

356. BE015 KPS-114 喷砂器钨钢套的作用是使高压液流变向减速,保护(　　)。
　　A. 油管　　　B. 封隔器　　　C. 液压泵　　　D. 套管

357. BE015 KPS-114 喷砂器的阀开启压力是(　　)。
　　A. 0.4~0.5MPa　　　B. 1~1.1MPa　　　C. 1.4~1.5MPa　　　D. 2.4~2.5MPa

358. BE016 梨形磨铣鞋由磨铣鞋本体、碳化钨材料和(　　)组成。
　　A. 扶正环　　　B. 扶正体　　　C. 引鞋　　　D. 卡瓦

359. BE016 梨形磨铣鞋本体从上至下(　　)水眼。
　　A. 有旁通　　　B. 有单向　　　C. 有直通　　　D. 无

360. BE016 梨形磨铣鞋侧面有(　　),在之间堆焊碳化钨材料。
　　A. 水眼　　　B. 卡瓦　　　C. 开窗　　　D. 过水槽

361. BE017 梨形磨铣鞋在磨铣时洗井液排量不得低于(　　)。
　　A. 15m³/h　　　B. 20m³/h　　　C. 10m³/h　　　D. 25m³/h

362. BE017 XL90 铣鞋的水眼直径是(　　)。
　　A. 10mm　　　B. 15mm　　　C. 20mm　　　D. 25mm

363. BE017 XL100 铣鞋的最大直径是(　　)。
　　A. 10mm　　　B. 100mm　　　C. 1000mm　　　D. 90mm

364. BF001 抽油泵型号 20-125RHBC3.0-1.2-0.6-0.6 中的符号"R"表示的是(　　)。
　　A. 杆式泵　　　B. 管式泵　　　C. 整体泵　　　D. 组合泵

365. BF001 按照公称直径分类,杆式泵主要有(　　)规格。
　　A. 4 种　　　B. 5 种　　　C. 6 种　　　D. 7 种

366. BF001 下列选项中不属于管式泵基本参数的是(　　)。
　　A. 泵下入深度　　　B. 泵筒长　　　C. 柱塞长　　　D. 泵公称直径

367. BF002 适用于产量高、井浅、气量小、含砂量大井的是(　　)。
　　A. 杆式抽油泵　　　　　　　　　B. 螺杆抽油泵
　　C. 管式抽油泵　　　　　　　　　D. 喷射抽油泵

368. BF002　管式抽油泵在下泵时( )。
　　A. 工作筒与油管相连,活塞与抽油杆连接
　　B. 工作筒与活塞都与油管连
　　C. 工作筒与活塞都与抽油杆连接
　　D. 工作筒与抽油杆连接,活塞与油管连接

369. BF002　抽油泵漏失会使油井的( )下降,从而使泵效降低。
　　A. 理论排量　　　B. 沉没度　　　C. 液面　　　D. 产量

370. BF003　管式抽油泵抽汲过程中,( )在泵筒内随抽油杆的运动做上下往复运动。
　　A. 内筒　　　B. 阀座　　　C. 柱塞　　　D. 阀

371. BF003　管式抽油泵下冲程时,泵下腔室的液体经( )转移到泵上腔室。
　　A. 内筒　　　B. 阀座　　　C. 柱塞　　　D. 游动阀

372. BF003　下列漏失属于泵内漏失的是( )。
　　A. 油管螺纹损坏　　　　　　B. 油管管身的腐蚀
　　C. 泄油器损坏　　　　　　　D. 砂卡、蜡卡造成的阀不严

383. BF004　抽油泵密封性试验中,当真空度达到( )时,关真空泵,5s内若真空度不下降,则阀球与座的密封性能试验合格。
　　A. 85kPa　　　B. 83kPa　　　C. 80kPa　　　D. 75kPa

374. BF004　抽油泵密封性试验主要包括两大项,一项是抽油泵总成密封和承压强度测试;另一项是抽油泵( )真空度试验。
　　A. 衬套　　　B. 各个阀球和阀座　　　C. 泵筒　　　D. 游动阀

375. BF004　真空试验是用来检测抽油泵底部( ),柱塞上、下部阀的球与座的密封效果。
　　A. 衬套　　　B. 游动阀　　　C. 进油阀　　　D. 出油阀

376. BF005　间隙漏失量应逐台进行,按设计要求用10号轻柴油稳压( )进行试验。
　　A. 8MPa　　　B. 10MPa　　　C. 12MPa　　　D. 15MPa

377. BF005　抽油泵试压试验中,如间隙漏失量大,要重新选较大直径( )进行装配。
　　A. 衬套　　　B. 柱塞　　　C. 进口阀　　　D. 出油阀

378. BF005　间隙漏失量试验中,如果泵筒长度不大于( ),只测其下部漏失量。
　　A. 2m　　　B. 3m　　　C. 4m　　　D. 30cm

379. BF006　泵筒内柱塞通过性能试验中,如局部发现阻滞,而配合间隙又正合适,则要重新( )泵筒,直到满足柱塞在泵筒内通过性能的要求为止。
　　A. 清洗　　　B. 测量　　　C. 旋转　　　D. 矫直

380. BF006　泵筒内柱塞通过性能试验需要通过拉杆用人工拉动柱塞在泵筒内孔( )通过。
　　A. 前段　　　B. 1/4长　　　C. 全长　　　D. 1/2长

381. BF006　因泵筒的弯曲常发生在端部,所以从一端进入的柱塞还必须让其从( )通过,泵筒内柱塞通过性能试验才算完成。
　　A. 此端　　　B. 释放头　　　C. 另一端　　　D. 固定阀

382. BF007　抽油泵泵筒、(　　)、杆件的固定部位距端部长度不超过150mm。
　　　A. 进口阀　　　B. 阀座　　　C. 游动阀　　　D. 柱塞

383. BF007　用(　　)检查柱塞外径,对直线度、圆度、表面镀层情况进行核查。
　　　A. 卷尺　　　B. 千分尺　　　C. 钢尺　　　D. 螺纹规

384. BF007　整台抽油泵检验合格后应由收件人对每台泵打上质量跟踪编号,下列选项中不属于钢号内容的是(　　)。
　　　A. 泵生产厂家代号　　　　　　B. 检验责任人代号
　　　C. 生产日期　　　　　　　　　D. 抽油泵型号排列号

385. BF008　抽油泵阀球和阀座总成应在干燥密封面进行100%(　　)试验,在最低真空度64.32kPa(19in Hg)时应至少3s无泄漏。
　　　A. 恒温　　　B. 真空　　　C. 高温　　　D. 高压

386. BF008　抽油泵柱塞检测时,要求柱塞本体直径偏差小于0.05mm,柱塞本体直线度为(　　)。
　　　A. 2mm　　　B. 0.2mm　　　C. 0.02mm　　　D. 0.05mm

387. BF008　泵总成按照抽油泵生产厂的书面工艺程序进行总装及(　　)。
　　　A. 功能试验　　　B. 型式检验　　　C. 监督检验　　　D. 性能试验

388. BF009　抽油泵常见的腐蚀形式有脆裂腐蚀、酸蚀、断裂处腐蚀、(　　)点蚀和磨蚀6种。
　　　A. 磨损　　　B. 锈蚀　　　C. 电化学腐蚀　　　D. 气体腐蚀

389. BF009　采用(　　)有助于避免结垢卡泵现象的发生。
　　　A. 加长柱塞泵　　　　　　　　B. 缩短柱塞泵
　　　C. 硬度合适泵　　　　　　　　D. 高强度泵

390. BF009　当抽油泵泵腔内充满气体时,在冲程中,气体在泵腔内压缩和膨胀,(　　),油井不出液。
　　　A. 游动阀失去作用　　　　　　B. 游动阀和固定阀失去作用
　　　C. 固定阀失去作用　　　　　　D. 游动阀和固定阀作用小

391. BF010　当泵易结蜡时,采用(　　)较为有利。
　　　A. 防蜡器　　　　　　　　　　B. 除蜡器
　　　C. 加长柱塞泵或动筒杆式泵　　D. 螺杆泵

392. BF010　抽空控制器、(　　)电动机、(　　)抽油,可以减少"液击"现象的发生。
　　　A. 常开,不间歇　　　　　　　B. 定时开,集中
　　　C. 定时开停,间歇　　　　　　D. 两台,轮流

393. BF010　造成抽油泵泵筒、柱塞拉伤的原因有(　　)。
　　　A. 得不到充分润滑　　　　　　B. 压裂砂、地层砂进入配合间隙
　　　C. 泵筒、柱塞表面强化工艺不到位　　D. 以上选项都有可能

394. BF011　抽油井出现(　　)的情况,不需要检泵。
　　　A. 油管、抽油杆、泵体结蜡严重　　B. 受砂、蜡影响,活塞卡死
　　　C. 抽油杆柱或油管断脱　　　　　　D. 油水井出水严重

395. BF011 下列选项不属于抽油泵维修程序的是(　　)。
　　A. 更换配件　　　B. 清洗　　　C. 组装　　　D. 试压
396. BF011 抽油泵使用后的检定是搞好维修工作的关键,下列选项不属于检定基本程序的是(　　)。
　　A. 卸掉接头及阀罩,取出阀球和阀座
　　B. 使用气动测量仪测量泵筒内径
　　C. 清洗柱塞,检查柱塞长度
　　D. 填写抽油泵回收鉴定书
397. BF012 检修抽油泵时应检查泵工作筒的(　　)。
　　A. 同轴度　　　B. 圆柱度　　　C. 圆锥度　　　D. 垂直度
398. BF012 深井抽油泵的检验要求:深井泵的内外(　　)及各部零件应清洁。
　　A. 衬套　　　B. 表面　　　C. 直径　　　D. 间隙
399. BF012 ϕ32mm 抽油泵漏失量为 350mL/min,该泵为(　　)配合间隙。
　　A. 一级　　　B. 二级　　　C. 三级　　　D. 四级
400. BF013 金属柱塞和泵筒的配合间隙分为三个等级,一级泵的间隙为(　　)。
　　A. 20~70μm　　　B. 70~100μm　　　C. 70~120μm　　　D. 120~170μm
401. BF013 阀座与阀球接触面的密封必须可靠,其真空度应保证在(　　)。
　　A. 70~120kPa　　　B. 70~100kPa　　　C. 70~80kPa　　　D. 70~140kPa
402. BF013 制造厂对抽油泵进行间隙漏失量试验,在质量稳定的情况下每批次的抽试数量不应少于(　　)。
　　A. 10%　　　B. 20%　　　C. 30%　　　D. 40%
403. BF014 杆式抽油泵的用途之一是检泵时可以(　　)。
　　A. 不动管柱　　　　　　　B. 不全部起出抽油杆
　　C. 不全部起出泵管　　　　D. 只起出内工作筒
404. BF014 杆式抽油泵外工作筒上端有锥体和卡簧,卡簧的位置是(　　)。
　　A. 内工作筒深度　　　　　B. 外工作筒深度
　　C. 下泵深度　　　　　　　D. 活塞深度
405. BF014 动筒式杆式抽油泵是(　　)固定式杆式抽油泵。
　　A. 顶部或底部　　　B. 中部　　　C. 顶部　　　D. 底部
406. BF015 ϕ51 杆式抽油泵的连接油管外径是(　　)。
　　A. 48.3mm　　　B. 60.3mm　　　C. 73mm　　　D. 88.9mm
407. BF015 ϕ44 杆式抽油泵的理论排量是(　　)。
　　A. 14~69m^3/d　　　B. 20~112m^3/d　　　C. 27~138m^3/d　　　D. 35~173m^3/d
408. BF015 在下泵时,杆式泵(　　)。
　　A. 内外工作筒与油管相连,活塞与抽油杆相连
　　B. 内外工作筒、活塞抽油杆相连
　　C. 外工作筒与油管连接,内工作筒通过活塞杆与抽油杆相连
　　D. 内工作筒与油管连接,外工作筒与抽油杆连接

409. BF016　防砂卡抽油泵主要由（　　）环形空间沉砂结构部分、滑阀和泄油器泵筒、柱塞、游动阀和固定阀等组成。
　　A. 油套　　　　　　B. 泄油器　　　　　C. 滑阀　　　　　　D. 双筒

410. BF016　防砂卡抽油泵可防止采油生产时（　　）的砂卡。
　　A. 阀球　　　　　　B. 阀球座　　　　　C. 滑阀　　　　　　D. 柱塞与泵筒之间

411. BF016　防砂卡抽油泵具有（　　）作用。
　　A. 润滑　　　　　　B. 刮蜡　　　　　　C. 导流　　　　　　D. 刮砂

412. BF017　防砂卡抽油泵不能携带到地面的大颗粒砂子下沉到（　　）。
　　A. 井底液体中　　　　　　　　　　　　B. 泵筒内
　　C. 泵下沉砂管内　　　　　　　　　　　D. 泵外环形空间内

413. BF017　由于防砂卡抽油泵的（　　）有刮砂功能，可防止砂子进入活塞与泵筒之间的间隙。
　　A. 双通接头　　　　B. 游动阀　　　　　C. 固定阀　　　　　D. 柱塞

414. BF017　防砂卡抽油泵采用了（　　）沉砂原理，可防止抽油泵砂卡和泵上沉砂。
　　A. 机械　　　　　　B. 双筒环形空间　　C. 物理　　　　　　D. 环流

415. BF018　防砂卡抽油泵采用了（　　），使柱塞起到补偿和增加泵的密封性能的作用。
　　A. 软硬补偿　　　　　　　　　　　　　B. 合理的配合间隙
　　C. 补偿配合　　　　　　　　　　　　　D. 环流

416. BF018　防砂卡抽油泵泵筒经（　　），可适应出砂井生产需要。
　　A. 整体喷焊处理　　B. 热处理　　　　　C. 精加工　　　　　D. 整体内孔氮化处理

417. BF018　防砂卡抽油泵与管式泵抽吸原理（　　）。
　　A. 不同　　　　　　B. 相同　　　　　　C. 相反　　　　　　D. 相似

418. BF019　φ56mm 防砂卡抽油泵最大外径为（　　）。
　　A. 73mm　　　　　B. 115mm　　　　　C. 95mm　　　　　D. 114mm

419. BF019　φ44mm 防砂卡抽油泵最大外径为（　　）。
　　A. 70mm　　　　　B. 80mm　　　　　　C. 90mm　　　　　D. 100mm

420. BF019　φ70mm 防砂卡抽油泵最大外径为（　　）。
　　A. 118mm　　　　　B. 116mm　　　　　C. 105mm　　　　　D. 110mm

421. BF020　液压反馈抽油泵的特点是利用泵上液柱压力产生的（　　）增加泵下行力，克服油稠造成的泵上杆柱下行困难，使抽油泵在稠油井中正常生产。
　　A. 液柱压力　　　　B. 液压反馈力　　　C. 地层压力　　　　D. 注入压力

422. BF020　环阀式防气泵只在泵筒上端增加一个环形阀结构，不增加任何作业程序，即可利用泵上环形阀（　　）游动阀的开启压力，减少气体对泵的影响，防止"气锁"，提高抽油泵工作效率。
　　A. 降低　　　　　　B. 升高　　　　　　C. 保持　　　　　　D. 释放

423. BF020　双作用泵（　　）阻力大，有时下行困难，可采用加重杆或泵上加液力反馈结构，以增加其力量。
　　A. 下行　　　　　　B. 上行　　　　　　C. 游动　　　　　　D. 抽吸

424. BF021 螺杆泵( )是决定螺杆泵寿命、泵效的关键部件。
A. 转子　　　　B. 定子　　　　C. 电动机　　　　D. 抽油杆

425. BF021 螺杆泵启动时,转子既要克服静摩擦力,又要克服定子、转子间的( )。
A. 吸附力　　　B. 阻力　　　　C. 分子间力　　　D. 范德华力

426. BF021 螺杆泵在采油过程中,随着井底( )不断降低,油层流体不断流入井底。
A. 静压　　　　B. 流压　　　　C. 饱和压力　　　D. 液柱压力

427. BF022 螺杆泵在石油行业主要有( )和地面混输两种作用。
A. 人工举升　　B. 自喷　　　　C. 提捞　　　　　D. 注水

428. BF022 螺杆泵采油系统不易发生砂卡的原因是( )。
A. 有容积泵　　　　　　　　　B. 没有单流阀
C. 采用抽油杆驱动　　　　　　D. 定子衬套具有弹性

429. BF022 常规螺杆泵适用的介质温度( )。
A. ≤75℃　　　B. ≥85℃　　　C. ≤85℃　　　　D. ≤135℃

430. BF023 螺杆泵基本上由定子总成及( )两部分组成。
A. 转子　　　　B. 限位销　　　C. 杆柱　　　　　D. 油管

431. BF023 螺杆泵中的( )与油管连接共同组成出油通道。
A. 转子　　　　B. 定子　　　　C. 限位销　　　　D. 锚定工具

432. BF023 抽油杆与螺杆泵中的( )连接,起着为螺杆泵传递动力的作用。
A. 转子　　　　B. 定子　　　　C. 限位销　　　　D. 锚定工具

433. BF024 螺杆泵的型号为GLB500-14,其中"500"代表( )。
A. 扬程　　　　B. 级数　　　　C. 转速　　　　　D. 每转排量

434. BF024 螺杆泵的型号为GLB500-14/K,其中"K"代表( )。
A. 空心转子　　B. 实心转子　　C. 杆式泵　　　　D. 管式泵

435. BF024 螺杆泵的型号为GLB500-14/2,其中"2"代表( )。
A. 扬程　　　　B. 级数　　　　C. 双头　　　　　D. 每转排量

436. BF025 一定泵出口压力下,螺杆泵转速增加,转子扭矩( )。
A. 增大　　　　B. 减小　　　　C. 基本不变　　　D. 增加2倍

437. BF025 螺杆泵工作转速提高会使漏失减少、排量增大,但同时( )而使螺杆泵寿命降低。
A. 转子会变形　　　　　　　　B. 定子橡胶磨损加快
C. 定子橡胶会起泡　　　　　　D. 转子磨损加快

438. BF025 螺杆泵性能检测可得到容积效率与泵出口压力关系曲线、泵总效率与泵出口压力关系曲线、( )与泵出口压力关系曲线。
A. 流量　　　　B. 转子扭矩　　C. 轴向力　　　　D. 入口压力

439. BF026 螺杆泵水力特性检测过程中,以零压点下的排量为泵的理论排量,用各压力点下泵的实际排量除以泵的理论排量再乘以100%,即为该压力点的( )。
A. 井下泵效　　　　　　　　　B. 容积效率
C. 有用功率　　　　　　　　　D. 总功率

440. BF026 零压头下螺杆泵的实际排量与设计排量的误差不应超过设计排量的(   )。
    A. ±2%   B. ±5%   C. ±8%   D. ±10%

441. BF026 螺杆泵的最高效率点不应低于(   )。
    A. 50%   B. 80%   C. 60%   D. 75%

442. BF027 螺杆泵定子橡胶溶胀试样为(   )。
    A. L形   B. 哑铃形   C. 长条形   D. 方形

443. BF027 螺杆泵定子橡胶机械物理性能的好坏会直接影响螺杆泵的(   )。
    A. 排量   B. 转速   C. 机械效率   D. 寿命

444. BF027 实验室检测螺杆泵定子橡胶的磨耗是阿克隆磨耗,指标值应小于(   )。
    A. $0.4cm^3/1.61km$ B. $0.2cm^3/1.61km$
    C. $0.3cm^3/1.61km$ D. $0.1cm^3/1.61km$

445. BF028 螺杆泵在零压力点下试验中,空载排量与几何排量之差不得超过几何排量的(   )。
    A. ±8%   B. ±10%   C. ±15%   D. ±20%

446. BF028 在额定压力下,螺杆泵容积效率下降至(   )时为泵的终止寿命。
    A. 20%   B. 25%   C. 30%   D. 40%

447. BF028 在150r/min和额定压力下试验,螺杆泵的容积效率应为(   )。
    A. 60%~80%   B. 65%~90%   C. 65%~85%   D. 70%~90%

448. BF029 制造螺杆泵转子最经济有效的办法是(   )。
    A. 棒料加工   B. 冷轧成型
    C. 圆钢热轧成型   D. 钢管热轧成型

449. BF029 螺杆泵单头转子型线横断面为(   )。
    A. 跑道形   B. 椭圆形
    C. 偏离中心线一定距离的圆形   D. 波浪形

450. BF029 螺杆泵等壁厚空心转子采用(   )加工制成。
    A. 钢管热轧   B. 模具铸造   C. 圆棒料加工 D. 冷挤压

451. BF030 螺杆泵水力特性检测介质为(   )。
    A. 机油   B. 变压器油   C. 柴油   D. 液压油

452. BF030 螺杆泵水力特性检测标准试验转速为(   )±7r/min。
    A. 100r/min   B. 200r/min   C. 150r/min   D. 50r/min

453. BF030 GB/T 21411.1—2014《石油天然气工业 人工举升用螺杆泵系统 第1部分:泵》中规定螺杆泵运转试验为螺杆泵在规定试验转速下逐渐升压到额定压力后运转(   ),使泵定子温度升至接近介质温度,检测泵有无异常。
    A. 10min   B. 20min   C. 30min   D. 40min

454. BF031 潜油电泵电动机通电后,(   )的三相线圈将产生旋转磁场。
    A. 转子   B. 定子线圈   C. 电机轴   D. 电机头部

455. BF031 潜油电泵电动机是三相异步(   )电动机。
    A. 绕线   B. 鼠笼   C. 直流   D. 变频

456. BF031　潜油电泵电动机将电能转化为(　　),带动潜油泵高速旋转。
    A. 化学能　　　　B. 动能　　　　C. 机械能　　　　D. 风能

457. BF032　潜油电泵的工作原理与(　　)工作原理相同。
    A. 离心泵　　　　B. 射流泵　　　　C. 电磁泵　　　　D. 螺杆泵

458. BF032　改变潜油电泵的叶轮级数可以改变(　　)。
    A. 流量　　　　B. 扬程　　　　C. 转速　　　　D. 型号

459. BF032　潜油电泵的叶轮级数一般为(　　),这种特殊性质决定了潜油泵的外形尺寸又细又长。
    A. 150~450　　　　B. 150~400　　　　C. 150~500　　　　D. 150~550

460. BF033　GB/T 16750—2015《潜油电泵机组》中规定,泵通用节长度应小于(　　)。
    A. 4m　　　　B. 6m　　　　C. 8m　　　　D. 10m

461. BF033　潜油电泵在做试验时,罐中应充满(　　)。
    A. 水　　　　B. 气体　　　　C. 水和气　　　　D. 杂质

462. BF033　潜油电泵在做负载试验时,运行时间不得少于(　　)。
    A. 0.5h　　　　B. 1h　　　　C. 2h　　　　D. 3h

463. BF034　潜油电泵与泵外壳用(　　)连接。
    A. 法兰　　　　B. 螺纹　　　　C. 花键套　　　　D. 定位销

464. BF034　98系列的潜油电泵外径是(　　)。
    A. 95mm　　　　B. 96mm　　　　C. 97mm　　　　D. 98mm

465. BF034　潜油电泵的叶轮与导轮沿轴有(　　)的滑动间隙。
    A. 1~1.5mm　　　　B. 1~1.6mm　　　　C. 1~1.7mm　　　　D. 1~1.8mm

466. BF035　潜油电泵中每节压紧叶轮占该节泵叶轮总数的(　　)。
    A. 20%　　　　B. 30%~40%　　　　C. 40%　　　　D. 75%

467. BF035　潜油电泵导壳的外径与泵壳体内径是(　　)配合。
    A. 动　　　　B. 静　　　　C. 过盈　　　　D. 间隙

468. BF035　潜油电泵轴是用来传递(　　)的。
    A. 扭矩　　　　B. 磁矩　　　　C. 能量　　　　D. 功率

469. BF036　潜油电泵保护器与电动机及分离器外壳之间的连接采用(　　)连接。
    A. 法兰　　　　B. 螺纹　　　　C. 插接　　　　D. 定位销

470. BF036　潜油电泵各部分与保护器相接的是(　　)。
    A. 分离器、泵　　　　　　　　B. 电动机、泵
    C. 电动机、分离器　　　　　　D. 分离器、泵

471. BF036　98系列潜油电泵的保护器上接头中心孔距为(　　)。
    A. 70mm±0.20mm　　B. 80mm±0.20mm　　C. 90mm±0.20mm　　D. 100mm±0.20mm

472. BF037　安装潜油电泵保护器胶囊前要检查是否(　　)。
    A. 漏气　　　　B. 有划伤　　　　C. 光洁　　　　D. 变形

473. BF037　安装潜油电泵机械密封动环时,要(　　)。
    A. 迅速　　　　B. 轻拿轻放　　　　C. 随意　　　　D. 慢

474. BF037　潜油电泵保护器配件中,(　　)组装前可不用清洗剂清洗。
　　　A. 上接头　　　　B. 导管　　　　C. 壳体　　　　D. O形环

475. BF038　潜油电泵沉降式油气分离器是依据(　　)原理进行油气分离的。
　　　A. 沉淀　　　　B. 旋转　　　　C. 重心　　　　D. 重力

476. BF038　潜油电泵旋转式油气分离器是依据(　　)原理进行油气分离的。
　　　A. 离心　　　　B. 旋转　　　　C. 向心力　　　D. 重力

477. BF038　潜油电泵分离器是利用气体和液体的(　　)不同,使气液两相产生的重力大小不同的原理进行油气分离的。
　　　A. 压力　　　　B. 重力　　　　C. 密度　　　　D. 温度

478. BF039　潜油电泵分离器试验时,应与(　　)部件连接。
　　　A. 潜油泵、保护器　　　　　　　B. 潜油泵、保护器、电动机
　　　C. 潜油泵、保护器、接线盒　　　D. 电动机、保护器

479. BF039　潜油电泵做分离器试验时,将潜油电泵整机下入试验井中,三相流灌中加入(　　)的气体,供给机组,试验分离器的分离效果。
　　　A. 10%　　　　B. 15%　　　　C. 20%　　　　D. 30%

480. BF039　潜油电泵吸入口压力下气体占三相总体积的百分比小于(　　)时,分离器应保证潜油泵正常工作而不发生欠载停机。
　　　A. 30%　　　　B. 40%　　　　C. 50%　　　　D. 60%

481. BF040　潜油电泵电缆做直流泄漏试验时,试样长度不得小于(　　)。
　　　A. 100m　　　B. 200m　　　C. 300m　　　D. 400m

482. BF040　潜油电缆导体直流电阻测量试样为短样时,短样长度不得小于(　　)。
　　　A. 1m　　　　B. 2m　　　　C. 3m　　　　D. 5m

483. BF040　$13mm^2$、额定电压为3kV的潜油电缆的外形尺寸不大于(　　)。
　　　A. 16mm×38mm　　　　　　　B. 17mm×40mm
　　　C. 18mm×42mm　　　　　　　D. 20mm×48mm

484. BF041　下潜油电泵时,每根油管打(　　)电缆卡子。
　　　A. 2个　　　　B. 3个　　　　C. 1个　　　　D. 5个

485. BF041　下潜油电泵时,每根油管距离两端(　　)以内各打一个电缆卡子,在油管的中部打一个电缆卡子。
　　　A. 0~1m　　　B. 1~1.5m　　C. 1.5~2m　　D. 2~2.5m

486. BF041　起下潜油电泵过程中,全部油管在上卸扣过程中,必须打好(　　),以防油管转动扭伤电缆。
　　　A. 刹车　　　　B. 管钳　　　　C. 卡子　　　　D. 背钳

487. BF042　油层套管与底法兰之间一般采用(　　)。
　　　A. 焊接　　　　B. 螺纹连接　　C. 螺栓连接　　D. 卡箍连接

488. BF042　采油树主要由总阀门、生产阀门及其他各种阀门、油管四通、(　　)、法兰等组成。
　　　A. 油管　　　　B. 套管四通　　C. 回压阀门　　D. 卡箍

489. BF042　CYB-250S723型采油树的连接方式是(　　)。
　　　A. 焊接　　　　B. 螺纹连接　　　C. 螺栓连接　　　D. 卡箍连接
490. BG001　GX-J140套管刮削器主要由上接头、下接头、冲管、(　　)刀片、本体和胶圈等组成。
　　　A. 刀槽　　　　B. 弹簧　　　　C. 刀片座　　　D. 胶筒
491. BG001　GX-T140套管刮削器中符号"T"代表(　　)。
　　　A. 胶筒式　　　B. 通用式　　　C. 普通式　　　D. 弹簧式
492. BG001　GX-T140套管刮削器中数字"140"代表(　　)。
　　　A. 公称直径　　B. 长度　　　　C. 外径　　　　D. 适用套管
493. BG002　壳体外径是100mm的胶筒式套管刮削器是(　　)套管刮削器。
　　　A. GX-J127　　B. GX-J140　　C. GX-J168　　D. GX-J114
494. BG002　GX-J140套管刮削器的刮削范围是(　　)。
　　　A. 106~116mm　　　　　　B. 117~134mm
　　　C. 140~156mm　　　　　　D. 148~175mm
495. BG002　GX-J114套管刮削器的刮削范围是(　　)。
　　　A. 114~118mm　B. 117~134mm　C. 96~104mm　D. 120~130mm
496. BG003　套管刮削器组装后要用专用工具检查刀片(　　)与压缩后的(　　)。
　　　A. 外径,内径　　　　　　B. 最大外径,最小外径
　　　C. 内径,外径　　　　　　D. 最小外径,最大内径
497. BG003　套管刮削器检修保养有如下几步:(1)检查水眼;(2)检查各连接螺纹;(3)检查壳体与刀片;(4)按顺序全部拆开,卸下各零部件并清洗;(5)涂抹黄油,组装;(6)检查胶筒、密封胶圈。其正确顺序是(　　)。
　　　A. (4)(1)(2)(5)(3)(6)　　　B. (4)(3)(6)(1)(2)(5)
　　　C. (4)(3)(6)(1)(5)(2)　　　D. (4)(6)(3)(1)(2)(5)
498. BG003　套管刮削器下井前一定要按接头的(　　)要求与下井管柱上紧。
　　　A. 实际　　　　B. 现场　　　　C. 经验　　　　D. 上紧力矩
499. BG004　刮削器入井后,下放速度不得超过(　　)。
　　　A. 2m/s　　　　B. 3m/s　　　　C. 4m/s　　　　D. 5m/s
500. BG004　套管刮削器刀片或刀板自由伸出外径要比所刮削套管大(　　)。
　　　A. 1~3mm　　　B. 2~5mm　　　C. 3~7mm　　　D. 4~8mm
501. BG004　刮削器通过刮削井段后再上提刮削,这时循环冲洗(　　)。
　　　A. 停止　　　　B. 不停　　　　C. 减压　　　　D. 增压
502. BG005　水力打捞矛用于从落鱼内孔打捞各种(　　)落鱼。
　　　A. 直径　　　　B. 小直径　　　C. 中直径　　　D. 大直径
503. BG005　水力打捞矛进入内腔之后,开泵憋压,迫使活塞推杆带动卡瓦销子沿直槽向(　　)滑动,推动卡瓦沿锥面向(　　),使卡瓦张开直至与落鱼内孔完全结合将落鱼捞获。
　　　A. 上,上　　　B. 上,下　　　C. 下,上　　　D. 下,下

504. BG005　水力打捞矛锥体末端为导锥,打捞时起(　　)作用。
　　A. 扶正　　　　　B. 入鱼引导　　　C. 打捞　　　　　D. 限位
505. BG006　使用水力打捞矛打捞不同内径落物时,只需要更换(　　)即可。
　　A. 活塞拉杆　　　B. 活塞　　　　　C. 相应卡瓦　　　D. 相应矛杆
506. BG006　水力打捞矛组装的第二步:将活塞从筒体(　　)端装入,并从活塞(　　)端转动活塞推杆,同时(　　)压活塞,使之与推杆上扣。
　　A. 上,上,下压　　B. 上,下,上提　　C. 下,上,上提　　D. 上,下,下压
507. BG006　水力打捞矛用于从(　　)打捞各种大直径管类落鱼。
　　A. 落鱼内孔　　　B. 落鱼外壁　　　C. 落鱼下部　　　D. 落鱼内外壁同时
508. BG007　组装水力打捞矛时,要在活塞推杆的弹簧孔内装好(　　),再将锥体与筒体连接。
　　A. 弹簧与螺母　　B. 限位套　　　　C. 卡瓦　　　　　D. 弹簧
509. BG007　组装水力打捞矛卡瓦后,要将卡瓦销子穿入(　　)内与螺母上紧。
　　A. 锁子孔　　　　B. 水眼　　　　　C. 台阶　　　　　D. 弹簧
510. BG007　组装水力打捞矛时,要检查活塞、推杆、卡瓦运动情况,要求(　　)复位正确。
　　A. 同步运动　　　　　　　　　　　B. 上下运动
　　C. 转动灵活　　　　　　　　　　　D. 锁死不动
511. BG008　螺旋可退式打捞矛是依靠(　　)打捞管柱的。
　　A. 圆卡瓦径向力咬住落鱼　　　　　B. 芯轴带动圆卡瓦造扣
　　C. 芯轴与圆卡瓦的轴向拉力　　　　D. 圆卡瓦轴向拉力
512. BG008　使用正扣可退式打捞矛打捞时,如落鱼卡死需退出打捞矛时,只要给一定的下击力,(　　),即可退出落鱼。
　　A. 先正转再反转钻具后上提钻具　　B. 反转钻具2~3圈后上提钻具
　　C. 直接上提钻具　　　　　　　　　D. 正转钻具2~3圈后上提钻具
513. BG008　可退式打捞矛圆卡瓦的内表面有与芯轴相配合的(　　)。
　　A. 锯齿形外螺纹　　　　　　　　　B. 锯齿形内螺纹
　　C. 梯形内螺纹　　　　　　　　　　D. 梯形外螺纹
514. BG009　维修保养可退式打捞矛的第五步:检查圆卡瓦的外齿及内外(　　)螺纹有无缺损、断裂等现象,若有则更换此部件。
　　A. 三角形　　　　B. 锯齿形　　　　C. 梯形　　　　　D. 环形
515. BG009　维修保养可退式打捞矛时卸下圆卡瓦的方法:将圆卡瓦(　　)并取下。
　　A. 左旋　　　　　　　　　　　　　B. 右旋
　　C. 先左旋一圈后再右旋半圈　　　　D. 先右旋一圈后再左旋半圈
516. BG009　可退捞矛插偏打捞可能造成的后果是(　　)。
　　A. 圆卡瓦变形　　　　　　　　　　B. 圆卡瓦脱落
　　C. 不能入鱼或拉力表无显示　　　　D. 以上选项均正确
517. BG011　1种规格的两用伸缩打捞矛可以打捞(　　)规格的落物。
　　A. 1种　　　　　　B. 2种　　　　　C. 3种　　　　　D. 4种

518. BG011　当伸缩式打捞矛下至距鱼头(　　)左右时开泵循环冲洗鱼头。
　　　A. 5m　　　　　B. 4m　　　　　C. 3m　　　　　D. 2m

519. BG011　维修保养伸缩式打捞矛的第六步:检卡瓦(　　)压缩弹簧与复位是否灵活。
　　　A. 上行　　　　B. 下行　　　　C. 左旋　　　　D. 右旋

520. BG011　伸缩打捞矛是用于小修作业的打捞工具,要求打捞作业迅速,因此为(　　)工具。
　　　A. 可退式　　　B. 外捞式　　　C. 不可退式　　D. 可钻铣

521. BG011　两用伸缩打捞矛带有扶正套,扶正套的螺纹与下打捞体连接,下端为(　　)向下的外锥体。
　　　A. 台肩　　　　B. 大径　　　　C. 小径　　　　D. 螺纹

522. BG011　伸缩打捞矛卡瓦有四道向下的轴向开口槽,在开口端有(　　)。
　　　A. 外锥面　　　B. 台肩　　　　C. 内锥面　　　D. 螺纹

523. BG012　提放式分瓣打捞矛是一种专门用来打捞落鱼上端是(　　)的打捞工具。
　　　A. 接箍　　　　B. 外螺纹　　　C. 本体　　　　D. 内孔

524. BG012　提放式分瓣打捞矛与(　　)的打捞原理相同。
　　　A. 公锥　　　　B. 滑块打捞矛　C. 可退式打捞矛　D. 接箍打捞矛

525. BG012　提放式分瓣打捞矛卡瓦牙表面处理硬度是(　　)。
　　　A. 50～55HRC　　　　　　　　　B. 55～60HRC
　　　C. 60～65HRC　　　　　　　　　D. 65～70HRC

526. BG013　提放式分瓣打捞矛在需要时可随时退出工具,操作时只需(　　)即可。
　　　A. 下放　　　　B. 上提　　　　C. 旋转　　　　D. 下放、上提

527. BG013　提放式分瓣打捞矛在芯轴上有(　　),可循环清洗鱼头,实现顺利抓捞。
　　　A. 卡瓦　　　　B. 密封圈　　　C. 磨块　　　　D. 水眼

528. BG013　提放式分瓣打捞矛下放至鱼顶(　　)处,开泵循环清洗鱼头,即可实现顺利抓捞。
　　　A. 4～5m　　　B. 6～8m　　　C. 5～6m　　　D. 2～3m

529. BG014　可退式倒扣打捞矛可以打捞落鱼(　　)。
　　　A. 接箍　　　　　　　　　　　　B. 内径的任何部位
　　　C. 外壁　　　　　　　　　　　　D. 本体

530. BG014　维修保养可退式倒扣打捞矛前三步的正确顺序是(　　)
　　　(1)按正确顺序组装;(2)清洗工具表面油污;(3)按正确顺序拆卸工具各部件,并按顺序排放;(4)检查工具各部件是否有缺损、断裂等现象。
　　　A. (2)(3)(4)(1)　　　　　　　　B. (3)(4)(2)(1)
　　　C. (3)(4)(1)(2)　　　　　　　　D. (4)(3)(1)(2)

531. BG014　可退式倒扣打捞矛的退出方法为下击钻具,(　　)钻杆再上提即可退出。
　　　A. 左旋　　　　B. 下放　　　　C. 右旋　　　　D. 先左旋再右旋

532. BG015　可退式倒扣打捞矛的退出方法为用(　　)力下击钻具,使卡瓦与矛杆分开。
　　　A. 100～150kN　B. 150～200kN　C. 200～300kN　D. 300～400kN

533. BG015　在倒扣作业中,可退式倒扣打捞矛具有同时完成抓捞和(　　)的两种功能。
　　　A. 清洗　　　　B. 整形　　　　C. 传递右旋扭矩　　D. 传递左旋扭矩

534. BG015　可退式倒扣打捞矛卡瓦螺纹部分须进行渗碳淬火处理,渗碳厚度为(　　)。
　　　A. 0.8~1.0mm　　B. 1.0~1.2mm　　C. 0.5~0.8mm　　D. 1.2~1.5mm

535. BG016　维修保养提放式倒扣打捞矛前三步的正确顺序:(　　)。
　　　(1)做好记录,登记入库;(2)清洗工具表面油污;(3)各部件涂黄油或密封脂;按拆卸相反的顺序进行组装;(4)按正确顺序拆卸工具各部件,并按顺序排放;(5)检查工具各部件是否有缺损、断裂等现象。
　　　A. (2)(4)(5)　　B. (3)(4)(2)　　C. (3)(4)(1)　　D. (4)(3)(1)

536. BG016　下列与提放式倒扣打捞矛打捞落物部位一致的是(　　)。
　　　A. 接箍打捞矛　　　　　　　　　B. 公锥
　　　C. 提放式分瓣打捞矛　　　　　　D. 可退式打捞矛

537. BG016　提放式倒扣打捞矛依靠换向销(　　)实现锥面的贴合或脱离,实现打捞或释放。
　　　A. 正转憋住　　　　　　　　　　B. 反转2圈
　　　C. 在轨道槽中的位置变化　　　　D. 反转憋住

538. BG017　提放式倒扣打捞矛连接套内孔有3个均布的键槽,与矛杆上的3个(　　)配合。
　　　A. 卡瓦　　　　B. 销钉　　　　C. 键　　　　D. 台肩

539. BG017　提放式倒扣打捞矛滑套外部有细牙螺纹,滑套装在(　　)上,并有换向销孔,可以滑动和转动。
　　　A. 卡瓦　　　　B. 销钉　　　　C. 矛杆　　　　D. 芯轴

540. BG017　提放式倒扣打捞矛卡瓦下部为三瓣形,外表面为锯齿形打捞螺纹,内表面为(　　)。
　　　A. 圆柱面　　　B. 螺纹　　　　C. 锥面　　　　D. 球面

541. BG018　退出倒扣套铣矛J形安全接头的方法:上提钻具剪断接头销钉,下放复位,(　　)上提即可。
　　　A. 正转1~2圈/1000m　　　　　　B. 反转1~2圈/1000m
　　　C. 正转1~2圈/1000m憋住　　　　D. 反转1~2圈/1000m憋住

542. BG018　维修保养倒扣套铣打捞矛前三步的正确顺序是(　　)。
　　　(1)做好记录,登记入库;(2)清洗工具表面油污;(3)各部件涂黄油或密封脂;按拆卸相反的顺序进行组装;(4)按正确顺序拆卸工具各部件,并按顺序排放;(5)检查工具各部件是否有缺损、断裂等现象。
　　　A. (2)(3)(4)　　B. (3)(4)(2)　　C. (2)(4)(5)　　D. (4)(3)(1)

543. BG018　倒扣套铣矛一次下井作业即可完成(　　)和倒扣打捞两项工作。
　　　A. 套铣　　　　B. 整形　　　　C. 对扣　　　　D. 扩径

544. BG019　倒扣套铣矛是卡钻后不能一次完成套铣,需要(　　)打捞时使用的工具。
　　　A. 分段套铣　　B. 整形　　　　C. 对扣　　　　D. 扩径

545. BG019　倒扣套铣矛的超越离合器的作用是当套铣到最后时由它传递(　　)，使打捞
矛与落鱼对扣。
　　A. 扭矩　　　　　B. 压力　　　　　C. 压强　　　　　D. 液压

546. BG019　使用倒扣套铣矛可以在套铣完一段落鱼后立即与落鱼对扣，然后用(　　)的
方法倒开并捞出解卡的钻具。
　　A. 爆炸松扣　　　B. 震击松扣　　　C. 大负荷上提　　D. 旋转倒扣

547. BG020　JKLM90 接箍捞矛适合打捞(　　)的油管接箍。
　　A. 60.3mm　　　B. 73.02mm　　　C. 88.9mm　　　D. 101.6mm

548. BG020　JKLM46 接箍捞矛适用于打捞(　　)的抽油杆接箍。
　　A. 5/8in 和 3/4in　B. 5/8in 和 7/8in　C. 5/8in 和 1in　D. 7/8in 和 1in

549. BG020　JGLM-38 接箍捞矛的外形尺寸是(　　)。
　　A. φ38mm×260mm　　　　　　　B. φ46mm×380mm
　　C. φ100mm×380mm　　　　　　D. φ38mm×480mm

550. BG021　将接箍打捞矛下至距鱼头(　　)时，开泵循环，冲洗鱼头。
　　A. 0.5~1m　　　B. 1~2m　　　　C. 1.5~2.5m　　　D. 2.5~3.5m

551. BG021　检修接箍打捞矛各部件是否存在缺损现象的第三步：检查换向槽和换向
(　　)有无挤压、变形、活动不灵活等现象。
　　A. 键　　　　　B. 手柄　　　　　C. 螺钉　　　　　D. 节

552. BG021　接箍打捞矛的打捞实质是(　　)。
　　A. 挤压打捞　　B. 对扣打捞　　　C. 咬合打捞　　　D. 以上选项均正确

553. BG022　接箍打捞矛按打捞的落物可分为抽油杆接箍打捞矛和(　　)打捞矛。
　　A. 螺纹　　　　B. 油管接箍　　　C. 杆体　　　　　D. 管体

554. BG022　为方便引进落鱼，接箍打捞矛芯轴下端头部呈球台形，卡瓦下端倒角为(　　)。
　　A. 60°　　　　B. 30°　　　　　C. 90°　　　　　D. 180°

555. BG022　接箍打捞矛适用于打捞(　　)落物。
　　A. 不带接箍的杆类　　　　　　　B. 不带接箍管类
　　C. 带接箍杆管类　　　　　　　　D. 油管本体

556. BG023　可退式打捞筒打捞落物是依靠(　　)实现的。
　　A. 卡瓦造扣　　　　　　　　　　B. 卡瓦锥面内缩加紧
　　C. 卡瓦齿咬合　　　　　　　　　D. 控制环套捞落物

557. BG023　使用正扣可退式打捞筒打捞时，如落鱼卡死需退出打捞筒时，只要给一定的下
击力，再(　　)，上提钻具即可退出落鱼。
　　A. 正转钻具 2~3 圈　　　　　　　B. 反转钻具 2~3 圈
　　C. 直接上提钻具　　　　　　　　D. 先正转再反转

558. BG023　LT-03TB 型可退式打捞筒的卡瓦是(　　)。
　　A. 双片式　　　B. 螺旋式　　　　C. 篮式　　　　　D. 鼠笼式

559. BG024　可退式卡瓦打捞筒可打捞鱼顶为(　　)的落鱼。
　　A. 球形　　　　B. 锥形　　　　　C. 圆柱形　　　　D. 方形

560. BG024　可退式卡瓦打捞筒内装有密封圈,当工具入鱼后可以(　　)。
　　　A. 修整鱼顶　　　B. 倒扣　　　C. 循环洗井　　　D. 震击打捞

561. BG024　可退式卡瓦打捞筒退出落鱼的方法:下击,一边(　　),一边上提。
　　　A. 反转
　　　B. 正转
　　　C. 先正转后反转
　　　D. 先反转后正转

562. BG025　双片式卡瓦捞筒的主体内有一个斜坡,斜坡上装有两片卡瓦,卡瓦的外壁为(　　),与主体内的斜坡相配合。
　　　A. 圆柱形　　　B. 环形　　　C. 斜坡形　　　D. 梯形

563. BG025　落鱼进入双片式卡瓦捞筒卡瓦之后,卡瓦在弹簧力作用下将其(　　),将鱼顶抱住并给其初夹紧力。
　　　A. 拉伸　　　B. 旋转　　　C. 压缩　　　D. 移动

564. BG025　上提双片式卡瓦捞筒,在初夹紧力作用下筒体上行,卡瓦、筒体内外锥面结合,产生(　　)夹紧力将落鱼卡住。
　　　A. 轴向　　　B. 向下　　　C. 径向　　　D. 向上

565. BG026　篮式卡瓦打捞筒的卡瓦与被捞落鱼接触面积(　　),鱼顶受力均匀,不易损坏鱼顶。
　　　A. 小　　　B. 相对集中　　　C. 大　　　D. 相对分散

566. BG026　篮式卡瓦打捞筒打捞筒内装有(　　),当工具入鱼后可以循环洗井。
　　　A. 胶筒　　　B. 卡瓦　　　C. 密封圈　　　D. 铣齿

567. BG026　篮状卡瓦内部抓捞牙为多头(　　)锯齿形螺牙。
　　　A. 右旋　　　B. 平行　　　C. 左旋　　　D. 交叉

568. BG027　螺旋式卡瓦打捞筒螺旋卡瓦形如弹簧,与筒体内螺纹配合,螺距相同,螺纹面较筒体的螺纹面尺寸(　　)。
　　　A. 相同　　　B. 宽　　　C. 窄　　　D. 长

569. BG027　螺旋式卡瓦打捞筒内部抓捞牙为多头(　　)锯齿形螺牙,螺牙锋利坚硬。
　　　A. 左旋　　　B. 右旋　　　C. 水平　　　D. 轴向

570. BG027　螺旋式卡瓦打捞筒可打捞鱼顶为(　　)的落鱼。
　　　A. 球　　　B. 长方形　　　C. 圆柱形　　　D. 正方形

571. BG028　多功能打捞筒上筒体总成是专供打捞抽抽杆(　　)用的,由上接头、上筒体、弹簧、卡环、卡瓦组成。
　　　A. 接箍　　　B. 螺纹　　　C. 本体　　　D. 墩头

572. BG028　多功能打捞筒打捞抽油杆本体时,抽油杆本体通过下筒体总成进入上筒体,然后进入上筒体内装的3块(　　)内,在弹簧力作用下卡瓦沿上筒体上移,卡瓦内牙与落鱼咬紧,当上提工具时,落鱼带动卡瓦相对筒体下移,筒体迫使卡瓦产生径向夹紧力咬住落鱼。
　　　A. 一体式偏心卡瓦
　　　B. 剖分式偏心卡瓦
　　　C. 剖分式同心卡瓦
　　　D. 一体式同心卡瓦

573. BG028 多功能打捞筒打捞抽油杆接箍及光杆件时,将落鱼引入下筒体,下筒体内装有2块( )可绕固定转轴翻转形成不同的打捞尺寸,卡住不同尺寸的落鱼。
　　A. 弹簧　　　　　B. 活瓣　　　　　C. 滑块　　　　　D. 销钉

574. BG029 多功能打捞筒是一种在( )内打捞抽油杆本体、抽油杆接箍及加重杆的打捞工具。
　　A. 油管　　　　　B. 尾管　　　　　C. 套管　　　　　D. 各种管

575. BG029 多功能打捞筒的上筒体内部有上下二锥面,上锥面与( )锥度一致,产生加紧力。
　　A. 卡瓦面　　　　B. 导锥　　　　　C. 引鞋　　　　　D. 打捞台肩

576. BG029 多功能打捞筒的上筒体内部有上下二锥面,上锥面与( )锥度一致,产生夹紧力。
　　A. 卡瓦内锥面　　B. 抽油杆接箍　　C. 卡瓦外锥面　　D. 抽油杆台肩

577. BG030 多功能打捞筒的上筒体卡瓦为剖分式( )结构。
　　A. 上下　　　　　B. 组合　　　　　C. 偏心　　　　　D. 一体

578. BG030 多功能打捞筒的下筒体总成由下筒体、( )、扭簧、销、螺钉、活瓣座、引鞋组成。
　　A. 卡瓦　　　　　B. 螺纹　　　　　C. 活瓣　　　　　D. 滑块

579. BG030 多功能打捞筒的下筒体总成内装有( )经渗碳淬火的弧面齿活瓣。
　　A. 2个　　　　　B. 3个　　　　　C. 4个　　　　　D. 1个

580. BG031 开窗打捞筒是一种用来打捞( )落物的工具。
　　A. 绳类
　　B. 不带接箍管类
　　C. 不带接箍的杆类
　　D. 具有卡取台阶、无卡阻

581. BG031 开窗打捞筒筒体上开有1~3排( )窗口。
　　A. 三角形　　　　B. 矩形　　　　　C. 梯形　　　　　D. 圆形

582. BG031 KLT148型开窗打捞筒的窗口排数为( )。
　　A. 3~4个　　　　B. 5~6个　　　　C. 6~7个　　　　D. 8~9个

583. BH001 试压泵是对各种压力容器和设备进行( )密封实验、强度实验和橡胶件密封实验的一种工具泵。
　　A. 水压　　　　　B. 油压　　　　　C. 气压　　　　　D. 水压和油压

584. BH001 试压泵的工作介质一般是( ),也可用纯净的矿物油,如机油等。
　　A. 污水　　　　　B. 清水　　　　　C. 蒸馏水　　　　D. 碱水

585. BH001 试压泵的最大特点是排出压力很高,一般( )。
　　A. 可达几兆帕,而流量一般较小
　　B. 可达几十兆帕,流量一般较大
　　C. 可达几兆帕,流量一般较大
　　D. 可达几十兆帕,而流量一般较小

586. BH002　试压完毕，打开手动试压泵的(　　)，泵内液体流回水箱中即可排空泄掉容器内的压力。

A. 泵筒　　　　B. 泵体　　　　C. 放水阀　　　　D. 柱塞

587. BH002　手动试压泵是由泵体、(　　)、密封圈、控制阀、压力表、水箱等组成。

A. 泵筒　　　　B. 泵阀　　　　C. 缸套　　　　D. 柱塞

588. BH002　手动试压泵(　　)通过手柄上提时，泵体内产生真空，进水阀开启，清水经进水滤网、进水管进入泵体，手柄施力下压时进水阀关闭，出水阀顶开，输出压力水进入被测器件，如此往复进行工作，实现额定压力的试验。

A. 泵筒　　　　B. 泵阀　　　　C. 缸套　　　　D. 柱塞

589. BH003　DSY100K 电动试压泵的工作压力为(　　)。

A. 15MPa　　　B. 20MPa　　　C. 10MPa　　　D. 9MPa

590. BH003　SB-300 手动试压泵的柱塞行程为(　　)。

A. 65.5mm　　B. 67mm　　　C. 44mm　　　D. 65mm

591. BH003　在试压泵试压过程中，若发现水中有大量空气可拧开(　　)，将空气放掉。

A. 放水阀　　　B. 泵阀　　　C. 缸套　　　D. 柱塞

592. BH004　试压泵试压注意事项中规定：试件试压时，如压力稳不住，切忌(　　)上扣。

A. 缓慢　　　　B. 快速　　　C. 停泵　　　D. 带压

593. BH004　试压泵试高压时规定：被试压件必须使用相应的(　　)。

A. 防护装置　　B. 夹紧机构　　C. 增压泵　　D. 高压管线

594. BH004　试压泵的外壳或支架等与接地装置用导体作良好的电气连接称为(　　)。

A. 接零　　　　B. 接地　　　C. 保护接地　　D. 中性点接地

595. BH005　电动试压泵的减速箱中润滑的温度不能超过(　　)。

A. 65℃　　　　B. 70℃　　　C. 85℃　　　D. 90℃

596. BH005　如试压泵的试压件内容积较小，应加缓冲容器，防止(　　)出现危险情况。

A. 泄漏　　　　B. 喷溅　　　C. 试压件变形　　D. 压力迅速升高

597. BH005　试压泵开始使用前应详细检查各部件连接处是否拧紧，(　　)是否正常，进、出水管是否安装好，禁止使用有泥沙及其他污染物的不清洁水。

A. 压力表　　　B. 泵阀　　　C. 缸套　　　D. 柱塞

598. BH006　新的试压泵视情况一般应每(　　)换一次机油。

A. 20h　　　　B. 30h　　　C. 40h　　　D. 60h

599. BH006　试压泵高压柱塞与柱塞套间隙过大导致稳不住压时，需要(　　)。

A. 更换柱塞副或现换密封圈　　　　B. 加水
C. 排空空气　　　　　　　　　　　D. 加机油

600. BH006　试压泵在使用时要(　　)，否则会影响使用。

A. 加油　　　　B. 加水　　　C. 排空空气　　D. 加机油

601. BH007　试压泵稳不住压可能是针阀、放气阀、水阀泄漏，应(　　)。

A. 更换　　　　　　　　　　　　　B. 研磨或更换
C. 研磨　　　　　　　　　　　　　D. 焊死漏点

602. BH007 试压泵泵压停留在 2.5MPa 不上升,有可能是高压缸进水阀卡死,应(   )。
   A. 更换弹簧   B. 轻击阀外部或拆开检查
   C. 拆开检查   D. 更换高压缸井水阀

603. BH007 试压泵(   ),有可能是柱塞密封圈损坏或松动,应调整螺套,更换密封圈。
   A. 压力过高   B. 刺漏
   C. 泵压升不上去、上升不均匀或太慢   D. 压力过低

二、判断题(对的画"√",错的画"×")

(   )1. AA001 套压就是油管内的压力。
(   )2. AA002 机械采油的方法,按是否用抽油杆来传递动力可分为有杆泵采油和无杆泵采油。
(   )3. AA003 反循环压井结束前测量压井液的密度,进出口压井液密度差小于3%时停泵。
(   )4. AA004 替钻井液过程中,可用采油树阀门控制进出口平衡,达到进出口水性一致即可停泵。
(   )5. AA005 通常防喷器按操作方式可分为液动和手动两种。
(   )6. AA006 对于单翼全封闸板防喷器,空井筒情况下发生井喷预兆时,关闭修井作业用防喷器手动单闸板即可关闭井口。
(   )7. AA007 闸板防喷器可以倒装在井口上使用。
(   )8. AA008 油管旋塞阀是管柱循环系统中的液动控制阀,专用于防止井喷的紧急情况。
(   )9. AA009 二次密封装置使用闸板防喷器时,密封脂的注入量不要过多,观察孔不漏介质即可。
(   )10. AA010 环形防喷器关闭不严,可能是新胶芯关闭不严,可多次活动解决;若支撑筋已靠拢仍关闭不严,则应更换胶芯。
(   )11. AA011 防喷器的等级的选择是以作业队伍的经济状况和现实条件为依据的。
(   )12. AA012 SFZ 防喷器必须要与井口旋塞配合一起使用才能有效关井。
(   )13. AA013 油层出砂和油层的物理特性有关,出砂时间取决于开采方式。
(   )14. AA014 油层压力低或漏失严重的井冲砂时最好采用正反冲砂。
(   )15. AA015 固井质量不合格可能造成套管外窜槽而出水。
(   )16. AA016 油井出水消耗地层能量,使产量下降。
(   )17. AA017 下井的封隔器坐封位置要避开套管接箍,确保密封。
(   )18. AA018 通井的原则是通至人工井底,特殊井则按施工设计通井。
(   )19. AA019 大井段裸眼完井的裸眼段进行酸处理,由于不能控制酸液的流向,酸液可能被挤入产层(处理层),导致酸化效果差。
(   )20. AA020 铅模外径大,起下易松扣脱落造成二次事故。
(   )21. AB001 机械传动主要是指利用机械方式传递压力和运动的传动。
(   )22. AB002 常用的传动链有套筒滚子链和齿形链。

(　　)23. AB003　齿轮传动结构紧凑,工作可靠,可实现较小的传动比。

(　　)24. AB004　螺旋传动可以把回转运动变成曲线运动。

(　　)25. AB005　蜗轮蜗杆机构常用来传递两交错轴之间的运动和动力。

(　　)26. AB006　在实际金属晶体中,存在分子不规则排列的局部区域,这些区域称为晶体缺陷。

(　　)27. AB007　尽管纯金属强度、硬度低,冶炼困难,价格昂贵,但因其具有较高的导电、导热性,所以在工业生产中广泛应用。

(　　)28. AB008　铁素体强度、硬度不高,但具有优良的塑性和韧度。

(　　)29. AB009　铸铁的含碳量小于2%。

(　　)30. AB010　广义的有色金属是铁、锰、铬以外的所有金属的统称。

(　　)31. AB011　碳素钢和合金钢是按化学成分分类的。

(　　)32. AB012　金属材料在外力作用下所表现出来的各种特性称为金属材料的力学性能。

(　　)33. AB013　疲劳强度指金属材料在无限多次交变载荷作用而不会产生破坏的最大应力。

(　　)34. AB014　表面淬火就是只对零件表层进行淬火,使其表面保持高的塑性和韧度,而芯部则得到高硬度和耐磨性。

(　　)35. AB015　化学热处理是利用化学反应、有时兼用物理方法改变钢件表层化学成分及组织结构,以便得到比均质材料更好的技术经济效益的金属热处理工艺。

(　　)36. AB016　抗弯强度指外力与材料轴线相交并在作用后使材料呈弯曲时的强度。

(　　)37. AB017　乙类钢用代号 A 表示。

(　　)38. AB018　特种钢是指向碳素钢里适量地加入一种或几种合金元素,使钢的组织结构发生变化,从而使钢具有各种不同的特殊性能。

(　　)39. AB019　铜合金是以铜为基体元素同时加入一种或几种非金属元素组成的合金。

(　　)40. AB020　金属及合金套管在矿化度高的地层中易受到化学腐蚀。

(　　)41. AC001　标准化有利于实现科学管理和提高管理效率。

(　　)42. AC002　质量认证又称质量评定,是国际上通行的管理产品质量的有效方法。

(　　)43. AC003　追求产品质量与产品寿命周期内支付的总费用之间的最佳结合,体现了全面质量管理的经济性特点。

(　　)44. AC004　按 ISO 9001 标准建立质量管理体系,通过体系的有效应用,促进企业持续地改进产品和过程,实现产品质量的稳定和提高。

(　　)45. AC005　PDCA 是英语单词计划、执行、检查和结束的第一个字母的组合,PDCA 循环就是按照这样的顺序进行质量管理,并且循环不止地进行下去的科学程序。

(　　)46. AC006　ISO 9001 用于证实组织具有提供满足顾客要求和适用法规要求的产品的能力,目的在于增进科学管理。

(　　)47. AC007　凡是通过认证的企业,在各项管理系统整合上已达到了国际标准,表明企业能持续稳定地向顾客提供预期和满意的合格产品。

( )48. AC008 以产品为关注焦点是质量管理八项原则之一。
( )49. AC009 QHSE 管理体系的四个特性:整体性、层次性、阶段性、适应性。
( )50. AC010 避免各类事故的发生是 QHSE 管理体系的阶段目标。
( )51. AC011 《五项规定》中要求,企业的主要领导、职能部门、有关工程技术人员和生产工人,各自在生产过程中应负的安全责任,必须加以明确的规定。
( )52. AC012 对于有液压缸的起重设备,某些危险部位应安装防护罩。
( )53. AC013 干粉灭火器打开的方法:一手紧握胶管,另一手将提环用力向上拉起。
( )54. AC014 每只灯泡都有额定电压和额定功率,使用时,应注意灯泡的额定电压与电源电压是否相符。
( )55. AC015 电路一般由电源、负载、连接导线三个基本部分组成。
( )56. AC016 湿手不得触摸任何电气设备。
( )57. AC017 雷击是一种自然灾害,它能毁坏建筑物造成事故,不会直接击伤人。
( )58. AC018 如果一旦发生雷击,应立即就地抢救,迅速进行胸外心脏按压和人工呼吸,经现场急救呼吸、心跳复苏后,再及时送往附近医院。
( )59. AC019 隔离灭火法:如用泡沫灭火剂灭火,通过产生的泡沫覆盖于燃烧体表面,在冷却作用的同时,把可燃物同火焰和空气隔离开来,达到灭火的目的。
( )60. AC020 用人单位必须采用有效的职业病防护设施,并为井下作业工具工提供个人使用的职业病防护用品。
( )61. BA001 钢卷尺是生产现场施工与规划中不可缺少的专用低级测量工具。
( )62. BA002 千分尺对准零位时,微分筒锥面的端面与固定套管横刻线的右边缘应相切,允许压线不大于 0.05mm,离线不大于 0.10mm。
( )63. BA003 不允许用千分尺测量正在机床上运动的加工物件。
( )64. BA004 内径百分表是将侧头的直线位移变为指针的角位移的计量器具。
( )65. BA005 不使用时,要摘下百分表,使表解除其所有负荷,让测量杆处于自由状态。
( )66. BA006 压力表应装在便于观察、易于冲洗的地方,同时要避免受到振动和高温的影响,并且要有足够的光线照明。
( )67. BA007 压力表的使用压力范围应不超过刻度极限的 60%~70%。
( )68. BA008 测量抽油杆内螺纹用环规,外螺纹用塞规。
( )69. BA009 万用表的挡位有欧电阻挡、电压挡、电流挡等。
( )70. BB001 液压动力钳尾绳的作用是定位承受上、卸扣时的正扭矩,在使用背钳时起安全作用。
( )71. BB002 液压动力钳靠机械系统进行控制和传递动力。
( )72. BB003 液压动力钳基本构成:悬吊式安装臂、开口式钳头、腭板凸轮夹紧机构无级变速传动。
( )73. BB004 XYQK6-CX 型液压钳的低档转速为 33r/min。
( )74. BB005 液压钳的开口齿轮缺口对中复位不佳是复位机构松动或调整不当造

成的。

(   )75. BB006　螺杆钻具主要由上接头、定子、弹簧片、转子、过水接头、轴承总成及下接头组成。

(   )76. BB007　大港油田 YLⅡ-100 型螺杆钻具的最大排量有 300L/min、370L/min、600L/min。

(   )77. BB008　随钻震击器要设计在钻柱组合中,如果钻进或者起下钻过程中遇卡,可以随时震击解卡。

(   )78. BC001　能进行正反循环的磁力打捞器不可打捞小件非铁磁性落物。

(   )79. BC002　磁力打捞器的主参数用公称直径的厘米数表示。

(   )80. BC003　规格型号为 GX-T127 防脱式套管刮削器油管接头螺纹是 $\phi 89TBG$。

(   )81. BC004　球阀扳手由手柄鹅颈和凹方组成。

(   )82. BC005　管汇扳手使用前应检查凸方及手柄是否牢固可靠。

(   )83. BC006　在控制工具和修井工具的分类及型号编制方法中,工具名称用汉字表示。

(   )84. BC007　油管通径规两端必须有螺纹。

(   )85. BC008　通 $2\frac{1}{2}$in 油管,油管通径规长度为 500mm,直径为 59mm。

(   )86. BC009　抽油杆接箍按等级一般分为 T 级接箍和 ST 级接箍。

(   )87. BC010　印模的种类较多,一般按制造材料和起下方法形式进行分类。

(   )88. BC011　侧面打印不可在不压井状态下进行。

(   )89. BD001　每一种封隔器都能在给定的方法和载荷作用下动作,使封隔件始终处于工作状态,这种操作称为封隔器的坐封。

(   )90. BD002　封隔器试压压力达到要求时应停泵,稳压 10min 以上,不渗不漏为合格。

(   )91. BD003　Y445 型封隔器组装卡瓦时,要将卡瓦块嵌在卡瓦座的燕尾槽内,且不能大于钢体外径。

(   )92. BD004　Y445 型封隔器是一种自封式封隔器。

(   )93. BD005　Y445-114 型封隔器第二个"4"是指上提解封。

(   )94. BD006　桥塞都是用管柱坐封的。

(   )95. BD007　组装 Y347 型封隔器时,要按照图样和工作经验检查各零件。

(   )96. BD008　Y347 型封隔器是一种扩张式封隔器。

(   )97. BD009　组装 Y347 型封隔器时,要求密封胶筒部件不能有老化起泡现象,胶圈安装允许有扭曲现象。

(   )98. BD010　组装 Y344 型封隔器时,装入胶筒后要涂抹黄油。

(   )99. BD011　Y344 型封隔器是可洗井封隔器。

(   )100. BD012　下 Y211 型封隔器时,应将销钉置于长轨道内。

(   )101. BD013　组装 Y211 型封隔器时从限位套一端装入下、中、上胶筒和隔环。

(   )102. BD014　Y221-114 型封隔器解封时,只要旋转管柱即可解封。

(   )103. BD015　Y541 型封隔器适用于斜井的分层找水、堵水和注水。

(   )104. BD016　封隔器坐封高度的近似计算公式:

$$H = \Delta L - \Delta L_1 + \Delta L_2 + S$$

式中　H——封隔器坐封高度，cm；

　　　ΔL——坐封前，封隔器以上长度为 L 的油管柱的自重伸长，cm；

　　　ΔL_1——中性点以上油管自重伸长长度，cm；

　　　ΔL_2——中性点以下油管自重伸长长度，cm；

　　　S——胶筒压缩距，cm。

(　)105. BE001　水力锚在施工中起固定井下管柱、防止井下管柱产生径向移动的作用。

(　)106. BE002　拆装水力锚时不许把管钳打在锚牙块上。

(　)107. BE003　抽油杆扶正器使用越多，对螺杆泵井越有利。

(　)108. BE004　R-2 型注汽封隔器适用于注汽温度不大于 500℃ 的环境。

(　)109. BE005　JBR-Ⅱ型井下热胀补偿器主要由密封补偿、转动扭矩两部分组成。

(　)110. BE006　偏心配水器做密封性试验时，堵塞器要装入注水水嘴。

(　)111. BE007　工作筒的最大试验压力是 15MPa。

(　)112. BE008　液压拧扣机是对键连接件进行上扣或卸扣的专用设备，可用于抽油泵、封隔器等下井工具连接件螺纹的上、卸扣作业。

(　)113. BE009　分层配水堵塞器按结构可分为常规堵塞器、可调堵塞器和恒流堵塞器。

(　)114. BE010　同心集成式细分注水工艺管柱主要由不可洗井分层封隔器、不可洗井配水封隔器及配水堵塞器组成。

(　)115. BE011　额定载荷：施加给设备的最大允许载荷，包括动载荷和静载荷，在数值上等于设计载荷。

(　)116. BE012　月牙吊卡适用于重量较大油管或钻杆的起下。

(　)117. BE013　吊钳型号由产品代号、适用管径代号和额定载荷组成。

(　)118. BE014　阀门是在流体系统中用来控制流体的大小、压力、流量的装置。

(　)119. BE015　KPS-114 喷砂器多级使用时可不装滑套芯子。

(　)120. BE016　梨形磨铣鞋由磨铣鞋本体及碳化钨材料组成。

(　)121. BE017　XZ90 铣鞋是最大直径为 90mm 的梨形铣鞋。

(　)122. BF001　某抽油泵型号"25-225TH4.5-1.5"中的"T"表示组合泵。

(　)123. BF002　管式抽油泵一般用于供液能力差产量较低的深井。

(　)124. BF003　管式抽油泵抽汲过程中，上冲程时，游动阀关闭，固定阀开启。

(　)125. BF004　在测量抽油泵漏失量时，应在压力上升到规定值后稳压 3min 再计漏失量。

(　)126. BF005　间隙漏失量试验可以避免因漏失量过小而不能满足含砂较多的油井或稠油井工作需要的问题。

(　)127. BF006　泵筒内柱塞通过性能试验的目的是保证抽油泵在下井工作时，柱塞能在泵筒全长范围内运动，不发生卡泵故障。

(　)128. BF007　管式泵的工作原理与杆式泵工作原理不同。

(　)129. BF008　当活塞运动速度与油气进入泵内速度一致时，泵充满程度好，泵效高。

(　)130. BF009　对同一台泵来说，下入深度越大，漏失量越小。

(　　)131. BF010　抽油泵间隙漏失量测试时,如间隙漏失量太小,要重新选较小直径游动阀进行装配。

(　　)132. BF011　拆卸抽油泵配件时必须使用专用摩擦台钳,避免碰伤泵筒、柱塞。

(　　)133. BF012　泵应在清洗架上用水擦洗干净,确保泵体内外干净。

(　　)134. BF013　储层伤害、油层产量下降的井,需要检泵,恢复生产。

(　　)135. BF014　杆式抽油泵具有内外层工作筒,一般设计泵径较小,泵排量较小,通常用于液面较低、产量较小的浅井。

(　　)136. BF015　杆式抽油泵可用于产量低,井深、气量、含砂小的井。

(　　)137. BF016　防砂卡抽油泵可防止地层砂进入泵筒。

(　　)138. BF017　防砂卡抽油泵泵筒为整体内孔氮化加工处理,可适应出砂井生产需要。

(　　)139. BF018　防砂卡抽油泵型号中"F"表示防砂卡式。

(　　)140. BF019　防砂卡抽油泵采用了软硬补偿,能使柱塞既起到补偿和增加泵的密封性能的作用,又具有刮砂作用。

(　　)141. BF020　长柱塞防砂泵与防砂筛管配合使用效果更好。

(　　)142. BF021　螺杆泵采油井的管理要比抽油机井简单。

(　　)143. BF022　螺杆泵不适用于稠油的开采。

(　　)144. BF023　杆式驱动的螺杆泵是容积泵,潜油螺杆泵是离心泵。

(　　)145. BF024　型号为GLB120-27的螺杆泵的级数为27级。

(　　)146. BF025　螺杆泵工作特性曲线不能评价螺杆泵产品质量性能。

(　　)147. BF026　螺杆泵工作特性曲线是螺杆泵采油井工况分析与故障诊断的基础。

(　　)148. BF027　螺杆泵水力特性检测可得到容积效率、泵效、转子扭矩对应泵出口压力的关系曲线。

(　　)149. BF028　螺杆泵定子橡胶拉伸试验采用的是Ⅰ型哑铃形状样片。

(　　)150. BF029　额定压力点泵排量为螺杆泵的理论排量。

(　　)151. BF030　特种橡胶的泵需要达到150℃或更高工作温度。

(　　)152. BF031　潜油泵的总扬程等于单级泵叶轮扬程。

(　　)153. BF032　潜油电动机是级数为2级的三相鼠笼式感应电动机。

(　　)154. BF033　潜油泵的测试宜从额定流量开始。

(　　)155. BF034　潜油泵导壳主要由壳体导叶和内盖板组成。

(　　)156. BF035　叶导轮的型号决定了泵的功率。

(　　)157. BF036　电动机保护器是安装在地面上来保护潜油电动机的。

(　　)158. BF037　潜油电泵66型保护器安装时,为了确保轴窜动量准确,止推轴承壳体锁紧板一定要上紧。

(　　)159. BF038　沉降式分离器是利用离心力的分离原理进行油气分离的。

(　　)160. BF039　QYF98X是旋转式分离器。

(　　)161. BF040　电缆进行工频耐压时,其中一相接高压,其余各相和铠带相连。

(　　)162. BF041　潜油泵机组下井过程中,电工负责电缆的检查测量,若发现相间机组对地绝缘电阻出现导通,立即停止施工,检查处理妥当后继续施工。

(   )163. BF042   采油树按不同的连接方式主要可分为卡箍连接和法兰连接两大类。
(   )164. BG001   检修套管刮削器的技术要求:刀片应完整无损;各刮削刃角应完好锐利。
(   )165. BG002   GX-T140套管刮削器中数字"140"代表公称直径。
(   )166. BG003   套管刮削器使用后应立即清洗干净,做好防腐、防锈、防胶老化工作。
(   )167. BG004   按井口套管内径选择刮削器。
(   )168. BG005   水力打捞矛锥体末端的导锥打捞时有给鱼头整形的作用。
(   )169. BG006   组装水力打捞矛时,先将活塞弹簧安装于筒体内部,坐于下台阶之上,再将活塞锥杆从筒体下端装入。
(   )170. BG007   组装水力打捞矛要在活塞推杆的弹簧孔内安好弹簧与螺母,再连接锥体与筒体。
(   )171. BG008   可退式卡瓦打捞矛是从鱼腔外径进行打捞的工具。
(   )172. BG009   维修保养可退式打捞矛时卸下圆卡瓦的方法是将圆卡瓦左旋并取下。
(   )173. BG011   伸缩式打捞矛和两用伸缩打捞矛是用于小修井的打捞工具。
(   )174. BG011   维修保养伸缩式打捞矛的第六步:检查打捞矛水眼有无堵塞。
(   )175. BG012   提放式分瓣打捞矛释放落鱼时,下放工具导向销带动旋转装置和打捞爪上行,然后上提,导向销处于短槽中,芯轴与打捞爪内外锥面脱开,卡捞爪弹性变形脱开被捞接箍。
(   )176. BG013   维修保养提放式分瓣打捞矛的前三步正确顺序:清洗工具表面油污;按正确顺序拆卸工具各部件并按顺序排放;检查工具各部件是否有缺损、断裂等现象。
(   )177. BG014   可退式倒扣打捞矛具有同时完成打捞和传递右旋扭矩两种功能。
(   )178. BG015   可退式倒扣打捞矛的退出方法为下击钻具,右旋钻杆再上提即可退出。
(   )179. BG016   提放式倒扣打捞矛具有退出落鱼不需正转,只需提放即可收回工具的优点。
(   )180. BG017   维修保养提放式倒扣打捞矛的矛杆与卡瓦之间由上至下的部位为连接套、滑套、定位套、换向销。
(   )181. BG018   倒扣套铣矛一次下井作业即可完成套铣和倒扣打捞两项工作。
(   )182. BG019   退出倒扣套铣矛J形安全接头的方法:上提钻具剪断接头销钉,下放复位反转1~2圈/1000m,憋住上提即可。
(   )183. BG020   接箍打捞矛有抽油杆打捞矛和油管、钻杆接箍打捞矛两种。
(   )184. BG021   接箍打捞矛不能用于造扣,在落鱼卡阻力较大情况下推荐使用。
(   )185. BG022   接箍打捞矛维修保养的第六步:检查卡瓦下行换位或压缩复位是否灵活。
(   )186. BG023   当可退式打捞筒捞获落鱼后,上提钻具,卡瓦外螺纹锯齿形锥面与筒体内相应的齿面有相对位移,将落鱼卡紧捞出。
(   )187. BG024   LT-03TB型可退式打捞筒的卡瓦是篮式。
(   )188. BG025   双片式卡瓦打捞筒是从落鱼外壁进行打捞的不可退式工具。

( )189. BG026　篮式卡瓦打捞筒可对轻度变形的鱼顶进行修整。

( )190. BG027　螺旋卡瓦打捞筒螺旋卡瓦形如弹簧,与筒体内螺纹配合,螺距较小。

( )191. BG028　多功能打捞筒在不需更换卡瓦的情况下,可打捞 16~25mm 抽油杆本体和 16~22mm 抽油杆接箍、35~42mm 范围内的加重杆及测井仪。

( )192. BG029　多功能打捞筒是一种在套管内打捞抽油杆本体、抽油杆接箍及加重杆的打捞工具。

( )193. BG030　多功能打捞筒的上筒体内部有上下二锥面,下锥面是引鞋。

( )194. BG031　开窗打捞筒在同一排窗口上变形后的舌尖内径略大于落物最小外径。

( )195. BH001　试压泵是专供各类压力容器、管道、阀门、锅炉、钢瓶、消防器材等做水压试验和实验室中获得高压液体的检测设备。

( )196. BH002　由于试压泵排出压力较高,因此手动试压泵一般都属于双作用柱塞式往复泵。

( )197. BH003　电动式压泵工作压力达到 2MPa 时,操作者应立即打开低压控制阀。

( )198. BH004　试压泵开始使用前应详细检查各部件连接处是否拧紧、压力表是否正常、进出水管是否安装好。

( )199. BH005　试压泵使用超过 300h 要更换机油。

( )200. BH006　试压泵高压缸进水阀不密封、泵压停留在 2.5MPa 不上升,应研磨或更换进水阀。

( )201. BH007　如试压泵的试压件容积较小,应加缓冲容器,防止压力迅速升高出现危险情况。

答 案

一、单项选择题

1. A	2. B	3. C	4. C	5. D	6. A	7. A	8. B	9. B	10. B
11. B	12. A	13. A	14. D	15. A	16. C	17. B	18. B	19. C	20. D
21. D	22. A	23. A	24. A	25. D	26. D	27. B	28. D	29. D	30. C
31. A	32. B	33. B	34. B	35. C	36. D	37. B	38. D	39. D	40. A
41. B	42. B	43. C	44. B	45. C	46. A	47. C	48. B	49. A	50. B
51. A	52. D	53. B	54. C	55. D	56. C	57. B	58. D	59. A	60. D
61. D	62. A	63. A	64. C	65. A	66. A	67. C	68. C	69. A	70. C
71. A	72. A	73. B	74. C	75. A	76. D	77. B	78. D	79. B	80. B
81. A	82. A	83. A	84. D	85. A	86. B	87. D	88. B	89. A	90. C
91. A	92. B	93. C	94. D	95. B	96. C	97. A	98. C	99. A	100. B
101. B	102. B	103. C	104. A	105. D	106. C	107. A	108. B	109. D	110. B
111. C	112. A	113. D	114. A	115. B	116. C	117. D	118. D	119. B	120. D
121. C	122. D	123. A	124. D	125. A	126. C	127. B	128. D	129. B	130. B
131. D	132. A	133. B	134. D	135. D	136. D	137. A	138. B	139. C	140. C
141. A	142. B	143. C	144. C	145. D	146. C	147. B	148. B	149. C	150. D
151. A	152. C	153. D	154. A	155. D	156. D	157. A	158. D	159. C	160. C
161. B	162. A	163. A	164. C	165. C	166. C	167. A	168. D	169. C	170. A
171. B	172. B	173. C	174. B	175. D	176. D	177. A	178. D	179. D	180. B
181. A	182. B	183. A	184. C	185. D	186. D	187. A	188. B	189. C	190. A
191. A	192. A	193. A	194. A	195. A	196. D	197. B	198. C	199. B	200. D
201. D	202. D	203. C	204. B	205. D	206. D	207. D	208. D	209. C	210. C
211. A	212. A	213. C	214. C	215. C	216. A	217. C	218. C	219. C	220. A
221. D	222. A	223. C	224. C	225. A	226. D	227. D	228. B	229. B	230. D
231. A	232. B	233. C	234. B	235. B	236. D	237. B	238. B	239. D	240. A
241. D	242. C	243. B	244. D	245. D	246. D	247. A	248. C	249. D	250. A
251. B	252. B	253. C	254. D	255. D	256. C	257. C	258. A	259. B	260. A
261. A	262. A	263. B	264. B	265. B	266. C	267. D	268. B	269. D	270. A
271. A	272. B	273. A	274. A	275. A	276. D	277. B	278. C	279. A	280. A
281. C	282. D	283. B	284. A	285. B	286. C	287. B	288. B	289. D	290. C
291. A	292. C	293. A	294. B	295. B	296. A	297. A	298. D	299. D	300. B
301. D	302. A	303. C	304. B	305. D	306. D	307. B	308. D	309. B	310. D

311. B	312. D	313. A	314. A	315. B	316. C	317. D	318. A	319. B	320. A
321. A	322. A	323. B	324. D	325. B	326. A	327. B	328. C	329. A	330. A
331. B	332. D	333. B	334. C	335. A	336. A	337. B	338. C	339. B	340. A
341. B	342. B	343. B	344. D	345. B	346. B	347. A	348. C	349. B	350. A
351. B	352. D	353. C	354. C	355. D	356. D	357. C	358. B	359. B	360. D
361. D	362. B	363. B	364. A	365. C	366. A	367. C	368. A	369. D	370. C
371. D	372. D	373. A	374. B	375. D	376. D	377. B	378. B	379. D	380. D
381. C	382. D	383. B	384. C	385. B	386. C	387. D	388. C	389. B	390. C
391. C	392. C	393. D	394. B	395. D	396. D	397. B	398. B	399. B	400. A
401. B	402. B	403. D	404. C	405. D	406. C	407. C	408. C	409. D	410. C
411. D	412. C	413. D	414. B	415. A	416. D	417. B	418. D	419. D	420. B
421. B	422. A	423. A	424. B	425. A	426. B	427. A	428. D	429. C	430. B
431. B	432. A	433. D	434. A	435. C	436. B	437. B	438. B	439. B	440. D
441. D	442. D	443. D	444. D	445. B	446. D	447. D	448. B	449. C	450. A
451. D	452. C	453. C	454. B	455. B	456. D	457. A	458. D	459. A	460. C
461. A	462. D	463. C	464. D	465. D	466. D	467. C	468. D	469. D	470. C
471. B	472. A	473. B	474. D	475. D	476. B	477. C	478. B	479. D	480. A
481. C	482. A	483. A	484. B	485. D	486. D	487. B	488. B	489. D	490. D
491. D	492. D	493. A	494. B	495. C	496. D	497. B	498. B	499. B	500. B
501. B	502. D	503. D	504. B	505. C	506. C	507. A	508. A	509. A	510. A
511. A	512. C	513. B	514. B	515. C	516. D	517. B	518. C	519. C	520. C
521. C	522. B	523. A	524. D	525. D	526. B	527. B	528. D	529. B	530. A
531. C	532. C	533. D	534. A	535. A	536. D	537. C	538. C	539. C	540. C
541. D	542. C	543. A	544. A	545. A	546. A	547. B	548. D	549. C	550. B
551. C	552. B	553. C	554. B	555. C	556. C	557. A	558. C	559. C	560. C
561. B	562. C	563. C	564. C	565. C	566. C	567. C	568. C	569. A	570. C
571. C	572. B	573. B	574. C	575. C	576. C	577. C	578. C	579. A	580. D
581. C	582. A	583. D	584. B	585. D	586. C	587. D	588. D	589. C	590. A
591. A	592. D	593. A	594. B	595. C	596. D	597. A	598. B	599. A	600. C
601. B	602. B	603. C							

二、判断题

1. ×　正确答案:套压就是油套环形空间的压力。　2. √　3. ×　正确答案:反循环压井结束前测量压井液的密度,进出口压井液密度差小于2%时停泵。　4. ×　正确答案:替钻井液过程中要用针形阀控制进出口平衡,当进出口清水密度、水性一致,密度差小于2%且无杂物时方可停泵。　5. √　6. √　7. ×　正确答案:闸板防喷器不能倒装在井口上,因为倒装后不能实现闸板顶部与壳体的密封,进而不能有效关井。　8. ×　正确答案:油管旋塞阀是管柱循环系统中的手动控制阀,专用于防止井喷的紧急情况。　9. √　10. √　11. ×

正确答案:防喷器等级的选择是以目的层的最高地层压力为依据的。　12.√　13.√
14.×　正确答案:油层压力低或漏失严重的井冲砂时最好采用气化液冲砂。　15.√
16.√　17.√　18.√　19.×　正确答案:大井段裸眼完井的裸眼段进行酸处理,由于不能控制酸液的流向,酸液可能被挤入非产层(非处理层),导致酸化效果差。　20.√　21.×
正确答案:机械传动主要是指利用机械方式传递动力和运动的传动。　22.√　23.×　正确答案:齿轮传动结构紧凑,工作可靠,可实现较大的传动比。　24.×　正确答案:螺旋传动可以把回转运动变成直线运动。　25.√　26.×　正确答案:在实际金属晶体中,存在原子不规则排列的局部区域,这些区域称为晶体缺陷。　27.×　正确答案:由于纯金属强度、硬度比较低,冶炼困难,价格昂贵,所以在工业生产中广泛应用的是合金。　28.√　29.×
正确答案:铸铁的含碳量大于2%。　30.×　正确答案:狭义的有色金属是铁、锰、铬以外的所有金属的统称。　31.√　32.√　33.√　34.×　正确答案:表面淬火是指只对零件表层进行淬火,使其表面得到高硬度和耐磨性,而芯部则保持高的塑性和韧度。　35.√　36.×
正确答案:抗弯强度指外力与材料轴线垂直,并在作用后使材料呈弯曲时的强度。　37.×
正确答案:乙类钢用代号B表示。　38.√　39.×　正确答案:铜合金是以铜为基体元素同时加入一种或几种合金元素组成的合金。　40.√　41.√　42.×　正确答案:质量认证又称合格评定,是国际上通行的管理产品质量的有效方法。　43.√　44.√　45.×　正确答案:PDCA是英语单词计划、执行、检查和处理的第一个字母的组合,PDCA循环就是按照这样的顺序进行质量管理,并且循环不止地进行下去的科学程序。　46.×　正确答案:ISO 9001用于证实组织具有提供满足顾客要求和适用法规要求的产品的能力,目的在于增进顾客满意度。　47.√　48.×　正确答案:以顾客为关注焦点是质量管理八项原则之一。
49.×　正确答案:QHSE管理体系的四个特性:整体性、层次性、持久性、适应性。　50.×
正确答案:避免各类事故的发生是QHSE管理体系的最终目标。　51.×　正确答案:《五项规定》中要求,企业的各级领导、职能部门、有关工程技术人员和生产工人,各自在生产过程中应负的安全责任,必须加以明确的规定。　52.×　正确答案:对于有液压缸的起重设备,危险部位应安装防护罩。　53.√　54.√　55.√　56.√　57.×　正确答案:雷击是一种自然灾害,它能毁坏建筑物造成事故,也可直接击伤人。　58.√　59.√　60.√　61.×
正确答案:钢卷尺是生产现场施工与规划中不可缺少的常用的精度较低的测量工具。
62.√　63.√　64.√　65.√　66.√　67.√　68.×　正确答案:测量抽油杆外螺纹用环规,内螺纹用塞规。　69.√　70.×　正确答案:液压动力钳尾绳的作用是定位承受上、卸扣时的反扭矩,在使用背钳时起安全作用。　71.×　正确答案:液压动力钳靠液压系统进行控制和传递动力。　72.×　正确答案:液压动力钳基本构成:悬吊式安装臂、开口式钳头、腭板凸轮夹紧机构两挡变速齿轮传动。　73.×　正确答案:XYQK6-CX型液压钳的低挡转速为24r/min。　74.√　75.×　正确答案:螺杆钻具主要由上接头、旁通阀、定子、转子、过水接头、轴承总成及下接头组成。　76.×　正确答案:大港油田YLⅡ-100型螺杆钻具的最大排量有300L/min、370L/min、400L/min。　77.√　78.×　正确答案:能进行正反循环的磁力打捞器可以打捞小件非铁磁性落物。　79.×　正确答案:磁力打捞器的主参数用公称直径的毫米数表示。　80.×　正确答案:规格型号为GX-T127的防脱式套管刮削器油管接头螺纹是φ60TBG。　81.×　正确答案:球阀扳手由手柄鹅颈和凸方组成。　82.×

正确答案:使用前应检查管汇扳手的凹方及手柄是否牢固可靠。 83.√ 84.× 正确答案:油管通径规可以没有螺纹。 85.√ 86.× 正确答案:抽油杆接箍按等级一般分为T级接箍和SM级接箍。 87.× 正确答案:印模的种类较多,一般按制造材料和基本结构形式进行分类。 88.× 正确答案:侧面打印可在不压井状态下进行。 89.√ 90.× 正确答案:封隔器试压压力达到要求时应停泵,稳压30min以上,不渗不漏为合格。 91.√ 92.× 正确答案:Y445型封隔器是一种压缩式封隔器。 93.× 正确答案:Y445-114型封隔器第二个"4"是指液压坐封。 94.× 正确答案:桥塞分管柱坐封和电缆坐封两种坐封方式。 95.× 正确答案:组装Y347型封隔器时要按照图样尺寸和要求检查各零件,不合格的零件不能使用。 96.× 正确答案:Y347型封隔器是一种压缩式封隔器。 97.× 正确答案:组装Y347型封隔器时,要求密封胶筒部件不能有老化起泡现象,胶圈安装不能有扭曲现象。 98.× 正确答案:组装Y344型封隔器时,先在中心管涂抹黄油再装入胶筒。 99.× 正确答案:Y344型封隔器是不可洗井封隔器。 100.× 正确答案:下Y211型封隔器时,应将销钉置于短轨道内。 101.√ 102.× 正确答案:封隔器是上提油管解封的压缩式封隔器。 103.√ 104.√ 105.× 正确答案:水力锚在施工中起固定井下管柱,防止井下管柱产生轴向移动的作用。 106.√ 107.× 正确答案:应根据井的深度适量使用杆扶正器。 108.× 正确答案:R-2型注汽封隔器适用注汽温度不大于353℃的环境。 109.× 正确答案:JBR-Ⅱ型井下热胀补偿器主要由密封补偿、转动扭矩、连接保护三部分组成。 110.× 正确答案:偏心配水器做密封性试验时,堵塞器要装入无孔水嘴。 111.× 正确答案:工作筒的最大试验压力是20MPa。 112.× 正确答案:液压拧扣机是对螺纹连接件进行上扣或卸扣的专用设备,可用于抽油泵、封隔器等下井工具连接件螺纹的上、卸作业。 113.√ 114.× 正确答案:同心集成式细分注水工艺管柱主要由可洗井分层封隔器、可洗井配水封隔器及配水堵塞器组成。 115.√ 116.× 正确答案:月牙吊卡适用于重量不大的油管或钻杆的起下。 117.× 正确答案:吊钳型号由产品代号、适用管径代号和额定扭矩组成。 118.× 正确答案:阀门是在流体系统中用来控制流体的方向、压力、流量的装置。 119.× 正确答案:KPS-114喷砂器多级使用时最下级可不装滑套芯子,其余各级均应装上相应的滑套芯子。 120.× 正确答案:梨形磨铣鞋由磨铣鞋本体及碳化钨材料、扶正体组成。 121.× 正确答案:XZ90铣鞋是最大直径为90mm的锥形铣鞋。 122.× 正确答案:某抽油泵型号"25-225TH4.5-1.5"中的"T"表示管式泵。 123.× 正确答案:管式抽油泵理论排量大,一般用于供液能力强、产量较高的浅井和中深井。 124.√ 125.√ 126.√ 127.√ 128.× 正确答案:管式泵的工作原理与杆式泵工作原理相同。 129.√ 130.× 正确答案:对同一台泵来说,下入深度越大,漏失量越大。 131.× 正确答案:抽油泵间隙漏失量测试时,如间隙漏失量太小,要重新选较小直径柱塞进行装配。 132.√ 133.× 正确答案:泵在清洗架上要能接受横向、纵向喷射水的冲洗,确保能将泵体内外的结蜡、油污、泥沙彻底清洗干净。 134.× 正确答案:储层伤害、油层产量下降的井不需要检泵。 135.× 正确答案:杆式抽油泵具有内外层工作筒,一般设计泵径较小、泵排量较小,通常用于液面较低、产量较小的深井。 136.× 137.× 正确答案:防砂卡抽油泵不能防止地层砂进入泵筒。 138.√ 139.√ 140.√ 141.× 正确答案:长柱塞防砂泵不能与防砂筛管配合使用。 142.√ 143.× 正确答案:螺杆泵适用于稠油的开采。 144.× 正确答案:杆式驱动的螺杆泵是容积泵,潜油螺杆泵也是容积泵。 145.√ 146.× 正确答案:螺杆泵工作特性曲线是评价螺杆泵产品质量性能的主要指标。 147.√ 148.√ 149.√ 150.× 正确答案:零压力点泵排量为螺杆泵的理论排量。 151.× 正确答案:特种橡胶的泵需要达到135℃或更高工作温度。 152.× 正确答案:潜油泵的总扬程等于泵叶轮单级扬程乘以总级数。 153.√ 154.× 正确答案:潜油泵的测试宜从零流量开始。 155.√ 156.× 正确答案:叶导轮的型号决定了泵的扬程。 157.× 正确答案:电动机保护器是安装在井下与潜油电动机连接来保护电动机的。 158.√ 159.× 正确答案:沉降式分离器是利用重力原理来进行油气分离的。 160.√ 161.√ 162.√ 163.√ 164.√ 165.× 正确答案:GX-T140套管刮削器中数字"140"代表适用套管。 166.√ 167.× 正确答案:按套管所需刮削深度处内径选择刮削器。 168.× 正确答案:水力打捞矛锥体末端的导锥打捞时起入鱼引导作用。 169.√ 170.√ 171.× 正确答案:可退式卡瓦打捞矛是从鱼腔内孔进行打捞的工具。 172.× 正确答案:维修保养可退式打捞矛时卸下圆卡瓦的方法是将圆卡瓦右旋并取下。 173.√ 174.√ 175.√ 176.√ 177.× 正确答案:可退式倒扣打捞矛具有同时完成打捞和传递左旋扭矩两种功能。 178.√ 179.√ 180.√ 181.√ 182.√ 183.√ 184.× 正确答案:接箍打捞矛不能用于造扣,在落鱼卡阻力较大情况下不宜使用。 185.× 正确答案:接箍打捞矛维修保养的第六步:检查卡瓦上行换位或压缩复位是否灵活。 186.√ 187.× 正确答案:LT-03TB型可退式打捞筒的卡瓦是螺旋式。 188.√ 189.√ 190.× 正确答案:螺旋卡瓦打捞筒螺旋卡瓦形如弹簧,与筒体内螺纹配合,螺距相同。 191.√ 192.√ 193.√ 194.× 正确答案:开窗打捞筒在同一排窗口上变形后的舌尖内径略小于落物最小外径。 195.√ 196.× 正确答案:由于试压泵排出压力较高,因此手动试压泵一般都属于单作用柱塞式往复泵。 197.√ 198.√ 199.× 正确答案:试压泵使用超过500h要更换机油。 200.√ 201.√

附 录

附录1 职业技能等级标准

1. 工种概况

1.1 工种名称

井下作业工具工。

1.2 工种定义

操作清洗机、组装机、试压泵等设备,对采油、采气、试油、修井等井下作业工具、修井工具、地面工具及配件进行清洗、检查、拆装、试压、打标、修理的人员。

1.3 工种等级

本工种共设五个等级,分别为初级(国家职业资格五级)、中级(国家职业资格四级)、高级(国家职业资格三级)、技师(国家职业资格二级)、高级技师(国家职业资格一级)。

1.4 工种环境

室内作业,部分岗位为室外作业。

1.5 工种能力特征

身体健康,具有一定的理解、表达、分析、判断能力和形体知觉、色觉能力,动作协调灵活。

1.6 基本文化程度

高中毕业(或同等学力)。

1.7 培训要求

1.7.1 培训期限

全日制职业学校教育,根据其培养目标和教学计划确定期限。晋级培训:初级不少于280标准学时;中级不少于210标准学时;高级不少于200标准学时;技师不少于280标准学时;高级技师不少于200标准学时。

1.7.2 培训教师

培训初、中、高级的教师应具有本职业资格证书或中级以上专业技术职业任职资格;培训技师、高级技师的教师应具有本职业高级技师职业资格证书或相应专业高级专业技术职务。

1.7.3 培训场地设备

理论培训应具有可容纳30名以上学员的教室,操作技能培训应有相应的设备、工具、安全设施等较为完善的场地。

1.8 鉴定要求

1.8.1 适用对象

(1)新入职的操作技能人员；

(2)在操作技能岗位工作的人员；

(3)其他需要鉴定的人员。

1.8.2 申报条件

具备以下条件之一者可申报初级工：

(1)新入职完成本职业(工种)培训内容,经考核合格人员。

(2)从事本工种工作 1 年及以上的人员。

具备以下条件之一者可申报中级工：

(1)从事本工种工作 5 年以上,并取得本职业(工种)初级工职业技能等级证书。

(2)各类职业、高等院校大专及以上毕业生从事本工种工作 3 年及以上,并取得本职业(工种)初级工职业技能等级证书。

具备以下条件之一者可申报高级工：

(1)从事本工种工作 14 年以上,并取得本职业(工种)中级工职业技能等级证书的人员。

(2)各类职业、高等院校大专及以上毕业生从事本工种工作 5 年及以上,并取得本职业(工种)中级工职业技能等级证书的人员。

技师需取得本职业(工种)高级工职业技能等级证书 3 年以上,工作业绩经企业考核合格的人员。

高级技师需取得本职业(工种)技师职业技能等级证书 3 年以上,工作业绩经企业考核合格的人员。

1.8.3 鉴定方式

分理论知识考试和操作技能考核。理论知识考试采取闭卷笔试方式,操作技能考核采用现场实际操作方式。理论知识考试和操作技能考核均实行百分制,成绩均达到 60 分以上(含 60 分)者为合格。技师、高级技师还须进行综合评审,高级技师需进行论文答辩。

1.8.4 考评员与考生配比

理论知识考试考评人员与考生配比为 1∶20,每标准教室不少于 2 名考评员；操作技能考核考评人员与考生配比为 1∶5,且不少于 3 名考评人员；技师、高级技师综合评审及高级技师论文答辩考评人员不少于 5 人。

1.8.5 鉴定时间

理论知识考试 90 分钟,操作技能考核不少于 60 分钟,论文答辩 40 分钟。

1.8.6 鉴定场所设备

理论知识考试在标准教室进行,操作技能考核在具有相关的设备、工具和安全设备等较为完善的场地进行。

2. 基本要求

2.1 职业道德

(1)爱岗敬业,自觉履行职责;
(2)忠于职守,严于律己;
(3)吃苦耐劳,工作认真负责;
(4)勤奋好学,刻苦钻研业务技术;
(5)谦虚谨慎,团结协作;
(6)安全生产,严格执行生产操作规程;
(7)文明作业,质量环保意识强;
(8)文明守纪,遵纪守法。

2.2 基础知识

2.2.1 井下作业基本知识
(1)石油开发基础知识;
(2)机械采油常识;
(3)常规井下作业工艺。

2.2.2 机械制造基础知识
(1)制图的基本要求;
(2)机械性能与传动系统;
(3)金属材料的基本知识;
(4)热处理工艺;
(5)常用的测量方法。

2.2.3 安全环保知识
(1)QHSE 知识;
(2)ISO 9001 质量管理体系;
(3)ISO 14001 环境管理体系;
(4)应急处理措施;
(5)井下作业井控知识。

3. 工作要求

本标准对初级、中级、高级、技师、高级技师的技能要求依次递进,高级别包含低级别的要求。

3.1 初级

职业功能	工作内容	技能要求	相关知识
一、识别、检测井下工具	(一)使用测量工具	1. 能测量油管、套管及接头规格； 2. 能测量打捞工具规格	1. 常用计量器具的使用方法； 2. 法定计量单位的基本知识； 3. 常用打捞工具的外形尺寸； 4. API 油管、套管技术规范
	(二)使用设备	能初步检修抽油泵	1. 试压泵的操作方法； 2. 压力表的使用方法； 3. 千斤顶的使用方法
	(三)检测井下工具	能进行抽油泵质量的外观检查	常用抽油泵的类型及规格尺寸
二、拆卸、组装井下工具	(一)拆卸、组装封隔器	1. 能组装 Y111-114 封隔器； 2. 能拆卸 Y211-114 封隔器； 3. 能拆卸 Y341-114 封隔器； 4. 能组装 Y341-114 封隔器； 5. 能拆卸 K344-114 封隔器； 6. 能组装 K344-114 封隔器	1. 封隔器的分类和表示方法； 2. 常用封隔器的结构和工作原理； 3. 常用封隔器的技术参数和组装要求
	(二)拆卸、组装采油辅助工具	1. 能拆、装整筒式抽油泵； 2. 能拆、装 KGD-110 节流器； 3. 能拆、装 KQS-110 配产器； 4. 能拆、装 KPS 喷砂器	1. 偏心配水器的结构和保养要求； 2. 节流器的结构和保养要求； 3. 喷砂器的结构和保养要求； 4. 常用拆卸工具的基本知识
三、维修、保养井下工具	(一)钳工操作	能钻孔、攻螺纹	1. 划线工具的操作方法； 2. 锉刀的分类与使用方法； 3. 钻头的种类与钻孔的基本方法； 4. 常用攻、套螺纹工具及其使用方法； 5. 研磨的原理与方法； 6. 常用的研磨工具和研磨剂
	(二)维修、保养修井打捞工具	1. 能检修公锥； 2. 能检修滑块打捞矛； 3. 能检修可退式打捞矛； 4. 能检修卡瓦打捞筒	1. 修井打捞工具的种类； 2. 公锥、母锥的主要技术参数和维护、保养要求； 3. 滑块打捞矛的主要技术参数和维护、保养要求； 4. 卡瓦打捞筒的主要技术参数和维护、保养要求
	(三)维修、保养其他修井工具	能检修、保养月牙吊卡	1. 通径规的使用方法； 2. 刮蜡器的使用方法； 3. 吊卡的分类； 4. 常用吊卡的主要技术规范； 5. 吊卡的维修保养方法

3.2 中级

职业功能	工作内容	技能要求	相关知识
一、识别、检测井下工具	(一)使用设备	能检修液压动力钳	1. 液压动力钳的结构和工作原理； 2. 液压动力钳的维护、保养要求； 3. 液压动力钳的组装调试的方法
	(二)使用测量工具	1. 能根据井下工具装配图简述其结构、工作原理和组装步骤； 2. 能测量确定整筒抽油泵规格	1. 装配图的读取方法； 2. 千分尺的读数方法； 3. 内径百分表的使用

续表

职业功能	工作内容	技能要求	相关知识
一、识别、检测井下工具	(三)检测井下工具	1. 能检测滑块打捞矛； 2. 能检测可退式打捞矛	1. 检测滑块打捞矛技术要求； 2. 滑块打捞矛的用途、结构； 3. 检测可退式打捞矛技术要求； 4. 可退式打捞矛用途、结构
二、拆卸、组装井下工具	(一)拆卸、组装封隔器	1. 能组装 Y221-114 型封隔器； 2. 能组装 Y341-114 型封隔器； 3. 能组装 Y211-114 型封隔器； 4. 能组装 Y344-114 封隔器	1. 封隔器的型号、分类及代号； 2. 封隔器组装步骤； 3. 封隔器的使用条件和要求； 4. 封隔器的试压要求
	(二)拆卸、组装采油辅助工具	能检修和保养 SLM-114 水力锚	1. 水力锚结构、工作原理、技术参数、使用条件和试压要求； 2. 水力锚拆卸和组装步骤
	(三)拆卸、组装举升设备	能组装、保养抽油泵	1. 抽油泵结构和工作原理、分类和表示方法、技术参数； 2. 抽油泵的故障分析和处理方法； 3. 抽油泵检修的技术要求
三、维修、保养井下工具	(一)维修、保养试压设备	能检修、操作 SY-600B 型试压泵	1. 试压泵的结构和工作原理、分类和表示方法、技术参数； 2. 井下工具试压要求及注意事项； 3. 试压泵的维护保养及技术要求
	(二)维修、保养修井打捞工具	1. 能检修油管接箍打捞矛； 2. 能检修伸缩式打捞矛； 3. 能检修提放式分瓣打捞矛； 4. 能检修提放式倒扣打捞矛； 5. 能检修螺旋式卡瓦打捞筒； 6. 能检修双片式卡瓦打捞筒； 7. 能检修篮式卡瓦打捞筒	1. 油管接箍打捞矛的结构、工作原理及检修保养要求； 2. 伸缩式卡瓦打捞矛的结构、工作原理及检修保养要求； 3. 提放式分瓣打捞矛的结构、工作原理及检修保养要求； 4. 提放式倒扣打捞矛的结构、工作原理及检修保养要求； 5. 螺旋式卡瓦打捞筒的结构、工作原理及检修保养要求； 6. 双片式卡瓦打捞筒的结构、工作原理及检修保养要求； 7. 篮式卡瓦打捞筒的结构、工作原理及检修保养要求
	(三)检修、保养其他修井工具	能检修胶筒式套管刮削器	1. 套管刮削器的分类和表示方法； 2. 胶筒式套管刮削器的结构和工作原理、技术参数

3.3 高级

职业功能	工作内容	技能要求	相关知识
一、识别、检测井下工具	(一)使用设备	1. 能对液压拧扣机动力钳进行检测； 2. 能对液压拧扣机液压油缸进行检测	1. 试压泵的使用及故障分析、排除； 2. 液压油缸结构、工作原理和技术参数； 3. 液压油缸故障排除方法； 4. 检修拧扣机液压油缸及动力钳； 5. 电气焊机、手动葫芦的介绍和使用； 6. 修井工具零件的焊接要求

续表

职业功能	工作内容	技能要求	相关知识
一、识别、检测井下工具	(二)检测井下工具	1. 能检修、测量机械式内割刀； 2. 能检修、测量机械式外割刀	1. 机械式内割刀的结构、工作原理、技术规范和组装保养要求； 2. 水力式内割刀的结构、工作原理、技术规范和组装保养要求； 3. 机械式外割刀的结构、工作原理、技术规范和组装保养要求； 4. 水力式外割刀的结构、工作原理、技术规范和组装保养要求； 5. 刮刀钻头的结构、工作原理、技术规范和组装保养要求
	(三)测绘工件	1. 能使用测量工具测量零件尺寸、绘制零件图； 2. 能看懂装配图、根据装配图画零件图	1. 看零件图的方法； 2. 零件图的画法、测量、标注； 3. 螺纹的连接画法、尺寸标注
二、拆卸、组装井下工具	(一)拆卸、组装举升设备	1. 能拆卸、组装及检修抽油泵； 2. 能检验抽油泵的质量； 3. 能测量确定修复后的抽油泵的等级； 4. 能研磨修复抽油泵阀座； 5. 能拆卸、组装及检修螺杆泵	1. 抽油泵的安装、保养、使用及检泵的技术要求和常见故障； 2. 影响泵效的原因； 3. 测量柱塞与泵筒间隙、抽油泵漏失量及整体密封； 4. 测动液面及常用设备使用； 5. 常用抽油泵的技术规范； 6. 起、下抽油泵及组配管柱的注意事项及施工要求； 7. 螺杆泵的工作原理、故障诊断与排除； 8. 螺杆泵的检修和保养； 9. 潜油电泵的工作原理、故障诊断与排除； 10. 潜油电泵的检修和保养
	(二)拆卸、组装地面工具	能拆卸、组装单闸板防喷器	1. 组装自封封井器； 2. 手动单闸板防喷器维护保养； 3. 防喷器的分类及故障排除； 4. 水龙头、转盘、游车大钩的结构、工作原理、技术参数
三、维修保养井下工具	(一)维修、保养封隔器	1. 检修、保养 Y111-114 封隔器； 2. 检修、保养 Y344-114 封隔器； 3. 检修、保养 K344-114 封隔器	1. 封隔器的型号、分类及代号； 2. 封隔器组装、故障诊断； 3. 封隔器的使用条件和要求； 4. 油水井利用封隔器找窜方法； 5. Y341 型封隔器检修； 6. K344 型封隔器检修； 7. 检修 Y445 型封隔器； 8. 检修 Y111 型封隔器
	(二)维修、保养修井打捞工具	1. 检修、保养可退式打捞筒； 2. 检修、保养组合式抽油杆打捞筒； 3. 检修、保养偏心式抽油杆接箍打捞筒； 4. 检修、保养短鱼头打捞筒	1. 偏心式抽油杆接箍捞筒的结构、工作原理、技术规范和组装保养要求； 2. 三球打捞器的结构、工作原理、技术规范和组装保养要求； 3. 测井仪打捞器的结构、工作原理、技术规范和组装保养要求； 4. 短鱼头打捞筒的结构、工作原理、技术规范和组装保养要求； 5. 可退式打捞筒的结构、工作原理、技术规范和组装保养要求； 6. 组合式抽油杆打捞筒结构、工作原理、技术规范和组装保养要求

续表

职业功能	工作内容	技能要求	相关知识
三、维修保养井下工具	(三)维修、保养其他修井工具	1. 检修、保养弹簧式套管刮削器； 2. 检修、保养偏心棍子整形器	1. 平底磨鞋和凹面磨鞋的结构、工作原理、技术规范和组装保养要求； 2. 梨形胀管器的结构、工作原理、技术规范和组装保养要求； 3. 弹簧式套管刮削器的结构、工作原理、技术规范和组装保养要求； 4. 偏心辊子整形器的结构、工作原理、技术规范和组装保养要求

3.4 技师

职业功能	工作内容	技能要求	相关知识
一、识别、检测井下工具	(一)测绘工件	1. 能测绘油管变扣接头； 2. 能测绘滑块打捞矛； 3. 能测绘母锥； 4. 能测绘公锥； 5. 能测绘套铣筒	机械制图
	(二)选择打捞工具	1. 能根据无卡落物铅印选择打捞工具； 2. 能根据遇卡落物铅印选择打捞工具	1. 井下落物的特点； 2. 综合分析判断井下落鱼的方法； 3. 铅模印痕描述及事故判断； 4. 卡点公式； 5. 中和点公式； 6. 选择打捞工具的依据； 7. 落物在套管内和在油管内选择工具的原则； 8. 各修井打捞工具的使用条件
二、维修保养井下工具	(一)维修、保养举升设备	1. 能识别理论示功图； 2. 能根据示工图分析抽油泵的工作状态	1. 抽油泵的维护保养和技术要求； 2. 示功图知识； 3. 潜油电泵的结构和工作原理； 4. 螺杆泵的故障分析和处理方法
	(二)维修保养修井打捞工具	能检修、保养倒扣打捞筒	1. 倒扣打捞矛的结构、原理、技术参数及保养常识； 2. 倒扣打捞筒的结构、原理、技术参数及保养常识
	(三)维修保养其他修井工具	1. 能检修倒扣下击器； 2. 能检修开式下击器； 3. 能检修Y341-114封隔器	1. 震击器的保养常识； 2. 震击器的结构、工作原理、分类、表示方法和技术参数
三、综合管理	(一)计算机应用	1. 能录入、处理数据； 2. 能用数据制作图表	1. 数据录入方法； 2. 图表制作方法
	(二)质量管理	能进行QHSE管理培训	1. 质量管理内容方法； 2. QHSE标准和要求； 3. 质量管理报告编写要求及方法
	(三)培训	1. 能讲解刮削作业施工的方法； 2. 能讲解管式抽油泵的结构、工作原理及使用技术要求； 3. 能讲解螺杆钻具的结构、工作原理及使用技术要求； 4. 能讲解液压油缸的结构、工作原理及使用技术要求	1. 教学计划编写方法； 2. 井下作业工具知识； 3. 技术改进知识

3.5 高级技师

职业功能	工作内容	技能要求	相关知识
一、识别、检测井下工具	(一)常用管材和工具设计	1. 能设计落鱼大于套管内径的打捞工具； 2. 能设计顶部活动落鱼小于套管内径的打捞工具； 3. 能设计遇卡落物鱼顶劈裂的打捞工具； 4. 能设计打捞方案； 5. 能设计封隔器堵水施工方案	1. 常用管材的型号规范； 2. 资料收集和整理方法； 3. 井下落物打捞工具设计； 4. 工程试验
	(二)测绘工件	1. 能测绘滑块打捞矛(带水眼)； 2. 能测绘油管接箍打捞矛； 3. 能测绘平底磨鞋	1. 测绘知识； 2. 机械制图知识
二、维修保养井下工具	(一)维修、保养修井打捞工具	1. 能检修、保养螺杆钻具； 2. 能检修、保养活动肘节； 3. 能检修局部反循环打捞篮	1. 螺杆钻具的保养常识； 2. 螺杆钻具的结构、工作原理、分类、表示方法和技术参数； 3. 活动肘节的保养常识； 4. 活动肘节的结构、工作原理、分类、表示方法和技术参数
	(二)维修保养其他修井工具	能检修、保养手动双闸板防喷器	1. 手动双闸板防喷器的结构； 2. 游车大钩的结构； 3. 水龙头的结构； 4. 转盘的结构
三、综合管理	(一)计算机应用	1. 能创建学生自然状况录入表单； 2. 能使用 CAXA2009 电子图版测绘零件	1. 网络查询方法； 2. 收发电子邮件方法； 3. 电子图测绘方法
	(二)技术文件的编写	能根据工作岗位撰写技术论文	1. 封隔器找水、堵水施工方案编写方法； 2. 论文编写方法； 3. 常用办公计算机软件
	(三)培训	1. 能进行 QHSE 管理培训； 2. 能进行注水井作业施工质量管理培训； 3. 能讲解可退式打捞矛的结构、工作原理、使用技术要求； 4. 能讲解局部反循环打捞篮的结构、工作原理、使用技术要求； 5. 能讲解平底磨鞋磨铣工艺方法	1. 培训基本的有关内容及要求； 2. 多媒体课件的制作方法； 3. 井下作业工具新技术、新工艺

4. 比重表

4.1 理论知识

项 目			初级	中级	高级	技师、高级技师
基本要求		基础知识	35%	30%	26%	21%
相关知识	识别、检测井下工具	使用测量工具	11%	4%	—	—
		使用设备	3%	4%	6%	—

续表

项 目			初级	中级	高级	技师、高级技师
相关知识	识别、检测井下工具	检测井下工具	4%	6%	7%	—
		测绘工件	—	—	8%	11%
		选择打捞工具	—	—	—	9%
		常用管材和工具设计	—	—	—	8%
	拆卸、组装井下工具	拆卸、组装封隔器	9%	8%	—	—
		拆卸、组装采油辅助工具	12%	8%	—	—
		拆卸、组装举升设备	—	21%	14%	—
		拆卸、组装地面工具	—	—	7%	—
	维修、保养井下工具	钳工操作	12%	—	—	—
		维修、保养封隔器	—	—	12%	—
		维修、保养修井打捞工具	10%	15%	8%	7%
		维修、保养其他修井工具	4%	—	12%	15%
		维修、保养试压设备	—	4%	—	—
		维修、保养举升设备	—	—	—	10%
	综合管理	计算机应用	—	—	—	10%
		质量管理	—	—	—	4%
		技术文件的编写	—	—	—	2%
		培训	—	—	—	3%
合 计			100%	100%	100%	100%

4.2 操作技能

项 目			初级	中级	高级	技师	高级技师
技能要求	识别、检测井下工具	使用测量工具	10%	10%	—	—	—
		使用设备	5%	5%	10%	—	—
		检测井下工具	5%	10%	10%	—	—
		测绘工件	—	—	10%	25%	15%
		选择打捞工具	—	—	—	10%	—
		常用管材和工具设计	—	—	—	—	25%
	拆卸、组装井下工具	拆卸、组装封隔器	20%	20%	—	—	—
		拆卸、组装采油辅助工具	20%	5%	—	—	—
		拆卸、组装举升设备	—	5%	25%	—	—
		拆卸、组装地面工具	—	—	5%	—	—
	维修、保养井下工具	钳工操作	5%	—	—	—	—
		维修、保养封隔器	—	—	13%	—	—

续表

项　　目			初级	中级	高级	技师	高级技师
技能要求	维修、保养井下工具	维修、保养修井打捞工具	25%	40%	18%	5%	15%
		维修、保养其他修井工具	10%	—	9%	15%	5%
		维修、保养试压设备	—	5%	—	—	—
		维修、保养举升设备	—	—	—	10%	—
	综合管理	计算机应用	—	—	—	10%	10%
		质量管理	—	—	—	5%	5%
		技术文件的编写	—	—	—	—	5%
		培训	—	—	—	20%	20%
合　　计			100%	100%	100%	100%	100%

附录2 初级工理论知识鉴定要素细目表

行业：石油天然气　　　　工种：井下作业工具工　　　　等级：初级工　　　　鉴定方式：理论知识

行为领域	代码	鉴定范围	鉴定比重	代码	鉴定点	重要程度	备注
基础知识A（35%）	A	井下作业基础知识（18：9：0）	11%	001	油井相关概念	X	
				002	油气的性质	X	
				003	井身结构的构成	X	
				004	井身结构的相关概念	Y	
				005	油气井的完井方法	Y	
				006	裸眼完井方法的特点	Y	
				007	射孔完井方法的特点	Y	上岗要求
				008	油气水井井口装置的组成	X	上岗要求
				009	油气水井井口装置的作用	X	
				010	采油树的构成	X	上岗要求
				011	采油树的安装方法	Y	上岗要求
				012	采油的方式	Y	
				013	有杆泵抽油机的基本概念	Y	
				014	游梁式抽油机的分类	Y	
				015	无游梁式抽油机的分类	X	
				016	电动潜油离心泵的结构	X	
				017	洗井作业的方式	X	
				018	压井的方法	X	
				019	压井作业的施工步骤	X	
				020	起下管柱作业操作方法	X	
				021	检泵的作业要求	X	
				022	探砂面作业的操作方法	X	
				023	冲砂作业的操作步骤	X	
				024	冲砂作业的注意事项	X	
				025	刮削作业的要求	X	
				026	通井作业的要求	X	
				027	拉力表的使用方法	Y	
	B	机械制造基础知识（32：0：0）	16%	001	碳素钢的分类	X	
				002	碳素钢的用途	X	
				003	合金钢的分类	X	
				004	合金钢的编号	X	

续表

行为领域	代码	鉴定范围	鉴定比重	代码	鉴定点	重要程度	备注
基础知识 A（35%）	B	机械制造基础知识（32：0：0）	16%	005	合金结构钢的分类	X	
				006	合金结构钢的用途	X	
				007	合金工具钢的分类	X	
				008	合金钢的构成	X	
				009	铸铁的分类	X	
				010	铸铁的用途	X	
				011	有色金属的名称	X	
				012	金属材料的机械性能	X	
				013	金属材料的强度	X	
				014	金属材料的硬度	X	
				015	机械零件的主要失效形式	X	
				016	金属的热处理方法	X	上岗要求
				017	退火的目的	X	上岗要求
				018	退火的方法	X	上岗要求
				019	正火的方法	X	上岗要求
				020	淬火的方法	X	上岗要求
				021	回火的方法	X	上岗要求
				022	回火的作用	X	上岗要求
				023	弹簧的机械性能	X	上岗要求
				024	弹簧的加工制作方法	X	上岗要求
				025	机构"十字"保养的方法	X	上岗要求
				026	油田常用管材的分类	X	上岗要求
				027	常用套管的技术规范	X	上岗要求
				028	常用油管的技术规范	X	上岗要求
				029	图线的画法	X	上岗要求
				030	比例的标注方法	X	上岗要求
				031	三视图的投影关系	X	上岗要求
				032	三视图的位置关系	X	上岗要求
	C	安全基础知识（10：0：5）	8%	001	劳动保护的意义	Z	上岗要求
				002	劳动保护的原则	Z	上岗要求
				003	安全教育的基本形式	Z	上岗要求
				004	安全生产责任制的内容	X	上岗要求
				005	安全行为的内容	X	上岗要求
				006	安全技术的内容	X	上岗要求
				007	燃烧的条件	X	上岗要求
				008	灭火器的使用方法	X	上岗要求

续表

行为领域	代码	鉴定范围	鉴定比重	代码	鉴定点	重要程度	备注
基础知识A（35%）	C	安全基础知识（10：0：5）	8%	009	工具工的安全操作规程	X	上岗要求
				010	起重设备的安全操作规程	X	上岗要求
				011	QHSE管理体系的内容	Z	
				012	QHSE管理体系的目的	Z	
				013	常用的电工名词	X	
				014	临时接线的安全要求	X	
				015	用电设备的使用安全要求	X	
专业知识B（65%）	A	使用测量工具（22：0：0）	11%	001	钢板尺的使用方法	X	上岗要求
				002	钢卷尺的使用方法	X	上岗要求
				003	卡钳的分类	X	上岗要求
				004	卡钳的使用方法	X	上岗要求
				005	游标卡尺的结构	X	上岗要求
				006	游标卡尺的读数原理	X	上岗要求
				007	游标卡尺的使用方法	X	上岗要求
				008	游标卡尺的保养方法	X	上岗要求
				009	万能角度尺的读数方法	X	上岗要求
				010	万能角度尺的使用方法	X	上岗要求
				011	水平仪的构成	X	上岗要求
				012	水平仪的使用方法	X	上岗要求
				013	千分尺的使用方法	X	上岗要求
				014	千分尺的用途	X	上岗要求
				015	划规的构成	X	上岗要求
				016	划规的用途	X	上岗要求
				017	划规的使用方法	X	上岗要求
				018	划线的方法	X	上岗要求
				019	划线的技巧	X	上岗要求
				020	法定长度计量单位	X	
				021	法定质量计量单位	X	
				022	法定压力计量单位	X	
	B	使用设备（5：1：0）	3%	001	压力表的安装要求	X	
				002	压力表的使用注意事项	X	
				003	千斤顶的使用方法	Y	
				004	YNJ-160/8液压拧扣机的技术规范	X	
				005	试压泵的连接方法	X	
				006	试压泵的使用方法	X	

续表

行为领域	代码	鉴定范围	鉴定比重	代码	鉴定点	重要程度	备注
专业知识B（65%）	C	检测井下工具（7:1:0）	4%	001	杆式泵的分类	Y	
				002	抽油泵型号的表示方法	X	
				003	管式泵的特点	X	
				004	管式泵的结构	X	
				005	抽油泵的技术要求	X	
				006	抽油泵的检测方法	X	
				007	抽油泵的检修方法	X	
				008	深井泵的使用要求	X	
	D	拆卸、组装封隔器（11:0:0）	9%	001	封隔器的作用	X	
				002	封隔器的分类	X	
				003	封隔器的分类代号	X	
				004	封隔器的使用要求	X	
				005	封隔器的支撑方式代号	X	
				006	封隔器的坐封方式代号	X	
				007	封隔器的解封方式代号	X	
				008	Y111型封隔器的基本参数	X	
				009	Y211型封隔器的基本参数	X	
				010	Y341型封隔器的工作原理	X	
				011	Y341-114型封隔器的基本参数	X	
				012	Y344型封隔器的工作原理	X	
				013	Y344型封隔器的基本参数	X	
				014	K344型封隔器的工作原理	X	
				015	K344型封隔器的技术参数	X	
				016	组装Y341型封隔器的方法	X	上岗要求
				017	K344型封隔器的质量检验标准	X	
	E	拆卸组装采油辅助工具（20:0:0）	12%	001	控制类工具的型式代号	X	
				002	固定式分层配水工具的技术规范	X	
				003	活动式分层配水工具的技术规范	X	
				004	KPX-113型偏心配水器的技术规范	X	上岗要求
				005	KPS-114型喷砂器的技术规范	X	上岗要求
				006	KPS-114型导压式喷砂器的技术规范	X	上岗要求
				007	KDK安全接头的技术规范	X	
				008	KHT-110常闭开关的技术规范	X	
				009	自封封井器的用途	X	
				010	半封封井器的使用方法	X	
				011	全封封井器的结构	X	

续表

行为领域	代码	鉴定范围	鉴定比重	代码	鉴定点	重要程度	备注
专业知识B（65%）	E	拆卸组装采油辅助工具（24∶0∶0）	12%	012	活动弯头的用途	X	
				013	管钳的用途	X	
				014	常用管钳的技术规范	X	
				015	管钳的维护保养方法	X	
				016	管钳的使用方法	X	
				017	油管钳的维护保养方法	X	
				018	桌虎钳的使用方法	X	
				019	活动扳手的常用规格	X	
				020	活动扳手的使用方法	X	
	F	钳工操作（25∶0∶0）	12%	001	钳工操作的主要工作内容	X	
				002	錾子的分类	X	
				003	錾子的使用方法	X	
				004	錾削的注意事项	X	
				005	锉刀的分类	X	
				006	锉削的方法	X	
				007	锉刀的保养方法	X	
				008	钳工刮削的种类	X	
				009	平面刮削的操作步骤	X	
				010	刮刀的使用方法	X	
				011	麻花钻的结构	X	
				012	麻花钻的特点	X	
				013	钻孔的基本方法	X	
				014	钻孔的注意事项	X	
				015	铰刀的种类	X	
				016	铰孔的方法	X	
				017	锯削的操作方法	X	
				018	常用的攻螺纹工具	X	
				019	螺纹的种类	X	
				020	攻螺纹的基本方法	X	
				021	套螺纹的工具	X	
				022	套螺纹的基本方法	X	
				023	常用的研具	X	
				024	常用的研具材料	X	
				025	常用的研磨剂	X	
	G	维修、保养修井打捞工具（20∶0∶0）	10%	001	修井打捞工具的种类	X	上岗要求
				002	铅模的使用方法	X	上岗要求

续表

行为领域	代码	鉴定范围	鉴定比重	代码	鉴定点	重要程度	备注
专业知识 B（65%）	G	维修、保养修井打捞工具（20:0:0）	10%	003	开窗打捞筒的用途	X	
				004	抽油杆打捞筒的分类	X	
				005	钻杆接头的种类	X	
				006	修井公锥的常用规格	X	
				007	公锥的结构	X	上岗要求
				008	公锥的工作原理	X	上岗要求
				009	公锥打捞的操作方法	X	
				010	母锥的结构	X	上岗要求
				011	母锥的工作原理	X	上岗要求
				012	母锥的操作方法	X	
				013	滑块式打捞矛的结构	X	上岗要求
				014	滑块式打捞矛的主要技术规范	X	上岗要求
				015	滑块式打捞矛的工作原理	X	上岗要求
				016	滑块式打捞矛的操作方法	X	
				017	滑块式打捞矛的保养方法	X	上岗要求
				018	可退式打捞矛的工作原理	X	上岗要求
				019	卡瓦打捞筒的结构	X	上岗要求
				020	卡瓦打捞筒的操作方法	X	
	H	维修、保养其他修井工具（8:0:0）	4%	001	通径规的常用规格	X	上岗要求
				002	通径规的保养方法	X	上岗要求
				003	常用吊卡的种类	X	
				004	吊卡的用途	X	
				005	吊卡型号的表示方法	X	
				006	常用吊卡的结构	X	
				007	吊卡加工的特殊要求	X	
				008	安全卡瓦的使用方法	X	

注：X—核心要素；Y——般要素；Z—辅助要素。

附录3 初级工操作技能鉴定要素细目表

行业:石油天然气　　　　工种:井下作业工具工　　　　等级:初级工　　　　鉴定方式:操作技能

行为领域	代码	鉴定范围	鉴定比重	代码	鉴定点	重要程度
操作技能A（100%）	A	识别、检测井下工具	30%	001	测量油管、套管、变扣接头规格	X
				002	测量可退式打捞矛规格	X
				003	检查抽油泵质量、外观	X
				004	初步检修抽油泵	X
	B	拆卸、组装井下工具	35%	001	组装 Y111-114 型封隔器	Y
				002	拆卸 Y211-114 型封隔器	X
				003	拆卸 Y341-114 型封隔器	X
				004	组装 Y341-114 型封隔器	X
				005	拆卸 K344-114 型封隔器	X
				006	组装 K344-114 型封隔器	X
				007	拆装整筒式抽油泵	X
				008	组装 KGD-110 节流器	X
				009	组装 KQS-110 配产器	Y
				010	组装 KPS-114 喷砂器	X
	C	维修、保养井下工具	35%	001	在 $\phi 40mm \times 15mm$ 工件中心钻孔、攻 M10 普通螺纹	X
				002	检修公锥	X
				003	检修母锥	X
				004	检修滑块打捞矛	X
				005	检修可退式打捞矛	X
				006	检修卡瓦打捞筒	X
				007	检修月牙式油管吊卡	X

注:X—核心要素;Y——般要素;Z—辅助要素。

附录4　中级工理论知识鉴定要素细目表

行业：石油天然气　　　　工种：井下作业工具工　　　　等级：中级工　　　　鉴定方式：理论知识

行为领域	代码	鉴定范围	鉴定比重	代码	鉴定点	重要程度
基础知识A（30%）	A	井下作业一般知识（12∶5∶3）	10%	001	油、气、水井的相关术语	X
				002	油井的主要采出方式	X
				003	压井方式	X
				004	替喷方法	X
				005	常见防喷器的型号表示	Y
				006	常见防喷器的工作原理	Y
				007	常见防喷器的使用	X
				008	旋塞阀的应用	X
				009	常见防喷器的维护	X
				010	防喷器常见故障的排除	X
				011	井控技术	Y
				012	井下作业井控技术规程	X
				013	油层出砂的危害	Z
				014	冲砂的概念	Y
				015	油井出水原因	X
				016	油井出水的预防	X
				017	油井找水技术	X
				018	常用通径规的技术规范	Y
				019	影响酸化效果的因素	Z
				020	使用铅模的注意事项	Z
	B	机械制造基础知识（11∶5∶4）	10%	001	机械传动的应用	X
				002	链传动的原理	Y
				003	齿轮传动的原理	X
				004	螺旋传动的原理	Y
				005	蜗轮蜗杆传动的原理	Y
				006	金属晶体的结构	X
				007	合金的组织结构	X
				008	铁碳合金的应用	X
				009	黑色金属的性能	Z
				010	有色金属的性能	Z

续表

行为领域	代码	鉴定范围	鉴定比重	代码	鉴定点	重要程度
基础知识 A（30%）	B	机械制造基础知识（11∶5∶4）	10%	011	金属材料的分类	X
				012	金属材料的基本性能	X
				013	金属材料的机械加工性能	X
				014	金属的物理热处理	X
				015	金属的化学热处理	X
				016	强度的概念	X
				017	碳素结构钢的性能	Y
				018	特种钢的应用	Z
				019	合金钢的应用	Z
				020	金属材料的理化性能	Y
	C	QHSE 知识（15∶3∶2）	10%	001	标准化的意义	X
				002	质量认证的概念	Y
				003	全面质量管理的特点	Y
				004	ISO 14001 环境管理体系的构成	X
				005	PDCA 动态循环的意义	Z
				006	ISO 9000 的核心	X
				007	ISO 9001 的意义	Y
				008	ISO 9001 管理原则	X
				009	QHSE 管理体系的构成	Z
				010	HSE 管理体系危害识别	X
				011	安全生产责任制的作用	X
				012	起重设备的安全问题	X
				013	干粉灭火器的使用	X
				014	日常用电知识	X
				015	简单电路	X
				016	防触电的一般方法	X
				017	人体触电的方式	X
				018	触电急救措施	X
				019	常用的灭火方法	X
				020	工具工安全操作规定	X
专业知识 B（70%）	A	使用测量工具（4∶5∶0）	4%	001	钢卷尺的应用范围	X
				002	外径千分尺的校准	X
				003	外径千分尺的应用范围	X
				004	内径百分表的校准	Y
				005	内径百分表的使用	Y

续表

行为领域	代码	鉴定范围	鉴定比重	代码	鉴定点	重要程度
专业知识 B (70%)	A	使用测量工具 (4:5:0)	4%	006	压力表的安装操作	X
				007	压力表常见问题的处理	Y
				008	螺纹量规的类型	Y
				009	万用表的使用方法	Y
	B	使用设备 (7:1:0)	4%	001	液压动力钳的工作原理	X
				002	液压动力钳的结构	X
				003	液压动力钳的技术规范	X
				004	液压动力钳的使用方法	X
				005	液压动力钳的故障排除	X
				006	螺杆钻具的结构	X
				007	螺杆钻具的主要技术参数	X
				008	震击器的工作原理	Y
	C	检测井下工具 (9:1:1)	6%	001	磁力打捞器的用途	Y
				002	磁力打捞器的结构	X
				003	防脱式套管刮削器的技术规范	X
				004	作业常用扳手的使用方法	X
				005	作业常用扳手的保养	Z
				006	控制工具的分类及型号编制方法	X
				007	油管通径规的工作原理	X
				008	油管通径规的使用方法	X
				009	抽油杆接箍的类型	X
				010	印模的分类	X
				011	印模打印施工方法	X
	D	拆卸、组装封隔器 (15:1:0)	8%	001	封隔器的相关术语	X
				002	封隔器检修的注意事项	X
				003	组装 Y445 型封隔器	X
				004	组装 Y445 型封隔器的技术要求	X
				005	Y445 型封隔器的性能指标	X
				006	可钻桥塞的原理	X
				007	组装 Y347 型封隔器	X
				008	组装 Y347 型封隔器的技术要求	X
				009	Y347 型封隔器的性能指标	X
				010	组装 Y344 型封隔器	X
				011	组装 Y344 型封隔器的技术要求	X
				012	Y211 型封隔器的工作原理	X

续表

行为领域	代码	鉴定范围	鉴定比重	代码	鉴定点	重要程度
专业知识 B (70%)	D	拆卸、组装封隔器 (15:1:0)	8%	013	组装 Y211 型封隔器	X
				014	Y221 型封隔器的工作原理	X
				015	Y541 型封隔器的工作原理	X
				016	封隔器坐封高度的计算	Y
	E	拆卸、组装采油辅助工具 (15:2:0)	8%	001	水力锚的结构及原理	X
				002	水力锚的技术参数	Y
				003	抽油杆扶正器的选用	X
				004	R-2 型注汽封隔器的原理	X
				005	JBR-Ⅱ型井下热胀补偿器的原理	X
				006	偏心配水器的试验方法	X
				007	工作筒组装步骤	X
				008	YNJ-160/8 型液压扭扣机的使用方法	X
				009	分层配水堵塞器组装步骤	X
				010	同心集成式细分注水工艺管柱的特点	Y
				011	吊环的技术规范	X
				012	吊卡的技术规范	X
				013	吊钳的技术规范	X
				014	井下作业用阀门的使用方法	X
				015	KPS-114 型喷砂器的使用方法	X
				016	梨形磨铣鞋的结构	X
				017	梨形磨铣鞋的使用方法	X
	F	拆卸、组装举升设备 (35:6:0)	21%	001	抽油泵的型号	X
				002	管式抽油泵的用途	X
				003	管式抽油泵的工作原理	X
				004	抽油泵的试验标准	X
				005	抽油泵的试验设备	X
				006	抽油泵的试压试验	X
				007	抽油泵组装的技术要求	X
				008	抽油泵组装的质量要求	X
				009	抽油泵的常见故障	X
				010	抽油泵的故障预防	Y
				011	抽油泵的故障排除	X
				012	抽油泵的检修	X
				013	抽油泵检修的技术要求	X
				014	杆式抽油泵的结构	

续表

行为领域	代码	鉴定范围	鉴定比重	代码	鉴定点	重要程度
专业知识 B （70%）	F	拆卸、组装举升设备 （35∶6∶0）	21%	015	杆式抽油泵的工作原理	X
				016	防砂卡抽油泵的结构	X
				017	防砂卡抽油泵的工作原理	X
				018	防防砂卡抽油泵的特点	X
				019	防砂卡抽油泵的技术参数	X
				020	特种抽油泵的结构	X
				021	螺杆泵的基本结构	X
				022	螺杆泵采油的技术特点	X
				023	螺杆泵的工作原理	X
				024	螺杆泵的型号	X
				025	螺杆泵的工作特性	X
				026	螺杆泵的质量检测方法	X
				027	螺杆泵的橡胶特性	X
				028	螺杆泵的性能判断	X
				029	螺杆泵转子的构造	X
				030	螺杆泵水力特性检测标准	Y
				031	潜油电泵的工作原理	X
				032	潜油电动机的工作原理	X
				033	潜油电泵的基本参数	Y
				034	潜油电泵的型号表示方法	X
				035	潜油电泵的主要零部件	X
				036	潜油电泵的组装	X
				037	潜油电泵的拆检	X
				038	潜油电泵油气分离器的工作原理	X
				039	潜油电泵油气分离器的结构	Y
				040	潜油电泵电力电缆的基本参数	Y
				041	起下潜油电泵的质量标准	Y
				042	采油树的结构	X
	G	维修、保养修井打捞工具 （29∶2∶0）	15%	001	胶筒式套管刮削器的结构	X
				002	胶筒式套管刮削器的技术参数	X
				003	胶筒式套管刮削器的检修保养	X
				004	胶筒式套管刮削器的使用	X
				005	水力打捞矛的工作原理	X
				006	水力打捞矛的使用	X
				007	水力打捞矛的检修保养	X

续表

行为领域	代码	鉴定范围	鉴定比重	代码	鉴定点	重要程度
专业知识 B (70%)	G	维修、保养修井打捞工具 (29:2:0)	15%	008	可退式打捞矛的使用	X
				009	可退式打捞矛的检修保养	X
				010	伸缩式打捞矛的使用	X
				011	伸缩式打捞矛的检修保养	X
				012	提放式分瓣打捞矛的使用	X
				013	提放式分瓣打捞矛的检修保养	X
				014	可退式倒扣打捞矛的结构与工作原理	X
				015	可退式倒扣打捞矛的使用	X
				016	提放式倒扣打捞矛的使用	X
				017	提放式倒扣打捞矛的检修保养	X
				018	倒扣套铣矛的使用	X
				019	倒扣套铣矛的检修保养	X
				020	接箍打捞矛的结构	X
				021	接箍打捞矛的使用	Y
				022	接箍打捞矛的检修保养	Y
				023	可退式卡瓦打捞筒的使用	X
				024	可退式卡瓦打捞筒的检修保养	X
				025	双片式卡瓦打捞筒的结构及工作原理	X
				026	篮式卡瓦打捞筒的使用	X
				027	螺旋式卡瓦打捞筒的使用	X
				028	多功能打捞筒的结构及原理	X
				029	多功能打捞筒的使用	X
				030	多功能打捞筒的检修保养	X
				031	开窗式打捞筒的检修保养	X
	H	维修、保养试压设备 (7:0:0)	4%	001	试压泵的用途	X
				002	试压泵的结构	X
				003	试压泵技术参数	X
				004	试压泵的使用注意事项	X
				005	试压泵的保养	X
				006	试压泵的故障分析	X
				007	试压泵的故障排除	X

注:X—核心要素;Y——般要素;Z—辅助要素。

附录5 中级工操作技能鉴定要素细目表

行业:石油天然气　　　　工种:井下作业工具工　　　　等级:中级工　　　　鉴定方式:操作技能

行为领域	代码	鉴定范围	鉴定比重	代码	鉴定点	重要程度
操作技能 A (100%)	A	识别、检测井下工具	25%	001	检修液压动力钳	X
				002	根据井下工具装配图简述其结构、工作原理和组装步骤	Y
				003	测量确定整筒抽油泵规格	X
				004	检测滑块打捞矛	X
				005	检测可退式打捞矛	X
	B	拆卸、组装井下工具	30%	001	组装 Y221-114 型封隔器	X
				002	组装 Y341-114 型封隔器	X
				003	组装 Y211-114 型封隔器	X
				004	组装 Y344-114 型封隔器	Y
				005	检测 SLM-114 型水力锚	Y
				006	组装保养抽油泵	X
	C	维修、保养井下工具	45%	001	检修、操作 SY-600B 型试压泵	X
				002	检修油管接箍打捞矛	X
				003	检修伸缩式打捞矛	X
				004	检修提放式分瓣打捞矛	X
				005	检修提放式倒扣打捞矛	X
				006	检修螺旋式卡瓦打捞筒	X
				007	检修双片式卡瓦打捞筒	X
				008	检修篮式卡瓦打捞筒	Y
				009	维修保养胶筒式套管刮削器	Z

注:X—核心要素;Y——般要素;Z—辅助要素。

附录6 高级工理论知识鉴定要素细目表

行业：石油天然气　　　工种：井下作业工具工　　　等级：高级工　　　鉴定方式：理论知识

行为领域	代码	鉴定范围	鉴定比重	代码	鉴定点	重要程度	备注
基础知识 A（26%）	A	井下作业基础知识（20∶3∶0）	14%	001	砂卡的定义	X	JS
				002	砂卡的原因	Y	JS
				003	水泥卡的定义	X	JS
				004	水泥卡的原因	X	JS
				005	落物卡的定义	X	
				006	落物卡的原因	Y	JD/JS
				007	套管变形卡的定义	X	
				008	套管变形卡的原因	X	
				009	解除砂卡的方法	Y	JS
				010	落物卡钻事故的处理方法	X	
				011	水泥卡的处理方法	X	
				012	套管卡钻的处理方法	X	
				013	打捞作业的分类	X	JS
				014	打捞的基本原则	X	JS
				015	铅模调查的要求	X	
				016	打捞的操作方法	X	JS
				017	油层压裂的原理	X	JD
				018	油层压裂的术语	X	
				019	压裂施工的工序要求	X	
				020	压裂施工的安全措施	X	
				021	油层酸化的原理	X	
				022	酸化施工的工序要求	X	
				023	酸化工艺技术	X	
	B	机械制造基础知识（4∶6∶0）	6%	001	局部视图的表示法	X	
				002	斜视图的表示法	X	
				003	剖视图的表示法	Y	
				004	剖面图的表示法	X	
				005	尺寸链的概念	X	
				006	表面粗糙度的概念	Y	
				007	尺寸公差的标注	Y	

续表

行为领域	代码	鉴定范围	鉴定比重	代码	鉴定点	重要程度	备注
基础知识 A（26%）	B	机械制造基础知识（4:6:0）	6%	008	形状公差的标注	Y	
				009	位置公差的标注	Y	
				010	公差配合的种类	Y	
	C	安全环保基础知识（9:1:0）	6%	001	常用气焊设备的一般安全规定	X	
				002	气焊设备的安全操作规程	X	JS
				003	ISO 14001 环境管理体系的意义	X	
				004	HSE 管理体系的基本知识	X	
				005	质量管理体系标准化的意义	X	
				006	HSE 管理体系的相关术语	Y	
				007	HSE 应急管理体系的基本知识	X	
				008	HSE 培训体系的基本知识	X	
				009	HSE 管理岗位职责	X	
				010	防尘防毒的基本措施	X	
专业知识 B（74%）	A	使用设备（4:3:3）	6%	001	试压泵的使用方法	X	
				002	YNJ-160/8 液压拧扣机的介绍	X	
				003	液压扭扣机的液压油缸故障分析	X	JD/JS
				004	液压扭扣机的液压油缸故障排除	X	JS
				005	手动葫芦的使用	Y	
				006	手工气焊的使用	Y	
				007	电焊机的种类	Y	JD
				008	常用手工电焊机的使用方法	Z	
				009	焊条的选择	Z	
				010	焊接修井工具的基本要求	Z	
	B	检测井下工具（10:2:0）	7%	001	机械式内割刀的功能	X	
				002	机械式内割刀的技术规范	X	JD
				003	水力式内割刀的功能	X	JD
				004	水力式内割刀的技术规范	X	
				005	机械式外割刀的工作原理	X	
				006	机械式外割刀的结构及用途	X	
				007	机械式外割刀的技术规范	Y	
				008	机械式外割刀的使用和维修保养	X	
				009	水力式外割刀的功能	X	
				010	水力式外割刀的技术规范	X	
				011	水力式外割刀的使用	X	
				012	刮刀钻头的使用	Y	

续表

行为领域	代码	鉴定范围	鉴定比重	代码	鉴定点	重要程度	备注
专业知识 B (74%)	C	测绘工件 (13：0：0)	8%	001	零件图的画法	X	
				002	主视图的选择	X	
				003	零件图的尺寸标注方法	X	
				004	基准尺寸的标注方法	X	
				005	零件图的测绘步骤	X	JD
				006	零件图的尺寸标注	X	
				007	看零件图的方法	X	
				008	按加工工艺标注尺寸的方法	X	
				009	按测量要求标注零件图尺寸的方法	X	
				010	螺纹的规定画法	X	
				011	螺纹连接的画法	X	
				012	常用的测量方法	X	
				013	尺寸测量中应注意的问题	X	
	D	拆卸、组装举升设备 (13：3：4)	13%	001	抽油泵的检验工具	X	JD/JS
				002	影响泵效的因素	Y	
				003	柱塞与泵筒间隙的测量	X	
				004	抽油泵漏失量的测量	X	
				005	抽油泵整体密封的测量	X	
				006	常规有杆抽油泵介绍	Z	
				007	特殊有杆抽油泵介绍	Z	
				008	检泵的种类	Z	
				009	探砂面的注意事项	Z	
				010	组配下油管柱的要点	X	
				011	下泵的操作注意事项	Y	
				012	检泵的质量标准	X	JD
				013	螺杆泵的故障诊断	X	
				014	螺杆泵的故障排除	X	JD
				015	螺杆泵的检修	Y	JD/JS
				016	螺杆泵的保养	X	JD
				017	潜油电泵的常见故障	X	
				018	潜油电泵常见故障的排除	X	JS
				019	潜油电泵的检修	X	
				020	潜油电泵的保养	X	
	E	拆卸、组装地面工具 (8：4：0)	7%	001	自封封井器的技术规范	X	
				002	手动闸板防喷器的分类	X	

续表

行为领域	代码	鉴定范围	鉴定比重	代码	鉴定点	重要程度	备注
专业知识 B (74%)	E	拆卸、组装地面工具 (8:4:0)	7%	003	手动闸板防喷器的结构	X	
				004	手动闸板防喷器的工作原理	X	
				005	手动闸板防喷器的使用方法	X	
				006	手动单闸板防喷器的介绍	Y	
				007	手动双闸板防喷器的介绍	X	
				008	手动单闸板防喷器的使用注意事项	X	
				009	手动单闸板防喷器的维护保养	X	
				010	井口装置的维护保养	Y	
				011	转盘的技术规范	Y	
				012	游车大钩的常见故障	Y	
	F	维修保养封隔器 (18:0:0)	12%	001	封隔器检修的注意事项	X	
				002	检修 Y341 型封隔器	X	JD
				003	检修 K344 型封隔器	X	JD
				004	检修 Y445 型封隔器	X	JS
				005	Y341 型封隔器的故障诊断	X	
				006	K344 型封隔器的故障诊断	X	
				007	封隔器整体密封的测量	X	
				008	封隔器的坐封压力	X	
				009	封隔器洗井的工作原理	X	
				010	油水井窜槽的原因	X	
				011	油水井窜槽的危害	X	JD
				012	封隔器找窜的方法	X	
				013	声幅测井找窜的方法	X	
				014	同位素测井找窜的方法	X	
				015	低压井封隔器找窜的方法	X	
				016	高压井封隔器找窜的方法	X	JS
				017	循环水泥法封窜的操作方法	X	
				018	挤入法封窜的操作方法	X	
	G	维修保养修井打捞工具 (11:2:0)	8%	001	偏心式抽油杆接箍捞筒的用途	Y	JD
				002	偏心式抽油杆接箍捞筒的技术规范	X	
				003	偏心式抽油杆接箍捞筒的维修保养	X	
				004	三球打捞器的用途	X	
				005	三球打捞器的结构及技术规范	Y	
				006	三球打捞器的维修保养	X	
				007	测井仪器打捞器的用途	X	JS

续表

行为领域	代码	鉴定范围	鉴定比重	代码	鉴定点	重要程度	备注
专业知识B（74%）	G	维修保养修井打捞工具（11∶2∶0）	8%	008	测井仪器打捞器的维修保养	X	JS
				009	短鱼头打捞筒的技术规范	X	
				010	短鱼头打捞筒的工作原理	X	JD
				011	短鱼头打捞筒的维修保养	X	
				012	可退式打捞筒的维修保养	X	
				013	组合式抽油杆打捞筒的维修保养	X	
	H	维修保养其他修井工具（19∶0∶0）	13%	001	平底磨鞋的用途	X	JD
				002	平底磨鞋的结构	X	
				003	平底磨鞋的工作原理	X	
				004	平底磨鞋的技术规范	X	JS
				005	平底磨鞋的操作方法及注意事项	X	JS
				006	凹面磨鞋的用途	X	
				007	凹面磨鞋的结构	X	JD
				008	凹面磨鞋的工作原理	X	
				009	凹面磨鞋的技术规范	X	
				010	凹面磨鞋的使用注意事项	X	
				011	梨形胀管器的基本结构	X	
				012	梨形胀管器的工作原理	X	
				013	梨形胀管器的使用方法	X	
				014	梨形胀管器的使用注意事项	X	
				015	弹簧式套管刮削器的维修保养	X	
				016	偏心棍子整形器的维修保养	X	
				017	鱼顶修整器的结构	X	
				018	鱼顶修整器的工作原理	X	
				019	鱼顶修整器的维修保养	X	

注：X—核心要素；Y—一般要素；Z—辅助要素。

附录7 高级工操作技能鉴定要素细目表

行业:石油天然气　　　工种:井下作业工具工　　　等级:高级工　　　鉴定方式:操作技能

行为领域	代码	鉴定范围	鉴定比重	代码	鉴定点	重要程度
操作技能 A（100%）	A	识别、检测井下工具	30%	001	检修保养液压动力钳	X
				002	检修液压油缸	X
				003	检修机械式内割刀	X
				004	检修机械式外割刀	X
				005	测绘零部件	X
				006	根据装配图拆画零件图	X
	B	拆卸、组装井下工具	30%	001	检修抽油泵	X
				002	检验抽油泵质量	X
				003	测量确定修复后抽油泵等级	X
				004	研磨修复抽油泵阀座	X
				005	检修螺杆泵	X
				006	拆卸、组装单闸板防喷器	X
	C	维修、保养井下工具	40%	001	检修 Y111-114 封隔器	X
				002	检修 Y344-114 封隔器	X
				003	检修 K344-114 封隔器	X
				004	检修可退式打捞筒	X
				005	检修组合式抽油杆打捞筒	X
				006	检修偏心式抽油杆接箍捞筒	X
				007	检修短鱼头打捞筒	X
				008	检修弹簧式套管刮削器	X
				009	检修偏心辊子整形器	X

注:X—核心要素;Y——般要素;Z—辅助要素。

附录 8　技师、高级技师理论知识鉴定要素细目表

行业:石油天然气　　工种:井下作业工具工　　等级:技师、高级技师　　鉴定方式:理论知识

行为领域	代码	鉴定范围	鉴定比重	代码	鉴定点	重要程度	备注
基础知识 A（21%）	A	井下作业基础知识（12:0:0）	9%	001	油井出砂的原因	X	
				002	油井防砂的方法	X	
				003	找水施工的方法	X	
				004	油井出水的主要来源	X	
				005	封隔器找水的方法	X	JD
				006	封隔器找水的技术要求	X	JS
				007	确定堵水井的方法	X	
				008	封隔器堵水的施工要求	X	
				009	封隔器堵水的井筒准备	X	
				010	封隔器堵水的操作方法	X	JD
				011	封隔器堵水技术的应用条件	X	JD
				012	封下采上堵水的方法	X	
	B	安全基础知识（14:0:0）	11%	001	事故预防控制的方法	X	
				002	风险管理的方法	X	JD
				003	危害因素的识别方式	X	JD
				004	风险控制的措施	X	
				005	应急预案的实施方法	X	
				006	HSE 管理体系标准的实施方法	X	JD
				007	燃烧的原理	X	
				008	爆炸的原理	X	
				009	防火防爆技术的基本原理	X	
				010	防火防爆的措施	X	
				011	气瓶的安全使用方法	X	
				012	焊割工具的安全使用方法	X	
				013	气焊的注意事项	X	
				014	气焊的有害因素	X	
专业知识 B（79%）	A	测绘工件（17:0:0）	11%	001	零件图的主要内容	X	
				002	零件表达方案的选择	X	
				003	零件的测绘	X	
				004	零件测绘的一般步骤	X	

续表

行为领域	代码	鉴定范围	鉴定比重	代码	鉴定点	重要程度	备注
专业知识 B（79%）	A	测绘工件（18:0:0）	11%	005	装配图的内容	X	
				006	装配图的一般表达方法	X	
				007	装配图的特殊表达方法	X	
				008	装配图的尺寸标注	X	
				009	画装配图的方法	X	
				010	看装配图的方法	X	JD
				011	电子图版的用途	X	JD
				012	电子图版的特点	X	
				013	电子图版用户界面的组成	X	
				014	电子图版菜单栏的组成	X	
				015	电子图版工具栏的组成	X	
				016	电子图版的基本操作方法	X	
				017	电子图版线型的画法	X	
	B	选择修井打捞工具（19:0:0）	9%	001	井下落物的判断方法	X	JD
				002	铅印的判断方法	X	JD
				003	铅模的使用方法	X	JD
				004	管柱卡点的计算方法	X	JD/JS
				005	井下落物的分类	X	
				006	常用打捞工艺的要求	X	JD/JS
				007	管类落物打捞工具的选择	X	
				008	杆类落物打捞工具的选择	X	
				009	绳类落物打捞工具的选择	X	
				010	小件类落物打捞工具的选择	X	
				011	倒扣器的用途	X	
				012	倒扣器的结构	X	JD
				013	倒扣器的作用原理	X	
				014	倒扣器的技术规范	X	
				015	倒扣器的操作方法	X	
				016	倒扣器的使用注意事项	X	
				017	倒扣器的维修保养	X	
				018	安全接头的种类	X	
				019	安全接头的操作方法	X	
	C	常用管材和工具设计（11:0:0）	8%	001	套管螺纹的种类	X	JS
				002	套管的强度	X	JS
				003	油管螺纹的种类	X	

续表

行为领域	代码	鉴定范围	鉴定比重	代码	鉴定点	重要程度	备注
专业知识B（79%）	C	常用管材和工具设计（11∶0∶0）	8%	004	抽油杆的种类	X	
				005	抽油杆的强度	X	
				006	工具设计的基本步骤	X	JS
				007	工具设计的依据	X	JS
				008	工具设计的效果分析	X	
				009	井下工具的设计原则	X	JD/JS
				010	管体抗拉载荷的计算	X	JS
				011	钻杆扭转圈数的计算	X	JS
	D	维修保养举升设备（0∶3∶3）	10%	001	抽油井测试的目的	Z	JS
				002	抽油井测试的内容	Z	
				003	CY611型水力式动力仪的工作原理	Z	
				004	示功图的图形特征	Y	
				005	示功图的分析方法	Y	
				006	测动液面的方法	Y	
	E	维修保养修井打捞工具（20∶2∶0）	7%	001	倒扣打捞筒的结构	X	
				002	倒扣打捞筒的工作原理	X	
				003	倒扣打捞筒的操作方法	X	
				004	倒扣打捞矛的用途	X	
				005	倒扣打捞矛的工作原理	X	
				006	倒扣打捞矛的操作方法	X	
				007	活动肘节的用途	X	
				008	活动肘节的原理	X	
				009	活动肘节的使用要求	X	JD
				010	倒扣安全接头的结构	X	
				011	倒扣安全接头的技术规范	X	
				012	爆炸松扣工具的结构	Y	
				013	爆炸松扣工具的的操作方法	Y	
				014	螺杆钻的结构	X	
				015	螺杆钻的工作原理	X	
				016	螺杆钻的操作方法	X	
				017	螺杆钻的使用注意事项	X	JD
				018	螺杆钻的保养方法	X	
				019	磨铣工艺的技术要求	X	JD
				020	磨铣钻压、钻速的选择	X	
				021	磨铣中问题的处理方法	X	
				022	磨铣作业的注意事项	X	

续表

行为领域	代码	鉴定范围	鉴定比重	代码	鉴定点	重要程度	备注
专业知识 B（79%）	F	维修保养其他修井工具（29∶0∶0）	16%	001	开式下击器的用途	X	
				002	开式下击器的结构	X	
				003	开式下击器的工作原理	X	JD
				004	开式下击器技术规范	X	
				005	开式下击器的操作方法	X	
				006	开式下击器的保养方法	X	
				007	地面下击器的用途	X	
				008	地面下击器的结构	X	
				009	地面下击器的工作原理	X	
				010	地面下击器技术规范	X	
				011	地面下击器的操作方法	X	
				012	地面下击器的使用注意事项	X	
				013	地面下击器的保养方法	X	
				014	液压上击器的用途	X	
				015	液压上击器的结构	X	
				016	液压上击器的工作原理	X	
				017	液压式上击器的技术规范	X	
				018	液压式上击器的操作方法	X	
				019	液压式上击器的使用注意事项	X	
				020	液压上击器的保养方法	X	
				021	倒扣下击器的结构	X	
				022	倒扣用下击器的工作原理	X	
				023	倒扣用下击器的技术规范	X	
				024	润滑式下击器的用途	X	
				025	润滑式下击器的结构	X	
				026	润滑式下击器的工作原理	X	
				027	润滑式下击器的操作方法	X	
				028	润滑式下击器的使用注意事项	X	
				029	润滑式下击器的保养方法	X	
	G	计算机应用（0∶16∶0）	10%	001	Word 2003 的基本操作方法	Y	
				002	编辑文本内容的操作方法	Y	
				003	文本基本格式的设置	Y	
				004	打印文本的方法	Y	
				005	用 Excel 2003 制作表格的方法	Y	
				006	编辑工作表的方法	Y	

续表

行为领域	代码	鉴定范围	鉴定比重	代码	鉴定点	重要程度	备注
专业知识 B (79%)	G	计算机应用 (0:16:0)	10%	007	设置工作表格式的方法	Y	
				008	管理数据的方法	Y	
				009	Excel 键的使用方法	Y	
				010	打印工作表的方法	Y	
				011	Internet Explorer 6.0 浏览器的使用方法	Y	
				012	浏览器主界面的组成	Y	
				013	查找 Web 页的方法	Y	
				014	自定义浏览器的方法	Y	
				015	读取电子邮件的方法	Y	
				016	发送电子邮件的方法	Y	
	H	质量管理 (6:0:0)	4%	001	质量管理的工作程序	X	
				002	全面质量管理的特点	X	
				003	全面质量管理的工作方法	X	
				004	全面质量管理的分类	X	
				005	质量责任制的内容	X	
				006	质量责任制的要求	X	
	I	编写技术文件 (3:0:0)	2%	001	封隔器堵水的方法	X	
				002	应用 Y441 与 Y445 完成封下采上堵水的方法	X	
				003	应用 Y211 与 Y341 完成封上采下堵水的方法	X	
	J	培训 (4:0:1)	3%	001	制定教学大纲的方法	X	
				002	常用的教学方法	X	
				003	教学的几个重要环节	X	JD
				004	教学的考核方法	X	
				005	教育学的基本概念	Z	

注：X—核心要素；Y—一般要素；Z—辅助要素。

附录9　技师操作技能鉴定要素细目表

行业：石油天然气　　工种：井下作业工具工　　等级：技师　　鉴定方式：操作技能

行为领域	代码	鉴定范围	鉴定比重	代码	鉴定点	重要程度
操作技能 A（100%）	A	识别、检测井下工具	40%	001	根据井内无落物卡铅印选择打捞工具	X
				002	根据井内油管落物遇卡铅印选择打捞工具	X
				003	测绘油管变扣接头	X
				004	测绘滑块打捞矛	X
				005	测绘母锥	X
				006	测绘公锥	X
				007	测绘套铣筒	X
	B	维修、保养井下工具	35%	001	识别理论示功图	Z
				002	根据示功图分析抽油泵工作状态	Z
				003	检修倒扣下击器	X
				004	检修开式下击器	X
				005	检修 Y341-114 封隔器	X
				006	检修倒扣打捞筒	X
	C	综合管理	25%	001	在 Word 中实现段落设置操作	Y
				002	制作职工档案卡	Y
				003	讲解弹簧式刮削作业施工的施工方法及技术要求	X
				004	讲解管式抽油泵结构、工作原理及使用技术要求	X
				005	讲解修井螺杆钻具结构、工作原理及使用技术要求	X
				006	讲解液压油缸结构、工作原理及使用技术要求	X
				007	结合工作岗位撰写论文	X

注：X—核心要素；Y——般要素；Z—辅助要素。

附录10 高级技师操作技能鉴定要素细目表

行业:石油天然气　　工种:井下作业工具工　　等级:高级技师　　鉴定方式:操作技能

行为领域	代码	鉴定范围	鉴定比重	代码	鉴定点	重要程度
操作技能 A（100%）	A	识别、检测井下工具	35%	001	设计顶部活动落鱼大于套管内径的打捞工具	X
				002	设计顶部活动落鱼小于套管内径的打捞工具	X
				003	设计遇卡落物鱼顶劈裂打捞工具	X
				004	设计打捞方案	X
				005	设计封隔器堵水施工方案	Y
				006	测绘滑块打捞矛（带水眼）	X
				007	测绘油管接箍打捞矛	X
				008	测绘平底磨鞋	X
	B	维修、保养井下工具	30%	001	检修液压螺杆钻具	Z
				002	检修活动肘节	Z
				003	检修局部反循环打捞篮	X
				004	检修手动双闸板防喷器	X
	C	综合管理	35%	001	创建学生自然状况录入表单	Y
				002	使用 CAXA 2009 电子图版测绘零件	Y
				003	HSE 管理培训	X
				004	注水井作业施工质量管理培训	X
				005	讲解可退式打捞矛结构、工作原理及使用技术要求	X
				006	讲解局部反循环打捞篮结构、工作原理及使用技术要求	X
				007	讲解平底磨鞋磨铣工艺方法	X
				008	结合工作岗位撰写论文	X

注:X—核心要素;Y—一般要素;Z—辅助要素。

附录11　操作技能考核内容层次结构表

级别＼项目	操作技能				合计
	识别、检测井下工具	拆卸、组装井下工具	维修、保养井下工具	综合管理	
初级工	20分 15~30min	40分 40~60min	40分 40~60min		100分 95~150min
中级工	25分 15~30min	30分 40~90min	45分 40~90min		100分 95~210min
高级工	30分 15~60min	30分 40~90min	40分 40~90min		100分 95~240min
技师	35分 40~90min		30分 40~90min	35分 40~90min	100分 120~270min
高级技师	40分 40~90min		20分 40~90min	40分 40~90min	100分 120~270min

参 考 文 献

[1] 孙祖岭. 井下作业工具工. 北京:石油工业出版社,2004.
[2] 吴奇. 井下作业监督. 3 版. 北京:石油工业出版社,2014.
[3] 吴奇. 井下作业工程师手册. 北京:石油工业出版社,2002.
[4] 孙金瑜. 石油石化职业技能培训教程:井下作业工. 北京:石油工业出版社,2012.
[5] 白玉,王俊亮. 井下作业实用数据手册. 北京:石油工业出版社,2007.
[6] 万仁溥,罗英俊. 采油技术手册:修井工具与技术(修订本·第 5 分册). 北京:石油工业出版社,1989.
[7] 孙永丰. 石油工人职业技能鉴定试题库:井下作业工具工. 北京:石油工业出版社,2000.
[8] 徐灏. 机械设计手册. 北京:机械工业出版社,1992.

参 考 文 献

[1] 刘文莉. 汉语工具书. 北京: 中国书籍出版社, 2001.
[2] 张志毅. 词汇语义学. 北京: 商务印书馆, 2010.
[3] 苏新春. 汉语词汇学. 北京: 外语教学与研究出版社, 2005.
[4] 符淮青. 现代汉语词汇. 北京: 北京大学出版社, 2013.
[5] 周荐. 词汇学词典学研究. 北京: 商务印书馆, 2004.
[6] 刘叔新. 汉语描写词汇学. 北京: 商务印书馆, 2005.

[7] 朱志平. 汉语双音复合词属性研究. 北京: 北京大学出版社, 2005.